Sprachverarbeitung

Beat Pfister · Tobias Kaufmann

Sprachverarbeitung

Grundlagen und Methoden der Sprachsynthese und Spracherkennung

2., aktualisierte und erweiterte Auflage

Beat Pfister
ETH Zürich
Zürich, Schweiz

Tobias Kaufmann
ETH Zürich
Zürich, Schweiz

ISBN 978-3-662-52837-2   ISBN 978-3-662-52838-9 (eBook)
DOI 10.1007/978-3-662-52838-9

Die Deutsche Nationalbibliothek verzeichnet diese Publikation in der Deutschen Nationalbibliografie; detaillierte bibliografische Daten sind im Internet über http://dnb.d-nb.de abrufbar.

Springer Vieweg

Gedruckt auf säurefreiem und chlorfrei gebleichtem Papier.

Springer Vieweg ist Teil von Springer Nature
Die eingetragene Gesellschaft ist Springer-Verlag GmbH Deutschland
Die Anschrift der Gesellschaft ist: Heidelberger Platz 3, 14197 Berlin, Germany

Vorwort zur zweiten Auflage

Das Sprechen und das Verstehen von Sprache sind in unserem Alltag so selbstverständlich, dass wir uns kaum Gedanken darüber machen, wie anspruchsvoll diese Tätigkeiten sind. Versucht man jedoch das Sprechen oder das Verstehen von Sprache mit einem Computer zu verwirklichen, dann entpuppt sich das Vorhaben als verblüffend schwierig.

Die Forschung im Bereich Sprachverarbeitung begann erst vor etwa fünfzig Jahren, als Computer verfügbar wurden, und sie gehört bis heute zu den stark wachsenden Forschungs- und Wissensbereichen. Immer komplexere Probleme lassen sich lösen, weil dank rasantem Fortschritt im IT-Bereich stets mächtigere Ansätze und Methoden und grössere Datenmengen eingesetzt werden können.

So ist die Sprachverarbeitung zu einem weitläufigen, interdisziplinären Gebiet geworden, welches den Rahmen eines einzelnen Sachbuches bei weitem sprengt. Das vorliegende Buch hat jedoch nicht den Anspruch, den gesamten Sachbereich der Sprachverarbeitung abzudecken. Es beschränkt sich auf die Themen der zweisemestrigen Vorlesung Sprachverarbeitung an der ETH Zürich.

Am Aufbau und an der Durchführung dieser Vorlesung und der zugehörigen, computerbasierten Übungen wirkten etliche frühere Mitarbeiter der Gruppe für Sprachverarbeitung mit, insbesondere Hans-Peter Hutter, Christof Traber, René Beutler und Schamai Safra. Ebenfalls an den Übungen und zusätzlich an der Bereinigung der ersten Ausgabe des Buches Sprachverarbeitung haben sich Thomas Ewender, Michael Gerber, Sarah Hoffmann und Harald Romsdorfer beteiligt.

In der zweiten Ausgabe ist hauptsächlich das Kapitel über die polyglotte Sprachsynthese neu dazugekommen. Zudem wird gezeigt, wo in der Sprachverarbeitung neuerdings komplexe neuronale Netze eingesetzt werden. Zusätzlich sind im Buch viele Stellen für ein besseres Verständnis ergänzt oder umformuliert worden. Schliesslich sind die Fehler korrigiert worden, die nachträglich in der ersten Ausgabe bemerkt worden sind.

Da eBooks zunehmend an Bedeutung gewinnen, sind in der eBook-Version alle buchinternen Verweise neu als Hyperlinks ausgebildet, was das Navigieren in diesem Buch mit seinen unterschiedlichen Fachbereichen stark erleichtert.

Zürich,   *Beat Pfister und Tobias Kaufmann*
Februar 2017

Vorwort zur ersten Auflage

Das vorliegende Buch ist aus den Skripten zur zweisemestrigen Vorlesung Sprachverarbeitung an der ETH Zürich entstanden. Am Aufbau dieser Vorlesung haben etliche frühere Mitarbeiter der Gruppe für Sprachverarbeitung mitgewirkt, insbesondere Hans-Peter Hutter, Christof Traber und René Beutler.

Der Aufbau der Skripte war konsequent auf den zeitlichen Ablauf der Vorlesung ausgerichtet. Die Vorlesung ist so konzipiert, dass Studierende, die nur ein Semester lang die Vorlesung belegen, trotzdem von fast allen wichtigen Aspekten der Sprachsynthese und der Spracherkennung mindestens einen groben Überblick erhalten. Das führte zwangsläufig dazu, dass mehrere Gebiete im Band I des Vorlesungsskripts nur eingeführt und erst im Band II eingehend behandelt oder vertieft wurden.

Inhaltlich deckt das Buch den Vorlesungsstoff ab, aber es ist neu gegliedert worden, sodass nun Grundlagen, Sprachsynthese und Spracherkennung je einen Block bilden.

Wir möchten an dieser Stelle allen, die zu diesem Buch beigetragen haben, bestens danken. Es sind dies zur Hauptsache die Mitglieder der Gruppe für Sprachverarbeitung, nämlich Thomas Ewender, Michael Gerber, Sarah Hoffmann und Harald Romsdorfer. Insbesondere Sarah und Thomas haben sich als kritische Leser intensiv mit dem Inhalt und der Form des Buches auseinandergesetzt und zu vielen fruchtbaren Diskussionen beigetragen.

Zürich,   *Beat Pfister und Tobias Kaufmann*
Januar 2008

Inhaltsverzeichnis

Einführung

Im Deutschen wird unter dem Begriff *Sprachverarbeitung* sowohl die Verarbeitung lautlicher als auch geschriebener Sprache verstanden. Im Gegensatz dazu gibt es beispielsweise im Englischen die Begriffe *Speech Processing* und *Natural Language Processing*, wobei mit dem ersten ausschliesslich die Verarbeitung gesprochener Sprache gemeint ist und der zweite die Verarbeitung geschriebener Sprache bezeichnet.

Da es in diesem Buch hauptsächlich um den Zusammenhang zwischen lautlicher und textlicher Form von Sprache geht, bzw. um die Umsetzung lautlicher Sprache in Text oder umgekehrt, wird konsequent zwischen den beiden Formen unterschieden:

— **Lautsprache** bezieht sich stets mehr oder weniger direkt auf das Sprechen oder Hören und wird je nach Zusammenhang auch als gesprochene Sprache, als akustische Form der Sprache oder im technischen Sinne als Sprachsignal bezeichnet.

— **Text** bezeichnet die geschriebene Form der Sprache, für die auch Begriffe wie orthographische oder graphemische Form der Sprache verwendet werden.

Die technische Umsetzung von Text in Lautsprache wird als *Sprachsynthese* bezeichnet. Der umgekehrte Prozess, die *Spracherkennung*, ermittelt aus der Lautsprache den entsprechenden textlichen Inhalt.

Die **Zielsetzung** dieses Buches besteht darin, die im Zusammenhang mit Sprachsynthese und Spracherkennung relevanten Grundlagen und Verfahren zu erklären. Dazu gehören insbesondere:

— Grundkenntnisse über die menschliche Sprachproduktion und Sprachwahrnehmung
— Eigenschaften von Sprachsignalen und ihre Darstellung
— Grundkenntnisse in Linguistik der deutschen Sprache, insbesondere Phonetik, Morphologie und Syntax
— die wichtigsten Transformationen und Methoden der digitalen Sprachsignalverarbeitung
— die statistische Beschreibung vieldimensionaler Grössen mittels Hidden-Markov-Modellen
— Darstellung komplexer Zusammenhänge mit neuronalen Netzen
— Formulierung und Anwendung von Wissen in regelbasierten Systemen

Aufbauend auf diesen Grundlagen werden die wichtigsten Ansätze zur Sprachsynthese und Spracherkennung behandelt. In der Sprachsynthese sind dies:
— die Umwandlung von Text, der gemischtsprachig sein kann, in eine phonologische Beschreibung, wie sie im ETH-Sprachsynthesesystem *SVOX* verwirklicht ist
— einfachere und ausgeklügeltere Ansätze zur Steuerung der Prosodie
— verschiedene Möglichkeiten zum Generieren von Sprachsignalen

In der Spracherkennung werden zwei grundlegende Ansätze behandelt:
— der ältere Mustererkennungsansatz, der primär in einfachen Systemen zur Anwendung kommt
— die moderne statistische Spracherkennung mittels Hidden-Markov-Modellen und N-Grams

Das Buch ist hauptsächlich mathematisch-technisch ausgerichtet. Um die interdisziplinären Aspekte der Sprachverarbeitung angemessen zu behandeln, werden jedoch auch die linguistischen Grundlagen eingeführt, soweit dies für das Verständnis der Sprachsynthese und der Spracherkennung nützlich ist.
Viele Sachverhalte, sowohl aus dem Bereich der Sprachsignalverarbeitung als auch aus der Linguistik, werden mit Beispielen illustriert. Vor allem über diese Beispiele, aber auch über die linguistischen Konventionen, wird ein starker Bezug zur deutschen Sprache hergestellt. Die behandelten Grundlagen und Verfahren sind jedoch weitgehend sprachunabhängig.

Die **Gliederung** des Buches ist wie folgt: Das erste Kapitel enthält einführende Angaben zur Sprache als Kommunikationsmittel, zur Beschreibung von Sprache, zur Sprachproduktion und zur akustischen Wahrnehmung. Kapitel 2 vermittelt einen Überblick über die verschiedenen Bereiche der Sprachverarbeitung. Dabei werden auch einige in diesem Buch nicht behandelte Bereiche gestreift. Das 3. Kapitel zeigt die wesentlichen Darstellungsarten und Eigenschaften von Sprachsignalen.
Die Kapitel 4 bis 6 enthalten wichtige Grundlagen: In Kapitel 4 werden alle in diesem Buch verwendeten Signaloperationen und Transformationen behandelt. Das Kapitel 5 umfasst die Grundlagen der Hidden-Markov-Modelle. In Kapitel 6 werden die Methoden zur Beschreibung und Anwendung regelbasierten, linguistischen Wissens eingeführt.
Die weiteren Kapitel befassen sich mit der Sprachsynthese (Kapitel 7 bis 10) und mit der Spracherkennung (Kapitel 11 bis 14).

Kapitel 1

Grundsätzliches zur Sprache

1

1

1 Grundsätzliches zur Sprache

In diesem Kapitel werden allgemeine Grundlagen und Begriffe eingeführt, auf denen die weiteren Kapitel aufbauen.

1.1 Sprache als Kommunikationsmittel

❯ 1.1.1 Lautsprachliche Kommunikation

Kommunikation bezeichnet allgemein die Übermittlung von Information. Dabei können die Art der Information und das Übertragungsmedium sehr unterschiedlich sein.

Bei der direkten lautsprachlichen Kommunikation zwischen Menschen wird die Information (Botschaft, Gedanke, Idee etc.) in die Form der gesprochenen Sprache umgesetzt, die sich vom Mund des Sprechers via das Medium Luft als Schallwellen ausbreitet, wie in der Abbildung 1.1 schematisch dargestellt. Die Schallwellen gelangen an das Ohr des Zuhörers, der aus dem Sprachschall die Botschaft ermittelt.

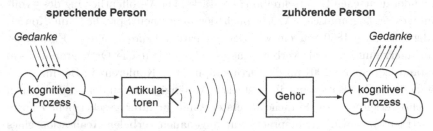

Abbildung 1.1. Symbolische Darstellung der lautsprachlichen Übertragung einer gedanklichen Botschaft von einem Sprecher zu einem Zuhörer

Lautsprachliche Kommunikation kann nicht nur zwischen Menschen, sondern auch zwischen einer Maschine und einem Menschen stattfinden. Im Gegensatz zum menschlichen Sprecher versteht jedoch gewöhnlich die sprechende Maschine den Sinn der ausgegebenen Lautsprache nicht. Die sprechende Maschine ersetzt somit im Allgemeinen nicht einen Sprecher, der Gedanken in Lautsprache umsetzt. Heutzutage geben die meisten der sogenannt sprechenden Maschinen bloss vorgängig aufgezeichnete Sprachsignale aus. Neuerdings kommt auch Sprachsynthese zum Einsatz, also das Umsetzen einer als Text ausformulierten Meldung in ein Sprachsignal. Das Übersetzen von Ideen, Fakten etc. in sprachlich korrekte und sinnvolle Texte wird jedoch weitgehend bei der Konzeption der Maschine vollzogen und ist somit Sache des Menschen.

Sinngemäss trifft dies auch für den Vergleich einer Spracherkennungsmaschine mit einem Zuhörer zu. Während der Zuhörer das Gehörte automatisch auf seinen Sinn hin überprüft, indem er es zum aktuellen Thema und zu allgemeinem Wissen in Bezug setzt, begnügt sich die Spracherkennung in der Regel damit, das Sprachsignal in eine Folge von Wörtern zu transformieren. Ob diese Wortfolge auch sinnvoll ist, überprüft die Spracherkennung nicht.

❯ 1.1.2 Geschriebene vs. gesprochene Sprache

Die lautliche Form der menschlichen Sprache ist viel älter als die geschriebene. Entwicklungsgeschichtlich gesehen ist das Bestreben, nebst der Lautsprache auch eine schriftliche Form der Kommunikation zu haben, relativ jung, insbesondere im deutschen Sprachraum. Ursprünglich versuchte die (alphabetische) Schrift ein Abbild der Lautsprache zu geben, war also eher eine Art phonetische Schreibweise. Die so entstandene Orthographie der deutschen Sprache war naheliegenderweise stark durch den Dialekt und die persönliche Auffassung des Schreibers geprägt und somit sehr uneinheitlich.[1] Mit der zunehmenden Bedeutung der schriftlichen Kommunikation durch die Erfindung des Buchdrucks Mitte des 15. Jahrhunderts und noch ausgeprägter durch die Einführung der allgemeinen Schulpflicht zu Beginn des 19. Jahrhunderts wurde die Vereinheitlichung der deutschen Rechtschreibung verstärkt. Die Veröffentlichung des "Vollständiges orthographisches Wörterbuch der deutschen Sprache" von Konrad Duden im Jahre 1880 war ein wichtiger Schritt auf diesem Wege. Eine allgemein anerkannte und als verbindlich festgelegte deutsche Orthographienorm entstand jedoch erst 1901 an der Orthographischen Konferenz in Berlin.

Die moderne Zivilisation mit ihrer starken Abhängigkeit von der geschriebenen Sprache verleitet dazu, Sprache in erster Linie in ihrer geschriebenen Form zu betrachten und die Lautsprache zur ungenauen verbalen Realisation eines Textes abzuqualifizieren. Tatsächlich sind jedoch die Ausdrucksmöglichkeiten der Lautsprache vielfältiger als diejenigen der geschriebenen Sprache (vergl. auch Abschnitt 1.2.4), und zwar unabhängig davon, ob es sich um gelesene Sprache oder um sogenannte Spontansprache handelt.

Dieses Buch befasst sich sowohl mit der geschriebenen, als auch mit der gesprochenen Sprache und insbesondere mit der automatischen Umwandlung der einen Form in die jeweils andere. Die Charakterisierung von geschriebener bzw. gesprochener Sprache erfolgt dementsprechend unter einer technischen Perspektive.

---

[1] So sind beispielsweise für das Wort "Leute" in Dokumenten aus dem 14. bis 16. Jahrhundert unter anderem die folgenden Schreibweisen zu finden: Leut, Leüthe, Lude, Lu^{e}de, Lute, Lüt, Lút, Lu^{i}te, wobei nicht alle hinsichtlich Bedeutung identisch sind (vergl. [42]).

Unter geschriebener Sprache soll hier Text verstanden werden, der z.B. als Zeichenfolge in einem Computer vorliegt. Mit gesprochener Sprache sind digitalisierte Sprachsignale, sogenannte Zeitreihen gemeint. Die augenfälligsten Unterschiede sind somit (vergl. auch Abbildung 1.2):

— Text besteht grundsätzlich aus einer Folge diskreter Zeichen aus einem relativ kleinen Zeichensatz, den Buchstaben des Alphabets. Die Zeichen beeinflussen sich gegenseitig nicht und die Wörter sind klar gegeneinander abgegrenzt.

— Lautsprache ist zwar auch eine Abfolge von Elementen, nämlich von Lauten, die wir mehr oder weniger eindeutig wahrnehmen. Die in der Form des Sprachsignals physikalisch erfassbare Lautsprache zeigt jedoch, dass die Laute nicht scharf voneinander abgegrenzt sind, weder in zeitlicher Hinsicht noch bezüglich der charakteristischen Eigenschaften. Die lautlichen Eigenschaften des Sprachsignals verändern sich kontinuierlich von einem Laut zum nächsten, auch über die Wortgrenzen hinweg. Wortgrenzen sind somit in der Regel nicht ersichtlich. Zudem ist die Ausprägung eines Lautes stark von seinen Nachbarlauten (Koartikulation), von seiner Stellung im Wort bzw. Satz und nicht zuletzt vom Sprecher abhängig.

Ein digitalisiertes Sprachsignal ist eine Folge von Abtastwerten, also eine Zahlenreihe und somit auch eine Folge diskreter Zeichen. Im Gegensatz zur geschriebenen Sprache, bei der z.B. jedes ASCII-Zeichen genau einem Buchstaben entspricht, besteht jedoch zwischen einem Signalabtastwert und einem Laut kein direkter Zusammenhang.

Diese rudimentäre Charakterisierung zeigt, dass das Sprachsignal von diversen sehr unterschiedlichen Faktoren geprägt wird. Es kann deshalb kaum erstaunen, dass das Detektieren von Lauten im Sprachsignal und damit die Spracherkennung alles andere als trivial ist.

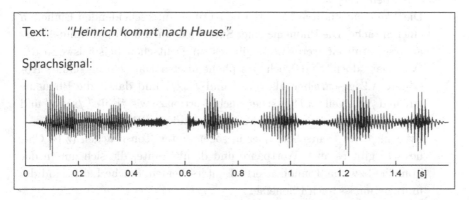

Abbildung 1.2. Veranschaulichung der Verschiedenheit von Text und Sprachsignal

1.2 Die Beschreibung von Sprache

In diesem Abschnitt geht es um die Beschreibung von Sprache aus der Sicht der Linguistik. Dabei interessiert, aus welchen Elementen die Sprache besteht, welche Gesetzmässigkeiten zwischen Elementen (oder Folgen von Elementen) vorhanden sind und welche Beziehungen zwischen den Elementen und dem "Rest der Welt" bestehen (siehe Abschnitt 1.2.1). Diese vielschichtigen Zusammenhänge werden auch als Struktur der Sprache bezeichnet und die sprachlichen Elemente werden dabei als Symbole oder Abstrakta betrachtet.

Aus der Sicht der Phonetik geht es bei der Beschreibung von Sprache um die Eigenschaften der konkreten lautsprachlichen Realisierungen der abstrakten Elemente. Dabei wird zwischen der *segmentalen Ebene*, also der Ebene der Laute (vergl. Abschnitt 1.2.3), und der *suprasegmentalen Ebene*, der Prosodie (siehe Abschnitt 1.2.4) unterschieden.

1.2.1 Die linguistischen Ebenen

Bei der Beschreibung der Struktur der Sprache unterscheidet die Linguistik verschiedene Ebenen. Es ist üblich, die Ebenen nach Komplexität zu ordnen, wobei zur Komplexität hauptsächlich die Vielfalt und die Grösse der Elemente beitragen. Auf der untersten Ebene wird zudem zwischen Lautsprache und geschriebener Sprache unterschieden:

– **Graphemische Ebene:** Sie definiert den Vorrat an Schriftzeichen, das sogenannte Alphabet. Die Elemente des Alphabets werden auch als Grapheme bezeichnet. Wie alle anderen Ebenen ist auch die graphemische Ebene sprachspezifisch. Sie spezifiziert beispielsweise, dass die Grapheme ⟨ä⟩, ⟨ö⟩ und ⟨ü⟩ zum deutschen, nicht aber zum englischen Alphabet gehören.

– **Phonemische Ebene:** Die kleinsten Einheiten der Lautsprache sind die Laute oder Phone, wobei die Linguistik unterscheidet zwischen den *Phonemen* und den *Allophonen*:

– Die *Phoneme* sind die kleinsten bedeutungsunterscheidenden Einheiten einer Sprache. Die Phoneme einer Sprache können mit der Minimalpaaranalyse ermittelt werden. So gibt es im Deutschen beispielsweise das Wortpaar "doch" und "roch" (in phonemischer Darstellung gemäss Abschnitt A.2 geschrieben als /dɔx/ und /rɔx/) und damit die Phoneme /d/ und /r/. Weil im Deutschen auch Wortpaare wie "Rate" /raːtə/ und "Ratte" /ratə/ existieren, sind auch /a/ und /aː/ Phoneme.

Zwar nicht im Deutschen, aber in sogenannten Tonsprachen (z.B. Chinesisch) gibt es auch Wortpaare und damit Laute, die sich nur in der Tonhöhe bzw. im Tonhöhenverlauf unterscheiden. Solche Laute sind definitionsgemäss auch Phoneme.

- Die *Allophone* sind zum selben Phonem gehörige Laute oder Lautvarianten. Sie bewirken in der betrachteten Sprache keinen Bedeutungsunterschied. So ist die Bedeutung des Wortes "roch" dieselbe, unabhängig davon, ob es als [rɔx] (mit Zungenspitzen-R) oder als [ʀɔx] (mit Zäpfchen-R) gesprochen wird. Die Laute [r] und [ʀ] werden als Allophone des Phonems /r/ bezeichnet. Sind die Allophone beliebig gegeneinander austauschbar (d.h. unabhängig von der Stellung), dann heissen sie *freie Allophone*. So sind z.B. [ʀ] und [r] freie Allophone des Phonems /r/. Kommen die Laute nur in bestimmten Kontexten vor, dann werden sie als *stellungsbedingte Allophone* bezeichnet. Im Deutschen sind beispielsweise die Laute [ç] in "ich" und [x] in "ach" stellungsbedingte Allophone des Phonems /x/.

- **Morphologische Ebene:** Die Morphologie beschreibt, wie aus Morphemen korrekte Wortformen aufgebaut werden. In der Linguistik werden mit dem Begriff Morphem Abstrakta wie Stamm-, Präfix- und Pluralmorphem bezeichnet. Die konkreten Realisationen sind die Morphe. Morphe wie ⟨haus⟩ und ⟨häus⟩, die zu einer gemeinsamen Grundform {haus} gehören, werden Allomorphe genannt und die Grundform {haus} wird ebenfalls als Morphem bezeichnet.
  Morpheme sind die kleinsten bedeutungstragenden Einheiten einer Sprache. Eine wesentliche Eigenschaft der Morphe ist, dass sie nicht anhand eines kompakten Satzes von Regeln beschrieben werden können. Sie lassen sich bloss aufzählen.

- **Syntaktische Ebene:** Die Syntax beschreibt mittels Regeln, wie Wortformen zu Konstituenten (Satzteilen oder Wortgruppen) und diese wiederum zu Sätzen kombiniert werden können. Für das Deutsche gibt es beispielsweise die Regel, dass Artikel, Adjektiv und Nomen in einer Nominalgruppe bezüglich Kasus, Numerus und Genus (Fall, Zahl und grammatisches Geschlecht) übereinstimmen müssen. So ist *"des alten Hauses"* eine korrekte neutrale (sächliche) Nominalgruppe im Genitiv Singular.

- **Semantische Ebene:** Die Semantik befasst sich mit der Bedeutung von Wörtern, Ausdrücken und Sätzen. Die Abgrenzung gegenüber der Syntax zeigt sich einleuchtend anhand von Sätzen wie *"Die Polizei fängt den ausgebrochenen Vulkan wieder ein."*, der zwar syntaktisch, nicht aber semantisch korrekt (*sinnhaft* im Gegensatz zu *sinnlos*) ist.

- **Pragmatische Ebene:** Diese Ebene wird oft nicht der Linguistik im engeren Sinne zugerechnet. Sie befasst sich mit dem Zweck der Sprache und stellt das Geschriebene oder Gesprochene in Bezug zur schreibenden bzw. sprechenden Person und in einen grösseren Zusammenhang. Beispielsweise kann der Satz *"Du musst dieses Buch lesen!"* eine Empfehlung oder ein Befehl sein, abhängig davon, ob die Kommunikation zwischen Kollegen stattfindet oder ob ein Lehrer den Satz zu einem Schüler spricht. Zudem erzielt die Sprache je nach Wortwahl oder Formulierung (bei der Lautsprache ist auch die Sprechweise[2] relevant) eine unterschiedliche Wirkung.

❯ 1.2.2 Die phonetische Schrift

Aus dem Fremdsprachenunterricht weiss man, dass aus der Schreibweise (graphemische Form) von Wörtern oft nicht ohne weiteres auf deren korrekte Aussprache (phonetische Form) geschlossen werden kann. Vielen Menschen fallen diese Unterschiede zwischen Schreib- und Sprechweise in ihrer Muttersprache nicht auf. Sie sind jedoch in jeder Sprache in mehr oder weniger ausgeprägter Form vorhanden, so auch im Deutschen.

Da die Lautvielfalt grösser als die Anzahl der Buchstaben ist, hauptsächlich weil auch Dauer, Tonhöhe, Nasalierung, Stimmhaftigkeit etc. lautunterscheidende Merkmale sind, ist zur Notation der Aussprache eine spezielle Schrift erforderlich, also eine phonetische Schrift.

Es gibt eine grosse Vielfalt von phonetischen Schriften, die das Lautsystem einer Sprache verschieden differenziert beschreiben. Für den Sprachenunterricht hat sich die als IPA-Alphabet (International Phonetic Association) bezeichnete phonetische Schrift durchgesetzt. Die IPA-Lautschrift wird auch in diesem Buch verwendet. Einige Beispiele solcher IPA-Symbole sind in der Tabelle 1.1 aufgeführt. Die vollständige Liste aller hier verwendeten IPA-Symbole ist im Anhang A.1 zu finden.

Tabelle 1.1. IPA-Symbole mit Beispielen in graphemischer und phonetischer Schreibweise.

a	hat	[hat]	d	dann	[dan]
aː	Bahn	[baːn]	e	Methan	[meˈtaːn]
ɐ	Ober	[ˈǀoːbɐ]	eː	Beet	[beːt]
ɐ̯	Uhr	[ǀuːɐ̯]	ɛ	hätte	[ˈhɛtə]
ai̯	weit	[vai̯t]	ɛː	wähle	[ˈvɛːlə]
au̯	Haut	[hau̯t]	ə	halte	[ˈhaltə]
b	Ball	[bal]	f	Fass	[fas]
ç	sich	[zɪç]	⋮		

---

[2] Bei der Lautsprache ist selbstverständlich die Prosodie (siehe Abschnitt 1.2.4) ein wichtiges pragmatisches Element. So wird im vorgetragenen Märchen der Wolf mit mächtig bedrohlicher Stimme sprechen, das Rotkäppchen situationsbedingt jedoch mit einem dünnen, ängstlichen Stimmlein antworten.

1.2.3 Die akustisch-phonetische Ebene

Im Gegensatz zu den Abschnitten 1.2.1 und 1.2.2, in denen die lautsprachlichen Elemente (also die Laute) als Abstrakta betrachtet werden, bezieht sich die akustisch-phonetische Ebene der Sprache auf die konkreten Realisierungen. Es interessiert insbesondere die Frage, wodurch sich die verschiedenen Laute auszeichnen bzw. unterscheiden.

In der Phonetik werden die Sprachlaute anhand verschiedenartiger Merkmale charakterisiert. So sind Laute z.B. stimmhaft oder stimmlos (periodisch oder rauschartig), sind gerundet oder ungerundet, hell oder dunkel, zeichnen sich durch bestimmte Formantfrequenzen aus (siehe Abschnitt 1.4.5), sind vokalisch oder konsonantisch. Die Merkmale können sich somit auf die Lautproduktion bzw. den Sprechapparat (nasal, gerundet etc.), auf das Sprachsignal selbst (messbare physikalische Grössen wie Periodizität und Formantfrequenzen), auf die akustische Wahrnehmung (hell / dunkel) oder auf linguistische Konventionen (vokalisch / konsonantisch) beziehen. Da die Laute anhand dieser Merkmale unterschieden werden, werden sie als *distinktive Merkmale* bezeichnet.[3]

1.2.4 Die Prosodie der Sprache

Die Laute bilden die segmentale Ebene der gesprochenen Sprache. Die suprasegmentale Ebene der Lautsprache wird als Prosodie bezeichnet. Die Prosodie ist ausschliesslich ein Phänomen der gesprochenen Sprache. Ein Pendant dazu gibt es in der geschriebenen Sprache nicht.[4]

Die *linguistische Funktion* der Prosodie umfasst:

— Kennzeichnung des Satztyps, z.B. von Fragesätzen, die nicht aufgrund der Wortstellung zu erkennen sind, und deshalb mit einer gegen das Satzende ansteigenden Intonation gekennzeichnet werden

— Gewichtung, d.h. Unterscheidung wichtiger von weniger wichtigen Teilen einer Äusserung

— Gliederung längerer Äusserungen in sinnvolle Teile.

---

[3]In der Phonetik wird gewöhnlich versucht, die Laute einer Sprache anhand eines minimalen Satzes distinktiver Merkmale zu beschreiben, z.B. in [27], Seite 128 ff. Dadurch lassen sich relevante Unterschiede von irrelevanten trennen, was grundsätzlich eine gute Grundlage für die Lautunterscheidung in der Spracherkennung liefern könnte. Weil jedoch gewisse Merkmale nur auf linguistischen Konventionen beruhen (z.B. vokalisch / konsonantisch) und nicht einer physikalischen Eigenschaft des Sprachsignals entsprechen, sind diese Merkmale in der Spracherkennung nicht sehr hilfreich.

[4]Zwar bietet die textliche Form der Sprache die Möglichkeit, Zeichen (Frage-, Ausrufezeichen, Anführungsstriche etc.) oder Markierungen (z.B. das Unterstreichen) anzubringen, oder den Text hinsichtlich Layout zu gestalten. Aber diese Möglichkeiten sind bei weitem nicht gleichwertig.

Die linguistischen Abstrakta der Prosodie sind die Akzente (Betonungen) und
die Phrasen (Sprechgruppen), wobei sowohl Akzente als auch Phrasengrenzen
verschiedene Stärkegrade aufweisen.

Nebst der linguistischen hat die Prosodie auch eine *ausserlinguistische Funktion*:
Sie bestimmt, ob eine Stimme gehetzt, zaghaft, traurig, langweilig, wütend usw.
wirkt. Damit spielt die Prosodie eine wesentliche Rolle auf der pragmatischen
Ebene der Sprache (vergl. Abschnitt 1.2.1).

Diesen komplexen, die sinnliche Wahrnehmung betreffenden Eigenschaften der
Prosodie stehen die im Sprachsignal messbaren physikalischen Grössen gegenüber, die auch als prosodische Grössen bezeichnet werden: der zeitliche Verlauf
der Grundfrequenz und der Signalleistung und die Dauer der Laute und der
Pausen.

Wie in Abschnitt 1.2.1 erwähnt ist, können je nach Sprache die Dauer und die
Tonhöhe auch phonemischen Charakter haben, also bedeutungsunterscheidend
sein. So ist etwa im Deutschen die Dauer der Vokale teils phonemisch, weil es
beispielsweise Wortpaare wie /vaːl/ und /val/ (Wahl und Wall) oder /vɛːlə/
und /vɛlə/ (wähle und Welle) gibt. Hingegen ist die Tonhöhe in der deutschen
Sprache ein rein suprasegmentales Phänomen, ganz im Gegensatz zu den sogenannten Tonsprachen, zu denen beispielsweise Chinesisch gehört.

Bemerkenswert ist, dass sich sowohl die segmentalen, als auch die suprasseg-
mentalen Merkmale auf dieselben physikalischen Grössen auswirken. So wird
der an einer konkreten Stelle eines Sprachsignals messbare Wert der Grundfrequenz beeinflusst durch den Laut an dieser Stelle (die Art des Lautes und, bei
Tonsprachen, die Art des Tones), durch den Betonungsgrad der Silbe und durch
die Position im Satz.

1.3 Die menschliche Sprachproduktion

❯ 1.3.1 Übersicht über den Sprechapparat

Die Gesamtheit der menschlichen Organe, die an der Produktion von Lautsprache beteiligt sind, wird als Sprechapparat bezeichnet. Dazu gehören im Wesentlichen die Lunge, die Luftröhre, der Kehlkopf mit den Stimmlippen (oder
Stimmbändern), das Gaumensegel, die Zunge, die Zähne und die Lippen. Wichtig im Zusammenhang mit der Sprachproduktion sind auch die Hohlräume, insbesondere Rachen, Mund und Nasenraum. Eine Übersicht über den Aufbau des
menschlichen Sprechapparates zeigt Abbildung 1.3.

❯ 1.3.2 Die Funktion des Sprechapparates

Hinsichtlich der Funktion beim Sprechprozess können beim menschlichen
Sprechapparat zwei Komponenten unterschieden werden:

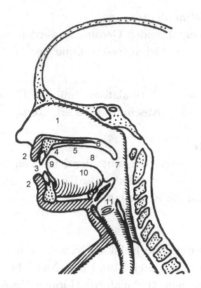

1   Nasenraum (Cavum nasi)
2   Lippen (Labia)
3   Zähne (Dentes)
4   Zahndamm (Alveolen)
5   harter Gaumen (Palatum)
6   weicher Gaumen (Velum)
7   Halszäpfchen (Uvula)
8   Mundraum (Cavum oris)
9   Zungenspitze (Apex)
10 Zungenrücken (Dorsum)
11 Stimmlippen im Kehlkopf (Larynx)

Abbildung 1.3. Mittelschnitt (Sagittalschnitt) durch den menschlichen Sprechapparat

a) **Schallproduktion:** Während des Sprechens wird aus der Lunge Luft aus-
gestossen, welche die aneinander liegenden Stimmlippen in Schwingung ver-
setzt, wodurch der Luftstrom periodisch unterbrochen wird. Die Schwingfrequenz der Stimmlippen beträgt bei Männern im Mittel etwa 120 Hz, bei
Frauen etwa 220 Hz. Die Schwingfrequenz variiert beim Sprechen in einem
etwa eine Oktave umfassenden Bereich. Der pulsierende Luftstrom ist nichts
anderes als ein akustisches Signal. Da die Stimmlippen im Luftstrom nicht
frei schwingen, sondern periodisch aneinander schlagen und so den Unter-
bruch des Luftstromes bewirken, ist das entstehende akustische Signal stark
oberwellenhaltig.
Liegen die Stimmlippen beim Ausstossen der Luft nicht aneinander, dann
entweicht die Luft gleichförmig durch Mund und/oder Nase. Wird der Luftstrom durch eine Engstelle behindert, dann entstehen Turbulenzen, die sich
akustisch als zischendes Geräusch äussern.

b) **Klangformung:** Die mehr oder weniger neutralen akustischen Signale von
den Stimmlippen und von den Engstellen werden durch Rachen, Mund und
Nasenraum (sie bilden zusammen den sogenannten Vokaltrakt), die als akus-
tisches Filter wirken, klanglich verändert. Wesentlich ist, dass sich mit der
Bewegung der Artikulatoren (Zunge, Lippen, Kiefer und Gaumensegel) die
Übertragungsfunktion und damit auch die Resonanzfrequenzen bzw. die
Formanten (vergl. Abschnitt 1.4.5) dieses akustischen Filters verändern. So
entstehen aus dem Signal von den Stimmlippen recht verschiedene Klänge,

nämlich die Laute, insbesondere die stimmhaften.

Auch die von den Luftturbulenzen herrührenden Geräusche werden durch den Vokaltrakt klanglich geformt, wobei hier in erster Linie der Ort der Engstelle massgebend ist.

Der Zusammenhang zwischen der Stellung der Artikulatoren und den Elementen der Lautsprache, also den Lauten, wird in Abschnitt 1.3.3 erläutert.

1.3.3 Die Artikulation der Sprachlaute

Die beiden folgenden Abschnitte charakterisieren die Laute der deutschen Sprache anhand der Stellung der Artikulatoren. Die Laute werden dazu in zwei grosse Gruppen unterteilt, die Vokale und die Konsonanten.

Die Vokale

Vokale sind Laute, bei denen die Stimmlippen im Kehlkopf schwingen und die Atemluft ungehindert durch den Mund bzw. durch Mund und Nase (bei nasalierten Vokalen) ausströmt. Die beweglichen Artikulatoren (Lippen, Zungenspitze, Zungenrücken etc.) dürfen sich deshalb nur so verschieben, dass nirgends im Vokaltrakt zu enge Stellen auftreten. So darf auch der Zungenrücken eine gewisse Grenzlinie nicht überschreiten.

Die Klangfarbe des durch den Vokaltrakt produzierten Signals hängt vor allem von der Stellung des Zungenrückens und der Lippen ab. Bezüglich der Lippenstellung werden gerundete und ungerundete Vokale unterschieden:

ungerundet: [i ɪ e ɛ a ə ɐ]
gerundet: [y ʏ ø œ u ʊ o ɔ]

Der Zusammenhang zwischen der Stellung des Zungenrückens und des produzierten Lautes wird durch das Vokalviereck in Abbildung 1.4 beschrieben.

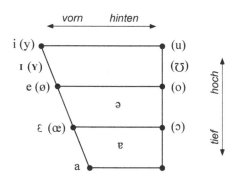

Abbildung 1.4. Das Vokalviereck gemäss [9] beschreibt grob den Zusammenhang zwischen der Stellung des Zungenrückens und den Vokalen der deutschen Sprache. Die gerundeten Laute sind in Klammern gesetzt. Das Zentrum des Vokalvierecks bedeutet die entspannte Mittellage, in welcher der sogenannte Schwa-Laut artikuliert wird.

⊗ **Die Konsonanten**

Konsonanten sind Laute, bei denen ausströmende Atemluft durch eine Verengung im Vokaltrakt behindert oder durch einen Verschluss während einer gewissen Zeit gestoppt wird. Je nach Laut schwingen oder ruhen dabei die Stimmlippen. Im Deutschen werden die Konsonanten üblicherweise nach Artikulationsart und -ort gegliedert, was zu einer Tabelle führt, wie sie in Abbildung 1.5 dargestellt ist. Da die Affrikaten keine eigenständigen Laute sind, sondern durch enge Verbindung eines Verschlusslautes mit dem homorganen Reibelaut (homorgane Laute haben denselben Artikulationsort) entstehen, sind sie in dieser Tabelle nicht aufgeführt.

Art \ Ort	bilabial	labiodental	alveolar	palatoalveolar	palatal	velar	uvular	glottal
plosiv	p b		t d			k g		I
nasal	m		n			ŋ		
frikativ		f v	s z	ʃ	ç j	x		
lateral			l					
vibriert			r				R	
aspiriert								h

Abbildung 1.5. Die Konsonanten der deutschen Sprache (ohne Affrikaten) geordnet nach Artikulationsort und -art gemäss [9]

1.4 Das menschliche Gehör

Im Zusammenhang mit der Sprachverarbeitung ist die Anatomie des menschlichen Gehörs nur von untergeordnetem Interesse, weil sich auf diesem Wege die sinnliche Wahrnehmung akustischer Ereignisse nur zu einem kleinen Teil erklären lässt. Nicht selten kommt es vor, dass aus der Anatomie gezogene Schlüsse der Perzeption widersprechen. Ein derartiges Phänomen ist beispielsweise, dass der Mensch die Höhe eines Tons von 1000 Hz auf etwa 0,1 % genau hört, also viel genauer als aufgrund des Aufbaus des Innenohres zu schliessen wäre. Ebenso ist das gute Richtungshören mit dem Aufbau des Ohres nicht erklärbar.

In diesem Abschnitt werden deshalb weder der physiologische Aufbau des Ohrs, noch Hypothesen über die Arbeitsweise des Gehirns behandelt. Vielmehr sollen ein paar für die Sprachverarbeitung bedeutsame Gehörphänomene dargelegt werden, die sich über psychoakustische Experimente feststellen lassen.

1.4.1 Wahrnehmung der Schallintensität

Schallintensität I und Schalldruck p sind physikalische Grössen[5] und damit messtechnisch erfassbar. Die Lautheit bezeichnet hingegen eine subjektive Wahrnehmung, die über Experimente mit Versuchspersonen in Beziehung zur Schallintensität gebracht werden kann. So lässt sich beispielsweise feststellen, dass die wahrgenommene Lautheit von Sinustönen stark frequenzabhängig ist, wie Abbildung 1.6 zeigt.

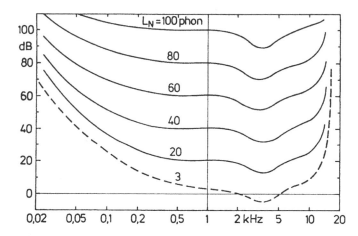

Abbildung 1.6. Kurven gleicher Lautheit nach [50], wobei für 1 kHz die Lautheit in Phon so definiert ist, dass sie gleich der Schallintensität in dB ist. Die gestrichelte Kurve ist die mittlere Ruhehörschwelle.

Diese Frequenzabhängigkeit ist insbesondere in der Nähe der sogenannten Ruhehörschwelle (gestrichelte Kurve) ausgeprägt. Die Ruhehörschwelle gibt in Funktion der Frequenz die minimale Schallintensität an, die das Ohr noch zu hören vermag.[6]

---

[5]Der Zusammenhang zwischen Schallintensität und Schalldruck ist für eine sinusförmige Schallwelle gegeben als: $I = p_{eff}^2/(\varrho c)$, wobei ϱ die spezifische Dichte des Gases (Luft: 1.293 kg/m^3) und c die Schallgeschwindigkeit ist.

[6]Interessanterweise wird in älteren Publikationen die Ruhehörschwelle bei 1 kHz mit einem Schalldruck von $p_{eff} = 2 \cdot 10^{-5}$ N/m^2 angegeben, was der Schallintensität von etwa 10^{-12} W/m^2 entspricht. Dieser als Ruhehörschwelle bei 1 kHz ermittelte Schalldruck wurde deshalb als 0 dB definiert. Heute scheint sich die Ruhehörschwelle

Wichtig zu erwähnen ist auch, dass das Gehör Schallintensitäten relativ wahrnimmt und zwar über einen enorm grossen Bereich. Dieser erstreckt sich von
der Ruhehörschwelle bis zur Schmerzgrenze (ca. 130 Phon) über gut sechs Grössenordnungen.

1.4.2 Periodizität und Tonhöhe

Das menschliche Ohr hört die Frequenz von Sinusschwingungen in einem Bereich von etwa 20 Hz bis 18 kHz als Tonhöhe, wobei mit zunehmendem Alter
die obere Grenze etwas abnimmt. Ähnlich wie im Fall der Lautheit nimmt das
Ohr auch die relative Tonhöhe wahr. So hört beispielsweise das Ohr dann einen
positiven Halbtonschritt zwischen zwei Tönen, wenn das Frequenzverhältnis
$f_2/f_1 = 2^{1/12}$ beträgt.

Die meisten natürlichen Schallquellen geben jedoch keine reinen Töne (Sinusschwingungen) ab, auch der menschliche Sprechapparat nicht. Mit den periodisch schwingenden Stimmlippen als Schallquelle entsteht aus dem Vokaltrakt
ein periodisches Signal, aus dem das Ohr eindeutig eine Tonhöhe wahrnimmt,
die als Grundfrequenz F_0 bezeichnet wird und umgekehrt proportional zur Periode T_0 ist.

Diese Formulierung scheint auf den ersten Blick übertrieben kompliziert zu
sein. Sie trägt jedoch der Tatsache Rechnung, dass das Ohr aus einem Signal
mit harmonischen Komponenten *nicht* alle diese Komponenten mit ihren Ton-
höhen hört, sondern einen einzigen Klang mit einer Tonhöhe, die gleich der
Frequenz der Grundwelle ist. Wird jedoch die Grundwelle aus dem Signal aus-
gefiltert, dann hört das Ohr trotzdem noch die ursprüngliche Tonhöhe. Dies
zeigt sich beispielsweise beim Telefon, wo ja nur die Frequenzkomponenten zwischen 300 Hz und 3400 Hz übertragen werden. Bei Männerstimmen gehen somit
in der Regel die Grundwelle und die erste Oberwelle verloren. Trotzdem tönt die
Stimme durch das Telefon nicht ein oder zwei Oktaven höher als beim direkten
Hinhören. Vielfach wird deshalb gesagt, dass das Ohr die reziproke Periode als
Tonhöhe wahrnimmt.[7]

Aus einem oberwellenhaltigen Signal hört das Ohr nebst der Tonhöhe auch eine
Klangfarbe, welche durch die Amplitudenverhältnisse der Frequenzkomponen-
ten bestimmt wird. Oberwellenhaltige Schallsignale werden deshalb auch als
Klänge bezeichnet.

---

für Versuchspersonen unter 25 Jahren um etwa 3 dB erhöht zu haben, wahrscheinlich infolge der allgemeinen akustischen Reizüberflutung.

[7]Häufig ist dieses Modell der Tonhöhenwahrnehmung zweckmässig, insbesondere
auch in der Sprachverarbeitung. Es darf jedoch nicht mit der wirklichen Tonhöhenwahrnehmung verwechselt werden, die nach wie vor unbekannt ist, wie sich mit
Signalbeispielen zeigen lässt.

Periodische und rauschartige Teile von Sprachsignalen unterscheiden sich im Wesentlichen durch die Aktivität der Stimmlippen und werden deshalb stimmhaft bzw. stimmlos genannt.

Signale, für welche das Ohr keine Tonhöhe feststellen kann, sind rauschartig. Dies trifft z.B. für das Sprachsignal des Lautes [s] zu, beim dem die Stimmlippen inaktiv sind.

❯ 1.4.3 Die Phasenwahrnehmung

Stark vereinfachend wird das menschliche Gehör oft als phasentaub bezeichnet. Richtig ist, dass beliebige, frequenzabhängige Laufzeitveränderungen im Bereich von wenigen Millisekunden (Kurzzeitphase, wie sie mit einem nicht allzu langen Allpassfilter erzeugt wird) nur sehr schlecht hörbar sind. Grössere Phasenveränderungen werden aber als Hall oder sogar als Echo wahrgenommen.

Eine wichtige Funktion hat die Phase beim binauralen Hören, nämlich in Bezug auf die Schallortung. Insbesondere der Laufzeitenunterschied des Schalls von der Quelle zu den beiden Ohren wird im Gehirn ausgewertet um die Einfallsrichtung des Schalls zu detektieren. Dementsprechend kann durch Verändern der Phase eines oder beider Hörsignale die Ortung der Schallquelle erschwert, verunmöglicht oder sogar irregeführt werden, je nach Art der Phasenveränderung.

❯ 1.4.4 Der Verdeckungseffekt

Eine im Zusammenhang mit der Sprachverarbeitung wichtige Eigenschaft des menschlichen Gehörs ist der Maskier- oder Verdeckungseffekt. Er besteht qualitativ darin, dass eine Schallkomponente mit grösserer Leistung eine andere mit kleinerer Leistung verdeckt, also unhörbar macht, wobei der Maskierungsbereich vor allem von der Frequenz und der Intensität des maskierenden Signals abhängt.

Messtechnisch kann der Maskierungsbereich mit verschiedenen Methoden und Signalarten erfasst werden, wobei die Resultate leicht unterschiedlich ausfallen. In [50] ist die als *Mithörschwelle* bezeichnete Grenze des Maskierungsbereiches für Schmalbandrauschen mit der Mittenfrequenz f_m bestimmt worden. Die Mithörschwelle gibt die Intensität eines Sinussignals in Funktion der Frequenz an, das durch das Maskierungsrauschen gerade noch verdeckt wird. In Abbildung 1.7 sind die Mithörschwellen für Schmalbandrauschen (als maskierendes Signal) mit verschiedenen Mittenfrequenzen dargestellt. Abbildung 1.8 zeigt die gemessenen Mithörschwellen, wenn Schmalbandrauschen gleicher Mittenfrequenz aber mit verschiedener Intensität als maskierendes Signal verwendet wird.

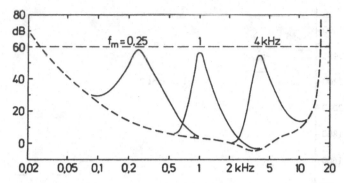

Abbildung 1.7. Mithörschwellen für Schmalbandrauschen mit den Mittenfrequenzen 0.25 kHz, 1 kHz und 4 kHz (nach [50])

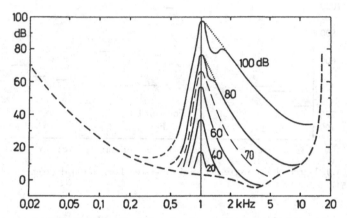

Abbildung 1.8. Mithörschwellen für Schmalbandrauschen mit der Mittenfrequenz 1 kHz und verschiedenen Schallpegeln (nach [50])

❯ 1.4.5 Wahrnehmung der Sprachlaute

In der Phonetik werden die Laute nicht nur anhand artikulatorischer Kriterien eingeteilt, sondern vor allem auch aufgrund akustischer Merkmale. So ist es beispielsweise gebräuchlich, Vokale mittels der Formanten zu beschreiben. Als Formanten werden die lokalen Maxima des Spektrums des Sprachsignals bezeichnet, welche von den Resonanzen des Vokaltraktes herrühren. Da der Vokaltrakt eine komplizierte Form aufweist, treten beim Artikulieren eines Lautes gewöhnlich mehrere Formanten gleichzeitig auf, die als F_1, F_2, F_3 etc. bezeichnet werden. Ein Formant wird mit den Parametern Mittenfrequenz (oder Formantfrequenz), Bandbreite und Amplitude beschrieben. Die Bezeichnungen F_1, F_2, F_3 etc. werden oft auch für die Formantfrequenzen verwendet. Für die Formant-

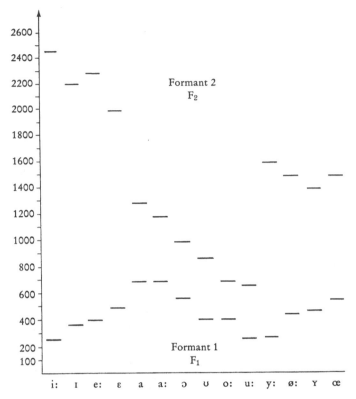

Abbildung 1.9. Durchschnittswerte der zwei untersten Formanten deutscher Vokale (aus [27], Seite 54)

frequenzen eines Lautes gilt: $F_1 < F_2 < F_3$ etc. Der tiefste Formant oder die tiefste Mittenfrequenz ist also stets F_1.

Die Mittenfrequenz und die Bandbreite der Formanten sind von der Stellung der Artikulatoren abhängig. Wie in Abschnitt 1.3.3 erläutert, bestimmt die Stellung der Artikulatoren den gesprochenen Laut und somit gibt es auch einen Zusammenhang zwischen den Lauten und den Formantfrequenzen. Dieser Zusammenhang ist für die beiden tiefsten Formanten der deutschen Vokale in Abbildung 1.9 veranschaulicht.

Da im Vokaltrakt nur bei den Vokalen ausgeprägte Resonanzen auftreten, wird der Begriff der Formanten nur auf die Vokale angewendet.

1.5 Verarbeitung natürlicher Sprache

Die Tatsache, dass der Mensch Lautsprache ohne nennenswerte Anstrengung produzieren und verstehen kann, verleitet zur Annahme, dass es sich dabei um eine einfache Aufgabe handle, die auch von einem Computer leicht zu bewältigen sein müsse. Vergleicht man jedoch beispielsweise die heute mit modernsten Mitteln erreichbare Spracherkennungsleistung mit den menschlichen Fähigkeiten, dann stellt sich das bisher Erreichte als noch recht bescheiden heraus.

Ende der sechziger Jahre herrschte die euphorische Ansicht vor, dass im Hinblick auf die rasante Entwicklung der Computertechnik das Spracherkennungsproblem in wenigen Jahren gelöst sein werde. Heute wird die Situation allgemein realistischer eingeschätzt. Viele Forscher sind der Ansicht, dass trotz grosser Forschungsanstrengungen die maschinelle Spracherkennung auch in 20 Jahren noch nicht den Stand der menschlichen Sprachwahrnehmungsfähigkeit erreicht haben wird.

Ein wesentlicher Grund dafür ist sicher, dass die Handhabung natürlicher Sprache der grossen Komplexität wegen enorm schwierig ist.[8] Während heute die maschinelle Beherrschung des Wortschatzes einer natürlichen Sprache[9] halbwegs gelingt, ist ein Computer nicht in der Lage, für beliebige Sätze zu entscheiden, ob sie syntaktisch korrekt sind oder nicht. Noch viel schwieriger wird es beim Entscheid über die Bedeutung von Sätzen, die sich je nach Situation stark ändern kann. Genau dies macht der Mensch jedoch beim Verstehen von Sprache: er untersucht fortwährend, ob das Gehörte Sinn macht und kann damit z.B. sehr effizient ähnlich klingende Wörter mit unterschiedlicher Bedeutung gut auseinander halten.

Eine weitere Schwierigkeit liegt darin, dass die beiden Erscheinungsformen natürlicher Sprachen sehr unterschiedlich sind (siehe Abschnitt 1.1.2) und folglich mit völlig anderen Mitteln und Methoden beschrieben bzw. verarbeitet werden müssen. Deshalb sind viele Aufgaben der Sprachverarbeitung, insbesondere auch die Sprachsynthese und die Spracherkennung nicht rein linguistische Probleme. Sie sind mit verschiedenen Wissensbereichen verknüpft (vergl. Abbildung 1.10).

---

[8]Im Gegensatz zu natürlichen Sprachen sind formale Sprachen (z.B. Programmiersprachen) relativ kompakt und insbesondere genau definiert. Die maschinelle Verarbeitung ist deshalb vergleichsweise unproblematisch. Es kann beispielsweise einfach entschieden werden, ob ein Programm syntaktisch korrekt ist oder nicht.

[9]Die Linguistik bezeichnet den Wortschatz der deutschen Sprache zwar als nicht begrenzt, weil durch Bildung von Komposita stets neue Nomen, Verben und Adjektive gebildet werden können. Im mathematischen Sinne ist der Wortschatz aber begrenzt, weil Wörter praktisch nicht beliebig lang sein können.

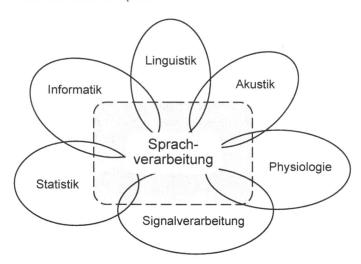

Abbildung 1.10. Die Sprachverarbeitung stützt sich auf Wissen und Methoden verschiedener Disziplinen: sie ist interdisziplinär.

In der Sprachverarbeitung ist es deshalb erforderlich, sich mit Wissen aus recht verschiedenen Disziplinen zu beschäftigen, wobei hier selbstverständlich nur ein paar Schwerpunkte behandelt werden können, die im Zusammenhang mit der Spracherkennung und der Sprachsynthese wichtig sind.

Kapitel 2

Übersicht über die Sprachverarbeitung

2

2

2 Übersicht über die Sprachverarbeitung

2.1 Was in einem Sprachsignal steckt

Der wichtigste Gegenstand der Sprachverarbeitung ist das Sprachsignal. Es entsteht, wenn eine Person etwas spricht und die produzierten Schallwellen über einen elektroakustischen Wandler (Mikrophon) in ein elektrisches Signal umgewandelt werden. Das Sprachsignal wird also durch das, was die Person sagt (Aussage), geprägt.

Das Sprechen kann man im Sinne eines Prozesses auffassen, wobei die Eingabe des Sprechprozesses die Aussage ist und die Ausgabe das Sprachsignal. Wie in Abbildung 2.1 dargestellt, wirkt jedoch nicht nur die Aussage auf den Sprechprozess, sondern auch die Stimme der sprechenden Person. So können beispielsweise der Dialekt, die Sprechgewohnheiten, die Physiologie des Vokaltraktes, aber auch der momentane emotionale Zustand und eventuell sogar die Gesundheit einen starken Einfluss haben. Auch Umgebungsgeräusche können auf den Sprechprozess wirken, z.B. indem die Person lauter spricht, wenn es lärmig ist.

Da ein Zuhörer sein Ohr nicht beim Mund der sprechenden Person hat, hat in der Regel die Übertragung der Schallwellen (Raumakustik) bzw. des elektrischen Signals (Mikrophoncharakteristik, Signalcodierung und -kompression) einen Einfluss auf das schlussendlich vorhandene Sprachsignal.

Man kann also sagen, dass sich all diese Einflüsse im Sprachsignal niederschlagen. Dies verursacht der Sprachverarbeitung erhebliche Schwierigkeiten. Bei der Spracherkennung interessiert beispielsweise nur die im Sprachsignal steckende

Abbildung 2.1. Nicht nur die zu machende Aussage steuert den Sprechprozess. Auch viele Eigenheiten der sprechenden Person (dunkelgrau) wirken auf diesen Prozess. Zudem wird das Sprachsignal von der Übertragung (hellgrau) beeinflusst.

Aussage. Alle anderen Einflüsse sind dabei bloss störend und erschweren die Aufgabe der Spracherkennung beträchtlich (vergl. Kapitel 11).

Die sprecherspezifischen Komponenten im Sprachsignal sind jedoch dann wichtig, wenn anhand des Sprachsignals die sprechende Person identifiziert werden soll. Dazu sind etwa die Einflüsse des Dialekts, der Sprechgewohnheiten und der Physiologie auf das Sprachsignal nutzbar, weil sie für eine Person einigermassen konstant sind. Die emotionalen und gesundheitlichen Effekte, obwohl sie auch von der sprechenden Person herrühren, sind nicht konstant und deshalb bei der Sprecheridentifikation eher störend.

2.2 Teilgebiete der Sprachverarbeitung

Die maschinelle Verarbeitung natürlicher Sprache umfasst sehr unterschiedliche Bereiche. Die Verarbeitung kann sich ausschliesslich auf die geschriebene Form der Sprache beziehen, wie beispielsweise bei der automatischen Textübersetzung, oder sie kann nur die akustische Form der Sprache betreffen, wie dies bei der Sprachsignalcodierung der Fall ist. Abbildung 2.2 zeigt eine Übersicht über die verschiedenen Sprachverarbeitungsprozesse, welche entweder ein Sprachdokument in eine andere Form überführen oder daraus den Sprecher oder die Sprache bestimmen. In der Abbildung nicht enthalten ist Sprachverarbeitung im Sinne der graphischen Gestaltung von Texten.

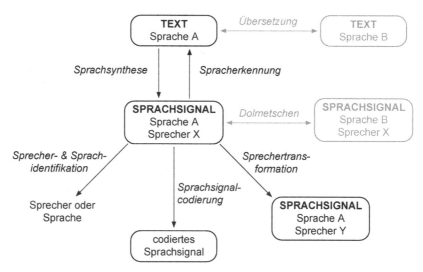

Abbildung 2.2. Zusammenstellung der Erscheinungsformen eines sprachlichen Dokumentes und der Verarbeitungsprozesse, welche eine Form in eine andere überführen. Die grau eingetragenen Prozesse werden hier nicht behandelt.

In diesem Buch interessiert in erster Linie der Zusammenhang zwischen der textlichen und der akustischen Erscheinungsform der Sprache. Es werden deshalb vorwiegend die Spracherkennung und die -synthese behandelt. In diesem Kapitel werden zusätzlich noch kurz die Bereiche Sprecheridentifikation, Sprachidentifikation, Sprechertransformation und Sprachcodierung gestreift. Auf das Übersetzen von geschriebener und gesprochener Sprache (letzteres ist unter der Bezeichnung *Dolmetschen* bekannt) wird nicht eingegangen.

2.3 Sprachsynthese

Das Ziel der Sprachsynthese ist, eine Aussage, die in einer symbolischen Notation vorliegt, in ein Sprachsignal umzusetzen. Mit symbolischer Notation ist hier beispielsweise orthographischer Text gemeint, im Unterschied etwa zu physikalischen Merkmalen des Sprachsignals.

Je nach Art der Eingabe wird bei der Sprachsynthese zwischen zwei Arten von Systemen unterschieden:

a) Hat die Eingabe die Form eines orthographischen Textes, dann spricht man von **TTS-Synthese** (engl. *text-to-speech synthesis*). Dies impliziert, dass die Synthese nebst der eigentlichen Sprachsignalproduktion auch die Aussprache der Wörter, die Akzentstärke der Silben uvm. bestimmen muss. Dazu ist eine linguistische Analyse des Eingabetextes nötig. Die TTS-Synthese wird in den Kapiteln 7 bis 10 eingehend behandelt.

b) Sind die Eingabedaten hierarchisch strukturiert, z.B. als Syntaxbaum (formale Beschreibung des Satzaufbaus), dann wird von **CTS-Synthese** (engl. *concept-to-speech synthesis*) gesprochen. CTS-Synthese kommt in Systemen zum Einsatz, welche die auszugebenden Meldungen selbständig generieren, also eine Komponente haben, welche Information in eine natürlichsprachliche Form umsetzt und über das dafür nötige linguistische Wissen verfügt. Der syntaktische Aufbau dieser Meldungen ist somit vor der eigentlichen Sprachsynthese bekannt und kann dem Synthesesystem übergeben werden.

Von der TTS- und der CTS-Synthese ist die Sprachausgabe zu unterscheiden. Es werden Sprachsignale ausgegeben, die vorgängig von einem Sprecher gesprochen und aufgezeichnet worden sind. Der Vorrat an möglichen akustischen Meldungen ist damit automatisch auf die aufgenommenen Sprachsignale begrenzt, im Gegensatz zur Sprachsynthese, die grundsätzlich jeden Text in ein Sprachsignal umsetzen kann.

2.4 Spracherkennung

In Abbildung 2.2 wird das Umsetzen eines Sprachsignals in eine textliche Form als Spracherkennung bezeichnet. Es ist auch heute noch praktisch unmöglich, ein Spracherkennungssystem zu verwirklichen, welches das Spracherkennungsproblem allgemein löst. Spracherkennungssysteme werden deshalb stets für spezielle Anwendungsfälle oder Szenarien konzipiert. Spezialfälle, für welche das Spracherkennungsproblem einfacher zu lösen ist, sind beispielsweise die folgenden:

— Spracherkennung nur für einzeln gesprochene Wörter

— Spracherkennung für kleines Vokabular

— sprecherabhängige Spracherkennung

— Spracherkennung nur für Telefonsignale

Mit dieser Spezialisierung erreicht man zweierlei: Erstens zeigt sich, dass bessere Resultate erreicht werden können (weniger Erkennungsfehler) und zweitens sind diese Speziallösungen kompakter (weniger Rechenleistung und geringerer Speicheraufwand erforderlich) als eine allgemeinere Lösung und damit wirtschaftlicher. Dies trifft jedoch nur dann zu, wenn die spezialisierte Spracherkennung genau auf die Erfordernisse der Anwendung abgestimmt wird.

Je nach zu lösendem Spracherkennungsproblem können unterschiedliche Ansätze angewendet werden. Die beiden wichtigsten sind:

a) **Mustervergleich:** Diese Art von Spracherkennung wird praktisch nur zum Erkennen einzeln gesprochener Wörter oder kurzer Ausdrücke verwendet. Dabei wird das Sprachsignal bzw. eine daraus berechnete Merkmalssequenz mit abgespeicherten Mustern der zu erkennenden Wörter und Ausdrücke verglichen. Es gilt dasjenige Wort als erkannt, dessen Muster am ähnlichsten ist.

b) **Statistische Spracherkennung:** Bei den heute erfolgreichsten Spracherkennungsmethoden werden statistische Beschreibungen für Laute oder Wörter eingesetzt. Die Erkennung von Lauten oder kurzen Wörtern ist jedoch recht fehleranfällig. Um die Erkennungsleistung in einem konkreten Anwendungsfall zu erhöhen, wird deshalb eine Statistik verwendet, die angibt, mit welcher Wahrscheinlichkeit welche Wörter vorkommen oder einander folgen können.

Auf die Probleme der Spracherkennung und die wichtigsten Verfahren zur Lösung dieser Probleme wird in den Kapiteln 11 bis 14 ausführlich eingegangen.

2.5 Sprecheridentifikation

Das Problem, aus einem Sprachsignal die Identität des Sprechers zu ermitteln, wird als Sprecheridentifikation oder auch als Sprechererkennung bezeichnet. Die Aufgabe besteht konkret darin, eine Sprachprobe (Testsignal) einer von N Personen zuzuordnen, von denen Referenzdaten vorhanden sein müssen. Oft geht es auch darum, für zwei Sprachsignale (Referenz- und Testsignal) zu entscheiden, ob sie von derselben Person gesprochen worden sind. Dies wird als Sprecherverifikation bezeichnet. Die Sprecherverifikation kommt hauptsächlich in Zulassungssystemen zur Anwendung, wo die Sprache als zusätzliches Sicherheitselement eingesetzt wird. Ein Benutzer muss z.B. zuerst seine Codenummer eintippen, das System gibt die Anweisung, ein bestimmtes Wort zu sprechen, und vergleicht dann das Sprachsignal mit dem zugehörigen Referenzsprachsignal.

Es gibt textabhängige und textunabhängige Verfahren. Bei der ersten Art muss für die Referenz- und die Testaufnahme derselbe Text gesprochen werden, für letztere ist es bloss nötig, dass die Signale genügend lang sind, damit die daraus gewonnenen statistischen Merkmale aussagekräftig sind.

Hinsichtlich der angewendeten Methoden gibt es zwischen der Sprecheridentifikation und der Spracherkennung viele Parallelen. So kann beispielsweise bei der textabhängigen Sprecheridentifikation ähnlich wie bei der Erkennung einzeln gesprochener Wörter ein Sprachmustervergleich eingesetzt werden (siehe Abschnitt 2.4).

Bei kooperativem Verhalten, d.h. die Person ist daran interessiert, bei der Testaufnahme möglichst gleichartig zu sprechen wie bei der Referenzaufnahme, wird heute bereits eine Entscheidungssicherheit erreicht, welche die diesbezüglichen menschlichen Fähigkeiten klar übertrifft.

2.6 Sprachidentifikation

Sprachidentifikation kann grundsätzlich auf Texte oder auf Sprachsignale angewendet werden, wobei selbstverständlich methodisch verschieden vorgegangen wird. Wir wollen uns hier auf die Sprachidentifikation von gesprochener Sprache beschränken.

Die Sprachidentifikation hat die Aufgabe, für ein gegebenes Sprachsignal zu entscheiden, in welcher von N Sprachen $L_1, L_2, \ldots, L_N$ gesprochen wird. In der Regel wird dabei nach einer der folgenden Strategien vorgegangen:

— Suche nach sprachspezifischen Wörtern: Im Sprachsignal wird nach häufigen Wörtern wie Artikel, Pronomen, Präpositionen der Sprachen L_1 bis L_N gesucht (mit einem Spracherkenner). Im Gegensatz zu Texten, bei denen die Wortgrenzen stets mit Leerzeichen markiert sind und damit klar ist, von wo bis wo ein Wort reicht, sind in Sprachsignalen die Wortgrenzen in der Regel nicht mit Pausen markiert. Ein Spracherkenner verwechselt deshalb kurze Wörter häufig mit Teilen längerer Wörter, auch sprachübergreifend. Die geschickte Wahl der Wörter, welche für die Suche eingesetzt werden, ist somit Voraussetzung dafür, dass dieser Ansatz funktioniert.

— Untersuchen der lautlichen Zusammensetzung: Nicht nur das Lautinventar, sondern auch die Häufigkeit gewisser Lautfolgen ist sprachspezifisch. Beides lässt sich mit statistischen Modellen (z.B. mit HMM bzw. N-Grams; siehe Abschnitte 13.6 und 14.2.4) beschreiben. Für jede der N zu unterscheidenden Sprachen können die Modelle zur Identifikation der Sprache in einer ähnlichen Art eingesetzt werden wie beim statistischen Ansatz der Spracherkennung.

2.7 Sprechertransformation

Das Ziel der Sprechertransformation ist, ein Sprachsignal, das von einem Sprecher X gesprochen worden ist, so zu verändern, dass es als die Stimme eines Sprechers Y wahrgenommen wird. Je nach Anwendungsszenario kann die Zielstimme in der Form von Sprachsignalen einer realen Person vorgegeben sein oder sie wird durch gewisse abstrakten Parameter spezifiziert, z.B. Frauenstimme, tiefere Lage, flottes Sprechtempo, ausgeprägte Betonungen. In jedem Fall wird gefordert, dass die transformierte Stimme natürlich klingt.

Die Sprechertransformation kann auf die Veränderung der Prosodie abzielen und/oder die lautlichen Eigenschaften des Sprachsignals modifizieren.

2.8 Sprachsignalcodierung

Das Ziel bei der Codierung digitaler Daten ist, die Information kompakt darzustellen, die Daten gegen Fehler zu schützen, oder zu verhindern, dass unberechtigterweise auf eine Information zugegriffen werden kann. Dementsprechend werden in der Codierung drei Gebiete unterschieden:

a) Die **Quellencodierung** hat zum Ziel, Daten in eine kompaktere Darstellung umzuformen, damit diese effizienter gespeichert oder übertragen werden können. Nach dem Lesen der gespeicherten Daten, bzw. nach dem Empfangen der übertragenen Daten müssen diese decodiert, also in ihre ursprüngliche Form gebracht werden.

Es gibt verlustlose Codierungen, welche die Daten nur so stark komprimieren, dass sie bei der Decodierung wieder exakt rekonstruiert werden können. Dies wird als Redundanzreduktion bezeichnet. Bei der Quellencodierung digitaler Sprachsignale sind jedoch diese Codierungen im Allgemeinen nicht besonders interessant, weil die erreichbare Datenreduktion relativ gering ist. Interessanter sind Codierungen, die bei der Decodierung zwar nicht mehr das identische Sprachsignal liefern, aber eines, das vom menschlichen Gehör als (fast) gleich wahrgenommen wird. Dazu gehören die Signalformcodierung und die Sprachsignalmodellierung, auf die in den Abschnitten 2.8.1 und 2.8.2 näher eingegangen wird.

b) Die **Kanalcodierung** bringt digitale Daten in ein Format, das sich für einen Übertragungskanal oder ein Speichermedium eignet. In der Regel ist dieses Format so ausgelegt, dass bei der Decodierung festgestellt werden kann, ob die Daten nach der Übertragung richtig empfangen bzw. korrekt vom Speichermedium gelesen worden sind.

Eine sehr verbreitete Kanalcodierung ist die Parität. Dabei wird für je ein Datenwort, meistens 7 oder 8 Bits, ein zusätzliches Bit übertragen, das angibt, ob die Quersumme gerade oder ungerade ist (*even or odd parity*). Damit können alle Einbitfehler und 50 % der Mehrbitfehler detektiert, jedoch nicht korrigiert werden. Um mehr falsche Bits detektieren oder sogar korrigieren zu können, müssen kompliziertere Codierungen angewendet werden. Grundsätzlich gilt: Je mehr Fehler detektierbar oder korrigierbar sein sollen, umso mehr Redundanz muss den Daten zugefügt werden, wodurch sich das zu übertragende Datenvolumen selbstverständlich vergrössert, also die Nettodatenrate bei der Übertragung sinkt.

c) Die **Datenchiffrierung** soll den unberechtigten Zugriff auf Daten verhindern. Dies wird beispielsweise dadurch erreicht, dass zu den Daten bit-weise

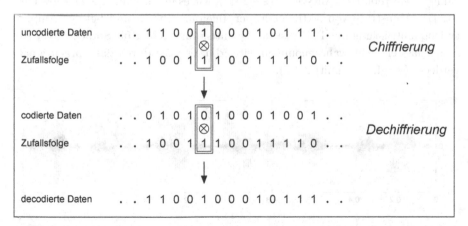

Abbildung 2.3. Eine digitale Nachricht kann durch bit-weise Addition (XOR-Funktion) mit einer Zufallsfolge chiffriert werden. Durch nochmaliges bit-weises Addieren derselben Zufallsfolge wird die Nachricht dechiffriert.

eine Zufallsfolge addiert wird, wie in Abbildung 2.3 dargestellt ist. Um die
Daten zu entschlüsseln, wird dieselbe Operation auf die codierten Daten
angewendet. Nur wer diese Zufallsfolge kennt oder erzeugen kann, also den
Schlüssel besitzt, kann die chiffrierte Nachricht decodieren. Die Sicherheit
der Chiffrierung hängt im Verfahren von Abbildung 2.3 nur von der Beschaf-
fenheit der Zufallsfolge ab (mehr über Verfahren zur Chiffrierung und deren
Sicherheit ist beispielsweise in [1] zu finden).

In der Regel wird nur bei der Quellencodierung berücksichtigt, dass es sich bei
den zu codierenden Daten um Sprachsignale handelt. Es wird im Folgenden
deshalb nur auf diesen Bereich noch etwas weiter eingegangen.

2.8.1 Signalformcodierung

Mit der Signalformcodierung wird versucht, die Datenmenge eines digitalisierten Sprachsignals zu reduzieren, indem der zeitliche Verlauf des Sprachsignals
so approximiert wird, dass zwar weniger Bits für das Näherungssignal benötigt werden, aber der Approximationsfehler vom menschlichen Gehör möglichst
wenig wahrgenommen wird. Die Reduktion von Daten impliziert, dass eine An-
fangsdatenmenge vorhanden ist, zu der die reduzierte Menge in Bezug gesetzt
wird. Um diese Mengenangaben von der Dauer des Sprachsignals unabhängig
zu machen, wird gewöhnlich mit Daten pro Signaldauer, also mit Bit/s operiert
und dafür die Bezeichnung Datenrate verwendet.

Als Referenzdatenrate dient im Folgenden der Wert von 96 kBit/s. Diese Datenrate erhält man beim Digitalisieren eines Signals mit einer Abtastrate von
8 kHz und einer Amplitudenauflösung von 12 Bit (dies entspricht einem ganzzahligen Wertebereich von -2048 bis +2047), wie es in Abbildung 2.4 dargestellt
ist. Die Abtastrate von 8 kHz ist in der Telefonie üblich, und bei der Ampli-
tudenquantisierung mit 12 Bit ist der Quantisierungsfehler für Sprachsignale so
klein, dass er nicht wahrgenommen wird, d.h. er wird durch das Sprachsignal
verdeckt (vergl. Abschnitt 1.4.4).

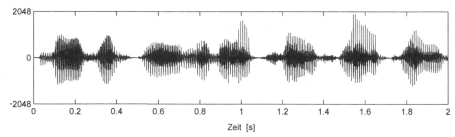

Abbildung 2.4. Ausschnitt aus einem Sprachsignal mit 12-Bit-Auflösung. Der Ausschnitt
umfasst die Wörter "Dies ist die Modulationsleitung".

⊙ 2.8.1.1 Logarithmischer Kompander

Beim Quantisieren wird jeder Signalabtastwert auf die nächste Quantisierungs-
stufe gerundet. Der Betrag des dabei gemachten Quantisierungsfehlers ist maximal ein halbes Quantisierungsintervall. Für Signale, deren Amplitude viel
grösser ist als das Quantisierungsintervall, ist der Quantisierungsfehler statistisch nur sehr schwach vom Sprachsignal abhängig. Der Quantisierungsfehler
ist in diesem Fall also ein rauschartiges Signal, das auch vom Gehör als dem
Originalsignal überlagertes Rauschen wahrgenommen wird.

Bei *gleichförmiger* oder linearer Quantisierung, bei der die Quantisierungsintervalle Q über den ganzen Wertebereich gleich gross sind, ist der Quantisierungsfehler ein stationäres Rauschsignal, dessen Abtastwerte im Bereich
$[-Q/2 \ldots + Q/2]$ gleichverteilt sind (siehe oberer Teil von Abbildung 2.5). Die
Leistung dieses Rauschsignals ist also zeitlich konstant. Das lokale Verhältnis
zwischen Signal- und Rauschleistung (SNR: *signal-to-noise ratio*) ist somit proportional zur momentanen Signalleistung.

Für die Hörbarkeit des Quantisierungsfehlers ist das SNR massgebend. Das
Quantisierungsrauschen ist deshalb bei linearer Quantisierung an leisen Stellen
des Sprachsignals und in den Sprechpausen besser zu hören als an den lauten
Stellen. Für eine gehörmässig optimale Quantisierung mit minimaler Datenrate ist es deshalb nötig, leise Stellen des Signals feiner zu quantisieren als
laute.

Die *logarithmische Kompandierung* (Kurzform für Komprimieren und Expan-
dieren), bei der die Quantisierungsintervalle auf einer logarithmierten Amplitu-
denachse gleichförmig sind, ist ein einfacher Ansatz, der in diese Richtung zielt.
Weil dabei das Quantisierungsintervall mit dem Betrag des zu quantisierenden
Wertes zunimmt, ist die Grösse des Quantisierungsfehlers im Mittel proportio-

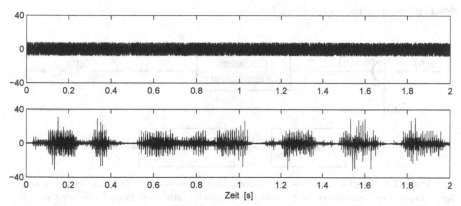

Abbildung 2.5. Für das Sprachsignal aus Abbildung 2.4 resultiert bei linearer 8-Bit-
Quantisierung der Quantisierungsfehler oben und bei 8-Bit-log-Quantisierung nach [19]
der Fehler unten.

nal zum Momentanwert der Signalamplitude (vergl. Abbildung 2.5). Dadurch wird für leise und laute Signalstellen ein ausgeglicheneres SNR erreicht, und das Sprachsignal kann praktisch ohne wahrnehmbare Verminderung der Sprachqualität statt mit 12 Bit nur mit 8 Bit pro Abtastwert dargestellt werden, was einer Datenreduktion von 33 % entspricht.

⊙ 2.8.1.2 Differenzcodierer

Als Differenzcodierer wird nicht ein einzelnes, sondern eine ganze Klasse von Codierverfahren bezeichnet. Das wesentliche Klassenmerkmal ist, dass ein Schätzwert $\tilde{s}(n)$ für den momentanen Signalabtastwert $s(n)$ ermittelt, und die Differenz bzw. der Schätzfehler codiert und übertragen wird. Das Blockschema des Differenzcodierers ist in Abbildung 2.6 zu sehen. Wichtig ist zu bemerken, dass ein Prädiktor immer Speicherelemente enthält (siehe z.B. Formel (1); vergl. auch Abschnitt 4.5), vielfach auch der Codierer und der Decodierer.

Ein einfaches Differenzcodierungsverfahren ist die *Deltamodulation*, bei welcher als Fehlercodierer der 1-Bit-Quantisierer $c(n) = 0.5 \cdot \{\text{sign}(e(n)) + 1\}$ eingesetzt wird. Für die Funktion $\text{sign}(x)$ wird hier angenommen, dass sie für $x < 0$ den Wert -1 und für $x \geq 0$ den Wert 1 liefert.

Der decodierte Fehler $\tilde{e}(n) = 2\,c(n) - 1$ stimmt somit nur hinsichtlich des Vorzeichens mit dem Schätzfehler $e(n)$ überein. Der Signalschätzwert $\tilde{s}(n)$ wird mit dem Prädiktor (ein verlustbehafteter Integrator) aus dem decodierten Fehler gewonnen:

$$\tilde{s}(n) = k_1 \cdot \tilde{s}(n-1) + k_2 \cdot \tilde{e}(n-1) \,. \tag{1}$$

Die Konstante k_1, die etwas kleiner als 1 sein muss, bestimmt den Verlust des Integrators und damit die Dauer, wie lange sich ein Übertragungsfehler im Empfänger auswirkt. Die Konstante k_2 wird so eingestellt, dass der Erwartungswert des Fehlers $e(n)$ möglichst klein ist.

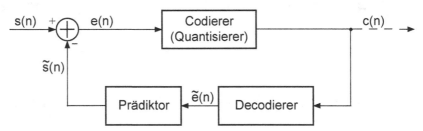

Abbildung 2.6. Blockschema des allgemeinen Differenzcodierers. Das Blockschema zeigt den Sender. Der Empfänger umfasst nur zwei Blöcke: Mit dem Decodierer wird $c(n)$ in $\tilde{e}(n)$ umgesetzt und daraus mit dem Prädiktor $\tilde{s}(n)$ rekonstruiert.

Bei komplexeren Differenzcodierungsverfahren, beispielsweise bei der bekannten ADPCM (*adaptive differential pulse code modulation*; siehe [20]) werden sowohl der Quantisierer als auch der Prädiktor adaptiv gestaltet, damit sie sich stets optimal an die momentanen Eigenschaften des Signals anpassen. Dies ist bei Sprachsignalen sehr wichtig, weil die Signaleigenschaften von Laut zu Laut sehr stark variieren können.

● 2.8.2 Modellierung von Sprachsignalen

Ein Codierer, der auf einem Sprachsignalmodellierungsverfahren beruht, wird im Englischen als *Vocoder* (Kurzform aus *voice* und *coder*) bezeichnet. Das Grundlegende der Vocoder ist, dass in grober Analogie zum menschlichen Sprechapparat die Tonerzeugung und die Klangformung getrennt gehandhabt werden.

Wie die Bezeichnung Sprachsignalmodellierung antönt, werden dabei mathematische Modelle eingesetzt. Diese Modelle haben eine Anzahl von Parametern, die aus dem Sprachsignal (genauer aus kurzen, aufeinander folgenden Abschnitten des Sprachsignals) berechnet werden. Anstelle des Sprachsignals selbst werden dann für jeden Sprachsignalabschnitt nur die Modellparameter übertragen oder gespeichert. Aus diesen lässt sich das Sprachsignal nach Bedarf wieder rekonstruieren.[1] Die Rekonstruktion ist allerdings verlustbehaftet, wobei der Verlust vom eingesetzten Modell und von der Zahl der Parameter abhängt.

Das mit Abstand am meisten eingesetzte Modell verwendet zur Klangformung ein digitales Filter, welches das Spektrum des zu modellierenden Signalstücks approximiert. Die Filterkoeffizienten werden mithilfe der linearen Prädiktion bestimmt. Das Verfahren wird in Abschnitt 4.5 eingehend behandelt.

Als Eingangssignal für das Filter wird eine periodische Impulsfolge oder ein weisses Rauschen verwendet, je nachdem, ob ein stimmhafter oder stimmloser Abschnitt des Sprachsignals zu modellieren ist.

Die Reduktion der Datenrate kommt in zwei Schritten zustande: Erstens ist die Anzahl der Modellparameter etwa um einen Faktor 10 kleiner als die Zahl der Abtastwerte des modellierten Sprachsignalabschnittes, und zweitens können die Parameter mit viel geringerer Präzision (Anzahl Bits pro Parameter) dargestellt werden als die Signalabtastwerte. So ist es möglich, Datenraten von $2-3\,\mathrm{kBit/s}$ zu erreichen. Dies entspricht einem Reduktionsfaktor von $32-48$, im Vergleich zur Referenzdatenrate von $96\,\mathrm{kBit/s}$ (vergl. Seite 32). Allerdings muss betont werden, dass der Qualitätsverlust beim rekonstruierten Sprachsignal gut hörbar ist.

---

[1]Diese Rekonstruktion wird in der Literatur oft als *Synthese* bezeichnet. Hier soll jedoch der Begriff Synthese ausschliesslich für die automatische Umsetzung von Text in Lautsprache (vergl. Abschnitt 2.3) verwendet werden.

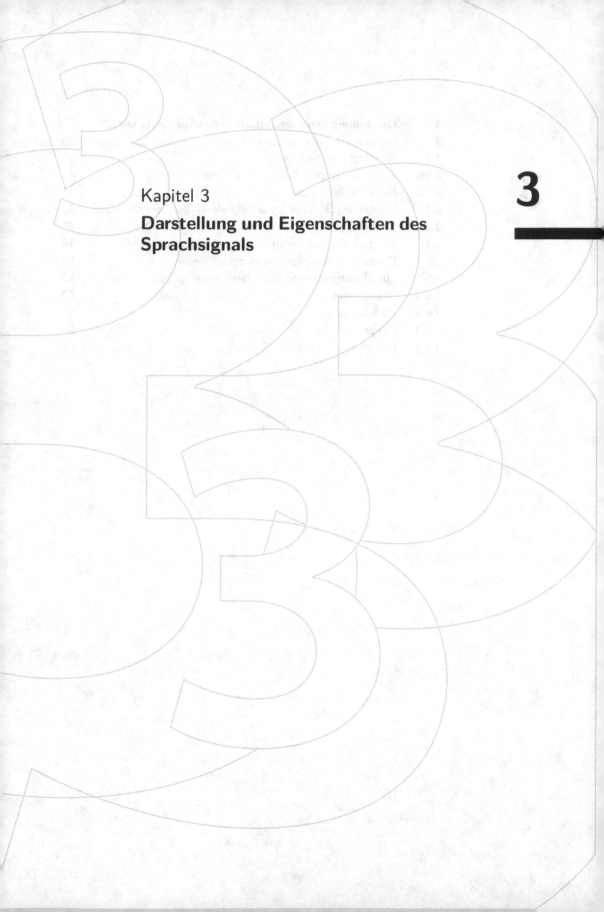

Kapitel 3

Darstellung und Eigenschaften des Sprachsignals

3

3

3 Darstellung und Eigenschaften des Sprachsignals

Menschen produzieren beim Sprechen Schallwellen, die über einen elektroakustischen Wandler, also ein Mikrophon, in zeitabhängige, elektrische Signale umgewandelt werden können. Zur Darstellung und Verarbeitung von Sprachsignalen werden heute praktisch ausschliesslich die Mittel der digitalen Signalverarbeitung eingesetzt. Deshalb sind die Analog-Digital-Umsetzung (Digitalisierung) und die Digital-Analog-Umsetzung gewöhnlich die einzigen Verarbeitungsschritte, die mit dem analogen Signal zu tun haben.

3.1 Digitalisieren von Sprachsignalen

❯ 3.1.1 Bandbegrenzungsfilter

Beim Digitalisieren wird das analoge Signal $x_a(t)$ zu den äquidistanten Zeitpunkten $t = nT_s = n/f_s$ abgetastet. T_s ist das Abtastintervall, f_s die Abtastfrequenz. Das Abtasten entspricht der Multiplikation des analogen Signals $x_a(t)$ mit der Pulsfolge $s(t)$

$$x_s(t) = x_a(t) \cdot s(t) = x_a(t) \cdot \sum_{n=-\infty}^{\infty} \delta(t - nT_s). \tag{2}$$

Im Frequenzbereich entspricht der Multiplikation in Gleichung (2) die Faltung mit der Fouriertransformierten der Pulsfolge (vergl. Abbildung 4.2):

$$X_s(\omega) = \frac{1}{2\pi} X_a(\omega) * S(\omega) = \frac{\omega_s}{2\pi} X_a(\omega) * \sum_{k=-\infty}^{\infty} \delta(\omega - k\omega_s). \tag{3}$$

Das Spektrum $X_s(\omega)$ entsteht also durch Superposition von frequenzverschobenen $X_a(\omega)$ um ganze Vielfache von $\omega_s = 2\pi f_s = 2\pi/T_s$. Die Abbildung 3.1 zeigt, dass im Spektrum $X_s(\omega)$ nur dann Frequenzkomponenten zusammenfallen können, wenn die Nyquist-Frequenz[1] von $x_a(t)$ höher ist als die halbe Abtastfrequenz. Dies wird als *Aliasing* bezeichnet.

Der Aliasing-Effekt lässt sich auch im Zeitbereich veranschaulichen. Abbildung 3.2 zeigt, dass eine Signalkomponente mit der Frequenz f_a, die grösser als die halbe Abtastfrequenz $f_s/2$ ist, die identische Folge von Abtastwerten ergibt wie die Komponente mit der Frequenz $f_b = f_s - f_a$.

---

[1]Der Begriff Nyquist-Frequenz wird verschieden gebraucht. In Anlehnung an [29] wird hier die obere Frequenzgrenze eines bandbegrenzten Signals als Nyquist-Frequenz bezeichnet und die halbe Abtastrate (oder -frequenz) als Nyquist-Rate.

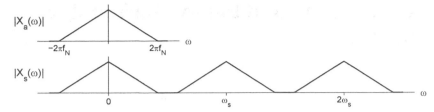

Abbildung 3.1. Aus dem bandbegrenzten Spektrum $X_a(\omega)$ des analogen Signals $x_a(t)$ wird durch das Abtasten das unbegrenzte Spektrum $X_s(\omega)$ des abgetasteten Signals $x_s(t)$.

Da die zusammengefallenen Frequenzkomponenten nicht mehr getrennt werden können, ist beim Digitalisieren von Signalen darauf zu achten, dass das Abtasttheorem nicht verletzt wird. Dieses schreibt vor:

> Beim Digitalisieren muss die Abtastfrequenz mindestens doppelt so hoch sein wie die Nyquist-Frequenz des analogen Signals, damit dieses wieder rekonstruiert werden kann.

Sprachsignale, die mit einem guten Mikrophon aufgenommen worden sind, weisen praktisch über den gesamten Hörbereich verteilte Frequenzkomponenten auf. Weil aber für die Sprachverständlichkeit die hohen Frequenzanteile (diejenigen über 5 kHz) nur eine untergeordnete Bedeutung haben, werden in vielen Anwendungen Sprachsignale mittels Tiefpassfilter bandbegrenzt, d.h. die Nyquist-Frequenz wird reduziert. Der Nyquist-Frequenz entsprechend kann dann auch die Abtastrate tief gewählt werden. Die durch die Filterung eliminierten Frequenzanteile gehen jedoch endgültig verloren.

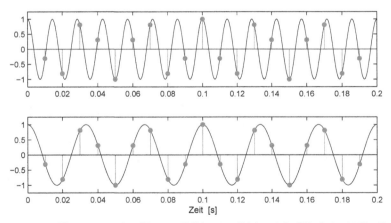

Abbildung 3.2. Illustration des Aliasing-Effekts im Zeitbereich: Wird ein 70 Hz-Cosinussignal mit 100 Hz abgetastet (oben), dann resultiert die gleiche Folge von Abtastwerten, wie wenn ein 30 Hz-Cosinussignal mit 100 Hz abgetastet wird (unten).

Merke: Die durch Aliasing zusammenfallenden Frequenzkomponenten eines Signals können *nicht* mehr getrennt werden. Es ist deshalb wichtig, *vor* dem Digitalisieren die Grenzfrequenz des Tiefpassfilters (auch Anti-Aliasing-Filter genannt) und die Abtastfrequenz richtig zu wählen.

3.1.2 Zeit- und Amplitudendiskretisierung

Weil bei Sprachsignalen die absolute Zeit im Allgemeinen nicht interessiert,[2] ist mit der Wahl der Abtastfrequenz im Wesentlichen auch die Diskretisierung der Zeit festgelegt.

Bei der Diskretisierung bzw. Quantisierung der Amplitude wird der kontinuierliche Wertebereich der Signalabtastwerte auf eine Menge diskreter Werte abgebildet. Wir gehen davon aus, dass es sich dabei um eine uniforme Quantisierung handelt, bei der also die Quantisierungsintervalle über den ganzen Wertebereich gleich gross sind. Durch das Runden auf diskrete Werte wird dem Signal ein sogenanntes Quantisierungsrauschen überlagert. Die Amplitude dieses Rundungsrauschens ist auf ein halbes Quantisierungsintervall begrenzt (vergl. Abschnitt 2.8.1.1).

Die Zeit- und die Amplitudendiskretisierung können voneinander unabhängig gewählt werden. Als Kriterium zur Festlegung der Amplitudendiskretisierung dient die Grösse des im konkreten Fall noch akzeptierbaren Quantisierungsrauschens bzw. das Verhältnis von Signal- und Rauschleistung (SNR).

3.1.3 Rekonstruktionsfilter

Ein digitales Signal ist nur zu den diskreten Abtastzeitpunkten bestimmt. Um daraus ein analoges, also ein zeit- und amplitudenkontinuierliches Signal $x_a(t)$ zu erzeugen, muss das Signal auch zwischen den Abtastzeitpunkten ermittelt werden.

Eine Methode ist, aus den Abtastwerten des digitalen Signals $s(n)$ ein Signal $x_d(t)$ zu erzeugen, das zu den Zeitpunkten $t = nT_s$ (n ganzzahlig) gleich $s(n)$ ist und sonst null. Das Spektrum von $x_d(t)$ ist nicht begrenzt und entspricht gemäss Abbildung 3.1 einer Wiederholung des Spektrums des gesuchten analogen Signals $x_a(t)$. Falls kein Aliasing vorliegt, dann kann entsprechend den Ausführungen in Abschnitt 3.1.1 das analoge Signal gewonnen werden, indem das aus den digitalen Abtastwerten erzeugte abgetastete Signal $x_d(t)$ mit einem Tiefpass gefiltert wird. Die Transfercharakteristik dieses Tiefpassfilters ist idealerweise im Durchlassbereich unterhalb der Nyquist-Frequenz f_N gleich eins und oberhalb von $f_s - f_N$ gleich null.

---

[2]Bei gewissen Signalen ist die absolute Zeit eine massgebliche Information. So kann beispielsweise bei den Abtastwerten einer Temperaturkurve wesentlich sein, ob ein bestimmter Abtastwert am Mittag, am Abend oder in der Nacht gemessen worden ist.

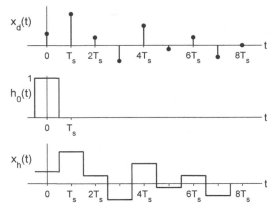

Abbildung 3.3. Durch Faltung des abgetasteten Signals $x_d(t)$ mit dem Impuls $h_o(t)$ entsteht die Treppenfunktion $x_h(t)$.

Weil das Signal $x_d(t)$ nur zu den diskreten Zeitpunkten $t = nT_s$ ungleich null ist (es ist aus δ-Funktionen zusammengesetzt wie das mit Gleichung (2) beschriebene Signal), und der Umgang mit der δ-Funktion in der Praxis schwierig ist, hat die obige Methode der Rekonstruktion des analogen Signals eher eine theoretische Bedeutung. Das in der Praxis übliche Verfahren nimmt an, dass die Abtastwerte während des Abtastintervalls T_s konstant bleiben. Das entsprechende Signal $x_h(t)$ entsteht aus der Operation

$$x_h(t) = x_d(t) * h_o(t), \tag{4}$$

wobei $h_o(t)$ die Impulsantwort der Haltefunktion (englisch: *zero-order hold function*) ist, also ein Impuls mit:

$$h_o(t) = \begin{cases} 1 & \text{für } -T_s/2 \le t < +T_s/2 \\ 0 & \text{sonst.} \end{cases}$$

Im Zeitbereich betrachtet entsteht durch die Faltung des abgetasteten Signals mit $h_o(t)$ eine Treppenfunktion, wie sie in Abbildung 3.3 gezeigt wird. Die Faltung $x_d(t) * h_o(t)$ im Zeitbereich entspricht der Multiplikation der zugehörigen Spektren (siehe Abbildung 3.4):

$$X_h(\omega) = X_d(\omega) \cdot H_o(\omega) = \frac{1}{2\pi}\{X_a(\omega) * S(\omega)\} \cdot H_o(\omega), \tag{5}$$

wobei $S(\omega)$ so definiert ist wie in Gleichung (3) und $X_a(\omega)$ dem Spektrum des gewünschten analogen Signals $x_a(t)$ entspricht. Damit lässt sich aus $x_h(t)$ das analoge Signal mit einem Rekonstruktionsfilter mit der Übertragungsfunktion

$$H_r(\omega) = \begin{cases} 1/H_o(\omega) & \text{für} \ -\pi/T_s < \omega < +\pi/T_s \\ 0 & \text{sonst} \end{cases} \tag{6}$$

exakt gewinnen. Voraussetzung ist jedoch, dass kein Aliasing vorliegt, dass also die Nyquist-Frequenz von $x_a(t)$ kleiner als $f_s/2$ ist.

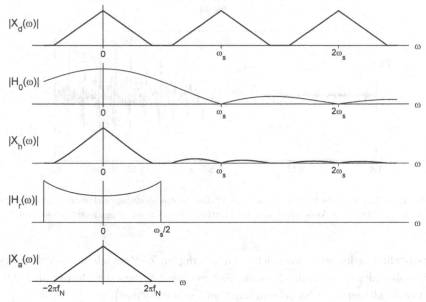

Abbildung 3.4. Der Faltung des abgetasteten Signals $x_d(t)$ mit der Haltefunktion $h_o(t)$ entspricht die Multiplikation der entsprechenden Spektren. Aus $X_h(\omega)$ kann mittels des Tiefpasses $H_r(\omega)$ das analoge Signal rekonstruiert werden.

3.2 Darstellung digitaler Sprachsignale im Zeitbereich

Die naheliegendste Darstellung eines digitalisierten Sprachsignals ist das Oszillogramm, also die Darstellung der Abtastwerte in Funktion der Zeit. Oszillogramme sind eigentlich Aufzeichnungen von einem meist analogen x/t-Schreiber, einem Oszillographen. Die Bezeichnung wird jedoch auch allgemein für die Darstellung physikalischer Messgrössen in Funktion der Zeit verwendet. Üblicherweise werden dabei jeweils zwei benachbarte Punkte mit einer Geraden verbunden, so dass eine amplituden- und zeitkontinuierliche Linie[3] entsteht, ähnlich wie bei einem Oszillogramm, das mit einem Analog-Kurvenschreiber

---

[3]Die lineare Interpolation ist für die graphische Darstellung in der Regel ausreichend. Soll das Signal jedoch hörbar gemacht werden, dann ist das analoge Signal aus den Abtastwerten so zu rekonstruieren, wie in Abschnitt 3.1.3 beschrieben.

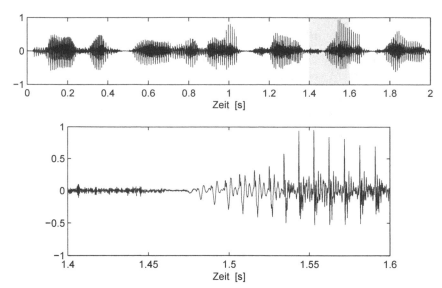

Abbildung 3.5. Vom 2 s langen Sprachsignal "dies ist die Modulationsleitung" ist der 0.2 s lange, grau unterlegte Ausschnitt mit der Lautfolge [sla̲i] unten vergrössert gezeichnet.

hergestellt worden ist. Eine solche Darstellung im Zeitbereich zeigt Abbildung 3.5, wobei hier die Amplitude so skaliert worden ist, dass der Betrag aller Abtastwerte kleiner als 1 ist (Darstellung im Einheitsformat).

Im Oszillogramm kann man gut die quasiperiodischen, stimmhaften Bereiche des Sprachsignals von den rauschartigen, stimmlosen unterscheiden. Wie die Vergrösserung zeigt, sind die Laute jedoch nicht scharf gegeneinander abgegrenzt. Die Lautübergänge sind stets mehr oder weniger fliessend, auch über die Wortgrenzen hinweg.

An den Wortgrenzen sind in der Regel keine Pausen. Die kurzen Pausen, die im Sprachsignal in Abbildung 3.5 sichtbar sind, sind alles präplosive Pausen. Es sind also nicht Sprechpausen, sondern sie gehören je zu einem Plosiv (Verschlusslaut), nämlich diejenige bei 0.5 s zum [t] in "ist", die bei 1.1 s zur Affrikate [ts] in "Modulation" und die bei 1.75 s zum [t] in "Leitung". Um einen Plosiv zu produzieren, müssen die Artikulatoren im Vokaltrakt an einer Stelle kurz einen Verschluss machen. Während der Dauer des Verschlusses verstummt das Sprachsignal, es baut sich hinter dem Verschluss ein Überdruck auf, und bei Öffnen des Verschlusses entsteht die Plosion, ein kurzes, knallendes bis zischendes Geräusch, das meistens recht schnell in den nachfolgenden Laut übergeht.

3.3 Darstellung im Frequenzbereich

Nebst der Zeitbereichsdarstellung ist bei Sprachsignalen die Frequenzbereichs-
darstellung wichtig. Weil das Sprachsignal nicht stationär ist, ist man primär
an seinen lokalen oder momentanen Eigenschaften interessiert. So will man beispielsweise wissen, wie das Spektrum an einer bestimmten Stelle des Signals
aussieht.

Um aus einer Zeitfunktion (physikalische Grösse in Funktion der Zeit) das zugehörige Spektrum zu bestimmen, wird die Fouriertransformation eingesetzt. Die
Frequenzauflösung im Spektrum ist proportional zur Länge der Zeitfunktion.
Um ein sinnvolles Spektrum zu erhalten, kann man deshalb die Fouriertransformation nicht auf einen einzelnen Abtastwert des Signals anwenden, sondern nur
auf einen kurzen Signalabschnitt (bzw. eine kurze Folge von Abtastwerten). Die
Länge diese Abschnittes muss so gewählt werden, dass das resultierende Spektrum eine genügend hohe Auflösung hat.

Die diskrete Fouriertransformation und deren Anwendung auf Sprachsignale
werden in Abschnitt 4.2 behandelt. Die in den Abbildungen 3.6 und 3.7 gezeigten Spektren sind mit einer hochauflösenden Fouriertransformation ermittelt
worden (vergl. 4.2.4).

Soll beispielsweise für das Sprachsignal von Abbildung 3.5 für den Zeitpunkt
0.18 s das Spektrum bestimmt werden, dann wird ein Abschnitt des Signals
ausgewählt, bei dem dieser Zeitpunkt in der Mitte liegt, wie dies in Abbildung
3.6 oben dargestellt ist. Mittels der Fouriertransformation kann aus diesem
Signalabschnitt das im unteren Teil der Abbildung gezeigte Spektrum (Betrag
und Phase) bestimmt werden. Weil das Signal in diesem Abschnitt stimmhaft
und damit ungefähr periodisch ist, und zwar mit einer Periode von etwa 8 ms,
weist das Spektrum eine deutlich sichtbare harmonische Struktur auf. Es ist eine
Grundwelle vorhanden, hier bei etwa 125 Hz, und auch viele der Oberwellen
bei ganzzahligen Vielfachen der Grundwelle sind mehr oder weniger deutlich
sichtbar.

Ein Sprachsignalabschnitt ist nie exakt periodisch. Einerseits schwingen die
Stimmlippen, die ja den quasiperiodischen Anteil im Sprachsignal erzeugen,
nicht exakt konstant und andererseits ist stets ein Rauschanteil vorhanden,
welcher von der beim Sprechen durch den Vokaltrakt ausströmenden Luft her-
rührt.

Das Spektrum in Abbildung 3.6 ist aus einem stimmhaften Signalabschnitt um
den Zeitpunkt 0.18 s ermittelt worden. Im Gegensatz dazu ist das Sprachsignal
von Abbildung 3.5 zum Zeitpunkt 1.15 s nicht periodisch, also stimmlos. Dies
ist auch im zugehörigen Betragsspektrum von Abbildung 3.7 zu erkennen: Das
Spektrum weist keine harmonische Struktur auf.

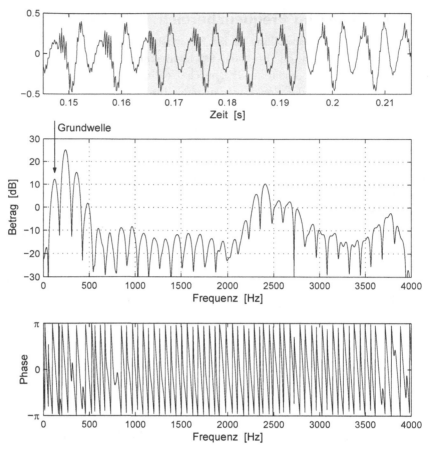

Abbildung 3.6. Vom grau unterlegten Teil des stimmhaften Sprachsignals oben (Ausschnitt des Lautes [iː] aus dem Wort "dies" bzw. [diːs] des Sprachsignals von Abbildung 3.5) resultiert via Fouriertransformation das komplexe Spektrum. Das daraus ermittelte Betragsspektrum ist in der Mitte dargestellt, das Phasenspektrum unten.

Es zeigt sich also, dass sich das Betragsspektrum eines stimmhaften Signalabschnittes deutlich vom Betragsspektrum eines stimmlosen Abschnittes unterscheidet.

Kein offensichtlicher Unterschied ist hingegen bei den Phasenspektren ersichtlich. Sowohl beim stimmhaften wie beim stimmlosen Abschnitt ist am auffälligsten, dass der Phasenverlauf Sprünge aufzuweisen scheint.

Tatsächlich werden diese jedoch durch das Analysefenster verursacht. So bewirkt der Schmiereffekt des Fensters (vergl. Abschnitt 4.2.3) beispielsweise im Betragsspektrum von Abbildung 3.6, dass die Grundwelle nicht als eine Frequenzlinie erscheint, sondern stark verbreitert ist. Die Frequenzkomponenten

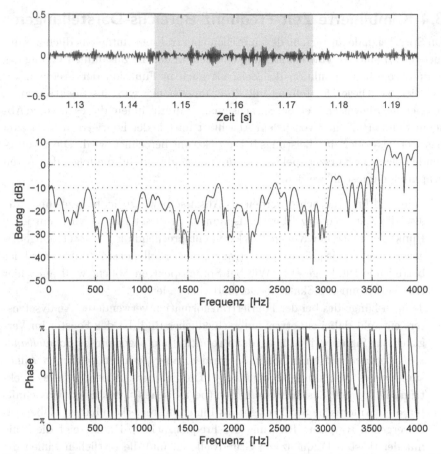

Abbildung 3.7. Vom grau unterlegten Teil des stimmlosen Sprachsignals oben (Ausschnitt der Affrikate [ts] aus dem Wort "Modulation" bzw. [modulatsjo:n] des Sprachsignals von Abbildung 3.5) resultieren via Fouriertransformation das Betrags- und das Phasenspektrum unten.

dieser Verbreiterung sind jedoch nicht im Signal vorhanden. Die Phase dieser im Signal nicht existierenden Frequenzkomponenten kann somit kaum etwas über das Signal aussagen.

Eine Darstellung der Phase eines Sprachsignals kann aber durchaus wichtig sein, z.B. im Zusammenhang mit der Fourier-Analyse-Synthese. Dann wird jedoch auf eine spezielle Darstellung zurückgegriffen, die in Abschnitt 3.5 erläutert wird.

3.4 Kombinierte Zeit-Frequenz-Bereichs-Darstellungen

Da Sprachsignale an verschiedenen Stellen spektral sehr unterschiedlich zusammengesetzt sind, ist eine Darstellung nützlich, in der die Zusammensetzung des Signals sowohl in Funktion der Zeit, als auch in Funktion der Frequenz ersichtlich ist. Diese Darstellung mit drei Dimensionen wird als Spektrogramm bezeichnet. Sie wird aus einem Sprachsignal ermittelt, indem dieses in kurze Abschnitte unterteilt und von jedem Abschnitt mittels der Fouriertransformation das Betrags- oder das Leistungsdichtespektrum berechnet wird. Die resultierende Folge von Kurzzeitspektren kann unter anderem auf die folgenden Arten graphisch dargestellt werden:

a) Zeit- und Frequenzachse werden als Abszisse bzw. Ordinate gezeichnet, die also die Zeit-Frequenz-Ebene aufspannen. In dieser Ebene wird nun jeder Punkt der Folge der Kurzzeitspektren entsprechend als Grauwert eingetragen. Dabei gilt, je grösser der Betrag an einer Stelle, desto dunkler wird der betreffende Punkt gesetzt. Wie bei Sprachspektren üblich, wird auch hier eine logarithmische Skala (in Dezibel) verwendet.

Je nach Länge des bei der Fouriertransformation verwendeten Analysefensters entsteht dabei ein etwas unterschiedliches Bild. Ist das Fenster im Vergleich zur Signalperiode lang, dann resultiert ein sogenanntes *Schmalbandspektrogramm* mit einer hohen spektralen, aber geringen zeitlichen Auflösung, wie es Abbildung 3.8 oben zeigt. Die Frequenzauflösung dieses Spektrums ist so hoch, dass in stimmhaften (periodischen) Sprachsignalausschnitten die harmonische Struktur gut als Linienmuster erkennbar ist (Oberwellen ergeben Rippel in Richtung der Frequenzachse). Dabei zeigt die Linie mit der tiefsten Frequenz die Grundwelle an und die restlichen Linien die Oberwellen. Weil stimmlose Laute, insbesondere die Frikative und Affrikaten (z.B. die Affrikate [t͡s], die zwischen den Zeitpunkten 1.1 und 1.2 s liegt) rauschartig sind, sind die Linienmuster an den betreffenden Stellen unterbrochen.

Umgekehrt entsteht mit einem relativ kurzen Fenster ein *Breitbandspektrogramm* mit grösserer zeitlicher Auflösung, aber mit stärkerer spektraler "Verschmierung" (siehe Abbildung 3.8 unten). Darin sind insbesondere die harmonischen Muster der stimmhaften Laute nicht mehr auszumachen. Hingegen erscheinen die Formanten (Resonanzen des Vokaltraktes) im Breitbandspektrum deutlicher. Zudem ist hier ein Muster mit vertikalen Linien zu sehen, und zwar wiederum bei stimmhaften Lauten. Dies ist ein Hinweis dafür, dass das Analysefenster in diesem Fall eher zu kurz gewählt worden ist, nämlich etwa 1.5 Perioden lang.

Die zweckmässige Wahl der Form und der Länge des Analysefensters wird in Abschnitt 4.2 behandelt.

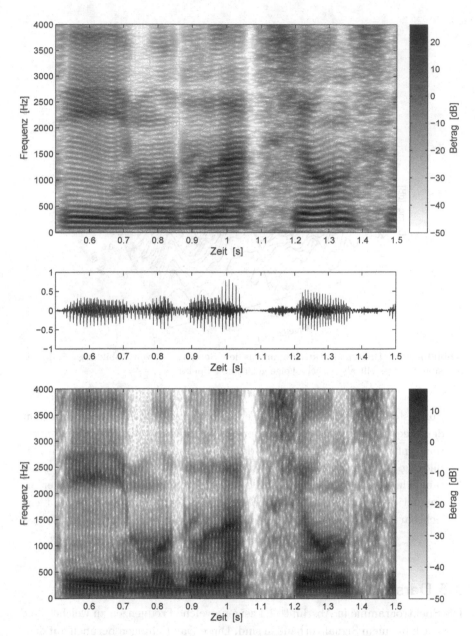

Abbildung 3.8. Oszillogramm des Sprachsignalausschnitts "die Modulations" (Mitte) und zugehöriges Schmalbandspektrogramm (oben), das mit einem Hamming-Fenster der Länge 32 ms ermittelt worden ist. Für das Breitbandspektrogramm (unten) ist ein Hamming-Fenster der Länge 12.5 ms verwendet worden.

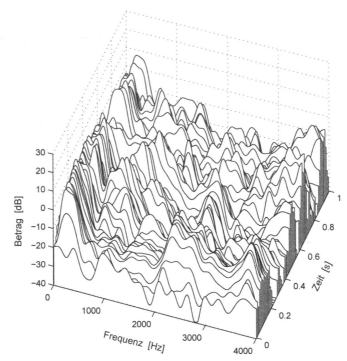

Abbildung 3.9. Breitbandspektrogramm aus dem Sprachsignal von Abbildung 3.8, dreidimensional dargestellt als zeitliche Folge geglätteter Spektren.

b) Für feste Zeitpunkte bilden die Werte des Kurzzeitspektrums in Funktion der Frequenz Kurven, die sich in einem dreidimensionalen Koordinatensystem eintragen und als Schrägbild darstellen lassen, wie das Beispiel in Abbildung 3.9 zeigt. Diese Darstellung ist jedoch nur für Breitbandspektren tauglich, weil diese einigermassen glatte Kurven aufweisen, d.h. die der Signalperiode entsprechenden harmonischen Frequenzkomponenten sind nicht sichtbar.

3.5 Darstellung der Phase eines Sprachsignals

Die Spektrogramme in Abschnitt 3.4 zeigen, welche Frequenzen zu welcher Zeit wie stark in einem Signal vorhanden sind. Diese Darstellungen beruhen auf dem mit der Fouriertransformation ermittelten Betragsspektrum. Über die Phase geben sie keine Auskunft.

In gewissen Fällen interessieren jedoch nicht nur die Amplitude und die Frequenz der Komponenten, aus denen ein Signal zusammengesetzt ist, sondern

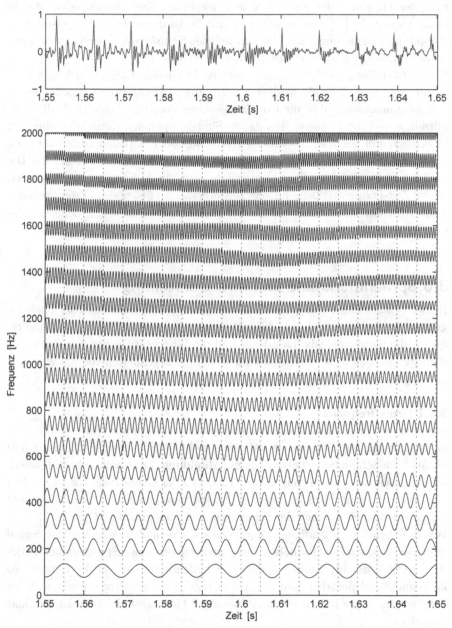

Abbildung 3.10. Für den stimmhaften Sprachsignalausschnitt oben ist alle 5 ms die spektrale Zusammensetzung (Zerlegung in Sinuskomponenten) ermittelt worden. Diese Sinuskomponenten sind unten auf der Zeit-Frequenz-Ebene aufgetragen (nur bis 2000 Hz).

auch die Phase dieser Komponenten. Eine Möglichkeit, die zeitliche Veränderung der Frequenz, der Amplitude und der Phase eines Sprachsignals darzustellen, wurde in [33] vorgeschlagen. Ein Beispiel dieser Darstellungsart ist in Abbildung 3.10 zu sehen. Sie zeigt, aus welchen Sinuskomponenten jeder stimmhafte Sprachsignalausschnitt zusammengesetzt ist.

Diese Darstellung wird wie folgt ermittelt: Für jeden $L_s = 5\,\text{ms}$ langen Abschnitt des Sprachsignals wird geschätzt, aus welchen Sinuskomponenten er sich zusammensetzt, d.h. für jede Sinuskomponente die Frequenz f, die Amplitude a und die Phase p. Aus diesen Sinuskomponenten lässt sich eine Art Spektrogramm zeichnen, in dem bei genügend hoher zeitlicher Auflösung auch die Phase ersichtlich ist. Dies wird dadurch erreicht, dass für jede durch ein Tripel (f, a, p) beschriebene Sinuskomponente, die zum Abschnitt $t = k\,L_s$ gehört, in der Zeit-Frequenz-Ebene für das Zeitintervall $[t,\ t+5\,ms]$ und die Frequenz f ein Abschnitt einer Sinuswelle mit (f, a, p) eingetragen wird (wieder mit logarithmierter Amplitude).

3.6 Sprachmerkmale und ihre Darstellung

In der Sprachverarbeitung interessieren nebst dem Spektrum bzw. Spektrogramm weitere aus dem Sprachsignal berechnete Grössen wie die Grundfrequenz, die Formanten, die Lautdauer und die Intensität. In den folgenden Abschnitten werden diese Grössen erläutert, um die Eigenheiten von Sprachsignalen eingehender zu illustrieren.

❯ 3.6.1 Grundfrequenz

Stimmhafte Sprachsignalabschnitte sind quasiperiodisch und weisen folglich eine Grundwelle und Oberwellen auf, die sowohl im Spektrum (Abbildung 3.6) als auch im Schmalbandspektrogramm (Abbildung 3.8) ersichtlich sind, sofern das Analysefenster lang genug ist. Die Frequenz der Grundwelle, die gleich dem Abstand der Oberwellen ist, wird als *Grundfrequenz* oder F_0 bezeichnet und entspricht dem Reziproken der Signalperiode T_0. Es gilt also: $F_0 = 1/T_0$.

Wie in Abschnitt 1.4.2 erläutert, hört man von einem oberwellenhaltigen Signal die Grundfrequenz als Tonhöhe. Die Grundfrequenz eines Sprachsignals ist jedoch nicht konstant, sondern ändert sich laufend. Dies ist an der Grundwelle im Schmalbandspektrogramm von Abbildung 3.8 nur schlecht erkennbar. Wird die Grundfrequenz jedoch wie in Abbildung 3.11 dargestellt, dann ist dies klar ersichtlich.

Die Grundfrequenz ist deshalb ein wichtiges Merkmal eines Sprachsignals, weil der Mittelwert der Grundfrequenz als Stimmlage und die zeitliche Variation der Grundfrequenz als Sprechmelodie wahrgenommen wird.

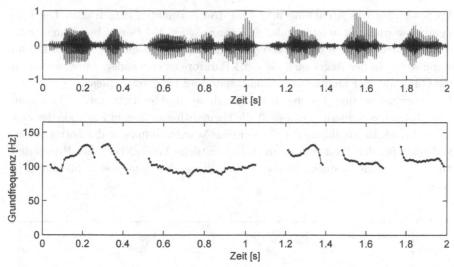

Abbildung 3.11. Sprachsignal "dies ist die Modulationsleitung" und daraus ermittelter Verlauf der Grundfrequenz. Da nur für stimmhafte Segmente die Grundfrequenz ermittelt werden kann, ist der Grundfrequenzverlauf eines Sprachsignals im Allgemeinen lückenhaft. Die Lücken zwischen den Kurvenstücken sind also dort, wo sich stimmlose Segmente oder Pausen befinden.

❯ 3.6.2 Formanten

Im Spektrum von Abbildung 3.6 ist zu sehen, dass in gewissen Frequenzbereichen die Amplitude der Oberwellen ausgeprägte lokale Maxima aufweist. Diese Maxima rühren von Resonanzen des Vokaltraktes her und werden Formanten genannt.

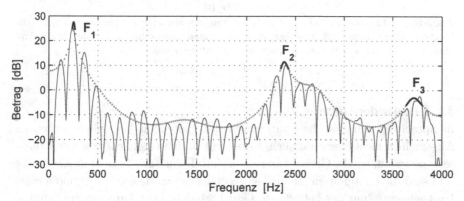

Abbildung 3.12. Spektrum eines Signalabschnittes des Lautes [iː] und zugehöriges LPC-Spektrum (punktiert, vergl. auch Abschnitt 4.5) mit eingetragenen Formanten. Innerhalb der 3-dB-Bandbreite sind die Formanten durchgezogen markiert.

Im Spektrum von Abbildung 3.12 sind drei Formanten eingetragen. Die Formanten werden mit aufsteigender Frequenz als F_1, F_2, F_3 etc. bezeichnet. Formanten werden durch drei Grössen charakterisiert: Frequenz, Amplitude und Bandbreite. In der Regel wird die 3-dB-Bandbreite verwendet, manchmal auch die Güte, also der Quotient aus Bandbreite und Formantfrequenz.

Die Formanten sind lautspezifisch (vergl. auch Abschnitt 1.4.5). In einem Sprachsignal verändern sich deshalb die Formantfrequenzen in Funktion der Zeit fortwährend. In Abbildung 3.12 ist nur eine Momentaufnahme der Formantkonstellation für den Laut [iː] zu sehen. Die zeitliche Veränderung der Formanten kann in der Zeit-Frequenz-Ebene dargestellt werden, wie dies Abbildung 3.13 zeigt.

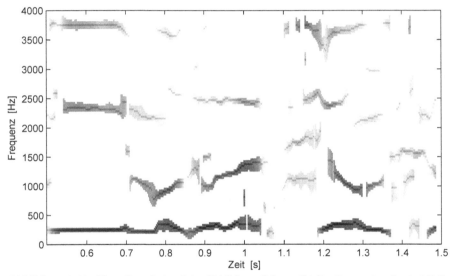

Abbildung 3.13. Vom Sprachsignal in Abbildung 3.8 ermittelte Formanten in der Zeit-Frequenz-Ebene dargestellt: Die Formanten erscheinen umso dunkler, je höher deren Amplitude ist; zudem sind Formantfrequenz und -bandbreite ersichtlich.

❯ 3.6.3 Dauer der Laute

In Sprachsignalen sind die Lautgrenzen der gleitenden Übergänge wegen im Allgemeinen nicht klar ersichtlich. Es besteht deshalb stets ein gewisser Ermessensspielraum, wo die Grenzen zu setzen sind. Beim Sprachsignal in Abbildung 3.14 sind die Lautgrenzen manuell so gesetzt worden, dass beim Anhören eines Lautsegmentes nur der betreffende Laut hörbar ist. Die Lautsegmente sind in ETHPA-Notation beschriftet. Die Transkription in IPA-Notation lautet [diːs ɪst diː modulatˌsioːnslaitʊŋ].

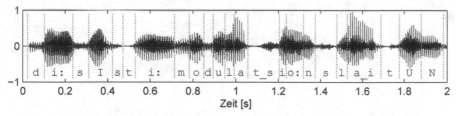

Abbildung 3.14. Im Sprachsignal "dies ist die Modulationsleitung" sind die Lautgrenzen eingetragen. Die Laute sind in ETHPA-Notation beschriftet (siehe Anhang A.1).

Aus dieser Abbildung ist ersichtlich, dass die Dauer der Laute stark variiert. Einerseits scheint die Dauer vom Laut abhängig zu sein, andererseits hat ein bestimmter Laut nicht stets dieselbe Dauer.

3.6.4 Intensität der Laute

In Abbildung 3.15 ist der Intensitätsverlauf des Sprachsignals von Abbildung 3.14 dargestellt. Als Intensität wird hier der RMS-Wert (*root mean square*) über ein 30 ms langes Fenster verwendet, also die Wurzel aus der Leistung, die über einen 30 ms langen Signalabschnitt ermittelt wird.

Es fällt auf, dass die Intensität der Laute sehr unterschiedlich ist. Beispielsweise ist im Wort "dies" (am Anfang des Signals) die Intensität des Lautes [iː] etwa zehnmal so gross wie die Intensität des Lautes [s]. Beim Anhören des Sprachsignal gewinnt man jedoch den Eindruck, dass alle Laute gleich laut sind. Die gemessene Intensität (also der RMS) der Laute und die subjektive Wahrnehmung sind demzufolge sehr verschieden.

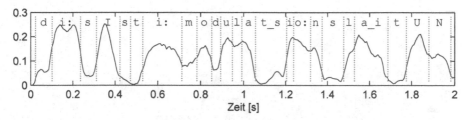

Abbildung 3.15. Intensitätsverlauf des Sprachsignals von Abbildung 3.14

Kapitel 4

Analyse des Sprachsignals

4

4   **Analyse des Sprachsignals**

4 Analyse des Sprachsignals

In diesem Kapitel werden die Transformationen und Signalverarbeitungsmethoden behandelt, auf welche in den Kapiteln über Sprachsynthese und Spracherkennung zurückgegriffen wird.

4.1 Kurzzeitanalyse

Die Kurzzeitanalyse ist ein wichtiges Instrument in der Sprachverarbeitung, da das Sprachsignal nicht stationär ist, sondern sich zeitlich verändert. Diese zeitliche Änderung wird wesentlich dadurch bestimmt, was und wie eine Person spricht. Daneben weist das Sprachsignal aber auch Komponenten auf, die zufälliger Natur sind (vergl. Abschnitt 2.1).

Das Ziel der Kurzzeitanalyse ist also, gewisse Eigenschaften des Sprachsignals in Funktion der Zeit zu ermitteln. Die meisten Analysetechniken nutzen die Tatsache, dass sich die Artikulatoren beim Sprechen relativ langsam bewegen und sich folglich auch die zeitabhängigen Eigenschaften des Sprachsignals entsprechend langsam verändern. Um die zeitliche Veränderung des Signals zu erfassen, wird das Signal in kurze Analyseabschnitte unterteilt, wie dies Abbildung 4.1 veranschaulicht. Auf jeden dieser Signalabschnitte wird sodann eine Analyse angewendet, beispielsweise die Fouriertransformation oder die LPC-Analyse (siehe Abschnitt 4.5). Dadurch entsteht eine zeitliche Abfolge von Analyseresultaten, die wir im Folgenden als Merkmale bezeichnen.

Für die Analyse wird im Allgemeinen vorausgesetzt, dass sich die interessierenden Eigenschaften innerhalb des Analyseabschnittes nicht stark ändern und somit das Sprachsignal näherungsweise als stationär betrachtet werden kann. Die meisten Analysetechniken setzen Stationarität voraus und liefern über den Analyseabschnitt "gemittelte" Werte. Für eine gute Schätzung der Eigenschaften sollte der Analyseabschnitt möglichst lang gewählt werden, um statistische Einflüsse auszumitteln. Andererseits muss aber der Analyseabschnitt so kurz

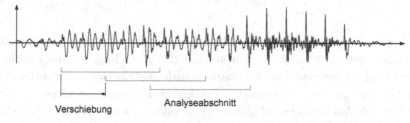

Verschiebung   Analyseabschnitt

Abbildung 4.1. Um den zeitlichen Verlauf interessierender Grössen (Merkmale) aus dem Sprachsignal zu extrahieren, wird das Signal abschnittweise analysiert, wobei sich aufeinander folgende Analyseabschnitte in der Regel überlappen.

sein, dass die tatsächlichen Werte der zu ermittelnden Grössen innerhalb des Analyseabschnittes nicht zu stark variieren und so die Resultate der Analyse verfälscht werden. Da nicht beide Ziele gleichzeitig erfüllt werden können, ist in jedem konkreten Fall ein guter Kompromiss anzustreben.

Die Verschiebung zwischen aufeinanderfolgenden Analyseabschnitten ist von der Länge des Abschnittes unabhängig und muss so gewählt werden, dass die zeitliche Auflösung der zu ermittelnden Grössen genügend hoch ist.

4.2 Schätzung des Kurzzeitspektrums

Um etwas über das Spektrum eines Signals aussagen zu können, bedient man sich meistens der Fouriertransformation. Das Resultat der Fouriertransformation bezeichnet man als Fouriertransformierte. Mit Spektrum bezeichnen wir hingegen eine Eigenschaft des Signals, die wir als frequenzmässige Zusammensetzung des Signals umschreiben können.

Man kann zwar aufgrund der Fouriertransformierten unter Umständen etwas über das Spektrum aussagen, also eine Schätzung machen, die Fouriertransformierte und das Spektrum sind bei Sprachsignalen aber stets verschieden und somit auseinander zu halten.

4.2.1 Diskrete Fouriertransformation

Das bekannteste Kurzzeitanalyseverfahren ist zweifellos die Kurzzeit-Fouriertransformation, wobei für digitale Signale selbstverständlich die diskrete Fouriertransformation (DFT) eingesetzt wird.

Die DFT bildet eine Sequenz von N Abtastwerten eines Signals $x(n)$ auf N Abtastwerte $X(k)$ der entsprechenden Fouriertransformierten ab. Die DFT und die inverse DFT werden durch die beiden folgenden Gleichungen beschrieben:

$$X(k) = \sum_{n=0}^{N-1} x(n)e^{-j(2\pi/N)kn} \qquad 0 \le k \le N-1 \qquad (7)$$

$$x(n) = \frac{1}{N} \sum_{k=0}^{N-1} X(k)e^{j(2\pi/N)kn} \qquad 0 \le n \le N-1. \qquad (8)$$

Um besser zu verstehen, wie die DFT mit der kontinuierlichen Fouriertransformation zusammenhängt, werden anhand der Abbildung 4.2 die einzelnen Schritte beim Übergang von der Fouriertransformation eines zeitkontinuierlichen Signals $x_a(t)$ zur entsprechenden diskreten Fouriertransformierten $X(k)$ erläutert. Die Abbildungen auf gleicher Höhe bilden jeweils ein Fouriertransformationspaar: links die Zeitbereichsdarstellung, rechts der Betrag der entsprechenden kontinuierlichen Fouriertransformierten.

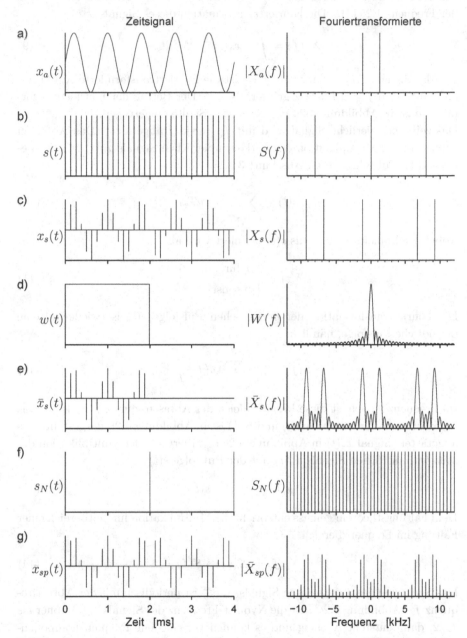

Abbildung 4.2. Veranschaulichung des Zusammenhangs zwischen der DFT und der zeit-kontinuierlichen Fouriertransformierten am Beispiel einer 1.25-kHz-Sinusschwingung $x_a(t)$. Die Abtastfrequenz, also die Pulsrate des Abtastsignals $s(t)$, beträgt 8 kHz.

Das zeitkontinuierliche Signal $x_a(t)$ in Abbildung 4.2a ist eine Sinusschwingung der Frequenz 1.25 kHz. Die Fouriertransformation dieses Signals ist:

$$X_a(f) = \int_{-\infty}^{\infty} x_a(t)e^{-j2\pi ft}dt \, . \tag{9}$$

Für das Signal $x_a(t) = \sin(2\pi \cdot 1250 \cdot t)$ ist die Fouriertransformierte $X_a(f)$ nur an den Stellen $f = \pm 1250\,\mathrm{Hz}$ grösser als null. Der Betrag der Fouriertransformierten ist in Abbildung 4.2a in der rechten Spalte eingetragen.

Das zeitkontinuierliche Signal wird mit $f_s = 8\,\mathrm{kHz}$ abgetastet. Das Abtasten entspricht der Multiplikation des zeitkontinuierlichen Signals $x_a(t)$ mit der periodischen Pulsfolge (vergl. Abschnitt 3.1.1)

$$s(t) = \sum_{n=-\infty}^{\infty} \delta(t-nT_s) \tag{10}$$

wobei der Einheits-Dirac-Puls $\delta(t)$ definiert wird als

$$\delta(t) = \begin{cases} 1 \text{ für } \quad t = 0 \\ 0 \text{ sonst} \end{cases} \tag{11}$$

Die Fouriertransformation der periodischen Pulsfolge $s(t)$ ist wiederum eine periodische Pulsfolge, nämlich:

$$S(f) = \frac{1}{T_s} \sum_{k=-\infty}^{\infty} \delta(f - \frac{k}{T_s}) \tag{12}$$

Im Frequenzbereich ist diese Periode gleich der Abtastfrequenz $f_s = 1/T_s$. Das Fouriertransformationspaar $s(t)$ und $S(f)$ ist in Abbildung 4.2b dargestellt. Das abgetastete Signal $x_s(t)$ in Abbildung 4.2c resultiert aus der Multiplikation des zeitkontinuierlichen Signals $x_a(t)$ mit der Pulsfolge $s(t)$:

$$x_s(t) = x_a(t) \cdot s(t) \, . \tag{13}$$

Dem Faltungstheorem gemäss entspricht die Multiplikation im Zeitbereich einer Faltung im Frequenzbereich.

$$X_s(f) = X_a(f) * S(f) \tag{14}$$

Das Spektrum des abgetasteten Signals $X_s(f)$ ist periodisch mit der Abtastfrequenz f_s (Abbildung 4.2c). Ist die Nyquist-Frequenz des Signals $x_a(t)$ höher als $f_s/2$, dann entsteht Aliasing und es können verschiedene Frequenzkomponenten des Signals $x_a(t)$ im Signal $x_s(t)$ zusammenfallen. Das ursprüngliche Signal kann dann nicht mehr korrekt aus dem abgetasteten Signal rekonstruiert werden (vergl. Abschnitt 3.1).

Da nur endlich viele Abtastwerte auf dem Computer verarbeitet werden können, oder weil man nur am Spektrum eines Ausschnittes des Signals interessiert ist, schneidet man N Abtastwerte aus dem Signal heraus. Dies entspricht nun der Multiplikation des abgetasteten Signals mit einer Rechteckfensterfunktion $w(t)$. Das Spektrum der Rechteckfunktion $w(t)$ mit der Dauer NT_s ist eine $sin(x)/x$-Funktion mit Nullstellen bei den Frequenzen $f = kf_s/N$, wobei k ganzzahlig und ungleich null ist. Im Beispiel von Abbildung 4.2d ist $N = 16$, was einer Fensterlänge von 2 ms entspricht.

Das Spektrum des mit der Fensterfunktion multiplizierten Signals ist wiederum das Resultat einer Faltung, nämlich der Faltung des Spektrums des abgetasteten Signals $x_s(t)$ mit dem Spektrum der Fensterfunktion $w(t)$:

$$\bar{X}_s(f) = X_s(f) * W(f) \tag{15}$$

Durch diese Faltung wird das ursprüngliche Spektrum verschmiert (Abbildung 4.2e). Die Verschmierung ist um so grösser, je kürzer das Fenster gewählt wird (vergl. Abschnitt 4.2.3).

Um nun noch den Schritt von der kontinuierlichen zur diskreten Fouriertransformation zu machen, wird das Spektrum $\bar{X}_s(f)$ abgetastet, wobei das Abtastintervall f_s/N ist. Dies entspricht wiederum einer Multiplikation, diesmal des Spektrums $\bar{X}_s(f)$ mit der periodischen Pulsfolge $S_N(f)$. Im Zeitbereich entspricht dies der Faltung mit $s_N(t)$, was heisst, dass das Signal $\bar{x}_{sp}(t)$ periodisch wird, wobei die Periode NT_s ist.

Die Werte der Funktionen $\bar{x}_{sp}(nT_s)$ und $\bar{X}_{sp}(kf_s/N)$ im Bereich $n, k = 0, 1, \ldots, N-1$ stellen nun nichts anderes dar als die Funktionswerte von $x(n)$ und $X(k)$ des diskreten Fouriertransformationspaares (bis auf einen Skalierungsfaktor).

Diese Illustration des Zusammenhangs zwischen der kontinuierlichen Fouriertransformation und der DFT zeigt folgendes:

Bei der Anwendung einer N-Punkt-DFT nimmt man implizit an, dass sowohl das Zeitsignal $x(n)$, als auch das Spektrum $X(k)$ periodisch fortgesetzt sind mit der Periode N.

Die Fouriertransformierte, also das Resultat der DFT, entspricht demzufolge nur dann der tatsächlichen spektralen Zusammensetzung eines Signals, wenn die Länge des Analyseabschnittes ein ganzzahliges Vielfaches der Periode beträgt. In allen anderen Fällen, also insbesondere auch für aperiodische Signale, kann mit der DFT bloss eine mehr oder weniger grobe Schätzung des wirklichen Spektrums erzielt werden. Die Genauigkeit dieser Schätzung hängt einerseits vom Signal selbst ab, andererseits auch von der verwendeten Fensterfunktion (siehe Abschnitt 4.2.3).

❯ 4.2.2 Eigenschaften der DFT

Die wichtigsten Eigenschaften der DFT sind in Tabelle 4.1 zusammengefasst. Eine ausführlichere Behandlung der DFT und deren Eigenschaften ist beispielsweise in [29] zu finden.

Tabelle 4.1. Die wichtigsten Eigenschaften der DFT. Die Bezeichnung $(())_N$ bedeutet, dass das Argument in der Klammer modulo N gerechnet werden muss.

	Zeitsequenz	DFT
Periodizität (i ganzzahlig)	$x(n) = x(n+iN)$	$X(k) = X(k + iN)$
Linearität	$x_3(n) = ax_1(n) + bx_2(n)$	$X_3(k) = aX_1(k) + bX_2(k)$
Verschiebung	$x((n+n_0))_N$ $x(n)e^{-j(2\pi/N)kn_0}$	$X(k)e^{j(2\pi/N)kn_0}$ $X((k+n_0))_N$
Zeitumkehr	$x((-n))_N$	$X^*(k)$
Dualität	$x(n)$ $X(n)$	$X(k)$ $Nx((-k))_N$
Faltung	$\displaystyle\sum_{m=0}^{N-1} x_1(m)\,x_2((n-m))_N$	$X_1(k)X_2(k)$
Multiplikation	$x_1(n)x_2(n)$	$\displaystyle\frac{1}{N}\sum_{i=0}^{N-1} X_1(i)X_2((k-i))_N$

❯ 4.2.3 Fensterfunktionen

Wie in Abschnitt 4.2.1 gezeigt worden ist, wird für die DFT eine endliche Anzahl von N Abtastwerten verwendet (Analyseabschnitt). Die Auswahl der N Abtastwerte aus dem Sprachsignal ist äquivalent zur Multiplikation des Sprachsignals mit einem Rechteckfenster der Länge N. Dieser Multiplikation des Sprachsignals mit dem Rechteckfenster entspricht im Frequenzbereich eine Faltung der betreffenden Spektren. Dies führt zu zwei unerwünschten Effekten, dem *Verschmieren* und dem *Lecken*.

Beide Effekte haben damit zu tun, dass das Spektrum eines Rechteckfensters nicht aus einem einzelnen Dirac-Puls besteht, sondern aus einem Hauptlappen und vielen Nebenlappen (siehe Abbildung 4.3). Durch die Faltung dieses Spektrums mit dem Signalspektrum wird eine einzelne Frequenzlinie auf die Form des Hauptlappens verbreitert bzw. verschmiert. Eine einzelne Frequenzkomponente des Signals liefert Beiträge an mehrere nebeneinander liegende Komponenten der DFT. Die Breite des Hauptlappens bestimmt somit das spektrale

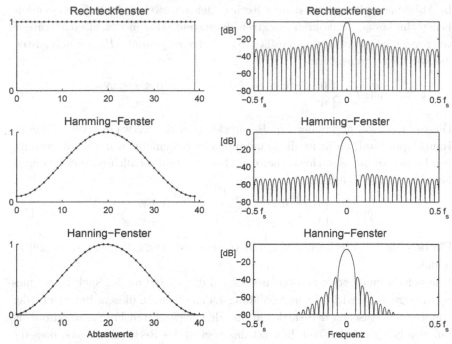

Abbildung 4.3. Gebräuchliche Fensterfunktionen und ihre Spektren. Im Zeitbereich sind die Fensterfunktionen mit einer Länge von 40 Abtastwerten gezeichnet, im Frequenzbereich sind sie im Intervall $[-f_s/2, +f_s/2]$ mit hoher Frequenzauflösung (vergl. Abschnitt 4.2.4) dargestellt.

Auflösungsvermögen der DFT. Bei einem Rechteckfenster der Länge NT_s ist die Breite des Hauptlappens (der Abstand zwischen den zwei Nullstellen) durch $2f_s/N$ gegeben. Um eine möglichst hohe spektrale Auflösung zu erreichen, muss also das Analysefenster möglichst lang sein. Bei einem nichtstationären Signal kann ein zu langes Analysefenster jedoch bewirken, dass das ermittelte Spektrum nicht korrekt ist (siehe z.B. Abschnitt 9.2.5). Die Wahl der Länge des Analysefensters hängt auch davon ab, ob man der spektralen oder der zeitlichen Auflösung mehr Gewicht beimisst.

Der zweite unerwünschte Effekt der Multiplikation mit der Fensterfunktion, das Lecken (engl. *leakage*), wird durch die Nebenlappen des Spektrums der Fensterfunktion hervorgerufen. Diese führen dazu, dass neue Spektrallinien ausserhalb des Hauptlappens im abgetasteten Spektrum entstehen. Der Leckeffekt lässt sich nicht durch die Länge des Fensters verändern, sondern durch dessen Form. Beim Rechteckfenster ist die Höhe des ersten Nebenlappens 13 dB unter dem Maximum des Hauptlappens.

In Abbildung 4.3 sind nebst dem Rechteckfenster zwei weitere oft verwendete Fensterfunktionen mit ihren Spektren dargestellt. Das in der Sprachverarbeitung am häufigsten verwendete Fenster ist das sogenannte *Hamming*-Fenster, das wie folgt definiert ist:

$$w(n) = \begin{cases} 0.54 - 0.46\cos\left(\frac{2\pi n}{N-1}\right) & 0 \leq n \leq N-1 \\ 0 & \text{sonst.} \end{cases} \tag{16}$$

Dieses weist zwar gegenüber dem Rechteckfenster einen etwa doppelt so breiten Hauptlappen auf, dafür ist die Dämpfung der Nebenlappen mit 41 dB wesentlich besser. In der Sprachverarbeitung ebenfalls gebräuchlich ist das *Hanning*-Fenster mit der Definition

$$w(n) = \begin{cases} 0.5 - 0.5\cos\left(\frac{2\pi n}{N-1}\right) & 0 \leq n \leq N-1 \\ 0 & \text{sonst.} \end{cases} \tag{17}$$

Ein detaillierter Vergleich dieser und weiterer Fensterfunktionen ist in [29] zu finden.

Wie sich die eingesetzte Fensterfunktion auf die Schätzung des Spektrums eines Sprachsignals auswirkt, ist in Abbildung 4.4 zu sehen. In diesem Beispiel ist der Unterschied zwischen den stärksten und den schwächsten Frequenzkomponenten ziemlich gross. Deshalb bewirkt das Lecken des Rechteckfensters, dass die schwachen Frequenzkomponenten im Bereich zwischen 1500 und 3500 Hz nicht ersichtlich sind. Es kann insbesondere nicht entschieden werden, welche relativen Maxima auf eine im Signal vorhandene Komponente hinweisen und welche bloss durch das Lecken der starken Komponenten entstanden sind. Nur bei den stärksten Komponenten ist das harmonische Muster erkennbar, das aufgrund der Signalperiode zu erwarten ist.

Wird jedoch ein Hamming-Fenster verwendet, dann sind zwar die Frequenzkomponenten stärker verschmiert, aber immer noch problemlos zu unterscheiden. Insbesondere die schwachen harmonischen Frequenzkomponenten sind viel besser ersichtlich. Für eine wirklich gute Schätzung der spektralen Zusammensetzung sind ausser der passenden Fensterfunktion jedoch noch weitere Massnahmen erforderlich.

❯ 4.2.4 Die Frequenzauflösung der DFT

Die Frequenzauflösung eines Spektrums wird gewöhnlich mit dem Frequenzabstand zweier benachbarter Frequenzkomponenten angegeben. Dabei gilt: je kleiner dieser Abstand, desto höher die Frequenzauflösung.

Bei einem Spektrum, das mit einer DFT aus N Abtastwerten ermittelt worden ist, beträgt dieser Frequenzabstand f_s/N, wobei f_s die Abtastfrequenz ist. Um bei gegebener Abtastfrequenz eine hohe Frequenzauflösung zu erhalten, muss also N entsprechend gross gewählt werden. Während dies bei stationären Si-

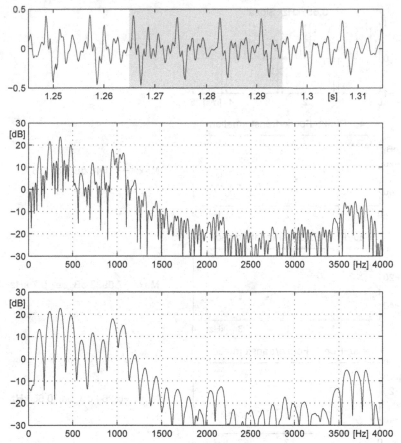

Abbildung 4.4. Aus dem grau hinterlegten Signalabschnitt des Lautes [o] ermittelte Spektren unter Verwendung eines Rechteck- bzw. eines Hamming-Fensters (Mitte bzw. unten)

gnalen oder solchen mit sehr langsam veränderlicher spektraler Charakteristik möglich ist, muss bei Sprachsignalen ein anderer Weg beschritten werden. Dieser beruht auf der folgenden Überlegung.

Die DFT der Sequenz $x(n) = x_0, x_1, \ldots, x_{N-1}$ liefert die spektralen Werte $X(k) = X_0, X_1, \ldots, X_{N-1}$, und mit der Abtastfrequenz f_s beträgt die spektrale Auflösung f_s/N. Wird nun obige Sequenz mit Nullen auf die Länge von $2N$ Abtastwerten ergänzt (das Ergänzen mit Nullen wird im Englischen als *zero padding* bezeichnet), dann entsteht die Sequenz $x'(n) = x_0, x_1, \ldots, x_{N-1}, 0, 0, \ldots, 0$, deren Abtastfrequenz nach wie vor f_s ist. Die DFT von $x'(n)$ liefert $X'(k) = X'_0, X'_1, \ldots, X'_{2N-1}$. Die spektrale Auflösung von $X'(k)$ beträgt $f_s/(2N)$, ist also gegenüber $X(k)$ verdoppelt.

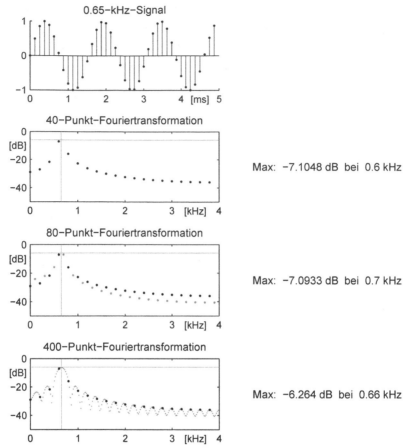

Abbildung 4.5. Aus dem 40 Abtastwerte langen 650 Hz-Sinussignal mit -6 dB (oben) ergibt die DFT 40 Frequenzpunkte (zweite Teilabbildung, nur positive Frequenzkomponenten eingezeichnet). Die DFT des mit Nullen auf doppelte Länge ergänzten Signalabschnittes (dritte Teilabbildung) zeigt, dass zwischen den ursprünglichen Werten je ein zusätzlicher Wert ermittelt worden ist. Wird das Signal auf zehnfache Länge mit Nullen ergänzt, ergibt das Maximum der DFT bereits eine viel bessere Schätzung für die Frequenz und die Intensität des Sinussignals.

Es stellt sich nun die Frage nach dem Zusammenhang von $X(k)$ und $X'(k)$. Leicht lässt sich zeigen, dass $X(k) = X'(2k)$ gilt:

$$
\begin{aligned}
X'(2k) &= \sum_{n=0}^{2N-1} x'(n)e^{-j(2\pi/(2N))2kn} = \sum_{n=0}^{N-1} x(n)e^{-j(2\pi/(2N))2kn} \\
&= \sum_{n=0}^{N-1} x(n)e^{-j(2\pi/N)kn} = X(k), \qquad 0 \leq k < N.
\end{aligned}
\tag{18}
$$

Alle Frequenzpunkte von $X(k)$ sind somit in $X'(k)$ enthalten, wie dies in Abbildung 4.5 mit einer 40- und einer 80-Punkt-DFT illustriert wird. Weil mit dem Ergänzen von Nullen die spektrale Auflösung der DFT vergrössert werden kann, wird hier oft von "hochauflösender Fouriertransformation" gesprochen, insbesondere dann, wenn die Anzahl der Nullen viel grösser ist als die Zahl der Signalabtastwerte.

Zu bedenken ist jedoch, dass das Resultat der hochauflösenden DFT nicht zwangsläufig besser ist als die normale DFT. In beiden Fällen wird nämlich implizit angenommen, dass das Signal periodisch ist: Bei der normalen DFT ist die angenommene Periodizität gleich dem N Abtastwerte langen Signalabschnitt; bei der hochauflösenden DFT gehören die Nullen auch zur Periode.

Bei zweckmässiger Wahl der Fensterfunktion (Form und Länge) kann mit der hochauflösenden DFT die spektrale Zusammensetzung eines Signals recht genau ermittelt werden. Bei einem Signal mit einer einzigen Sinuskomponente ist dies einfach (vergl. Abbildung 4.5). Bei einem Sprachsignal sind jedoch noch weitere Punkte zu beachten (siehe Abschnitt 9.2.5).

❯ 4.2.5 Zeitabhängige Fouriertransformation

Um für ein nicht- oder quasistationäres Signal den zeitlichen Verlauf des Kurzzeitspektrums zu erhalten, wird das Analysefenster über das Signal geschoben, wie dies in Abschnitt 4.1 beschrieben ist. Die zeitabhängige Fouriertransformation, also die DFT an der Stelle n des Signals unter Verwendung einer N Abtastwerte langen Fensterfunktion $w(n)$ ist somit gegeben durch

$$X(n, k) = \sum_{m=n}^{n+N-1} w(m-n)\, x(m)\, e^{-j(2\pi/N)km}. \tag{19}$$

Die Fensterfunktion $w(m-n)$ bestimmt den Signalausschnitt, der zum Zeitpunkt n analysiert wird. $X(n, k)$ ist somit eine Funktion der beiden Variablen n und k, welche die diskrete Zeit bzw. die diskrete Frequenz darstellen.

Das durch Gleichung (19) definierte Spektrum kann auf zwei Arten interpretiert werden. Wird die zeitabhängige Fouriertransformation für ein fixes n betrachtet, dann verwenden wir die Bezeichnung $X_n(k)$, womit die gewöhnliche Fouriertransformation des mit der Fensterfunktion multiplizierten Signalabschnittes $x(m)\,w(m-n)$ gemeint ist.

Betrachtet man die zeitabhängige Fouriertransformation für ein fixes k, wir bezeichnen sie dann mit $X_k(n)$, so beschreibt die Gleichung (19) die Faltung der Fensterfunktion $w(n)$ mit dem Signal $x_k(n) = x(n)\, e^{-j(2\pi/N)kn}$. Das Signal $x_k(n)$ entsteht aus $x(n)$, indem es mit dem komplexen Signal $e^{-j(2\pi/N)kn}$ multipliziert wird, was einer Modulation entspricht, die alle Frequenzkomponenten des Signals um $f_k = -f_s(k/N)$ verschiebt.

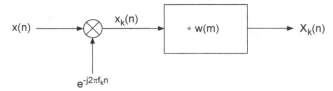

Abbildung 4.6. Die zeitabhängige Fouriertransformation für eine fixe Frequenz f_k entspricht der Filterung des mit dem komplexen Trägersignal $e^{-j(2\pi f_k)n}$ modulierten Signals $x(n)$. Sowohl $x_k(n)$ als auch $X_k(n)$ sind komplexwertig.

Die Faltung von $w(n)$ mit dem Signal $x_k(n)$ entspricht der Filterung des Signals $x_k(n)$ mit dem Filter $w(n)$, also einem Tiefpassfilter, dessen Übertragungsfunktion durch die Fensterfunktion gegeben ist (siehe Fig. 4.3). Diese Betrachtungsweise ist für ein k in Abbildung 4.6 dargestellt. Die zeitabhängige DFT kann somit auch als Filterbank mit N Filtern betrachtet werden, deren Mittenfrequenzen $f_k = f_s(k/N)$, $k = 0, 1, \ldots, N-1$ sind und deren Bandbreite durch die Fensterfunktion bestimmt wird.

Die DFT stellt demzufolge eine spezielle Art von Filterbank dar, bei der die Bandpassfilter gleichmässig auf den zu analysierenden Frequenzbereich verteilt sind. Man nennt sie deshalb eine *uniforme* Filterbank. Generell kann man durch die Parallelschaltung von Bandpassfiltern, wie in Abbildung 4.7 dargestellt, beliebige Filterbänke zusammenstellen. Das k-te Bandpassfilter hat dabei die Impulsantwort $h_k(n)$ mit der Mittenfrequenz f_k und der Bandbreite Δf_k. Die Mittenfrequenzen und Bandbreiten der einzelnen Filter werden normalerweise so gewählt, dass sie den gesamten interessierenden Frequenzbereich abdecken.

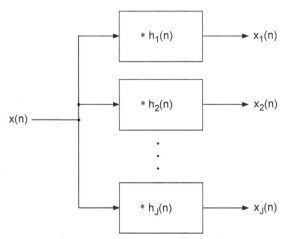

Abbildung 4.7. Allgemeine Filterbank mit J Kanälen: Die Filter $h_1(n)$, $h_2(n), \ldots, h_J(n)$ können Durchlassbereiche unterschiedlicher Breite haben, und es sind transversale oder rekursive Filter einsetzbar.

In der Sprachverarbeitung spielen nebst uniformen Filterbänken auch nicht uniforme Filterbänke eine wichtige Rolle, mit denen bestimmte Eigenschaften des menschlichen Gehörs nachgebildet werden (vergl. Abschnitt 4.6.5).

4.3 Schätzung des Leistungsdichtespektrums

In den vorherigen Abschnitten wurde die Fourieranalyse von periodischen Signalen behandelt. Diese haben ein diskretes Spektrum, dessen Komponenten mittels der (hochauflösenden) Kurzzeit-DFT geschätzt werden können. Rauschartige Signale, z.B. Sprachsignale von stimmlosen Lauten, haben kein diskretes Spektrum und werden gewöhnlich mit dem Leistungsdichtespektrum beschrieben. Die Frage ist also, was die Kurzzeit-DFT über das Leistungsdichtespektrum eines Rauschsignals aussagt. Sei $x(n)$ ein stationäres, zeitdiskretes Zufallssignal und $X(k)$ dessen diskrete Fouriertransformierte

$$X(k) = \sum_{n=0}^{N-1} w(n)\, x(n)\, e^{-j(2\pi/N)kn}\,, \tag{20}$$

wobei die Fensterfunktion $w(n)$ den zu analysierenden Signalabschnitt definiert. Aus dieser DFT können wir das Leistungsdichtespektrum des Signalausschnittes an diskreten Frequenzstellen $\omega_k = 2\pi f_s k/N$, mit $k = 0, 1, \ldots, N-1$, schätzen als

$$\tilde{S}(\omega_k) = \frac{1}{NU}|X(k)|^2\,, \tag{21}$$

wobei N die Länge des Fensters ist. Mit der Konstanten U wird der Einfluss des Fensters auf die Schätzung kompensiert:

$$U = \frac{1}{N}\sum_{n=0}^{N-1} w^2(n) \tag{22}$$

Wird für $w(n)$ eine Rechteckfensterfunktion angenommen, so nennt man diesen Schätzwert $\tilde{S}(\omega_k)$ *Periodogramm*. Werden andere Fensterfunktionen benützt, so spricht man von einem *modifizierten Periodogramm*. Es lässt sich zeigen (siehe z.B. [29]), dass bei der Wahl von U gemäss Formel (22) das Periodogramm eine asymptotisch erwartungstreue Schätzung des Leistungsdichtespektrums an den Stellen ω_k ist, d.h. dass der Erwartungswert der Schätzung dem wahren Wert entspricht, wenn die Fensterlänge N gegen unendlich geht.

Die Varianz der Schätzung ist auch für die einfachsten Fälle äusserst schwierig zu bestimmen. Es wurde jedoch gezeigt, dass über einen weiten Bereich von Bedingungen die Varianz der Schätzung für $N \to \infty$ gegeben ist durch

$$\text{var}\{\tilde{S}(\omega_k)\} \simeq P^2(\omega_k)\,, \tag{23}$$

wobei $P(\omega_k)$ das wahre Leistungsdichtespektrum von $x(n)$ darstellt. Das heisst, die Standardabweichung der Schätzung des Leistungsdichtespektrums ist auch für Fensterlängen $N \to \infty$ in derselben Grössenordnung wie das Leistungsdichtespektrum selbst. Daraus folgt, dass das Periodogramm eine *nicht konsistente* Schätzung des Leistungsdichtespektrums liefert, da die Varianz mit wachsender Fensterlänge nicht gegen null strebt (siehe Abbildung 4.8).

Die Schätzung des Leistungsdichtespektrums über das Periodogramm kann verbessert werden, indem mehrere unabhängige Periodogramme gemittelt werden. Die Varianz von k gemittelten Periodogrammen ist k-mal kleiner als die eines einzelnen Periodogramms (vergl. Abbildungen 4.8 und 4.9). Somit erhalten wir für $k \to \infty$ und mit einer Fensterlänge $N \to \infty$ trotzdem noch eine erwartungstreue und konsistente Schätzung.

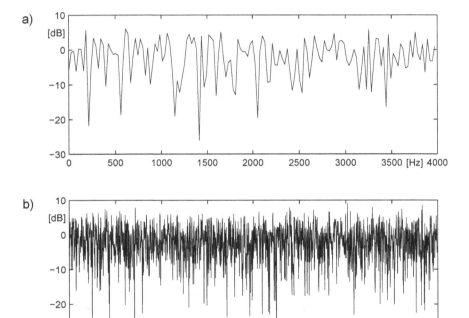

Abbildung 4.8. Die Schätzung des Leistungsdichtespektrums nach Formel (21) weist für ein Rauschsignal (weisses Rauschen mit 0 dB Leistung) eine grosse Varianz auf. Die Vergrösserung des Analysefensters von 300 Abtastwerten (oben) auf 3000 Abtastwerte (unten) verändert zwar die spektrale Auflösung, nicht aber die Varianz.

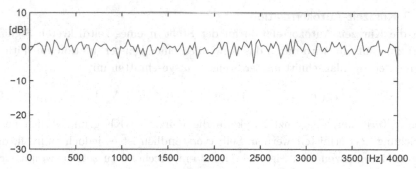

Abbildung 4.9. Die Schätzung des Leistungsdichtespektrums für das gleiche weisse Rauschen wie in Abbildung 4.8 ist hier durch Mittelung der Periodogramme aus zehn Abschnitten mit je 300 Abtastwerten gewonnen worden. Die Varianz ist entsprechend reduziert worden.

4.4 Autokorrelation

4.4.1 Definition der Autokorrelationsfunktion

Für ein energiebegrenztes, zeitdiskretes Signal $x(n)$ ist die Autokorrelationsfolge (AKF) definiert als

$$r(k) = \sum_{n=-\infty}^{\infty} x(n)\,x(n+k)\,. \tag{24}$$

Für periodische Signale sowie für stationäre, stochastische Signale gilt die entsprechende Beziehung:

$$r(k) - \lim_{N\to\infty} \frac{1}{2N+1} \sum_{n=-N}^{N} x(n)\,x(n+k)\,. \tag{25}$$

4.4.2 Eigenschaften der Autokorrelationsfunktion

Für die in Formel (24) bzw. (25) definierte AKF $r(k)$ eines zeitdiskreten Signals $x(n)$ gelten folgende Eigenschaften:

1. $r(k) = r(-k)$.

2. $|r(k)| \le r(0)$ für alle k.

3. $r(0)$ entspricht gemäss (24) und (25) der Energie für energiebegrenzte Signale bzw. der mittleren Leistung für periodische oder stationäre, stochastische Signale.

4. Falls $x(n)$ periodisch ist mit Periode P, dann ist auch $r(k)$ periodisch mit derselben Periode (selbstverständlich ist dann $r(k)$ nach Formel (25) zu berechnen).

⊘ 4.4.3 Kurzzeit-Autokorrelation

Um die Kurzzeit-Autokorrelation an der Stelle n eines zeitdiskreten Signals $x(n)$ zu ermitteln, wird durch das Anwenden einer Fensterfunktion ein zeitlich begrenzter Signalabschnitt an der Stelle n ausgeschnitten mit

$$\bar{x}_n(m) = x(n+m)\,w(m)\,, \qquad 0 \le m \le N-1\,. \tag{26}$$

Weil $\bar{x}_n(m)$ energiebegrenzt ist, kann die Kurzzeit-AKF grundsätzlich nach Gleichung (24) ermittelt werden. Selbstverständlich ist es jedoch sinnvoll, die Summationsgrenzen dem Signalabschnitt entsprechend zu setzen, womit sich für die Kurzzeit-AKF an der Stelle n die folgende Formel ergibt:

$$r_n(k) = \sum_{m=0}^{N-1-|k|} \bar{x}_n(m)\,\bar{x}_n(m+k)\,, \qquad |k| < N \tag{27}$$

Es ist leicht zu sehen, dass die Kurzzeit-AKF nach Formel (27) symmetrisch ist. Die Symmetrie ist auch in Abbildung 4.10 ersichtlich, in der das Ermitteln der Kurzzeit-AKF anhand eines synthetischen Signals mit drei Sinuskomponenten illustriert wird. Weil dieses Signal periodisch ist, sollte gemäss Abschnitt 4.4.2 die AKF auch periodisch sein. Tatsächlich nimmt jedoch die Amplitude der AKF mit zunehmendem Index $|k|$ ab. Dies ist aufgrund von Gleichung (27) einleuchtend, weil mit grösser werdendem $|k|$ die obere Summationsgrenze abnimmt, also immer weniger Werte aufsummiert werden.

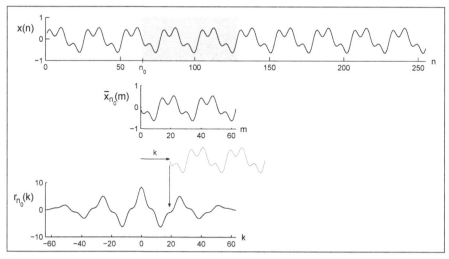

Abbildung 4.10. Berechnung der Kurzzeit-AKF: Durch Multiplikation des Signals $x(n)$ mit einem Rechteckfenster der Länge N an der Stelle n_0 resultiert der zeitbegrenzte Signalabschnitt $\bar{x}_{n_0}(m)$ und unter Anwendung von Formel (27) die AKF $r_{n_0}(k)$.

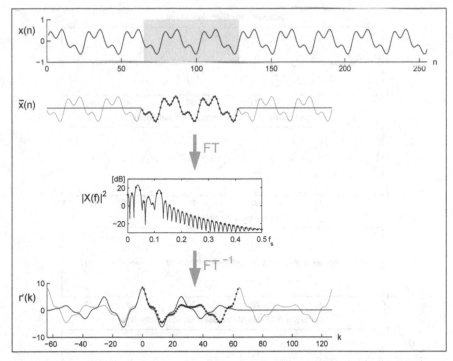

Abbildung 4.11. Die AKF kann gemäss Gleichung (28) auch mit Fouriertransformation ermittelt werden. Das Resultat ist aber nur dann gleich wie in Abbildung 4.10, wenn eine hochauflösende Fouriertransformation (vergl. Abschnitt 4.2.4) angewendet wird. Falls genau die $N = 64$ Abtastwerte (als Punkte gezeichnet) für die Fouriertransformation verwendet werden, dann wird implizit angenommen, dass der Signalabschnitt $\bar{x}_{n_0}(m)$ periodisch fortgesetzt ist (grau gezeichnet) und es resultieren die N Punkte des Leistungsdichtespektrums (nur positive Frequenzen dargestellt) bzw. die N Punkte der AKF, die wiederum mit N periodisch ist (vergl. Abschnitt 4.2.1).

Falls N gross ist, kann die Kurzzeit-AKF effizienter mithilfe der Fouriertransformation wie folgt ermittelt werden:

$$r'_n(k) = \mathcal{F}^{-1}\{|\mathcal{F}\{\bar{x}_n(m)\}|^2\} . \tag{28}$$

Dies geht aus dem *Wiener-Khintchine-Theorem* hervor, das grob besagt, dass das Leistungsdichtespektrum und die Autokorrelationsfunktion ein Fouriertransformationspaar bilden. Wie aus Abbildung 4.11 jedoch ersichtlich ist, liefert nur eine hochauflösende Fouriertransformation mit mindestens $2N$ Punkten das gleiche Resultat wie die Formel (27).

In vielen Anwendungen sind die eigentlichen Werte der Kurzzeit-AKF nicht von Belang, sondern nur deren Verhältnis zu $r(0)$. Deshalb wird in diesen Fällen die normierte AKF verwendet, bei der jeder AKF-Koeffizient durch $r(0)$ dividiert wird.

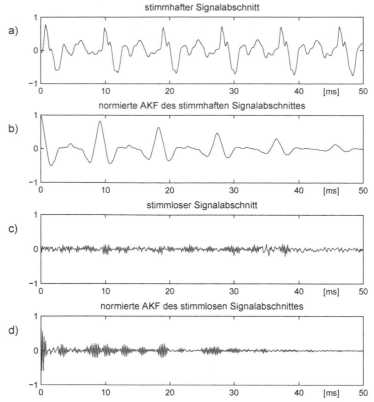

Abbildung 4.12. Für den 50 ms langen, stimmhaften Sprachsignalabschnitt a) resultiert die AKF b), und aus dem stimmlosen Sprachsignalabschnitt c) ergibt sich die AKF d).

Die Kurzzeit-AKF wird in der Sprachverarbeitung unter anderem verwendet, um festzustellen, ob ein Signalabschnitt stimmhaft ist oder nicht. Ein stimmhafter Signalabschnitt ist quasiperiodisch. Aus den in Abschnitt 4.4.2 aufgeführten Eigenschaften der AKF folgt, dass $r(k)$ für ein Signal mit Periode P an den Stellen 0, $\pm P$, $\pm 2P$, ... relative Maxima aufweist. Somit kann die Periode eines Signals anhand der Maxima der AKF bestimmt werden.

In der Abbildung 4.12 ist für einen stimmhaften und einen stimmlosen Sprachsignalabschnitt je die normierte AKF gezeichnet. Aus der AKF des stimmhaften Abschnittes sieht man aufgrund des grössten relativen Maximums (abgesehen vom Nullpunkt), dass das Signal eine Periode T_0 von etwa 9.5 ms hat. Die Grundfrequenz des Signals beträgt somit $F_0 = 1/T_0 \approx 105\,\mathrm{Hz}$.

Die aus dem stimmlosen Signalabschnitt in Abbildung 4.12c ermittelte normierte AKF in Abbildung 4.12d zeigt keine Hinweise auf eine Signalperiodizität. Sie fällt relativ schnell auf kleine Werte ab.

4.5 Lineare Prädiktion

Bei vielen digitalen Signalen sind aufeinander folgende Abtastwerte *nicht* statistisch unabhängig. Dies trifft auch für Sprachsignale zu. Der linearen Prädiktion liegt die Idee zugrunde, diese Abhängigkeit zu nutzen, indem der n-te Abtastwert des Signals $s(n)$ durch eine gewichtete Summe aus den K vorhergehenden Abtastwerten $s(n{-}1), \ldots, s(n{-}K)$ vorausgesagt wird. Der prädizierte Abtastwert $\tilde{s}(n)$ ist:

$$\tilde{s}(n) = -\sum_{k=1}^{K} a_k \, s(n{-}k). \tag{29}$$

Das Minuszeichen vor der Summe in Gleichung (29) könnte grundsätzlich weggelassen werden, wodurch die Werte von a_k selbstverständlich ihr Vorzeichen wechseln würden. Um aber den gewöhnlich bei Digitalfiltern verwendeten Vorzeichenkonventionen zu entsprechen, wird der Prädiktor wie gezeigt definiert. Die Gewichtungskoeffizienten a_k des Prädiktors werden auch als LPC-Koeffizienten[1] bezeichnet und K als die Ordnung des Prädiktors.

Mit dem Prädiktor werden nun N Abtastwerte des Signals $\tilde{s}(n)$ generiert, wie dies in Abbildung 4.13 dargestellt ist. Um die K LPC-Koeffizienten für einen N Abtastwerte langen Sprachsignalabschnitt $s(n)$ zu bestimmen, können N Gleichungen aufgeschrieben werden. Dieses lineare Gleichungssystem ist im Allgemeinen dann eindeutig lösbar, wenn $N{=}K$ ist. Bei der Anwendung der linearen Prädiktion in der Sprachverarbeitung ist jedoch der Fall $N{\gg}K$ von Interesse. Im folgenden Abschnitt wird gezeigt, wie für diesen Fall die LPC-Koeffizienten bestimmt werden.

❯ 4.5.1 Herleitung der LPC-Analyse

Ein Prädiktor der Ordnung K nach Gleichung (29) kann für einen N Abtastwerte langen Abschnitt des Sprachsignals $s(n)$ die Abtastwerte im Allgemeinen nicht fehlerfrei prädizieren, wenn $N{\gg}K$ ist. Der Prädiktionsfehler lässt sich schreiben als

$$e(n) = s(n) - \tilde{s}(n) = s(n) + \sum_{k=1}^{K} a_k \, s(n{-}k), \tag{30}$$

für $n = n_0, \ldots, n_0{+}N{-}1$. Die Prädiktorkoeffizienten a_k sollen nun so bestimmt werden, dass die Energie des Fehlersignals $e(n)$ über den Signalabschnitt mini-

---

[1]Da die lineare Prädiktion anfänglich hauptsächlich zu Codierungszwecken eingesetzt wurde, hat sich für die Bezeichnung *linear predictive coding* das Akronym LPC durchgesetzt. Dieses kommt nun in vielen Bezeichnungen vor, die mit der linearen Prädiktion zusammenhängen, auch wenn es dabei nicht um Codierung geht.

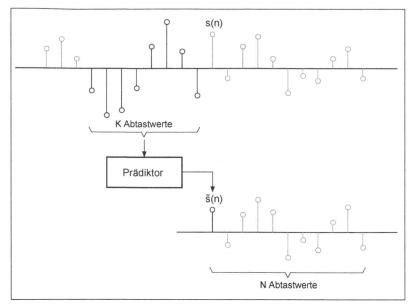

Abbildung 4.13. Der Prädiktor berechnet aus den Abtastwerten $s(n-1), \ldots, s(n-K)$ den Abtastwert $\tilde{s}(n)$, dann aus $s(n), \ldots, s(n-K+1)$ den Abtastwert $\tilde{s}(n+1)$ usw. bis zum Abtastwert $\tilde{s}(n+N-1)$.

mal wird. Die Fehlerenergie beträgt

$$E = \sum_n e^2(n) = \sum_n \left[s(n) + \sum_{k=1}^{K} a_k \, s(n-k) \right]^2 . \tag{31}$$

Für das Minimum der Fehlerenergie E gilt, dass die partiellen Ableitungen von E nach den Prädiktorkoeffizienten eine Nullstelle haben müssen:

$$\frac{\partial E}{\partial a_i} = 2 \sum_n \left[s(n) + \sum_{k=1}^{K} a_k \, s(n-k) \right] s(n-i) \stackrel{!}{=} 0 , \qquad 1 \le i \le K \tag{32}$$

Aus diesen K Gleichungen mit K Unbekannten erhält man durch eine einfache Umformung die sogenannten Normalgleichungen:

$$\sum_{k=1}^{K} a_k \sum_n s(n-k) \, s(n-i) = - \sum_n s(n) \, s(n-i) , \qquad 1 \le i \le K \tag{33}$$

Die Summationen über n in den Gleichungen (31) und (33) liefern etwas unterschiedliche Ergebnisse, je nachdem, ob die Signalabtastwerte $s(n_0-K), \ldots, s(n_0-1)$ gleich null angenommen werden oder nicht. Dadurch ergeben sich zwei Methoden für die Lösung der Normalgleichungen (33), die sogenannte *Autokorrelationsmethode* und die *Kovarianzmethode*.

⊙ 4.5.1.1 Autokorrelationsmethode

Die Autokorrelationsmethode geht davon aus, dass der zu analysierende Signalabschnitt durch die Multiplikation des Signals mit einer Fensterfunktion entstanden ist und deshalb ausserhalb des Analyseabschnittes null ist. Das zu analysierende Signal wird an der Stelle n ausgeschnitten mit:

$$\bar{s}_n(m) = s(n+m)\, w(m)\,, \qquad 0 \le m \le N-1 \qquad (34)$$

Mit dieser Definition von $\bar{s}_n(m)$ können die Normalgleichungen (33) in der folgenden Form aufgeschrieben werden:[2]

$$\sum_{k=1}^{K} r(i{-}k)\, a_k = -r(i)\,, \qquad 1 \le i \le K\,. \qquad (35)$$

Dabei ist $r(i)$ der i-te Term der (Kurzzeit-)Autokorrelationsfolge

$$r(i) = \sum_{m=0}^{N-1} \bar{s}_n(m)\, \bar{s}_n(m{+}i). \qquad (36)$$

Da die Autokorrelationsfolge symmetrisch ist, d.h. $r(i) = r(-i)$, ergibt sich die Matrixformulierung von (35) zu

$$\begin{bmatrix} r(0) & r(1) & r(2) & \cdots & r(K{-}1) \\ r(1) & r(0) & r(1) & \cdots & r(K{-}2) \\ r(2) & r(1) & r(0) & \cdots & r(K{-}3) \\ \vdots & \vdots & \vdots & & \vdots \\ r(K{-}1) & r(K{-}2) & r(K{-}3) & \cdots & r(0) \end{bmatrix} \begin{bmatrix} a_1 \\ a_2 \\ a_3 \\ \vdots \\ a_K \end{bmatrix} = - \begin{bmatrix} r(1) \\ r(2) \\ r(3) \\ \vdots \\ r(K) \end{bmatrix} \qquad (37)$$

Die Matrix der (Kurzzeit-)Autokorrelationskoeffizienten $r(i)$ ist eine sogenannte *symmetrische Toeplitz-Matrix*, da alle Elemente mit gleicher Distanz zur Diagonalen den gleichen Wert haben.

Für das Lösen des Gleichungssystems (37) existieren effiziente Algorithmen, welche die spezielle Struktur der symmetrischen Toeplitz-Matrix ausnützen. Beispielsweise wird mit dem *Durbin*-Algorithmus (38) der Prädiktor der Ordnung i iterativ aus dem Prädiktor der Ordnung $i{-}1$ ermittelt.

---

[2] Diese Gleichungen sind in der Statistik unter dem Namen *Yule-Walker-Gleichungen* bekannt, wobei dort mit den Erwartungswerten der Autokorrelationsfolge gerechnet wird.

Initialisation: $i = 0$

$$E^{(0)} = r(0)$$

Iteration: $i = i + 1$

$$k_i = -\frac{r(i) + \displaystyle\sum_{j=1}^{i-1} a_j^{(i-1)} r(i-j)}{E^{(i-1)}} \tag{38}$$

$$a_i^{(i)} = k_i$$

$$a_j^{(i)} = a_j^{(i-1)} + k_i a_{i-j}^{(i-1)} \qquad\qquad 1 \le j \le i-1$$

$$E^{(i)} = (1 - k_i^2) E^{(i-1)} .$$

Dabei werden mit $^{(i)}$ die Grössen der i-ten Iteration bezeichnet. Die Koeffizienten des Prädiktors K-ter Ordnung sind schliesslich die $a_j^{(K)}$. Die Parameter k_i, $i = 1, 2, \ldots, K$ werden als Parcor- (engl. *partial correlation*) oder Reflexionskoeffizienten bezeichnet (siehe auch Abschnitt 4.5.3).

4.5.1.2 Kovarianzmethode

Bei der Kovarianzmethode werden im Gegensatz zur Autokorrelationsmethode die Signalwerte $\bar{s}_n(m-K), \ldots, \bar{s}_n(m-1)$ nicht gleich null angenommen. Die Normalgleichungen führen deshalb auf eine Matrixgleichung mit einer Autokovarianzmatrix, die zwar symmetrisch ist, aber keine Toeplitz-Form hat. Der Durbin-Algorithmus lässt sich somit nicht anwenden.

Der Vorteil der Kovarianzmethode liegt darin, dass über das ganze Analyseintervall stets die entsprechenden K Signalabtastwerte für den Prädiktor verfügbar sind und die Prädiktion also genauer ist. Ein wesentlicher Nachteil der Kovarianzmethode liegt darin, dass sie instabile Lösungen produzieren kann. Sie liefert also unter gewissen Umständen für die $a_1, \ldots, a_K$ Werte, für welche $H(z) = 1/A(z)$ nicht ein stabiles Filter ist, was bei der Anwendung in Abbildung 4.14 zu Problemen führt.

In der Sprachverarbeitung wird für die Lösung der Normalgleichungen praktisch ausschliesslich die Autokorrelationsmethode verwendet. Deshalb wird hier auf eine weitere Diskussion der Kovarianzmethode verzichtet. Interessierte Leser werden auf die einschlägige Literatur verwiesen, z.B. [35].

4.5.2 Sprachmodellierung mittels linearer Prädiktion

Aus der Gleichung (30) ergibt sich unter Anwendung der z-Transformation (siehe Anhang B.2) die folgende Beziehung zwischen dem Sprachsignal und dem Prädiktionsfehler:

$$E(z) = S(z) + \sum_{k=1}^{K} a_k z^{-k} S(z) = \sum_{k=0}^{K} a_k z^{-k} S(z) = A(z) S(z), \tag{39}$$

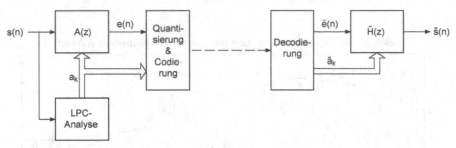

Abbildung 4.14. Effiziente Übertragung eines Sprachsignals mittels linearer Prädiktion

wobei $a_0 = 1$ ist. Umgekehrt kann mit der inversen Übertragungsfunktion von $A(z)$ aus dem Fehlersignal wieder das Sprachsignal erzeugt werden, also

$$S(z) = \frac{1}{A(z)} E(z) = H(z)E(z). \tag{40}$$

Da in der Gleichung (40) das Sprachsignal mit dem Filter $H(z)$ "resynthetisiert" wird, bezeichnet man dieses als Synthesefilter. $A(z)$ wird als inverses Filter bezeichnet und die Operation in Gleichung (39) dementsprechend als inverse Filterung.

Mit der Serienschaltung von inversem Filter und Synthesefilter in Abbildung 4.14 ist selbstverständlich hinsichtlich Codierung im Sinne von Datenreduktion noch nichts gewonnen. Im Gegenteil, zusätzlich zum Fehlersignal $e(n)$ müssen nun noch für jedes Analyseintervall die a_k übertragen werden. Erst bei genauerem Betrachten der zu übertragenden Grössen stellt man fest, dass bei der Codierung in Abbildung 4.14 die Datenmenge sehr stark reduziert werden kann. Insbesondere das Fehlersignal $e(n)$ lässt sich sehr stark komprimieren. Aus den Abbildungen 4.15 und 4.16 ist ersichtlich, dass das LPC-Spektrum (Betrag der Übertragungsfunktion des Synthesefilters $H(z)$) mit zunehmender Prädiktorordnung die Enveloppe des DFT-Spektrums des gegebenen Sprachsignalabschnittes besser approximiert. Für das Fehlersignal, das aus der inversen Filterung in Gleichung (39) resultiert, bedeutet dies, dass bei genügend hoher Prädiktorordnung K das DFT-Spektrum des Fehlersignals eine ungefähr ebene Enveloppe erhält, wie dies Abbildung 4.17 zeigt.

Weiter ist zu sehen, dass der Prädiktionsfehler für einen stimmhaften Sprachsignalabschnitt mit der Grundfrequenz F_0 die gleiche Periodizität aufweist. Dies muss selbstverständlich so sein, weil $e(n)$ durch eine lineare Filterung aus $s(n)$ entstanden ist und deshalb dieselben harmonischen Frequenzkomponenten aufweisen muss wie das Sprachsignal selbst. Bloss Amplitude und Phase dieser Komponenten können sich ändern. Dementsprechend muss $e(n)$ rauschartig sein, wenn der zugehörige Sprachsignalabschnitt stimmlos ist.

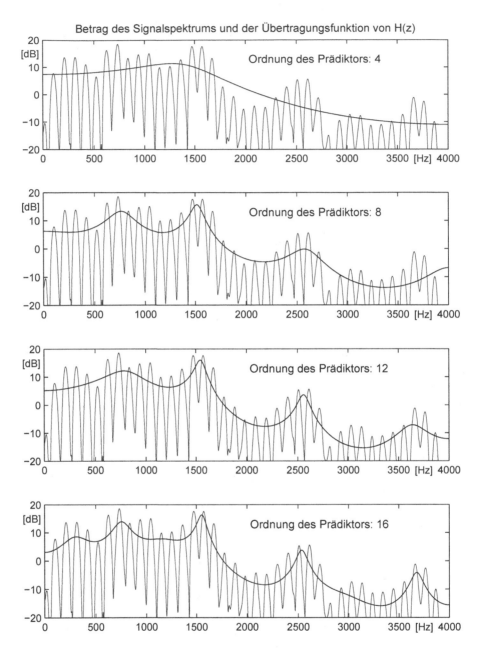

Abbildung 4.15. Mit zunehmender Ordnung K approximiert das LPC-Spektrum, also der Betrag der Übertragungsfunktion des Filters $H(z)$ die Enveloppe des DFT-Spektrums des Vokals [a] besser.

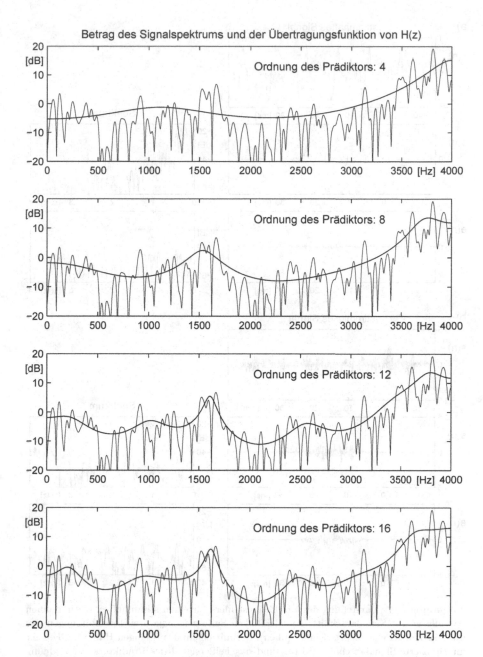

Abbildung 4.16. Mit zunehmender Ordnung K approximiert das LPC-Spektrum, also der Betrag der Übertragungsfunktion des Filters $H(z)$ die Enveloppe des DFT-Spektrums des Konsonanten [s] besser.

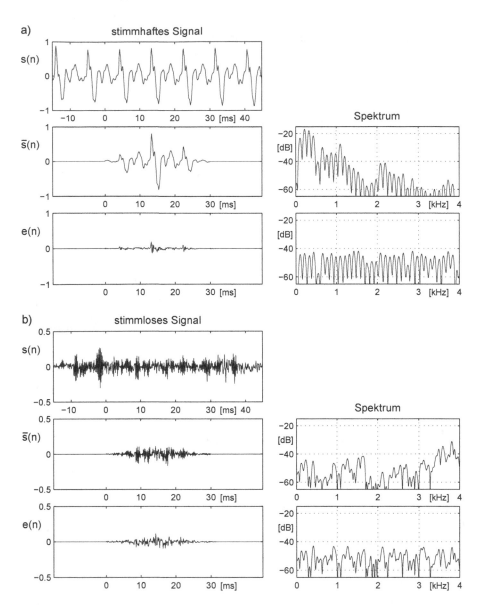

Abbildung 4.17. Darstellung des Prädiktionsfehlers für einen stimmhaften (a) und einen stimmlosen (b) Signalabschnitt. Auf der linken Seite zeigen je drei Teilabbildungen das mit 8 kHz abgetastete Sprachsignal (oben), der mit einem 30 ms langen Hamming-Fenster multiplizierte Signalabschnitt (Mitte) und das Fehlersignal des Prädiktors 12. Ordnung (unten). Auf der rechten Seite ist jeweils das Spektrum des daneben stehenden Signalabschnittes gezeichnet. Daraus ist ersichtlich, dass das Fehlersignal eine ungefähr ebene Enveloppe aufweist. Diese wird umso ebener, je höher die Ordnung des Prädiktors ist.

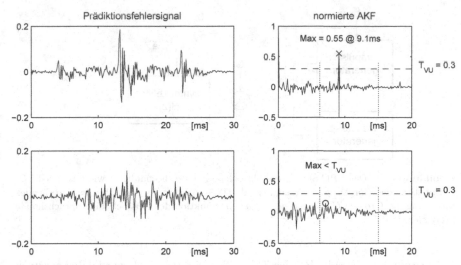

Abbildung 4.18. Aus dem 30 ms langen Abschnitt des Prädiktionsfehlersignals $e(n)$ lässt sich anhand der Autokorrelationsfunktion (nur bis 20 ms gezeichnet) die Periodizität bestimmen. Das grösste relative Maximum der normierten AKF im Suchbereich zwischen $T_{0_{min}} = 6.25$ ms und $T_{0_{max}} = 15$ ms zeigt an, dass das obere Signal periodisch ist, weil das Maximum grösser als der Schwellwert $T_{VU} = 0.3$ ist. Die Länge der Periode beträgt $T_0 = 9.1$ ms, was einer Grundfrequenz von 109.9 Hz entspricht. Für das untere Signal wird aufgrund des Maximums auf nicht periodisch entschieden.

Das Fehlersignal $e(n)$ eines Analyseabschnittes kann nun durch ein künstliches Signal ersetzt werden, welches für das Gehör genügend ähnlich tönt. Dabei wird insbesondere berücksichtigt, dass das Ohr für Phasenverschiebungen wenig empfindlich ist. Das angenäherte Signal $\tilde{e}(n)$ muss somit eine ebene spektrale Enveloppe haben und die gleiche Periodizität und Signalleistung aufweisen wie $e(n)$. Somit kann das Eingangssignal des Synthesefilters $H(z)$ in Abbildung 4.14 spezifiziert werden mit:

$$\tilde{e}(n) = G\,u(n), \tag{41}$$

wobei das Signal $u(n)$ die Leistung 1 hat, und G ein Verstärkungsfaktor ist.

$$u(n) = \begin{cases} \sqrt{T_0/T_s} \sum_m \delta(n - m T_0/T_s) & \text{falls } e(n) \text{ periodisch mit } T_0/T_s \\ \mathcal{N}_0 & \text{sonst (weisses Rauschen)} \end{cases}$$

$$G = \left(\frac{1}{N} \sum_{n=0}^{N-1} e^2(n) \right)^{\frac{1}{2}}. \tag{42}$$

Die Periode T_0 von $e(n)$ kann, wie in Abbildung 4.18 dargestellt, mittels der normierten Autokorrelationsfunktion $r(j)$ bestimmt werden. Das grösste relati-

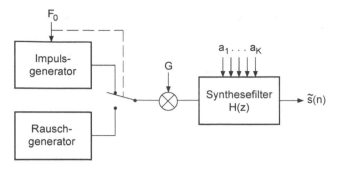

Abbildung 4.19. Das LPC-Sprachproduktionsmodell veranschaulicht, wie aus den LPC-Parametern das Sprachsignal erzeugt wird. Diese Anordnung kann bei entsprechender Steuerung der Grössen G, F_0 und $a_1, \ldots, a_K$ in Funktion der Zeit beliebige Sprachsignale produzieren.

ve Maximum von $r(j)$ im Bereich $T_{0_{min}}/T_s \leq j \leq T_{0_{max}}/T_s$ wird dabei zweifach eingesetzt:

1. Aufgrund der Höhe des Maximums kann entschieden werden, ob $e(n)$ und damit auch $s(n)$ als periodisch, also als stimmhaft zu betrachten ist, nämlich dann, wenn das Maximum die empirische Schwelle T_{VU} übersteigt.

2. Der Index j des Maximums liefert die Periodendauer von $e(n)$, nämlich $T_0 = jT_s$.

Das zu einem Analyseabschnitt gehörige Prädiktionsfehlersignal $e(n)$ kann also näherungsweise durch zwei Werte beschrieben werden, nämlich G und $F_0 = 1/T_0$ (bzw. $F_0 = 0$, falls $e(n)$ nicht periodisch ist). Dementsprechend sind nur diese Werte zu übertragen. Auf der Seite der Decodierung wird aus F_0 und G gemäss den Formeln (41) und (42) das Signal $\tilde{e}(n)$ erzeugt. Durch Filterung mit dem Synthesefilter resultiert $\tilde{s}(n)$, das rekonstruierte Sprachsignal. Diese Art der Sprachsignalrekonstruktion aus den Grössen G, F_0 und a_k, $k = 1, \ldots, K$, die kurz als LPC-Parameter bezeichnet werden, ist in Abbildung 4.19 veranschaulicht.

Mit dem Ersetzen von $e(n)$ durch $\tilde{e}(n)$ kann offensichtlich eine beträchtliche Datenreduktion (allerdings nicht eine verlustlose) erreicht werden. Wenn zudem die zu übertragenden Grössen (G, F_0 und die $a_1, \ldots, a_K$) optimal quantisiert werden, dann benötigt das codierte Sprachsignal für die Übertragung in Abbildung 4.14 nur noch etwa 2–3 kBit/s.

❯ 4.5.3 Interpretation der linearen Prädiktion

In Abschnitt 1.3.2 ist die Funktion des menschlichen Sprechapparates grob mit den beiden Komponenten Schallproduktion und Klangformung umschrieben worden. Insbesondere für die Vokale, bei denen die Stimmlippen den Schall produzieren und der Vokaltrakt als akustisches Filter den Lautklang formt, ist die Analogie mit dem LPC-Sprachproduktionsmodell in Abbildung 4.19 offensichtlich. Diese Analogie ist in Abbildung 4.20 dargestellt. Es fragt sich nun, ob von der Übertragungsfunktion $H(z)$ des LPC-Synthesefilters auf die Form des Vokaltraktes bzw. auf die Stellung der Artikulatoren geschlossen werden kann.

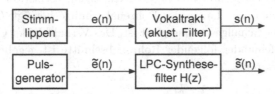

Abbildung 4.20. Analogie zwischen dem Modell des menschlichen Vokaltraktes (oben) und dem LPC-Sprachproduktionsmodell (unten)

Das Spektrum des Eingangssignals $\tilde{e}(n)$ des LPC-Synthesefilters $H(z)$ hat eine ebene Enveloppe. Im von den Stimmlippen erzeugten Signal $e(n)$ sind jedoch die tiefen Frequenzkomponenten viel stärker vorhanden als die hohen. Weil die Spektren der Sprachsignale $s(n)$ und $\tilde{s}(n)$ im Wesentlichen gleich sind, müssen das Vokaltraktfilter und das LPC-Synthesefilter also klar verschiedene Übertragungsfunktionen haben. Aufgrund von $H(z)$ ist somit keine Aussage über die Form des Vokaltraktes möglich. Man kann das Modell des menschlichen Vokaltraktes jedoch wie in Abbildung 4.21 gezeigt erweitern. Mit einem sogenannten Präemphase-Filter $P(z)$ wird der Tiefpasscharakter des Signals $e(n)$ von den Stimmlippen so kompensiert, dass das Spektrum des Signals $e'(n)$ eine ebene Enveloppe erhält. Als Präemphase-Filter kann ein Transversalfilter erster Ordnung eingesetzt werden:

$$P(z) = 1 + bz^{-1} \, . \tag{43}$$

Dabei hängt der optimale Koeffizient b etwas vom Sprecher ab, muss aber ungefähr -0.98 sein.

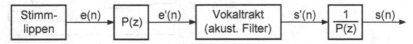

Abbildung 4.21. Erweitertes Modell des menschlichen Vokaltraktes

Selbstverständlich entspricht dann das Spektrum des Ausgangssignals $s'(n)$ des Vokaltraktes nicht mehr dem Spektrum des Sprachsignals $s(n)$. Um die Präemphase zu kompensieren muss noch ein Deemphase-Filter $1/P(z)$ eingesetzt werden. Aus der Abbildung 4.21 ist nun ersichtlich, dass wir das Signal $s'(n)$ verwenden können, um mittels der LPC-Analyse das Filter $H'(z)$ zu ermitteln, das dem Vokaltraktfilter entspricht.

Wenn wir also mit der LPC-Analyse aus dem Sprachsignal die Form des Vo-kaltraktes schätzen wollen, dann müssen wir das Sprachsignal zuerst mit dem Präemphase-Filter filtern, weil $s'(z) = s(z)P(z)$. Aus dem Signal $s'(n)$ kön-nen sodann mit dem Durbin-Algorithmus (38) die Reflexionskoeffizienten k_i, $i = 1, \ldots, K$ ermittelt werden. Aus den Reflexionskoeffizienten lässt sich ein äquivalentes akustisches Filter aus $K+1$ gleichlangen, verlustlosen Röhrenab-schnitten bestimmen. Die Länge der Röhrenabschnitte beträgt $L = cT_s/2 = c/(2f_s)$, wobei c die Schallgeschwindigkeit ist. Das Verhältnis der Querschnitts-flächen zweier aufeinander folgender Röhrenabschnitte ist gegeben durch die sogenannte *Area Ratio*:

$$\frac{A_{i+1}}{A_i} = \frac{1 - k_i}{1 + k_i}, \qquad 1 \le i \le K \qquad (44)$$

Damit ist das in Abbildung 4.22 dargestellte akustische Filter bis auf einen Ska-lierungsfaktor bestimmt. Der Radius der Segmente wird deshalb im Verhältnis zum ersten Segment (bei der Glottis) angegeben.

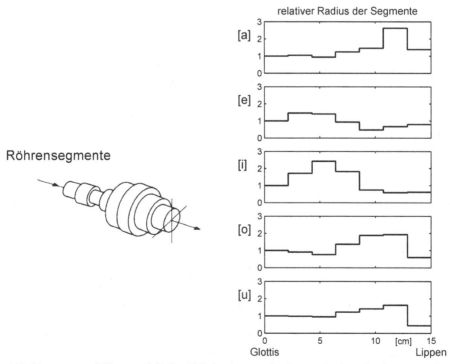

Abbildung 4.22. Röhrenmodell des Vokaltraktes und relativer Radius der Segmente für die Vokale [a], [e], [i], [o] und [u]. Die Länge der Segmente beträgt $c/(2f_s) = 2.144$ cm.

4.6 Homomorphe Analyse

❯ 4.6.1 Das verallgemeinerte Superpositionsprinzip

Bekanntlich verlangt das Superpositionsprinzip für lineare Systeme, dass die Systemantwort auf die Summe zweier Eingangssignale gleich der Summe der Antworten der einzelnen Eingangssignale sein muss. Zudem muss die Systemantwort auf ein Eingangssignal multipliziert mit einer Konstanten gleich der Antwort auf das Eingangssignal allein multipliziert mit derselben Konstanten sein. Für jedes lineare System T müssen somit die folgenden Gleichungen gelten:

$$T\{x_1(n) + x_2(n)\} = T\{x_1(n)\} + T\{x_2(n)\} \tag{45}$$

$$T\{c \cdot x(n)\} = c \cdot T\{x(n)\}. \tag{46}$$

Das verallgemeinerte Superpositionsprinzip schreibt für ein System H vor, dass zwei Eingangssignale, welche durch die Operation □ miteinander verknüpft sind, dieselbe Systemantwort ergeben, wie die einzelnen Systemantworten verknüpft mit der Operation ∘. Zudem muss die Systemantwort von H für ein Eingangssignal, auf das eine Konstante mit der Operation ◇ angewendet wird, gleich sein wie die Systemantwort auf das Eingangssignal allein, auf welche dieselbe Konstante mit der Operation ◁ angewendet wird. Das verallgemeinerte Superpositionsprinzip lässt sich somit schreiben als:

$$H\{x_1(n) \,\square\, x_2(n)\} = H\{x_1(n)\} \circ H\{x_2(n)\} \tag{47}$$

$$H\{c \diamond x(n)\} = c \triangleleft H\{x(n)\}. \tag{48}$$

Systeme, für die das verallgemeinerte Superpositionsprinzip gilt, heissen *homomorphe* Systeme. Lineare Systeme sind somit spezielle homomorphe Systeme, wobei für die Operationen □ und ∘ die Addition, und für ◇ und ◁ die Multiplikation zu setzen ist.

❯ 4.6.2 Homomorphe Systeme

Die Abbildung 4.23 zeigt ein homomorphes System $H[\cdot]$ (gestrichelt eingetragen) mit der Eingangsoperation □ und der Ausgangsoperation ∘. Jedes homomorphe System kann so in drei kaskadierte Teilsysteme zerlegt werden, dass das mittlere Teilsystem ein lineares System ist. Das Teilsystem $D_\square[\cdot]$, das die Eingangsoperation □ auf die Addition abbildet, wird als *charakteristisches System* für die Operation □ bezeichnet. Dementsprechend ist das Teilsystem $D_\circ^{-1}[\cdot]$ das *inverse charakteristische System* für die Operation ∘. Die Teilsysteme $D_\square[\cdot]$ und $D_\circ^{-1}[\cdot]$ sind homomorphe Systeme, jedoch spezielle, weil die Ausgangsoperation bzw. die Eingangsoperation die Addition ist.

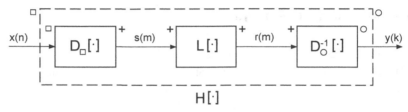

Abbildung 4.23. Jedes homomorphe System lässt sich in die kanonische Darstellung überführen, d.h. in eine Kaskade von drei Systemen, wobei das mittlere ein lineares System ist.

So wird es möglich, auf allgemein superponierte Grössen $x_1(n) \,\square\, x_2(n) \to x(n)$ die bekannten linearen Operationen (insbes. lineare Filter) anzuwenden, indem zuerst $x(n)$ mit dem System $D_\square[\cdot]$ in $s(m) = s_1(m) + s_2(m)$ transformiert wird, wo also die Komponenten von $s(m)$ additiv vorliegen. Nach der linearen Operation kann der Ausgang $r(m)$ mit dem System $D_\circ^{-1}[\cdot]$ in $y(k)$ transformiert werden, wobei $\square$ und $\circ$ nicht identisch sein müssen.

⊙ Charakteristisches System für die Faltung

In der Sprachverarbeitung sind vor allem charakteristische Systeme für die Faltung von Interesse. Sie werden beispielsweise zum Glätten von Spektren und Spektrogrammen (siehe Abschnitt 4.6.4), zur Detektion der Grundperiode T_0 (vergl. Abbildung 4.25) oder zur Kompensation des Übertragungskanals (siehe Abschnitt 4.6.7) eingesetzt.

Ein charakteristisches System für die Faltung bildet eine Eingangsfolge $x(n)$ im Zeitbereich in eine Ausgangssequenz $c(m)$ ab, welche als *Cepstrum* bezeichnet wird. Die Bezeichnung Cepstrum ist ein Wortspiel des englischen Begriffs *spectrum*. In gleicher Weise wurden auch die Ausdrücke *"quefrency"* und *"lifter"* aus den Wörtern *"frequency"* bzw. *"filter"* gebildet.

❯ 4.6.3 Das DFT-Cepstrum

Ein charakteristisches System für die Faltung $D_*[\cdot]$ ist in Abbildung 4.24 dargestellt. Weil dieses charakteristische System für die Faltung auf der diskreten Fouriertransformation basiert, wird die Ausgabe $c(m)$ als DFT-Cepstrum bezeichnet.

Aus einem Signalabschnitt $x(n)$ mit N Abtastwerten wird das DFT-Cepstrum folgendermassen ermittelt (vergl. Abbildung 4.24):

$$X(k) = \sum_{n=0}^{N-1} x(n)\, e^{-j(2\pi/N)kn} \qquad\qquad 0 \leq k \leq N-1 \qquad (49)$$

$$X^+(k) = \log\{X(k)\} \qquad\qquad\qquad (50)$$

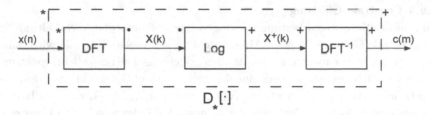

Abbildung 4.24. Charakteristisches System für die Faltung, basierend auf der diskreten Fouriertransformation

$$c(m) = \frac{1}{N} \sum_{k=0}^{N-1} X^{+}(k)\, e^{j(2\pi/N)km} \qquad 0 \le m \le N-1. \tag{51}$$

Je nachdem, ob als Argument des Logarithmus die komplexwertige Folge $X(k)$ eingesetzt wird (wie dies in Gleichung (50) der Fall ist) oder der Betrag des Arguments (Betragsspektrum), resultiert das komplexe oder das reelle DFT-Cepstrum.

Zur Berechnung des komplexen Cepstrums wird die "wirkliche" Phase von $X(k)$ benötigt. Da jedoch aus der DFT die Phase nur bis auf ein ganzzahliges Vielfaches von 2π resultiert (also modulo 2π), muss die wirkliche Phase geschätzt werden, was oft schwierig ist. In der Sprachverarbeitung wird deshalb überall dort das reelle Cepstrum verwendet, wo die Kurzzeitphase sowieso nicht von Bedeutung ist, beispielsweise in der Spracherkennung.

Weil das Cepstrum die inverse Fouriertransformierte des logarithmierten Spektrums ist, und die DFT und ihre Inverse bis auf eine Konstante formal gleich sind, ergibt sich, dass die cepstralen Koeffizienten mit den niedrigen Indizes (tiefe "Quefrenz") die Grobstruktur des Spektrums beschreiben, während die Koeffizienten mit höheren Indizes die Feinstruktur repräsentieren. Somit beschreiben die cepstralen Koeffizienten mit tiefen Indizes im Wesentlichen die Klangformung und damit die Charakteristik des Vokaltrakts, während die Koeffizienten mit höheren Indizes das Anregungssignal spezifizieren. Im cepstralen Bereich lassen sich also die Komponenten Signalproduktion und Klangformung, die gefaltet das Sprachsignal ergeben, näherungsweise wieder trennen.

Eine bemerkenswerte Eigenschaft des Cepstrums ist die folgende: Da der Koeffizient $c(0)$ dem Mittelwert des logarithmierten Spektrums und somit dem Logarithmus der Signalenergie entspricht, ist er von der Aussteuerung oder Skalierung des Signals abhängig, die höheren Koeffizienten jedoch nicht.

❯ 4.6.4 Cepstrale Glättung

Eine in der Sprachverarbeitung oft eingesetzte homomorphe Verarbeitung ist die cepstrale Glättung, wie sie Abbildung 4.25 veranschaulicht. Sie wird dann angewendet, wenn nicht das Amplituden- oder das Leistungsdichtespektrum selbst von Interesse ist, sondern nur der grobe Verlauf des Spektrums. Für die cepstrale Glättung eines Spektrums $X(k)$, mit $k = 0, \ldots, N-1$, wird der Betrag des Spektrums logarithmiert, mit der inversen DFT das zugehörige Cepstrum berechnet, dieses mit einem cepstralen Fenster multipliziert und darauf schliesslich die DFT angewendet. Das cepstrale Fenster hat die Form:

$$w_c(m) = \begin{cases} 1 \text{ für } 0 \leq m \leq L_c \\ 0 \text{ für } L_c+1 \leq m \leq N-L_c-1 \\ 1 \text{ für } N-L_c \leq m \leq N-1. \end{cases} \tag{52}$$

Über die Länge des cepstralen Fensters L_c kann eingestellt werden, wie stark der Glättungseffekt sein soll: Mit zunehmendem L_c wird die Glättung schwächer.

Wie in Abschnitt 4.2.3 erläutert worden ist, resultiert durch das Reduzieren der Länge des Analysefensters bei der Fouriertransformation auch eine Art Glättung des Spektrums, weil der Schmiereffekt der Fensterfunktion zunimmt. So entsteht bei der Verwendung eines kurzen Analysefensters das Breitbandspektrogramm von Abbildung 3.8, bei dem die harmonische Struktur verschwindet.

Das Problem dabei ist, die Fensterlänge so weit zu verkürzen (ausgehend vom Schmalbandspektrogramm), dass einerseits die Harmonischen (Rippel in Frequenzrichtung) nicht mehr sichtbar sind, und andererseits die Periode des Signals (Rippel in Zeitrichtung) noch nicht erscheint. Wie das Beispiel in Abbildung 3.8 zeigt, ist dies nur schlecht möglich.

Die cepstrale Glättung bietet den Vorteil, dass die Länge des Analysefensters und die Stärke der Glättung voneinander unabhängig über die Grössen N und L_c (mit der Einschränkung, dass $L_c < N/2$ sein muss) gesteuert werden können.

In Abschnitt 4.5.2 haben wir gesehen, dass auch über die lineare Prädiktion ein geglättetes Spektrum eines Signalabschnittes ermittelt werden kann, nämlich der Betrag der Übertragungsfunktion des Synthesefilters $H(z)$, den wir als LPC-Spektrum bezeichnen. Wie die Abbildungen 4.15 und 4.16 zeigen, bestimmt dabei die Ordnung des Prädiktors die Stärke der Glättung.

Es stellt sich somit die Frage, was der Unterschied zwischen dem LPC-Spektrum und dem cepstral geglätteten DFT-Spektrum ist. In Abbildung 4.26 wird dieser Unterschied veranschaulicht, wobei hauptsächlich zwei Eigenheiten auffallen: Die erste betrifft die Lage der Kurven. Das LPC-Spektrum liegt höher als das cepstral geglättete DFT-Spektrum. Der Grund ist, dass die cepstrale Glättung

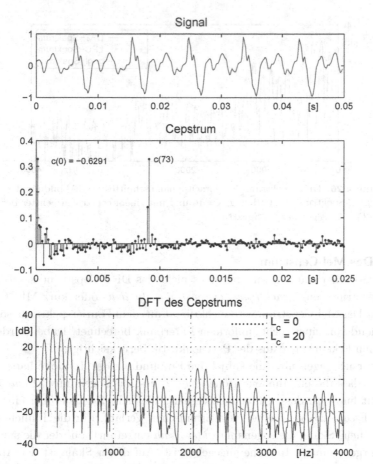

Abbildung 4.25. Vom mit 8 kHz abgetasteten Sprachsignalabschnitt (oben) ist in der Mitte das reelle DFT-Cepstrum aufgetragen ($c(0)$ hat einen grossen, negativen Wert und ist deshalb nicht eingezeichnet worden). Der Wert von $c(73)$ zeigt an, dass das Signal eine starke Komponente mit der Periode $73\,T_s$ aufweist, also stimmhaft ist. Im unteren Teil der Abbildung ist der Zusammenhang zwischen dem Spektrum des Signals (Betrag in dB), der Fouriertransformierten von $c(0)$ (punktiert) und der Fouriertransformierten des begrenzten Cepstrums $c_L(m) = c(m) \cdot w_c(m)$ dargestellt, wobei $w_c(m)$ ein cepstrales Fenster der Länge $L_c = 20\,T_s = 2.5\,\text{ms}$ ist (vergl. Formel 52).

auf dem logarithmierten Spektrum erfolgt, die LPC-Approximation jedoch im linearen Bereich. Der zweite Unterschied liegt in der Form der Kurven. Beim LPC-Spektrum sind die relativen Maxima in der Regel deutlich schmaler als die relativen Minima. Dies ist deshalb so, weil $H(z)$ ein Allpolfilter ist, also nur Pole hat, jedoch keine Nullstellen. Beim cepstral geglätteten DFT-Spektrum ist die Form der relativen Maxima und Minima gleich.

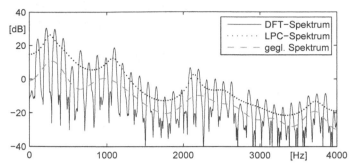

Abbildung 4.26. DFT-Spektrum des Sprachsignalabschnittes von Abbildung 4.25, zugehöriges LPC-Spektrum der Ordnung $K = 16$ und mit einem cepstralen Fenster der Länge $L_c = 16\,T_s = 2\,\text{ms}$ geglättetes Spektrum

❯ 4.6.5 Das Mel-Cepstrum

In der Spracherkennung wird meistens nicht das DFT-Cepstrum, sondern das Mel-Cepstrum (engl. *mel frequency cepstral coefficients* oder kurz MFCC) verwendet. Das Mel-Cepstrum wird nicht direkt aus dem Fourierspektrum, sondern ausgehend von einer nicht uniformen Filterbank berechnet. Dabei werden die folgenden Erkenntnisse aus der Psychoakustik berücksichtigt:

— Untersuchungen über die subjektive Empfindung der Tonhöhe haben ergeben, dass die empfundene Höhe eines Tones, die sogenannte *Tonheit*, sich nicht linear zu dessen Frequenz verhält. Vielmehr folgt sie über einen weiten Frequenzbereich einem logarithmischen Verlauf. Für die Tonheit wurde eine neue Skala, die sogenannte *Mel-Skala* eingeführt, auf der die subjektiv wahrgenommene Tonhöhe angegeben ist. Auf dieser Skala ist der Abstand zwischen zwei Tönen, die beispielsweise eine Oktave[3] Abstand haben, immer gleich gross, unabhängig von der absoluten Frequenz. Als Referenzpunkt wurde dem Ton mit der Frequenz 1000 Hz in [43] willkürlich der Wert 1000 mel auf der Mel-Skala zugeordnet.

— Andere psychoakustische Experimente haben gezeigt, dass das Gehör die Schallintensitäten von Einzelsignalen in einem schmalen Frequenzbereich zu einer Gesamtintensität zusammenfasst. Solche Frequenzbereiche werden Frequenzgruppen (engl. *critical bands*) genannt. Das Gehör bildet über den gesamten Hörbereich Frequenzgruppen. Die gemessenen Bandbreiten der Frequenzgruppen ergaben in etwa konstante Werte bis etwa zur Frequenz 500 Hz. Oberhalb von 1000 Hz wurden exponentiell ansteigende Bandbreiten gemessen.

---

[3]In der Musik spricht man von einem Oktavschritt zwischen zwei Tönen, wenn sie ein Frequenzverhältnis von 1:2 aufweisen.

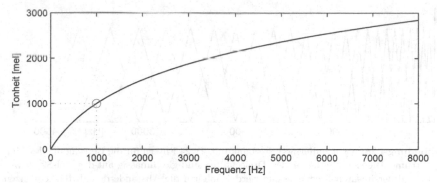

Abbildung 4.27. Zusammenhang zwischen der Frequenzskala in Hz und der in der Sprach-verarbeitung gebräuchlichen Definition der Mel-Skala nach Formel (53). Der Referenzpunkt ist so festgesetzt, dass die Frequenz 1000 Hz der Tonheit 1000 mel entspricht.

Aufgrund dieser Erkenntnisse wurde vorgeschlagen, das Spektrum nicht über einer linearen Frequenzskala zu betrachten, sondern über einer Mel-Skala. Die-ses Spektrum wird als Mel-Spektrum bezeichnet. In der Sprachverarbeitung ist die folgende Skalentransformation gebräuchlich:

$$h(f) = 2595 * \log_{10}(1 + \frac{f}{700\text{Hz}}) \,. \tag{53}$$

Dabei bezeichnet f die Frequenz in Hz und h entspricht der Tonhöhe bzw. Tonheit in mel (vergl. auch Abbildung 4.27).

Prinzipiell kann das Mel-Spektrum aus dem DFT-Spektrum (d.h. aus der Fou-riertransformierten $X(k)$, $k = 0, \dots, N-1$), das ja eine lineare Frequenzskala in Hz aufweist, über die Transformation (53) ermittelt werden. Da die Frequenz jedoch im Index k steckt und zudem von der Länge des Analysefensters N abhängt, kann die Gleichung (53) nicht direkt eingesetzt werden.

In der Sprachverarbeitung wird deshalb das Mel-Spektrum gewöhnlich mit einer *Mel-Filterbank*, wie sie in Abbildung 4.28 dargestellt ist, aus dem linearen DFT-Spektrum gewonnen. Es wird also eine Frequenzbereichsfilterung durchgeführt, bei welcher das Betragsspektrum des Signals mit der Mel-Filterbank wie folgt gefiltert wird:

$$\check{S}_j = \sum_k |X(k)| \cdot \check{H}_j(k) \,, \quad 1 \leq j \leq J \,. \tag{54}$$

Dabei müssen die Mel-Filter $\check{H}_j(k)$, $k = 0, \dots, N-1$ selbstverständlich dieselbe Frequenzauflösung haben wie die Fouriertransformierte des Signals. Da die Mel-Filter analytisch gegeben sind, können die $\check{H}_j(k)$ stets passend ermittelt werden. Zu beachten ist, dass sie nicht nur von den Werten von J und N abhängig sind, sondern der Gleichung (53) wegen auch von der Abtastfrequenz.

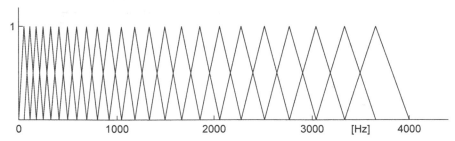

Abbildung 4.28. Nicht uniforme Filterbank mit $J=24$ Filtern für die Berechnung des Mel-Spektrums. Die sich überlappenden Dreieckfilter sind gleichmässig auf der Mel-Skala verteilt. Auf der linearen Frequenzskala werden folglich die Abstände der Mittenfrequenzen mit zunehmender Frequenz grösser.

Aus dem mit Gleichung (54) beschriebenen Mel-Spektrum $\check{S}_j$, $j = 1, \ldots, J$ kann nun das Mel-Cepstrum wie folgt ermittelt werden:

$$\check{c}(m) = \frac{1}{J} \sum_{j=1}^{J} (\log \check{S}_j) \cos\left[m \cdot (j - \tfrac{1}{2}) \frac{\pi}{J} \right], \quad 0 \leq m \leq D, \tag{55}$$

wobei D die gewünschte Anzahl cepstraler Koeffizienten ist. Da das Betragsspektrum reell und symmetrisch ist, wird hier anstelle der DFT die diskrete Cosinus-Transformation verwendet.

❯ 4.6.6 Das Delta-Cepstrum

Nebst dem Cepstrum werden in der Sprachverarbeitung auch dessen zeitliche Ableitungen eingesetzt. Die Ableitung wird dabei für jeden cepstralen Koeffizienten einzeln ermittelt. Da die Differenz zweier zeitlich aufeinander folgender cepstraler Koeffizienten eine sehr verrauschte Schätzung der zeitlichen Ableitung liefert, wird meistens eine robustere Schätzung verwendet. Dazu wird der zeitliche Verlauf der cepstralen Koeffizienten zuerst durch ein Polynom über ein zeitlich begrenztes Intervall von $2L+1$ Analyseabschnitten approximiert. Von diesem approximierten Verlauf werden sodann die Ableitungen bestimmt. Die erste zeitliche Ableitung des cepstralen Koeffizienten $c(m)$ zum diskreten Zeitpunkt n ergibt sich mit dieser Approximation aus der Formel

$$\Delta c_n(m) = \frac{\displaystyle\sum_{l=-L}^{L} l\, c_{n+l}(m)}{\displaystyle\sum_{l=-L}^{L} l^2} \quad\quad 1 \leq m \leq D. \tag{56}$$

Dabei definiert L das zeitliche Fenster, über das die Ableitung approximiert wird. Für L wird häufig ein Wert zwischen 1 und 3 gewählt. Die erste zeitliche Ableitung des Cepstrums wird auch *Delta-Cepstrum* genannt.

Höhere zeitliche Ableitungen können ebenfalls berechnet werden, indem der zeitliche Verlauf des Cepstrums durch Polynome approximiert wird. Häufig wird aber die zweite zeitliche Ableitung einfach durch nochmaliges Anwenden der Formel (56) auf den zeitlichen Verlauf des Delta-Cepstrums berechnet.

❯ 4.6.7 Mittelwertfreie Cepstren

Für ein Sprachsignal $s_1(n)$, das über einen Kanal mit der Impulsantwort $g(n)$ übertragen wird, resultiert am Ausgang des Kanals das Signal $s_2(n) = s_1(n) * g(n)$, also das mit der Impulsantwort der Übertragungsfunktion gefaltete Signal (vergl. Abbildung 4.29). Es fragt sich nun, wie sich $g(n)$ auf das Cepstrum auswirkt, also auf die aus dem Signal $s_2(n)$ ermittelte Folge von Kurzzeit-Cepstren $c_{2j}(m)$ mit den Analyseabschnitten $j = 1, 2, \ldots$ und mit den cepstralen Koeffizienten $m = 1, \ldots, D$.

Aufgrund des charakteristischen Systems für die Faltung in Abbildung 4.24 ist offensichtlich, dass der Faltung $s_{1j}(n) * g(n)$ im Zeitbereich die Multiplikation $S_{1j}(k) \cdot G(k)$ im Frequenzbereich entspricht und diese wiederum der Addition der logarithmierten Spektren $\log S_{1j}(k) + \log G(k)$ im logarithmierten Frequenzbereich und somit der Addition der Cepstren $c_{1j}(m) + c_G(m)$. Für das Cepstrum eines Analyseabschnittes j des Signals s_2 gilt somit:

$$c_{2j}(m) = c_{1j}(m) + c_G(m) \tag{57}$$

Für den m-ten cepstralen Koeffizienten bewirkt der Übertragungskanal also das Addieren der Konstanten $c_G(m)$. Der Einfluss des Kanals könnte somit grundsätzlich einfach kompensiert werden, indem von $c_{2j}(m)$ für alle Analyseabschnitte j der Kanaleinfluss $c_G(m)$ subtrahiert wird. Da $c_G(m)$ jedoch nicht bekannt ist (d.h. nicht aus dem Sprachsignal $s_2(n)$ allein ermittelt werden kann), muss der Einfluss des Kanals auf eine andere Art eliminiert werden, nämlich durch Subtraktion des cepstralen Mittelwertes.

Der cepstrale Mittelwert $\bar{c}_1(m)$ über das Signal $s_1(n)$ ergibt sich aus

$$\bar{c}_1(m) = \frac{1}{J} \sum_{j=1}^{J} c_{1j}(m) \tag{58}$$

und analog dazu wird $\bar{c}_2(m)$ für das Signal $s_2(n)$ ermittelt. Nun ergibt sich aus der Gleichung (57) für die cepstralen Mittelwerte

$$\bar{c}_2(m) = \bar{c}_1(m) + c_G(m) . \tag{59}$$

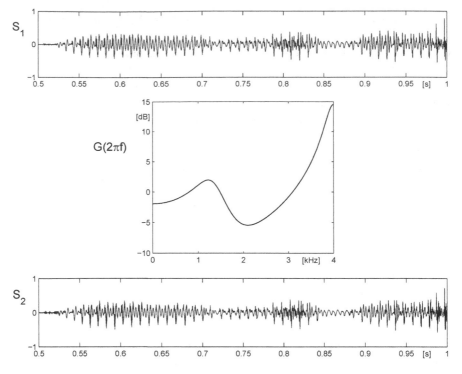

Abbildung 4.29. Das Sprachsignal s_1 über einen Kanal mit der Übertragungsfunktion $G(\omega) = G(2\pi f)$ übertragen ergibt das Sprachsignal s_2.

Für die mittelwertfreien Cepstren $\check{c}_{1j}(m)$ und $\check{c}_{2j}(m)$ gilt somit:

$$\check{c}_{1j}(m) = c_{1j}(m) - \bar{c}_1(m) = c_{2j}(m) - c_G(m) - \bar{c}_1(m)$$
$$= c_{2j}(m) - \bar{c}_2(m) = \check{c}_{2j}(m) . \tag{60}$$

Die mittelwertfreien Folgen von Cepstren der Signale $s_1(n)$ und $s_2(n)$ sind also gleich, oder anders ausgedrückt: Der Einfluss des Übertragungskanals kann eliminiert werden, indem statt der Cepstren die mittelwertfreien Cepstren betrachtet werden, wie dies in Abbildung 4.30 gezeigt wird.

Die Kompensation des Übertragungskanals setzt eine genügend allgemeine Schätzung des cepstralen Mittelwertes voraus, was in einem konkreten Anwendungsfall oft nur ungenau möglich ist. Der cepstrale Mittelwert ist nicht nur vom Übertragungskanal, sondern auch von der lautlichen Zusammensetzung des Sprachsignals abhängig. Im Beispiel von Abbildung 4.30 spielt dies keine Rolle, weil die Sprachsignale abgesehen vom Kanaleinfluss gleich sind.

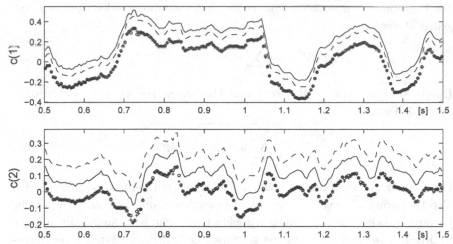

Abbildung 4.30. Für das Sprachsignal s_1 in Abbildung 4.29 sind die zeitlichen Verläufe der beiden ersten cepstralen Koeffizienten $c_1(1)$ (oben) und $c_1(2)$ (unten) als durchgezogene Linie aufgetragen. Die cepstralen Koeffizienten $c_2(1)$ und $c_2(2)$ für das Signal s_2 am Ausgang des Kanals sind gestrichelt dargestellt. Im Gegensatz zu den Cepstren fallen die mittelwertfreien Cepstren der beiden Signale s_1 (Kreise) und s_2 (Kreuze) praktisch zusammen, sind also vom Kanal unabhängig.

In der Spracherkennung hingegen ist das Sprachsignal, mit dem der Erkenner trainiert worden ist, und das zu erkennende Sprachsignal nicht gleich oder sogar völlig verschieden (insbesondere bei einem auf Lautmodellen basierenden Spracherkenner). In solchen Fällen kann es besser sein, nicht mit dem mittelwertfreien Cepstrum, sondern mit dem Delta-Cepstrum zu arbeiten.

4.6.8 Cepstrale Distanz

Die verschiedenen Arten von Cepstren haben in der Sprachverarbeitung eine grosse Bedeutung erlangt. Für die Sprach- und Sprechererkennung werden heute üblicherweise das Cepstrum (häufig das Mel-Cepstrum) und davon abgeleitete Grössen als Merkmale verwendet (siehe Abschnitt 11.7).

Sowohl für die Sprecher- als auch für die Spracherkennung kann ein Vergleich von Sprachmustern eingesetzt werden. Dabei wird der Unterschied zwischen geglätteten, logarithmierten Spektren (bzw. Spektrogrammen, also Folgen von Kurzzeitspektren) ermittelt.

Der Unterschied zwischen zwei logarithmierten Spektren X_1^+ und X_2^+ wird anhand der RMS-Distanz d_c ausgedrückt als

$$d_c = \frac{1}{N}\sqrt{\sum_{k=0}^{N-1}\left[X_1^+(k) - X_2^+(k)\right]^2} \tag{61}$$

Die logarithmierten Spektren können durch die entsprechenden Cepstren ausgedrückt werden:

$$X^+(k) = \sum_{m=0}^{N-1} c(m)e^{-j(2\pi/N)km} \tag{62}$$

Durch Einsetzen von (62) in (61) und Umformen resultiert die euklidische, cepstrale Distanz:

$$d_c = \sqrt{\sum_{m=0}^{N-1} [c_1(m) - c_2(m)]^2} \tag{63}$$

Die Distanz zwischen zwei logarithmierten Spektren kann also auch aus den Cepstren ermittelt werden. Dies ist insbesondere dann interessant, wenn die Distanz zwischen den geglätteten Spektren gesucht ist. Dann kann auf die Cepstren $c_1(m)$ und $c_2(m)$ ein der gewünschten Glättung entsprechendes cepstrales Fenster angewendet und anschliessend mit der Formel (63) die Distanz ermittelt werden. Oft ist auch die von der Signalleistung unabhängige Distanz von Interesse. Diese erhält man, indem $c_1(0)$ und $c_2(0)$ auf null gesetzt werden.

4.7 Vektorquantisierung

Unter Quantisierung versteht man allgemein eine Abbildung, die einen Wert $\mathbf{x}$ aus einer grossen oder unendlichen Menge von Werten einem Wert $\mathbf{z}_i$ aus einer kleinen Menge von Werten zuordnet. Wir bezeichnen im Folgenden diese kleine Menge von Werten $\{\mathbf{z}_1, \mathbf{z}_2, \ldots, \mathbf{z}_M\}$ als *Codebuch* der Grösse M und die $\mathbf{z}_i$ als Codebuchwerte bzw. im mehrdimensionalen Fall als Codebuchvektoren.

Bei der Quantisierung werden die Schritte Codierung und Decodierung unterschieden. Als Codierung wird die Zuordnung eines Wertes $\mathbf{x}$ zu einem Index i verstanden, als Decodierung die Überführung des Indexes i auf den entsprechenden Codebuchwert $\mathbf{z}_i$.

Handelt es sich bei $\mathbf{x}$ um eine skalare Grösse (mit einem eindimensionalen Wertebereich), dann spricht man von *skalarer Quantisierung*. Ebenfalls um eine skalare Quantisierung handelt es sich, wenn die zu quantisierende Grösse zwar ein Vektor ist, aber jede Komponente des Vektors einzeln, d.h. von den anderen Komponenten unabhängig quantisiert wird.

Bei der Quantisierung einer mehrdimensionalen Grösse sind die Quantisierungsintervalle Teilbereiche des entsprechenden mehrdimensionalen Wertebereichs. Lassen sich diese Teilbereiche nicht auf eine skalare Quantisierung der einzelnen Vektorkomponenten zurückführen, spricht man von einer Vektorquantisierung.

Bei der Vektorquantisierung ist es grundsätzlich unerheblich, welcher Zusammenhang zwischen den Komponenten des Vektors besteht. Wichtig ist nur, dass die Vektorquantisierung einen allfälligen Zusammenhang der Komponenten zur effizienteren Darstellung der Information ausnützt, im Gegensatz zu einer skalaren Quantisierung. Shannon hat bereits 1948 gezeigt, dass die Vektorquantisierung theoretisch immer mindestens gleich effektiv ist wie die skalare Quantisierung.

In der Sprachverarbeitung wird die Vektorquantisierung hauptsächlich im Bereich der Quellencodierung eingesetzt. So kann beispielsweise bei der in Abbildung 4.14 dargestellten Sprachübertragung der Vektor der LPC-Koeffizienten vor der Übertragung vektorquantisiert und nur der betreffende Codebuchindex übertragen werden. Zusätzlich kann auch das Prädiktionsfehlersignal vektorquantisiert werden, indem eine Anzahl aufeinander folgender Abtastwerte dieses Signals als Vektor betrachtet wird.

Ein anderes Anwendungsgebiet der Vektorquantisierung ist die Spracherkennung. Wenn zur Spracherkennung Hidden-Markov-Modelle mit diskreten Beobachtungswahrscheinlichkeitsverteilungen (siehe Abschnitt 5.1.2.1) eingesetzt werden, dann müssen die aus der Kurzzeitanalyse des Sprachsignals resultierenden reellwertigen Merkmalsvektoren zuerst in diskrete Symbole umgewandelt werden.

❯ 4.7.1 Realisation der Vektorquantisierung

Ein Vektorquantisierer für D-dimensionale Vektoren unterteilt den D-dimensionalen Wertebereich (bzw. Raum) R^D in eine fixe Anzahl Teilbereiche R_i^D, $1 \leq i \leq M$, die wir im Folgenden *Partitionen* nennen. Abbildung 4.31 illustriert, wie ein Vektorquantisierer den zweidimensionalen Raum in $M = 8$ Partitionen unterteilt. Jeder Partition ist ein Prototypvektor zugeordnet, der alle Vektoren in der jeweiligen Partition repräsentiert. Dieser Vektor wird *Codebuchvektor* genannt. Die Menge der Codebuchvektoren $\{\mathbf{z}_1, \mathbf{z}_2, \ldots, \mathbf{z}_M\}$ stellt das *Codebuch* der Vektorquantisierung dar.

Der Vektorquantisierer ordnet einem Vektor $\mathbf{x}$ den Codebuchvektor $\mathbf{z}_i$ derjenigen Partition R_i zu, in welcher $\mathbf{x}$ liegt. Man sagt dann, dass $\mathbf{x}$ mit $\mathbf{z}_i$ quantisiert wird. Als Resultat der Vektorquantisierung wird der Index des betreffenden Codebuchvektors ausgegeben, also i. Die Quantisierung des Vektors $\mathbf{x}$ mit $\mathbf{z}_i$ führt im Allgemeinen zu einem Quantisierungsfehler, der *Distorsion* genannt wird. Um diesen Fehler zu quantifizieren, wird ein *Distanzmass* eingeführt. Es sind verschiedenste Distanzmasse denkbar. Sinnvoll ist hier ein Distanzmass, wenn es die beiden folgenden Bedingungen erfüllt:

$$0 < d(\mathbf{x}, \mathbf{y}) < \infty \quad \text{für } \mathbf{x} \neq \mathbf{y} , \qquad (64)$$

$$d(\mathbf{x}, \mathbf{x}) = 0 . \qquad (65)$$

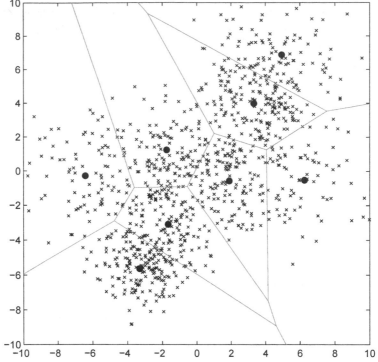

Abbildung 4.31. Illustration eines Codebuches der Grösse 8 für eine Menge zweidimensionaler Vektoren. Durch das Codebuch wird der zweidimensionale Wertebereich in Teilbereiche (Partitionen) aufgeteilt. Jeder Codebuchvektor ist das Zentroid der Teilmenge von Vektoren, die in der betreffenden Partition liegen.

Ein Distanzmass, das diese zwei Bedingungen erfüllt, wird auch als *positiv definit* bezeichnet. Das einfachste und auch am häufigsten verwendete Distanzmass ist die euklidische Distanz

$$d(\mathbf{x}, \mathbf{y}) = \sqrt{\| \mathbf{x} - \mathbf{y} \|^2} = \sqrt{\sum_{i=1}^{D}(x_i - y_i)^2} \ . \tag{66}$$

Ein Vektorquantisierer, der optimal sein soll im Sinne einer minimalen mittleren Distorsion, muss die folgenden beiden Eigenschaften aufweisen:

1. Der Codebuchvektor $\mathbf{z}_i$ der Partition R_i muss so bestimmt werden, dass die mittlere Distorsion innerhalb der Partition minimal wird. Dieser Vektor wird als *Zentroid* der Partition bezeichnet. Die Berechnung des Zentroids hängt selbstverständlich vom gewählten Distanzmass ab. Für die euklidische Distanz entspricht das Zentroid dem Mittelwert(vektor) aller Vektoren

$x_1, x_2, \ldots, x_L$, die in die Partition R_i fallen:

$$z_i = \frac{1}{L} \sum_{j=1}^{L} x_j \tag{67}$$

Es ist zu beachten, dass der Codebuchvektor z_i im Allgemeinen nicht im Zentrum der Partition R_i liegt. Viele der Partitionen sind ja auch nicht begrenzt (vergl. Abbildung 4.31).

2. Der Vektorquantisierer muss einen Vektor x demjenigen Codebuchvektor z_i zuweisen, für den die Distanz zwischen x und z_i minimal ist, d.h.

$$x \mapsto z_i \text{ falls } d(x, z_i) \leq d(x, z_j) \quad \forall j \neq i, \ 1 \leq j \leq M . \tag{68}$$

Der zu quantisierende Vektor x muss also mit allen Codebuchvektoren verglichen werden.

❯ 4.7.2 Generieren eines Codebuches

Da die zu quantisierenden Vektoren im Normalfall nicht im Voraus bekannt sind, muss das Codebuch aus einer repräsentativen Stichprobe ermittelt werden. Als Stichprobe, mit der die Vektorquantisierung "trainiert" wird, und die darum auch Menge der Trainingsvektoren oder Trainingsset genannt wird, nimmt man deshalb eine möglichst grosse Anzahl dieser Vektoren.

Es existiert keine analytische Lösung zum Bestimmen des Codebuches mit der minimalen mittleren Distorsion für eine gegebene Menge von Trainingsvektoren. Aber es gibt verschiedene iterative Verfahren, mit denen zumindest ein relatives Optimum gefunden werden kann. Zwei solche Verfahren werden nachfolgend beschrieben.

❯ 4.7.2.1 K-means-Algorithmus

Der K-means-Algorithmus[4] wird verwendet, um für eine gegebene Menge von Trainingsvektoren $\{x_k\}$ ein Codebuch der Grösse M mit möglichst kleiner mittlerer Distorsion bezüglich der Trainingsvektoren zu finden. Der Algorithmus besteht aus den folgenden Schritten:

Gegeben: Trainingsset $\{x_k\}$.

Gesucht: Codebuch der Grösse M mit möglichst kleiner mittlerer Distorsion bezüglich der Trainingsvektoren.

---

[4]Das K in der Bezeichnung "K-means" deutet die Zahl der gewünschten Partitionen bzw. Codebuchvektoren an. Hier wird jedoch die Grösse des Codebuchs mit M bezeichnet.

Verfahren: K-means-Algorithmus

1. Initialisierung: Auswahl M beliebiger, verschiedener Vektoren aus dem Trainingsset als Initialcodebuch.

2. Klassierung: Zuordnen jedes Trainingsvektors $\mathbf{x}_k$ zum Codebuchvektor $\mathbf{z}_i$ mit der kleinsten Distanz.

3. Aufdatieren des Codebuches: Aus den Trainingsvektoren, die demselben Codebuchvektor $\mathbf{z}_i$ zugeordnet worden sind, wird der Mittelwertvektor (Zentroid) bestimmt und als neuer Codebuchvektor $\mathbf{z}_i$ verwendet.

4. Iteration: Wiederholen der Schritte 2 und 3 bis die Änderung der mittleren Distorsion unter eine vorgegebene Schwelle fällt.

Der K-means-Algorithmus hat das Problem, dass er langsam konvergiert und je nach Anfangsbedingungen (d.h. welche Vektoren aus dem Trainingsset als Initialcodebuch gewählt werden) in einem relativ schlechten lokalen Minimum der mittleren Distorsion stecken bleiben kann.

⊘ 4.7.2.2 LBG-Algorithmus

Das Konvergenzproblem wird im *Linde-Buzo-Gray-Algorithmus* (kurz LBG-Algorithmus) entschärft, indem aus einem Initialcodebuch der Grösse $M{=}1$ das Codebuch der gewünschten Grösse schrittweise erzeugt wird. Dabei entsteht jeweils aus einem Codebuch der Grösse M eines der Grösse $2M$, wie der folgende Algorithmus zeigt (siehe auch Abbildung 4.32):

Gegeben: Trainingsset $\{\mathbf{x}_k\}$.

Gesucht: Codebuch der Grösse M (normalerweise eine 2er-Potenz) mit der lokal minimalen mittleren Distorsion bezüglich der Trainingsvektoren.

Verfahren: LBG-Algorithmus

1. Initialisierung: Als Codebuch der Grösse $M{=}1$ wird das Zentroid aller Trainingsvektoren verwendet.

2. Verdoppeln der Anzahl Codebuchvektoren durch Splitting: Aus jedem bestehenden Codebuchvektor werden zwei neue erzeugt, indem ein kleiner Zufallsvektor zum bestehenden Codebuchvektor addiert bzw. von diesem subtrahiert wird.

3. Klassierung: Zuordnen jedes Trainingsvektors $\mathbf{x}_k$ zum Codebuchvektor $\mathbf{z}_i$ mit der kleinsten Distanz.

4. Aufdatieren des Codebuches: Aus den Trainingsvektoren, die demselben Codebuchvektor $\mathbf{z}_i$ zugeordnet worden sind, wird

der Mittelwertvektor (Zentroid) bestimmt und als neuer Codebuchvektor z_i verwendet.

5. Iteration A: Wiederholen der Schritte 3 und 4 bis die Änderung der mittleren Distorsion des Codebuches unter eine vorgegebene Schwelle fällt.

6. Iteration B: Wiederholen der Schritte 2 bis 5 bis das Codebuch die gewünschte Grösse erreicht hat.

Die Schritte 3–5 des LBG-Algorithmus sind die gleichen wie die Schritte 2–4 des K-means-Algorithmus.

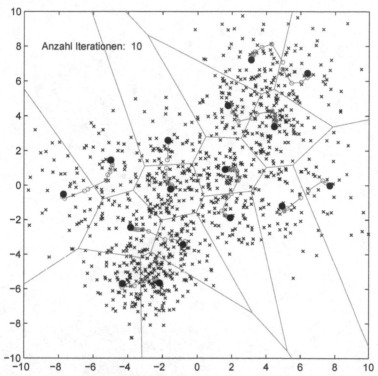

Abbildung 4.32. Der LBG-Algorithmus erzeugt aus dem Codebuch der Grösse 8 von Abbildung 4.31 eines der Grösse 16: Die Anzahl Codebuchvektoren wird durch Splitting verdoppelt und anschliessend werden 10 Iterationen der Schritte 3 und 4 durchgeführt. Es ist ersichtlich, wie sich die neuen Codebuchvektoren mit jeder Iteration etwas verändern, wobei die Veränderung mit jedem Schritt kleiner wird.

Kapitel 5

Hidden-Markov-Modelle

5

5   **Hidden-Markov-Modelle**

5

5 Hidden-Markov-Modelle

Unter einem Hidden-Markov-Modell (HMM) versteht man zwei gekoppelte Zufallsprozesse. Der erste ist ein Markov-Prozess mit einer Anzahl Zuständen, die wir als $S_1, S_2, \ldots, S_N$ bezeichnen. Sie steuern den zweiten Zufallsprozess. Dieser erzeugt zu jedem (diskreten) Zeitpunkt t gemäss einer zustandsabhängigen Wahrscheinlichkeitsverteilung eine Beobachtung $\mathbf{x}_t$. Beim Durchlaufen einer Sequenz von Zuständen $Q = q_1 q_2 \ldots q_T$, mit $q_i \in \{S_1, S_2, \ldots, S_N\}$, erzeugt das HMM eine Sequenz von Beobachtungen $\mathbf{X} = \mathbf{x}_1 \mathbf{x}_2 \ldots \mathbf{x}_T$.

Für ein Markov-Modell erster Ordnung gilt: Wenn sich das Modell zum Zeitpunkt $t-1$ im Zustand S_i befindet, ist die Wahrscheinlichkeit, dass es zum Zeitpunkt t im Zustand S_j ist, nur vom Zustand S_i abhängig. Insbesondere ist sie unabhängig von der Zeit t und davon, in welchen Zuständen sich das Modell früher befunden hat. Formal ausgedrückt heisst dies:

$$P(q_t{=}S_j|q_{t-1}{=}S_i, q_{t-2}{=}S_k, \ldots) = P(q_t{=}S_j|q_{t-1}{=}S_i) = a_{ij} \ . \tag{69}$$

Für den zweiten Zufallsprozess gilt: Wenn sich das Modell zum Zeitpunkt t im Zustand S_j befindet, hängt die Wahrscheinlichkeit der Beobachtung $\mathbf{x}_t$ nur von S_j ab, nicht aber von früheren Zuständen oder Beobachtungen:

$$P(\mathbf{x}_t|q_t{=}S_j, q_{t-1}{=}S_i, \ldots, \mathbf{x}_1, \mathbf{x}_2, \ldots, \mathbf{x}_{t-1}) = P(\mathbf{x}_t|q_t{=}S_j) = b_j(\mathbf{x}_t) \ . \tag{70}$$

5.1 Struktur und Parameter eines HMM

Ein HMM erster Ordnung ist in Abbildung 5.1 dargestellt. Die Konfiguration der Zustände trägt der Tatsache Rechnung, dass es zur Modellierung von Merkmalssequenzen angewendet werden soll, die aus Sprachsignalen ermittelt werden. Solche Merkmalssequenzen haben eine endliche Länge und das HMM sollte dementsprechend Beobachtungssequenzen endlicher Länge erzeugen.

Dies wird dadurch erreicht, dass das HMM zwei spezielle Zustände aufweist: Der Zustand S_1 ist der Anfangszustand, also der Zustand, in welchem sich das HMM befindet bevor es die erste Beobachtung erzeugt. Der Zustand S_N ist der Endzustand, in dem sich das HMM befindet, nachdem es eine Beobachtungssequenz $\mathbf{X} = \mathbf{x}_1 \mathbf{x}_2 \ldots \mathbf{x}_T$ erzeugt hat. Das HMM durchläuft dabei eine Zustandssequenz $Q = q_0 q_1 q_2 \ldots q_T q_{T+1}$, wobei immer $q_0 = S_1$ und $q_{T+1} = S_N$ sein muss. Wenn das HMM in einem dieser speziellen Zustände ist, erzeugt es also keine Beobachtung. Man sagt deshalb, dass der Anfangs- und der Endzustand nicht emittierend sind.

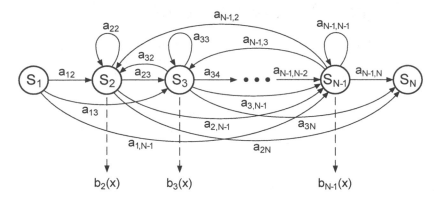

Abbildung 5.1. HMM mit N Zuständen

Ein HMM λ, wie es in Abbildung 5.1 dargestellt ist, wird durch zwei Grössen vollständig beschrieben, nämlich durch die Zustandsübergangswahrscheinlichkeiten $a_{ij} = P(q_t{=}S_j|q_{t-1}{=}S_i)$ und die Beobachtungswahrscheinlichkeiten $b_j(\mathbf{x}) = P(\mathbf{x}|S_j)$. Wir schreiben deshalb: $\lambda = (A, B)$, wobei A die $N{\times}N$-Matrix der Zustandsübergangswahrscheinlichkeiten ist, und B die Beobachtungswahrscheinlichkeitsverteilungen in den emittierenden Zuständen $S_2 \ldots S_{N-1}$ umfasst. Je nach Art der Beobachtungen ist B anders definiert (siehe Abschnitt 5.1.2).

⊘ 5.1.1 Zustandsübergangswahrscheinlichkeiten

Aus obiger Beschreibung des Anfangs- und des Endzustandes folgt, dass nur die in Abbildung 5.1 mit Pfeilen angedeuteten Zustandsübergänge möglich sind, also eine Zustandsübergangswahrscheinlichkeit grösser null haben können. Insbesondere ist auch der direkte Übergang vom Anfangs- in den Endzustand ausgeschlossen. Das HMM kann also keine Beobachtungssequenz der Länge null erzeugen. Für das HMM in Abbildung 5.1 sieht die Matrix der Zustandsübergangswahrscheinlichkeiten a_{ij} somit wie folgt aus:

$$A = \begin{bmatrix} 0 & a_{12} & a_{13} & \cdots & a_{1,N-1} & 0 \\ 0 & a_{22} & a_{23} & \cdots & a_{2,N-1} & a_{2N} \\ 0 & a_{32} & a_{33} & \cdots & a_{3,N-1} & a_{3N} \\ \vdots & \vdots & \vdots & \vdots & \vdots & \vdots \\ 0 & a_{N-1,2} & a_{N-1,3} & \cdots & a_{N-1,N-1} & a_{N-1,N} \\ 0 & 0 & 0 & 0 & 0 & 0 \end{bmatrix} \tag{71}$$

Für die Zustandsübergangswahrscheinlichkeiten gelten zudem die folgenden Bedingungen:

$$a_{ij} \geq 0 \qquad \text{für alle} \quad \imath, j \tag{72}$$

$$\sum_{j=1}^{N} a_{ij} = 1 \qquad \text{für} \quad 1 \leq i < N \ . \tag{73}$$

Das in Abbildung 5.1 dargestellte HMM kann von jedem emittierenden Zustand direkt in jeden anderen emittierenden Zustand übergehen. Es wird deshalb als *vollverbundenes HMM* bezeichnet.

Werden in der A-Matrix von Gleichung (71) zusätzliche Elemente auf null gesetzt, dann wird der Freiheitsgrad des HMM weiter eingeschränkt. Je nach Art der Einschränkungen werden die HMM dann unterschiedlich bezeichnet. Wir wollen hier zwei solche Spezialfälle aufführen.

⊙ 5.1.1.1 Links-Rechts-HMM

Ein Links-Rechts-HMM hat die Eigenschaft, dass es nicht mehr zu einem Zustand zurückkehren kann, den es einmal verlassen hat. Formal ausgedrückt sind keine Übergänge zu Zuständen mit niedrigeren Indizes als der des aktuellen Zustandes zugelassen, d.h. $a_{ij} = 0$ für $j < i$.

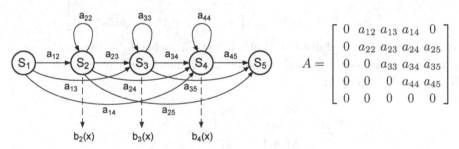

$$A = \begin{bmatrix} 0 & a_{12} & a_{13} & a_{14} & 0 \\ 0 & a_{22} & a_{23} & a_{24} & a_{25} \\ 0 & 0 & a_{33} & a_{34} & a_{35} \\ 0 & 0 & 0 & a_{44} & a_{45} \\ 0 & 0 & 0 & 0 & 0 \end{bmatrix}$$

⊙ 5.1.1.2 Lineares HMM

Schränkt man die Zustandsübergänge eines Links-Rechts-HMM weiter ein, sodass keine Zustände übersprungen werden können, dann erhält man ein *lineares HMM*.

$$A = \begin{bmatrix} 0 & a_{12} & 0 & 0 & 0 \\ 0 & a_{22} & a_{23} & 0 & 0 \\ 0 & 0 & a_{33} & a_{34} & 0 \\ 0 & 0 & 0 & a_{44} & a_{45} \\ 0 & 0 & 0 & 0 & 0 \end{bmatrix}$$

❯ 5.1.2 Beobachtungswahrscheinlichkeiten

Die Beobachtungen von HMM können diskret oder kontinuierlich sein. Die Wahrscheinlichkeitsverteilung wird für die beiden Arten von Beobachtungen unterschiedlich beschrieben.

❯ 5.1.2.1 Diskrete Beobachtungen

Eine Beobachtung wird als diskret bezeichnet, wenn sie nur M verschiedene Werte annehmen kann, wobei M beschränkt ist (siehe auch Anhang B.1.2.1). Wir bezeichnen die möglichen Werte mit c_k, $k=1,\ldots,M$. Es spielt dabei keine Rolle, ob die c_k ein- oder mehrdimensional (also Skalare oder Vektoren) sind, sie werden einfach nummeriert.

Der Zufallsprozess, der in Abhängigkeit des Zustandes S_j die diskreten Beobachtungen erzeugt, wird beschrieben als $b_j(k) = P(\mathbf{x}{=}c_k \,|\, S_j)$, d.h. als die Wahrscheinlichkeit, dass das HMM im Zustand j die Beobachtung c_k erzeugt. Für alle Zustände und alle diskreten Beobachtungen werden die Wahrscheinlichkeiten $b_j(k)$ in einer $(N{-}2)\times M$-Matrix zusammengefasst:

$$
B = \begin{bmatrix}
b_2(1) & b_2(2) & b_2(3) & \cdots & b_2(M{-}1) & b_2(M) \\
b_3(1) & b_3(2) & b_3(3) & \cdots & b_3(M{-}1) & b_3(M) \\
\vdots & \vdots & \vdots & \vdots & \vdots & \vdots \\
b_{N-1}(1) & b_{N-1}(2) & b_{N-1}(3) & \cdots & b_{N-1}(M{-}1) & b_{N-1}(M)
\end{bmatrix}
\tag{74}
$$

B beschreibt also $N{-}2$ diskrete Beobachtungswahrscheinlichkeitsverteilungen. Für die je M Beobachtungswahrscheinlichkeiten dieser Verteilungen gelten die folgenden Bedingungen:

$$
b_j(k) \geq 0 \qquad \text{für alle} \quad j,k \tag{75}
$$

$$
\sum_{k=1}^{M} b_j(k) = 1 \qquad \text{für} \quad 1 < j < N \;. \tag{76}
$$

HMM mit diskreten Beobachtungen und somit auch mit diskreten Beobachtungswahrscheinlichkeitsverteilungen werden als DDHMM (engl. *discrete density HMM*) bezeichnet.

❯ 5.1.2.2 Kontinuierliche Beobachtungen

Sind die Beobachtungen nicht diskret, dann spricht man von kontinuierlichen Beobachtungen. Die Wahrscheinlichkeitsverteilung solcher Beobachtungen wird als Wahrscheinlichkeitsdichte beschrieben (vergl. Anhang B.1.2.2). HMM mit kontinuierlichen Beobachtungswahrscheinlichkeitsdichten werden als CDHMM (engl. *continuous density HMM*) bezeichnet.

a)

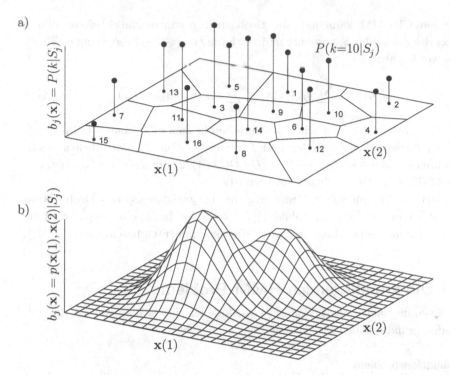

b)

Abbildung 5.2. Wahrscheinlichkeitsverteilungen für diskrete und kontinuierliche, zweidimensionale Beobachtungen $b_j(\mathbf{x})$ für einen HMM-Zustand S_j. a) DDHMM: Das kontinuierliche, mehrdimensionale Merkmal $\mathbf{x}$ wird durch Vektorquantisierung auf diskrete Werte abgebildet, die hier mit $k = 1, \ldots, 16$ nummeriert sind. Die Wahrscheinlichkeitsverteilung der vektorquantisierten Beobachtungen ist somit diskret. b) CDHMM: Durch die Verwendung einer Wahrscheinlichkeitsdichtefunktion kann direkt eine mehrdimensionale, kontinuierliche Verteilung beschrieben werden. Die Vektorquantisierung entfällt hier.

Auch bei CDHMM können die Beobachtungen mehrdimensional sein. Um den allgemeinen Fall zu behandeln, wollen wir von mehrdimensionalen Beobachtungen ausgehen. Abbildung 5.2 illustriert den Unterschied zwischen diskreten und kontinuierlichen Wahrscheinlichkeitsverteilungen für zweidimensionale Beobachtungen.

Zur mathematischen Beschreibung der Wahrscheinlichkeitsverteilung kontinuierlicher, mehrdimensionaler Beobachtungen bietet sich die multivariate Gauss-Mischverteilung (engl. *Gaussian mixture model* oder kurz *GMM*) an, wie sie im Anhang B.1.2.2 erläutert wird. Sie kann jede beliebige kontinuierliche Verteilung in einem mehrdimensionalen Raum approximieren und hat einfache analytische Eigenschaften.

Für ein CDHMM kann also die Beobachtungswahrscheinlichkeitsverteilung $b_j(\mathbf{x})$ des Zustandes S_j mit einer multivariaten Gauss-Mischverteilung beschrieben werden als:

$$b_j(\mathbf{x}) = \sum_{k=1}^{M} c_{jk}\, b_{jk}(\mathbf{x}) = \sum_{k=1}^{M} c_{jk}\, \mathcal{N}(\mathbf{x}, \boldsymbol{\mu}_{jk}, \boldsymbol{\Sigma}_{jk})\ . \tag{77}$$

Die Gesamtheit der Beobachtungswahrscheinlichkeiten B eines CDHMM mit $N-2$ emittierenden Zuständen und D-dimensionalen, kontinuierlichen Beobachtungen umfasst somit $(N-2)\, M\, (D+D(D+1)/2)$ unabhängige Grössen, wobei M die Zahl der Mischkomponenten ist.

Ein Beispiel für eine solche Mischverteilung für zweidimensionale Beobachtungen ist im unteren Teil von Abbildung 5.2 zu sehen. In diesem Beispiel wird die Wahrscheinlichkeitsdichte durch zwei Mischkomponenten beschrieben.

5.2 Die grundlegenden HMM-Probleme

Im Zusammenhang mit Hidden-Markov-Modellen spricht man von den drei folgenden grundlegenden Problemen:

⊘ **Evaluationsproblem**

Das erste Problem ist die Berechnung der *Produktionswahrscheinlichkeit* $P(\mathbf{X}|\lambda)$. Das ist die Wahrscheinlichkeit, mit der ein gegebenes HMM λ eine ebenfalls gegebene Beobachtungssequenz $\mathbf{X}$ erzeugt. Um $P(\mathbf{X}|\lambda)$ zu berechnen, müssen die Wahrscheinlichkeiten $P(\mathbf{X}, Q|\lambda)$ über alle möglichen Zustandssequenzen Q aufsummiert werden. Der *Forward-Algorithmus* berechnet diese Summe sehr effizient.

⊘ **Decodierungsproblem**

Nebst der Produktionswahrscheinlichkeit, mit der ein HMM eine Beobachtungssequenz erzeugt, interessiert häufig auch diejenige Zustandssequenz $\hat{Q} = S_1 \hat{q}_1 \hat{q}_2 \ldots \hat{q}_T S_N$, welche eine gegebene Beobachtungssequenz mit der grössten Wahrscheinlichkeit erzeugt. $\hat{Q}$ wird als die optimale Zustandssequenz bezeichnet und kann mithilfe des *Viterbi-Algorithmus* berechnet werden.

⊘ **Schätzproblem**

Bei diesem Problem geht es darum, die Parameter eines HMM so zu bestimmen, dass das HMM die Trainingsbeispiele (vorgegebene Beobachtungssequenzen) möglichst gut beschreibt. Der sogenannte *Baum-Welch-Algorithmus* ermöglicht es, anhand von Trainings-Beobachtungssequenzen die Parameter eines HMM so zu bestimmen, dass die Produktionswahrscheinlichkeit $P(\mathbf{X}|\lambda)$ dieser Beobachtungssequenzen für das HMM maximiert wird.

Die Lösungen für die drei grundlegenden HMM-Probleme, also die oben erwähnten Algorithmen, werden in den Abschnitten 5.4 und 5.5 für DDHMM und für CDHMM besprochen. Zuerst wird im nächsten Abschnitt noch ein dabei verwendetes Hilfsmittel eingeführt, nämlich das Trellis-Diagramm.

5.3 Trellis-Diagramm

Um die grundlegenden HMM-Algorithmen anschaulich erklären zu können, ist es nützlich, den zeitlichen Verlauf von Zustandsübergängen graphisch darzustellen. Dies kann mit dem sogenannten *Trellis*-Diagramm erreicht werden. Das Trellis-Diagramm ist ein Graph in der Zeit-Zustands-Ebene mit einem Knoten für jeden HMM-Zustand zu jedem Zeitpunkt. Ein Knoten zum Zeitpunkt t kann mit einem Knoten zum Zeitpunkt $t+1$ durch eine Kante verbunden werden. Welche Kanten bzw. Zustandsübergänge im Diagramm eingetragen werden, hängt davon ab, welche Zusammenhänge illustriert werden sollen. Anhand eines Beispiels wollen wir diese Darstellung und ihre Interpretation erläutern.

Gegeben sei das HMM in Abbildung 5.3 mit sechs Zuständen, wovon vier emittierend sind. Bei diesem HMM sind nur die mit Pfeilen angegebenen Zustandsübergänge erlaubt. Ein Trellis-Diagramm für dieses HMM und für eine Beobachtungssequenz der Länge 5 ist ebenfalls in Abbildung 5.3 dargestellt. Es sind nur diejenigen Zustandsübergänge eingetragen, die zu einer gültigen Zustandssequenz vom Anfangszustand in den Endzustand gehören. Damit gibt das Diagramm Auskunft darüber, in welchen Zuständen sich das Modell jeweils zu einem bestimmten Zeitpunkt t befinden kann. So zeigt es beispielsweise, dass die erste Beobachtung $\mathbf{x}_1$ nur vom Zustand S_2 stammen kann und dass $\mathbf{x}_2$ hingegen von mehreren Zuständen herrühren kann, nämlich von S_2, S_3 oder S_4. Erst die letzte Beobachtung $\mathbf{x}_5$ ist wieder eindeutig mit einem bestimmten Zustand verknüpft, nämlich mit S_5.

Da jeder Knoten im Gitter genau einem Zeitpunkt und damit eindeutig einer Beobachtung und genau einem Zustand zugeordnet ist, ist mit ihm implizit eine Beobachtungswahrscheinlichkeit verbunden. Ebenso entspricht eine Kante der Übergangswahrscheinlichkeit zwischen zwei Zuständen. Dies ist in Abbildung 5.4 illustriert. Mit dieser Interpretation des Trellis-Diagramms werden in den folgenden Abschnitten die drei grundlegenden HMM-Probleme (Evaluationsproblem, Decodierungsproblem und Schätzproblem) erläutert.

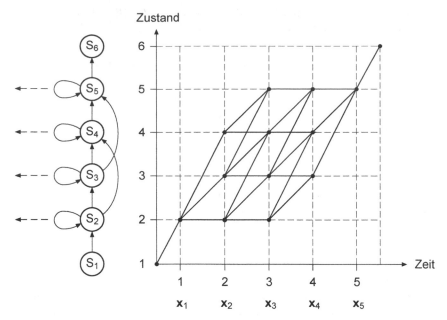

Abbildung 5.3. Das Trellis-Diagramm (rechts) zeigt alle möglichen Zustandsfolgen an, die das HMM (links) durchlaufen kann, wenn es eine Beobachtungssequenz der Länge 5 erzeugt.

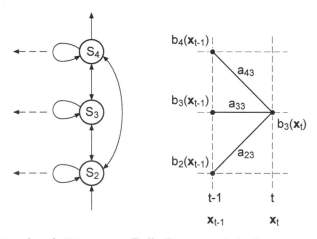

Abbildung 5.4. Ausschnitt aus einem Trellis-Diagramm: Jeder Knoten entspricht einer Beobachtungswahrscheinlichkeit $b_i(\mathbf{x}_t)$ und jede Kante einer Zustandsübergangswahrscheinlichkeit a_{ij}.

5.4 Grundlegende Algorithmen für DDHMM

In diesem Abschnitt werden die drei grundlegenden Probleme in Bezug auf DDHMM erläutert, also im Zusammenhang mit diskreten Beobachtungen und Beobachtungswahrscheinlichkeitsverteilungen. Zur Lösung dieser Probleme werden effiziente Algorithmen eingeführt.

❯ 5.4.1 Evaluationsproblem

Das Evaluationsproblem besteht darin, die Produktionswahrscheinlichkeit $P(\mathbf{X}|\lambda)$ zu berechnen, also zu ermitteln, mit welcher Wahrscheinlichkeit das HMM λ die Beobachtungssequenz $\mathbf{X}$ erzeugt. Ein einfacher Ansatz kann wie folgt formuliert werden: Da jede mögliche Zustandssequenz Q die Beobachtungssequenz $\mathbf{X}$ mit einer bestimmten Wahrscheinlichkeit erzeugen kann, und sich alle Zustandssequenzen gegenseitig ausschliessen, erhalten wir die gesuchte Wahrscheinlichkeit, indem wir die Wahrscheinlichkeiten $P(\mathbf{X}, Q|\lambda)$ über alle möglichen Zustandssequenzen Q aufsummieren:

$$P(\mathbf{X}|\lambda) = \sum_{\text{alle } Q} P(\mathbf{X}, Q|\lambda) . \tag{78}$$

Unter Anwendung des Multiplikationsgesetzes (siehe Anhang B.1) kann die Verbundwahrscheinlichkeit $P(\mathbf{X}, Q|\lambda)$ durch das Produkt $P(\mathbf{X}|Q, \lambda)\, P(Q|\lambda)$ ersetzt werden. Damit ergibt sich aus Gleichung (78):

$$P(\mathbf{X}|\lambda) = \sum_{\text{alle } Q} P(\mathbf{X}|Q, \lambda) P(Q|\lambda) . \tag{79}$$

Da bei einem HMM die Wahrscheinlichkeit einer Beobachtung $\mathbf{x}_t$ zum Zeitpunkt t nur vom Zustand abhängt, in welchem sich das HMM zu diesem Zeitpunkt befindet, jedoch nicht von früheren Zuständen oder Beobachtungen, kann der erste Faktor von Gleichung (79) berechnet werden als

$$P(\mathbf{X}|Q, \lambda) = P(\mathbf{x}_1|q_1, \lambda)\, P(\mathbf{x}_2|q_2, \lambda) \dots P(\mathbf{x}_T|q_T, \lambda)$$
$$= b_{q_1}(\mathbf{x}_1)\, b_{q_2}(\mathbf{x}_2) \dots b_{q_T}(\mathbf{x}_T) \tag{80}$$

Da zudem die Zustandsübergangswahrscheinlichkeiten zeitinvariant sind, kann der zweite Faktor von Gleichung (79) geschrieben werden als

$$P(Q|\lambda) = P(S_1 q_1 \dots q_T S_N|\lambda) = a_{1q_1}\, a_{q_1 q_2} \dots a_{q_{T-1} q_T}\, a_{q_T N} . \tag{81}$$

Durch Einsetzen der Gleichungen (80) und (81) in (79) erhalten wir die gesuchte Produktionswahrscheinlichkeit

$$P(\mathbf{X}|\lambda) = \sum_{\text{alle } Q} a_{1q_1}\, b_{q_1}(\mathbf{x}_1)\, a_{q_1 q_2}\, b_{q_2}(\mathbf{x}_2) \dots a_{q_{T-1} q_T}\, b_{q_T}(\mathbf{x}_T)\, a_{q_T N} . \tag{82}$$

Der Rechenaufwand, um Formel (82) direkt zu berechnen, ist enorm. Zu jedem Zeitpunkt $t = 1, 2, \ldots, T$ muss sich das HMM in einem der $N-2$ emittierenden Zustände befinden. Damit gibt es $(N-2)^T$ mögliche Zustandssequenzen, über die aufsummiert werden muss. Der Rechenaufwand steigt demnach exponentiell mit der Länge der Beobachtungssequenz. Eine Methode, um die Produktionswahrscheinlichkeit $P(\mathbf{X}|\lambda)$ effizienter zu berechnen, ist unter dem Namen *Forward-Algorithmus* bekannt.

❯ 5.4.2 Forward-Algorithmus für DDHMM

Der Grund, weshalb die Produktionswahrscheinlichkeit in Gleichung (82) aufwändig zu berechnen ist, liegt darin, dass alle Zustandssequenzen voneinander unabhängig betrachtet werden. Tatsächlich überlappen sich jedoch viele davon. Die Idee für die Optimierung liegt nun darin, Zwischenresultate von Teilsequenzen wiederzuverwenden.

Um den Forward-Algorithmus herzuleiten, ist es hilfreich, die sogenannte *Vorwärtswahrscheinlichkeit* zu definieren:

$$\alpha_t(j) = P(\mathbf{X}_1^t, q_t{=}S_j|\lambda) \, . \tag{83}$$

$\alpha_t(j)$ ist die Verbundwahrscheinlichkeit, dass das HMM λ zum Zeitpunkt t im Zustand S_j ist und die partielle Beobachtungssequenz $\mathbf{X}_1^t = \mathbf{x}_1\mathbf{x}_2\ldots\mathbf{x}_t$ erzeugt hat.

Um $\alpha_t(j)$ zu berechnen, kann die Wahrscheinlichkeit $P(\mathbf{X}_1^t, Q_1^t|\lambda)$ aufsummiert werden für alle partiellen Zustandssequenzen Q_1^t, die zum Zeitpunkt t im Zustand S_j enden.

$$\alpha_t(j) = \sum_{\text{alle } Q_1^t \text{ mit } q_t=S_j} P(\mathbf{X}_1^t, Q_1^t|\lambda) \, . \tag{84}$$

Die Berechnung von $\alpha_t(j)$ wird anhand von Abbildung 5.5 veranschaulicht: Alle möglichen partiellen Zustandssequenzen Q_1^t, die zum Zeitpunkt t im Zustand S_j enden, haben zum Zeitpunkt $t-1$ einen der emittierenden Zustände passiert. Unter Anwendung der Eigenschaften von HMM erster Ordnung, die mit den Gleichungen (69) und (70) ausgedrückt worden sind, kann somit die Gleichung (84) wie folgt geschrieben werden:

$$\alpha_t(j) = \sum_{i=2}^{N-1} P(\mathbf{X}_1^{t-1}, q_{t-1}{=}S_i|\lambda) \, P(q_t{=}S_j|q_{t-1}{=}S_i) \, P(\mathbf{x}_t|q_t{=}S_j)$$

$$= \sum_{i=2}^{N-1} P(\mathbf{X}_1^{t-1}, q_{t-1}{=}S_i|\lambda) \, a_{ij} \, b_j(\mathbf{x}_t) \, . \tag{85}$$

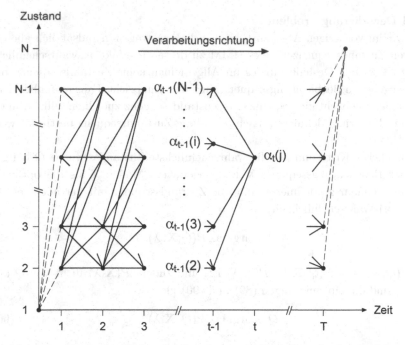

Abbildung 5.5. Veranschaulichung der Berechnung der Vorwärtswahrscheinlichkeit $\alpha_t(j)$.

Durch Einsetzen von (83) in (85) ergibt sich die Rekursionsformel für $\alpha_t(j)$ als

$$\alpha_t(j) = \left[\sum_{i=2}^{N-1} \alpha_{t-1}(i)\, a_{ij}\right] b_j(\mathbf{x}_t) \,, \qquad 1 < t \leq T \,, \, 1 < j < N \,. \tag{86}$$

Die Anfangsbedingungen für $t = 1$ sind:

$$\alpha_1(j) = a_{1j}\, b_j(\mathbf{x}_1) \,, \qquad 1 < j < N \,. \tag{87}$$

Die Produktionswahrscheinlichkeit $P(\mathbf{X}|\lambda)$ ergibt sich schliesslich aus

$$P(\mathbf{X}|\lambda) = \sum_{i=2}^{N-1} \alpha_T(i)\, a_{iN} \,. \tag{88}$$

Der Rechenaufwand für den Forward-Algorithmus steigt folglich linear mit der Länge der Beobachtungssequenz.

● 5.4.3 Decodierungsproblem

Wie wir im vorherigen Abschnitt gesehen haben, tragen grundsätzlich alle erlaubten Zustandssequenzen eines HMM zu dessen Produktionswahrscheinlichkeit $P(\mathbf{X}|\lambda)$ bei. Deshalb gibt es im Allgemeinen keine Zustandssequenz, die einer gegebenen Beobachtungssequenz eindeutig entspricht. Falls man aber dennoch einer Beobachtungssequenz eine Zustandssequenz zuordnen will, so muss man ein Kriterium definieren, nach dem diese Zustandssequenz bestimmt werden soll.

Ein mögliches Kriterium ist, die wahrscheinlichste Zustandssequenz Q bei gegebener Beobachtungssequenz $\mathbf{X}$ und gegebenem Modell λ als die optimale Zustandssequenz zu definieren, d.h. die Zustandssequenz mit der höchsten A-posteriori-Wahrscheinlichkeit:

$$\hat{Q} = \operatorname*{argmax}_{Q} P(Q|\mathbf{X}, \lambda) \qquad (89)$$

Da $P(Q|\mathbf{X},\lambda) = P(Q,\mathbf{X}|\lambda)/P(\mathbf{X}|\lambda)$ ist, und zudem $P(\mathbf{X}|\lambda)$ nicht von Q abhängt, sind die Optimierungen (89) und (90) gleichwertig.

$$\hat{Q} = \operatorname*{argmax}_{Q} P(Q, \mathbf{X}|\lambda) \qquad (90)$$

Auf das Trellis-Diagramm bezogen bedeutet die optimale Zustandssequenz gemäss Gleichung (90) zu bestimmen, den optimalen Pfad vom Anfangszustand zum Endzustand zu ermitteln. Eine effiziente Methode, um diesen Pfad zu suchen, basiert auf der dynamischen Programmierung. Das Verfahren, das diese Aufgabe löst, wird als *Viterbi-Algorithmus* bezeichnet.

● 5.4.4 Viterbi-Algorithmus für DDHMM

In Analogie zur Vorwärtswahrscheinlichkeit wird für den Viterbi-Algorithmus die Wahrscheinlichkeit

$$\delta_t(j) = \max_{\text{alle } Q_1^t \text{ mit } q_t = S_j} P(\mathbf{X}_1^t, Q_1^t | \lambda) \qquad (91)$$

definiert. $\delta_t(j)$ ist die Verbundwahrscheinlichkeit der partiellen Beobachtungssequenz $\mathbf{X}_1^t$ und des optimalen Teilpfades $\hat{Q}_1^t$ gemäss (90), der zum Zeitpunkt t im Zustand S_j endet. Dieselben Überlegungen wie bei der Vorwärtswahrscheinlichkeit führen auf eine sehr ähnliche Rekursionsformel für $\delta_t(j)$:

$$\delta_t(j) = \max_{1 < i < N} [\delta_{t-1}(i)\, a_{ij}]\, b_j(\mathbf{x}_t)\,, \qquad 1 < t \le T\,,\, 1 < j < N \qquad (92)$$

Um am Schluss der Rekursion die wahrscheinlichste Zustandssequenz bestimmen zu können, muss während der Rekursion für jeden Zeitpunkt t und Zustand j der jeweilige optimale Vorgängerzustand in $\Psi_t(j)$ abgespeichert werden. Der

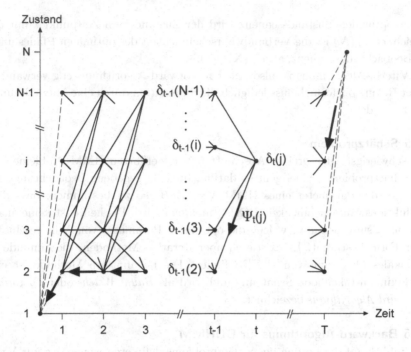

Abbildung 5.6. Veranschaulichung der Rekursion des Viterbi-Algorithmus.

vollständige Viterbi-Algorithmus besteht deshalb aus den folgenden Schritten (siehe auch Abbildung 5.6):

– Initialisierung:
$$\delta_1(j) = a_{1j}\, b_j(\mathbf{x}_1)\,, \qquad 1 < j < N \tag{93}$$

– Rekursion:
$$\delta_t(j) = \max_{1<i<N}[\delta_{t-1}(i)\, a_{ij}]\, b_j(\mathbf{x}_t) \tag{94}$$
$$\Psi_t(j) = \operatorname*{argmax}_{1<i<N}[\delta_{t-1}(i)\, a_{ij}]\,, \qquad 1 < t \le T\,,\ 1 < j < N \tag{95}$$

– Terminierung:
$$\delta_T(N) = \max_{1<i<N}[\delta_T(i)\, a_{iN}] \tag{96}$$
$$\Psi_T(N) = \operatorname*{argmax}_{1<i<N}[\delta_T(i)\, a_{iN}] \tag{97}$$

– Rückverfolgung des optimalen Pfades:
$$\hat{q}_T = \Psi_T(N) \tag{98}$$
$$\hat{q}_t = \Psi_{t+1}(\hat{q}_{t+1})\,, \qquad 1 \le t < T \tag{99}$$

In der optimalen Zustandssequenz wird der Zustand zum Zeitpunkt t mit $\hat{q}_t$ bezeichnet. $\delta_T(N)$ ist die Verbundwahrscheinlichkeit des optimalen Pfades und der Beobachtungssequenz, also $P(\mathbf{X}, \hat{Q}|\lambda)$.

Der Viterbi-Algorithmus ist also mit dem Forward-Algorithmus eng verwandt. In der Rekursionsformel muss lediglich die Summation durch eine Maximierung ersetzt werden.

❯ 5.4.5 Schätzproblem

Das schwierigste der drei in Abschnitt 5.2 aufgeführten HMM-Probleme ist das Schätzproblem. Dabei geht es darum, für eine gegebene Beobachtungssequenz $\mathbf{X}$ die Parameter eines HMM $\lambda = (A, B)$ so zu bestimmen, dass die Produktionswahrscheinlichkeit $P(\mathbf{X}|\lambda)$ maximal wird. Bis heute ist keine analytische Lösung bekannt, welche die optimalen Parameter von λ in geschlossener Form bestimmt. Es existieren aber iterative Methoden, die zumindest ein lokales Maximum von $P(\mathbf{X}|\lambda)$ finden. Die bekannteste Methode ist eine Maximum-Likelihood-Schätzung und wird als *Baum-Welch-* oder *Forward-Backward-Algorithmus* bezeichnet.

❯ 5.4.6 Backward-Algorithmus für DDHMM

Im Hinblick auf die Lösung des Schätzproblems definieren wir analog zur Vorwärtswahrscheinlichkeit eine sogenannte *Rückwärtswahrscheinlichkeit*, die zu einem bestimmten Zeitpunkt t für jeden Zustand q_t die Produktionswahrscheinlichkeit der noch verbleibenden Beobachtungssequenz $\mathbf{X}_{t+1}^T$ beschreibt. Die entsprechende Definition lautet:

$$\beta_t(i) = P(\mathbf{X}_{t+1}^T|q_t{=}S_i, \lambda) \tag{100}$$

Dies ist die Wahrscheinlichkeit, dass das HMM λ die partielle Beobachtungssequenz $\mathbf{X}_{t+1}^T$ erzeugt, vorausgesetzt es ist zum Zeitpunkt t im Zustand S_i. Der Iterationsschritt für die Berechnung der Rückwärtswahrscheinlichkeit kann analog zur Vorwärtswahrscheinlichkeit gemäss Abbildung 5.7 dargestellt werden. Dementsprechend erhält man für die Rückwärtswahrscheinlichkeit die Rekursionsformel

$$\beta_t(i) = \sum_{j=2}^{N-1} a_{ij}\, b_j(\mathbf{x}_{t+1})\, \beta_{t+1}(j)\,, \quad 1 \leq t < T\,, \ \ 1 < i < N\,. \tag{101}$$

Zur Initialisierung der Rekursion definiert man

$$\beta_T(i) = a_{iN}\,, \qquad 1 < i < N\,. \tag{102}$$

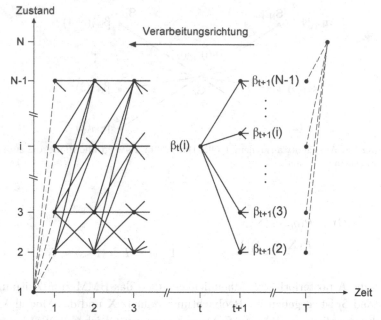

Abbildung 5.7. Veranschaulichung des Iterationsschrittes beim Backward-Algorithmus.

Die Produktionswahrscheinlichkeit berechnet sich aus

$$P(\mathbf{X}|\lambda) = \sum_{j=2}^{N-1} a_{1j} \, b_j(\mathbf{x}_1) \, \beta_1(j) \; . \tag{103}$$

Die Berechnung der Rückwärtswahrscheinlichkeiten benötigt denselben Rechenaufwand wie die Vorwärtswahrscheinlichkeit. Für die Berechnung der Produk-
tionswahrscheinlichkeit $P(\mathbf{X}|\lambda)$ braucht man nur entweder die Vorwärts- oder
die Rückwärtswahrscheinlichkeiten. Wie wir aber im nächsten Abschnitt sehen werden, ist die Rückwärtswahrscheinlichkeit zum Lösen des Schätzproblems
notwendig.

5.4.7 Baum-Welch-Algorithmus für DDHMM

Der Baum-Welch-Algorithmus ist ein iteratives Trainingsverfahren, welches ein
gegebenes DDHMM Schritt für Schritt verbessert. Dieses gegebene DDHMM
kann entweder ein Initial-DDHMM sein (siehe Abschnitt 5.4.9) oder ein
DDHMM aus einer vorgängigen Trainingsiteration.

Für die Herleitung der Schätzformeln ist es nützlich, zwei Hilfswahrscheinlichkeiten zu definieren. Die eine Hilfswahrscheinlichkeit ist definiert als

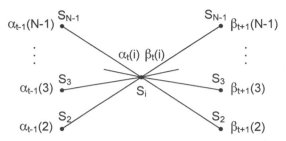

Abbildung 5.8. Ausschnitt aus einem Trellis-Diagramm: Es zeigt alle Pfade, die zum Zeitpunkt t im Zustand S_i sind.

$$\gamma_t(i) = P(q_t{=}S_i|\mathbf{X}, \lambda) \tag{104}$$

$$= \frac{P(\mathbf{X}, q_t{=}S_i|\lambda)}{P(\mathbf{X}|\lambda)} \, , \qquad 1 \le t \le T \, , \quad 1 < i < N \, . \tag{105}$$

$\gamma_t(i)$ ist die A-posteriori-Wahrscheinlichkeit, dass das HMM zum Zeitpunkt t im Zustand S_i ist, gegeben die Beobachtungssequenz $\mathbf{X}$ und das Modell λ.

Die Wahrscheinlichkeit $P(\mathbf{X}, q_t{=}S_i|\lambda)$ im Zähler von Gleichung (105) kann berechnet werden, indem die Verbundwahrscheinlichkeiten $P(\mathbf{X}, Q|\lambda)$ aller Pfade, die zum Zeitpunkt t im Zustand S_i sind, aufsummiert werden. Vergleicht man Abbildung 5.8 mit den Abbildungen 5.5 und 5.7, so erkennt man, dass der Zähler in Gleichung (105) durch die Vorwärts- und Rückwärtswahrscheinlichkeiten ausgedrückt werden kann. Aus der Definition von $\alpha_t(i)$ und $\beta_t(i)$ resultiert nämlich die Beziehung

$$P(\mathbf{X}, q_t{=}S_i|\lambda) = P(\mathbf{X}_1^t, q_t{=}S_i|\lambda) \cdot P(\mathbf{X}_{t+1}^T|q_t{=}S_i, \lambda) \tag{106}$$

$$= \alpha_t(i)\,\beta_t(i) \tag{107}$$

Die Produktionswahrscheinlichkeit $P(\mathbf{X}|\lambda)$ im Nenner von Gleichung (105) kann mit dem Forward- oder mit dem Backward-Algorithmus berechnet werden. Somit ergibt sich für $\gamma_t(i)$ die Formel:

$$\gamma_t(i) = \frac{\alpha_t(i)\,\beta_t(i)}{P(\mathbf{X}|\lambda)} \, , \qquad 1 \le t \le T \, , \quad 1 < i < N \tag{108}$$

Analog zu $\gamma_t(i)$ definiert man die A-posteriori-Wahrscheinlichkeit des Übergangs vom Zustand S_i zum Zustand S_j zum Zeitpunkt t, gegeben das Modell λ und die Beobachtungssequenz $\mathbf{X}$:

$$\xi_t(i, j) = P(q_t{=}S_i, q_{t+1}{=}S_j|\mathbf{X}, \lambda) \, , \tag{109}$$

$$= \frac{P(\mathbf{X}, q_t{=}S_i, q_{t+1}{=}S_j|\lambda)}{P(\mathbf{X}|\lambda)} \, , \quad 1 \le t < T \, , \quad 1 < i, j < N \tag{110}$$

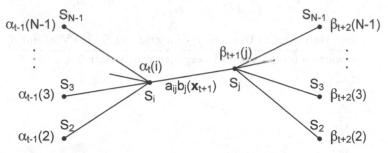

Abbildung 5.9. Graphische Darstellung aller Pfade, die zum Zeitpunkt t im Zustand S_i sind und im nächsten Zeitschritt in den Zustand S_j übergehen

Die Wahrscheinlichkeit im Zähler von Gleichung (110) kann wieder durch das Aufsummieren der Verbundwahrscheinlichkeiten $P(\mathbf{X}, Q|\lambda)$ über alle Pfade mit $q_t = S_i$ und $q_{t+1} = S_j$ berechnet werden. Die Pfade, die dabei berücksichtigt werden müssen, sind in Abbildung 5.9 dargestellt. Aus dieser Darstellung wird klar, dass der Zähler von Gleichung (110) wieder mit den Vorwärts- und Rückwärtswahrscheinlichkeiten ausgedrückt werden kann. $\xi_t(i, j)$ lässt sich somit schreiben als:

$$\xi_t(i, j) = \frac{\alpha_t(i)\, a_{ij}\, b_j(\mathbf{x}_{t+1})\, \beta_{t+1}(j)}{P(\mathbf{X}|\lambda)} \ . \tag{111}$$

Wenn wir nun die Hilfswahrscheinlichkeiten $\gamma_t(i)$ und $\xi_t(i, j)$ über die ganze Beobachtungssequenz aufsummieren, erhalten wir Grössen, die sich als Erwartungswerte verschiedener Ereignisse interpretieren lassen:

$$\sum_{t=1}^{T} \gamma_t(i) = \text{erwartete Anzahl Male im emittierenden Zustand } S_i$$

$$= \begin{array}{l} \text{erwartete Anzahl Zustandsübergänge ausgehend vom} \\ \text{Zustand } S_i \text{ (inkl. Übergänge zum Endzustand } S_N) \end{array} \tag{112}$$

$$\sum_{t=1}^{T-1} \xi_t(i, j) = \begin{array}{l} \text{erwartete Anzahl Zustandsübergänge vom} \\ \text{Zustand } S_i \text{ zum emittierenden Zustand } S_j \end{array} \tag{113}$$

Mit diesen Interpretationen können wir nun neue Schätzwerte der Parameter von λ durch einfaches Zählen der entsprechenden Ereignisse finden. Für die Parameter $\lambda = (A, B)$ eines gegebenen DDHMM erhält man somit folgende Schätzformeln für eine gegebene Beobachtungssequenz $\mathbf{X}$:

$$\tilde{a}_{1j} = \text{erwartete Anzahl Male im Zustand } S_j \text{ zum Zeitpunkt } t{=}1$$

$$= \gamma_1(j) \ , \quad 1 < j < N \tag{114}$$

$$\tilde{a}_{ij} = \frac{\text{erwartete Anzahl Übergänge vom Zustand } S_i \text{ zum Zustand } S_j}{\text{erwartete totale Anzahl Übergänge vom Zustand } S_i \text{ aus}}$$

$$= \frac{\sum_{t=1}^{T-1} \xi_t(i,j)}{\sum_{t=1}^{T} \gamma_t(i)} \quad , \quad 1 < i, j < N \tag{115}$$

$$\tilde{a}_{iN} = \frac{\text{erwartete Anzahl Male im Zustand } S_i \text{ zum Zeitpunkt } t = T}{\text{erwartete totale Anzahl Male im Zustand } S_i}$$

$$= \frac{\gamma_T(i)}{\sum_{t=1}^{T} \gamma_t(i)} \quad , \quad 1 < i < N \tag{116}$$

$$\tilde{b}_j(k) = \frac{\text{erwartete Anzahl Male im Zustand } S_j \text{ mit der Beobachtung } c_k}{\text{erwartete totale Anzahl Male im Zustand } S_j}$$

$$= \frac{\sum_{t \text{ mit } \mathbf{x}_t = c_k} \gamma_t(j)}{\sum_{t=1}^{T} \gamma_t(j)} \quad , \quad 1 < j < N \ , \quad 1 \leq k \leq M \tag{117}$$

Mit diesen Schätzformeln können nun ausgehend von einem gegebenen DDHMM λ die Parameter eines neuen DDHMM $\tilde{\lambda} = (\tilde{A}, \tilde{B})$ geschätzt werden. Baum et al. haben bewiesen, dass die Produktionswahrscheinlichkeit $P(\mathbf{X}|\tilde{\lambda})$ immer höher ist als $P(\mathbf{X}|\lambda)$, ausser wenn sich das HMM λ in einem lokalen Optimum befindet. Dann ist $P(\mathbf{X}|\tilde{\lambda}) = P(\mathbf{X}|\lambda)$.[1]

Das Vorgehen, die Parameter eines Modells so einzustellen, dass die Wahrscheinlichkeit der gegebenen Daten maximiert wird, bezeichnet man auch als Maximum-Likelihood-Methode. Der Baum-Welch-Algorithmus liefert also eine Maximum-Likelihood-Schätzung für die HMM-Parameter.

❯ 5.4.8 Viterbi-Training für DDHMM

Bei einem HMM ist definitionsgemäss nicht bestimmt, in welchem Zustand es beim Erzeugen einer Beobachtung ist. Um die Zustandsübergangs- und die Beobachtungswahrscheinlichkeiten bestimmen zu können, muss die Zuordnung von Beobachtungen zu Zuständen jedoch in irgendeiner Form bekannt sein. Der Baum-Welch-Algorithmus löst dieses Problem mit der A-posteriori-

---

[1]Baum et al. haben diesen Beweis nur für DDHMM erbracht. Der Beweis wurde später auf eine breite Klasse von CDHMM erweitert.

Wahrscheinlichkeit $\gamma_t(i) = P(q_t{=}S_i|\mathbf{X},\lambda)$, also der Wahrscheinlichkeit, dass sich das Modell zum Zeitpunkt t in einem bestimmten Zustand S_i befindet, gegeben die Beobachtungssequenz $\mathbf{X}$ und das HMM. Er berücksichtigt damit die Tatsache, dass grundsätzlich jede mögliche Zustandssequenz die Beobachtungssequenz erzeugen kann.

Das Zuordnen von Beobachtungen zu Zuständen kann aber auch als Decodierungsproblem betrachtet werden (siehe Abschnitt 5.4.3). Der Viterbi-Algorithmus findet für eine gegebene Beobachtungssequenz und ein gegebenes HMM diejenige Zustandssequenz $\hat{Q} = S_1\hat{q}_1\ldots\hat{q}_T S_N$, welche die Beobachtung mit der grössten Wahrscheinlichkeit erzeugt hat, und ordnet damit jeder Beobachtung eindeutig einen Zustand zu. Die beiden Hilfswahrscheinlichkeiten $\gamma_t(i)$ und $\xi_t(i,j)$ des Baum-Welch-Algorithmus werden damit zu

$$\gamma_t(i) = \begin{cases} 1 & \text{falls } \hat{q}_t{=}S_i, \\ 0 & \text{sonst}, \end{cases} \tag{118}$$

$$\xi_t(i,j) = \begin{cases} 1 & \text{falls } \hat{q}_t{=}S_i \text{ und } \hat{q}_{t+1}{=}S_j, \\ 0 & \text{sonst}. \end{cases} \tag{119}$$

In diesem Fall spricht man von Viterbi-Training. Die beiden Hilfswahrscheinlichkeiten können über t aufsummiert werden und haben dann die folgende Bedeutung:

$$\sum_{t=1}^{T}\gamma_t(i) = \text{Anzahl Male im emittierenden Zustand } S_i$$

$$= \frac{\text{Anzahl Übergänge ausgehend vom Zustand } S_i}{\text{(inklusive Übergänge zum Endzustand } S_N)} \tag{120}$$

$$\sum_{t=1}^{T-1}\xi_t(i,j) = \frac{\text{Anzahl Zustandsübergänge von Zustand } S_i}{\text{zum emittierenden Zustand } S_j} \tag{121}$$

Zum Ermitteln der neuen Schätzwerte für die Zustandsübergangswahrscheinlichkeiten $\tilde{a}_{ij}$ und der Beobachtungswahrscheinlichkeitsverteilungen $\tilde{b}_j(k)$ aus den Hilfsgrössen $\gamma_t(i)$ und $\xi_t(i,j)$ verfährt man gleich wie beim Baum-Welch-Algorithmus:

$$\tilde{a}_{1j} = \gamma_1(j) \quad, \quad 1 < j < N \tag{122}$$

$$\tilde{a}_{ij} = \frac{\displaystyle\sum_{t=1}^{T-1}\xi_t(i,j)}{\displaystyle\sum_{t=1}^{T}\gamma_t(i)} \quad, \quad 1 < i,j < N \tag{123}$$

$$\tilde{a}_{iN} = \frac{\gamma_T(i)}{\sum\limits_{t=1}^{T} \gamma_t(i)} \quad , \quad 1 < i < N \tag{124}$$

$$\tilde{b}_j(k) = \frac{\sum\limits_{t \text{ mit } \mathbf{x}_t = c_k} \gamma_t(j)}{\sum\limits_{t=1}^{T} \gamma_t(j)} \quad , \quad 1 < j < N \quad , \quad 1 \le k \le M \tag{125}$$

Auch beim Viterbi-Training wird ein Initial-DDHMM vorausgesetzt. Es wird verwendet, um mit dem Viterbi-Algorithmus die optimale Zustandssequenz $\hat{Q}$ zu bestimmen. Aus dieser Sequenz können dann die Hilfswahrscheinlichkeiten $\gamma_t(i)$ und $\xi_t(i,j)$ berechnet und mit den Schätzformeln (122) bis (125) die Parameter des HMM neu geschätzt werden. Mit dem neu geschätzten HMM wird in der nächsten Iteration erneut die optimale Zustandssequenz bestimmt und für die Parameterschätzung verwendet. Das Verfahren wird solange iteriert, bis die Wahrscheinlichkeit $P(\mathbf{X}, \hat{Q}|\lambda)$ konvergiert.

Beim Viterbi-Training wird im ersten Schritt eine Zuordnung von Beobachtungen und Zuständen gemacht. Dies wird auch als Segmentierung bezeichnet. Unter Umständen ist aber bereits eine Segmentierung gegeben, die man benützen möchte. In diesem Fall wird in der ersten Iteration des Trainings die vorgegebene Segmentierung verwendet und das DDHMM neu geschätzt. In den folgenden Iterationen wird dann wieder der Viterbi-Algorithmus für die Segmentierung verwendet.

◈ 5.4.9 Initial-DDHMM

Um ein Initial-DDHMM erzeugen zu können, muss zuerst die gewünschte Topologie des HMM gewählt werden. Dazu muss man insbesondere die Anzahl der Zustände N und die Anzahl der möglichen diskreten Beobachtungen M festlegen. Zudem ist zu definieren, welche Zustandsübergänge erlaubt sein sollen, wodurch bestimmt wird, ob das DDHMM vollverbunden, links-rechts, linear etc. sein soll (vergl. Abschnitt 5.1.1).

Die Konfiguration muss selbstverständlich an die konkrete Anwendung angepasst werden. Was dies für den Anwendungsfall der Spracherkennung heisst, wird in Kapitel 13 besprochen.

Nebst der Konfiguration sind für das Initial-DDHMM die Zustandsübergangswahrscheinlichkeiten (soweit sie nicht beim Konfigurieren bereits auf null gesetzt worden sind) und die Beobachtungswahrscheinlichkeiten zu initialisieren. Zweckmässig ist es z.B. alle Wahrscheinlichkeiten gleichverteilt zu initialisieren.

Für die Zustandsübergangswahrscheinlichkeiten heisst dies:

$$a_{ij} = a_{ik} , \qquad \text{für } a_{ij}, a_{ik} > 0 , \qquad (126)$$

wobei selbstverständlich die Randbedingung von Gleichung (73) einzuhalten ist. Die diskreten Beobachtungswahrscheinlichkeiten sind alle gleich, also

$$b_j(k) = 1/M , \qquad 1 < j < N , \ 1 \leq k \leq M . \qquad (127)$$

5.5 Grundlegende Algorithmen für CDHMM

Die in Abschnitt 5.4 behandelten DDHMM erzeugen diskrete Beobachtungen. Wie die grundlegenden Algorithmen im Falle von kontinuierlichen Beobachtungen aussehen, also für CDHMM, wird in diesem Abschnitt erläutert.

Die Wahrscheinlichkeitsverteilung der Beobachtungen in einem Zustand werden dabei, wie in Abschnitt 5.1.2.2 erläutert, mit einer multivariaten Gauss-Mischverteilung beschrieben. Diese in Gleichung (77) definierte Verteilung ist die allgemeinste Form von Wahrscheinlichkeitsverteilungen für CDHMM, für die bis heute Schätzformeln hergeleitet worden sind.

❥ 5.5.1 Forward-Algorithmus für CDHMM

Die Hilfswahrscheinlichkeit $\alpha_t(j)$ wird nach den Gleichungen (86) und (87) ermittelt, wobei die Beobachtungswahrscheinlichkeiten $b_j(\mathbf{x}_t)$ gemäss Formel (77) einzusetzen sind.[2] Die Produktionswahrscheinlichkeit $P(\mathbf{X}|\lambda)$ ergibt sich dann aus Gleichung (88).

❥ 5.5.2 Viterbi-Algorithmus für CDHMM

Der Viterbi-Algorithmus, wie er mit den Gleichungen (93) bis (99) beschrieben ist, kann auch für CDHMM angewendet werden. Die dabei verwendeten Beobachtungswahrscheinlichkeiten $b_j(\mathbf{x}_t)$ sind jedoch gemäss Formel (77) zu berechnen.

❥ 5.5.3 Backward-Algorithmus für CDHMM

Die Hilfswahrscheinlichkeit $\beta_t(i)$ kann auch für CDHMM mit den Gleichungen (101) und (102) berechnet werden, wobei wiederum die Beobachtungswahrscheinlichkeiten $b_j(\mathbf{x}_t)$ gemäss Formel (77) zu verwenden sind.

---

[2]Da die Formel (77) eine Wahrscheinlichkeitsdichtefunktion beschreibt, ist $b_j(\mathbf{x}_t)$ genau genommen nicht eine Wahrscheinlichkeit, sondern eine Likelihood. Um aber nicht für die im Zusammenhang mit den DDHMM eingeführten Wahrscheinlichkeiten und Hilfswahrscheinlichkeiten neue Begriffe einführen zu müssen, nehmen wir diese Ungenauigkeit der Bezeichnungen in Kauf.

❯ 5.5.4 Baum-Welch-Algorithmus für CDHMM

Die Gleichungen (108) und (111) zur Berechnung der Hilfswahrscheinlichkeiten $\gamma_t(i)$ und $\xi_t(i,j)$ sowie die Schätzformeln (114) bis (116) für die Zustandsübergangswahrscheinlichkeiten können auch auf CDHMM angewendet werden, wobei die Beobachtungswahrscheinlichkeiten $b_j(\mathbf{x}_t)$ gemäss Formel (77) berechnet werden müssen. Um die Parameter $\boldsymbol{\mu}_{jk}$ und $\boldsymbol{\Sigma}_{jk}$ der Beobachtungswahrscheinlichkeitsverteilungen zu schätzen, muss jedoch eine neue Hilfswahrscheinlichkeit eingeführt werden:

$$\zeta_t(j,k) = P(q_t{=}S_j, \mathbf{x}_t{\mapsto}\mathcal{N}_{jk}|\mathbf{X},\lambda)\,.\tag{128}$$

$\zeta_t(j,k)$ ist die Wahrscheinlichkeit, dass sich das HMM zum Zeitpunkt t im Zustand S_j befindet und die k-te Mischkomponente (des Zustandes S_j) die Beobachtung $\mathbf{x}_t$ erzeugt, gegeben die Beobachtungssequenz $\mathbf{X}$ und das Modell λ. Diese Hilfswahrscheinlichkeit kann wieder mithilfe der Vorwärts- und Rückwärtswahrscheinlichkeit ausgedrückt werden (siehe auch Abbildung 5.10):

$$\zeta_1(j,k) = \frac{a_{1j}\,c_{jk}\,b_{jk}(\mathbf{x}_1)\,\beta_1(j)}{P(\mathbf{X}|\lambda)}\,, \qquad 1 < j < N\tag{129}$$

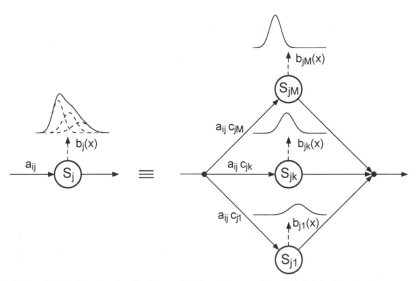

Abbildung 5.10. Ein Zustand, dessen Beobachtungswahrscheinlichkeitsverteilung aus M Mischkomponenten besteht, kann als M parallele Zustände mit je einer einzelnen Mischkomponente dargestellt werden, wobei die Zustandsübergangswahrscheinlichkeiten den Mischkoeffizienten entsprechen. Die Produktionswahrscheinlichkeit bleibt dabei gleich.

$$\zeta_t(j,k) = \frac{\displaystyle\sum_{i=2}^{N-1} \alpha_{t-1}(i)\, a_{ij}\, c_{jk}\, b_{jk}(\mathbf{x}_t)\, \beta_t(j)}{P(\mathbf{X}|\lambda)} \,, \qquad 1 < t \le T \qquad (130)$$

Wenn die Hilfswahrscheinlichkeit $\zeta_t(j,k)$ über die ganze Beobachtungssequenz aufsummiert wird, kann die resultierende Grösse interpretiert werden als:

$$\sum_{t=1}^{T} \zeta_t(j,k) = \begin{array}{l}\text{erwartete Anzahl Beobachtungen, die von der } k\text{-ten}\\ \text{Mischkomponente des Zustands } S_j \text{ erzeugt werden}\end{array}$$

$$= \text{erwartete Anzahl Male im Zustand } S_{jk} \qquad (131)$$

Um die Zustandsübergangswahrscheinlichkeiten von CDHMM zu schätzen, werden die Gleichungen (114) bis (116) verwendet. Für die Parameter der Mischverteilungen erhält man die folgenden Schätzformeln:

$$\tilde{c}_{jk} = \frac{\text{erwartete Anzahl Male im Zustand } S_{jk}}{\text{erwartete Anzahl Male im Zustand } S_j} = \frac{\displaystyle\sum_{t=1}^{T}\zeta_t(j,k)}{\displaystyle\sum_{t=1}^{T}\gamma_t(j)} \qquad (132)$$

$$\tilde{\boldsymbol{\mu}}_{jk} = \frac{\begin{array}{l}\text{erwartete Summe der im Zustand } S_{jk}\\ \text{erzeugten Beobachtungen}\end{array}}{\text{erwartete Anzahl Male im Zustand } S_{jk}} = \frac{\displaystyle\sum_{t=1}^{T}\zeta_t(j,k)\mathbf{x}_t}{\displaystyle\sum_{t=1}^{T}\zeta_t(j,k)} \qquad (133)$$

$$\tilde{\boldsymbol{\Sigma}}_{jk} = \frac{\displaystyle\sum_{t=1}^{T}\zeta_t(j,k)(\mathbf{x}_t - \tilde{\boldsymbol{\mu}}_{jk})(\mathbf{x}_t - \tilde{\boldsymbol{\mu}}_{jk})^{\mathrm{t}}}{\displaystyle\sum_{t=1}^{T}\zeta_t(j,k)} \qquad (134)$$

$$1 < j < N \,, \; 1 \le k \le M \,.$$

❷ 5.5.5 Viterbi-Training für CDHMM

Auch im Fall der CDHMM kann eine Zuordnung von Beobachtungen und Zuständen aus der optimalen Zustandssequenz $\hat{Q} = S_1 \hat{q}_1 \ldots \hat{q}_T S_N$ ermittelt werden. Es gilt also wiederum:

$$\gamma_t(i) = \begin{cases} 1 & \text{falls } \hat{q}_t = S_i, \\ 0 & \text{sonst}, \end{cases} \qquad (135)$$

$$\xi_t(i,j) = \begin{cases} 1 & \text{falls } \hat{q}_t = S_i \text{ und } \hat{q}_{t+1} = S_j, \\ 0 & \text{sonst}. \end{cases} \qquad (136)$$

So wie im Allgemeinen einer Beobachtung nicht eindeutig ein Zustand zugeordnet werden kann, so ist es auch nicht möglich, diejenige Mischkomponente der Mischverteilung eines Zustandes zu identifizieren, die eine Beobachtung erzeugt hat. Während der Baum-Welch-Algorithmus alle Mischkomponenten eines Zustands berücksichtigt, wird beim Viterbi-Training nur die jeweils wahrscheinlichste Mischkomponente berücksichtigt.

Will man das Viterbi-Training auch auf kontinuierliche HMM anwenden, so muss zusätzlich zur optimalen Zustandssequenz für jeden Zustand $\hat{q}_t$ die optimale Mischkomponente $\hat{k}_t$ bestimmt werden, also diejenige Mischkomponente, welche für einen Zustand $\hat{q}_t = S_j$ mit der grössten Wahrscheinlichkeit die Beobachtung erzeugt:

$$\hat{k}_t = \underset{1 \leq k \leq M}{\operatorname{argmax}} \; c_{jk} b_{jk}(\mathbf{x}_t) \,, \qquad 1 \leq t \leq T \,, \; \hat{q}_t = S_j \qquad (137)$$

Damit kann die Hilfswahrscheinlichkeit $\zeta_t(j, k)$ berechnet werden:

$$\zeta_t(j, k) = \begin{cases} 1 & \text{falls } \hat{q}_t = S_j \text{ und } \hat{k}_t = k, \\ 0 & \text{sonst}. \end{cases} \qquad (138)$$

Die Summe dieser Hilfswahrscheinlichkeit über die ganze Beobachtungssequenz hat nun die Bedeutung

$$\sum_{t=1}^{T} \zeta_t(j, k) = \begin{array}{l} \text{Anzahl Beobachtungen, die von der } k\text{-ten Misch-} \\ \text{komponente des Zustands } S_j \text{ erzeugt werden} \end{array} \qquad (139)$$

Unter Verwendung der Hilfswahrscheinlichkeiten $\gamma_t(i)$, $\xi_t(i, j)$ und $\zeta_t(j, k)$ können nun die Zustandsübergangswahrscheinlichkeiten $\tilde{a}_{ij}$ mit den Gleichungen (114) bis (116) ermittelt werden. Die Beobachtungswahrscheinlichkeiten $\tilde{b}_j(\mathbf{x})$ bzw. die Parameter $\tilde{c}_{jk}$, $\tilde{\boldsymbol{\mu}}_{jk}$ und $\tilde{\boldsymbol{\Sigma}}_{jk}$ lassen sich mit den Gleichungen (132) bis (134) bestimmen.

❯ 5.5.6 Initial-CDHMM

Auch für ein Initial-CDHMM muss zuerst eine dem konkreten Anwendungsfall entsprechende Konfiguration gewählt werden: Es sind die Anzahl der Zustände N festzulegen und die erlaubten Zustandsübergänge zu definieren. Die Zustandsübergangswahrscheinlichkeiten werden wiederum gleichverteilt initialisiert (vergl. auch Abschnitt 5.4.9). Zusätzlich müssen die multivariaten Gauss-Mischverteilungen initialisiert werden.

Die Schätzformeln des Baum-Welch-Algorithmus für CDHMM (Abschnitt 5.5.4) funktionieren für eine beliebige Anzahl Mischverteilungen. Im Prinzip könnte ein HMM mit einer Vielzahl von Mischverteilungen initialisiert und nach dem beschriebenen Verfahren trainiert werden. Es hat sich aber gezeigt, dass es besser ist, das Training mit einem einfachen Modell mit nur einer einzigen

Mischkomponente zu beginnen und die Anzahl der Mischkomponenten im Verlauf des Trainings durch Mixture Splitting (siehe Abschnitt 5.5.7) zu erhöhen. Die Initialwerte für die Beobachtungswahrscheinlichkeitsverteilungen werden für alle Zustände des CDHMM gleich gewählt, nämlich gleich dem Mittelwertvektor bzw. der Kovarianzmatrix aller Beobachtungen.

❯ 5.5.7 Mixture Splitting

Das Training von CDHMM führt in der Regel zu besseren Modellen, wenn mit einem Initialmodell mit einfachen Beobachtungswahrscheinlichkeitsverteilungen begonnen wird, d.h. mit multivariaten Gauss-Mischverteilungen mit nur einer Mischkomponente. Dieses Modell wird so lange trainiert, bis die Produktionswahrscheinlichkeit (bzw. die Verbundwahrscheinlichkeit $P(\mathbf{X}, \hat{Q}|\lambda)$, falls Viterbi-Training eingesetzt wird) nicht mehr wesentlich ansteigt.

Das so trainierte HMM ist ein geeigneter Ausgangspunkt für ein komplexeres Modell. Aus einzelnen Mischkomponenten werden mit dem sogenannten *Mixture Splitting* je zwei Mischkomponenten erzeugt. Das neue Modell wird als Initialmodell für eine weitere Trainingsphase verwendet. Durch fortgesetztes Aufteilen von Mischkomponenten kann jede gewünschte Anzahl Mischkomponenten erreicht werden.

Eine Komponente kann beispielsweise folgendermassen in zwei Komponenten aufgeteilt werden: Von der Komponente wird eine Kopie erstellt, dann werden die beiden Mischkoeffizienten halbiert und schliesslich die Mittelwerte um plus oder minus einen Faktor mal die Standardabweichung verschoben.

$$c \to c' = c'' = 0.5c$$
$$\mu \to \mu' = \mu + 0.2\sigma \ , \quad \mu'' = \mu - 0.2\sigma \qquad (140)$$
$$\Sigma \to \Sigma' = \Sigma'' = \Sigma$$

Die Standardabweichung σ ist ein Vektor, dessen Elemente die Wurzel aus den Diagonalelementen der Kovarianzmatrix sind: $\sigma = \sqrt{\mathrm{diag}(\Sigma)}$.

Wenn die Anzahl Mischkomponenten um eins erhöht werden soll und mehrere Komponenten für das Splitting zur Wahl stehen, stellt sich die Frage, welche aufgeteilt werden soll. Häufig wird diejenige Komponente gewählt, deren Mischkoeffizient am grössten ist. Ein grosser Mischkoeffizient bedeutet, dass die erwartete Anzahl von erzeugten Beobachtungen für diese Mischkomponente gross ist. Je mehr Beobachtungen vorhanden sind, desto genauer lässt sich die Verteilung schätzen.

5.6 Training mit mehreren Beobachtungssequenzen

Mit den bisher angegebenen Schätzformeln werden aufgrund einer einzelnen Beobachtungssequenz $\mathbf{X}$ die Zustandsübergangswahrscheinlichkeiten a_{ij} und die Beobachtungswahrscheinlichkeitsverteilungen $b_j(\mathbf{x})$ für ein HMM λ so bestimmt, dass die Produktionswahrscheinlichkeit maximal wird. Bei HMM für zeitlich begrenzte Beobachtungssequenzen, wie sie in Abschnitt 5.1 spezifiziert worden sind, genügt jedoch eine einzelne Beobachtungssequenz nicht, um die HMM-Parameter zuverlässig zu schätzen. Es müssen dafür mehrere Sequenzen verwendet werden.

Mit der Annahme, dass die Beobachtungssequenzen unabhängig voneinander sind, können die Schätzformeln leicht für den Fall mehrerer Beobachtungssequenzen angepasst werden. Das Ziel der Maximum-Likelihood-Schätzung ist es, für einen Satz von Beobachtungssequenzen $\mathcal{X} = \{\mathbf{X}_1, \mathbf{X}_2, \ldots, \mathbf{X}_S\}$, die Produktionswahrscheinlichkeit

$$P(\mathcal{X}|\lambda) = \prod_{s=1}^{S} P(\mathbf{X}_s|\lambda) \tag{141}$$

zu maximieren. Da alle Schätzformeln auf dem Zählen von verschiedenen Ereignissen beruhen, können diese Zählwerte (bzw. Erwartungswerte) einfach über alle Beobachtungssequenzen aufsummiert werden. Für die Übergangswahrscheinlichkeiten lauten die Schätzformeln dann

$$\tilde{a}_{1j} = \frac{1}{S} \sum_{s=1}^{S} \gamma_1^s(j) \;, \qquad\qquad 1 < j < N \;, \tag{142}$$

$$\tilde{a}_{ij} = \frac{\displaystyle\sum_{s=1}^{S} \sum_{t=1}^{T_s-1} \xi_t^s(i,j)}{\displaystyle\sum_{s=1}^{S} \sum_{t=1}^{T_s} \gamma_t^s(i)} \;, \qquad\qquad 1 < i,j < N \;, \tag{143}$$

$$\tilde{a}_{iN} = \frac{\displaystyle\sum_{s=1}^{S} \gamma_{T_s}^s(i)}{\displaystyle\sum_{s=1}^{S} \sum_{t=1}^{T_s} \gamma_t^s(i)} \;, \qquad\qquad 1 < i < N \;. \tag{144}$$

Die Beobachtungswahrscheinlichkeiten eines DDHMM werden wie folgt ermittelt:

$$\tilde{b}_j(k) = \frac{\sum\limits_{s=1}^{S} \sum\limits_{t \text{ mit } \mathbf{x}_t = c_k} \gamma_t^s(j)}{\sum\limits_{s=1}^{S} \sum\limits_{t=1}^{T_s} \gamma_t^s(j)} \quad , \qquad 1 < j < N, \quad 1 \le k \le M . \tag{145}$$

Die Beobachtungswahrscheinlichkeitsverteilungen eines CDHMM werden analog zum diskreten Modell berechnet, also indem man in den Gleichungen (132) bis (134) jeweils im Zähler und im Nenner über alle Beobachtungssequenzen summiert.

5.7 Underflow bei HMM

Wie man beispielsweise aus den Gleichungen (86), (92) und (101) sieht, werden die Werte von $\alpha_t(i)$, $\delta_t(i)$ und $\beta_t(i)$ mit wachsender Beobachtungssequenzlänge T exponentiell kleiner, da fortlaufend Werte ≤ 1 miteinander multipliziert werden. Früher oder später werden diese Wahrscheinlichkeiten deshalb auf jedem Computer zu einem Underflow führen, wodurch die Berechnungen unbrauchbar werden. Davon sind alle besprochenen HMM-Algorithmen betroffen.

Eine Möglichkeit, einen Underflow zu verhindern (genau genommen nur zu verzögern), ist die Verwendung von Logarithmen. Das Problem besteht ja darin, dass durch fortwährendes Multiplizieren mit Werten ≤ 1 das Produkt exponentiell kleiner wird. Berechnet man nun aber nicht das Produkt, sondern den Logarithmus davon, so wird das Resultat mit wachsender Beobachtungssequenzlänge nur linear kleiner.

Dank dieser Methode kann zudem der Viterbi-Algorithmus effizienter ausgeführt werden. Dabei wird ausgenutzt, dass der Logarithmus eines Produktes gleich der Summe der logarithmierten Faktoren ist. Die Multiplikationen der Rekursionsgleichung (95) werden so in Additionen umgewandelt, die auf den meisten Rechnern effizienter berechenbar sind. Dazu werden die HMM-Parameter des Erkenners logarithmiert. Die Rekursionsgleichung für $\log \delta_t(j)$ besteht dann nur noch aus Additionen und Maximierungen:

$$\log \delta_t(j) = \max_i [\log \delta_{t-1}(i) + \log a_{ij}] + \log b_j(\mathbf{x}_t) \tag{146}$$

Dabei muss berücksichtigt werden, dass der Logarithmus von null nicht definiert ist. In Anlehnung an die beiden Grenzwerte

$$\lim_{x \to 0^+} \log_b x = -\infty \tag{147}$$

$$\lim_{x \to -\infty} b^x = 0 \tag{148}$$

definiert man in der Praxis

$$\log_b 0 \doteq -\infty \quad \text{und} \tag{149}$$

$$b^{-\infty} \doteq 0. \tag{150}$$

Das ist zwar mathematisch nicht korrekt, aber es vereinfacht die Berechnungen wesentlich und hat auf das Resultat keinen Einfluss.

Bei der logarithmischen Berechnung der Vorwärts- und Rückwärtswahrscheinlichkeiten entsteht das Problem, dass der Logarithmus einer Summe von Werten berechnet werden muss, die so klein sind, dass sie ebenfalls nur als Logarithmen darstellbar sind. Mit Hilfe der *Kingsbury-Rayner*-Formel kann jedoch der Logarithmus einer Summe direkt aus den Logarithmen der Summanden berechnet werden:

$$\begin{aligned}
\log_b(x + y) &= \log_b \left(x \left(1 + \frac{y}{x} \right) \right) \\
&= \log_b x + \log_b \left(1 + \frac{y}{x} \right) \\
&= \log_b x + \log_b \left(1 + b^{\log_b y - \log_b x} \right) ,
\end{aligned} \tag{151}$$

wobei ohne Einschränkung der Allgemeinheit $x \geq y$ und $x > 0$ vorausgesetzt wird. Wenn x und y null sind, kommt direkt Definition (149) zum Einsatz.

Kapitel 6

Darstellung und Anwendung linguistischen Wissens

6

6

6 Darstellung und Anwendung linguistischen Wissens

In diesem Kapitel geht es darum, die Grundlagen einzuführen, die zur Anwendung sprachlichen Wissens aus den Bereichen Morphologie und Syntax eingesetzt werden. Dieses Wissen bezieht sich darauf, wie Wörter und Sätze einer Sprache aufgebaut sind. Da es eine grosse Anzahl von Formalismen zum Festhalten solchen Wissens gibt und viele verschiedene Methoden, um es anzuwenden, ist es nicht möglich, hier eine vollständige Übersicht zu geben. Wir beschränken uns im Wesentlichen auf diejenigen Grundlagen, die für das Verständnis der Kapitel 8 und 14 erforderlich sind.

Obwohl unser eigentliches Ziel die Beschreibung natürlicher Sprache ist, wird in diesem Kapitel auch die Rede von formalen Sprachen sein.

6.1 Formale Sprachen und Grammatiken

Für die Beschreibung von Sprachen und Grammatiken werden die folgenden Notationen verwendet:

V_T das Alphabet, eine endliche, nichtleere Menge von Zeichen, die auch als Terminalsymbole bezeichnet werden, z.B. $V_T = \{a, b, c, \dots\}$

V_N die endliche Menge der sogenannten Nicht-Terminalsymbole, beispielsweise $V_N = \{A, B, C, \dots\}$ (siehe auch Definition 6.2)

w eine beliebige Folge von Elementen aus der Menge V_T; wird als Wort bezeichnet

$|w|$ die Anzahl der Zeichen im Wort w; auch die Länge des Wortes w

a^n eine Folge von n gleichen Zeichen a; $|a^n| = n$

ε das leere Wort oder auch Nullsymbol; $|\varepsilon| = 0$

$|V|$ die Anzahl der Elemente in der Menge V

V^* die Menge aller Wörter, die sich durch eine beliebige Reihung von Zeichen aus der Menge V bilden lassen (sogenannte Kleenesche Hülle)

V^+ die Menge aller Wörter in V^* ohne das leere Wort: $V^+ = V^* \setminus \{\varepsilon\}$ (für Mengen wird die Subtraktion mit $\setminus$ bezeichnet)

L eine formale Sprache über dem Alphabet V_T mit $L \subseteq V_T^*$ (siehe auch Definition 6.1)

$\mathcal{L}_i$ die Menge der formalen Sprachen, die zur Chomsky-Sprachklasse i gehören (siehe Definition 6.3)

$\varphi \to \psi$ eine Produktionsregel, welche die Zeichenfolge φ durch die Zeichenfolge ψ ersetzt, wobei $\varphi, \psi \in (V_T \cup V_N)^*$ sind. Für Regeln mit gleicher linker Seite wie $\varphi \to \psi_1$, $\varphi \to \psi_2$, ..., $\varphi \to \psi_n$ wird die Kurzform $\varphi \to \psi_1|\psi_2|\ldots|\psi_n$ verwendet.

$u \overset{r_i}{\Rightarrow} v$ Das Wort v ist unter Anwendung der Produktionsregel r_i direkt aus dem Wort u ableitbar. Falls nicht auf eine bestimmte Regel Bezug genommen wird, kann der Zusatz r_i fehlen.

$u \Rightarrow^* v$ Das Wort u geht unter wiederholter Anwendung von Produktionsregeln einer gegebenen Grammatik in das Wort v über.

Definition 6.1 Eine Wortmenge $L \subseteq V_T^*$ heisst *formale Sprache* über dem Alphabet V_T, falls es ein *endliches* formales System gibt, das L *vollständig* beschreibt. Die Wortmenge L kann unbeschränkt sein.

Ein formales System zur Beschreibung einer formalen Sprache L heisst *analysierend*, wenn es nach endlich vielen Schritten angeben kann, ob w in der Menge L enthalten ist oder nicht. Es heisst *erzeugend*, wenn jedes Wort $w \in L$ in endlich vielen Schritten erzeugt werden kann. Zu den analysierenden Systemen gehören die Automaten, so etwa auch endliche Automaten (siehe Abschnitt 6.3.1). Zu den erzeugenden Systemen gehören beispielsweise die Chomsky-Grammatiken (siehe Abschnitt 6.2). Solche Grammatiken beschreiben eine Sprache L mit Produktionsregeln, über die, ausgehend von einem Startsymbol, jedes Wort $w \in L$ abgeleitet werden kann.

Es ist im Allgemeinen ein grosses Problem, für ein beliebiges Wort w zu entscheiden, ob es durch einen gegebenen Satz von Produktionsregeln erzeugt werden kann oder nicht. Wie in Abschnitt 6.2.5 gezeigt wird, hängt die Entscheidbarkeit dieser Frage von der Form der Produktionsregeln ab.

6.2 Die Sprachhierarchie nach Chomsky

Der Begründer der Theorie der formalen Sprachen, der amerikanische Sprachwissenschaftler Noam Chomsky, hat für Grammatiken vier Komplexitätsklassen definiert. Da eine formale Grammatik eine erzeugende Beschreibung einer formalen Sprache ist, kann diese Klassierung auch auf die formalen Sprachen bezogen werden.

Bevor wir mit der Erläuterung dieser Grammatik- bzw. Sprachhierarchie beginnen, wollen wir festhalten, was unter einer Chomsky-Grammatik zu verstehen ist.

Definition 6.2 Eine Chomsky-Grammatik ist ein Quadrupel
$$G = (V_N, V_T, P, S).$$ Dabei bezeichnet

V_N die Menge der Nicht-Terminalsymbole,

V_T die Menge der Terminalsymbole,

P die Menge der Produktionsregeln
$P \subset \{\varphi \to \psi \mid \varphi \in (V_N \cup V_T)^+,\ \psi \in (V_N \cup V_T)^*\}$ und

S das Startsymbol $S \in V_N$.

Die Terminalsymbole sind diejenigen Zeichen, aus denen die Wörter einer Sprache zusammengesetzt sind. Sie werden im Folgenden mit lateinischen Kleinbuchstaben bezeichnet. Die Nicht-Terminalsymbole sind Hilfssymbole für die Grammatik und werden als lateinische Grossbuchstaben geschrieben. Folgen von Terminal- und Nicht-Terminalsymbolen in den Produktionsregeln werden mit griechischen Kleinbuchstaben bezeichnet.

Die Menge der Produktionsregeln einer Grammatik muss endlich sein. Die Erzeugung eines Wortes anhand der Produktionsregeln beginnt immer mit dem Startsymbol S.

Die einer Chomsky-Grammatik $G = (V_N, V_T, P, S)$ entsprechende Sprache $L(G)$ besteht definitionsgemäss aus der Menge aller Wörter, die aus dem Startsymbol ableitbar sind und ausschliesslich Terminalsymbole enthalten:

$$L(G) ::= \{w \in V_T^* \mid S \Rightarrow^* w\}.$$

$S \Rightarrow^* w$ wird als Ableitung bezeichnet und $S \Rightarrow u_1 \Rightarrow u_2 \Rightarrow \ldots \Rightarrow u_{n-1} \Rightarrow w$ als Ableitungsfolge der Länge n, wobei $u_i \in (V_N \cup V_T)^+$ ist. Dementsprechend heisst w ableitbar aus S, falls eine Ableitungsfolge endlicher Länge angegeben werden kann.

Die Definition der Chomsky-Grammatik ist so allgemein, dass im Prinzip jede formale Sprache in dieser Form definiert werden kann. Dadurch ist man aber mit einem unlösbaren Problem konfrontiert, nämlich, dass im Allgemeinen nicht entscheidbar ist, ob ein Wort zur Sprache einer vorgegebenen Grammatik gehört oder nicht (dieser Entscheid heisst auch *Wortproblem*).

Chomsky hat dieses Problem entschärft, indem er eine Hierarchie von Grammatik- bzw. Sprachklassen eingeführt hat. Wie in Abschnitt 6.2.5 gezeigt wird, ist für die eingeschränkten Klassen das Wortproblem immer entscheidbar. Die Grammatikklassen sind wie folgt definiert:

Definition 6.3   Eine Chomsky-Grammatik $G = (V_N, V_T, P, S)$ heisst

— *Typ-3-Grammatik* oder auch *reguläre Grammatik*, falls alle Produktionsregeln entweder den Formen

$$A \to aB, \quad A \to a \quad \text{oder} \quad A \to \varepsilon \qquad \text{(rechtslinear)}$$

oder ausschliesslich den Formen

$$A \to Ba, \quad A \to a \quad \text{oder} \quad A \to \varepsilon \qquad \text{(linkslinear)}$$

entsprechen, wobei $a \in V_T$ und $A, B \in V_N$. Falls $A = B$ ist, heissen die Regeln rechts- bzw. linksrekursiv.

— *Typ-2-Grammatik* oder auch *kontextfreie Grammatik*, falls alle Produktionsregeln der Form

$$A \to \psi$$

entsprechen, mit $A \in V_N$ und $\psi \in (V_N \cup V_T)^*$

— *Typ-1-Grammatik* oder auch *kontextsensitive Grammatik*, falls alle Produktionsregeln von der Form

$$\varphi_1 A \varphi_2 \to \varphi_1 \psi \varphi_2$$

sind mit $A \in V_N$ und $\varphi_1, \varphi_2, \psi \in (V_N \cup V_T)^*$ und $\psi \neq \varepsilon$. Äquivalent dazu ist hinsichtlich der Menge der beschriebenen Sprachen die *monotone* Grammatik, die keine verkürzenden Produktionsregeln enthalten darf:

$$\alpha \to \psi \qquad \text{mit } |\alpha| \leq |\psi|$$

Die Produktionsregel $S \to \varepsilon$ ist nur dann erlaubt, wenn S nicht auf der rechten Seite einer Produktionsregel vorkommt.

— *Typ-0-Grammatik* oder auch *allgemeine Chomsky-Grammatik*, falls die Produktionsregeln nicht weiter eingeschränkt sind, als dass sie der Definition 6.2 genügen.

Jede Chomsky-Grammatik beschreibt eine formale Sprache. Die Menge der formalen Sprachen $\mathcal{L}_i$ ist die Menge der formalen Sprachen, die sich mittels Grammatiken des Typs i beschreiben lassen. Diese Mengen von formalen Sprachen stehen zueinander in folgendem Verhältnis:

$$\mathcal{L}_3 \subset \mathcal{L}_2 \subset \mathcal{L}_1 \subset \mathcal{L}_0 .$$

In der Abbildung 6.1 ist dieser Sachverhalt graphisch dargestellt. Die Abbildung bringt auch zum Ausdruck, dass jede Sprache $L_i \in \mathcal{L}_i$ auch zur Menge $\mathcal{L}_j$, mit $i > j$, gehört und sich deshalb auch mit einer Grammatik des Typs j beschreiben lässt.

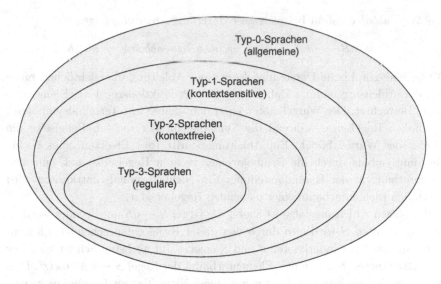

Abbildung 6.1. Die Menge der Sprachen des Typs i ist in der Menge des Typs $i-1$ enthalten

In den Abschnitten 6.2.1 bis 6.2.4 werden diese Grammatik- bzw. Sprachtypen näher erläutert.

❯ 6.2.1 Reguläre Sprachen (Typ 3)

In der Chomsky-Hierarchie sind die Typ-3-Grammatiken am stärksten eingeschränkt, und die dadurch festgelegte Sprachklasse $\mathcal{L}_3$ ist am kleinsten. Die linke Seite einer Produktionsregel darf nur ein Nicht-Terminalsymbol aufweisen, und auf der rechten Seite dürfen entweder nur ein Terminalsymbol oder ein Nicht-Terminal- und ein Terminalsymbol stehen. Zudem muss in einer konkreten Grammatik für alle Regeln, die auf der rechten Seite zwei Symbole haben, das Nicht-Terminalsymbol immer vor oder immer nach dem Terminalsymbol stehen. Steht das Nicht-Terminalsymbol stets nach dem Terminalsymbol, dann wird von einer rechtslinearen Grammatik gesprochen. Anhand des folgenden Beispiels leuchtet diese Bezeichnung sofort ein:

Beispiel 6.4 Gegeben sei die Grammatik $G = (V_N, V_T, P, S)$ mit $V_T = \{a, b\}$ und $P = \{S \to aS|bA,\ A \to bS|aA|\varepsilon\}$. Wie einfach zu verifizieren ist, erzeugt diese Grammatik Wörter über dem Alphabet $\{a, b\}$, welche eine ungerade Anzahl b enthalten:

$$L(G) = \{w \in \{a, b\}^* \mid w \text{ enthält eine ungerade Anzahl } b\}.$$

Das Wort *abbab* entsteht beispielsweise durch die Ableitungsfolge

$$S \Rightarrow aS \Rightarrow abA \Rightarrow abbS \Rightarrow abbaS \Rightarrow abbabA \Rightarrow abbab.$$

Oft ist eine graphische Darstellungsform einer Ableitung übersichtlicher, nämlich der Ableitungsbaum. Dabei wird eine Produktionsregel als Elementarbaum betrachtet. Der Wurzelknoten entspricht dem Nicht-Terminalsymbol auf der linken Regelseite, während die Symbole auf der rechten Regelseite die Kinder der Wurzel bilden. Ein Ableitungsschritt (das Ersetzen eines Nicht-Terminalsymbols durch die Symbole einer rechten Regelseite) hat nun eine Entsprechung in der Baumdarstellung: Ein Nicht-Terminal-Blattknoten wird durch den Elementarbaum einer passenden Regel ersetzt.

In der obigen Ableitungsfolge ist zuerst die Regel $S \to aS$ angewendet worden. Der Startknoten S wird also durch den dieser Regel entsprechenden Elementarbaum mit den Kinderknoten a und S ersetzt. Im nächsten Schritt wird der neue Blattknoten S durch den Elementarbaum der Regel $S \to bA$ ersetzt. Dies geht so weiter, bis kein Blattknoten mit einem Nicht-Terminalsymbol mehr vorhanden ist und der Ableitungsbaum von Abbildung 6.2 resultiert.

Die Terminalsymbole der Blattknoten des Ableitungsbaumes, von links nach rechts gelesen, entsprechen dem Wort w. Da in der Grammatik dieses Beispiels alle Produktionsregeln auf der rechten Seite höchstens ein Nicht-Terminalsymbol aufweisen können, und dieses zudem immer hinter dem Terminalsymbol steht, wächst der Ableitungsbaum stets nach rechts.

Zu jeder rechtslinearen Grammatik G gibt es eine äquivalente linkslineare Grammatik G' mit $L(G) = L(G')$ und umgekehrt. Es ist somit unerheblich, ob eine Typ-3-Grammatik rechts- oder linkslinear formuliert wird.

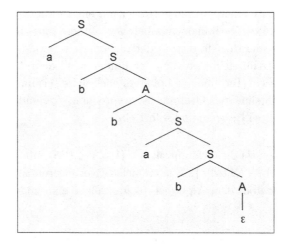

Abbildung 6.2. Ableitungsbaum für das Wort *abbab* in Beispiel 6.4

❯ 6.2.2 Kontextfreie Sprachen (Typ 2)

Weniger stark eingeschränkt als reguläre Grammatiken sind die kontextfreien Grammatiken oder Typ-2-Grammatiken. Diese dürfen Produktionsregeln der Form $A \rightarrow \psi$ aufweisen, wobei A ein Nicht-Terminalsymbol ist und ψ eine beliebige Folge von Terminal- und Nicht-Terminalsymbolen sein kann.

Beispiel 6.5   Das Standardbeispiel einer Typ-2-Sprache ist $L_2 = \{a^n b^n\}$ mit $n \in \mathbb{N}_0$, d.h. die Menge aller Wörter, die aus n Symbolen a gefolgt von gleich vielen Symbolen b bestehen. Es lässt sich leicht demonstrieren, dass eine reguläre Grammatik nicht ausreicht, um L_2 zu beschreiben. Eine kontextfreie Grammatik G_2, die L_2 erzeugt, ist $G_2 = (V_N, V_T, P, S)$ mit $V_T = \{a, b\}$ und $P = \{S \rightarrow aSb, S \rightarrow \varepsilon\}$. Beispielsweise entsteht das Wort $aaabbb$ durch die Ableitungsfolge

$$S \Rightarrow aSb \Rightarrow aaSbb \Rightarrow aaaSbbb \Rightarrow aaabbb.$$

Es ist sofort einzusehen, dass ausschliesslich Wörter der Form $a^n b^n$ erzeugt werden können.

Die erste Produktionsregel von G_2 ist vom Typ 2, aber nicht vom Typ 3, weil auf der rechten Seite zwei Terminalsymbole vorhanden sind. Zudem bewirkt das zwischen den Terminalsymbolen stehende Nicht-Terminalsymbol, dass bei der Ableitung das Wort im Innern verändert wird. Typ-3-Produktionsregeln hingegen können nur am Wortanfang (bei linkslinearen Regeln) oder am Wortende (bei rechtslinearen Regeln) eine Veränderung bewirken.

Demzufolge muss bei Typ-2-Grammatiken der Ableitungsbaum nicht ausschliesslich nach rechts bzw. nach links wachsen, sondern kann beispielsweise symmetrisch sein, wie dies Abbildung 6.3 für das Wort $aaabbb$ zeigt.

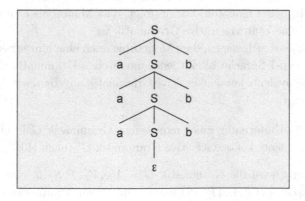

Abbildung 6.3. Ableitungsbaum für das Wort $aaabbb$ in Beispiel 6.5

Mit Typ-2-Grammatiken lassen sich z.B. Programmiersprachen wie Java oder C beschreiben. Einen Teil solcher Programmiersprachen bilden die mathematischen Ausdrücke. Eine kontextfreie Grammatik für einfache mathematische Ausdrücke zeigt das folgende Beispiel:

Beispiel 6.6   Gegeben ist die Grammatik $G_M = (V_N, V_T, P, S)$ zur Erzeugung einfacher mathematischer Ausdrücke, mit

$$V_N = \{Exp, Term, Fak, Ident\}$$
$$V_T = V_M \cup V_I = \{+, *, (,)\} \cup \{a, b, c\}$$
$$
\begin{aligned}
P = \{\ & Exp && \rightarrow Term \mid Term + Exp, \\
& Term && \rightarrow Fak \mid Fak * Term, \\
& Fak && \rightarrow Ident \mid (Exp), \\
& Ident && \rightarrow a \mid b \mid c\ \}
\end{aligned}
$$
$$S = Exp.$$

Der Einfachheit halber ist hier die Menge V_I der Identifikatoren (Variablen- oder Konstantenbezeichner) auf $\{a, b, c\}$ beschränkt. Sie kann beliebig erweitert werden, darf sich aber mit den Mengen V_N und V_M (Symbole der mathematischen Operationen und Klammern) nicht überschneiden.

Mit dieser Grammatik lässt sich beispielsweise der Ausdruck $a + b * (a + c)$ erzeugen. Der zugehörige Ableitungsbaum ist in Abbildung 6.4 dargestellt.

❯ 6.2.3 Kontextsensitive Sprachen (Typ 1)

Eine formale Grammatik ist kontextsensitiv, wenn alle Produktionsregeln von der Form $\varphi_1 A \varphi_2 \rightarrow \varphi_1 \psi \varphi_2$ sind. Weil gemäss Definition 6.3 für alle Regeln $|\psi| \geq 1$ sein muss (also $\psi \neq \varepsilon$), ist die Zahl der Symbole auf der linken Seite der Regeln nicht grösser als auf der rechten. Eine Grammatik, für welche diese Bedingung zutrifft, heisst monoton. Daraus folgt, dass Monotonie eine *notwendige* Bedingung für eine kontextsensitive Grammatik ist.

Relativ einfach lässt sich zeigen, dass Monotonie auch eine hinreichende Bedingung für eine Typ-1-Sprache ist. Zu jeder monotonen Grammatik G lässt sich nämlich eine äquivalente kontextsensitive Grammatik angeben, wie der folgende Algorithmus zeigt:

Algorithmus 6.7   Umformung einer monotonen Grammatik G in eine äquivalente kontextsensitive Grammatik G' (nach [40])

Schritt 1:   Zuerst wird die Grammatik $G = (V_N, V_T, P, S)$ in eine äquivalente Grammatik $G'' = (V_N'', V_T, P'', S)$ umgeformt, deren Produktionsregeln entweder nur Nicht-Terminalsymbole enthalten oder genau ein Nicht-Terminalsymbol in ein Terminalsymbol überführen. Dazu wird für jedes Terminalsym-

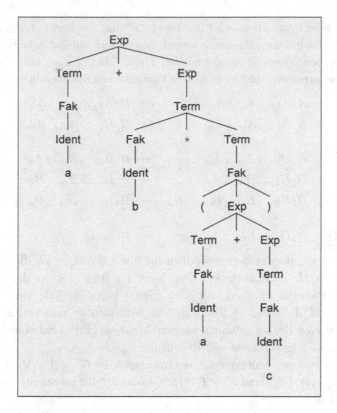

Abbildung 6.4. Ableitungsbaum für den Ausdruck $a + b * (a + c)$ aus Beispiel 6.6

bol $d_i \in V_T$ ein neues Nicht-Terminalsymbol $D_i \notin V_N$ eingeführt. Sodann werden in allen Regeln in P die Terminalsymbole d_i durch die entsprechenden Nicht-Terminalsymbole D_i ersetzt; dies ergibt P_{mod}. Die zu G äquivalente Grammatik $G'' = (V_N'', V_T, P'', S)$ ist demnach gegeben durch:

$$V_N'' = V_N \cup \{D_i \mid i = 1, \ldots, |V_T|\} \text{ und}$$
$$P'' = P_{mod} \cup \{D_i \to d_i \mid d_i \in V_T\}.$$

Alle nicht kontextsensitiven Regeln in P'' sind in der Teilmenge P_{mod} enthalten, weil die restlichen von der Form $D_i \to d_i$ sind, also kontextfrei bzw. regulär.

Für den zweiten Schritt wird die Menge der Regeln P'' in die Menge der nicht kontextsensitiven Regeln P^o (Regeln, die nicht der Form $\varphi_1 A \varphi_2 \to \varphi_1 \psi \varphi_2$ entsprechen) und die Menge der kontextsensitiven Regeln P^+ aufgeteilt. Alle Regeln in P^o enthalten nur Nicht-Terminalsymbole. Auf jede dieser Regeln kann somit die nachfolgende Umformung angewendet werden, um je einen Satz äquivalenter kontextsensitiver Regeln abzuleiten.

Schritt 2: Jede Produktionsregel der Menge P^o hat die Form $A_1 A_2 \ldots A_m \rightarrow B_1 B_2 \ldots B_n$, wobei der Monotonie wegen $m \leq n$ sein muss. Unter Einführung von $m-1$ neuen Nicht-Terminalsymbolen $H_1, \ldots, H_{m-1}$ lässt sich eine solche Regel folgendermassen durch einen Satz kontextsensitiver Regeln ersetzen:

$$
\begin{aligned}
&(1) &&A_1 A_2 \ldots A_{m-1} A_m &&\rightarrow H_1 A_2 \ldots A_{m-1} A_m \\
&(2) &&H_1 A_2 \ldots A_{m-1} A_m &&\rightarrow H_1 H_2 \ldots A_{m-1} A_m \\
& && \vdots && \\
&(m-1) &&H_1 H_2 \ldots A_{m-1} A_m &&\rightarrow H_1 H_2 \ldots H_{m-1} A_m \\
&(m) &&H_1 H_2 \ldots H_{m-1} A_m &&\rightarrow H_1 H_2 \ldots H_{m-1} B_m \ldots B_n \\
&(m+1) &&H_1 H_2 \ldots H_{m-1} B_m \ldots B_n &&\rightarrow H_1 H_2 \ldots H_{m-2} B_{m-1} \ldots B_n \\
& && \vdots && \\
&(2m-1) &&H_1 B_2 \ldots B_n &&\rightarrow B_1 \ldots B_n
\end{aligned}
$$

Zu bemerken ist, dass selbstverständlich für alle i mit $A_i = B_i$ die Ersetzung von A_i durch H_i nicht nötig ist. Dies kann für $0 \leq j < m$ der m Nicht-Terminalsymbole in $A_1 \ldots A_m$ zutreffen. Somit kann für jede nicht kontextsensitive Regel $A_1 \ldots A_m \rightarrow B_1 \ldots B_n$ ein äquivalenter Satz von $2(m-j)-1$ kontextsensitiven Regeln gefunden werden. Meistens gibt es dabei mehrere Lösungen, was hier jedoch nicht von Bedeutung ist.

Die zu G äquivalente kontextsensitive Grammatik ist $G' = (V'_N, V_T, P', S)$ mit $V'_N = V_N \cup \{D_i\} \cup \{H_j\}$ und $P' = P^+ \cup P^\times$, wobei $P^\times$ die im Schritt 2 erzeugten Regeln enthält.

Damit ist gezeigt, dass jede Grammatik, die ausschliesslich Regeln der Form $\alpha \rightarrow \psi$ mit $|\alpha| \leq |\psi|$ aufweist, vom Typ 1 ist. Es gilt also der folgende Satz:

Satz 6.8 Monotonie ist eine *notwendige und hinreichende* Bedingung dafür, dass die von einer Grammatik G erzeugte Sprache $L(G)$ zur Klasse $\mathcal{L}_1$ gehört.

Beispiel 6.9 Das Standardbeispiel für eine Typ-1-Sprache ist $L(G_1) = \{a^n b^n c^n \mid n \in \mathbb{N}\}$. Eine Grammatik, mit der alle Wörter von $L(G_1)$ erzeugt werden können, ist $G_1 = (V_N, V_T, P, S)$ mit $V_N = \{A, C, S\}$, $V_T = \{a, b, c\}$ und den Produktionsregeln:

$$
\begin{aligned}
P = \{ \ &S &&\rightarrow aAbc \mid abc, \\
&A &&\rightarrow aAbC \mid abC, \\
&Cb &&\rightarrow bC, \\
&Cc &&\rightarrow cc \ \}
\end{aligned}
$$

Um zu verifizieren, ob beispielsweise das Wort $w = a^3 b^3 c^3$ zur Sprache $L(G_1)$ gehört, kann man versuchen, eine Ableitung $S \Rightarrow^* w$ zu finden. Eine von mehreren möglichen Ableitungsfolgen für w ist:

$$S \Rightarrow a\underline{A}bc \quad\Rightarrow aaAb\underline{C}bc \Rightarrow aaAbb\underline{C}c \Rightarrow aa\underline{A}bbcc$$
$$\Rightarrow aaab\underline{C}bbcc \Rightarrow aaabb\underline{C}bcc \Rightarrow aaabbb\underline{C}cc \Rightarrow aaabbbccc.$$

Bei Typ-2- und Typ-3-Grammatiken kann die Ableitungsfolge eines Wortes als Ableitungsbaum dargestellt werden. Im Gegensatz dazu ist dies für die Ableitungsfolge eines Wortes aus einer Typ-1-Sprache im Allgemeinen nicht möglich, so auch nicht für die obige Ableitungsfolge des Wortes $w = a^3b^3c^3$. Liegen die Produktionsregeln jedoch in der Form $\varphi_1 A \varphi_2 \to \varphi_1 \psi \varphi_2$ vor, dann wird mit jedem Ableitungsschritt ein Nicht-Terminalsymbol durch eine Symbolfolge ersetzt, was eine Baumdarstellung der Ableitungsfolge ermöglicht.

Die Grammatik G_1 im Beispiel 6.9 ist offensichtlich monoton, weil auf der linken Seite jeder Produktionsregel eine höchstens gleich lange Symbolfolge steht wie auf der rechten Seite. G_1 ist aber nicht kontextsensitiv, denn die Regel $Cb \to bC$ ist nicht von der Form $\varphi_1 A \varphi_2 \to \varphi_1 \psi \varphi_2$. Alle übrigen Regeln genügen dieser Form. Beispielsweise kann man bei $Cc \to cc$ einfach $\varphi_1 = \varepsilon$ und $\varphi_2 = c$ wählen, um dies zu überprüfen.

Mit dem Algorithmus 6.7 kann G_1 in eine äquivalente kontextsensitive Grammatik G_1' umgeformt werden. Im ersten Schritt werden die Terminalsymbole d_i in P durch die entsprechenden Nicht-Terminalsymbole D_i ersetzt, woraus P_{mod} resultiert. Zusammen mit den Regeln $D_i \to d_i$ ergibt dies

$$P'' = P_{mod} \cup \{D_i \to d_i \mid d_i \in V_T\} = \{ \ S \to D_1 A D_2 D_3 \mid D_1 D_2 D_3,$$
$$A \to D_1 A D_2 C \mid D_1 D_2 C,$$
$$CD_2 \to D_2 C,$$
$$CD_3 \to D_3 D_3,$$
$$D_1 \to a,$$
$$D_2 \to b,$$
$$D_3 \to c \ \}$$

Wie P enthält auch P_{mod} nur eine Regel, die nicht kontextsensitiv ist, nämlich $CD_2 \to D_2 C$. Unter Anwendung des zweiten Schrittes entsteht daraus:

$$CD_2 \to H_1 D_2$$
$$H_1 D_2 \to H_1 C$$
$$H_1 C \to D_2 C$$

Die zur monotonen Grammatik G_1 gleichwertige kontextsensitive Grammatik ist somit $G_1' = (V_N', V_T, P', S)$ mit

$$V_N' = V_N \cup \{D_1, D_2, D_3, H_1\} \text{ und}$$
$$P' = (P'' \setminus \{CD_2 \to D_2 C\}) \cup \{CD_2 \to H_1 D_2, \ H_1 D_2 \to H_1 C,$$
$$H_1 C \to D_2 C\}.$$

❯ 6.2.4 Allgemeine Sprachen (Typ 0)

Es ist zwar möglich, für eine gegebene Sprache eine Typ-0-Grammatik zu formulieren, also eine Grammatik mit Regeln der Form $\varphi \to \psi$ mit $\varphi \in (V_T \cup V_N)^+$ und $\psi \in (V_T \cup V_N)^*$. Es gibt aber kein einfaches Beispiel für eine Typ-0-Sprache. Da zudem Typ-0-Sprachen für die Sprachverarbeitung nicht von Belang sind, verzichten wir darauf, hier weiter auf die Typ-0-Sprachen einzugehen.

❯ 6.2.5 Das Wortproblem

Unter dem Begriff Wortproblem versteht man die Aufgabe, zu entscheiden, ob ein gegebenes Wort w zur Sprache $L(G)$ gehört, die durch die Grammatik G gegeben ist. Im mathematischen Sinne ist dies für alle Sprachen möglich, die sich mit einer Typ-1-Grammatik beschreiben lassen, also für alle Sprachen der Sprachklasse $\mathcal{L}_1$. Es gilt somit:

Satz 6.10 Das Wortproblem ist für jede Typ-1-Grammatik G lösbar, d.h. es existiert ein Algorithmus, der nach endlich vielen Schritten entscheidet, ob ein konkretes Wort w zur Sprache $L(G)$ gehört oder nicht.

Die Richtigkeit dieses Satzes kann folgendermassen gezeigt werden: Gegeben ist eine Sprache L aus der Sprachklasse $\mathcal{L}_1$ in der Form einer monotonen Grammatik $G = (V_N, V_T, P, S)$, in der also nur Regeln der Form $\varphi \to \psi$ mit $|\varphi| \leq |\psi|$ vorkommen. Ferner ist ein Wort $w \in V_T^*$ gegeben.

Falls w zur Sprache $L(G)$ gehört, dann muss eine Ableitungsfolge $S \Rightarrow u_1 \Rightarrow u_2 \Rightarrow \ldots \Rightarrow u_{n-1} \Rightarrow w$ mit endlichem n existieren, wobei die Monotonie wegen $|S| \leq |u_1| \leq |u_2| \leq \ldots \leq |u_{n-1}| \leq |w|$ gilt. Zudem ist für ein konkretes Wort w auch $|w|$ gegeben und kann insbesondere nicht unendlich sein. Somit ist auch die Menge der aus S erzeugbaren, maximal $|w|$ Symbole langen Wörter $U = \{u_i \mid S \Rightarrow^* u_i, |u_i| \leq |w|\}$ begrenzt und in endlich vielen Schritten ableitbar. Um zu entscheiden, ob $w \in L(G)$ ist, muss nur überprüft werden, ob $w \in U$ ist.

Ein Algorithmus, der das Wortproblem für jede zu $\mathcal{L}_1$ gehörende Sprache löst, kann demnach wie folgt als Programm formuliert werden:

INPUT: $w \in V_T^*$ sowie eine monotone Grammatik $G = (V_N, V_T, P, S)$

OUTPUT: $w \in L(G)$ oder $w \notin L(G)$

```
BEGIN
    U := {S}                        (U:  Menge der abgeleiteten Wörter)
    REPEAT
        U := U ∪ {u₂ | u₁ ∈ U,  u₁ ⇒ᵣᵢ u₂, |u₂| ≤ |w|}
    UNTIL keine Veränderung

    IF w ∈ U
    THEN Ausgabe: w ∈ L(G)
    ELSE Ausgabe: w ∉ L(G)
    END
END.
```

Damit ist die Gültigkeit des Satzes 6.10 gezeigt. Zugleich liegt auch ein Verfahren vor, mit dem entschieden werden kann, ob w in $L(G)$ enthalten ist oder nicht.

Mit einer kleinen Erweiterung liefert das obige Programm auch die Ableitungsfolge für w, die im Zusammenhang mit der Sprachverarbeitung oft wichtiger ist als die Ausgabe $w \in L(G)$ bzw. $w \notin L(G)$. Das Programm muss dahingehend erweitert werden, dass für jedes erzeugte Wort u_2, das aus der Anwendung der Regel $r_i \in P$ auf das Wort u_1 entsteht ($u_1 \overset{r_i}{\Rightarrow} u_2$), das Tripel (u_2, u_1, r_i) in die Menge U aufgenommen wird. Dann kann für jedes Tripel der Menge U, bei dem $u_2 = w$ ist, die Ableitungsfolge von hinten beginnend aufgeschrieben werden. Zu bemerken ist, dass für viele Grammatiken die Ableitungsfolge für ein konkretes Wort nicht eindeutig ist.

Diese hier präsentierte, theoretisch korrekte Lösung des Wortproblems kann in der Praxis kaum befriedigen, weil für jede praktisch relevante Grammatik die Menge U zwar endlich ist, aber dennoch so gross, dass sie auf einem realen Computer nicht handhabbar ist. Dies kann man beispielsweise einfach damit veranschaulichen, dass es zwar theoretisch möglich ist, einen Syntax-Checker für ein $|w|$ Symbole langes Java-Programm w (ein Wort aus den Terminalsymbolen der Programmiersprache Java) mit dem obigen Algorithmus zu realisieren. In Anbetracht der Grösse der Menge U, die nicht nur alle Java-Programme w_j mit $|w_j| \leq |w|$ umfasst, sondern auch alle Wörter u_i mit $|u_i| \leq |w|$, die noch mindestens ein Nicht-Terminalsymbol enthalten, ist diese Lösung jedoch nicht realistisch.

Um zu praktikableren Lösungen des Wortproblems zu gelangen, müssen die Eigenheiten der betreffenden Grammatik besser berücksichtigt werden. Bisher ist bloss berücksichtigt worden, dass die Grammatiken der Sprachklasse $\mathcal{L}_1$ angehören. Es ist jedoch naheliegend, dass sich bei den Sprachklassen $\mathcal{L}_2$ und $\mathcal{L}_3$ effizientere Algorithmen ergeben, um ein gegebenes Wort zu analysieren. Darauf wird im folgenden Abschnitt eingegangen.

6.3 Die Wortanalyse

Unter Wortanalyse wollen wir hier das Ermitteln einer Strukturbeschreibung für ein gegebenes Wort w und eine gegebene Grammatik G verstehen. Als allgemeines Konzept der Wortanalyse kann das **Parsing** gelten. Ein Parsing-Algorithmus oder kurz Parser ermittelt für ein gegebenes Wort $w \in L(G)$ und eine gegebene Grammatik G eine Strukturbeschreibung. Als Strukturbeschreibung kann man etwa einen Ableitungsbaum verstehen, wie er beispielsweise in Abbildung 6.4 dargestellt ist.

Wie bereits in Abschnitt 6.1 erwähnt worden ist, kann ein formales System zur Beschreibung einer formalen Sprache erzeugend oder analysierend sein. Eine Chomsky-Grammatik $G = (V_N, V_T, P, S)$ ist ein erzeugendes System und kann deshalb nicht direkt zur Analyse eines gegebenen Wortes eingesetzt werden, sondern nur mit einem geeigneten Parser.

Eine Alternative zum Einsatz eines Parsers ist, ein analysierendes System zur Beschreibung einer formalen Sprache zu verwenden, also einen Automaten. In welchen Fällen es sinnvoll ist, für die Wortanalyse Automaten einzusetzen und wann Parsing vorteilhafter ist, hängt hauptsächlich von der Klasse der Grammatik ab.

❯ 6.3.1 Wortanalyse für Typ-3-Grammatiken

Die Wortanalyse für eine reguläre Sprache kann sehr effizient durchgeführt werden, weil sich jede Typ-3-Grammatik in einen deterministischen endlichen Automaten überführen lässt. Ein solcher Automat benötigt zur Analyse eines Wortes w genau $|w|$ Schritte (Zustandsübergänge), wie sich nachfolgend zeigen wird. Zuerst wollen wir den endlichen Automaten einführen:

Definition 6.11 Ein endlicher Automat (ohne Ausgabe[1]) wird durch ein Quintupel $A_E = (E, S_A, \delta, s_0, F)$ spezifiziert. Dabei bezeichnen

$E = \{e_1, \ldots, e_m\}$	die nichtleere Menge der Eingabesymbole,
$S_A = \{s_0, \ldots, s_n\}$	die nichtleere Menge der Zustände,
$\delta : S_A \times E \mapsto S_A$	die Überführungsfunktion für alle Zustände und Eingabesymbole,
$s_0 \in S_A$	den Anfangszustand und
$F \subseteq S_A$	die Menge der Endzustände

---

[1]Alle hier betrachteten Automaten machen keine expliziten Ausgaben. Die Information wird dadurch gewonnen, dass die bei der Verarbeitung eines Wortes nacheinander durchlaufenen Zustände des Automaten beobachtet werden.

Die Elemente der Überführungsfunktion werden als $\delta(s_i, e_r) \mapsto s_j \mid \ldots \mid s_k$ geschrieben. Ein solches Element gibt an, dass der endliche Automat vom Zustand s_i bei der Eingabe e_r in einen der Zustände $s_j, \ldots, s_k$ übergeht. Man unterscheidet zwischen *deterministischen* und *nichtdeterministischen* endlichen Automaten. Wir verstehen darunter:

Definition 6.12 Ein endlicher Automat wird als *deterministisch* bezeichnet, falls er im Zustand s_i bei Eingabe des Zeichens e_r immer in den Zustand s_j übergeht: $\delta(s_i, e_r) \mapsto s_j$. Falls ein Automat mindestens einen Zustand s_i hat, von dem er bei der Eingabe von e_r in einen von mehreren Zuständen übergehen kann, also $\delta(s_i, e_r) \mapsto s_j \mid \ldots \mid s_k$, dann handelt es sich um einen *nichtdeterministischen* endlichen Automaten.

Definition 6.13 Als Sprache $L(A_E)$ eines Automaten A_E wird die Menge aller Wörter verstanden, die vom Automaten akzeptiert werden. Ein Wort w gilt dann als vom Automaten akzeptiert, wenn sich der Automat nach der Verarbeitung des Wortes w in einem Endzustand befindet. In diesem Fall sagt man auch: Das Wort w gehört zur Sprache des Automaten, also $w \in L(A_E)$.

Die Wortanalyse kann somit für Typ-3-Sprachen am besten so gelöst werden, dass die betreffende Grammatik in einen endlichen deterministischen Automaten überführt wird. Dies ist für jede Typ-3-Grammatik in zwei Schritten möglich, wie nachfolgend erläutert wird.

Für jede Typ-3- bzw. reguläre Grammatik G lässt sich ein äquivalenter endlicher Automat A_E angeben, für welchen $L(A_E) = L(G)$ erfüllt ist. Mithilfe des folgenden Algorithmus kann zu einer rechtslinearen Grammatik ein äquivalenter nichtdeterministischer endlicher Automat konstruiert werden:

Algorithmus 6.14   Konstruktion eines nichtdeterministischen endlichen Automaten aus einer rechtslinearen Grammatik[2]

INPUT: Rechtslineare Grammatik $G = (V_N, V_T, P, S)$ mit
           Regeln der Form: $Y \to xZ$, $Y \to x$ oder $Y \to \varepsilon$

OUTPUT: Endlicher Automat $A_E = (E, S_A, \delta, s_0, F)$ mit $L(A_E) = L(G)$

---

[2]Da es zu jeder linkslinearen Typ-3-Grammatik eine äquivalente rechtslineare gibt, kann man jede Typ-3-Sprache mit einer rechtslinearen Grammatik beschreiben. Das Automatenkonstruktionsverfahren wird hier deshalb nur für rechtslineare Grammatiken angegeben.

```
BEGIN
```
$E := V_T$ (Eingabealphabet)
$S_A := V_N \cup \{\Phi\}$ (Zustände)
$s_0 := S$ (Anfangszustand)
$F := \{Y \in V_N \mid (Y \rightarrow \varepsilon) \in P\} \cup \{\Phi\}$ (Endzustände)

```
    FOR EACH  Regel der Form  Y → xZ   DO
        erweitere die Überführungsfunktion mit:  δ(Y,x) ↦ Z
    END
    FOR EACH  Regel der Form  Y → x   DO
        erweitere die Überführungsfunktion mit:  δ(Y,x) ↦ Φ
    END
END.
```

Mit diesem Algorithmus lässt sich jede rechtslineare Grammatik in einen nicht-deterministischen endlichen Automaten umwandeln. Das folgende Beispiel veranschaulicht das Vorgehen.

Beispiel 6.15 Mit dem Algorithmus 6.14 lässt sich die reguläre Grammatik von Beispiel 6.4 wie folgt in einen endlichen Automaten umwandeln:

Eingabealphabet:	$E = V_T = \{a, b\}$
Zustandsmenge:	$S_A = V_N \cup \Phi = \{S, A, \Phi\}$
Startzustand:	$s_0 = S$
Endzustände:	$F = \{A, \Phi\}$
Überführungsfunktion:	$\delta(S, a) \mapsto S$; $\delta(S, b) \mapsto A$; $\delta(A, b) \mapsto S$;
	$\delta(A, a) \mapsto A$

Damit ist der endliche Automat $A_E = (E, S_A, \delta, s_0, F)$ vollständig bestimmt. In Abbildung 6.5 sind das Zustandsdiagramm und die Zustandstabelle von A_E dargestellt. Der Zustand Φ ist in diesem Beispiel nicht erreichbar, weil die Grammatik keine Regel der Form $Y \rightarrow x$ enthält. Dieser Zustand ist somit für den Automaten belanglos und wurde deshalb in Abbildung 6.5 weggelassen.

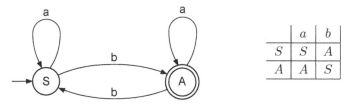

Abbildung 6.5. Zustandsdiagramm (links) und Zustandstabelle (rechts) für den endlichen Automaten in Beispiel 6.15. Bis auf die Markierung der Endzustände sind die beiden Darstellungen gleichwertig.

Um aus einer rechtslinearen Typ-3-Grammatik einen äquivalenten endlichen Automaten zu ermitteln, kann man also den Algorithmus 6.14 anwenden. Im Beispiel 6.15 ist der resultierende endliche Automat deterministisch (vergl. Definition 6.12). Dies ist jedoch nicht generell der Fall, wie das folgende Beispiel zeigt:

Beispiel 6.16 Gegeben ist die Sprache:

$$L(G_3) = \{w \in \{a,b\}^* \,|\, \text{das letzte Zeichen ist vorher schon}$$
$$\text{einmal vorgekommen}\}.$$

Eine rechtslineare Grammatik für diese Sprache ist $G_3 = (V_N, V_T, P, S)$ mit $V_N = \{S, A, B\}$, $V_T = \{a, b\}$ und

$$P = \{\ S \to aS \,|\, bS \,|\, aA \,|\, bB,$$
$$A \to bA \,|\, a,$$
$$B \to aB \,|\, b\ \}.$$

Mit dem Algorithmus 6.14 lässt sich diese Grammatik in den folgenden nichtdeterministischen endlichen Automaten $A_{NE} = (E, S_A, \delta, s_0, F)$ überführen:

Eingabealphabet:	$E = V_T = \{a, b\}$
Zustandsmenge:	$S_A = V_N \cup \Phi = \{S, A, B, \Phi\}$
Startzustand:	$s_0 = S$
Endzustände:	$F = \{\Phi\}$
Überführungsfunktion:	$\delta(S, a) \mapsto S \,|\, A;\ \ \delta(S, b) \mapsto S \,|\, B;$
	$\delta(A, a) \mapsto \Phi;\ \ \delta(A, b) \mapsto A;$
	$\delta(B, a) \mapsto B;\ \ \delta(B, b) \mapsto \Phi$

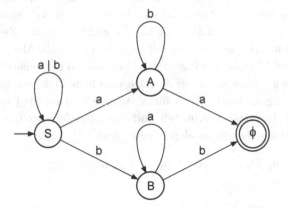

	a	b
S	$S \,|\, A$	$S \,|\, B$
A	Φ	A
B	B	Φ
Φ	$-$	$-$

Abbildung 6.6. Zustandsdiagramm (links) und Zustandstabelle (rechts) für den nichtdeterministischen endlichen Automaten A_{NE} in Beispiel 6.16

Die Überführungsfunktion des Automaten A_{NE} ist in Abbildung 6.6 als Zustandsdiagramm und als Zustandstabelle dargestellt. Es ist klar ersichtlich, dass der Automat im Zustand S anhand der aktuellen Eingabe nicht eindeutig entscheiden kann, welches der Folgezustand ist. Der Automat muss sich stets die alternativen Zustandssequenzen merken und kann erst am Wortende entscheiden, welche der möglichen Zustandssequenzen zum eingegebenen Wort gehört. Je nach Automat und Wort muss die Zustandssequenz wiederum nicht eindeutig sein.

Nichtdeterministische endliche Automaten sind zwar oft kompakt, d.h. sie haben weniger Zustände als ihre deterministischen Äquivalente, aber sie sind nicht einfach in ein Programm umsetzbar und brauchen zudem für die Abarbeitung eines Eingabewortes w in der Regel eine Anzahl Schritte, die viel grösser ist als $|w|$. Da es zu jedem nichtdeterministischen endlichen Automaten A_{NE} einen äquivalenten deterministischen Automaten A_{DE} gibt, also mit $L(A_{NE}) = L(A_{DE})$, ist es in der Praxis viel einfacher, zuerst den äquivalenten deterministischen Automaten A_{DE} zu konstruieren und diesen dann für die Wortanalyse einzusetzen.

Die Idee, die dieser Konstruktion zu Grunde liegt, ist, Teilmengen der Zustände von A_{NE} als Zustände von A_{DE} aufzufassen, wobei dann der deterministische Automat A_{DE} von einer Zustandsmenge S_i bei der Eingabe $e_r \in E$ in die Zustandsmenge S_j übergeht. Es kann also wie folgt vorgegangen werden:

Algorithmus 6.17   Konstruktion eines deterministischen endlichen Automaten aus einem nichtdeterministischen endlichen Automaten

Aus der Zustandstabelle des nichtdeterministischen endlichen Automaten A_{NE} wird die Zustandstabelle des äquivalenten deterministischen endlichen Automaten A_{DE} konstruiert, indem zuerst die Anfangszustandsmenge[3] von A_{NE} dem Anfangszustand von A_{DE} zugeordnet wird: $S_0 := \{s_0\}$. Dann wird in der Zustandstabelle für die Zeile mit S_0 in der Kolonne mit Eingabe $e_r \in E$ die Menge der Folgezustände von S_0 bei Eingabe e_r eingetragen. Für jede so entstehende neue Teilmenge von Zuständen wird ein neues S_j (also eine neue Zeile) in die Zustandstabelle von A_{DE} aufgenommen. Auch für S_j wird wiederum für jede Eingabe e_r die Menge der Folgezustände ermittelt und eine neue Zeile eröffnet. So geht es weiter, bis alle Zustandsmengen abgearbeitet sind.

Der Algorithmus lässt sich einfach an einem Beispiel demonstrieren:

---

[3]Hier hat ein endlicher Automat gemäss Definition 6.11 immer nur einen Anfangszustand und die Menge der Anfangszustände deshalb nur ein Element, nämlich s_0.

Beispiel 6.18 Für den nichtdeterministischen Automaten A_{NE} in Abbildung 6.6 wird mit dem Algorithmus 6.17 die Zustandstabelle des äquivalenten deterministischen Automaten A_{DE} (siehe Abbildung 6.7) wie folgt aufgebaut:

In die erste Zeile wird die Menge der Startzustände $S_0 := \{S\}$ eingetragen. Die Menge der Folgezustände von S_0 bei der Eingabe von a, also $\{S, A\}$, wird in die Kolonne a eingesetzt und in die Kolonne b dementsprechend $\{S, B\}$.

	a	b
$S_0 := \{S\}$	$\{S, A\}$	$\{S, B\}$
$S_1 := \{S, A\}$	$\{S, A, \Phi\}$	$\{S, A, B\}$
$S_2 := \{S, B\}$	$\{S, A, B\}$	$\{S, B, \Phi\}$
$S_3 := \{S, A, \Phi\}$	$\{S, A, \Phi\}$	$\{S, A, B\}$
$S_4 := \{S, A, B\}$	$\{S, A, B, \Phi\}$	$\{S, A, B, \Phi\}$
$S_5 := \{S, B, \Phi\}$	$\{S, A, B\}$	$\{S, B, \Phi\}$
$S_6 := \{S, A, B, \Phi\}$	$\{S, A, B, \Phi\}$	$\{S, A, B, \Phi\}$

Für die neuen Mengen $\{S, A\}$ und $\{S, B\}$, die auch mit S_1 und S_2 bezeichnet sind, werden in der Tabelle zwei neue Zeilen hinzugefügt, und die entsprechenden Folgezustandsmengen werden in den Kolonnen a und b eingetragen. Für die Zeile $S_1 := \{S, A\}$ kommt in die Kolonne a somit die Menge $\{S, A, \Phi\}$ zu stehen, weil der Automat A_{NE} auf die Eingabe a von der Zustandsmenge $S_1 = \{S, A\}$ immer in einen Zustand der Menge $\{S, A, \Phi\}$ übergeht. Wenn alle neuen Folgemengen abgehandelt sind, dann resultiert die obige Zustandstabelle, aus der einfach das gehörige Zustandsdiagramm (Abbildung 6.7) mit den Zuständen $S_{A_{DE}} = \{S_0, \ldots, S_6\}$ aufgezeichnet werden kann.

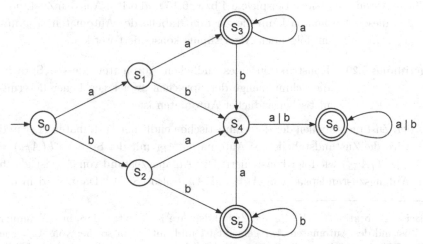

Abbildung 6.7. Zustandsdiagramm für den deterministischen endlichen Automaten A_{DE} in Beispiel 6.18

Mit dem so ermittelten deterministischen endlichen Automaten A_{DE} kann nun für jedes Wort w in $|w|$ Schritten entschieden werden, ob es zur Sprache $L(A_{DE})$ gehört oder nicht.

Beim Lösen praktischer Probleme treten oft Typ-3-Sprachen auf, die nicht so einfach zu beschreiben sind wie diejenigen in den Beispielen 6.4 und 6.16. In vielen Fällen lässt sich aber eine Sprache L_k als Schnittmenge oder Vereinigung von einfacheren Sprachen $L_1, L_2, \ldots$ darstellen, für die auch leichter je eine Grammatik aufgeschrieben werden kann. Jede Grammatik kann dann in einen endlichen Automaten umgewandelt werden. Aus diesen wiederum lässt sich ein Automat für die Sprache L_k konstruieren. Da in Abschnitt 6.6 der Durchschnitt von regulären Sprachen verwendet wird, wollen wir ein solches Beispiel anschauen.

Beispiel 6.19 Gegeben ist die Sprache:

$$L_k = \{w \in \{a,b\}^* \mid w \text{ enthält eine ungerade Anzahl } b \text{ und das letzte}$$
$$\text{Zeichen ist vorher schon einmal vorgekommen}\}.$$

Für diese Sprache ist es nicht einfach, direkt eine reguläre Grammatik oder einen endlichen Automaten anzugeben. Viel einfacher ist es, L_k als Schnittmenge der Sprachen L_1 und L_2 zu betrachten, also $L_k = L_1 \cap L_2$, mit

$$L_1 = \{w \in \{a,b\}^* \mid w \text{ enthält eine ungerade Anzahl } b\}$$

und

$$L_2 = \{w \in \{a,b\}^* \mid \text{das letzte Zeichen ist vorher schon einmal}$$
$$\text{vorgekommen}\}.$$

Für diese beiden Sprachen kennen wir bereits Grammatiken und äquivalente endliche Automaten (siehe Beispiele 6.4 bzw. 6.15 und 6.16). Aus den Zustandstabellen dieser Automaten kann die Zustandtabelle des Automaten A_{Ek} mit $L(A_{Ek}) = L_k$ mit dem folgenden Algorithmus konstruiert werden:

Algorithmus 6.20   Konstruktion eines endlichen Automaten, dessen Sprache die Schnittmenge der Sprachen zweier gegebener deterministischer endlicher Automaten ist

Aus den Zustandtabellen der deterministischen endlichen Automaten A_{E1} und A_{E2} wird die Zustandtabelle des Automaten A_{Ek} mit der Sprache $L(A_{Ek}) = L(A_{E1}) \cap L_(A_{E2})$ wie folgt konstruiert: Der Anfangszustand von A_{Ek} ist gleich dem Anfangszustandspaar von A_{E1} und A_{E2}, also (S, S).[4] Dann wird in der

---

[4]Bei der Notation (X, Y) für die Zustandspaare ist wichtig, dass mit X immer ein Zustand des Automaten A_{E1} gemeint ist und mit Y ein solcher von A_{E2}. Die Reihenfolge ist somit von Bedeutung, im Gegensatz zu einer Zustandsmenge, die wir im Beispiel 6.18 mit $\{X, Y\}$ bezeichnet haben.

Zustandstabelle für die Zeile mit (S, S) in der Kolonne mit Eingabe $e_r \in E$ das Zustandspaar (X, Y) eingetragen, in das die Automaten A_{E1} und A_{E2} je bei Eingabe e_r übergehen. Für jedes so entstehende neue Zustandspaar wird eine neue Zeile in die Zustandstabelle von A_{Ek} aufgenommen, bis alle abgearbeitet sind.

Schliesslich wird jedem Zustandspaar in der entstandenen Zustandstabelle ein neuer Zustandsname (z.B. S_i mit $i = 0,\ 1,\ 2, \ldots$) zugeordnet. Nun sind noch die Endzustände von A_{Ek} zu bestimmen. Es sind diejenigen Zustände von A_{Ek} Endzustände, bei denen beide Zustände des betreffenden Zustandspaares Endzustände der Automaten A_{E1} und A_{E2} sind.

Der Algorithmus 6.20 kann nun zur Lösung des Problems in Beispiel 6.19 eingesetzt werden. Der Übersichtlichkeit halber schreiben wir die Zustandstabellen von A_{E1} (Beispiel 6.15) und A_{E2} (Beispiel 6.18) nochmals auf und zwar beide mit gleicher Namensgebung für die Zustände. Die in der ersten Kolonne fett gedruckten Zustände sind Endzustände.

Automat A_{E1}:

	a	b
S	S	A
$\mathbf{A}$	A	S

Automat A_{E2}:

	a	b
S	A	B
A	C	D
B	D	E
$\mathbf{C}$	C	D
D	F	F
$\mathbf{E}$	D	E
$\mathbf{F}$	F	F

Aus den Zustandstabellen der Automaten A_{E1} und A_{E2} kann nun mit dem Algorithmus 6.20 die Zustandstabelle des deterministischen endlichen Automaten A_{Ek} konstruiert werden. Das Zustandsdiagramm von A_{Ek} ist in Abbildung 6.8 dargestellt.

Automat A_{Ek}:

	a	b
$S_0 := (S, S)$	(S, A)	(A, B)
$S_1 := (S, A)$	(S, C)	(A, D)
$S_2 := (A, B)$	(A, D)	(S, E)
$S_3 := (S, C)$	(S, C)	(A, D)
$S_4 := (A, D)$	(A, F)	(S, F)
$S_5 := (S, E)$	(S, D)	(A, E)
$\mathbf{S_6} := (A, F)$	(A, F)	(S, F)
$S_7 := (S, F)$	(S, F)	(A, F)
$S_8 := (S, D)$	(S, F)	(A, F)
$\mathbf{S_9} := (A, E)$	(A, D)	(S, E)

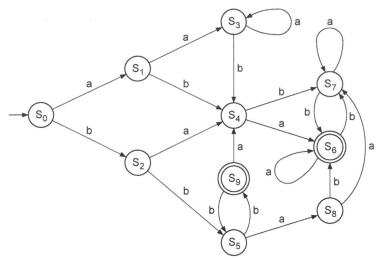

Abbildung 6.8. Zustandsdiagramm des deterministischen endlichen Automaten A_{Ek} für die Sprache L_k im Beispiel 6.19

⊘ 6.3.2 Wortanalyse für Typ-2-Grammatiken

In der Menge der kontextfreien oder Typ-2-Sprachen $\mathcal{L}_2$ gibt es die echte Teilmenge $\mathcal{L}_{2det}$ der deterministischen kontextfreien Sprachen.[5] Die Menge $\mathcal{L}_{2det}$ umfasst alle Sprachen, für die ein deterministischer Kellerautomat (engl. *pushdown automaton*) konstruiert werden kann, der sie akzeptiert. Da viele Programmiersprachen zur Menge $\mathcal{L}_{2det}$ gehören, ist die Verarbeitung deterministischer kontextfreier Sprachen grundsätzlich ein wichtiges Thema, beispielsweise im Compilerbau.

Natürliche Sprachen können jedoch nicht als deterministische kontextfreie Sprachen betrachtet werden. Die spezielle Sprachmenge $\mathcal{L}_{2det}$ hat somit in der Sprachverarbeitung keine wesentliche Bedeutung. Wir gehen deshalb im Folgenden weder auf Sprachen der Menge $\mathcal{L}_{2det}$ noch auf Kellerautomaten weiter ein (Literatur zu diesem Thema sind beispielsweise [28] und [40]).

Im Gegensatz zu den Typ-3-Grammatiken, bei denen sich die Wortanalyse stets mit deterministischen endlichen Automaten effizient lösen lässt, ist also der Einsatz von Automaten bei Typ-2-Grammatiken nur in Spezialfällen zweckmässig. Wir wollen deshalb bei Typ-2-Grammatiken auf das Parsing zurückgreifen, das bereits in Abschnitt 6.3 als genereller Ansatz für die Wortanalyse eingeführt worden ist.

---

[5]Die Sprache $L = \{a^n b^n\} \cup \{a^n b^{2n}\}$ ist ein Beispiel für eine Sprache, die in $\mathcal{L}_2$, aber nicht in $\mathcal{L}_{2det}$ enthalten ist.

⊙ 6.3.2.1 Parsing

Bisher ist noch nichts darüber gesagt worden, wie ein Parser vorgeht, um für ein Wort w und eine Grammatik G_M eine Strukturbeschreibung bzw. den Ableitungsbaum zu ermitteln. Zur Klassifikation der Arbeitsweise von Parsern gibt es drei Kriterien:

a) *Verarbeitungsrichtung:* Grundsätzlich kann das Wort w von links nach rechts oder umgekehrt verarbeitet werden. Die Verarbeitung kann auch an ausgewählten Stellen im Innern des Wortes beginnen und in beide Richtungen fortschreiten.

b) *Analyserichtung:* Vom Ableitungsbaum, den der Parser für ein gegebenes Wort zu ermitteln hat, sind zu Beginn das Startsymbol S (die Wurzel des Ableitungsbaumes) und die dem Wort entsprechende Folge von Terminalsymbolen (die Blätter des Baumes) gegeben. Beim Ermitteln des Ableitungsbaumes kann nun von der Wurzel oder von den Blättern ausgegangen werden.

   Wird bei der Wurzel S begonnen, dann werden dem Baum durch das Anwenden einer Regel mit dem Kopf S erste provisorische Zweige (Nicht-Terminale) oder Blätter (Terminale) angefügt. Die entstandenen Zweige werden wiederum durch Anwenden der entsprechenden Regeln um neue Zweige oder Blätter erweitert. Weil der Ableitungsbaum[6] von oben nach unten entsteht, wird in diesem Falle von *Top-down*-Analyse gesprochen.

   Wird die Analyse bei den Blättern begonnen, indem eine Anzahl Blätter durch das Anwenden einer Regel zu einem Nicht-Terminalsymbol zusammengefasst werden, dann wächst der Ableitungsbaum von unten nach oben, und man spricht von *Bottom-up*-Analyse.

c) *Suchstrategie:* Im Allgemeinen stehen dem Parser bei jedem Analyseschritt mehr als eine anwendbare Regel zur Verfügung. Nebst anderen Auswahlstrategien gibt es die *Breitensuche* und die *Tiefensuche*. Bei der Breitensuche werden diejenigen Regeln zuerst angewendet, die alternative Zweige auf derselben Tiefe des Baumes erzeugen. Der Ableitungsbaum wächst also zuerst in die Breite. Bei der Tiefensuche werden hingegen zuerst Regeln auf die zuletzt erzeugten Zweige angewendet (sofern passende vorhanden sind). Der Baum wächst also zuerst in die Tiefe.

Die Wahl der Arbeitsweise ist wichtig, weil sie die Effizienz des Parsers stark beeinflussen kann. Anhand eines Beispiels wird im Folgenden die Arbeitsweise eines Parsers veranschaulicht.

---

[6]In der Informatik stehen die Bäume bekanntlich auf dem Kopf. Die Wurzel ist folglich stets oben und die Zweige des Baumes wachsen nach unten!

⊘ 6.3.2.2 Chart-Parsing

Ein Parser beantwortet die Frage, ob und wie eine Folge von Terminalsymbolen aus dem Startsymbol abgeleitet werden kann. Typischerweise wird dieses Problem in Teilprobleme zerlegt, welche versuchen, die gleiche Frage für verschiedene Nicht-Terminalsymbole und für verschiedene Teilabschnitte der Terminalsymbolfolge zu beantworten. Die Grundidee beim Chart-Parsing besteht darin, dass alle gefundenen Lösungen für solche Teilprobleme in einer Datenstruktur, der sogenannten *Chart*, gespeichert werden. So wird erreicht, dass der Parser jedes Teilproblem nur einmal lösen muss.

Abbildung 6.9 zeigt eine (aus Gründen der Darstellung unvollständige) Chart. Für dieses und alle weiteren Beispiele in diesem Abschnitt wird eine vereinfachte Variante der in Beispiel 6.6 vorgestellten Grammatik für mathematische Ausdrücke verwendet. Es wird im Folgenden davon ausgegangen, dass die rechten Regelseiten entweder aus einer Folge von Nicht-Terminalsymbolen oder aus einem einzigen Terminalsymbol bestehen. Die Grammatik mit dem Startsymbol *Exp* hat folgende Produktionsregeln:

$$
\begin{array}{rcll}
P = \{ \ Exp & \rightarrow & Term, & (1) \\
Exp & \rightarrow & Term \ Add \ Exp, & (2) \\
Term & \rightarrow & Ident, & (3) \\
Term & \rightarrow & Ident \ Mul \ Term, & (4) \\
Add & \rightarrow & +, & (5) \\
Mul & \rightarrow & *, & (6) \\
Ident & \rightarrow & a, & (7) \\
Ident & \rightarrow & b, & (8) \\
Ident & \rightarrow & c \ \} & (9)
\end{array}
$$

Eine Chart für eine Terminalsymbolfolge $w = w_1, w_2, ..., w_N$ (hier $a * b + c$) besteht aus den Knoten $n_0, n_1, ..., n_N$ und aus beschrifteten Kanten. Der Knoten n_0 entspricht der Position vor dem ersten Symbol und der Knoten n_N der Position nach dem letzten Symbol. Die übrigen Knoten n_i stehen für die Posi-

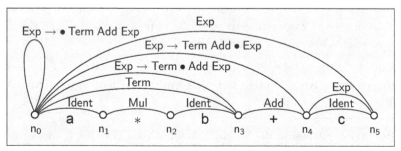

Abbildung 6.9. Ein Beispiel für eine Chart. Zur übersichtlicheren Darstellung sind nicht alle Kanten dargestellt.

tionen zwischen den jeweiligen Terminalsymbolen w_i und w_{i+1}. Eine Kante mit
Startknoten n_i, Endknoten n_j und einer Beschriftung L wird durch das Tripel
(n_i, n_j, L) beschrieben, wobei $i \leq j$ gelten muss. Betrachtet man die Knoten
als Positionen in der Terminalsymbolfolge, so überspannt eine Kante also die
Symbolfolge $w_{i+1} w_{i+2} \ldots w_j$. Im Fall $i = j$ ist die überspannte Symbolfolge
leer.

Es wird unterschieden zwischen aktiven und passiven Kanten. Eine passive
Kante ist mit einem Nicht-Terminalsymbol beschriftet und sagt aus, dass die
überspannte Terminalsymbolfolge aus diesem Nicht-Terminalsymbol abgeleitet
werden kann. In unserem Beispiel bedeutet die Kante $(n_0, n_3, \mathit{Term})$, dass die
Symbolfolge $a * b$ aus dem Nicht-Terminalsymbol Term abgeleitet werden kann,
oder formal ausgedrückt: $\mathit{Term} \Rightarrow^* a * b$.

Aktive Kanten repräsentieren Zwischenschritte bei der Erzeugung von passiven Kanten. Im Unterschied zu den passiven Kanten sind sie mit einer
Grammatikregel beschriftet, wobei die überspannte Terminalsymbolfolge dem
Anfang der rechten Regelseite entspricht, also den Nicht-Terminalsymbolen,
die vor dem Zeichen $\bullet$ stehen. In unserem Beispiel bedeutet also die Kante
$(n_0, n_4, \mathit{Exp} \to \mathit{Term}\,\mathit{Add} \bullet \mathit{Exp})$, dass die Symbolfolge $a * b +$ aus der Folge
$\mathit{Term}\,\mathit{Add}$ abgeleitet werden kann.

Es gibt drei Operationen, mit denen neue Kanten erzeugt werden können: die
Fundamentalregel, die *Top-down-Prädiktion* und die *Bottom-up-Prädiktion*. Diese Regeln werden im Folgenden genauer erläutert.

Regel 6.21 Die *Fundamentalregel* kommt zur Anwendung, wenn in der Chart
eine aktive Kante auf eine passende passive Kante trifft. Dabei kann eine aktive
oder eine passive Kante entstehen. Es gilt:

$$(n_i, n_j, A \to \varphi_1 \bullet B\, \varphi_2) \quad \text{mit } \varphi_1, \varphi_2 \in V_N{}^*$$
$$\text{und} \quad (n_j, n_k, B)$$

erzeugen in der Agenda

$$(n_i, n_k, A \to \varphi_1\, B \bullet \varphi_2) \quad \text{wenn } |\varphi_2| > 0$$
$$\text{oder} \quad (n_i, n_k, A) \qquad\qquad\quad \text{wenn } |\varphi_2| = 0$$

Regel 6.22 Bei der *Top-down-Prädiktion* wird ein Problem (eine aktive Kante)
auf ein neues Teilproblem (eine aktive Kante mit leerem Präfix) zurückgeführt:

$$(n_i, n_j, A \to \varphi_1 \bullet B\, \varphi_2) \quad \text{mit } \varphi_1, \varphi_2 \in V_N{}^*$$

erzeugt in der Agenda

$$(n_j, n_j, B \to \bullet\, \psi) \qquad \text{für jede Grammatikregel } B \to \psi$$
$$\text{mit Regelkopf } B$$

Regel 6.23 Die *Bottom-up-Prädiktion* erzeugt für ein gelöstes Teilproblem (eine passive Kante) ein übergeordnetes Problem (eine aktive Kante), welches die Lösung des Teilproblems beinhaltet:

$$(n_i, n_j, B)$$

erzeugt in der Agenda

$$(n_i, n_j, A \to B \bullet \varphi)$$ für jede Grammatikregel $A \to B \varphi$, deren rechte Regelseite mit dem Nicht-Terminalsymbol B beginnt

Es fehlt nun noch ein Steuermechanismus der bestimmt, in welcher Reihenfolge und auf welche Kanten die obigen Regeln angewendet werden. Im Chart-Parsing wird dazu die sogenannte *Agenda* eingesetzt. Die Agenda ist im Wesentlichen eine Menge von Kanten, die darauf warten, in die Chart eingetragen zu werden. Ein Chart-Parser mit Agenda arbeitet nach dem folgenden Prinzip:

1. Initialisiere die Agenda mit allen Kanten (n_i, n_{i+1}, A) für welche eine Grammatikregel $A \to w_{i+1}$ existiert.

2. Entferne eine Kante k aus der Agenda.

3. Falls die Kante k noch nicht in der Chart vorhanden ist:
   (a) Trage die Kante k in die Chart ein.
   (b) Wende die Regel 6.21 auf die Kante k und alle passenden Kanten in der Chart an und füge die erzeugten Kanten in die Agenda ein.
   (c) Wende die Regeln 6.22 und 6.23 auf die Kante k an und füge die erzeugten Kanten in die Agenda ein.

4. Wenn die Agenda noch nicht leer ist, gehe zu 2.

Die Suchstrategie des Parsers hängt nun ausschliesslich davon ab, welche Kante jeweils aus der Agenda entfernt wird. Wählt man die zuletzt eingefügte (die "jüngste") Kante, führt der Parser eine Tiefensuche durch. Wird hingegen die zuerst eingefügte (die "älteste") Kante entfernt, resultiert eine Breitensuche. Neben diesen beiden wichtigsten Suchstrategien können beliebig viele weitere Strategien realisiert werden.

Auch die Analyserichtung kann frei gewählt werden. Um eine Bottom-up-Analyse zu erreichen, genügt es, die Top-down-Prädiktion (Regel 6.22) zu deaktivieren. Entsprechend muss für eine Top-down-Analyse die Bottom-up-Prädiktion (Regel 6.23) deaktiviert werden. Zusätzlich ist es bei der Top-down-Verarbeitung notwendig, für jede Grammatikregel $S \to \varphi$ mit dem Startsymbol als Regelkopf eine Kante $(n_0, n_0, S \to \bullet \varphi)$ in die Agenda einzufügen. Dadurch wird das eigentliche Ziel der Top-down-Analyse vorgegeben, nämlich die Produktion der Terminalsymbolfolge aus dem Startsymbol.

⊙ 6.3.2.3 Beispiel: Top-down-Analyse mit Tiefensuche

Die Funktionsweise eines Chart-Parsers soll hier anhand eines Beispiels illustriert werden. Wir verwenden dazu wieder die Grammatik für mathematische Ausdrücke und die Terminalsymbolfolge $a*b+c$. Es soll eine Top-down-Analyse mit Tiefensuche durchgeführt werden.

Als Erstes wird die Agenda initialisiert. Als Analyseziele werden die aktiven Kanten $(n_0, n_0, Exp \rightarrow \bullet Term)$ und $(n_0, n_0, Exp \rightarrow \bullet Term\, Add\, Exp)$ in die Agenda eingefügt. Weiter folgen die passiven Kanten für die einzelnen Terminalsymbole. Zu diesem Zeitpunkt ist also die Chart leer und die Agenda enthält eine Anzahl aktiver und passiver Kanten. Diese Situation ist in Abbildung 6.10 oben dargestellt. In der Darstellung der Agenda stehen die jüngsten Kanten (also diejenigen, die bei der Tiefensuche zuerst entfernt werden) zuoberst.

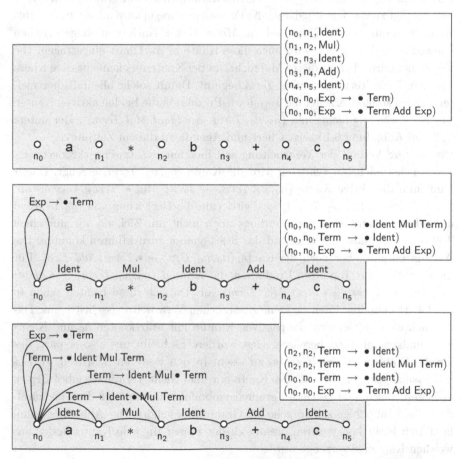

Abbildung 6.10. Drei Momentaufnahmen des in Beispiel 6.3.2.3 beschriebenen Parsing-Ablaufs. Auf der linken Seite ist die Chart dargestellt und auf der rechten Seite die Agenda.

Nach der Initialisierung werden die Schritte 2 bis 4 wiederholt. Zu Beginn werden die passiven Kanten eine nach der anderen aus der Agenda entfernt und in die Chart eingefügt. Dabei werden keine neuen Kanten erzeugt. Nun wird die Kante $(n_0, n_0, Exp \rightarrow \bullet\, Term)$ von der Agenda in die Chart übertragen. Auf diese Kante lässt sich die Top-down-Prädiktion (Regel 6.22) anwenden. Dies führt zu zwei neuen aktiven Kanten $(n_0, n_0, Term \rightarrow \bullet\, Ident)$ und $(n_0, n_0, Term \rightarrow \bullet\, Ident\, Mul\, Term)$, die in die Agenda eingefügt werden. Diese Situation ist im mittleren Teil von Abbildung 6.10 gezeigt.

Als Nächstes wird die Kante $(n_0, n_0, Term \rightarrow \bullet\, Ident\, Mul\, Term)$ aus der Agenda entfernt und in die Chart eingetragen. Auf diese Kante und die benachbarte Kante $(n_0, n_1, Ident)$ kann nun die Fundamentalregel angewendet werden, was zur aktiven Kante $(n_0, n_1, Term \rightarrow Ident \bullet\, Mul\, Term)$ führt. Diese wiederum wird in die Agenda eingetragen, um gleich darauf wieder entfernt und zur Chart hinzugefügt zu werden. Wieder ist die Fundamentalregel anwendbar, und es entsteht die Kante $(n_0, n_2, Term \rightarrow Ident\, Mul \bullet\, Term)$. Nach dem obligatorischen Umweg über die Agenda wird auch diese Kante in die Chart eingetragen. Die Fundamentalregel greift dieses Mal nicht, da bei Knoten n_2 keine passive Kante mit dem Nicht-Terminalsymbol *Term* beginnt. Damit solche allenfalls hergeleitet werden können, erzeugt die Top-down-Prädiktion die beiden aktiven Kanten $(n_2, n_2, Term \rightarrow \bullet\, Ident)$ und $(n_2, n_2, Term \rightarrow \bullet\, Ident\, Mul\, Term)$. Der untere Teil von Abbildung 6.10 zeigt Chart und Agenda zu diesem Zeitpunkt.

Der weitere Verlauf der Verarbeitung soll hier nur ansatzweise skizziert werden. In den nächsten Schritten wird die Kante $(n_2, n_3, Term)$ erzeugt. Damit kann nun die aktive Kante $(n_0, n_2, Term \rightarrow Ident\, Mul \bullet\, Term)$ vervollständigt werden zu $(n_0, n_3, Term)$, was wiederum die Herleitung von (n_0, n_3, Exp) ermöglicht. Damit sind wir allerdings noch nicht am Ziel, da wir nur einen Teil der Terminalsymbolfolge auf das Startsymbol zurückführen konnten. Die Agenda enthält aber noch die Kante $(n_0, n_0, Exp \rightarrow \bullet\, Term\, Add\, Exp)$. Für diese schlägt die Top-down-Prädiktion die Kanten $(n_0, n_0, Term \rightarrow \bullet\, Ident)$ und $(n_0, n_0, Term \rightarrow \bullet\, Ident\, Mul\, Term)$ vor. Da sich diese Kanten schon in der Chart befinden, lösen sie keine zusätzlichen Verarbeitungsschritte aus. Das ist auch nicht nötig, weil alle passiven Kanten mit Startknoten n_0 und Nicht-Terminalsymbol *Term* bereits erzeugt wurden. Es bleibt uns also erspart, das gleiche Problem ein zweites Mal zu lösen. In den weiteren Schritten wird es schliesslich gelingen, eine passive Kante mit dem Nicht-Terminalsymbol *Exp* zu erzeugen, welche die gesamte Terminalsymbolfolge überspannt. Das bedeutet, dass die Symbolfolge zur Sprache der Grammatik gehört. Der Ableitungsbaum lässt sich leicht konstruieren, wenn sich der Parser für jede Kante merkt, aus welchen Kanten sie erzeugt wurde.

⊙ **6.3.2.4 Abschliessende Betrachtungen zum Chart-Parsing**

Der wohl wichtigste Vorteil des Chart-Parsings ist seine Effizienz. Es lässt sich zeigen, dass ein Wort der Länge n mit maximal $\mathcal{O}(n^3)$ Verarbeitungsschritten analysiert werden kann. Wegen der kombinatorischen Natur von Grammatiken kann es ohne eine Chart leicht geschehen, dass die Zahl der Verarbeitungsschritte mit linear zunehmendem n exponentiell anwächst.

Ein weiterer Vorteil liegt darin, dass die Suchstrategie und die Analyserichtung sehr flexibel und unabhängig voneinander gewählt werden können. Zudem kann die Chart nützlich sein, wenn sich herausstellt, dass ein zu analysierendes Wort nicht zur Sprache der Grammatik gehört. Insbesondere beim Bottom-up-Parsing werden als Nebeneffekt auch alle Teilfolgen der Terminalsymbolfolge analysiert. Wenn die Symbolfolge als Ganzes nicht analysiert werden kann, so lassen sich manchmal gewisse Informationen aus solchen partiellen Analysen ableiten.

Weiter ist anzumerken, dass sich Chart-Parsing nicht nur für kontextfreie Grammatiken eignet. Es genügt, dass die Regeln der Grammatik im Regelkopf genau ein Nicht-Terminalsymbol mit optionalen Attributen haben. Über diese Attribute können beliebige Bedingungen formuliert werden, mit denen auch Sprachen ausserhalb der Typ-2-Klasse beschrieben werden können. Man spricht in diesem Zusammenhang auch von Grammatiken mit einem kontextfreien Skelett. Die oben erwähnten Effizienzgarantien gelten jedoch für solche Grammatiken nicht.

❷ **6.3.3 Wortanalyse für Typ-1- und Typ-0-Grammatiken**

Mit dem Algorithmus 6.10 wurde ein Verfahren vorgestellt, das theoretisch die Wortanalyse für jede Typ-1-Grammatik löst, aber nicht praxistauglich ist. Für Typ-0-Grammatiken ist nicht einmal das Wortproblem im allgemeinen Fall lösbar (siehe Abschnitt 6.2), was damit auch für die Wortanalyse gelten muss.

Trotzdem werden in der Praxis auch Grammatikformalismen verwendet, die theoretisch alle Typ-1- bzw. Typ-0-Sprachen beschreiben können. Die konkreten Grammatiken sind dann jedoch so beschaffen, dass sie eine genügend effiziente Verarbeitung ermöglichen und dass das Wortproblem lösbar ist. Meist werden Grammatiken mit einem kontextfreien Skelett verwendet (siehe Abschnitt 6.3.2.4), so dass Chart-Parsing zur Anwendung kommen kann.

6.4 Formalisierung natürlicher Sprachen

Formale Grammatiken können nicht nur zur Beschreibung künstlicher, d.h. formaler Sprachen eingesetzt werden, sondern auch zur Beschreibung und Analyse natürlicher Sprachen, z.B. des Deutschen (siehe Kapitel 8). Mit formalen Grammatiken können sowohl natürlichsprachliche Sätze als auch Wörter beschrieben werden. Bei der formalen Behandlung natürlicher Sprachen werden deshalb je nach Situation die von einer formalen Grammatik produzierten Symbolfolgen als *Satz* oder als *Wort* bezeichnet. Entsprechend sind die Terminalsymbole einer Satzgrammatik die Wörter einer Sprache, und die Terminalsymbole einer Wortgrammatik die Morphe dieser Sprache. Für die folgenden Betrachtungen beziehen wir uns auf die Entwicklung von Satzgrammatiken.

Natürliche Sprachen gehören mindestens zur Klasse der kontextfreien Sprachen (Chomsky-Typ 2). Dies kann leicht eingesehen werden, da Einbettungsphänomene existieren, die von ähnlicher Struktur sind wie die Klammerung in mathematischen Ausdrücken (siehe Abschnitt 6.2.2). So können beispielsweise Nebensätze im Deutschen ineinander verschachtelt werden, wie etwa im Satz "Ist dies die Katze, die die Maus, die den Käse, der hier lag, frass, gefangen hat?"[7]

Einzelne Sprachen weisen linguistische Phänomene auf, die nicht mit einer kontextfreien Grammatik beschrieben werden können. Solche Fälle sind aber selten. Trotzdem werden bei der Grammatikentwicklung im Allgemeinen nicht kontextfreie Grammatiken verwendet. Im Folgenden soll an einem Beispiel gezeigt werden, warum sich kontextfreie Grammatiken schlecht zur direkten Beschreibung natürlicher Sprache eignen.

Im Deutschen besteht ein Hauptsatz im einfachsten Fall aus einer *Nominalgruppe* (dem Subjekt) und aus einer *Verbalgruppe*, die mindestens aus einem Verb besteht. Die Nominalgruppe ihrerseits kann aus einem einzelnen Nomen bestehen ("Hunde", "Bäume", ...) oder z.B. aus einem Artikel und einem Nomen ("die Hunde", "ein Baum", "das Kind", ...). Tabelle 6.1 zeigt, wie diese Grundstruktur von deutschen Sätzen als kontextfreie Grammatik formuliert werden kann.

Da diese Grammatik eine Menge von (korrekten) Sätzen beschreiben soll, ist das Startsymbol *S*. Die Nicht-Terminalsymbole einer linguistischen Grammatik (hier also *S*, *NG*, *VG*, *Art*, *N*, *V*) werden als *Konstituenten* bezeichnet. Die eigentlichen Wörter, d.h. die Terminalsymbole dieser Satzgrammatik, werden durch gesonderte Produktionsregeln für die Wortkategoriesymbole erzeugt (hier *Art*, *N* und *V*). Dieser Teil der Grammatik wird in der Computerlinguistik als *Lexikon* bezeichnet. Auf Gross- und Kleinschreibung wird dabei im Allgemeinen nicht näher eingegangen.

---

[7]Die Tatsache, dass der Verschachtelungstiefe beim Sprechen und Sprachverstehen gewisse praktische Grenzen gesetzt sind, ändert nichts daran, dass wir auch beliebig tief verschachtelte Sätze als grammatisch korrekt empfinden, wenn wir verifizieren können, dass sie dem generellen Verschachtelungsprinzip gehorchen. So werden auch in der Mathematik oder beim Programmieren Klammerausdrücke nur bis zu einer gewissen noch "lesbaren" Verschachtelungstiefe verwendet, was aber nichts am generellen rekursiven Verschachtelungsprinzip ändert.

Tabelle 6.1. Eine kontextfreie Grammatik für einfache deutsche Sätze

S	$\rightarrow$	$NG\ VG$
NG	$\rightarrow$	N
NG	$\rightarrow$	$Art\ N$
VG	$\rightarrow$	V
Art	$\rightarrow$	der | die | das | ein | des | ...
N	$\rightarrow$	hund | hunde | haus | kind | kinder | ...
V	$\rightarrow$	bellt | bellen | spielt | spielen ...

Nebst korrekten deutschen Sätzen wie "das Kind spielt" und "der Hund bellt" werden durch unsere Beispielgrammatik auch Sätze wie "das Hund bellen" und "Kind spielen" beschrieben. Offensichtlich müssen zur genaueren Formulierung einer deutschen Satzgrammatik weitere Bedingungen spezifiziert werden, beispielsweise die Übereinstimmung von Fall, Zahl und Geschlecht (Kasus, Numerus und Genus) zwischen den Bestandteilen einer Nominalgruppe und die Übereinstimmung der Zahl zwischen Nominal- und Verbalgruppe. Ausserdem muss gefordert werden, dass die Subjektsnominalgruppe im Nominativ steht. In unserem Beispiel könnten diese Zusatzbedingungen in einer kontextfreien Grammatik so spezifiziert werden, dass Nicht-Terminalsymbole für alle möglichen Kombinationen von Kasus, Numerus und Genus verwendet werden und dass die Produktionsregeln die Übereinstimmung dieser Eigenschaften erzwingen. Dies ergibt die Grammatik in Tabelle 6.2, wobei die folgenden Kürzel verwendet wurden:

Kasus	kas	Numerus	num	Genus	gen
Nominativ	nom	Singular	sg	maskulin	m
Genitiv	gen	Plural	pl	feminin	f
Dativ	dat			neutral	n
Akkusativ	akk				

Diese rein kontextfreie Formulierung benötigt auch für eine sehr einfache Grammatik, die bloss einen winzigen Ausschnitt der deutschen Sprache beschreibt, bereits eine grosse Zahl von Regeln. Der Grund dafür ist, dass kontextfreie Grammatiken die Eigenschaften natürlicher Sprache nur ungenügend abbilden. Kontextfreie Grammatiken modellieren zwar das Phrasenstrukturprinzip (die Einbettung von Konstituenten in übergeordnete Konstituenten), haben aber keine direkte Repräsentation für syntaktische Übereinstimmung. Diese beiden Phänomene überlagern sich in den Nicht-Terminalsymbolen, wodurch sich die Anzahl der benötigten Regeln vervielfacht.

Tabelle 6.2. Kontextfreie Grammatik für einfache deutsche Sätze, die einige syntaktische Übereinstimmungsphänomene berücksichtigt

S	→	*NG-nom-sg-m VG-sg*
S	→	*NG-nom-pl-m VG-pl*
S	→	*NG-nom-sg-f VG-sg*
⋮		
S	→	*NG-nom-pl-n VG-pl*
NG-nom-sg-m	→	*N-nom-sg-m*
NG-gen-sg-m	→	*N-gen-sg-m*
NG-dat-sg-m	→	*N-dat-sg-m*
⋮		
NG-akk-pl-f	→	*N-akk-pl-f*
NG-nom-sg-m	→	*Art-nom-sg-m N-nom-sg-m*
NG-gen-sg-m	→	*Art-gen-sg-m N-gen-sg-m*
⋮		
NG-akk-pl-f	→	*Art-akk-pl-f N-akk-pl-f*
VG-sg	→	*V-sg*
VG-pl	→	*V-pl*
Art-nom-sg-m	→	der | ein
Art-gen-sg-m	→	des | eines
Art-dat-sg-m	→	dem | einem
⋮		
Art-nom-pl-m	→	die
Art-nom-pl-f	→	die
Art-nom-pl-n	→	die
⋮		
Art-akk-pl-f	→	die
N-nom-sg-m	→	hund | ...
N-gen-sg-m	→	hundes | ...
N-dat-sg-m	→	hund | ...
⋮		
N-akk-pl-m	→	hunde | ...
N-nom-sg-n	→	kind | ...
N-nom-pl-n	→	kinder | ...
⋮		
V-sg	→	bellt | spielt | ...
V-pl	→	bellen | spielen | ...
⋮		

Es ist klar, dass solche Grammatiken schnell unhandlich werden. Um die Entwicklung von natürlichsprachlichen Grammatiken überhaupt zu ermöglichen, werden meist andere Formalismen verwendet. Manche dieser Grammatikformalismen können auch Sprachen der Chomsky-Typen 1 und 0 beschreiben. Andere wiederum sind äquivalent zu kontextfreien Grammatiken, d.h. sie können genau die Sprachen vom Typ 2 beschreiben und lassen sich in kontextfreie Regeln übersetzen. Solche Formalismen bieten jedoch spezielle Notationen an, welche die Formalisierung von natürlichen Sprachen erleichtern.

In manchen Anwendungsgebieten sind Grammatiken erforderlich, die für einen grossen Ausschnitt einer natürlichen Sprache zuverlässig entscheiden können, ob ein Satz korrekt ist oder nicht. Für diese Aufgabe werden relativ komplexe Grammatikformalismen verwendet, beispielsweise Lexical Functional Grammar (LFG) oder Head-driven Phrase Structure Grammar (HPSG). Beide Formalismen können beliebige Typ-0-Sprachen beschreiben. Bemerkenswert sind auch die Generalized Phrase Structure Grammars (GPSG), da sie äquivalent zu kontextfreien Grammatiken sind. Alle drei Grammatiktypen haben ein kontextfreies Skelett, was die Verarbeitung mittels Chart-Parsing ermöglicht.

Um das Schreiben von präzisen Grammatiken zu erleichtern, wird der im letzten Beispiel illustrierte Grundgedanke weitergeführt: Die grundlegenden sprachlichen Phänomene werden direkt im Grammatikformalismus modelliert. Neben Phrasenstruktur und syntaktischer Übereinstimmung sind zum Beispiel die folgenden Konzepte sehr wichtig:

— Unter dem *Kopf-Konzept* versteht man die Idee, dass die meisten Phrasen eine ausgezeichnete Konstituente (den Kopf) enthalten, welche die syntaktischen und semantischen Eigenschaften der Phrase wesentlich bestimmt. In der Nominalgruppe ist dies etwa das Nomen, in der Verbalgruppe ist es das Verb.

— Häufig erfordert eine Konstituente das Vorhandensein von weiteren spezifischen Konstituenten. Das Verb "beeilen" zum Beispiel benötigt in einem korrekten deutschen Satz immer eine Nominalgruppe im Nominativ (das Subjekt) und ein Reflexivpronomen (z.B. "sich"), das mit dem Verb und dem Subjekt bezüglich Person und Zahl übereinstimmt. Solche Abhängigkeiten (man spricht allgemein von *Subkategorisierung*) sind in der natürlichen Sprache allgegenwärtig. Ein weiteres Beispiel ist die Beziehung zwischen einer Präposition und der nachfolgenden Nominalgruppe in Ausdrücken wie "wegen des schlechten Wetters".

— *Modifikation* bezeichnet das Phänomen, dass beliebig viele Konstituenten eines bestimmten Typs die Bedeutung einer weiteren Konstituenten modifizieren. Typische Modifikatoren sind beispielsweise die Adjektive. Sie können vor dem Nomen beliebig oft vorkommen oder auch ganz fehlen: "ein Freund", "ein guter Freund", "ein guter alter Freund", etc. Es gibt viele weitere Beispiele von Modifikatoren, etwa Adverbien oder bestimmte Nebensätze und Präpositionalgruppen.

In vielen praktischen Anwendungen werden weitaus geringere Anforderungen an die Präzision einer Grammatik gestellt. Es werden dann oft (aus linguistischer Sicht) einfachere Grammatikformalismen verwendet, die dafür eine effizientere Verarbeitung erlauben. Ein solcher Formalismus wird im nächsten Abschnitt vorgestellt.

6.5 Der DCG-Formalismus

6.5.1 Definition und Eigenschaften von DCG

Die Definite-Klausel-Grammatik (engl. *definite clause grammar*, DCG, [32]) ist eine Erweiterung der kontextfreien Grammatik. In ihrer allgemeinsten Form ist sie eng mit der Logik-Programmiersprache Prolog (siehe [6], [31]) verknüpft, in welcher Programme in der Form von sogenannten definiten Klauseln formuliert sind.

DCG basieren auf einem kontextfreien Grammatikskelett, d.h. die Grammatik besteht aus Produktionsregeln mit jeweils einem Nicht-Terminalsymbol auf der linken Seite und beliebig vielen Symbolen auf der rechten. Die Nicht-Terminalsymbole können jedoch mit beliebigen Attributen versehen werden. Attribute können unter anderem syntaktische Merkmale (z.B. Fall, Zahl und Geschlecht) beschreiben und Übereinstimmungen mit anderen Attributen innerhalb der Produktionsregel definieren. Da solche Attribute auch unbegrenzt verschachtelte Strukturen als Werte annehmen können, lässt sich mit dieser Erweiterung bereits ein Teil der Typ-1-Sprachen beschreiben. Zusätzlich können beliebige Prolog-Programme verwendet werden, um Bedingungen an die Werte der verschiedenen Attribute zu formulieren. Dies führt dazu, dass DCG alle Typ-0-Sprachen beschreiben können.

Für unsere Zwecke genügt eine stark vereinfachte Variante von DCG. Wir gehen im Folgenden davon aus, dass jedes Attribut nur Werte aus einer endlichen Menge von einfachen (unstrukturierten) Merkmalen annehmen kann. Die zusätzlichen Bedingungen in Form von Prolog-Programmen verwenden wir nicht. Mit Grammatiken dieser restriktiveren Form von DCG lassen sich genau die Typ-2-Sprachen beschreiben, sie sind also äquivalent zu kontextfreien Grammatiken.

In unserer Notation verwenden wir kleingeschriebene Symbole für Konstanten (Merkmale), und Variablen werden durch ein vorangestelltes ? markiert. Das folgende Beispiel einer DCG-Regel drückt aus, dass in einem Satz S der Numerus des Subjekts *NG* und des Prädikats *V* übereinstimmen müssen und dass das Subjekt eine Nominalgruppe im Nominativ sein muss:

$$S \; \rightarrow \; NG(nom, ?num, ?gen) \; V(?num)$$

Eine zweite Regel erzwingt die Übereinstimmung zwischen dem Artikel und dem Nomen und überträgt die Merkmale auf die entstehende Nominalgruppe:

$$NG(?kas, ?num, ?gen) \; \rightarrow \; Art(?kas, ?num, ?gen) \; N(?kas, ?num, ?gen)$$

Man beachte, dass die Anordnung der Attribute für ein gegebenes Nicht-Terminalsymbol fest ist. In unserem Beispiel bedeutet das, dass bei jedem Vorkommen des Nicht-Terminalsymbols *NG* das erste Attribut den Kasus, das zweite den Numerus und das dritte das Genus spezifiziert.

Wir wollen nun nochmals das Beispiel der Satzgrammatik in Tabelle 6.2 betrachten und versuchen, diese Grammatik in der DCG-Notation kompakter zu formulieren. Die nötigen Übereinstimmungen in Kasus, Numerus und Genus werden also mittels Attributen definiert. Tabelle 6.3 zeigt die resultierende Satzgrammatik. Die Regeln R_1 bis R_4 sind die eigentlichen Grammatikregeln, die restlichen Regeln definieren das Lexikon, also alle zugelassenen Terminalsymbole.

Alle Nicht-Terminalsymbole ausser *S* sind mit Attributen versehen, welche die nötigen Kasus-, Numerus- und Genus-Merkmale spezifizieren. So wird durch die Verwendung der gleichen Variablen innerhalb der Regeln für *NG* gefordert, dass alle Elemente der Nominalgruppe den gleichen Kasus, Numerus und Genus haben müssen. In der Regel R_1 wird verlangt, dass *NG* und *VG* gleichen Numerus haben, und dass die Nominalgruppe im Nominativ steht (das Kasus-Attribut der Nominalgruppe ist als Konstante *nom* spezifiziert).

Die Produktionsregeln des Lexikons verwenden ebenfalls Attribute. Diese enthalten Informationen über die syntaktischen Merkmale der betreffenden Terminalsymbole. Manche Wortformen können mit unterschiedlichen Merkmalen verwendet werden, beispielsweise der Artikel "die" mit den Merkmalen Singular und Femininum in "die Blume" und mit den Merkmalen Plural und Neutrum in "die Kinder". Dies kann durch mehrere Produktionsregeln mit identischem Terminalsymbol ausgedrückt werden.

DCG erlauben auch das Schreiben von *Leerproduktionen*, d.h. von Regeln mit einem leeren Regelkörper. Diese können verwendet werden, um optionale Teile von Konstituenten zu beschreiben. So kann man beispielsweise einen optionalen Artikel wie folgt definieren:

$$OptArt(?kas, ?num, ?gen) \; \rightarrow$$
$$OptArt(?kas, ?num, ?gen) \; \rightarrow \; Art(?kas, ?num, ?gen)$$

Tabelle 6.3. Eine DCG für einfache deutsche Sätze. Im Unterschied zur kontextfreien Grammatik in Tabelle 6.2 werden hier syntaktische Übereinstimmungen mithilfe von Attributen (Konstanten und Variablen) spezifiziert.

R_1:	S	$\rightarrow$ $NG(nom, \textit{?num}, \textit{?gen})\ VG(\textit{?num})$
R_2:	$NG(\textit{?kas}, \textit{?num}, \textit{?gen})$	$\rightarrow$ $N(\textit{?kas}, \textit{?num}, \textit{?gen})$
R_3:	$NG(\textit{?kas}, \textit{?num}, \textit{?gen})$	$\rightarrow$ $Art(\textit{?kas}, \textit{?num}, \textit{?gen})\ N(\textit{?kas}, \textit{?num}, \textit{?gen})$
R_4:	$VG(\textit{?num})$	$\rightarrow$ $V(\textit{?num})$
	$Art(nom,sg,m)$	$\rightarrow$ der | ein
	$Art(gen,sg,m)$	$\rightarrow$ des | eines
	$Art(dat,sg,m)$	$\rightarrow$ dem | einem
	$Art(nom,sg,n)$	$\rightarrow$ das | ein
	$\vdots$	
	$Art(nom,pl,m)$	$\rightarrow$ die
	$Art(nom,pl,f)$	$\rightarrow$ die
	$Art(nom,pl,n)$	$\rightarrow$ die
	$\vdots$	
	$Art(akk,pl,f)$	$\rightarrow$ die
	$N(nom,sg,m)$	$\rightarrow$ hund | ...
	$N(gen,sg,m)$	$\rightarrow$ hundes | ...
	$N(dat,sg,m)$	$\rightarrow$ hund | ...
	$\vdots$	
	$N(akk,pl,m)$	$\rightarrow$ hunde | ...
	$N(nom,sg,n)$	$\rightarrow$ kind | ...
	$N(nom,pl,n)$	$\rightarrow$ kinder | ...
	$\vdots$	
	$V(sg)$	$\rightarrow$ bellt | spielt | ...
	$V(pl)$	$\rightarrow$ bellen | spielen | ...
	$\vdots$	

Unter Verwendung von *OptArt* können im obigen Beispiel die Regeln R_2 und R_3 zu einer Regel zusammengefasst werden, nämlich:

$$NG(\textit{?kas}, \textit{?num}, \textit{?gen}) \rightarrow OptArt(\textit{?kas}, \textit{?num}, \textit{?gen})\ N(\textit{?kas}, \textit{?num}, \textit{?gen})$$

Die Attribute *?kas*, *?num* und *?gen* bleiben bei der Anwendung der obigen Leerproduktion unbestimmt. Optionale Elemente werden oft verwendet, um Grammatiken kompakt zu halten.

6.5.2 Unifikation

Die Operation der Unifikation ist ein fundamentaler Bestandteil von DCG. Bei der Unifikation zweier Terme wird versucht, die in den Termen vorkommenden Variablen so zu spezifizieren, dass die beiden Terme identisch werden. Falls dies gelingt, sind die Terme *unifizierbar*, und die Variablen werden an diejenigen Werte *gebunden*, die die Gleichsetzung der Terme bewirkt.

Es gibt oft unendlich viele Variablenbelegungen, durch die zwei Terme identisch gemacht werden können. Bei der Unifikation werden jedoch die Variablen immer nur gerade so weit spezifiziert, dass die Identität der Terme erreicht wird. Als Beispiel betrachten wir die Terme

$$a(?x, ?y, f(i)) \text{ und } a(?z, ?z, f(?u)) \ .$$

Diese Terme können durch die Variablensubstitution

$$?x = ?z, \ ?y = ?z, \ ?u = i$$

identisch gemacht werden, woraus der unifizierte Term

$$a(?z, ?z, f(i))$$

resultiert. Die ersten zwei Argumente der Struktur a bleiben dabei Variablen, aber aufgrund des zweiten Terms müssen diese Variablen identisch sein. Die Variable $?u$ wird an die Konstante i gebunden.

Für die folgenden beiden Terme existiert keine Variablenbelegung, welche die beiden Terme identisch macht:

$$a(p, q, f(i)) \text{ und } a(?z, ?z, f(?u))$$

Die Terme enthalten also gewissermassen widersprüchliche Information. Die Unifikationsoperation ist für solche Paare von Termen nicht definiert. Man sagt auch: Die beiden Terme sind *nicht unifizierbar*.

6.5.3 DCG-Ableitungen

Wie bereits am Anfang dieses Kapitels gezeigt wurde, gehört eine Folge von Terminalsymbolen (im Fall einer Satzgrammatik eine Folge von Wörtern) genau dann zur Sprache einer Grammatik, wenn eine Ableitung existiert, die das Startsymbol durch Anwendung von Produktionsregeln in die gewünschte Terminalsymbolfolge überführt. Dies gilt für alle Grammatikklassen.

Ableitungen in DCG verlaufen analog zu kontextfreien Ableitungen, wobei aber zusätzlich bei der Ersetzung eines Nicht-Terminalsymbols durch die rechte Seite einer Regel die Attributterme des Regelkopfs mit den Attributtermen des Nicht-Terminalsymbols *unifiziert* werden. Die aus der Unifikation resultierenden Variablensubstitutionen gelten auch für die rechte Seite der Regel. Zu beachten ist, dass pro Anwendung einer Regel ein neuer Satz von Variablen verwendet wird.

Als Beispiel einer DCG-Ableitung betrachten wir den Satz "das Kind spielt", d.h. dieser Satz soll aus dem Startsymbol S unserer Beispielgrammatik aus Tabelle 6.3 abgeleitet werden.

Als erster Ableitungsschritt kommt nur die Regel R_1 in Frage, d.h.

$$S$$
$$\odot$$
$$S \rightarrow NG(nom, ?num_1, ?gen_1) \; VG(?num_1)$$
$$\Rightarrow NG(nom, ?num_1, ?gen_1) \; VG(?num_1)$$

In dieser Darstellung wird zuoberst die ursprüngliche Symbolfolge gezeigt, dann die angewendete Regel und zuunterst die abgeleitete Symbolfolge. Das Symbol $\odot$ steht hier für die Unifikation. Da bei jeder Regelanwendung ein neuer Satz Variablen verwendet wird, werden die Variablen indiziert, und nur Variablen mit gleichem Index bezeichnen identische Variablen. In diesem ersten Ableitungsschritt werden wegen der fehlenden Attribute des Symbols S keine Variablen gebunden.

Im zweiten Schritt wählen wir die Regel R_3:

$$NG(nom, ?num_1, ?gen_1) \; VG(?num_1)$$
$$\odot$$
$$NG(?kas_2, ?num_2, ?gen_2) \rightarrow Art(?kas_2, ?num_2, ?gen_2)$$
$$N(?kas_2, ?num_2, ?gen_2)$$
$$\Rightarrow Art(nom, ?num_1, ?gen_1) \; N(nom, ?num_1, ?gen_1) \; VG(?num_1)$$

Bei der Unifikation zwischen dem Kopf der Regel R_3 und der NG-Struktur in der Ausgangssymbolfolge werden die neuen Variablen der Regel (Index 2) mit den Variablen der Ausgangssymbolfolge unifiziert. Der Kasus von Art und N wird durch die Unifikation auf nom festgelegt, d.h. die Variable $?kas_2$ wird an diesen Wert gebunden. Die Variablen $?gen_2$ und $?num_2$ werden mit den Variablen $?gen_1$ und $?num_1$ unifiziert, d.h. mit diesen Variablen identisch gemacht.

Für den dritten Schritt wählen wir die Regel R_4:

$$Art(nom, ?num_1, ?gen_1) \; N(nom, ?num_1, ?gen_1) \; VG(?num_1)$$
$$\odot$$
$$VG(?num_3) \rightarrow V(?num_3)$$
$$\Rightarrow Art(nom, ?num_1, ?gen_1) \; N(nom, ?num_1, ?gen_1) \; V(?num_1)$$

Nun bleiben nur noch die lexikalischen Produktionsregeln. Für den Artikel wählen wir

$Art(nom, ?num_1, ?gen_1) \; N(nom, ?num_1, ?gen_1) \; V(?num_1)$

$\odot$

$Art(nom, sg, n) \rightarrow$ das

$\Rightarrow$ das $N(nom, sg, n) \; V(sg)$

Durch die Anwendung der Regel für "das" werden mittels Unifikation auch der Numerus und der Genus für das Nomen und der Numerus für das Verb bestimmt. Daher bleiben als letzte Ableitungen bei der gegebenen DCG nur noch

das $N(nom, sg, n) \; V(sg)$

$\odot$

$N(nom, sg, n) \rightarrow$ kind

$\Rightarrow$ das kind $V(sg)$

und

das kind $V(sg)$

$\odot$

$V(sg) \rightarrow$ spielt

$\Rightarrow$ das kind spielt

Die Nomen "Kinder" oder "Hund" oder das Verb "spielen" hätten also in diesen letzten Ableitungen nicht eingesetzt werden können, da durch den Artikel "das" Kasus und Numerus bereits vorgegeben waren.

❯ 6.5.4 DCG-Ableitungsbaum

Wie bei einer kontextfreien Grammatik kann auch bei einer DCG das Resultat einer Ableitung stets in Form eines Ableitungsbaums dargestellt werden. Für das Beispiel in Abschnitt 6.5.3 zeigt die Abbildung 6.11 den zugehörigen Ableitungsbaum. Die unifizierten Attribute können ebenfalls eingetragen werden.

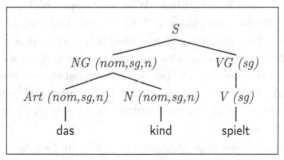

Abbildung 6.11. Ableitungsbaum (Syntaxbaum) für den Satz "das Kind spielt" aufgrund der sehr einfachen DCG für deutsche Sätze von Tabelle 6.3

Im Fall einer Satzgrammatik wird der Ableitungsbaum auch als *Syntaxbaum* bezeichnet. Dieser Baum gibt die innere Struktur eines Satzes wieder. Er kann beispielsweise zum Festlegen der Akzente und Phrasen (also der symbolischen Beschreibung der Prosodie) für die Sprachsynthese eingesetzt werden, wie in Kapitel 8 gezeigt wird.

❯ 6.5.5 DCG und Chart-Parsing

Für das Parsing mit DCG können die gleichen prinzipiellen Verfahren verwendet werden wie für das Parsing von kontextfreien Sprachen, insbesondere auch das Chart-Parsing (siehe Abschnitt 6.3.2.2). Selbstverständlich müssen beim Chart-Parsing mit jeder Anwendung einer Parser-Operation (Fundamentalregel, Top-down-Prädiktion oder Bottom-up-Prädiktion) die Attributterme von sich entsprechenden Nicht-Terminalsymbolen unifiziert werden. Sind zwei Attributterme nicht unifizierbar, so kann die Operation nicht durchgeführt werden.

6.6 6.6 Two-Level-Regeln und Transduktoren

❯ 6.6.1 Einführung

Wie in Abschnitt 6.5 gezeigt, können natürlichsprachliche Sätze durch formale Grammatiken beschrieben werden. Ebenso lässt sich die Struktur von Wörtern (d.h. der morphologische Aufbau) mittels formaler Grammatiken beschreiben. Weil in diesem Fall die Grammatik den Aufbau von Wörtern beschreibt, wird sie als Wortgrammatik bezeichnet (im Unterschied zur Satzgrammatik).

In einer Wortgrammatik ist das Startsymbol W und die Terminalsymbole sind die Morphe. Bei der Analyse eines Wortes wird ermittelt, wie sich die Folge von Terminalsymbolen aus dem Startsymbol ableiten lässt. Vor dieser Analyse muss also das natürlichsprachliche Wort in Morphe zerlegt werden. Diese Zerlegung ist meistens nicht eindeutig.[8] Erschwerend ist zudem, dass manche Wörter nach dem Zusammensetzen aus Morphen noch verändert werden. So werden beispielsweise bei Komposita entstehende Dreifachkonsonanten vor einem Vokal auf zwei reduziert, wie bei der Zusammensetzung von "Schiffahrt" aus "Schiff" und "Fahrt".[9] Für Verben, die im Infinitiv auf "eln" oder "ern" enden, wird oft in der ersten Person Singular ein "e" getilgt. In gewissen Fällen

---

[8]In Wörtern sind die Morphgrenzen nicht markiert. Im Gegensatz dazu sind die Wortgrenzen in Sätzen markiert, nämlich durch Leerzeichen.

[9]Gemäss der neuen Rechtschreibung würde diese Reduktion zwar wegfallen, aber die alte Schreibweise erscheint immer noch in vielen Texten. Ein Sprachsynthesesystem muss deshalb vorderhand noch damit umgehen können.

ist diese Tilgung obligatorisch, z.B. bei "ich handle" (nicht "ich handele"), fa-
kultativ wie in "bedau(e)re" oder nicht erlaubt wie in "ich zögere" (nicht "ich
zögre").

Eine grundsätzlich mögliche Lösung dieser Probleme besteht darin, für solche
durch Tilgungen verkürzte Formen spezielle Morphe (z.B. das nur mit einem
"f" geschriebene Lexem "schif") ins Lexikon aufzunehmen und mittels Attributen und Grammatikregeln dafür zu sorgen, dass keine falschen Wortformen
erzeugt werden können. Dies erhöht aber die Grösse des Morphemlexikons und
führt zu einer komplizierteren Wortgrammatik. Eine elegantere Lösung für die
Behandlung solcher Phänomene ist der Einsatz von Two-Level-Regeln.

❯ 6.6.2 Two-Level-Regeln

❯ 6.6.2.1 Notation und Bedeutung

Bei der morphologischen Analyse von Wörtern können für sprachliche Phänome-
ne wie die oben erwähnten Tilgungen Two-Level-Regeln eingesetzt werden. Der
Ausdruck "Two-Level" kommt daher, dass eine Zeichenkette einer lexikalischen
Ebene zu einer Zeichenkette einer Oberflächenebene in Bezug gesetzt wird. Mit
Oberflächenebene ist hier die normale orthographische Form gemeint.

Eine Two-Level-Regel spezifiziert, in welchem Kontext ein Symbol auf der lexikalischen Ebene mit einem anderen Symbol auf der Oberflächenebene kor-
respondieren darf oder muss. Two-Level-Regeln werden deshalb mithilfe von
Symbolpaaren $x{:}y$ formuliert, wobei das linke Symbol zur lexikalischen Ebene
und das rechte zur Oberflächenebene gehört.

Es gibt die drei folgenden Varianten von Two-Level-Regeln:[10]

1. $x{:}y \Rightarrow LC \_ RC$ **nur** in diesem Kontext **darf** $x{:}y$ stehen

2. $x{:}y \Leftarrow LC \_ RC$ in diesem Kontext **darf nicht** $x{:}\neg y$ stehen[11]

3. $x{:}y \Leftrightarrow LC \_ RC$ **nur** in diesem Kontext **darf** $x{:}y$ stehen
   und es **darf nicht** $x{:}\neg y$ stehen

Eine Two-Level-Regel besteht also aus dem Kopf, dem Operator und der Bedingung (dem linken und dem rechten Kontext). Im Kopf steht immer ein Symbolpaar, das angibt, welches lexikalische Symbol x welchem Oberflächensymbol
y entspricht. Im Bedingungteil der Regel steht, in welchem Kontext die Regel
zur Anwendung kommt. Darin markiert das Zeichen $\_$ die Position des be-

---

[10]In der Literatur wird oft noch eine vierte Variante aufgeführt, nämlich die Aus-
schlussregel mit dem Operator $/\Leftarrow$. Diese Regelvariante wird hier jedoch nicht gebraucht.

[11]Das Symbol $\neg$ steht für die logische Negation.

trachteten Symbolpaares. Schliesslich bestimmt der Operator die Variante der
Two-Level-Regel.

Die erste Variante, die sogenannte *Kontext-Restriktion (context restriction)* spezifiziert, dass das Symbolpaar *x:y* nur mit linkem Kontext LC und mit rechtem
Kontext RC stehen darf. Im Sinne der Symbolersetzung ausgedrückt heisst dies,
dass das lexikalische Symbol x nur im Kontext LC und RC durch das Symbol
y der Oberfläche ersetzt werden darf, aber nicht muss. Achtung: da die Regel
nur eine Aussage zum Symbolpaar *x:y* macht, sind grundsätzlich alle andern
Symbolpaare, insbesondere auch alle *x:¬y* in diesem Kontext auch zulässig.

Die zweite Variante, die *Oberflächen-Erzwingung (surface coercion)* spezifiziert,
dass das Symbolpaar *x:¬y* nicht im Kontext LC und RC stehen darf. Wiederum
im Sinne der Symbolersetzung ausgedrückt heisst dies: Das lexikalische Symbol
x muss im Kontext LC und RC auf der Oberfläche durch das Symbol y ersetzt
werden. Das Symbolpaar *x:y* darf aber auch in andern Kontexten vorkommen.

Die dritte Variante besagt, dass beide Bedingungen gleichzeitig gelten. Im Kontext LC und RC muss also dem lexikalischen Symbol x immer das Oberflächensymbol y entsprechen, und dieses Symbolpaar darf in keinem anderen Kontext
auftreten.

Die Kontexte LC und RC werden in den Two-Level-Regeln als *reguläre Ausdrücke* (siehe nächster Abschnitt) über dem Symbolpaar-Alphabet spezifiziert.
Die Kontexte können auch leer sein.

⊘ 6.6.2.2 Reguläre Ausdrücke

Reguläre Ausdrücke erlauben eine einfache Formulierung regulärer Sprachen
ohne Zuhilfenahme einer Grammatik mit Produktionsregeln. Ein regulärer Ausdruck ist entweder ein einzelnes Terminalsymbol (d.h. in unserem Fall ein Symbolpaar) oder eines der folgenden Konstrukte:

— **Sequenz:** lineare Abfolge von regulären Teilausdrücken, die hintereinander geschrieben werden, z.B. ABC, wobei A, B und C ihrerseits reguläre
Ausdrücke sind

— **Alternative:** mehrere mögliche Teilausdrücke, die alternativ verwendet
werden können, z.B. $A|B|C$, wobei A, B und C ihrerseits reguläre Aus-
drücke sind

— **Repetition:** eine beliebige Sequenz von n Teilausdrücken A, wobei $n \geq 0$
ist, wird geschrieben als A^*

Klammern werden angewendet, um Gruppierungen anzuzeigen. Ein Beispiel eines regulären Ausdrucks über dem Alphabet $V_T = \{a, b, c, d\}$ ist $(a|b)^*cd^*$, welcher die Sprache $L = \{c,\ cd,\ cdd,\ ac,\ aacd,\ abacdd,\ aabbaacd, \dots\}$ definiert, d.h. die Menge aller Wörter, die aus einer beliebig langen Folge aus a's und b's bestehen, gefolgt von genau einem c, gefolgt von beliebig vielen d's.

Es kann gezeigt werden, dass mit solchen Ausdrücken sämtliche regulären Sprachen definiert werden können. Die Sprache im Beispiel 6.4, welche alle Wörter über dem Alphabet $\{a, b\}$ mit einer ungeraden Anzahl b umfasst, kann mit einem regulären Ausdruck geschrieben werden als: $(a^*ba^*b)^*a^*ba^*$. Hier soll aber nicht weiter darauf eingegangen werden.

⟩ 6.6.2.3 Beispiele von Two-Level-Regeln

Die in Abschnitt 6.6.1 erwähnte Reduktion von Dreifachkonsonanten wie "fff" kann mit der folgenden Two-Level-Regel beschrieben werden:

$$f{:}\varepsilon \Rightarrow f{:}f\_f{:}f \tag{152}$$

Die Regel erlaubt, im Kontext zweier f ein lexikalisches f durch das Leersymbol zu ersetzen. Da diese Ersetzung nicht zwingend ist (vergleiche Abschnitt 6.6.2.1), können mit dieser Regel aus den Lexemen *schiff* und *fahrt* beide Varianten, also "schiffahrt" und "schifffahrt" erzeugt werden, was exakt den Anforderungen (alte und neue Schreibweise verarbeitbar) entspricht.

Der Kontext muss auch mit Symbolpaaren spezifiziert werden, weil es Transformationen geben kann, die mit mehreren Regeln verwirklicht werden. Mindestens in einem Teil der Regeln tauchen dann im Kontext Symbolpaare auf, die von einer anderen Regel erzeugt werden.

Das zweite Beispiel einer Two-Level-Regel beschreibt die in Abschnitt 6.6.1 erläuterte Variation des Verbstamms "handel":

$$e{:}\varepsilon \Leftrightarrow \_\ l{:}l +{:}+ e{:}e \tag{153}$$

Diese Two-Level-Regel drückt aus, dass das lexikalische Symbol e durch das leere Oberflächensymbol ε zu ersetzen ist, wenn anschliessend die Symbole l, $+$ und e folgen, und zwar sowohl auf der lexikalischen Ebene als auch auf der Oberflächenebene. Das Symbol $+$ markiert das Stammende (d.h. die Verbstämme sind im Lexikon mit einem $+$ am Ende eingetragen).

Mit der Two-Level-Regel (153) können aus einer einzigen lexikalischen Form "handel" die beiden Varianten "handl" und "handel" wie folgt abgeleitet werden:

Variante 1:   Lexikalische Ebene: $h\,a\,n\,d\,e\,l + e$

Regel (153):   ⇕

Oberflächenebene: $h\,a\,n\,d\,e\,\varepsilon\,l + e$

Variante 2:   Lexikalische Ebene: $h\,a\,n\,d\,e\,l + s\,t$

Regel (153):   ⇕

Oberflächenebene: $h\,a\,n\,d\,e\,l + s\,t$

Bei Two-Level-Regeln ist es wichtig (und oft auch schwierig), den Kontext genügend, aber nicht zu einschränkend zu formulieren. So ist beispielsweise die Regel (153) auch auf die Verben "bügeln", "regeln", "segeln" usw. anwendbar. Andererseits kann sie richtigerweise nicht auf Wörter wie "elend", "gelebt", "telefonieren" etc. angewendet werden, weil das Symbol + (Stammende) im Kontext verlangt wird. Hingegen ist die Regel (153) auch auf die lexikalische Form *spiel+e* anwendbar und würde die falsche Oberflächenform *spil+e* ergeben. Oft ist in solchen Fällen die einzig mögliche Lösung, mit einem sonst nicht vorkommenden Spezialsymbol, z.B. Â, diejenigen Lexeme zu markieren, auf welche die Regel anwendbar sein soll.

Bis dahin haben wir uns nur dafür interessiert, was die Two-Level-Regeln beschreiben. Im nächsten Abschnitt wird nun noch gezeigt, wie diese Regeln in Automaten übersetzt werden und wie diese Automaten in der morphologischen Analyse von Wörtern verwendet werden.

❯ 6.6.3 Transduktoren

Im Gegensatz zur Anwendung einer DCG, wo die expliziten Regeln vom Parser eingesetzt werden (vergl. Abschnitt 6.5.5), werden Two-Level-Regeln nicht direkt angewendet, sondern zuerst in endliche Automaten übersetzt. Im Unterschied zu den in Abschnitt 6.3.1 eingeführten endlichen Automaten arbeiten die hier verwendeten Automaten jedoch mit Symbolpaaren und werden darum als Transduktoren (engl. *finite state transducers*, FST) bezeichnet. Dieser Begriff drückt aus, dass das Umformen einer Folge von Eingabesymbolen in eine Folge von Ausgabesymbolen der wesentliche Aspekt ist.

❯ 6.6.3.1 Definition und Eigenschaften von Transduktoren

In Abschnitt 6.3.1 wurde gezeigt, wie endliche Automaten zur Analyse von Wörtern einer regulären Sprache eingesetzt werden können. Bei solchen Automaten werden Terminalsymbole entlang eines Pfades (Folge von Zustandsübergängen) konsumiert, und am Schluss erhalten wir die Angabe, ob die Symbolfolge ein Wort der durch den Automaten beschriebenen Sprache ist oder nicht. Transduktoren hingegen akzeptieren bestimmte Folgen von Symbolpaaren, oder anders ausgedrückt, bestimmte Zuordnungen von einer lexikalischen Symbolfolge

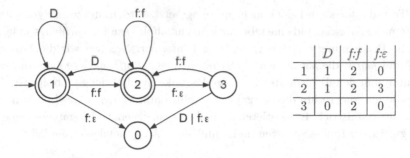

Abbildung 6.12. Transduktor für die Reduktion von "fff" auf "ff", dargestellt als Zustands-diagramm und als Zustandstabelle (entspricht der Two-Level-Regel 152)

zu einer Oberflächensymbolfolge. Typischerweise fasst man die eine Symbol-folge als Eingabe und die andere als Ausgabe auf, so dass Transduktoren in diesem Sinne zur Erzeugung einer Ausgabesymbolfolge aus einer Eingabefolge eingesetzt werden können. Dieser Prozess kann aber auch umgekehrt werden (d.h. Eingabe und Ausgabe können vertauscht werden), und zusätzlich können im Allgemeinen beliebig viele Ausgabefolgen resultieren. Dies liegt daran, dass Transduktoren nur bestimmen, ob eine Eingabe- und eine Ausgabesymbolfol-ge einander zugeordnet werden können, wobei es mehrere zueinander passende Folgen geben kann.[12]

Betrachten wir beispielsweise die Two-Level-Regel (152) zur Reduktion von "fff" auf "ff": Diese Regel entspricht dem Transduktor mit dem Zustandsdiagramm von Abbildung 6.12. Die Zustände sind nummeriert, wobei 1 den Anfangszu-stand bezeichnet und 0 den Fehlerzustand. Die Zustände mit Doppelkreisen sind Endzustände. Die Übergänge sind mit je einem Symbolpaar oder mit D markiert. D ist die Menge aller zugelassenen Symbolpaare ohne $f{:}f$ und $f{:}\varepsilon$.

Mit diesem Transduktor kann nun beispielsweise überprüft werden, dass die Lexeme *stoff* und *fabrik* mit der Oberflächenform "stoffabrik" vereinbar ist. Der Transduktor durchläuft für diese Überprüfung die Zustände: 1, 1, 1, 2, 3, 2, 1, 1, 1, 1 und 1. Da der Transduktor am Ende im Zustand 1 ist und dieser ein gültiger Endzustand ist, sind die Lexeme und die Oberflächenvariante vereinbar.

Nicht gültig wäre hingegen z.B. das Wort "stofbahn", weil es nicht mit den Lexemen *stoff* und *bahn* vereinbar ist. Wie leicht zu sehen ist, durchläuft der Transduktor die Zustände 1, 1, 1, 2, 3, 0 und endet somit im sechsten Schritt im Fehlerzustand.

---

[12]Transduktoren sind daher nicht zu verwechseln mit den aus der Elektronik be-kannten Mealy- und Moore-Automaten, die zu jedem Symbol einer Eingabefolge sofort genau ein Ausgabesymbol erzeugen. Es ist im Allgemeinen nicht möglich, einen FST in einen solchen Automaten umzuwandeln.

Der Transduktor kann jedoch nicht nur eingesetzt werden, um zwei Symbolfolgen (eine lexikalische und eine Oberflächensymbolfolge) zu überprüfen, sondern, wie die Bezeichnung suggeriert, auch als Umformer. Nehmen wir die Lexeme *stoff* und *fabrik*, die zusammen die Symbolsequenz *stofffabrik* ergeben und betrachten nun den Transduktor so, dass das linke Symbol der Symbolpaare die Eingabe und das rechte die Ausgabe darstellt, dann ist der Transduktor nicht mehr deterministisch. Es existieren deshalb für die gegebene Eingabefolge mehrere gültige Zustandssequenzen und damit auch Ausgabefolgen, nämlich:

Variante 1:	Eingabesymbolfolge:	$s\ t\ o\ f\ f\ f\ a\ b\ r\ i\ k$
	Zustandssequenz:	$1\ 1\ 1\ 2\ 2\ 2\ 1\ 1\ 1\ 1\ 1$
	Ausgabesymbolfolge:	$s\ t\ o\ f\ f\ f\ a\ b\ r\ i\ k$

Variante 2:	Eingabesymbolfolge:	$s\ t\ o\ f\ f\ f\ a\ b\ r\ i\ k$
	Zustandssequenz:	$1\ 1\ 1\ 2\ 3\ 2\ 1\ 1\ 1\ 1\ 1$
	Ausgabesymbolfolge:	$s\ t\ o\ f\ \varepsilon\ f\ a\ b\ r\ i\ k$

Der Transduktor produziert also, wie erwartet, beide Varianten der Folge von Oberflächensymbolen, mit und ohne Reduktion des dreifachen "f".

⊗ 6.6.3.2 Übersetzen von Two-Level-Regeln in Transduktoren

In diesem Abschnitt wird gezeigt, wie Two-Level-Regeln in Zustandstabellen von Transduktoren übersetzt werden. Wir demonstrieren dies für jede Variante von Two-Level-Regeln an einem Beispiel.

⊗ Transduktor für eine Two-Level-Regel der Variante ⇒

Das Übersetzen einer Two-Level-Regel der Variante ⇒ wird hier anhand einer hypothetischen Regel ohne linguistischen Hintergrund dargelegt, nämlich:

$$x{:}y \Rightarrow b{:}b\ c{:}c \_\_ d{:}d\ e{:}e \tag{154}$$

Diese Regel besagt gemäss Abschnitt 6.6.2.1, dass das Symbolpaar $x{:}y$ nur zwischen $b{:}b\ c{:}c$ und $d{:}d\ e{:}e$ stehen darf (aber nicht muss).

Um einen Transduktor zu konstruieren, müssen wir uns zuerst überlegen, welche Klassen von Symbolpaaren in dieser Regel relevant sind und deshalb unterschieden werden müssen. Es sind dies selbstverständlich die Symbolpaare, die den Kontext spezifizieren, dann das Symbolpaar $x{:}y$ und schliesslich die Klasse aller anderen Symbolpaare, die wir mit D_1 bezeichnen.

Diese Klassen werden nun in die Kopfzeile der zu konstruierenden Zustandstabelle gesetzt. Wir beginnen mit der Klasse D_1 und schliessen die übrigen Klassen der Übersichtlichkeit halber in der Reihenfolge an, wie sie in der zu überprüfenden Sequenz vorkommen. Anschliessend tragen wir die Zustandsübergänge ein, die der Transduktor für die Symbolpaare des linken Kontextes, des Paares $x{:}y$ und des rechten Kontextes durchläuft. Naheliegenderweise braucht es dafür 5 Zustände.

	D_1	$b{:}b$	$c{:}c$	$x{:}y$	$d{:}d$	$e{:}e$
1		2				
2			3			
3				4		
4					5	
5						1

Die restlichen Zustandsübergänge sind gemäss den folgenden Überlegungen auszufüllen:

— Das Symbolpaar $x{:}y$ ist nur im Zustand 3 zulässig, d.h. nach der Eingabe der Symbolpaare des linken Kontextes. Die restlichen Übergänge in der Kolonne $x{:}y$ führen also in den Fehlerzustand.

— Nach der Eingabe von $x{:}y$ müssen zwingend die Symbolpaare des rechten Kontextes folgen. Die noch leeren Übergänge aus den Zuständen 4 und 5, d.h. nach dem Zustand, der $x{:}y$ akzeptiert hat, müssen ebenfalls in den Fehlerzustand führen.

— Da dem linken Kontext $b{:}b$ oder $b{:}b$ $c{:}c$ vorausgehen kann, muss der Transduktor auch aus den Zuständen 2 und 3 bei der Eingabe von $b{:}b$ in den Zustand 2 übergehen. Die noch leeren Übergänge in der Kolonne $b{:}b$ sind also auf 2 zu setzen.

— Alle noch freien Übergänge führen in den Zustand 1.

Die Frage ist nun noch, welches die Endzustände sind. Keine Endzustände sind diejenigen, in welchen sich der Transduktor befindet, wenn zwar die Eingabe $x{:}y$ erfolgt ist, aber nicht der gesamte rechte Kontext. Dies sind die Zustände 4 und 5. Endzustände sind demnach die Zustände 1 bis 3 (fett gedruckt). Damit ist der Transduktor für die Two-Level-Regel (154) vollständig bestimmt.

Diese Zustandstabelle ist eine kompakte Schreibweise der vollständigen Zustandstabelle, in der für jedes Symbolpaar der Klasse D_1 eine separate Kolonne aufgeführt sein müsste. Da alle diese Kolonnen hinsichtlich der Zustandsübergänge gleich sind, ist diese kompakte Schreibweise möglich. Der Transduktor selbst wird dadurch jedoch nicht kompakter.

T_1 :

	D_1	$b{:}b$	$c{:}c$	$x{:}y$	$d{:}d$	$e{:}e$
1	1	2	1	0	1	1
2	1	2	3	0	1	1
3	1	2	1	4	1	1
4	0	0	0	0	5	0
5	0	0	0	0	0	1

⊗ Transduktor für eine Two-Level-Regel der Variante ⇐

Die Konstruktion eines Transduktors für eine Two-Level-Regel der Variante ⇐ wird anhand der folgenden Regel veranschaulicht:

$$x{:}y \Leftarrow b{:}b \; c{:}c \underline{\quad} d{:}d \; e{:}e \qquad (155)$$

Diese Regel besagt, dass das zwischen den Symbolpaaren $b{:}d \; c{:}c$ und $d{:}d \; e{:}e$ stehende Symbolpaar nicht von der Form $x{:}\neg y$ sein darf. Der Transduktor muss folglich jede Folge von Symbolpaaren akzeptieren, wenn sie nicht die Sequenz $b{:}b \; c{:}c \; x{:}\neg y \; d{:}d \; e{:}e$ enthält.

Wiederum müssen wir uns zuerst überlegen, welche Klassen von Symbolpaaren relevant sind und deshalb unterschieden werden müssen. Es sind dies einerseits die Symbolpaare der nicht erlaubten Sequenz $b{:}b \; c{:}c \; x{:}\neg y \; d{:}d \; e{:}e$ und andererseits die Menge aller andern Symbolpaare, die wir mit D_2 bezeichnen. Zu beachten ist, dass die Menge $x{:}\neg y$ mehrere Symbolpaare umfassen kann und die vollständige Zustandstabelle für jedes dieser Symbolpaare eine Kolonne aufweisen muss.

Diese Symbolklassen werden wiederum in die Kopfzeile der zu konstruierenden Zustandstabelle gesetzt. Anschliessend tragen wir die Zustandsübergänge ein, die der Transduktor für die nicht erlaubte Sequenz durchläuft. Diese muss selbstverständlich im Fehlerzustand 0 enden. Es braucht wiederum 5 Zustände, nämlich:

	D_2	$b{:}b$	$c{:}c$	$x{:}\neg y$	$d{:}d$	$e{:}e$
1		2				
2			3			
3				4		
4					5	
5						0

Um die restlichen Zustandsübergänge zu bestimmen, sind die folgenden Überlegungen massgebend:

— In den Zuständen 2 bis 5 ist der Anfang der verbotenen Sequenz (d.h. 1 bis 4 Symbolpaare) detektiert worden. Wenn in einem dieser Zustände die Eingabe *b:b* erfolgt, dann heisst dies, dass wir wiederum am Anfang der verbotenen Sequenz sind und der Transduktor deshalb in den Zustand 2 übergehen muss. Die Kolonne *b:b* ist entsprechend einzufüllen.

— Alle jetzt noch leeren Zustandsübergänge müssen in den Zustand 1 führen, weil die entsprechenden Eingaben einer erlaubten Sequenz entsprechen.

Wie leicht einzusehen ist, sind mit Ausnahme des Fehlerzustands alle Zustände auch gültige Endzustände. Die vollständige Zustandstabelle ist somit:

T_2 :

	D_2	$b:b$	$c:c$	$x:\neg y$	$d:d$	$e:e$
1	1	2	1	1	1	1
2	1	2	3	1	1	1
3	1	2	1	4	1	1
4	1	2	1	1	5	1
5	1	2	1	1	1	0

⊘ Transduktor für eine Two-Level-Regel der Variante ⇔

Definitionsgemäss können zwei Two-Level-Regeln der Varianten ⇒ und ⇐, die abgesehen von diesem Operator gleich sind, in eine Regel der Variante ⇔ zusammengefasst werden. Da selbstverständlich auch das Umgekehrte gilt, kann ein Transduktor für eine Two-Level-Regel der Variante ⇔ konstruiert werden, indem zuerst die Transduktoren für die Regel-Varianten ⇒ und ⇐ konstruiert und diese anschliessend kombiniert werden, wie dies im folgenden Abschnitt gezeigt wird.

⊘ 6.6.3.3 Kombinieren von Transduktoren

Für das Kombinieren von Transduktoren ist wichtig zu bedenken, dass ein Transduktor T ein analysierendes System für die Sprache $L(T) \subseteq V_T^*$ ist, wobei V_T alle zugelassenen Symbolpaare umfasst. Sollen nun mehrere Transduktoren $T_1, T_2, \ldots, T_N$ gleichzeitig zur Anwendung kommen, weil die zugehörigen Two-Level-Regeln gleichzeitig gelten sollen, dann ist die Sprache des kombinierten Transduktors $L(T_k) = L(T_1) \cap L(T_2) \cap \ldots \cap L(T_N)$.

Es wird hier nur gezeigt, wie zwei Transduktoren zu einem neuen kombiniert werden. Falls mehr als zwei zu kombinieren sind, dann ist iterativ vorzugehen, wobei in jedem Schritt zwei Transduktoren kombiniert werden.

Als Beispiel wollen wir nicht die beiden Transduktoren T_1 und T_2 aus Abschnitt 6.6.3.2 kombinieren, weil die zugehörigen Two-Level-Regeln (154) und (155) denselben Kontext haben und das Beispiel deshalb zu wenig allgemein ist.

Statt dessen soll der Transduktor T_1 mit demjenigen aus der folgenden Regel kombiniert werden:

$$x{:}y \Leftarrow f{:}f\, c{:}c \,\underline{\quad}\, b{:}b\, d{:}d \qquad (156)$$

Diese Regel ist zwar von derselben Form wie die Regel (155), aber die Kontexte der Regeln (154) und (156) sind verschieden, überschneiden sich jedoch teilweise, was beim Kombinieren der Transduktoren berücksichtigt werden muss.

Zuerst müssen wir nun für die Two-Level-Regel (156) den zugehörigen Transduktor T_3 konstruieren, analog zum Beispiel in Abschnitt 6.6.3.2. Wir erhalten die folgende Zustandstabelle:

T_3 :

	D_3	$f{:}f$	$c{:}c$	$x{:}\neg y$	$b{:}b$	$d{:}d$
1	1	2	1	1	1	1
2	1	2	3	1	1	1
3	1	2	1	4	1	1
4	1	2	1	1	5	1
5	1	2	1	1	1	0

Da die hier behandelten Transduktoren den endlichen Automaten in Abschnitt 6.3.1 völlig entsprechen, können auch zwei Transduktoren nach Algorithmus 6.20 zu einem einzigen Transduktor kombiniert werden. Dafür müssen jedoch die Zustandstabellen der beiden zu kombinierenden Transduktoren so umgeformt werden, dass die Kopfzeilen identisch sind, d.h. wir müssen zuerst die in diesen Transduktoren massgebenden (disjunkten) Klassen von Symbolpaaren zusammenstellen. Offensichtlich sind dies hier: D_4, $b{:}b$, $c{:}c$, $d{:}d$, $e{:}e$, $f{:}f$, $x{:}\neg y$ und $x{:}y$, wobei in D_4 alle Symbolpaare enthalten sind, die sonst nicht aufgeführt sind. Die Transduktoren T_1 und T_3 mit identischer Kopfzeile geschrieben lauten somit:

T_{1a} :

	D_4	$b{:}b$	$c{:}c$	$d{:}d$	$e{:}e$	$f{:}f$	$x{:}\neg y$	$x{:}y$
1	1	2	1	1	1	1	1	0
2	1	2	3	1	1	1	1	0
3	1	2	1	1	1	1	1	4
4	0	0	0	5	0	0	0	0
5	0	0	0	0	1	0	0	0

T_{3a} :

	D_4	$b{:}b$	$c{:}c$	$d{:}d$	$e{:}e$	$f{:}f$	$x{:}\neg y$	$x{:}y$
1	1	1	1	1	1	2	1	1
2	1	1	3	1	1	2	1	1
3	1	1	1	1	1	2	4	1
4	1	5	1	1	1	2	1	1
5	1	1	1	0	1	2	1	1

Zu beachten ist, dass bei T_1 die Symbolpaare $f{:}f$ und $x{:}\neg y$ in der Menge D_1 enthalten sind. In der Zustandstabelle von T_{1a} stehen sie je in einer eigenen Kolonne.

Nun kann aus den Zustandstabellen T_{1a} und T_{3a} mit dem Algorithmus 6.20 (Seite 158) die Zustandstabelle des resultierenden Transduktors T_4 ermittelt werden. Dies ergibt:

T_4 :

	D_4	$b{:}b$	$c{:}c$	$d{:}d$	$e{:}e$	$f{:}f$	$x{:}\neg y$	$x{:}y$
1	1	2	1	1	1	3	1	0
2	1	2	4	1	1	3	1	0
3	1	2	5	1	1	3	1	0
4	1	2	1	1	1	3	1	6
5	1	2	1	1	1	3	7	0
6	0	0	0	8	0	0	0	0
7	1	9	1	1	1	3	1	0
8	0	0	0	0	1	0	0	0
9	1	2	4	0	1	3	1	0

Mit dem Transduktor T_4 können nun die Two-Level-Regeln (154) und (156) gleichzeitig zur Anwendung gebracht werden.

Kapitel 7

Einführung in die Sprachsynthese

7

7

7 Einführung in die Sprachsynthese

7 Einführung in die Sprachsynthese

7.1 Überblick über die Geschichte der Sprachsynthese

Seit Jahrhunderten waren Menschen von der Idee fasziniert, eine Maschine zu konstruieren, mit welcher künstliche Lautsprache erzeugt werden kann. Wissenschaftliche Grundlagenarbeiten und erste Konstruktionen von akustischen Versuchsapparaten in dieser Richtung fanden in der zweiten Hälfte des 18. Jahrhunderts statt (eine gute Übersicht bietet z.B. [41]).

Am berühmtesten ist wohl die "sprechende Maschine" von Wolfgang von Kempelen (siehe [23]), mit der nicht nur einzelne Laute, sondern auch Wörter und kürzere Sätze erzeugt werden konnten. Die wichtigsten Komponenten dieser Maschine waren ein Blasebalg, ein vibrierendes Stimmblatt und ein verformbares Lederrohr. Die Maschine war jedoch kein Automat, sondern eher ein Instrument, mit dem ein fingerfertiger Spieler mit viel Übung gewisse sprachähnlichen Lautabfolgen zu produzieren vermochte. Von Kempelen hat mit seinen Arbeiten insbesondere gezeigt, dass der Vokaltrakt der zentrale Ort der Artikulation ist. Zuvor war man der Ansicht, dass die Sprachlaute vom Kehlkopf erzeugt würden.

Stärker in den Fokus wissenschaftlichen Interesses gelangte die Sprachsynthese erst gegen Mitte des 20. Jahrhunderts, als die Elektronik und damit die analoge Signalverarbeitung neue Möglichkeiten eröffnete. Basierend auf der akustischen Theorie der Spracherzeugung in [12] wurden um 1960 die ersten Formantsynthetisatoren entwickelt, die künstliche Sprache produzierten, die der menschlichen Sprache schon recht ähnlich war.

Die Sprachsynthese im Sinne der Umsetzung von Text in Lautsprache wurde jedoch erst mit dem Aufschwung der Computertechnik im Laufe der Sechzigerjahre möglich. Insbesondere die Umsetzung der Buchstabenfolge eines Eingabetextes in die entsprechende Lautfolge konnte in dieser Zeit erstmals automatisiert werden, während die Erzeugung des Sprachsignals weitgehend auf denselben Prinzipien beruhte wie die früheren Formantsynthetisatoren, wenn auch in verfeinerter Form. Parallel dazu entwickelte sich der artikulatorische Ansatz der Spracherzeugung, mit dem Ziel, den menschlichen Vokaltrakt zu simulieren. Eine gute Übersicht über die damaligen Arbeiten ist samt Audiobeispielen in [25] zu finden.

Erst in den Siebzigerjahren gewannen die Verkettung natürlicher Sprachsignalsegmente (die konkatenative Sprachsynthese) und die Prosodiesteuerung an Bedeutung. Vorerst wurde vor allem mit dem Diphonansatz gearbeitet. Mit der zunehmenden Speicherkapazität von Computern in den Achtziger- und Neunzigerjahren wurden immer zahlreichere und grössere Sprachsignalsegmente verwendet, was schliesslich zur Korpussynthese (engl. unit selection synthesis) führte.

7.2 Aufgabe der Sprachsynthese

Mit dem Begriff Sprachsynthese ist hier die Umsetzung geschriebener Sprache (orthographischer Text) in Lautsprache, also in Sprachsignale, gemeint. Diese Umsetzung steht in Analogie zu einer Person, die vorliest. Die Aufgabe der Sprachsynthese ist somit nichts Geringeres als das zu leisten, was diese Person leistet.

Die Zuhörer merken an den Fehlern, die eine vorlesende Person allenfalls macht, ziemlich schnell, wie gut sie die Sprache beherrscht und auch ob sie *versteht*, was sie vorliest. Die Fehler können in zwei Kategorien eingeteilt werden:

1. Falsch ausgesprochene Wörter: Es kann sein, dass die Person gewisse Wörter nicht kennt. Zur Aussprache solcher Wörter zieht sie Ausspracheregeln heran oder sie schliesst aufgrund gewisser Analogien auf eine bestimmte Aussprache. Weicht die so hergeleitete Aussprache von der korrekten ab, dann merken die Zuhörer, dass die vorlesende Person die Wörter teilweise nicht kennt. Solche Fehler äussern sich häufig in einer falschen Lautfolge, beziehen sich also auf die *segmentale Ebene*. In mehrsilbigen Wörtern kann auch die Akzentuierung der Silben falsch sein.

2. Unpassend gesetzte Satzakzente und unmotivierte Gruppierung: Die Wörter eines Satzes werden beim Sprechen gemäss ihrer Wichtigkeit akzentuiert (betont), wobei der Sprecher einen relativ grossen Spielraum hat. Werden die Grenzen dieses Spielraums überschritten, dann resultiert eine nicht sinnkonforme oder sogar sinnwidrige Akzentuierung, die dem Zuhörer verrät, dass der Sprecher den Sinn des Textes nicht verstanden hat. Bei längeren, komplizierten Sätzen ist zudem eine Gruppierung der Wörter für den Zuhörer hilfreich, wobei die Sprechgruppengrenzen je nach Stärke durch Pausen, durch Verzögerung und durch Variieren der Tonhöhe markiert werden können. Auch das sinnwidrige Setzen von Sprechgruppengrenzen kann verraten, dass der Sprecher das Gelesene nicht versteht.

   Die Akzentuierung und die Gruppierung beziehen sich nicht auf einzelne Laute, sondern auf Silben oder noch grössere Einheiten, haben also mit der *suprasegmentalen Ebene* zu tun.

Ein ideales Sprachsynthesesystem soll selbstverständlich beide Fehlerarten vermeiden. Das heisst, dass es den Text verstehen muss, wie dies auch bei der vorlesenden Person erforderlich ist. Das Vorlesen ist deshalb sehr schwierig maschinell nachzubilden.

Eine Maschine, die beliebige Texte verstehen kann, liegt heutzutage jedoch nicht im Bereich des Möglichen. Die Forderung, dass das Sprachsynthesesystem die Texte zu verstehen hat, muss somit abgeschwächt werden.

Die Abschwächung der Forderung besteht darin, statt einer semantischen Analyse des Textes nur eine syntaktische durchzuführen. Wie sich im Folgenden zeigen wird, kann auf diesem Weg für sehr viele Sätze ein korrektes Sprachsignal erzeugt werden, bei dem also sowohl die Lautfolge als auch die Prosodie (insbes. die Satzmelodie und der Rhythmus) stimmen.

Mit welchen Ansätzen diese realistischere Zielsetzung erreicht werden kann, wird in den folgenden Abschnitten erläutert.

7.3 Zusammenhang zwischen Lautsprache und Schrift   7.3

Das Ziel der sprachlichen Kommunikation zwischen Menschen ist der Austausch von Informationen. Dabei werden hauptsächlich die für den Empfänger jeweils neuen Informationen übertragen. Die Fähigkeit zur Analyse des Satzaufbaus und die Kenntnis des Zusammenhangs, in welchem die übertragene Mitteilung steht, werden beim Empfänger stillschweigend vorausgesetzt. Die Bedeutung der einzelnen Wörter und die Konstruktionsregeln der Sprache sind im Prinzip willkürliche Konventionen, welche von den Mitgliedern einer Sprachgemeinschaft im Laufe ihrer Sprachentwicklung erworben wurden. Lautsprache und Schrift dienen beide lediglich als Vehikel für die zu übermittelnden Vorstellungen. Sie sind also gewissermassen an die Oberfläche gebrachte Darstellungen einer gemeinsamen *Tiefenstruktur*. Diese umfasst alle Zusammenhänge (insbesondere auch semantische und pragmatische) und gilt damit als die vollständige und eindeutige Information.

Bei der Abbildung von der Tiefenstruktur auf eine *Oberflächenstruktur* findet ein Informationsverlust statt. Die Oberflächenstruktur enthält normalerweise noch genügend Information über die zugrunde liegende Tiefenstruktur, sodass zwischen Menschen eine befriedigende Kommunikation gewährleistet ist. Hingegen bewirkt der Informationsverlust, dass im Allgemeinen kein direkter Übergang zwischen verschiedenen Oberflächen (z.B. zwischen Text und Lautsprache) möglich ist. Die Sprachsynthese zielt jedoch exakt auf einen derartigen Übergang ab.

Auch eine Person muss, um etwas *richtig* vorlesen zu können, das optisch Erfasste zuerst verstehen, also die schriftsprachliche Oberfläche (eine Abfolge von Schriftzeichen) in die Tiefenstruktur überführen und somit die eigentliche und umfassende Information rekonstruieren, wie dies in Abbildung 7.1 der abwärts zeigende Pfeil darstellt. Erst danach erfolgt die Umsetzung in die lautsprachliche Oberfläche.

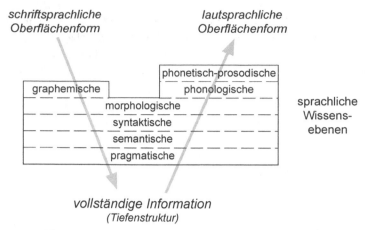

Abbildung 7.1. Abstrakte Darstellung des Vorlesens, bei dem die reduzierte, schriftsprachliche Form der Information zuerst in die Tiefenstruktur überführt wird. Erst aus der vollständigen Information der Tiefenstruktur kann dann die adäquate lautsprachliche Form erzeugt werden.

Für die Sprachsynthese folgt daraus, dass aus dem Text nicht direkt Lautsprache erzeugt werden kann. Vielmehr muss zuerst unter Einsatz von sprachlichem und anderem Wissen eine Art Tiefenstruktur mit höherem Informationsgehalt erzeugt werden. Sie wird hier als *Zwischenstruktur* bezeichnet. Erst daraus lässt sich dann die Lautsprache generieren.

7.4 Teile der Sprachsynthese

Ein wesentliches Unterscheidungsmerkmal von Text und Lautsprache ist, dass Lautsprache immer eine konkrete Stimme bedingt, wogegen Text gänzlich von einer Stimme unabhängig ist. Jedes Sprachsynthesesystem muss demnach diesen Übergang von einer stimmunabhängigen zu einer stimmabhängigen Realisierung vollziehen, oder anders gesagt, es muss stimmunabhängige und stimmabhängige Komponenten enthalten. Das in Abbildung 7.2 skizzierte Sprachsynthesesystem ist nach diesem Kriterium in zwei Teile gegliedert.[1]

Der stimmunabhängige Teil wird als *Transkriptionsstufe* bezeichnet. Das Resultat der Transkription eines Eingabetextes ist eine abstrakte Beschreibung des zu erzeugenden Sprachsignals, die selbst noch stimmunabhängig ist. Wir nennen sie die *phonologische Darstellung*. Sie umfasst Information darüber, welche

---

[1]Nicht alle Sprachsynthesesysteme sind streng nach dieser Zweiteilung konzipiert, aber man kann in jedem Sprachsynthesesystem stimmabhängige und stimmunabhängige Teile unterscheiden.

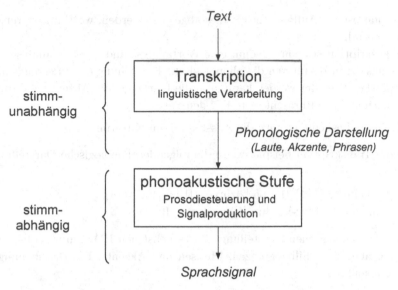

Abbildung 7.2. Bei einem Sprachsynthesesystem kann zwischen einem stimmunabhängigen und einem stimmabhängigen Teil unterschieden werden.

Laute nacheinander erzeugt werden müssen, welche Sprechsilben wie stark akzentuiert sein sollen, und wo wie stark ausgeprägte Sprechgruppengrenzen zu setzen sind. Die Beschreibung spezifiziert aber beispielsweise nicht, welche Länge oder Tonhöhe die zu erzeugenden Laute haben sollen, auch nicht ob es eine Männer- oder eine Frauenstimme sein soll. Dies alles bestimmt erst der stimmabhängige Teil, der als *phonoakustische Stufe* bezeichnet wird.

Die Aufgaben dieser zwei Hauptteile der Sprachsynthese werden in den beiden folgenden Abschnitten zusammengefasst.

7.4.1 Die Transkription

Die Transkriptionsstufe ermittelt die Aussprache der Wörter, legt also fest, welche Laute später bei der Signalproduktion nacheinander erzeugt werden müssen, um ein korrektes Sprachsignal zu erhalten. Die Aussprache ist in der Regel für jedes Wort einzeln bestimmbar.[2] Im Gegensatz dazu können die Wichtigkeit der Wörter (d.h. die Verteilung der Akzente in einem Satz) und die Unterteilung des Satzes in Sprechgruppen (sog. Phrasen) nur aufgrund von Information über die Beziehung der Wörter zueinander bestimmt werden. So kann beispielsweise aus

---

[2]Im Deutschen sind Wörter mit derselben Schreibweise, aber mit unterschiedlicher Bedeutung und Aussprache, sogenannte *Homographe*, ziemlich selten. Ein Beispiel dafür ist "modern", das je nach Bedeutung als [ˈmoː-dən] (faulen) oder [mo-ˈdɛrn] (neuzeitlich) auszusprechen ist.

dem syntaktischen Aufbau eines Satzes abgeleitet werden, wo Phrasengrenzen zu setzen sind.

Die Transkriptionsstufe muss somit eine Wortanalyse und eine Satzanalyse umfassen, aus deren Resultaten die phonologische Darstellung der zu erzeugenden Lautsprache abgeleitet werden kann, also die Lautfolge, die Akzente, die Phrasengrenzen und die Phrasentypen. Für den Satz

"Heinrich besuchte gestern die Ausstellung im Kunstmuseum."

kann die Transkription beispielsweise die folgende phonologische Darstellung[3] liefern:

(P) [1]haɪn-rɪç #{2} (P) bə-[2]zuːx-tə [1]gɛs-tɐn #{4}
(T) diː [2]|aʊs-[4]ʃtɛ-lʊŋ |ɪm [1]kʊnst-mu-[4]zeː-ʊm.

In dieser phonologischen Darstellung gibt es nebst den IPA-Lautschriftzeichen noch Angaben über Silbengrenzen, Phrasen und Akzente. Die Bezeichnungen bedeuten konkret:

-	Markierung der Silbengrenzen in mehrsilbigen Wörtern
[j]	In eckigen Klammern wird die Akzentstärke (Betonungsgrad) der nachfolgenden Silbe angegeben, wobei [1] die stärkste Betonung bezeichnet. Silben ohne Angabe sind unbetont.
#{k}	Phrasengrenzen sind mit einem Kreuz markiert. Die Trennstärke wird in geschweiften Klammern angegeben, wobei {1} die stärkste Trennung bezeichnet.
(.)	In runden Klammern am Anfang der Phrase steht der Phrasentyp, wobei (P) *progredient* (Phrase steht nicht am Satzende) und (T) *terminal* (Phrase steht am Satzende) bedeuten.

Gemäss den Ausführungen über das Vorlesen (siehe Abschnitt 7.3) muss die Transkription zur Umsetzung des Eingabetextes in die phonologische Darstellung eine Zwischenstruktur erzeugen, die idealerweise der erwähnten Tiefenstruktur entspräche. Da aber weder eine allgemeingültige und umfassende semantische Analyse beliebiger Texte machbar ist, noch das notwendige Weltwissen in ein reales System integriert werden kann, muss die Transkription gezwungenermassen mit einer vergleichsweise bescheidenen Zwischenstruktur

---

[3]Die Notation der phonologischen Darstellung stützt sich auf das an der ETH Zürich entwickelte Sprachsynthesesystem SVOX, wobei hier die Laute der Lesbarkeit wegen nicht als ETHPA-Symbole, sondern als IPA-Symbole geschrieben sind. Für das Wort "Heinrich" steht beispielsweise [haɪn-rɪç] statt `ha_in-rIC` (vergl. Tabelle im Anhang A.1.1).

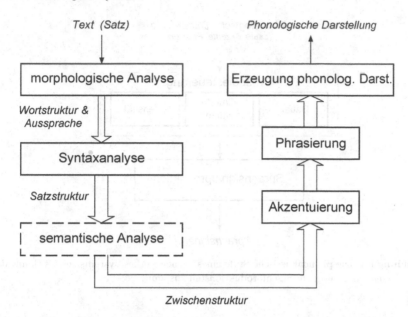

Abbildung 7.3. Transkription: Umsetzung von Text in die phonologische Darstellung unter Einbezug linguistischen Wissens verschiedener Ebenen. Die semantische Ebene ist im Prinzip unentbehrlich, aber zumindest vorläufig in einer allgemeinen Form nicht realisierbar.

auskommen. Hier umfasst sie im Wesentlichen die Resultate aus der morphologischen und syntaktischen Analyse (vergl. Abbildung 7.3).

Welche Aufgaben die erwähnten Teile der Transkription im Einzelnen erfüllen müssen, wie ein Transkriptionssystem realisiert werden kann und welche Schwierigkeiten dabei zu meistern sind, wird in Kapitel 8 behandelt.

7.4.2 Die phonoakustische Stufe

Die Aufgabe der phonoakustischen Stufe ist es, aus der phonologischen Darstellung, welche das zu erzeugende Sprachsignal stimmunabhängig beschreibt, das konkrete Sprachsignal zu erzeugen. Wie in Abbildung 7.4 dargestellt ist, umfasst die phonoakustische Stufe zwei Komponenten, nämlich die Prosodiesteuerung und die Sprachsignalproduktion.

— Die Prosodiesteuerung leitet aus der phonologischen Darstellung (wichtig sind dabei hauptsächlich die Akzente, die Phrasengrenzen und die Phrasentypen) die prosodischen Parameter ab, bestimmt also für jeden Laut die Grundfrequenz, die Lautdauer und die Intensität.

— Die Sprachsignalproduktion kann nun die Laute in der durch die phonologische Darstellung gegebenen Reihenfolge und mit den von der Prosodie-

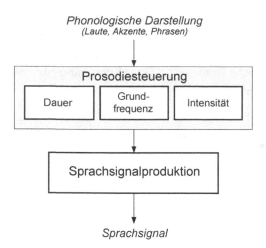

Abbildung 7.4. Die phonoakustische Stufe eines Sprachsynthesesystems setzt sich aus der Prosodiesteuerung und dem Signalproduktionsteil zusammen.

steuerung bestimmten prosodischen Parametern erzeugen: Es resultiert das synthetische Sprachsignal.

Wie die phonoakustische Stufe realisiert werden kann, wird in Kapitel 9 besprochen.

7.5 Lautinventar für die Sprachsynthese

Bevor man mit der Verwirklichung einer Sprachsynthese für eine bestimmte Sprache beginnen kann, muss man Klarheit darüber schaffen, welche Laute und Lautfolgen überhaupt zu erzeugen sind. Um diese Frage zu klären, wird im nächsten Abschnitt zuerst erläutert auf welchen linguistischen Grundlagen wir in diesem Zusammenhang aufbauen können bzw. müssen.

7.5.1 Linguistische Grundlagen

Die beiden Bereiche der Linguistik, die sich mit der segmentalen Ebene der Lautsprache befassen, sind die Phonologie und die Phonetik.

Die Phonologie definiert das Phoneminventar einer Sprache. Für das Deutsche ist das Phoneminventar im Anhang A.2 verzeichnet. Die Phoneme lassen sich mit der Minimalpaaranalyse ermitteln. Aufgrund dieser Analyse folgt z.B. für das deutsche Wortpaar "Daten" und "Taten" mit den phonemischen Umschriften /daːtən/ und /taːtən/, dass /d/ und /t/ zwei Phoneme der deutschen Sprache sind.

Die Phonetik beschäftigt sich mit den konkreten Realisierungen der Laute und damit, welche Laute unterschieden werden sollen, also mit dem Lautinventar. Dabei ist es weitgehend eine Frage des Detaillierungsgrades, was als ein einziger bzw. als mehrere verschiedene Laute klassiert wird. Das für die deutsche Sprache massgebende Lautinventar ist in [9] spezifiziert (vergl. auch Anhang A.1.1).

Mit dem für eine Sprache definierten Lautinventar kann die Aussprache beliebiger Wörter dieser Sprache symbolisch beschrieben werden. Für das Deutsche wurde dies beispielsweise in [9] umfassend ausgeführt. Die symbolische Darstellung dieser Standardaussprache umfasst nebst der Abfolge von Lautschriftzeichen auch eine Angabe über die Betonung. In mehrsilbigen Wörtern werden die Silben nicht gleich stark betont. Die Betonung wird in drei Stärken angegeben, nämlich mit Hauptakzent, Nebenakzent und unbetont (siehe Anhang A.1.1). So wird z.B. die Aussprache des Wortes "Eisenbahn" definiert als ['ai̯-zən-ˌbaːn].[4]

Im Lautinventar in [9] wird für viele Konsonanten nicht zwischen einer starken und einer schwachen Variante unterschieden, obwohl z.B. der Laut [l] in den Wörtern "Wahl" und "Wall" offensichtlich unterschiedlich gesprochen wird. Im Wort "Wall" ist er eindeutig länger und kräftiger. Ebenso werden auch andere starke und schwache Konsonanten nicht unterschieden, beispielsweise [m], [n], [f] und [s].

Zudem wird in der Ausspracheliste in [9] auch nicht spezifiziert, ob die stimmlosen Plosive [k], [p] und [t] aspiriert (behaucht) gesprochen werden müssen oder nicht. Die korrekte Aussprache des Lautes [t] in den Wörtern "Taste", "Stab", "Hut" und "Hast" als [tʰastə], [ʃtaːb], [huːtʰ] und [hastʰ] lässt sich jedoch mit Regeln ableiten (siehe Seite 209).

❷ 7.5.2 Festlegen der Lautdifferenzierung

Aus obigen linguistischen Grundlagen können wir für die Sprachsynthese hinsichtlich der Lautdifferenzierung die folgende Minimalanforderung ableiten: Um alle synthetisierten Wörter unterscheiden zu können, wäre es grundsätzlich ausreichend, wenn die Sprachsynthese alle Phoneme der betreffenden Sprache in entsprechende Signale umsetzen könnte. Dies geht direkt aus der Definition der Phoneme hervor.

Verständlich könnte diese synthetische Lautsprache zwar sein, korrekt wäre sie jedoch nicht. Wörter wie "dich" und "doch", die beide das Phonem /x/ enthalten, aber als [dɪç] und [dɔx] gesprochen werden müssen, zeigen, dass in der Sprachsynthese auch gewisse Allophone unterschieden werden müssen. Nebst den Allophonen [ç] und [x] verlangt die korrekte Aussprache deutscher Wörter

---

[4]Im Gegensatz zu [9], wo die Aussprache des Wortes "Eisenbahn" mit ['ai̯-zn̩-ˌbaːn] angegeben ist, wird hier die Schwa-Tilgung generell nicht angewendet, weil sie die Verständlichkeit gewisser synthetisierter Wörter vermindert.

z.B. dass die stimmlosen Plosive in gewissen Fällen aspiriert zu sprechen sind
(vergl. Abschnitt 7.5.1). Die Sprachsynthese muss somit auch Allophone wie
[t^h] und [t] (aspiriert vs. nicht aspiriert) unterscheiden.

Zudem kann man beim Untersuchen korrekt gesprochener Sprache feststellen,
dass Laute, für die in der phonetischen Umschrift dasselbe Symbol verwendet
wird, unterschiedlich gesprochen werden. So findet man für die Laute [f], [l], [n]
etc. schwache und starke Ausprägungen (siehe Abschnitt 7.5.1). Damit die Sprache korrekt klingt, dürfen sie weder fehlen noch können sie willkürlich gesetzt
werden.

Um korrekte Lautsprache zu synthetisieren, muss die Sprachsynthese also eine
Anzahl verschiedener Laute erzeugen können, die wesentlich grösser ist als die
Zahl der Phoneme. Grundsätzlich gilt, dass eine feinere lautliche Differenzierung
potentiell die Qualität der synthetischen Sprache verbessert. Dies ist aber nur
dann wirklich der Fall, wenn für jedes Wort bekannt ist, aus welchen dieser
Laute oder Lautvarianten es zusammengesetzt ist.

Die Aussprache der Wörter zu bestimmen ist eine Aufgabe der Transkription.
Da sich die Transkription jedoch auf allgemein anerkannte Aussprachelexika wie
beispielsweise [9] und damit auf die IPA-Lautschrift stützen muss, ist eine feinere oder auch nur schon eine abweichende Lautdifferenzierung im Allgemeinen
sehr problematisch.[5]

Gewisse Abweichungen, beispielsweise die oben erwähnte Aspiration von Plosi-
ven, sind aber für die korrekte Aussprache nötig. Sofern sie sich regelhaft aus der
Standardaussprache ableiten lassen, verursachen sie keine grösseren Probleme.
Für die Aspiration der Plosive gibt es solche Regeln in [9].

Für andere Phänomene wie die starke bzw. schwache Aussprache der Konsonanten [f], [l], [n] etc., müssen Regeln gesucht werden, was meistens nicht schwierig
ist, wenn der Kontext betrachtet wird. So gilt z.B. für den Laut [l], der offensichtlich in den Wörtern "Wahl" und "Wall" nicht gleich gesprochen wird, dass
die starke Form nach dem kurzen [a] verlangt wird und die schwache Form nach
dem langen [aː].

---

[5]Die Tatsache, dass Aussprachelexika nötig sind, welche die Standardaussprache festlegen, impliziert, dass es im Allgemeinen Unsicherheiten darüber gibt, wie
Wörter richtig auszusprechen sind. Es dürfte deshalb für Ingenieure, die mit vorwiegend technischem Knowhow ein Sprachsynthesesystem entwickeln wollen, sehr
ratsam sein, sich auf etwas Definiertes und allgemein Anerkanntes wie das "Duden
Aussprachewörterbuch" zu verlassen.

Kapitel 8

Sprachsynthese: Transkription

8

8   Sprachsynthese: Transkription

8

8 Sprachsynthese: Transkription

In Kapitel 7 ist dargelegt worden, dass es im Allgemeinen auch dem Menschen nicht möglich ist, die schriftsprachliche Oberfläche direkt in die lautsprachliche Oberfläche umzusetzen. Vielmehr geschieht dies unter Einsatz von sehr viel Wissen auf dem Umweg über die Tiefenstruktur, welche die vollständige linguistische Information umfasst. Diese Umsetzung ist mit der Abbildung 7.1 veranschaulicht worden.

Zudem ist erläutert worden, dass die Sprachsynthese in einen stimmunabhängigen und einen stimmabhängigen Teil aufgeteilt werden kann, wie dies Abbildung 7.2 zeigt. Die beiden Teile haben wir als *Transkriptionsstufe* und als *phonoakustische Stufe* bezeichnet. Der Eingabetext wird durch die Transkriptionsstufe in die *phonologische Darstellung* umgesetzt. Dies ist eine abstrakte, also immer noch stimmunabhängige Beschreibung des zu erzeugenden Sprachsignals. Diese Beschreibung umfasst Information darüber, welche Laute nacheinander erzeugt werden müssen, welche Sprechsilben wie stark akzentuiert sein sollen, welche Sprechgruppen zu bilden sind und wie stark die Grenzen zwischen den Sprechgruppen sein müssen.

In diesem Kapitel wird auf die Aufgaben und die Realisation der Transkriptionsstufe eingegangen. In Abschnitt 8.1 werden kurz die linguistischen Grundlagen erläutert, die für die Transkription eine wesentliche Rolle spielen. In Abschnitt 8.2 wird beschrieben, wie aus diesen Grundlagen das Konzept einer linguistisch motivierten automatischen Transkription hergeleitet werden kann. Abschnitt 8.3 behandelt die automatische morphologische und syntaktische Textanalyse und die dabei auftretenden Hauptprobleme. Dabei wird als formales Instrument der DCG-Ansatz verwendet. Schliesslich wird in Abschnitt 8.4 eine konkrete Realisierung der Transkriptionsstufe am Beispiel des Sprachsynthesesystems SVOX vorgestellt.

8.1 Linguistische Grundlagen für die Transkription

Die phonologische Darstellung ist zwar nicht das Sprachsignal selbst, aber sie ist im Sinne der Erörterung in Abschnitt 7.3 der lautsprachlichen Oberfläche zuzuordnen. Da es im Allgemeinen nicht möglich ist, Text direkt in die phonologische Darstellung umzusetzen, muss der Text zuerst linguistisch analysiert werden. Aus den Resultaten dieser Analyse kann dann die phonologische Darstellung abgeleitet werden.

Die Komponenten der phonologischen Darstellung sind die *Lautfolge* und die phonologische Charakterisierung der Prosodie, nämlich die *Akzentuierung* und die *Phrasierung*. In den folgenden Abschnitten werden die linguistischen Grundlagen beschrieben, die es ermöglichen, diese Informationen aus einem Text zu gewinnen.

8.1.1 Ermitteln der Lautfolge

Im Allgemeinen kann aus der Buchstabenfolge von Wörtern nicht direkt auf die entsprechende Lautfolge geschlossen werden. Weder stimmt die Anzahl der Buchstaben mit der Anzahl der Laute überein, noch ist einem Buchstaben stets derselbe Laut zugeordnet. Erst mit zusätzlichem Wissen über eine Sprache kann für eine gegebene Buchstabenfolge die korrekte Lautfolge ermittelt werden. Um welches Wissen es sich im Falle der deutschen Sprache handelt, wird in den folgenden Abschnitten erörtert.

8.1.1.1 Ausspracheregeln für Deutsch

Wie für andere Sprachen gibt es auch für das Deutsche Ausspracheregeln, die bestimmen, wie schriftsprachliche Symbolfolgen in lautsprachliche zu übersetzen sind. Diese Aussage steht vermeintlich im Widerspruch zur Erörterung in Abschnitt 7.3 bzw. 8.1. Dies ist jedoch nicht der Fall, weil sich die Aussprache-regeln im Deutschen nicht auf das Wort beziehen, sondern auf das Morphem und somit das Wort zuerst im Morphe zerlegt werden muss, wozu linguistisches Wissen notwendig ist. Wir wollen dies anhand der Aussprache von "st" illustrieren.

In deutschen Wörtern wird die Buchstabenfolge "st" manchmal als [st] und manchmal als [ʃt] gesprochen, wie die folgenden Beispiele zeigen:

basteln	[bastəln]	staunen	[ʃta͜unən]
Last	[last]	Strom	[ʃtroːm]
Lastwagen	[lastvaːgən]	Staumauer	[ʃta͜uma͜ɐ]
Krebstest	[kreːpstɛst]	Stufe	[ʃtuːfə]

Diese Liste kann zur Annahme verleiten, die Ausspracheregel laute: "st" wird am Wortanfang als [ʃt] gesprochen, sonst als [st]. Aufgrund der Beispiele "bestaunen" und "Staustufe", die als [bəʃta͜unən] bzw. [ʃta͜uʃtuːfə] zu sprechen sind, ist aber klar, dass die Regel nicht so lauten kann.

Die Regel ist jedoch nicht völlig falsch. Falsch ist nur, dass sie sich auf Wörter bezieht, statt auf Morphe. Richtig lautet die Regel: In deutschen Wörtern wird "st" als [ʃt] gesprochen, wenn es am Anfang eines Stammmorphs steht, sonst als [st].

Schauen wir uns noch ein weiteres Beispiel einer Ausspracheregel an: Vokale werden lang gesprochen, wenn sie vor einem einzelnen Konsonanten stehen, aber kurz, wenn danach mehrere Konsonanten folgen (ohne Vokale dazwischen). Beispiele dafür sind in den beiden ersten Spalten der folgenden Tabelle aufgeführt:

Ball	[bal]	Besen	[beːzən]	löste	[løːstə]
Ernst	[‖ɛrnst]	Los	[loːs]	gestuft	[ɡəʃtuːft]
Bach	[bax]	Strom	[ʃtroːm]	Strommast	[ʃtroːmmast]
stramm	[ʃtram]	Stufe	[ʃtuːfə]	zukleben	[t̮suːkleːbən]

Die Beispiele in der dritten Spalte illustrieren wiederum, dass sich auch diese Regel nicht auf die Wörter, sondern auf die Morphe bezieht. So ist bei "löste" der Stamm "lös" und das "ö" wird somit lang gesprochen.

Gerade an dieser Regel lässt sich auch zeigen, dass natürliche Sprachen nur teilweise regelhaft sind, also die Gültigkeit von Regeln begrenzt ist, oder dass es Ausnahmen gibt. Ausnahmen zur obigen Regel sind "nach", "Sprache", "hoch", "mässig"[1] etc.

Aufgrund der Erläuterungen zu den obigen Regeln ist klar, dass sich für deutsche Wörter die Lautfolge nur dann ermitteln lässt, wenn der morphologische Aufbau der Wörter bekannt ist.

⊙ 8.1.1.2 Das Zerlegen von Wörtern in Morphe

Das *Morphem* ist die kleinste bedeutungstragende Einheit der Sprache, wobei zwischen lexikalischen Morphemen (Stammmorphemen) und grammatischen Morphemen (Präfix-, Suffix-, und Flexions-Morphemen) unterschieden wird. Ein Morphem repräsentiert ein oder mehrere *Morphe*. Die konkreten, zu einem Morphem gehörenden Morphe werden Allomorphe dieses Morphems genannt. So sind z.B. ⟨geb⟩, ⟨gib⟩, ⟨gab⟩ und ⟨gäb⟩ Allomorphe (in graphemischer Repräsentation) des Stammmorphems {geb}.

Jedes Morph hat eine graphemische (schriftsprachliche) und eine phonetische (lautsprachliche) Realisierungsform. So ist beispielsweise das Wort "Telefonanschluss" aus den Morphen ⟨telefon⟩, ⟨an⟩ und ⟨schluss⟩ zusammengesetzt, mit den phonetischen Realisierungen [teleˈfoːn], [ˈʔan] und [ˈʃlʊs], sodass sich für das gesamte Wort die phonetische Realisierung [teleˈfoːnˌanˌʃlʊs] ergibt. Die eigentlichen Träger der phonetischen Information sind also die Morphe. Dies ist ein weiterer Hinweis darauf, dass eine morphologische Analyse eines Wortes notwendig ist, um dessen phonetische Realisierung zu ermitteln.

Die korrekte morphologische Zerlegung eines Wortes durchzuführen ist jedoch nicht einfach, weil dazu viel linguistisches Wissen nötig ist. Einerseits müssen alle Morphe mit ihren Eigenschaften gegeben sein, andererseits müssen die Regeln bekannt sein, wie Morphe zu Wörtern verbunden werden können. Zudem gibt es das Problem, dass die Zerlegung von Wörtern im Morphe oft mehrdeu-

---

[1]Dieses Wort wird gemäss Duden als "mäßig" geschrieben. Es folgt dem Vokal also nur ein Konsonant. Erst in der schweizerischen Schreibweise wird dieses Wort zur Ausnahme.

tig ist. In solchen Fällen kann syntaktisches oder semantisches Wissen weiter helfen. Die folgenden Beispiele sollen diese Probleme veranschaulichen:

— Das Wort "elegant" ([ele'gant]) kann unter anderem wie folgt in Morphe zerlegt werden: "e" (Flexionsendung) + "leg" (Stamm) + "ant" (Suffix). Damit würde für das Wort die Aussprache [ə'leːgant] resultieren. Die morphologischen Regeln müssen eine solche Zerlegung, bei der am Anfang des Wortes eine Flexionsendung steht, ausschliessen.

— Das Nomen "Haustier" kann auf zwei Arten in gültige Morphe zerlegt werden, nämlich:

"haus" + "tier" → ['haus̯ˌtiːɐ̯]
"hau" + "stier" → ['hau̯ˌʃtiːɐ̯]

Beide Zerlegungen sind morphologisch korrekt, unterscheiden sich jedoch im Geschlecht (Neutrum bzw. Maskulinum), so dass hier in vielen Fällen syntaktisches Wissen genügt, um die korrekte Zerlegung zu bestimmen (z.B. wenn der Artikel "das" vorangeht). Andere Beispiele für solche mehrdeutigen, aber syntaktisch unterschiedlichen Zerlegungen sind

"Zauberei" ⇒ "zauber" + "ei" (Suffix) | "zauber" + "ei" (Stamm)
"Abende" ⇒ "abend" + "e" | "ab" + "ende"

— Für das Wort "Tagesteller" gibt es auch zwei gültige Zerlegungen in Morphe, nämlich:

"tag" + "es" + "teller"   → ['taːgəsˌtɛlər]
"tag" + "e" + "stell" + "er" → ['taːgəˌʃtɛlər]

Beide Zerlegungen sind morphologisch korrekt und können auch syntaktisch nicht unterschieden werden (beides sind Nomen im Maskulinum, die auch in den verschiedenen Kasus und Numerus die gleiche Form haben). In solchen Fällen kann also nur mittels semantischen Wissens die richtige Variante bestimmt werden. Andere Beispiele für solche mehrdeutigen Zerlegungen mit gleicher syntaktischer Funktion sind

"Erblasser" ⇒ "erb" + "lass" + "er" | "er" + "blass" + "er"
"Wachstube" ⇒ "wach" + "stube" | "wachs" + "tube"

Wenn eine Person einen Text vorliest, setzt sie alles sprachliche Wissen automatisch und meist unbewusst ein, um die korrekte Aussprache zu erzeugen. So realisiert man in den oben aufgeführten Beispielen kaum, dass verschiedene mögliche Zerlegungen existieren. Die vielen in einer Sprache vorkommenden Mehrdeutigkeiten fallen oft erst dann auf, wenn man eine automatische linguistische Analyse durchführt.

⊚ 8.1.1.3 Morphophonetische Varianten

Grundsätzlich ergibt sich die phonetische Realisierung eines Wortes dadurch, dass die phonetischen Realisierungen seiner Morphe aneinandergefügt werden. Dabei sind jedoch gewisse Regeln zu beachten. Wie die folgenden Beispiele zeigen, sind diese Regeln relativ einfach und lassen sich daher gut in Two-Level-Regeln übersetzen.

⊚ Auslautverhärtung

Unter Auslautverhärtung oder Entstimmlichung wird das Phänomen verstanden, dass ein stimmhafter Konsonant am Ende eines Morphs durch den entsprechenden stimmlosen Konsonanten ersetzt wird. So werden im Deutschen die Laute [b], [d], [g], [z] und [v] entstimmlicht, d.h. durch die entsprechenden stimmlosen Laute [p], [t], [k], [s] und [f] ersetzt, wenn sie am Ende eines Morphs stehen und das nächste Morph nicht mit einem Vokal beginnt. Beispiele von Wörtern, die beim Zusammensetzen aus Morphen durch die Auslautverhärtung verändert werden, sind:

"Abgabetag"	→ ['ǀab] + ['gaːb] + [ə] + ['taːg]	→ ['ǀapˌgaːbəˈtaːk]
"Hundstage"	→ ['hʊnd] + [s] + ['taːg] + [ə]	→ ['hʊntsˌtaːgə]
"Landabgabe"	→ ['land] + ['ǀab] + ['gaːb] + [ə]	→ ['lantˌǀapˌgaːbə]
"Tagungsband"	→ ['taːg] + [ʊŋ] + [s] + ['band]	→ ['taːgʊŋsˌbant]

Zu bemerken ist, dass die Laute [b], [d], [g], [z] und [v] am Wortende immer entstimmlicht werden. Dies mag im ersten Moment erstaunen, weil in der kontinuierlich gesprochenen Sprache zwischen den Wörtern meistens keine Pausen sind und so auf das letzte Morph eines Wortes ein Vokal folgen könnte. Dies ist jedoch nicht der Fall. Deutsche Wörter beginnen stets entweder mit einem Konsonanten oder, wenn ein Vokal am Anfang steht, mit einem Glottalverschluss (wird mit dem IPA-Symbol ǀ bezeichnet). Der Glottalverschluss ist auch im dritten Beispiel der Grund, dass in ['land] die Auslautverhärtung erfolgt.

⊚ Aspiration stimmloser Plosive

Wie bereits in Abschnitt 7.5.1 erwähnt worden ist, werden im Deutschen die stimmlosen Plosive [k], [p] und [t] je nach Stellung stärker, schwächer oder gar nicht behaucht gesprochen. Aufgrund der Literatur scheint es jedoch in der Phonetik keine einheitliche Sicht zur Aspiration der stimmlosen Plosive zu geben. Für die Sprachsynthese kann man daraus folgern, dass es ausreicht, diejenigen stimmlosen Plosive aspiriert zu realisieren, die in verschiedenen Quellen übereinstimmend als stark behaucht charakterisiert werden. Wenn man [10] und [27] betrachtet, dann trifft dies in den folgenden Fällen zu:

— am Anfang einer akzentuierten Silbe vor einem Vokal:

"Postbote"	[ˈpʰɔst-ˌboː-tə]	"Stromkabel"	[ˈʃtroːm-ˌkʰaː-bəl]
"umteilen"	[ˈ|ʊm-ˌtʰaɪ-lən]	"volkstümlich"	[ˈfɔlks-ˌtʰyːm-lɪç]

— am Ende eines Wortes, wenn nachher eine Pause folgt:

"Grundrecht"	[ˈgrʊnt-ˌrɛçtʰ]	"Journalistik"	[ˌʒʊr-na-ˈlɪs-tɪkʰ]
"Tatbestand"	[ˈtʰaːt-bə-ˌʃtantʰ]	"Weitsicht"	[ˈvaɪt-ˌsɪçtʰ]

⊘ 8.1.1.4 Aussprachevarianten

Sprecher haben beim Produzieren der Lautfolge für eine Äusserung gewisse Variationsmöglichkeiten, die v.a. mit der Sprechgeschwindigkeit zusammenhängen.[2] So werden bei flüssigem Sprechen zwei gleiche oder sehr ähnliche Konsonanten (z.B. der stimmhafte Plosivlaut [d] und der homorgane stimmlose Plosivlaut [t]) vielfach auf einen reduziert, insbesondere bei zusammengesetzten Wörtern, aber auch über Wortgrenzen hinweg. Beispiele dafür sind:

	Normaussprache:	flüssig gesprochen:
abbrechen	[ˈapˌbrɛçən]	[ˈaˌprɛçən]
Wandtafel	[ˈvantˌtaːfəl]	[ˈvanˌtaːfəl]
Leuchtturm	[ˈlɔyçtˌtʊrm]	[ˈlɔyçˌtʊrm]
Schreibpapier	[ˈʃraɪbˌpapiːɐ̯]	[ˈʃraɪˌpapiːɐ̯]
die Stadt Thun	[diː ʃtat tuːn]	[diː ʃtaˈtuːn][3]
die Stadt Zürich	[diː ʃtat t͜syːrɪç]	[diː ʃtaˈt͜syːrɪç]
Es rennt davon.	[ɛs rɛnt daˈfoːn]	[ɛs rɛntaˈfoːn]

Solche Aussprachevarianten werden auch von professionellen Sprechern häufig verwendet. Nur an besonders stark betonten Stellen sind Lautreduktionen nicht angemessen. Dies ist beispielsweise im folgenden Satz der Fall:

"Die *Stadt* Zürich ist schon mehr als 2000 Jahre alt, nicht etwa der Kanton."

Hier ist also [ʃtat t͜syːrɪç] zu sprechen. In schwach betonter Stellung muss die Reduktion jedoch stattfinden, weil die Sprache sonst gekünstelt und schwerfällig tönt.

---

[2]Es gibt auch Aussprachevarianten, die durch mangelhafte Sprechgenauigkeit entstehen. Man spricht in diesem Zusammenhang auch von Verschleifung. Sie bewirkt beispielsweise, dass manche Laute stark an benachbarte Laute assimiliert werden, so dass z.B. [ˈaɪnbɪndən] zu [ˈaɪmbɪndən] wird. Derartige Verschleifungen sind in einem Sprachsynthesesystem der Verständlichkeit wegen jedoch nicht erwünscht.

[3]Bei Lautreduktionen über Wortgrenzen hinweg stellt sich die Frage, wie die reduzierte Lautfolge aufgeschrieben werden soll, also ob der resultierende Laut vor oder nach der betreffenden Wortgrenze zu setzen ist. Wir lösen das Problem hier so, dass wir bei derartigen Lautreduktionen die Wortgrenzen weglassen.

❽ 8.1.2 Ermitteln der Prosodie

Da die phonologische Darstellung eine abstrakte Beschreibung aller wesentlichen Aspekte der Lautsprache enthalten soll, muss sie insbesondere auch Angaben zur Prosodie miteinschliessen, soweit diese Angaben die linguistische Funktion der Prosodie betreffen. Diese umfasst das Kennzeichnen, das Gewichten und das Gruppieren (vergl. Abschnitt 1.2.4).

Gewichten heisst, wichtige Wörter oder Silben von weniger wichtigen zu unterscheiden, indem den Wörtern bzw. den Silben stärkere oder schwächere Akzente zugewiesen werden. Dies wird als Akzentuierung bezeichnet.

Wörter, die zusammen eine Sprechgruppe bilden, werden von anderen Sprechgruppen durch mehr oder weniger starke Sprechgruppengrenzen getrennt. Da Sprechgruppen auch prosodische Phrasen genannt werden, wird diese Gruppierung als Phrasierung bezeichnet.

◉ 8.1.2.1 Akzentuierung

Die Akzentuierung bestimmt die Stärke, mit der die einzelnen Silben einer Äusserung realisiert werden. In der phonologischen Darstellung einer Äusserung wird diese Stärke durch ein relatives Gewicht beschrieben (vergl. das Beispiel in Abschnitt 7.4.1).

Man unterscheidet zwischen Wortakzentuierung und Satzakzentuierung, wobei die Akzentuierung einer ganzen Äusserung, also die Satzakzentuierung, auf der Wortakzentuierung aufbaut.

◉ Wortakzentuierung

Jedes Wort hat eine bestimmte Silbe, die den Wortakzent trägt. In längeren Wörtern und insbesondere in Komposita können mehrere Silben einen Akzent tragen, wobei der stärkste als Worthauptakzent und die restlichen als Wortnebenakzente bezeichnet werden. Falls es aus dem Kontext klar ist, dass es um Wortakzente geht, werden auch die kürzeren Bezeichnungen Hauptakzent und Nebenakzente verwendet (für die IPA-Notation von Wortakzenten, siehe Anhang A.1.1).

Für die Akzentuierung von Wörtern wie "niemals" ['niːmaːls], "sofort" [zoˈfɔrt], "sogar" [zoˈgaːɐ̯] und "Arbeit" ['arbaɪt] lassen sich keine allgemeinen Regeln dafür angeben, welche Silbe den Hauptakzent trägt. In der Linguistik wird deshalb die Wortakzentuierung als lexikalisches Wissen bezeichnet und meint damit, dass sich das betreffende Wissen tabellieren lässt, aber nicht in kompakten Regeln ausgedrückt werden kann. Für die Sprachsynthese bedeutet dies, dass solche Wörter samt ihrer Akzentuierung im Lexikon angegeben werden müssen.

Die Akzentuierung von Präfixen und Suffixen bei Nomen und Verben ist hingegen ziemlich regelhaft. So sind die Präfixe "ge" und "be" und die Suffixe "e", "el", "eln", "en", "em", "lich", "chen", "ung", "heit" usw. stets unakzentuiert, während die Präfixe "auf", "ab", "zu", "ein", "bei", "miss" usw. und die Suffixe "tät", "ell", "ion", "al", "ieren" usw. meist den Worthauptakzent tragen.

Präfixe und Suffixe können den Akzent nicht nur auf sich ziehen, sondern auch eine Akzentverschiebung bewirken, wie dies beispielsweise beim Wortpaar "Politik" [po-li-'tiːk] und "Politiker" [po-'liː-tɪ-kɐ] der Fall ist.

Sehr regelmässig akzentuiert sind im Deutschen die Komposita. Der Hauptakzent fällt in den allermeisten Fällen auf die hauptbetonte Silbe des ersten Teils.[4] Die hauptbetonten Silben der übrigen Teile tragen Nebenakzente (z.B. "Nebensache" ['neː-bən-ˌza-xə]).

Satzakzentuierung

Die Satzakzentuierung bewirkt eine relative Gewichtung der Wortakzente. Grundsätzlich wird die Satzakzentuierung stark durch semantische und pragmatische Aspekte bestimmt. Oft kann jedoch die "neutrale" Satzakzentuierung aus der syntaktischen Struktur des Satzes abgeleitet werden. Mit neutraler Akzentuierung ist hier diejenige Akzentuierung gemeint, die als angemessen gilt, wenn ein einzelner Satz geäussert wird, der völlig isoliert steht, also ohne Textzusammenhang und damit ohne semantischen und pragmatischen Kontext.

Bei diesem Ableiten der Satzakzentuierung stützt man sich auf das Wissen, dass gewisse syntaktische Konstituenten endbetont, andere anfangsbetont sind. Mit end- bzw. anfangsbetont ist gemeint, dass die Hauptbetonung der Konstituente auf dem ersten bzw. dem letzten betonbaren Wort, resp. auf dessen Worthauptakzent liegt. So ist bei den folgenden Beispielen in der Nominalgruppe (mit Klammern markiert) stets das letzte Wort hauptbetont:

(Das Bild) ist da.
(Das grosse Bild) ist da.
(Das Bild meines Vaters) ist da.
(Meines Vaters Bild) ist da.

Im Gegensatz dazu zeigen die folgenden Sätze, dass der Verbalkomplex (mit Klammern markiert) stets anfangsbetont ist.

Ich gehe (schwimmen).
Ich werde (schwimmen gehen).
Ich werde (schwimmen gegangen sein).
Ich werde (schwimmen gehen wollen).

---

[4]Es gibt semantisch bedingte Ausnahmen. So wird in den Wetterprognosen in der Schweiz das Wort "Alpennordseite" stets als [ˌˈalpənˈnɔrtˌzaitə] gesprochen, also mit Betonung auf dem zweiten Teil, weil hier der Nordsüdkontrast wichtig ist.

Einfach lässt sich zudem verifizieren, dass die letzte Nominalgruppe nach dem finiten Verb den Hauptakzent eines ganzen Satzes trägt. In diesem Sinne ist z.B. die neutrale Akzentuierung des Satzes "Er fährt nach Paris." wie folgt:

Er fährt nach Paris.

Manchmal wird jedoch aufgrund des grösseren, satzübergreifenden Zusammenhangs die stärkste Betonung (der Fokus-Akzent) auf ein ganz bestimmtes Wort gesetzt. Beispielsweise verändert sich mit der Bedeutung des Satzes "Er fährt nach Paris." auch die Position der Hauptbetonung:

Er fährt nach Paris.   (er, nicht seine Frau)

Er fährt nach Paris.   (er fliegt nicht)

Er fährt nach Paris.   (nicht etwa nach Rom)

Im Allgemeinen sind solche Zusammenhänge, die eine spezielle Betonung erfordern, sehr schwierig aus einem Text zu eruieren. Dazu wäre eine semantische und pragmatische Analyse unter Einsatz von sehr viel sprachlichem und allgemeinem Wissen nötig. Dies übersteigt jedoch die Möglichkeit eines Sprachsynthesesystems, das für Texte aus beliebigen Bereichen einsetzbar sein soll, bei weitem. Als Ausweg bietet sich an, falls gewisse Stellen eine spezielle Betonungen erfordern, diese im Eingabetext mit einer entsprechenden Markierung zu versehen. So könnte man beispielsweise mit folgender Eingabe erreichen, dass das Wort "fährt" bei der Synthese einen Fokus-Akzent erhält: "Er \emph{fährt} nach Paris."

⊘ 8.1.2.2 Phrasierung

Die Phrasierung unterteilt längere Sätze in Sprechgruppen. Sprechgruppengrenzen befinden sich in der Regel zwischen grösseren, schwach gekoppelten Satzbestandteilen. Ausserdem hängt die Phrasierung von der Sprechgeschwindigkeit ab.[5] Es ist deshalb im Allgemeinen sehr schwierig, die "korrekte" Phrasierung eines Satzes anzugeben. Viel einfacher ist es, unzulässige Phrasierungen anzugeben. So kann z.B. für den Satz "Heinrich besuchte gestern die Ausstellung im Kunstmuseum." die Phrasierung

\# Heinrich \# besuchte gestern \# die Ausstellung im Kunstmuseum. \#

als plausibel gelten, während etwa die folgende Phrasierung bei normalem Sprechen nicht akzeptabel ist:

\# Heinrich besuchte \# gestern die \# Ausstellung im \# Kunstmuseum. \#

---

[5] Am einfachsten kann man die Phrasierung veranschaulichen, wenn man Sätze in sehr langsamem Diktatstil spricht, so dass bei allen Phrasengrenzen Pausen gemacht werden.

Die Phrasierung hängt im Wesentlichen von der syntaktischen Struktur eines Satzes ab, und eine plausible Phrasierung kann deshalb mittels linguistischer Regeln aus dieser Struktur abgeleitet werden. Dabei muss auch die Akzentuierung berücksichtigt werden. So kann beispielsweise eine Folge unakzentuierter Wörter nicht alleine eine Phrase bilden.

8.2 Automatische Transkription

❯ 8.2.1 Der "direkte" Ansatz der Transkription

In vielen heutigen Sprachsynthesesystemen ist der Tatsache, dass Text und Lautsprache (bzw. phonologische Darstellung) verschiedene Oberflächen mit einer gemeinsamen Tiefenstruktur sind, keine Bedeutung geschenkt worden. Vielmehr haben die Entwickler ohne lange Umschweife begonnen, Sätze von Regeln zu entwerfen, welche die Umsetzung von Buchstabenfolgen in Lautfolgen beschreiben, Silbenakzente in mehrsilbigen Wörtern bestimmen, die Akzentverteilung in Sätzen festlegen und Sätze in Sprechgruppen gliedern.

In Kenntnis der Tatsache, dass es bei natürlichen Sprachen ohnehin zu beinah jeder denkbaren Regel Ausnahmen gibt, wird es nicht als Problem empfunden, dass die formulierten Regeln die Aufgabe nur mangelhaft lösen. Es wird einfach mit immer mehr Regeln und Ausnahmen versucht, das System zu verbessern. Bei Systemen mit hunderten oder sogar tausenden von Regeln verlieren die Entwickler jedoch bald einmal die Übersicht. So kann das Einfügen einer neuen Regel zwar den gewollten Effekt haben, aber gleichzeitig neue, vorerst unbekannte Fehler produzieren, die ihrerseits wieder neue Regeln oder auch eine Behandlung von Ausnahmen erfordern.

Die Konsequenz daraus ist, dass mit zunehmender Zahl der Regeln die Wahrscheinlichkeit steigt, dass neue Regeln das System insgesamt verschlechtern statt verbessern. Bei solchen Sprachsynthesesystemen ist es also nicht möglich, wesentliche Verbesserungen zu erzielen, ohne die grundlegenden Ansätze zu verändern.

❯ 8.2.2 Der linguistische Ansatz der Transkription

Eine Transkriptionsstufe, die nicht bloss Merkmale der graphemischen Oberfläche in solche der abstrakten lautsprachlichen (phonologischen) Oberfläche umsetzt, sondern unter Einsatz linguistischen Wissens eine Zwischenstruktur erzeugt, aus der dann die phonologische Darstellung abgeleitet werden kann, ist in Abbildung 7.3 dargestellt. Die Funktion der einzelnen Teile wird in den folgenden Abschnitten skizziert.

> **Morphologische Analyse**

Die morphologische Analyse ermittelt für jedes Wort einzeln den morphologischen Aufbau, die syntaktischen Merkmale und die phonetische Umschrift. Diese Analyse führt sehr oft nicht zu einem eindeutigen Resultat, sondern zu einer mehr oder weniger grossen Anzahl von Lösungen. Beispielsweise liefert die morphologische Analyse des Wortes "besuchte", das entweder ein Vollverb oder ein Adjektiv (bzw. ein Partizip 2) sein kann, die in der Tabelle 8.1 aufgeführten 19 Lösungen. Darüber, welche dieser Lösungen in einem konkreten Satz vorliegt, kann die morphologische Analyse nicht entscheiden. Es müssen deshalb alle an die Syntaxanalyse weitergereicht werden.

Im Gegensatz zu den in Abschnitt 8.1 aufgeführten Beispielen haben die unterschiedlichen Segmentierungen und die syntaktischen Formen hier keinen Einfluss auf die phonetische Umschrift des Wortes "besuchte". Sie ist stets [bə'zuːxtə].

Die phonetische Umschrift von morphologisch analysierten Wörtern kann zwar weitgehend anhand eines relativ kompakten Satzes von Regeln abgeleitet werden (siehe [9] Seiten 60 ff.). Da zur morphologischen Analyse jedoch sowieso ein Morphemlexikon eingesetzt werden muss, ist es zweckmässig, wenn die Ein-

Tabelle 8.1. Die morphologische Analyse des Wortes "besuchte" ergibt, zwar nur zwei verschiedene Segmentierungen, aber 19 syntaktische Formen.

Wortart	Zerlegung	syntaktische Merkmale	Beispiel
Vollverb	besuch+ te	1. Pers. Sing. Präteritum	ich besuchte gestern
Vollverb	besuch+ te	3. Pers. Sing. Präteritum	er besuchte gestern
Vollverb	besuch+ te	1. Pers. Sing. Konjunktiv 2	ich besuchte ihn, wenn
Vollverb	besuch+ te	3. Pers. Sing. Konjunktiv 2	er besuchte ihn, wenn
Adj (P2)	besuch+ t+ e	Nom. Sing. Mask. schwach	der besuchte Onkel ist
Adj (P2)	besuch+ t+ e	Nom. Sing. Fem. schwach	die besuchte Tante ist
Adj (P2)	besuch+ t+ e	Nom. Sing. Neutr. schwach	das besuchte Kind ist
Adj (P2)	besuch+ t+ e	Akk. Sing. Fem. schwach	für die besuchte Tante
Adj (P2)	besuch+ t+ e	Nom. Sing. Fem. stark	bes. Verwandtschaft ist
Adj (P2)	besuch+ t+ e	Akk. Sing. Fem. stark	für bes. Verwandtschaft
Adj (P2)	besuch+ t+ e	Nom. Plur. Mask. stark	besuchte Onkel sind
Adj (P2)	besuch+ t+ e	Nom. Plur. Fem. stark	besuchte Tanten sind
Adj (P2)	besuch+ t+ e	Nom. Plur. Neutr. stark	besuchte Kinder sind
Adj (P2)	besuch+ t+ e	Akk. Plur. Mask. stark	für besuchte Onkel
Adj (P2)	besuch+ t+ e	Akk. Plur. Fem. stark	für besuchte Tanten
Adj (P2)	besuch+ t+ e	Akk. Plur. Neutr. stark	für besuchte Kinder
Adj (P2)	besuch+ t+ e	Nom. Sing. Fem. gemischt	eine besuchte Tante ist
Adj (P2)	besuch+ t+ e	Akk. Sing. Fem. gemischt	für eine besuchte Tante

träge in graphemischer und phonetischer Form vorhanden sind. Dann kann die phonetische Umschrift eines Wortes einfach aus den phonetischen Formen der betreffenden Morphe zusammengesetzt werden (vergl. 8.1.1.3).

⊘ Syntaktische Analyse

Die Syntaxanalyse ermittelt aufgrund der Ausgaben der morphologischen Analyse die Satzstruktur. Ein Teil der nicht eindeutigen Ergebnisse der morphologischen Analyse wird dadurch eliminiert. Gleicherweise wie die morphologische Analyse liefert auch die syntaktische Analyse häufig nicht ein eindeutiges Ergebnis.

Die Satzstruktur bildet die Grundlage für die Akzentuierung und die Phrasierung. Es findet dabei aber nur eine Satzstruktur Verwendung, nicht eine Auswahl. Wie im Zusammenhang mit der Sprachsynthese vorgegangen wird, dass die syntaktische Analyse stets genau eine syntaktische Struktur liefert, wird in den Abschnitten 8.3.3.3 und 8.3.3.4 besprochen.

⊘ Semantische Analyse

Die Aufgabe der semantischen Analyse ist es, die Bedeutung des Satzes zu bestimmen, was vielfach nur aufgrund der Kenntnis des grösseren Zusammenhangs möglich ist und somit eine satzübergreifende Analyse verlangt. Dies ist jedoch für ein Sprachsynthesesystem, welches beliebige Sätze verarbeiten soll, nicht realisierbar. Es wird hier deshalb nicht weiter darauf eingegangen.

⊘ Akzentuierung und Phrasierung

Wie in Abschnitt 8.1 gesagt wurde, ist das Setzen von Akzenten hauptsächlich mit der Bedeutung (Semantik) der Sprache verbunden. Häufig stehen die syntaktische Struktur und die Bedeutung eines Satzes jedoch in einem gewissen Zusammenhang, so dass es oft möglich ist, aus dem syntaktischen Aufbau eines Satzes auf die Akzente zu schliessen.

Noch stärker als die Akzentuierung ist die Phrasierung an die syntaktische Struktur eines Satzes gebunden. Es ist deshalb möglich, aus dem Syntaxbaum eines Satzes nach gewissen Regeln eine plausible Phrasierung abzuleiten. Dabei gilt im Allgemeinen, dass eine Phrasengrenze zwischen zwei benachbarten Wörtern um so plausibler ist, je stärker die Wörter in der syntaktischen Struktur voneinander getrennt sind.

8.3 Automatische morphosyntaktische Analyse

Aus dem im letzten Abschnitt Gesagten wird klar, dass die automatische morphologische und syntaktische Analyse von Texten eine grosse Bedeutung für die Transkription hat. Hier soll nun gezeigt werden, wie eine morphosyntaktische

Analyse in DCG (Definite Clause Grammar) realisiert werden kann. Zur syntaktischen Analyse wurden bereits in Kapitel 6 Beispiele gegeben. Es geht im Folgenden also vor allem um die morphologische Analyse und um das Erzeugen der phonetischen Umschrift.

8.3.1 Morphologische Analyse mit DCG

In Abschnitt 6.5 wurde gezeigt, wie DCG zur Analyse von Sätzen eingesetzt werden können. Dabei waren die Wörter als sogenannte *Vollformen* in einem Lexikon gegeben (vergl. Tabelle 6.3). Dies ist für die nicht zerlegbaren Wörter wie Artikel, Präpositionen, Konjunktionen etc. sinnvoll. Bei flektierten Formen, wie z.B. Verben, bei denen aus einem Stamm viele Wortformen gebildet werden können, ist dies selbstverständlich keine elegante Lösung. Zudem genügt zur Gewinnung der Aussspracheform eines Wortes, wie in Abschnitt 8.1 gezeigt wurde, die Kenntnis der Aussprache der einzelnen Morphe, aus denen ein Wort zusammengesetzt ist. Es ist daher sinnvoll, flektierbare Wörter (d.h. Verben, Nomen und Adjektive) morphologisch zu zerlegen. Diese Zerlegung basiert auf einem Lexikon von Morphen und einer Wortgrammatik, die wie eine Satzgrammatik in DCG geschrieben werden kann. Ein einfaches Beispiel einer solchen Wortgrammatik zeigt Tabelle 8.2.

Die erste Regel dieser Grammatik spezifiziert, dass ein Verb *V* im einfachsten Fall aus einem Verbstamm *VStamm* und einer Konjugationsendung *VEnd* zusammengesetzt ist. Die zweite Regel für *V* besagt, dass ein Verb zusätzlich auch ein Verbpräfix *VPraef* haben kann. Ein Nomen *N* kann nach dieser Grammatik aus einem Nomenstamm *NStamm* und einer Nomenendung *NEnd* bestehen und davor optional einen repetierten Nomenstamm *OptRepStamm*. Mit dieser Regel werden also auch Nomen wie "Dampfschiff" oder "Haustürschloss" beschrieben. Für Verben, Nomen und Adjektive gibt es verschiedene Konjugations- und Deklinationsreihen. Dieser Tatsache wird Rechnung getragen, indem diese Wortarten je ein Attribut für die Konjugations- bzw. Deklinationsklasse verwenden. Der (letzte) Stamm und die Endung müssen in diesem Attribut übereinstimmen. So ist z.B. für den Verbstamm "geh" die Konjugationsendungsreihe im Präsens Indikativ "e", "st", "t", "en", "t", "en", während für den Stamm "wart" die Konjugationsreihe "e", "est", "et", "en", "et", "en" gilt. Die lexikalischen Produktionsregeln definieren die nötigen Stämme und Endungen, wobei jeder Endung auch syntaktische Attribute der ganzen Wortform zugeordnet sind (Numerus für die Verben bzw. Kasus, Numerus und Genus für die Nomen und die Adjektive). Die syntaktischen Attribute, werden auch den Nicht-Terminalsymbolen *V*, *N* und *Adj* zugeordnet.

Tabelle 8.2. Eine DCG für deutsche Wörter

V(?num)	→	*VStamm(?vkl) VEnd(?vkl,?pers,?num)*
V(?num)	→	*VPraef VStamm(?vkl) VEnd(?vkl,?pers,?num)*
N(?kas,?num,?gen)	→	*OptRepStamm NStamm(?nkl,?gen)*
		NEend(?nkl,?kas,?num)
OptRepStamm	→	
OptRepStamm	→	*NStamm(?nkl,?gen) OptRepStamm*
VStamm(vk1)	→	geh
VStamm(vk2)	→	wart
VPraef	→	be
VPraef	→	er
VEnd(vk1,p1,sg)	→	e
VEnd(vk1,p2,sg)	→	st
VEnd(vk1,p3,sg)	→	t
VEnd(vk1,p1,pl)	→	en
VEnd(vk1,p2,pl)	→	t
VEnd(vk1,p3,pl)	→	en
VEnd(vk2,p1,sg)	→	e
VEnd(vk2,p2,sg)	→	est
VEnd(vk2,p3,sg)	→	et
⋮		

❯ 8.3.2 Generierung der phonetischen Umschrift in einer DCG

Wie in Abschnitt 8.1.1.1 erläutert wurde, muss für deutsche Wörter der morphologische Aufbau bekannt sein, damit die Ausspracheregeln eingesetzt werden können. Die Kenntnis des morphologischen Aufbaus ist somit eine notwendige Voraussetzung, aber nicht eine hinreichende, weil es viele Ausnahmen gibt. So werden "hoch" als [hoːx] und "sprach" als [ʃpraːx] gesprochen, obwohl in der Regel der Vokal vor "ch" kurz gesprochen wird. Zudem ist die Position des Hauptakzentes in mehrsilbigen deutschen Wörtern nicht regelhaft (vergl. Abschnitt 8.1.2.1).

Statt Regeln anzuwenden und die zwangsläufigen Ausnahmen in einem Verzeichnis nachzuführen, bietet sich hier (d.h. bei der Verwendung einer DCG-basierten morphologischen Analyse) eine andere Lösung an, nämlich in jedem Lexikoneintrag nicht nur die graphemische, sondern auch die phonetische Repräsentation aufzuführen. Für die Wortgrammatik in Tabelle 8.2 sehen dann die lexikalischen Einträge so aus, wie Tabelle 8.3 zeigt.

Tabelle 8.3. DCG-Lexikoneinträge für Morphe mit graphemischer und phonetischer Repräsentation

VStamm(vk1)	→	geh	['geː]
VStamm(vk2)	→	wart	['vart]
VPraef	→	be	[bə]
VPraef	→	er	[ɛr]
VEnd(vk1,p1,sg)	→	e	[ə]
VEnd(vk1,p2,sg)	→	st	[st]
VEnd(vk1,p3,sg)	→	t	[t]
VEnd(vk1,p1,pl)	→	en	[ən]
VEnd(vk1,p2,pl)	→	t	[t]
VEnd(vk1,p3,pl)	→	en	[ən]
VEnd(vk2,p1,sg)	→	e	[ə]
VEnd(vk2,p2,sg)	→	est	[əst]
VEnd(vk2,p3,sg)	→	et	[ət]
⋮			

Die phonetische Umschrift von Wörtern bzw. Sätzen wird dann erzeugt, indem bei der morphologischen bzw. syntaktischen Analyse nicht nur die graphemischen Terminalsymbole in den Syntaxbaum eingetragen werden, sondern auch die phonetischen, wie dies in Abbildung 8.2 ersichtlich ist. Aus dem Syntaxbaum ergeben dann die phonetischen Terminalsymbole von links nach rechts gelesen die phonetische Umschrift für das analysierte Wort bzw. für den analysierten Satz.

8.3.3 Hauptprobleme der morphosyntaktischen Analyse

In diesem Abschnitt werden die Hauptprobleme der automatischen morphologischen und syntaktischen Analyse diskutiert, und es wird gezeigt, wie diese im Rahmen der bisher verwendeten DCG-Analyse gelöst werden können. In Abschnitt 8.4 werden dann kurz die Lösungen vorgestellt, die im Sprachsynthesesystem SVOX gewählt wurden.

8.3.3.1 Allomorphische Varianten

Ein Morphem kann mehrere Allomorphe (oder allomorphische Varianten) umfassen. Dies ist im Deutschen beispielsweise bei den starken Verben der Fall (z.B. ⟨geb⟩, ⟨gib⟩, ⟨gab⟩, ⟨gäb⟩) und bei Verben, die im Infinitiv auf "eln" enden (z.B. ⟨handel⟩ und ⟨handl⟩ in den Formen "du handelst" bzw. "ich handle").
In Abschnitt 6.6.2 wurde gezeigt, dass allomorphische Stammvarianten von der Art ⟨handel⟩ und ⟨handl⟩ mit Two-Level-Regeln elegant behandelt werden kön-

nen. Dort wurde auch erwähnt, dass es zwar möglich ist, solche Tilgungen lexikalisch zu lösen (vergl. Abschnitt 6.6.1), d.h. indem diese Allomorphe ins Lexikon aufgenommen werden und mittels Attributen und Grammatikregeln dafür gesorgt wird, dass keine falschen Wortformen erzeugt werden können. Für die erwähnten Fälle ist jedoch die Lösung mit Two-Level-Regeln viel einfacher und somit zweckmässiger.

Bei den starken Verben ist es nun aber umgekehrt. Die vielfältigen Formen der Stämme lassen sich kaum mehr mit einem so einfachen Formalismus wie demjenigen der Two-Level-Regeln übersichtlich beschreiben. Zur Illustration sind hier ein paar Beispiele unregelmässiger Verbformen aufgeführt:

Infinitiv	Präsens (1.|2. Pers. Sing.)	Imperativ (Sing.|Plural)	Präterit.	Konjun. 2	Partizip 2
geb+en	geb+e	gib+st	gib	geb+t	gab+	gäb+e	ge+geb+en
brat+en	brat+e	+est	brat+	+et	briet+	briet+e	ge+brat+en
dürf+en	darf+	+st	–	durf+te	dürf+te	ge+durf+t
erschall+en	erschall+e	+st	erschall+	+t	erscholl+	erschöll+e	erschall+t
hau+en	hau+e	+st	hau+	+t	hieb+	hieb+e	ge+hau+en
tun+	tu+e	+st	tu+	+t	tat+	tät+e	ge+tan+
verlier+en	verlier+e	+st	verlier+	+t	verlor+	verlör+e	verlor+en

Die formale Beschreibung der Morphologie der deutschen Verbformen ist eine sehr schwierige Aufgabe und übersteigt den Rahmen dieser Vorlesung bei weitem. Wir wollen an dieser Stelle bloss skizzieren, in welche Richtung eine mögliche Lösung gehen kann.

In der einfachen DCG-Wortgrammatik in Abschnitt 8.2 ist jedem Verbstamm eine Konjugationsklasse zugeordnet die festlegt, welche Endung in einem bestimmten syntaktischen Kontext (z.B. 1. Person Singular Präsens) stehen muss. Wie obige Beispiele zeigen, ändert sich bei den unregelmässigen Verben nicht nur die Endung, sondern auch der Stamm in Abhängigkeit vom syntaktischen Kontext. Dies lässt sich beschreiben, indem man die Verbstämme und Verbendungen um ein zusätzliches Attribut für die Stammklasse erweitert. Die allomorphischen Verbstammvarianten eines Verbs können nun mit unterschiedlichen Stammklassen ins Lexikon eingetragen werden. Um zu spezifizieren, welche Verbstammvarianten mit welchen Verbendungen kombiniert werden können, müssen auch die Verbendungen mit diesem zusätzlichen Attribut versehen werden.

Die obigen Ausführungen zeigen, dass es nicht sinnvoll ist, die Morphologie einer Sprache wie Deutsch stur mit einem einzigen Formalismus zu beschreiben. Praxistaugliche Ansätze zeichnen sich dadurch aus, dass verschiedene Aspekte

der Sprache mit unterschiedlichen Formalismen behandelt werden, wobei selbstverständlich darauf zu achten ist, dass die Formalismen in einem Gesamtsystem
vereinbar sind.

8.3.3.2 Nichtanalysierbare Wörter

Ein grosses Problem stellen nichtanalysierbare Wörter dar. Dies kann vorkommen, weil Lexikoneinträge fehlen, beispielsweise für Eigennamen oder seltene
Wortstämme. Ein Sprachsynthesesystem muss für jedes Wort eine Aussprache
finden, weil es für nichtanalysierbare Wörter selbstverständlich nicht einfach
keine Ausgabe machen darf.

Häufig wird eine auf Regeln basierende Graphem-zu-Phonem-Konversion eingesetzt. Dabei wird anhand von Regeln (engl. *letter-to-sound rules*) aus der
orthographischen Schreibweise eine Ausspracheform ermittelt und dem Wort
nach heuristischen Kriterien (z.B. aufgrund der Endung) eine syntaktische Kategorie zugeordnet.

In einer morphologischen Analyse mit DCGs ist ein anderes Vorgehen sinnvoll,
nämlich die morphologische Analyse durch eine strukturelle *Wortstammanalyse*
zu erweitern. Diese Erweiterung fügt sich nahtlos in die morphologische Analyse
ein.

Bei dieser Wortstammanalyse wird eine *Stammgrammatik* eingesetzt, welche
die Struktur von germanischen und fremden Stämmen als Folge von Graphem-
und Phonemgruppen beschreibt, und zwar in derselben Weise wie die reguläre
morphologische Struktur von Wörtern beschrieben wird, nämlich als DCG.

Hier wird das Prinzip dieser Stammanalyse für germanische Stämme erläutert.
Germanische Stämme sind in der Regel einsilbig und bestehen aus einer initia-
len Konsonantengruppe, einer Vokalgruppe (dem Silbenträger) und einer finalen
Konsonantengruppe. Um die Analyse für unbekannte Verbstämme durchzufüh-
ren, kann die Wortgrammatik von Tabelle 8.2 durch die Stammgrammatik von
Tabelle 8.4 erweitert werden.

Mit dieser Erweiterung treten die morphologischen Regeln für das Verb in zwei
Formen auf, einmal mit einem lexikalisch gegebenen Verbstamm *VStamm*, und
einmal in einer Version, bei welcher der Verbstamm durch einen allgemeinen
germanischen Stamm *GermStamm* ersetzt ist. Die Struktur dieses allgemeinen
Stamms ist durch zwei Regeln gegeben, in denen der Stamm als Sequenz einer initialen Konsonantengruppe *IKons*, einer Vokalgruppe *LVok* oder *KVok*
und einer finalen Konsonantengruppe *FKons1* oder *FKons2* definiert wird. Die
zwei Regeln unterscheiden, ob ein Vokal kurz und offen (*KVok*) oder lang und
geschlossen (*LVok*) realisiert wird, abhängig davon, ob die finale Konsonantengruppe nur einen Konsonanten (*FKons1*) oder mehrere Konsonanten (*FKons2*)
umfasst.

Tabelle 8.4. DCG-Stammgrammatik für unbekannte Verbstämme

$V(\mathit{?num})$	$\rightarrow$	$GermStamm\ VEend(\mathit{?vkl},\mathit{?pers})$
$V(\mathit{?pers})$	$\rightarrow$	$VPraef\ GermStamm\ VEnd(\mathit{?klasse},\mathit{?pers})$
$GermStamm$	$\rightarrow$	$IKons\ LVok\ FKons1$
$GermStamm$	$\rightarrow$	$IKons\ KVok\ FKons2$
$IKons$	$\rightarrow$	l [l]
$IKons$	$\rightarrow$	kl [kl]
$LVok$	$\rightarrow$	e [eː]
$KVok$	$\rightarrow$	e [ɛ]
$FKons1$	$\rightarrow$	b [b]
$FKons2$	$\rightarrow$	rn [rn]
$\vdots$		

Zusammen mit den im Beispiel gegebenen lexikalischen Produktionsregeln können also sowohl die bekannten Verbstämme "geh" und "wart" als auch die unbekannten, d.h. hier nicht im Lexikon enthaltenen Verbstämme "leb", "lern", "kleb" analysiert werden. In all diesen Fällen wird auch gleichzeitig die richtige phonetische Umschrift generiert.

Diese Stammgrammatik wird jedoch nur dann angewendet, wenn ein Wort bzw. ein Stamm nicht regulär morphologisch analysierbar ist. Wie dies in der Praxis gehandhabt werden kann, wird in Abschnitt 8.4.4 aufgezeigt.

8.3.3.3 Nichtanalysierbare Sätze

Es kann vorkommen, dass ein Satz syntaktisch nicht analysierbar ist, sei es, weil die Satzgrammatik unvollständig ist oder weil der zu analysierende Satz "nicht vollständig" ist (z.B. ein Satz wie "Und dann nichts wie weg!", bei dem weder Subjekt noch Prädikat vorhanden sind).

Wenn bei der Satzanalyse ein Chart-Parser mit Bottom-up-Verarbeitung eingesetzt wird, befinden sich nach der Analyse eines nichtanalysierbaren Satzes alle gefundenen Konstituenten, mit denen nach einer geeigneten Strategie ein Ersatzsyntaxbaum so konstruiert werden kann, dass er für die Akzentuierung und die Phrasierung einsetzbar ist. Eine derartige Lösung, jedoch in einer erweiterten Form, wird in Abschnitt 8.4.3 beschrieben.

8.3.3.4 Mehrdeutigkeiten

Sowohl bei der morphologischen als auch bei der syntaktischen Analyse treten Mehrdeutigkeiten auf, d.h. die morphologischen und syntaktischen Regeln erlauben mehrere Ableitungen. Beispiele für morphologische Mehrdeutigkeiten wurden in Abschnitt 8.1.1.2 gezeigt. Einige dieser Mehrdeutigkeiten können durch die syntaktische Analyse aufgelöst werden.

Es gibt jedoch auch Mehrdeutigkeiten auf syntaktischer Ebene, die nur unter Einbezug des Kontextes oder der Semantik aufgelöst werden können. Zum Beispiel kann der Satz "Hans beobachtet den Mann mit dem Teleskop" auf zwei verschiedene Arten syntaktisch analysiert und interpretiert werden: In der ersten Lesart beobachtet Hans einen Mann, der ein Teleskop besitzt, und in der zweiten Lesart beobachtet Hans mithilfe eines Teleskops einen Mann. Die Mehrdeutigkeit besteht also darin, ob sich die Präpositionalgruppe "mit dem Teleskop" auf die Nominalgruppe "den Mann" oder auf das Verb "beobachtet" bezieht.

Mehrdeutigkeiten kommen auch in nicht konstruierten Sätzen vor. Das folgende Beispiel hat 12 Lesarten: "Der Pilot hatte vor dem Absturz offenbar technische Probleme gemeldet und eine Notlandung versucht". In diesen Lesarten überlagern sich drei Arten von Mehrdeutigkeiten. So ist z.B. nicht klar, ob sich "vor dem Absturz" und "offenbar" auf das Adjektiv "technische" oder auf das Verb "gemeldet" bezieht. Weiter kann "gemeldet" als Verb in Partizipform betrachtet werden oder als Adjektiv (analog zu "Er beglückwünschte ihn begeistert."). Im zweiten Fall wird "hatte" im Sinne von "besass" interpretiert. Schliesslich kann die Koordination "und" verschiedene partielle und vollständige Sätze miteinander verknüpfen. Auch in Sätzen von weniger als 20 Wörtern können auf diese Weise durchaus über hundert Lesarten verborgen sein, von denen ein menschlicher Leser im Allgemeinen nur die korrekte wahrnimmt.

In diesen Beispielen führen die unterschiedlichen Ergebnisse der Syntaxanalyse zwar nicht zu unterschiedlichen Lautfolgen, aber zu Unterschieden in der Akzentuierung und Phrasierung.

Eine automatische morphosyntaktische Analyse ist in der Lage, alle möglichen Lösungen zu produzieren, jedoch muss zur weiteren Verarbeitung eine einzige ausgewählt werden. In Abschnitt 8.4.1 wird gezeigt, wie dies im Sprachsynthesesystem SVOX gelöst worden ist.

8.4 Realisation einer Transkriptionsstufe   8.4

In diesem Abschnitt wird die Transkriptionsstufe des an der ETH Zürich entwickelten Sprachsynthesesystems SVOX näher vorgestellt. Dabei werden auch die in SVOX gewählten Lösungen für die in Abschnitt 8.3.3 aufgeführten Probleme erläutert.

Die Transkriptionsstufe, die in Abbildung 8.1 schematisch dargestellt ist, arbeitet satzweise. Dabei wird jedes Wort zuerst morphologisch analysiert (Bestimmen von Wortart, syntaktischen Merkmalen und Aussprache). Anschliessend

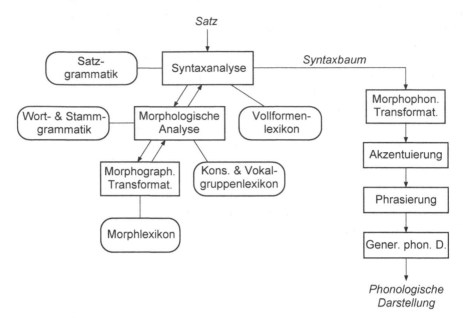

Abbildung 8.1. Die Transkriptionsstufe des Sprachsynthesesystems SVOX

ermittelt die Syntaxanalyse aufgrund der Wortinformation und der Satzgrammatik die syntaktische Struktur des Satzes (Syntaxbaum). Daraus werden dann die Satzakzente und die Phrasengrenzen abgeleitet.

Die morphologische und die syntaktische Analyse in SVOX basieren auf dem DCG-Formalismus und auf Chart-Parsing. Zusätzlich werden für die Behandlung regelhafter *morphographemischer* und *morphophonetischer* Varianten (siehe Abschnitte 8.4.5.1 und 8.4.5.2) Transduktoren eingesetzt. Für die Akzentuierung und Phrasierung wird in SVOX ein Regelsystem eingesetzt, das auf linguistischen Regeln aus der Literatur beruht (siehe Abschnitte 8.4.6 und 8.4.7).

❯ 8.4.1 DCG in SVOX

In SVOX wird mit Wort- und Satzgrammatiken im DCG-Formalismus gearbeitet. Die Grammatiken entsprechen weitgehend denjenigen in Abschnitt 6.5. Die einzige wesentliche Erweiterung des in SVOX eingesetzten Grammatikformalismus ist die Möglichkeit, jeder Produktionsregel einen *Kostenwert* zuzuordnen. Die "Gesamtkosten" einer bestimmten Ableitung werden berechnet, indem über alle benötigten Regelanwendungen die Kostenwerte der entsprechenden Produktionsregeln aufaddiert werden. Dies dient dazu, bei mehrdeutigen Analysen eines Satzes oder eines Wortes den Syntaxbaum mit den geringsten Gesamtkosten auszuwählen. Daraus ergibt sich eine Lösung für das in Abschnitt 8.3.3 beschriebene Problem der Mehrdeutigkeiten.

Grundsätzlich können die Kostenwerte der Produktionsregeln beim Entwickeln und Testen einer Grammatik manuell so eingestellt werden, dass immer die plausibelste Lösung ausgewählt wird. Für grössere Grammatiken ist dies jedoch sehr schwierig. Dann empfiehlt sich der Einsatz eines Verfahrens, mit dem die Kostenwerte mithilfe einer Sammlung von syntaktisch annotierten Sätzen automatisch optimiert werden können. Wir wollen auf solche Verfahren hier nicht weiter eingehen.

❱ 8.4.2 Morphologische Analyse in SVOX

Die morphologische Analyse in SVOX basiert auf einer Wortgrammatik in DCG-Notation und auf einem Lexikon mit Einträgen in orthographischer und phonetischer Form. Die Wörter werden in einem ersten Schritt in alle möglichen Morphsequenzen zerlegt, wobei gleichzeitig Transduktoren zur Behandlung gewisser regulärer morphographemischer Varianten zum Einsatz kommen, wie z.B. die Umwandlung des lexikalischen Stamms "handel" in die Oberflächenformen "handl" oder "handel". Das Lexikon für die morphologische Analyse ist deshalb zum Teil ein Morphemlexikon (d.h. die Einträge repräsentieren ein Morphem, aus dem die Allomorphe zur Analysezeit mit einem Transduktor erzeugt werden), aber auch zum Teil ein Allomorphlexikon (z.B. gibt es für die Stammvarianten "geb", "gib", "gab" und "gäb" je einen separaten Eintrag).

Nach der morphologischen Segmentierung eines Wortes werden die so erzeugten Morphsequenzen durch die Wortgrammatik geprüft, und die nicht mit der Grammatik konformen Morphsequenzen werden verworfen. Zusätzlich bestimmt die Wortanalyse die syntaktischen Merkmale, die mit der gegebenen Wortform vereinbar sind. Aus der Wortanalyse können mehrere Lösungen resultieren, die alle an die Syntaxanalyse weitergereicht werden.

Im Morphemlexikon ist jedes Morph oder Morphem in der graphemischen und in der phonetischen Form aufgeführt. Deshalb ergibt sich aus einer morphologischen Zerlegung eines Wortes dessen Aussprache, indem die betreffenden Morphe in der phonetischen Form aneinandergefügt werden. Allerdings ist dies erst die Rohform der Aussprache, die noch verschiedenen Transformationen unterworfen wird (vergl. Abschnitt 8.4.5).

❱ 8.4.3 Syntaxanalyse in SVOX

Die Syntaxanalyse in SVOX basiert auf den Resultaten der morphologischen Analyse für flektierbare Wörter (hauptsächlich Nomen, Verben und Adjektive), auf einem Vollformenlexikon und einer DCG für deutsche Sätze. Das Vollformenlexikon enthält Funktionswörter (nicht zerlegbare Wörter wie Artikel, Präpositionen, Pronomen etc.) sowie Ausnahmen, die von der Wortanalyse nicht richtig behandelt werden. Zur Satzanalyse wird ein Bottom-up-Chart-Parser eingesetzt. Als Beispiel einer Analyse zeigt Abbildung 8.2 den Syntaxbaum,

der von SVOX für den Satz "Heinrich besuchte gestern die neue Ausstellung
im Kunstmuseum." ermittelt wird. Aus dem Syntaxbaum ist ersichtlich, dass
"Heinrich" als Nominalgruppe *(NG)*, "besuchte" als Vollverb *(V)*, "gestern" als
ergänzende Angabe *(AN)* und "die neue Ausstellung im Kunstmuseum" wiederum als *NG* klassiert worden ist. Diese Konstituenten können entsprechend
den Regeln der SVOX-Satzgrammatik zu einem gültigen Aussagesatz (Konsta-
tivsatz *KS*) zusammengefasst werden.

Wie bei der morphologischen Analyse sind auch bei der Syntaxanalyse die Resultate oft nicht eindeutig, d.h. es werden mehrere Syntaxbäume erzeugt, die
sich teils hinsichtlich der Struktur und teils nur bezüglich der Attribute von
Nicht-Terminalsymbolen (Konstituenten) unterscheiden. Für den obigen Satz
resultieren aus der Syntaxanalyse in SVOX 56 Lösungen. Zum Teil sind Unzu-
länglichkeiten der Syntaxanalyse dafür verantwortlich. Es gibt jedoch auch echte
Mehrdeutigkeiten, beispielsweise kann der Satz sowohl im Präteritum als auch
im Konjunktiv 2 gelesen werden und es kommen beide Nominalgruppen unter
dem Satzknoten als Subjekt in Frage. Welche Struktur für den Satz korrekt ist,
könnte nur mit zusätzlichem Wissen auf der semantischen Ebene entschieden
werden.

Wie in Abschnitt 8.4.1 erläutert wurde, ist in den SVOX-Grammatiken jeder
DCG-Regel ein Kostenwert zugeordnet. Die daraus ermittelbaren Ableitungs-

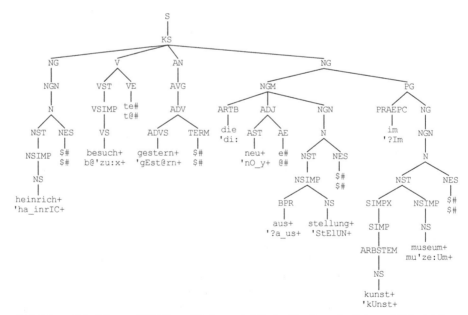

Abbildung 8.2. Die von SVOX ermittelte syntaktische Struktur des Satzes: "Heinrich besuchte gestern die neue Ausstellung im Kunstmuseum." In den Blättern bedeuten die Symbole +, # und $ das Stammende, das Wortende bzw. eine leere Endung.

kosten können verwendet werden, um aus mehreren Analysemöglichkeiten eines
Satzes diejenige mit den kleinsten Ableitungskosten auszuwählen.

Wie bereits erwähnt, wird zur Syntaxanalyse in SVOX ein Bottom-up-Chart-
Parser eingesetzt. Der Vorteil von Bottom-up-Parsing für die Syntaxanalyse
besteht darin, dass alle möglichen Konstituenten, die überhaupt in einem Satz
gefunden werden können, auch gefunden werden, auch wenn sich am Schluss
kein vollständiger Satz ergibt. In diesem Fall werden gefundene Konstituenten
künstlich zu einem Syntaxbaum für den ganzen Satz zusammengestellt, indem
eine Folge von Konstituenten gesucht wird, die den ganzen Satz abdeckt. Gibt
es mehrere solche Folgen, was praktisch immer der Fall ist, dann wird wiederum diejenige mit den geringsten Kosten gewählt. Ein unvollständiger Satz wie
"heute Abend keine Vorstellung" kann auf diese Weise korrekt als Folge von
zwei Konstituenten analysiert werden, nämlich einer Adverbialgruppe ("heute
Abend") und einer Nominalgruppe ("keine Vorstellung"). Diese beiden Konstituenten ergeben dann zusammen mit einem künstlichen Satzknoten einen Syntaxbaum. Ein so erhaltener künstlicher Syntaxbaum enthält dann immer noch
wertvolle Information für die Akzentuierung und Phrasierung. Dieses Vorgehen löst also das in Abschnitt 8.3.3.3 beschriebene Problem nichtanalysierbarer
Sätze.

❯ 8.4.4 Analyse unbekannter Wortstämme

Ein grosses Problem der automatischen morphologischen und syntaktischen
Analyse in der Sprachsynthese sind Wörter, die nicht analysiert werden können, wie in Abschnitt 8.3.3.2 beschrieben. In der Praxis wird das Problem noch
verschärft, weil in den zu analysierenden Texten auch Tippfehler auftreten, die
zu nichtexistierenden Wörtern wie "morgenn" oder "motgen" führen können.

In SVOX wurde die Analyse unbekannter Wortstämme in die normale morphologische Analyse eingebettet, indem die morphologische Grammatik um eine
Stammgrammatik erweitert wurde. Das Prinzip dieser Erweiterung wurde in
Abschnitt 8.3.3.2 dargestellt. Die Stammgrammatik in SVOX beschreibt die
generelle Struktur germanischer (typischerweise einsilbiger) und fremder (typischerweise mehrsilbiger) Stämme. Die Stammgrammatik ist genügend allgemein
gehalten, sodass für alle Buchstabenfolgen (d.h. auch für falsch geschriebene
Wörter) immer eine phonetische Umschrift gefunden wird.

Die zusätzliche Stammgrammatik bewirkt, dass der Parser auch für Wörter, die
mit der normalen morphologischen Analyse verarbeitbar wären, viele zusätzliche Ableitungen findet. Grundsätzlich wäre dies kein Problem, weil die Kosten einer Stammkonstituente stets viel höher sind, wenn der Stamm über die
Stammgrammatik abgeleitet wird. Wenn der Stamm im Morphemlexikon vorhanden ist, dann fallen nur die Kosten der entsprechenden lexikalischen Produk-

tionsregel an. Über die Kosten würden die regulär morphologisch analysierten Wörter somit automatisch bevorzugt.

Da die morphologische Analyse mit Stammgrammatik für Wörter oft viele tausend Lösungen ergibt, wird in SVOX jedoch aus Effizienzgründen die Stammgrammatik in der Wortanalyse nur dann zugeschaltet, wenn ein Wort nicht regulär analysiert werden kann.

❯ 8.4.5 Phonetische Umschrift ganzer Wörter

Wie in Abschnitt 8.3.2 beschrieben wurde, ergibt sich die phonetische Umschrift ganzer Wörter im Wesentlichen durch Aneinanderfügen der Lautfolgen der einzelnen Morphe eines Wortes. Dabei müssen allerdings gewisse Transformationen durchgeführt werden. In SVOX werden dazu hauptsächlich Transduktoren eingesetzt, also in endliche Automaten umgewandelte Two-Level-Regeln. Die Lautfolgen im Syntaxbaum von Abbildung 8.2 enthalten gewisse Zusatzsymbole, welche die Anwendung der Transduktoren steuern, indem sie in den Kontext der betreffenden Two-Level-Regeln einbezogen werden (vergl. Abschnitt 6.6.2.3). # markiert das Ende einer Flexionsendung, $ steht für eine Leerendung, und + markiert das Ende von Stämmen. Diese Hilfssymbole werden nach der Anwendung der Transduktoren gelöscht.

Die beim Aneinanderfügen der Lautfolgen der einzelnen Morphe eines Wortes durchzuführenden Transformationen wurden in Abschnitt 8.1.1 beschrieben. Die folgenden Abschnitte zeigen, wie diese Transformationen in SVOX gehandhabt werden.

❯ 8.4.5.1 Bestimmung allomorphischer Varianten

In SVOX werden gewisse Stammvarianten (Allomorphe) mit Transduktoren erzeugt. So wird z.B. die Verbform "handle" während der morphologischen Analyse unter Anwendung der morphographemischen Transduktoren (Einfügen von "e") in den Stamm "handel" und die Konjugationsendung "e" aufgespaltet mit den entsprechenden Lautfolgen ['handəl+] und [ə#]. Bei der Zusammensetzung der Lautfolgen muss daher der dem "e" entsprechende Laut [ə] des Stammes wieder getilgt werden. Somit ergeben sich also die Lautfolgen ['handl+] und [ə#]. Generell gibt es für jede morphographemische Regel dieser Art eine entsprechende morphophonetische Regel, die in umgekehrter Richtung angewendet wird.

❯ 8.4.5.2 Bestimmung morphophonetischer Varianten

Zu den morphophonetischen Variantenbildungen gehören im Deutschen die Auslautverhärtung, die Aspiration der stimmlosen Plosive, die Aussprache der Endung "-ig", etc. Diese Variantenbildungen gehorchen einfachen Regeln (siehe

Abschnitt 8.1.1.3, oder umfassender in [10]), die sich leicht in Two-Level-Regeln übersetzen lassen.

Für ein in Morphe zerlegtes Wort kann z.B. die Auslautverhärtung wie folgt mit Two-Level-Regeln ausgedrückt werden:

$$'b'/'p' \Leftrightarrow \_\ '+'\ \%NonVoc$$
$$'d'/'t' \Leftrightarrow \_\ '+'\ \%NonVoc$$
$$'g'/'k' \Leftrightarrow \_\ '+'\ \%NonVoc$$
$$'z'/'s' \Leftrightarrow \_\ '+'\ \%NonVoc$$
$$'v'/'f' \Leftrightarrow \_\ '+'\ \%NonVoc$$

Im Unterschied zur Notation in Abschnitt 6.6 werden in der in SVOX benutzten Notation Symbolpaare mit zwei gleichen Symbolen abgekürzt geschrieben, also für '+'/'+' nur '+'. Zudem ist *%NonVoc* eine Kurzbezeichnung für ein beliebiges Element aus der Menge der phonetischen Symbole, die keine Vokale sind (inkl. Glottalverschluss [|] und Wortende #), also:

$$\%NonVoc = \ 'b' \mid '\varsigma' \mid 'd' \mid 'f' \mid 'g' \mid 'h' \mid 'j' \mid 'k' \mid \ldots \mid 'z' \mid 'ʒ' \mid '|' \mid '\#'$$

So lassen sich die Two-Level-Regeln kompakt formulieren. Die resultierenden Transduktoren werden dadurch selbstverständlich nicht kleiner.

⊙ 8.4.5.3 Bestimmung der Silbengrenzen

Ein zusätzlicher wichtiger Schritt in der Bestimmung der phonetischen Umschrift eines Wortes ist das Setzen der Sprechsilbengrenzen, da sich die Prosodiebestimmung auf die Silbe als Grundeinheit stützt. Jede Silbe hat einen Silbenkern, wobei jeder Vokal, jeder Diphthong und jeder silbische Konsonant[6] ein Silbenkern ist. Die Konsonanten zwischen den Silbenkernen werden nach gewissen Kriterien der linken oder rechten Silbe zugeschlagen.

Die Positionen der Silbengrenzen sind im Deutschen zum Teil morphologisch bestimmt, zum Teil rein phonetisch: Prinzipiell steht vor jedem Stamm und jeder Vorsilbe eine Silbengrenze (was ein morphologisches Kriterium ist), während die restlichen Silbengrenzen nach rein lautlichen Kriterien gesetzt werden (diese Regeln sind z.B. in [9] angegeben).

Für das Beispiel "Hundstage" mit den Lautfolgen der Morphe ['hʊnt+], [s], ['taːg] und [ə#] ergeben sich die Silbengrenzen in der phonetischen Umschrift des Wortes zu ['hʊnts-'taː-gə]. Hierbei ist die erste Silbengrenze vor "tage" morphologisch determiniert (Grenze vor Stammanfang), während die zweite Grenze phonetischen Regeln folgt (ein einzelner Konsonant zwischen zwei Vokalen ge-

---

[6]Silbische Konsonanten (siehe IPA-Tabelle für Deutsch im Anhang A.1.1) entstehen durch Schwa-Tilgung. Beispielsweise wird ['haːbən] durch das Weglassen des Schwas zu ['haːbn̩].

hört zur rechtsstehenden Silbe, d.h. die Silbengrenze wird vor dem Konsonanten gesetzt).

Für das Beispiel aus Abbildung 8.2 erzeugt SVOX nach all diesen Transformationsschritten die phonetische Umschrift:

['haɪn-rɪç bə-'zuːx-tə 'gɛs-tɐn 'diː 'ḁus-'ʃtɛ-lʊŋ 'ɪm 'kʊnst-mu-'zeː-ʊm].

❯ 8.4.6 Akzentuierung

Die Akzentuierung wird in SVOX in zwei Schritten durchgeführt. Zuerst wird die Wortakzentuierung ermittelt, also die Position der Haupt- und Nebenakzente in den einzelnen Wörtern. In einem zweiten Schritt werden die relativen Stärken der Wortakzente im Kontext des Satzes festgelegt. Daraus resultiert schliesslich die Satzakzentuierung.

❯ 8.4.6.1 Wortakzentuierung

Für Wörter im Vollformenlexikon ist die Wortakzentuierung bereits in den zugehörigen Lautfolgen im Lexikon gegeben. Bei morphologisch zerlegten Wörtern enthalten alle Stämme und betonbaren Präfixe (z.B. "auf", "ein") und Suffixe (z.B. "ei" wie in "Spielerei") einen Akzent. Für die Akzentuierung des ganzen Wortes wird dann im Normalfall (ausser wenn betonte Suffixe vorkommen) der erste im Wort vorkommende Akzent zum Worthauptakzent, während alle anderen Akzente zu Nebenakzenten werden. Im Beispiel von Abbildung 8.2 wird also für das Wort "Kunstmuseum", für das die primäre phonetische Umschrift ['kʊnst-mu-'zeː-ʊm] hergeleitet wurde, nach der Wortakzentuierung die Umschrift ['kʊnst-mu-ˌzeː-ʊm] erzeugt, mit dem Hauptakzent auf dem ersten Stamm und einem Nebenakzent auf dem zweiten.

Anzumerken ist, dass die korrekte Aussprache des Stammes "Museum" inklusive des Hauptakzentes auf der zweiten Silbe im Morphemlexikon stehen muss. Es gibt im Deutschen keine Regeln dafür, welche Silbe eines mehrsilbigen Stammes die Hauptbetonung erhält (vergl. Abschnitt 8.1.2.1).

Für das Wort "Ausstellung" aus dem gleichen Beispiel ist die primäre phonetische Umschrift ['ḁus-'ʃtɛ-lʊŋ] und nach der Wortakzentuierung ['ḁus-ˌʃtɛ-lʊŋ]. Der Worthauptakzent ist also wiederum auf dem ersten Bestandteil (dem Präfix "aus") und der Nomenstamm "stellung" erhält einem Nebenakzent.

⊘ 8.4.6.2 Satzakzentuierung

Die Satzakzentuierung in SVOX wurde in Anlehnung an die Arbeit von Kiparsky [24] konzipiert und beruht auf dem Prinzip der sogenannten *Nuclear Stress Rule* (NS-Regel). Dieses generelle Akzentuierungsprinzip besagt Folgendes: Wenn eine Teilkonstituente allein steht, trägt sie einen Hauptakzent (wird in der Linguistik als Akzent 1 geschrieben, d.h. als Primärakzent). Werden mehrere Teilkonstituenten zu einer übergeordneten Konstituente zusammengefasst, bleibt der "Kern" (Nucleus) hauptbetont, während die anderen Akzente abgeschwächt werden (also höhere Zahlenwerte erhalten). Diese Regel wird in Bottom-up-Manier auf alle Konstituenten des Syntaxbaumes angewendet.

Was als "Kern" zu betrachten ist, hängt von der Art der Konstituente ab (vergl. Abschnitt 8.1.2.1). In SVOX kann der hauptbetonte Teil (also der Kern) für jeden Konstituententyp definiert werden. In vielen Fällen gilt jedoch das Prinzip der Endbetonung, d.h. innerhalb einer syntaktischen Konstituente ist die letzte akzentuierte Teilkonstituente die am stärksten betonte.

Für unseren Beispielsatz von Abbildung 8.2 werden zuerst unbetonbare von betonbaren Wortkategorien unterschieden, und auf jedes betonbare Wort wird ein Akzent 1 gesetzt. Dies ergibt das folgende initiale Satzakzentmuster:

(Heinrich besuchte gestern ((die neue Ausstellung) (im Kunstmuseum)))
   1   1   1   1   1   1

Die hierarchische Struktur des Syntaxbaumes wird hier mit Klammern angedeutet. Daraus ist ersichtlich, welche kleineren Konstituenten zu grösseren zusammengefasst sind.

Nun wird die NS-Regel angewendet. Dazu wird von links nach recht nach einer geklammerten Gruppe von Wörtern gesucht. Eine solche Gruppe zeichnet sich dadurch aus, dass vor dem ersten Wort eine linke Klammer steht, nach dem letzten eine rechte und dazwischen keine Klammern vorhanden sind. Nach diesem Kriterium finden wir zuerst die Nominalgruppe "die neue Ausstellung". Nominalgruppen sind generell endbetont, d.h. die Anwendung der NS-Regel bewirkt, dass der Akzent auf "Ausstellung" bleibt, während der Akzent auf "neue" reduziert wird. Um zu markieren, dass die NS-Regel auf diese Nominalgruppe angewendet worden ist, werden die betreffenden Klammern gelöscht. Dies ergibt

(Heinrich besuchte gestern (die neue Ausstellung (im Kunstmuseum)))
   1   1   1   2   1   1

Die nächste geklammerte Gruppe von Wörtern ist die Präpositionalgruppe "im Kunstmuseum". Da sie nur ein akzentuierbares Wort enthält, wird sie durch die NS-Regel nicht verändert, aber die Klammern fallen weg.

(Heinrich besuchte gestern (die neue Ausstellung   im Kunstmuseum))
   1   1   1   2   1   1

Die nächste geklammerte Wortgruppe ist nun "die neue Ausstellung im Kunstmuseum", die gemäss Syntaxbaum in Abbildung 8.2 wiederum eine Nominalgruppe bildet. Diese ist wie bereits erwähnt endbetont, d.h. der Akzent
auf "Kunstmuseum" bleibt hauptbetont, während die Akzente auf "neue" und
"Ausstellung" reduziert werden.

(Heinrich besuchte gestern (die neue Ausstellung   im Kunstmuseum))
   1   1   1   3   2   1

Hier kommt nun noch die sogenannte *Rhythmisierungsregel* zur Anwendung.
Diese Regel schreibt vor, dass die Akzentmuster 3 2 1 und 2 2 1 durch das
Muster 2 3 1 zu ersetzen sind. Analog werden die Muster 1 2 3 und 1 2 2 durch
1 3 2 ersetzt. Die Anwendung dieser Rhythmisierungsregel ergibt somit

(Heinrich besuchte gestern   die neue Ausstellung   im Kunstmuseum)
   1   1   1   2   3   1

Nun ist nur noch eine einzige geklammerte Wortgruppe vorhanden, die den
ganzen Satz *KS* umfasst. Auch hier gilt wieder das Endbetonungsprinzip, und
es ergibt sich die Akzentuierung

Heinrich besuchte gestern   die neue Ausstellung   im Kunstmuseum
  2   2   2   3   4   1

Da der ursprüngliche Akzent 2 auf "neue" bereits schwächer war als die 1-
Akzente auf "Heinrich", "besuchte" und "gestern", werden in diesem Schritt die
Akzente von "neue" und "Ausstellung" auf 3 bzw. 4 reduziert, um die relativen
Verhältnisse zwischen "Ausstellung" und z.B. "Heinrich" beizubehalten.
Mit diesem Schritt ist die Akzentuierung in diesem Beispiel bereits beendet. In
SVOX wird nun zusätzlich eine Regel angewendet, die den Akzent des Vollverbs
noch um eine Stufe reduziert. Diese Zusatzregel trägt der Tatsache Rechnung,
dass das Vollverb, falls es nicht den Hauptakzent 1 des ganzen Satzes trägt,
generell nur schwach betont ist. Somit erhalten wir

Heinrich besuchte gestern   die neue Ausstellung   im Kunstmuseum
  2   3   2   3   4   1

Wie man leicht einsehen kann, werden für längere und hoch strukturierte Sätze nach diesem Verfahren Akzente sehr vieler Stufen erzeugt. Dies ist jedoch
kaum sinnvoll, da nur etwa vier bis fünf Stärkegrade der Betonung einer Silbe
gehörmässig unterschieden werden können. Die oben erhaltene Akzentuierung
wird deshalb nach der Phrasierung nochmals modifiziert, wie in Abschnitt 8.4.8
gezeigt wird.

❯ 8.4.7 Phrasierung

Die Phrasierung in SVOX beruht auf einem Verfahren von Bierwisch [3]. Dabei werden kleinere syntaktische Konstituenten zu grösseren Einheiten, also Sprechgruppen oder Phrasen verschmolzen. Der Algorithmus stützt sich also auf die syntaktische Struktur eines Satzes, d.h. auf den Syntaxbaum. Das Phrasierungsverfahren von SVOX wird hier leicht vereinfacht wiedergegeben.

Zuerst wird zwischen je zwei benachbarten Wörtern eines Satzes eine initiale Phrasengrenze $\#k$ gesetzt, wobei der Index k angibt, wie stark die Wörter syntaktisch gekoppelt sind. Dieser Index ermittelt sich aus der Stufe s des ersten gemeinsamen Elternknotens im Syntaxbaum zu $k = s + 2$, wobei der Satzknoten (z.B. der Knoten KS in Abbildung 8.2) auf Stufe 1 liegt und tiefere Knoten höhere Indizes haben. Je höher der Index, desto enger ist also die syntaktische Verbindung zwischen benachbarten Wörtern.

Die Indizes 0 bis 2 sind reserviert: Mit dem Index 0 werden der Anfang und das Ende des Satzes markiert; der Index 1 wird an Orten gesetzt, wo ein Satzzeichen im Eingabesatz vorkommt; Index 2 wird vor dem finiten Verb gesetzt.[7] Für unseren Beispielsatz ergibt sich also die folgende initiale Phrasierung:

> #0 Heinrich #2 besuchte #3 gestern #3 die #5 neue #5 Ausstellung
> #4 im #5 Kunstmuseum #0

In einem ersten Schritt werden nun nicht akzentuierte Wörter mit benachbarten Phrasen verschmolzen. Dies geschieht durch Löschung einer der Phrasengrenzen, die vor und nach dem betreffenden Wort gesetzt sind, und zwar wird die Grenze mit dem höheren Index gelöscht. Dies bedeutet, dass nicht akzentuierte Wörter (hauptsächlich Artikel) mit demjenigen benachbarten Wort zu einer Phrase verschmolzen werden, mit dem sie syntaktisch stärker verbunden sind. Im Beispiel ergibt sich also durch Löschung der rechten Phrasengrenzen nach den Wörtern "die" und "im" die Phrasierung

> #0 Heinrich #2 besuchte #3 gestern #3 die   neue #5 Ausstellung
> #4 im   Kunstmuseum #0

Im zweiten Schritt können weitere Phrasengrenzen gelöscht werden, wenn sie die beiden folgenden Bedingungen erfüllen: Erstens dürfen die benachbarten Grenzen nicht einen höheren Index haben als die zu tilgende Grenze. Zweitens muss mindestens eine der beiden angrenzenden Phrasen noch nicht gross genug sein, um eine endgültige Phrase zu bilden. Um zu bestimmen, ob eine temporäre

---

[7]Der Index 2 vor dem finiten Verb wird gesetzt, weil im Allgemeinen die Trennung zwischen dem Satzteil vor dem Verb und dem Verb stärker ist als die Trennung nach dem Verb. In der Satzgrammatik von SVOX kommt dies jedoch in der syntaktischen Struktur nicht zum Ausdruck.

Phrase eine endgültige Phrase bilden kann, wird ein Kriterium angewendet, das die Anzahl der Silben und die Anzahl der Akzente berücksichtigt (Details dazu sind in [46] zu finden).

In unserem Beispiel führt dies zu folgendem zyklischen Ablauf der Grenzentilgung (von höheren zu tieferen Indizes und von links nach rechts):

#0 Heinrich #2 besuchte #3 gestern #3 die   neue   Ausstellung
#4 im   Kunstmuseum #0

#0 Heinrich #2 besuchte #3 gestern #3 die   neue   Ausstellung
   im   Kunstmuseum #0

#0 Heinrich #2 besuchte   gestern #3 die   neue   Ausstellung
   im   Kunstmuseum #0

Die Grenze #3 zwischen "gestern" und "die" wird nicht mehr getilgt, weil "besuchte gestern" schon gross genug ist, um eine eigene Phrase zu bilden. Die Grenze #2 vor dem Verb wird auch nicht mehr getilgt, weil die Nachbargrenze auf der rechten Seite einen höheren Index hat.

❷ 8.4.8 Generierung der phonologischen Darstellung

Nach der Phrasierung wird die Akzentuierung nochmals verändert, indem pro Phrase alle Akzente in ihrer Stärke wieder so angehoben werden, dass der stärkste Akzent 1 wird (d.h. zum Phrasenhauptakzent wird), aber unter Beibehaltung der relativen Stärkeverhältnisse. Falls mehrere gleichstarke Akzente zum Akzent 1 würden, wird nur der am weitesten rechts stehende zum Phrasenhauptakzent. Durch diese Normierung der Akzente wird verhindert, dass die Akzentuierung eines sehr langen Satzes zu unsinnig vielen Akzentstufen führt. Ausserdem wird in jeder Phrase ein Phrasenhauptakzent bestimmt, der eine wichtige Rolle bei der Realisierung von Phrasenmelodiemustern spielt. Für unseren Beispielsatz erhalten wir also die folgenden endgültigen Phrasengrenzen und Satzakzentstärken:

Heinrich #2 besuchte gestern #3 die neue Ausstellung im Kunstmuseum
   1   2   1   2   3   1

Die phonetische Umschrift, die Akzente und die Phrasengrenzen eines Satzes werden in SVOX zur phonologischen Darstellung zusammengefasst, die für unser Beispiel wie folgt aussieht:

(P) [1]haɪn-rɪç #{2}
(P) bə-[2]zuːx-tə [1]gɛs-tɐn #{3}
(T) diː [2]nɔy-ə [3]|aus-[4]ʃtɛ-luŋ |ɪm [1]kʊnst-mu-[4]zeː-ʊm.

Jeder Phrase wird ein Phrasentyp zugeordnet, wobei (P) für eine progrediente, also weiterführende Phrase und (T) für eine terminale, also satzabschliessende

Phrase steht. Wortnebenakzente sind in der phonologischen Darstellung ebenfalls enthalten. Diese werden immer auf die Stärke 4 gesetzt.

❯ 8.4.9 Weiterverarbeitung der phonologischen Darstellung

Bemerkenswert ist, dass die phonologische Darstellung, wie sie als Ausgabe
der Transkription im Sprachsynthesesystem SVOX resultiert, viel Information,
die nach der morphologischen und syntaktischen Analyse noch vorhanden war,
nicht mehr enthält. Die phonologische Darstellung drückt insbesondere keine
hierarchische, sondern bloss eine sequentielle Ordnung aus.

Die zusätzlichen Informationen waren nötig, um aus der hierarchischen Struktur
die richtigen Schlüsse bezüglich Lautfolge, Akzentuierung und Phrasierung zu
ziehen. Sie werden jedoch nicht mehr gebraucht, um in der phono-akustischen
Stufe die prosodischen Grössen und schliesslich das Sprachsignal zu generieren,
wie dies in Kapitel 9 gezeigt wird.

Kapitel 9

**Sprachsynthese:
Phonoakustische Stufe**

9

9   **Sprachsynthese: Phonoakustische Stufe**

9 Sprachsynthese: Phonoakustische Stufe

In diesem Kapitel wird der stimmabhängige Teil der Sprachsynthese besprochen, den wir als phonoakustische Stufe bezeichnen. Die Aufgabe der phonoakustischen Stufe ist, aus der stimmunabhängigen phonologischen Darstellung, der Ausgabe der Transkriptionsstufe (vergl. Abschnitt 7.4), das konkrete Sprachsignal zu erzeugen.

Wie ein natürliches Sprachsignal muss auch ein synthetisches einerseits eine Lautfolge beinhalten, andererseits muss es gewisse prosodische Eigenschaften aufweisen. Dementsprechend umfasst die phonoakustische Stufe einer Sprachsynthese im Wesentlichen zwei Komponenten: die Prosodiesteuerung und die Sprachsignalproduktion (siehe Abbildung 7.2).

Die Prosodiesteuerung leitet hauptsächlich aus den Angaben über Akzente, Phrasengrenzen und Phrasentypen die prosodischen Grössen ab und bestimmt für jeden zu synthetisierenden Laut die Grundfrequenz, die Dauer und die Intensität.

Die Sprachsignalproduktion kann schliesslich die Laute in der vorgeschriebenen Reihenfolge und mit der verlangten Grundfrequenz, Dauer und Intensität erzeugen: Es resultiert das synthetische Sprachsignal.

Für die Realisierung dieser beiden Komponenten gibt es eine grosse Anzahl teilweise ganz unterschiedlicher Ansätze und Methoden. Es ist nicht die Meinung, hier eine umfassende Übersicht darüber zu geben. Es werden für beide Teile der phonoakustischen Stufe aber je ein paar ausgewählte Ansätze vorgestellt. In den Abschnitten 9.1 und 9.2 geht es um Ansätze für die Sprachsignalproduktion, in Abschnitt 9.3 um die Prosodiesteuerung.

9.1 Verfahren für die Sprachsignalproduktion

Im Gegensatz zu einem Text, der aus einer Abfolge diskreter Symbole, den Schriftzeichen besteht, zeichnet sich ein Sprachsignal dadurch aus, dass sich die charakteristischen Merkmale eines Lautes kontinuierlich auf den Folgelaut hin verändern. Ein Sprachsynthesesystem, das einigermassen verständliche Sprache produzieren soll, muss diese wohl wichtigste Eigenschaft der Lautsprache berücksichtigen, indem das Sprachsignal so produziert wird, dass keine abrupten Übergänge entstehen.

Die zahlreichen Ansätze, wie in Sprachsynthesesystemen Sprachsignale produziert werden, können in drei Gruppen eingeteilt werden. Diese werden im Folgenden zusammen mit ihren Vor- und Nachteilen skizziert.

◉ 9.1.1 Der artikulatorische Ansatz

Bei der artikulatorischen Sprachsynthese wird versucht, den menschlichen Sprechapparat und seine beim Sprechen beobachtbaren Bewegungsabläufe zu modellieren. Das Ziel dabei ist, ein so genaues Modell zu haben, dass das Ausgangssignal des Modells für das menschliche Ohr einem natürlichen Sprachsignal möglichst gut entspricht. Ein solches artikulatorisches Modell und seine Parameter sind in Abbildung 9.1 dargestellt.

In diesem Modell wird der Zungenrücken durch drei Parameter gesteuert, wobei X und Y die Stellung bzw. die langsamen Bewegungen in der sagittalen Ebene bestimmen und auch die Kieferstellung festlegen. Schnelle Bewegungen des Zungenrückens (z.B. dorsovelarer Verschluss bei den Lauten [g] und [k]) werden durch den Parameter K spezifiziert. Weiter bestimmen die Parameter W und L die Öffnung und die Rundung der Lippen, B und R die Hebung und die Zurückkrümmung der Zungenspitze, und N die Stellung des Gaumensegels (Nasalierung). Schliesslich wird durch drei Parameter die Art der Anregung gesteuert: G bestimmt die Öffnung der Glottis und damit ob die Stimmlippen schwingend aneinanderschlagen und somit den Luftstrom periodisch unterbrechen oder ob die Luft kontinuierlich zwischen den sich nicht berührenden Stimmlippen hindurchströmt; Q steuert die Stimmlippenspannung und damit die Schwingfrequenz, und P_S gibt den Druck in der Luftröhre an.

Die Parameter eines artikulatorischen Modells werden aufgrund vieler Messungen zeitlicher Abläufe von Sprechvorgängen ermittelt, z.B. mittels Röntgenfilmen und im Vokaltrakt angebrachter Sensoren. Man kann sich leicht vorstellen, dass dies mit einem enormen Aufwand verbunden ist und zudem für den untersuchten Sprecher erhebliche Unannehmlichkeiten mit sich bringt. Angesichts der erreichten Sprachqualität, die trotz des grossen Aufwandes nicht wirklich

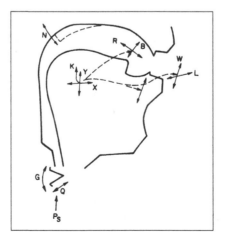

Abbildung 9.1. Artikulatorisches Modell der Spracherzeugung aus [7]

überzeugen kann, ist begreiflich, dass heutzutage kaum mehr mit rein artikulatorischen Ansätzen gearbeitet wird.

In neueren Arbeiten mit artikulatorischen Ansätzen wird deshalb vielfach versucht, die dynamischen Parameter des Vokaltraktmodells aus dem Sprachsignal zu eruieren und so einen direkteren Zusammenhang zwischen Modell und
Sprachsignal herzustellen. Dieser Weg scheint wesentlich erfolgversprechender
zu sein, wie beispielsweise einschlägige Arbeiten an der Universität Göttin-
gen gezeigt haben (siehe [13]). Der Erfolg wird hier daran gemessen, dass es
gelungen ist, mit dem artikulatorischen Modell Laute und Lautübergänge so
zu erzeugen, dass kurze Sprachproben gut verständlich und einigermassen natürlich sind. Ein vollständiges Sprachsynthesesystem, das Text in Lautsprache
umwandelt, existiert jedoch noch nicht.

9.1.2 Der Signalmodellierungsansatz

Bei dieser Art der Sprachproduktion wird nicht versucht, den Sprechapparat
zu modellieren, sondern direkt das Sprachsignal. Wie der Mensch das Sprachsignal produziert, hat bei diesem Ansatz keine Bedeutung. Das Sprachproduk-
tionsmodell ist ausschliesslich darauf ausgerichtet, ein Signal zu erzeugen, das
vom menschlichen Ohr als Sprache wahrgenommen wird. Die erzeugten Signale
müssen also hinsichtlich der gehörmässig relevanten Eigenschaften mit natürlichen Sprachsignalen gut übereinstimmen. Die wichtigsten dieser Eigenschaften
werden im nächsten Abschnitt zusammengefasst.

9.1.2.1 Wichtige Eigenschaften von Sprachsignalen

Zu den für die Wahrnehmung wichtigsten Eigenschaften von Sprachsignalen
gehören die folgenden:

— Es gibt quasiperiodische und rauschartige Signalabschnitte und dazwischen
  können beliebige Übergangs- und Mischbereiche auftreten.

— Die relative Bandbreite von Sprachsignalen ist gross, d.h. Sprachsignale sind
  aus Komponenten zusammengesetzt, die frequenzmässig über den gesamten
  Hörbereich verteilt sind.

— Im Spektrum des Sprachsignals zeigen sich die Resonanzen des Vokaltraktes
  durch teilweise ausgeprägte lokale Energiemaxima. In der Phonetik heissen
  sie Formanten.

— Sprachsignale sind an gewissen Stellen quasistationär, aber nie exakt stationär. Exakt stationäre (periodische) Signale werden nicht als Sprache, sondern als technische Geräusche wahrgenommen, z.B. als Hupsignal.

— Die Charakteristik der Sprachsignale, d.h. ihre spektrale Zusammensetzung,
  ändert sich nicht abrupt. Eine Ausnahme bilden die Plosivlaute.

Jeder Ansatz, mit dem einigermassen natürlich klingende Sprachsignale erzeugt werden sollen, muss all diesen Eigenschaften Rechnung tragen.

9.1.2.2 Sprachsignalerzeugung mit dem LPC-Ansatz

In Abschnitt 4.5 wurde gezeigt, wie aus einem Sprachsignal eine Sequenz von LPC-Parametern berechnet werden kann und wie aus diesen Parametern mit dem LPC-Sprachproduktionsmodell in Abbildung 4.19 das Sprachsignal rekonstruiert wird. Mit dem LPC-Sprachproduktionsmodell kann also grundsätzlich jedes beliebige Sprachsignal erzeugt werden. Voraussetzung ist allerdings, dass es gelingt, die Parameter des Modells in Funktion der Zeit richtig zu steuern.

Eine Möglichkeit wäre z.B., für jeden Laut einer Sprache ein typisches Muster in der Form eines Signalabschnittes zu nehmen und daraus die Parameter des LPC-Modells zu bestimmen.[1] Ein synthetisches Sprachsignal könnte dann erzeugt werden, indem für jeden Laut die Modellparameter dem Musterlaut entsprechend gesetzt und für die gewünschte Dauer des Lautes konstant gehalten werden. Ein so erzeugtes Sprachsignal verletzt jedoch zwei grundlegende Eigenschaften natürlicher Lautsprache (vergl. Abschnitt 9.1.2.1): Das Signal ist innerhalb eines Lautes exakt stationär und an den Lautgrenzen ändert sich seine spektrale Zusammensetzung abrupt. Ein solches Signal tönt nicht wie Lautsprache und ist auch nicht verständlich.

Eine nahe liegende Idee zur Verbesserung dieses Ansatzes ist, die abrupten Übergänge zu vermeiden, indem durch Interpolation ein sanfterer Übergang von einem Laut zum nächsten erzeugt und dadurch gleichzeitig auch die Länge der stationären Phasen verkürzt wird. Dieses Vorgehen führt jedoch aus dem folgenden Grunde nicht zum Erfolg: Durch die Interpolation der Filterkoeffizienten entsteht für jeden Interpolationszeitpunkt ein neues Filter, d.h. eine neue Übertragungsfunktion. Die Sequenz dieser Filter beschreibt somit den Übergang im Spektrum. Diese künstlichen Lautübergänge unterscheiden sich aber stark von den natürlichen, die durch die Bewegung der Artikulatoren entstehen, und werden daher als sehr störend wahrgenommen.

Der Versuch, das LPC-Modell auf diese Art zur Signalerzeugung in einem Sprachsynthesesystem einzusetzen, muss somit als untauglich betrachtet werden. Die LPC-Methode kann jedoch auf eine andere Art durchaus erfolgreich für die Sprachsynthese eingesetzt werden, wie in Abschnitt 9.2.4 gezeigt wird.

---

[1]Mit diesem Ansatz lassen sich selbstverständlich nur stationäre Laute beschreiben. Zur Charakterisierung lautlicher Merkmale, die wesentlich auf einer zeitlichen Veränderung beruhen, wie dies beispielsweise bei den Plosivlauten der Fall ist, eignet sich dieser Ansatz deshalb nicht.

⊙ **9.1.2.3 Sprachsignalerzeugung mit dem Formantansatz**

Ein früher oft zur Erzeugung von Sprachsignalen angewendetes Verfahren beruht auf dem Formantansatz (siehe Abbildung 9.2). Wie beim LPC-Ansatz sind auch hier die Tonerzeugung und die Klangformung getrennt. Der hauptsächliche Unterschied besteht in der Art des Filters, welches die Enveloppe des Sprachspektrums approximiert. Beim LPC-Ansatz wird dafür ein einziges Filter der Ordnung K (mit $K = 12, \ldots, 16$, bei 8 kHz Abtastfrequenz) eingesetzt. Im Gegensatz dazu verwendet man beim Formantansatz pro zu modellierenden Formanten je ein Filter zweiter Ordnung. Meistens werden fünf Formantfilter eingesetzt.

Da für die Lautwahrnehmung in erster Linie die Lage, die Güte (relative Bandbreite) und die relative Höhe der Formanten massgebend sind, besteht zwischen den Formantfiltern und den Lauten ein viel direkterer Zusammenhang. Insbesondere ist es mit den Formantfiltern viel eher möglich, natürlich klingende Lautübergänge zu erzeugen, weil die Formanttransitionen in diesem Ansatz explizit spezifiziert werden können.

An die Formanttransitionen müssen jedoch hohe Anforderungen gestellt werden, da die natürlichen Lautübergänge recht genau zu approximieren sind. Andernfalls entstehen bei der synthetischen Sprache anstelle der natürlichen Laut-

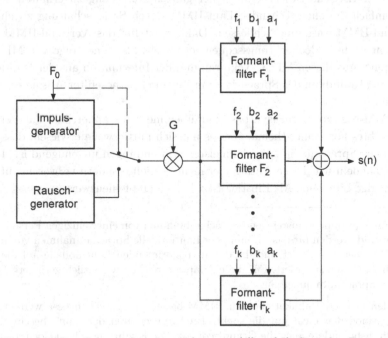

Abbildung 9.2. Das Formant-Sprachproduktionsmodell enthält für jeden Formanten F_j ein Filter zweiter Ordnung, mit dessen Parameter die Frequenz f_j, die Bandbreite b_j und die Amplitude a_j des betreffenden Formanten gesteuert werden.

übergänge störende Klänge oder Geräusche, welche die Verständlichkeit stark beeinträchtigen.

Wie die Laute sind auch die Formanttransitionen der Lautübergänge sprach- und sprecherabhängig, und es ist eine enorme Arbeit, alle für einen Formant- synthetisator nötigen Informationen bereitzustellen. Es ist somit auch nicht verwunderlich, dass es bis heute nur ganz wenigen Institutionen gelungen ist, mit dem Formantansatz ein Sprachsynthesesystem zu realisieren, das eine über- zeugende Sprachqualität aufweist.

(>) 9.1.2.4 Signalproduktion mit HMM

Um die Jahrhundertwende erlangte die HMM-basierte Sprachsignalproduktion grosses Interesse. Ihr liegt die Idee zugrunde, Laute mit einem statistischen An- satz zu beschreiben, nämlich mit HMM, wie dies auch in der Spracherkennung gemacht wird. Weil Laute stark durch die Nachbarlaute und den prosodischen Kontext geprägt sind, werden bei diesem Ansatz kontextabhängige Lautmodel- le verwendet. Diese erhält man durch ein Training wie es in Abschnitt 13.6.2 beschrieben ist. Damit die Lautmodelle die spezifischen Eigenschaften einer be- stimmten Stimme beschreiben, werden für das Training nur Sprachsignale einer einzigen Person verwendet.[2]

Um die statistische Beschreibung einer ganzen Äusserung zu erhalten, kann man einfach die entsprechenden Laut-HMM durch Serienschaltung zu einem Verbund-HMM zusammenschliessen. Dann wird für das Verbund-HMM die wahrscheinlichste Beobachtungssequenz ermittelt, also eine Folge von MFCC- Vektoren.[3] Aus diesen MFCC-Vektoren und der Information aus der Prosodie- steuerung kann dann das Sprachsignal mit einem Synthesefilter-Ansatz erzeugt werden.

Die HMM-basierte Sprachsynthese war über mehr als anderthalb Jahrzehnte ein beliebtes Forschungsthema, aber es hat sich mittlerweile erwiesen, dass die erreichbare Sprachqualität für die meisten Anwendungen ungenügend ist. Des- halb behandeln wir diesen Ansatz hier nicht vertieft, sondern verweisen auf die einschlägige Literatur. Als Einstieg ist z.B. [49] empfehlenswert.

---

[2]In Fällen, wo nicht ausreichend Sprachaufnahmen von einer einzigen Person vor- handen sind, werden für das Training der Lautmodelle Sprachaufnahmen von meh- reren Personen verwendet und die daraus resultierenden Lautmodelle auf die ge- wünschte Stimme adaptiert. Für diese Adaption reichen wesentlich geringere Men- gen von Sprachaufnahmen aus.

[3]In den meisten Publikationen zur HMM-basierten Sprachsynthese werden mit den Lautmodellen nicht nur die spektralen Eigenschaften der Laute beschrieben, sondern insbesondere auch die Grundfrequenz. Die Erfahrung zeigt jedoch, dass so erzeugte Grundfrequenzverläufe viel weniger natürlich klingen, als dies mit der in Abschnitt 9.3.2 beschriebenen Grundfrequenzsteuerung möglich ist.

(>) 9.1.2.5 Sprachsignalproduktion mit NN

Ein ganz neuer Ansatz zur Sprachsignalmodellierung ist der Einsatz eines CNN
(*convolutional neural network*), wie dies in [48] gemacht worden ist. Dabei handelt es sich um einen autoregressiven Ansatz, bei dem ein erweitertes CNN
verwendet wird, um aus den K vorangehenden Abtastwerten des Signals den
nächsten Abtastwert zu generieren. Über zusätzliche Eingänge wird dem Netz
weitere Information über den zu generierenden Abtastwert zugeführt, beispielsweise für welchen Laut der Abtastwert generiert werden soll, welche Grundfrequenz und welche Lautheit das Signal an der momentanen Stelle haben soll, bis
zur gewünschten Stimmcharakteristik.

Für das Training eines solchen Netzes sind sehr viele Sprachsignale nötig. Aus
praktischen Gründen werden Sprachsignale verschiedener Sprecher eingesetzt,
weil sich so einfacher genügend umfangreiche Trainingsdaten erreichen lassen.
Zudem hat sich gezeigt, dass ein solches Training ein besseres Sprachsignalmodell ergibt (gemäss [48]).

Die Hörbeispiele in https://deepmind.com zeigen, dass sich mit einem CNN-
basierten Sprachsignalmodell mit Abstand die beste Sprachqualität von allen
Sprachsignalmodellierungsansätzen erreichen lässt. Aus der momentan einzigen
Publikation geht jedoch nicht hervor, wie gross der mit diesem Ansatz verbundene Rechenaufwand ist.[4]

(>) 9.1.3 Der Verkettungsansatz

Die Spracherzeugung nach dem Verkettungsansatz geht davon aus, dass Sprachsignale mit einer beliebigen Aussage durch Aneinanderfügen geeigneter Segmente[5] aus vorhandenen, natürlichen Sprachsignalen erzeugt werden können. Der
Vorteil dieses Ansatzes ist, dass man auf der Ebene der Signalsegmente (also
auf der segmentalen Ebene) automatisch absolut natürliche Sprache hat. Damit
kann ein wesentlicher Teil der Probleme, die dem artikulatorischen Ansatz und
auch dem Formantansatz inhärent sind, vermieden werden.

---

[4]Die Firma DeepMind, Tochterfirma von Google Inc., hat bisher mit ihrer Publikation [48] nur wenig Details über WaveNet enthüllt.

[5]Um der Klarheit willen werden hier die Begriffe Segment, Abschnitt und Ausschnitt eines Sprachsignals wie folgt verwendet: Ein *Segment* ist ein Stück eines
Sprachsignals, das einen definierten linguistischen Bezug aufweist, z.B. ein Lautsegment oder Diphonsegment. Im Zusammenhang mit dem Verkettungsansatz bezeichnen wir Segmente auch als Grundelemente. Ein *Abschnitt* ist eine Signalverarbeitungseinheit, also ein in der Regel sehr kurzes Signalstück (einige ms), das
gewissen Transformationen unterworfen wird, z.B. der Fouriertransformation. Ein
Ausschnitt ist ein Signalstück, für das keine dieser beiden Definitionen zutrifft; es
kann beliebig lang sein.

Auch Sprachsignale, die durch die Verkettung von Segmenten erzeugt werden, müssen den in Abschnitt 9.1.2.1 aufgeführten Eigenschaften entsprechen. Daraus ergeben sich die folgenden Anforderungen an die Segmente und an die Verkettung:

— Weil Sprachsignale keine abrupten Übergänge aufweisen dürfen, können sie logischerweise nicht durch Verkettung von Lautsegmenten erzeugt werden. Vielmehr müssen die zu verwendenden Segmente alle möglichen Lautübergänge beinhalten. Als Grundelemente kommen somit Polyphone in Frage. Als Polyphon wird in der Sprachsynthese nach dem Verkettungsansatz ein Grundelement bezeichnet, das in der Mitte eines Lautes beginnt, sich über mehrere Laute erstreckt und in der Mitte eines Lautes endet. Ein häufig verwendeter Spezialfall ist das Diphon, an dem zwei Laute beteiligt sind. Es beginnt in der Mitte eines Lautes und endet in der Mitte des Folgelautes.

— Die Grundelemente müssen so aus den natürlichen Sprachsignalen extrahiert werden, dass bei der Verkettung an den Stossstellen möglichst geringe Diskontinuitäten entstehen (d.h. die spektralen Enveloppen des Signals vor und nach einer Stossstelle müssen möglichst ähnlich sein).

— Bei der Verkettung müssen Stossstellen, die in stimmhaften Lauten liegen, so behandelt werden, dass die Periodizität über die Stossstelle hinweg erhalten bleibt.

— Schliesslich, und dies ist der wichtigste Punkt, ist bei der Verkettung die Tatsache zu berücksichtigen, dass Laute je nach linguistischem Kontext prosodisch verschieden ausgeprägt sind (vergl. Abschnitt 9.3).

Der Verkettungsansatz ist der heutzutage am meisten angewendete Ansatz zur Produktion von Sprachsignalen. Der Grund liegt zur Hauptsache darin, dass mit diesem Ansatz die qualitativ besten Resultate erreicht werden.[6] Dies ist jedoch nur dann der Fall, wenn die obigen Anforderungen auch tatsächlich erfüllt werden. Einige der dabei zu lösenden Probleme werden in den folgenden Abschnitten besprochen.

---

[6]Wie bereits in Abschnitt 9.1.2.5 erwähnt, wird zwar mit einem CNN-basierten Sprachsignalmodell auch eine sehr hohe, möglicherweise sogar eine noch höhere Sprachqualität erreicht. Da aber die praktische Anwendbarkeit dieses Ansatzes aus Gründen des Rechen- und Speicheraufwandes derzeit noch sehr begrenzt ist, wird im Folgenden nicht weiter auf diesen Ansatz eingegangen.

9.2 Sprachsynthese nach dem Verkettungsansatz

Für die Sprachsynthese nach dem Verkettungsansatz müssen zuerst alle benötigten Grundelemente (Signalsegmente) zusammengestellt werden. Dabei kann nach zwei verschiedenen Strategien vorgegangen werden:

a) Soll die Menge der Grundelemente möglichst kompakt sein, dann müssen kurze Grundelemente gewählt und von jedem nur ein Exemplar in die Grundelementsammlung aufgenommen werden. Dies führt zur *Diphon-Synthese*. Weil in einem Sprachsignal, das natürlich klingen soll, die Laute je nach ihrer Position im Wort und im Satz unterschiedliche Grundfrequenz, Dauer und Intensität haben müssen, von jedem Diphon in der Grundelementsammlung aber nur ein Exemplar vorhanden ist, müssen die Diphone vor dem Verketten prosodisch verändert werden. Dies beeinträchtigt jedoch die Signalqualität.

b) Um die Grundelemente vor dem Verketten nicht verändern zu müssen, kann man anstelle einer möglichst kompakten Sammlung von Grundelementen eine variantenreiche Sammlung anstreben. Dazu wird eine grosse Menge von Sprachsignalen verwendet, die von einer Person mit der gewünschten Stimme und Sprechweise aufgenommen worden ist. Um einen Satz zu synthetisieren werden aus dieser Menge möglichst grosse Polyphonsegmente ausgesucht, die einerseits zusammen die Lautfolge des zu synthetisierenden Satzes ergeben und andererseits hinsichtlich der Prosodie gut passen. Diese Art der Sprachsignalerzeugung wird als *Korpussynthese* (engl. *unit selection synthesis*) bezeichnet.

Mit Korpussynthese erreicht man eine bessere Qualität, weil die Grundelemente nicht verändert werden müssen und weil das erzeugte Signal weniger Grundelementstossstellen aufweist. Wie viele Stossstellen in einem zu synthetisierenden Satz entstehen ist selbstverständlich von der Zusammensetzung des Korpus abhängig, was dazu führt, dass die Qualität und die Verständlichkeit von synthetisierten Sätzen stark variieren kann. Um mit der Korpussynthese gute Qualität zu erzielen, wird deshalb versucht, den Signalkorpus so auszulegen, dass darin möglichst viele der in einer Anwendung häufig zu synthetisierenden Wortfolgen im Korpus vorhanden sind. Es wird also ein anwendungsspezifischer Korpus verwendet.

Selbstverständlich ist auch ein beliebiger Kompromiss zwischen diesen beiden Extremfällen möglich, indem z.B. gewisse prosodische Varianten von Diphonen oder zusätzlich zu den Diphonen auch einige grössere Grundelemente in die Sammlung der Grundelemente aufgenommen werden.

In der Praxis kommt man auch bei der Korpussynthese nicht ganz ohne prosodische Veränderung der Grundelemente aus. Beispielsweise müssen längere Elemente an den Stossstellen so verändert werden, dass keine störenden Übergänge entstehen. Noch schwerwiegender ist jedoch, dass insbesondere bei Eigennamen, die nicht im Korpus vorhanden sind, auf recht kurze Grundelemente zurückgegriffen werden muss, im Extremfall auf Diphone. Da häufig die eigentliche Information in diesen Eigennamen besteht, ist auch hier schlussendlich die Qualität der Synthese mit kurzen Grundelementen wichtig. Wir wollen uns deshalb im Folgenden auf die Verkettung von kurzen Grundelementen konzentrieren, also das Vorgehen nach Strategie a) besprechen.

Welche Grundelemente für eine solche Sprachsynthese nötig sind und wie sie aus Sprachaufnahmen ausgeschnitten werden können wird in den Abschnitten 9.2.1 und 9.2.2 erläutert.

❯ 9.2.1 Wahl der Grundelemente

In Abschnitt 7.5.2 wurde dargelegt, welche lautliche Differenzierung bei der Sprachsynthese nötig und auch praktikabel ist. Für eine Sprachsynthese nach dem Verkettungsansatz sind bei der Wahl der Grundelemente zudem die folgenden Gesichtspunkte zu berücksichtigen:

— Die Grundelemente müssen so gewählt werden, dass jede in einer Sprache mögliche Lautfolge durch eine Folge von Grundelementen darstellbar ist.

— Je feiner die lautliche Differenzierung ist und je grösser die Grundelemente sind, desto stärker wächst die Zahl der nötigen Grundelemente.

— Für jedes Grundelement muss ein geeignetes Trägerwort oder ein Ausdruck vorhanden sein, aus dem das entsprechende Segment ausgeschnitten werden kann.[7] Grundsätzlich können dafür normale Wörter oder Kunstwörter (sog. Logatome) verwendet werden. Kunstwörter haben den Vorteil, dass sie in kompakter Form alle nötigen Grundelemente umfassen, aber den Nachteil, dass ihre Aussprache manchmal unklar ist.

— Die Trägerwörter müssen von einem Sprecher (bzw. einer Sprecherin, falls eine weibliche Stimme gewünscht wird) gesprochen werden, der in der Lage ist, die Laute möglichst einheitlich zu artikulieren. Diese Fähigkeit haben in der Regel nur professionelle Sprecher.

— Selbstverständlich müssen die Trägerwörter in möglichst guter Qualität aufgezeichnet werden.

---

[7]Naheliegenderweise können Grundelemente, die für eine Verkettungssynthese eingesetzt werden sollen, nicht isoliert gesprochen werden, weil sie mit einem halben Laut beginnen und enden müssen (vergl. Abschnitt 9.1.3).

❯ 9.2.2 Ausschneiden von Grundelementen

Nachdem die Trägerwörter aufgezeichnet worden sind, können die den Grundelementen entsprechenden Sprachsignalstücke ausgeschnitten werden. Wie erwähnt sind dabei die Schnittpunkte in die betreffenden Lautmitten zu legen.
Mit Lautmitte ist hier nicht die zeitliche Mitte gemeint. Die Schnittpunkte sollen so festgesetzt werden, dass bei der Sprachsynthese, also beim Verketten
von Grundelementen, an den Stossstellen möglichst geringe Diskontinuitäten
resultieren.

Dies ist eine Optimierungsaufgabe, für welche grundsätzlich ein automatisches
Verfahren denkbar ist, welches die Diskontinuitäten an allen potentiellen Stossstellen global minimiert. Dabei bilden je zwei Grundelemente, von denen das
eine gleich auslautet wie das andere anlautet, eine potentielle Stossstelle, weil sie
grundsätzlich verkettet werden können. Da die Trägerwörter jedoch so zusammengestellt werden, dass dasselbe Grundelement mehrmals vorkommt, und der
Sprecher die Trägerwörter bei der Aufnahme mehrmals spricht, müssen nicht
nur die Schnittstellen bestimmt, sondern gleichzeitig auch das beste Exemplar
jedes Grundelements ausgewählt werden. Zudem ist es schwierig zu ermitteln,
welche potentiellen Stossstellen in der späteren Synthese überhaupt auftreten
und wie häufig, und wie dies bei der Optimierung zu berücksichtigen ist. Dies
macht eine weitgehende Automatisierung enorm aufwändig (siehe [11]).

Eine einfachere, in der Praxis bewährte Alternative geht davon aus, dass man
unter Lautmitte die Stelle im Signal versteht, an welcher der Laut am ausge-
prägtesten vorhanden ist. Diese Stelle kann mit einem Lautzentroid bestimmt
werden. Das Zentroid eines Lautes wird durch eine spektrale Mittelung über viele klar artikulierte Exemplare dieses Lautes gewonnen. Weil ein Lautzentroid
von der Grundfrequenz des Sprachsignals unabhängig sein soll, wird das Spektrum des Zentroids über die LPC-Analyse oder über eine cepstrale Glättung
ermittelt.

Wir wollen das Ausschneiden von Grundelementen mit einem Beispiel illustrieren: Aus dem Signal des Trägerwortes "ihnen" in Abbildung 9.3 soll das Diphon
[ən] ausgeschnitten werden. Dafür sind zuerst die Mitten der beiden Laute [ə]
und [n] zu bestimmen.

Mithilfe des Zentroids kann in einem Sprachsignal die Mitte eines Lautes, also
der Anfang oder das Ende eines Grundelementes, folgendermassen bestimmt
werden: Das Sprachsignal wird abschnittweise in geglättete Spektren transformiert. Als Lautmitte wird der Zeitpunkt gewählt, bei dem das Sprachsignal und
das entsprechende Zentroid die geringste cepstrale Distanz (vergl. Abschnitt
4.6.8) aufweisen. In Abbildung 9.4 ist dargestellt, wie diese Definition angewendet wird, um die Mitte des Lautes [ə] und damit den Anfangspunkt des Diphons
[ən] festzulegen. Analog wird mit dem Zentroid des Lautes [n] der Endpunkt
des Diphons [ən] bestimmt.

Diese Methode ist selbstverständlich nur zum Festlegen derjenigen Grundelementgrenzen anwendbar, die in Laute mit einer quasistationären Phase fallen, also bei Vokalen, Nasalen, Frikativen und beim Laterallaut. Insbesondere bei den Plosiven (Verschlusslauten) ist es jedoch nicht möglich, mithilfe der Zentroid-Methode die Schnittpunkte zu bestimmen.

Plosive weisen vor der Plosion eine Verschlussphase auf, die sich im Sprachsignal als kurze Pause äussert (vergl. Abbildung 9.12). Sie ist bei den stimmlosen Plosiven ausgeprägter als bei den stimmhaften. Der Schnittpunkt wird bei Plosiven auf das Ende der präplosiven Pause (bzw. auf den Anfang der Plosion) gesetzt.

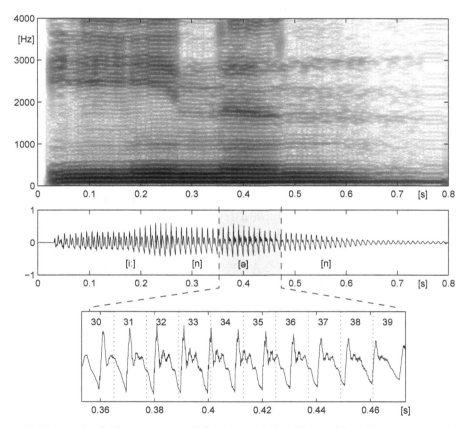

Abbildung 9.3. Spektrogramm und Sprachsignal des Wortes "ihnen", gesprochen als [ˈiːnən]. Während die Grenzen zwischen gewissen Lauten im Spektrogramm einigermassen erkennbar sind, sind die Lautmitten weder im Zeitsignal (auch nicht im vergrösserten Teil mit den Analyseabschnitten 30 bis 39, der in etwa dem Laut [ə] entspricht), noch im Spektrogramm ersichtlich.

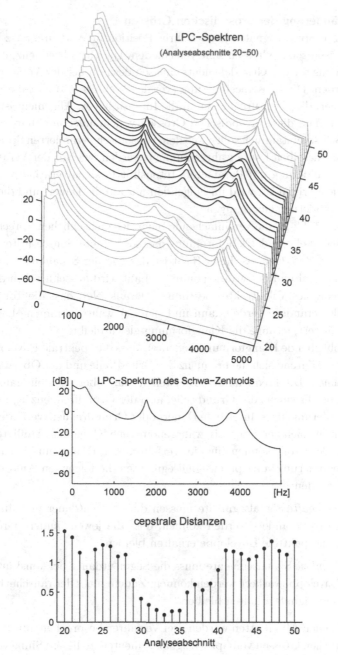

Abbildung 9.4. Die Distanzen zwischen den aus dem Sprachsignal von Abbildung 9.3 ermittelten LPC-Spektren (die Spektren des vergrösserten Signalausschnittes sind dunkel eingetragen) und dem Schwa-Zentroid zeigen, dass der 33. Analyseabschnitt die kleinste cepstrale Distanz zum Schwa-Zentroid aufweist. Somit ist dort die Mitte des Lautes [ə] im Wort [ˈiːnən].

❯ 9.2.3 Veränderung der prosodischen Grössen

Laute sind in Sprachsignalen je nach ihrer Position in Wort und Satz hinsichtlich der prosodischen Grössen sehr verschieden. Die Grundfrequenz, die Dauer und die Intensität der Grundelemente müssen deshalb bei der Verkettung verändert werden. Die Prosodiesteuerung (vergl. Abschnitt 9.3) gibt die Sollwerte für die Dauer, die Grundfrequenz und die Intensität vor. Allgemein ist deshalb erforderlich, dass diese prosodischen Grössen voneinander unabhängig variierbar sind. Selbstverständlich sollen aus dem prosodisch veränderten Sprachsignal noch immer dieselben Laute wahrgenommen werden, wie vor der Veränderung. Weil die Veränderung des Parameters Intensität in signalverarbeitungstechnischer Hinsicht trivial ist, wird im Folgenden nur auf die Dauer- und die Grundfrequenzveränderung eingegangen.

In Abschnitt 1.3.2 ist die vereinfachende Sicht des menschlichen Sprechapparates als Schallquelle und Klangformung (das sogenannte Source-Filter-Modell) eingeführt worden. Gemäss dieser Sicht ist das von der Schallquelle ausgehende Signal neutral und der wahrgenommene Laut wird ausschliesslich durch die Klangformung des Vokaltraktes bestimmt. Daraus folgt, dass die Tonhöhe der Schallquelle verändert werden kann und sich der wahrgenommene Laut trotzdem nicht ändert, solange die Klangformung gleich bleibt.

Eine gleichbleibende Klangformung bedeutet, dass die spektrale Enveloppe konstant bleibt, während sich die Frequenz der Grundwelle und der Oberwellen verändern können. Die Frequenz der Oberwellen muss aber stets ein ganzzahliges Vielfaches der Frequenz der Grundwelle, also der Grundfrequenz F_0 betragen.

Aus der Forderung, dass durch eine Dauer- oder Grundfrequenzveränderung der Grundelemente sich der subjektiv wahrgenommene Klang der beteiligten Laute nicht verändern soll, können für ein Verfahren zur Dauer- und/oder Grundfrequenzveränderung von Sprachsignalsegmenten die folgenden Anforderungen formuliert werden:

a) Für *stimmhafte* Signalsegmente müssen die Segmentdauer und die Grundfrequenz so verändert werden können, dass die jeweils andere Grösse und ebenso die spektrale Enveloppe erhalten bleiben.

b) Für *stimmlose* Signalsegmente muss die Segmentdauer bei konstanter spektraler Enveloppe variiert werden können. Zudem muss der rauschartige Charakter des Signals erhalten bleiben.

In den folgenden Abschnitten werden drei Verfahren besprochen, mit denen sich die prosodischen Grössen von Sprachsignalsegmenten in diesem Sinne verändern lassen.

◉ 9.2.4 Signalveränderung mittels LPC-Analyse-Synthese

In Abschnitt 4.5.2 wurde gezeigt, wie bei der LPC-Analyse ein Sprachsignal-abschnitt in ein Klangformungsfilter $H(z)$ und ein neutrales Anregungssignal $\tilde{e}(n)$, welches den Prädiktionsfehler $e(n)$ approximiert, zerlegt werden kann. Das Anregungssignal $\tilde{e}(n)$ lässt sich mit nur zwei Grössen beschreiben, nämlich mit der Wurzel aus der Leistung des Prädiktionsfehlers $e(n)$, die mit G bezeichnet wird, und mit der Periodenlänge T_0 (siehe Gleichungen (41) und (42)). Bei der Rekonstruktion des Sprachsignals aus den LPC-Parametern können G und T_0 variiert werden, ohne dass sich die spektrale Enveloppe, die durch $H(z)$ bestimmt wird, verändert. Zudem ist bei der Rekonstruktion die Zahl der erzeugten Abtastwerte und damit die Dauer des rekonstruierten Signalabschnittes frei wählbar.

Bei der Verkettungssynthese kann somit die LPC-Analyse-Synthese wie folgt eingesetzt werden, um die prosodischen Grössen von Grundelementen unabhängig voneinander zu verändern: Aus jedem Signalabschnitt der Länge L_w (Analysefensterlänge ca. $25-30$ ms) und der Verschiebung von L_s (typisch sind $5-10$ ms) werden die Prädiktorkoeffizienten $a_1, \ldots, a_K$, der Verstärkungsfaktor G und die Periode T_0 ermittelt. Bei der Rekonstruktion des Signals aus den LPC-Parametern können alle prosodischen Grössen einzeln verändert werden, nämlich

- die Intensität über den Verstärkungsfaktor G,

- die Grundfrequenz $F_0 = 1/T_0$ über den Kehrwert des Impulsabstandes (ist nur bei stimmhaften Signalabschnitten möglich bzw. nötig) und

- die Dauer über die Länge des pro LPC-Parametersatz erzeugten Signalabschnittes, die länger oder kürzer sein kann als L_s und damit eine Verlängerung oder Verkürzung des rekonstruierten Signals bewirkt.

Weil dabei die Prädiktorkoeffizienten nicht verändert werden, bleiben die spektrale Enveloppe des Signals und damit auch seine klanglichen Eigenschaften erhalten. Insbesondere werden die für die Lautwahrnehmung massgebenden Formanten nicht verschoben.

Bei der Verkettung der Grundelemente muss darauf geachtet werden, dass auch die dritte Forderung in Abschnitt 9.1.3 erfüllt wird: Die Signalperiode darf durch die Stossstellen nicht gestört werden. Deshalb müssen sowohl über die Analyseabschnittsgrenzen als auch über die Grundelementstossstellen hinweg die Impulsabstände des Anregungssignals der geforderten Periodendauer entsprechen, wie dies in Abbildung 9.5 dargestellt ist.

Obwohl sich das Problem der prosodischen Veränderung von Sprachsignalsegmenten mit der LPC-Analyse-Synthese grundsätzlich elegant lösen lässt, wird dieser Weg in der Verkettungssynthese heute nur noch selten eingeschlagen. Der Grund liegt darin, dass die LPC-Analyse-Synthese die Signalqualität doch

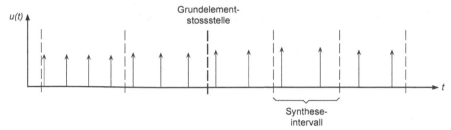

Abbildung 9.5. Die Impulsabstände des Anregungssignals $u(t)$ für die LPC-Synthese dürfen weder durch die Grenzen der Synthese-Intervalle noch durch die Grundelementstossstellen gestört werden. Der erste Impuls darf in einem Synthese-Intervall erst dann erscheinen, wenn die letzte Periode des vorhergehenden Synthese-Intervalls beendet ist.

erheblich beeinträchtigt und damit den Hauptvorteil des Verkettungsansatzes (die perfekte Qualität und Natürlichkeit der Sprachsegmente) wieder zunichte macht.

❯ 9.2.5 Signalveränderung mittels Fourier-Analyse-Synthese

Eine weitere Möglichkeit zur prosodischen Veränderung von Sprachsegmenten besteht darin, die prosodischen Grössen im Frequenzbereich zu manipulieren, also via Fourier-Analyse-Synthese.

Das Prinzip der Fourier-Analyse-Synthese beruht auf der Tatsache, dass jeder zeitlich begrenzte Signalausschnitt als Summe von Sinuskomponenten dargestellt werden kann (sogenannte Fourierzerlegung). Frequenz, Amplitude und Phase dieser Sinuskomponenten können mithilfe der Fouriertransformation ermittelt werden.

Die Frequenz und die Dauer einer einzelnen Sinuskomponente mit der Frequenz f und der Dauer D sind einfach zu verändern. Soll beispielsweise die Frequenz um den Faktor Z_F und die Dauer um den Faktor Z_T verändert werden, dann ist die Frequenz der veränderten Komponente $\breve{f} = f \cdot Z_F$ und die Dauer beträgt $\breve{D} = D \cdot Z_T$.

In gleicher Weise kann ein aus mehreren Sinuskomponenten zusammengesetztes Signal in Frequenz und Dauer verändert werden, indem jede Sinuskomponente einzeln verändert wird und die veränderten Komponenten aufsummiert werden. Dieses Prinzip ist in Abbildung 9.6 veranschaulicht.

Wie oben erwähnt, kann die Zerlegung eines Signalabschnittes in seine Sinuskomponenten grundsätzlich mit der Fouriertransformation erreicht werden. Wie in Abschnitt 4.2 beschrieben wurde, ist die Fouriertransformierte abhängig von der Länge und der Form der verwendeten Fensterfunktion. Die Fouriertransformation liefert also nicht die wirkliche spektrale Zusammensetzung (oder das wirkliche Spektrum) des Signals, sondern das wirkliche Spektrum des Signals gefaltet mit dem Spektrum der Fensterfunktion.

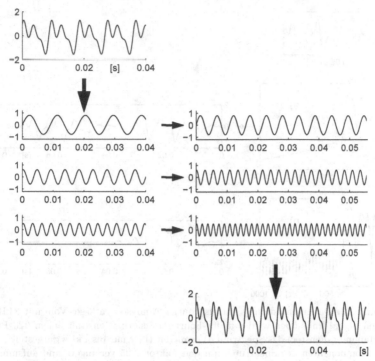

Abbildung 9.6. Illustration der Frequenz- und Dauerveränderung mittels Fourier-Analyse-Synthese: Gegeben ist das Signal links oben, das aus drei Sinuskomponenten mit den Frequenzen 110, 220 bzw. 330 Hz zusammengesetzt ist. Es wird zuerst in seine Komponenten zerlegt (links). Frequenz und Dauer jeder Komponente werden um die Faktoren $Z_F = 1.7$ bzw. $Z_T = 1.4$ verändert. Die Superposition der veränderten Komponenten ergibt das um die Faktoren Z_F und Z_T veränderte Signal rechts unten.

Dass die Unterscheidung zwischen dem wirklichen Spektrum und der Fourier-transformierten, die auch als Spektrum bezeichnet wird, im Zusammenhang mit der Frequenz- und/oder Dauerveränderung sehr wichtig ist, kann einfach am folgenden Beispiel gezeigt werden: Angenommen, die Zusammensetzung des in Abbildung 9.6 gegebenen Signals sei nicht bekannt und müsste zuerst mithilfe der Fouriertransformation ermittelt werden. Multipliziert man das Signal mit einem Hamming-Fenster und wendet darauf die Fouriertransformation an, dann ergibt sich das in Abbildung 9.7a gezeigte Spektrum. Wird aus diesem Spektrum ein um den Faktor 2.25 verlängertes Signal generiert, indem alle Komponenten aus der Fouriertransformation um diesen Faktor verlängert und aufsummiert werden, dann ergibt sich ein Signal, wie es rechts in Abbildung 9.7a dargestellt ist. Dieses Signal hat zwar die gewünschte Länge, aber es ist nicht nur die Länge verändert worden. Das verlängerte Signal sieht so aus, als wäre das mit einem Hamming-Fenster multiplizierte Originalsignal so oft repetiert wor-

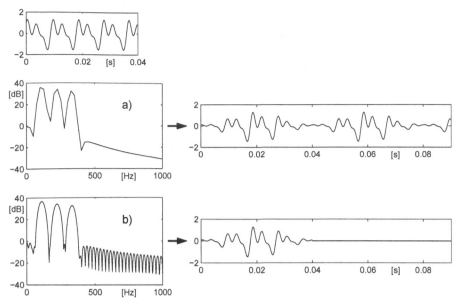

Abbildung 9.7. Dauerveränderung mittels Fourier-Analyse-Synthese: Vom mit 8 kHz abgetasteten Signal links oben wird mit der Fouriertransformation (mit einem 320 Punkte langen Hamming-Fenster) das Spektrum a) ermittelt (hier nur bis 1 kHz dargestellt). Werden alle Komponenten des Spektrums um den Faktor 2.25 verlängert und aufsummiert, dann ergibt sich das Signal rechts davon. Die hochauflösende Fouriertransformation ergibt das Spektrum b) und daneben das um den Faktor 2.25 verlängerte Signal.

den, dass die gewünschte Länge entsteht. Aufgrund der Erläuterungen über die diskrete Fouriertransformation in Abschnitt 4.2.1 (insbes. Seite 63) ist das Resultat jedoch klar: Das aus der Fouriertransformation resultierende Spektrum beruht auf der Annahme, dass das Signal mit der Länge des Analysefensters periodisch fortgesetzt ist.

Wie Abbildung 9.7b zeigt, lässt sich dieses Problem selbstverständlich nicht mit der hochauflösenden Fouriertransformation beseitigen, bei welcher der Analyseabschnitt mit Nullen auf zehnfache Länge ergänzt worden ist. Der Unterschied ist lediglich, dass bei der hochauflösenden Fouriertransformation angenommen wird, das Signal sei inklusive der angehängten Nullen periodisch. Dementsprechend zeigt das verlängerte Signal auch diese Nullen.

Es ist somit klar, dass für die Frequenz- und oder Dauerveränderung nicht einfach die Frequenzkomponenten der Fouriertransformierten gebraucht werden können, sondern dass zuerst das wirkliche Spektrum des zu verändernden Signals geschätzt werden muss.

(>) 9.2.5.1 Das wirkliche Spektrum eines Signals

Ein periodisches Signal hat bekanntlich ein Linienspektrum, also ein Spektrum, das nur an diskreten Stellen ungleich null ist. Die Fouriertransformierte zeigt jedoch die Faltung dieses Linienspektrums mit dem Spektrum des Analysefensters. Wie in Abschnitt 4.2.4 gezeigt wurde, können die Komponenten eines diskreten Spektrums und damit das wirkliche Spektrum aus der hochauflösenden Fouriertransformierten geschätzt werden: Es sind die lokalen Maxima (ohne die Komponenten, die vom Lecken der Fensterfunktion herrühren), die im Beispiel von Abbildung 9.8 als Frequenzlinien eingetragen sind.

Das wirkliche Spektrum wird wie folgt bezeichnet:

$$Y(i) = (f_i,\, a_i,\, p_i)\,, \qquad i = 1,\ldots,I\,.$$

Im Gegensatz zur Fouriertransformierten $X(k)$, bei der die Frequenz der Komponenten im Index k steckt, wird also beim wirklichen Spektrum jede Komponente i mit einem Tripel beschrieben, das die Frequenz, die Amplitude und die Phase dieser Komponente umfasst.

Die Fouriertransformierte in Abbildung 9.8 weist jedoch nicht nur für die drei im Signal vorhandenen Komponenten lokale Maxima auf, sondern noch viele weitere. Sie resultieren aus dem Lecken des Analysefensters (siehe dazu Abschnitt 4.2.3). Weil hier bekannt ist, dass das Signal aus drei Komponenten besteht, ist klar, welche der lokalen Maxima diesen Komponenten entsprechen. Im Allgemeinen weiss man dies jedoch nicht, und es stellen sich deshalb zwei Fragen: Unter welchen Bedingungen sind die Komponenten eines Signals in

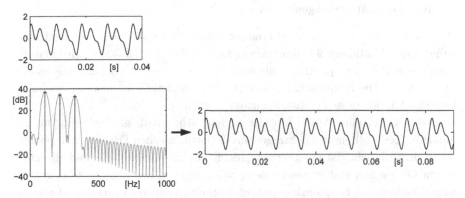

Abbildung 9.8. Dauerveränderung mittels Fourier-Analyse-Synthese: Vom gegeben periodischen Signal mit drei Sinuskomponenten (links oben) wird zuerst die hochauflösende Fouriertransformation ermittelt, deren lokale Maxima den diskreten Frequenzlinien, also dem wirklichen Spektrum entsprechen. Werden die Komponenten des wirklichen Spektrums um den Faktor 2.25 verlängert und aufsummiert, dann ergibt sich das erwartete Signal.

der hochauflösenden Fouriertransformierten als lokale Maxima zu sehen? Wie lassen sich die lokalen Maxima, die den Signalkomponenten entsprechen, von denjenigen unterscheiden, die durch das Lecken entstanden sind?

(>) 9.2.5.2 Fourier-Analyse-Synthese von Sprachsignalen

Die Veränderung der Grundfrequenz eines stimmhaften Lautes ist ja nichts anderes als eine Skalierung der harmonischen Signalkomponenten auf der Frequenzachse unter Beibehaltung der spektralen Enveloppe. Bei der Rücktransformation in den Zeitbereich kann mithilfe der Fouriersynthese, also durch Zusammensetzen eines Signals aus Sinuskomponenten, ein Signalabschnitt beliebiger Länge generiert werden.

Grundsätzlich ist das Vorgehen bei Sprachsignalen gleich wie bei den oben gezeigten analytischen Signalen, aber es setzt die Lösung der folgenden Probleme voraus:

— Wie kann die zeitabhängige spektrale Zusammensetzung (das wirkliche Spektrum) eines nicht stationären oder nur quasistationären Sprachsignals ermittelt werden? Im Gegensatz zu den meisten bisher betrachteten Fällen ist hier auch die Phase relevant.

— Wie sieht die für die akustische Wahrnehmung der Laute massgebliche spektrale Enveloppe aus? Wie lässt sie sich ermitteln?

— Wie müssen Grundfrequenzmodifikationen in diesem wirklichen Spektrum vorgenommen werden?

— Wie kann aus dem (modifizierten) wirklichen Spektrum ein Sprachsignal hoher Qualität zurückgewonnen werden?

Dass bereits der erste Punkt überhaupt kein triviales Problem ist, lässt sich anhand der Abbildung 9.9 illustrieren. Diese zeigt die Schätzung des zeitabhängigen wirklichen Spektrums für einen 100 ms langen Ausschnitt aus einem Sprachsignal. Die Frequenzkomponenten sind alle 5 ms anhand einer hochauflösenden Fouriertransformation ermittelt worden.

Weil der dargestellte Ausschnitt des Signals stimmhaft ist, insbesondere im mittleren Teil, sollten im Spektrogramm die harmonischen Frequenzkomponenten ersichtlich sein. Es entsprechen jedoch nur die Grundwelle und die zwei ersten Oberwellen einigermassen dem, was aufgrund des Signals zu erwarten wäre. Die weiteren Frequenzkomponenten scheinen entweder ungenau (bis etwa 1500 Hz) oder sogar völlig falsch zu sein. Aus dem Sprachsignal ist klar ersichtlich, dass die Grundfrequenz sinkt. Die erste und die zweite Oberwelle zeigen dies tatsächlich an, die Oberwellen über 1500 Hz jedoch nicht.

Wenn nun diese spektrale Zusammensetzung des Sprachsignals gebraucht wird, um mittels Fouriersynthese (also durch Addition von Sinussignalen) beispiels-

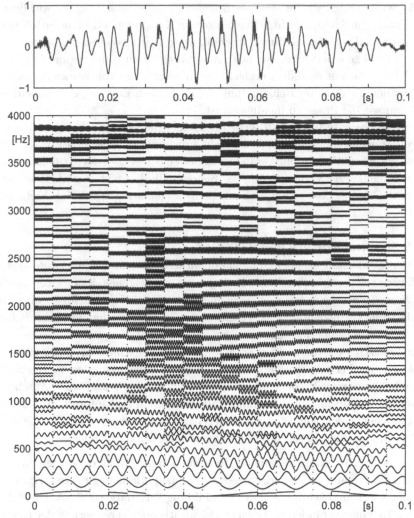

Abbildung 9.9. Darstellung der spektralen Zusammensetzung eines Sprachsignals in Funktion der Zeit. Für jeden $L_s = 5$ ms langen Abschnitt des Sprachsignals ist ermittelt worden, aus welchen Sinuskomponenten er sich zusammensetzt. In dieser Darstellung ist nebst der Frequenz und der Amplitude auch die Phase der Sinuskomponenten ersichtlich (vergl. auch Abschnitt 3.5).

weise ein verlängertes Signal zu erzeugen, dann wird das resultierende Signal nicht periodisch sein, weil es nicht aus harmonischen Komponenten zusammengesetzt ist. Selbstverständlich wird somit auch nicht ein klares, stimmhaftes Signal zu hören sein, sondern eines mit starken Störungen, die z.B. als Kratzgeräusch wahrgenommen werden.

In [33] wird gezeigt, wie für ein Sprachsignal eine gute Schätzung des wirklichen zeitabhängigen Spektrums (d.h. eine Folge von Kurzzeitspektren) ermittelt werden kann und wie daraus durch abschnittweise Fouriersynthese wiederum ein Sprachsignal generiert wird, das sich gehörmässig kaum vom Originalsignal unterscheidet. Zudem wird dort erklärt, wie in einer Folge von Kurzzeitspektren F_0-Veränderungen unter Beibehaltung der spektralen Enveloppe vorzunehmen sind und wie die Phase zu handhaben ist.

Aus diesen Erläuterungen wird ersichtlich, dass die Modifikation der prosodischen Parameter im Frequenzbereich recht aufwändig ist. Deshalb ist dieser Weg nicht sehr attraktiv, obwohl Veränderungen der Dauer und der Grundfrequenz ohne nennenswerte Verminderung der Signalqualität machbar sind. Eine ähnlich gute Qualität lässt sich jedoch mit dem viel einfacheren PSOLA-Verfahren erreichen.

❥ 9.2.6 Signalveränderung mittels PSOLA

Ein wenig aufwändiges, aber trotzdem qualitativ gutes und somit interessantes Verfahren zur prosodischen Veränderung von Sprachsignalen ist PSOLA (*pitch-synchronous overlap add*), was sinngemäss etwa perioden-synchrone überlappende Addition bedeutet. Das Verfahren ist in [46] anschaulich beschrieben und arbeitet folgendermassen:

Im prosodisch zu verändernden Sprachsignal wird in stimmhaften Partien der Anfang jeder Periode markiert, und stimmlose Partien werden in Intervalle fester Länge unterteilt (siehe Abbildung 9.10). Je zwei benachbarte Abschnitte werden sodann mit einer Hanning-Fensterfunktion multipliziert. Aus der so entstandenen Folge von Doppelperiodensegmenten erzeugt nun das PSOLA-Verfahren folgendermassen prosodisch veränderte Sprachsignale:

– Die subjektiv wahrgenommene Tonhöhe kann verändert werden, indem die Überlappung aufeinander folgender Doppelperiodensegmente vergrössert oder verkleinert wird, wie dies in Abbildung 9.11 dargestellt ist. Diese Art der Tonhöhenveränderung bewirkt gleichzeitig eine Veränderung der Dauer, die bei der Dauerveränderung kompensiert werden muss.

– Die Dauer des Signals wird durch das Verdoppeln oder das Weglassen gewisser Doppelperiodensegmente erreicht. Bei der Verlängerung stimmloser Signalausschnitte muss ein zu verdoppelndes Segment mit umgekehrter Zeitachse wiederholt werden (wird in Abbildung 9.11 durch die Pfeile der Doppelperiodensegmente 2 und 4 angezeigt), weil sonst eine künstliche, wahrnehmungsmässig stark störende Periodizität entsteht. Stimmlose Signalausschnitte dürfen deshalb nicht auf mehr als das Doppelte verlängert werden.

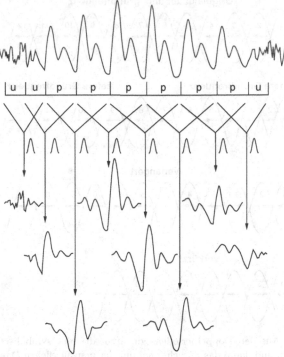

Abbildung 9.10. Für das PSOLA-Verfahren werden in den stimmhaften (engl. *pitched*) Teilen des Sprachsignals die einzelnen Perioden markiert und die stimmlosen (engl. *unpitched*) Ausschnitte in fixe Intervalle von beispielsweise 5 ms Dauer unterteilt. Je zwei aufeinander folgende Abschnitte werden sodann mit einer Hanning-Fensterfunktion multipliziert: es resultieren Doppelperiodensegmente (Abbildung aus [46]).

Weil es sehr effizient ist und bei optimaler Anwendung (insbes. bei korrekter Periodensegmentierung) Signale guter Qualität ergibt, hat sich PSOLA als eines der Standardverfahren für die prosodische Modifikation der Grundelemente bei der Verkettungssynthese durchgesetzt.

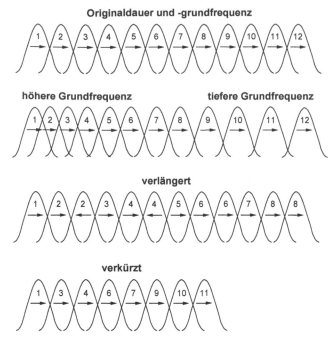

Abbildung 9.11. Aus den Doppelperiodensegmenten, die hier symbolisch als Hanning-Fenster dargestellt sind, kann das Sprachsignal mit der ursprünglichen Dauer und Grund-frequenz erzeugt werden (oben). Prosodisch modifizierte Signale entstehen durch das Ver-ändern der Überlappung oder durch die Verdopplung bzw. das Weglassen gewisser Dop-pelperiodensegmente (Abbildung aus [46]).

9.3 Steuerung der Prosodie

Die Prosodie der Sprache hat, wie bereits in Abschnitt 1.2.4 erwähnt, eine lin-guistische und eine ausserlinguistische Funktion. Die ausserlinguistische Funk-tion bestimmt die Sprechweise, also ob die Stimme beispielsweise freundlich, barsch oder eher neutral klingt. Sie bestimmt u.a. auch ob die Sprechmelodie monoton oder bewegt wirkt, ob der Sprechrhythmus schnell, abgehackt oder ausgeglichen ist, etc. Welche Sprechweise für eine Sprachsynthese angemessen ist, lässt sich in der Regel nicht aus dem Eingabetext ermitteln. Vielmehr wird eine Sprachsynthese so konzipiert, dass sie Sprachsignale mit einer bestimmten Sprechweise erzeugt. Die Sprechweise ist in diesem Sinne für die Sprachsynthe-se eine "Konstante", d.h. man legt bei der Entwicklung einer Sprachsynthese fest, wie sie später klingen soll. Man wählt insbesondere den Sprecher oder die Sprecherin für die benötigten Sprachaufnahmen entsprechend aus. Sprachauf-nahmen werden für die Grundelemente bei einer Verkettungssynthese (vergl.

Abschnitt 9.2.1) benötigt oder zur Realisation der Prosodiesteuerung (siehe Abschnitte 9.3.1 und 9.3.2).

Im Gegensatz zur ausserlinguistischen Funktion der Prosodie bezieht sich die linguistische Funktion sehr direkt auf den konkreten Wortlaut. Das Gewichten und Gruppieren von Wörtern und Silben muss also aktiv aufgrund des Eingabetextes gesteuert werden. Diese Aufgabe nimmt in erster Linie die Transkriptionsstufe wahr. Sie analysiert den Eingabetext und generiert die entsprechende phonologische Darstellung. Darin enthalten sind die Stärken der Silbenakzente und die Phraseninformation, die zusammen die abstrakte Beschreibung der linguistischen Komponente der Prosodie ausmachen.

Die Prosodiesteuerung hat nun die Aufgabe, diese abstrakte Beschreibung der Prosodie eines Satzes (Akzente und Phrasen) in die physikalischen prosodischen Grössen umzusetzen, also den Grundfrequenzverlauf, die Dauerwerte der Laute und Pausen und den Intensitätsverlauf festzulegen.

Untersuchungen an natürlichen Sprachsignalen zeigen, dass bei der Realisierung der Prosodie ein relativ grosser Gestaltungsspielraum besteht, den verschiedene Sprecher recht unterschiedlich nutzen. Daraus für die Sprachsynthese zu schliessen, dass die Prosodiesteuerung unkritisch sei, wäre ein Irrtum. Vielmehr gilt, dass Sprachsignale nur dann als natürlich empfunden werden, wenn die Charakteristik der Laute und die Prosodie "zusammenpassen". Dies kann am einfachsten gewährleistet werden, wenn Sprachsignale derselben Person verwendet werden, um einerseits Grundelemente (z.B. Diphone) zu extrahieren und andererseits Messwerte für die prosodischen Grössen zu erhalten, wie sie in den Tabellen 9.3 und 9.6 aufgeführt sind.

Das wichtigste an der Prosodie ist selbstverständlich, dass sie dem Sinn nicht zuwiderläuft. Wenn die phonologische Darstellung korrekt ist, also die Akzente und Phrasen durch die Transkriptionsstufe richtig ermittelt worden sind, dann ist dies gewährleistet. Die Prosodiesteuerung muss somit nur noch die abstrakte Prosodie (Akzente und Phrasen) angemessen in die physikalischen Grössen Grundfrequenz, Dauer und Intensität umsetzen.

Die prosodischen Grössen sind korreliert, was schon deshalb einleuchtet, weil z.B. starke Akzente die Grundfrequenz und die Intensität der betroffenen Silben erhöhen und auch die Dauer der Laute in diesen Silben verlängern. Es gibt also gleichartige Abhängigkeiten der drei prosodischen Grössen von gewissen Komponenten der phonologischen Darstellung. Hingegen scheint die gegenseitige Beeinflussung der prosodischen Grössen vernachlässigbar zu sein. Deshalb kann in der Sprachsynthese die Prosodiesteuerung als drei getrennte Systemteile konzipiert werden, wobei je ein Teil für eine der prosodischen Grössen zuständig ist.

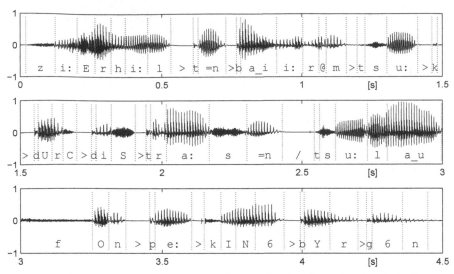

Abbildung 9.12. Natürliches Sprachsignal "Sie erhielten bei ihrem Zug durch die Strassen Zulauf von Pekinger Bürgern." mit eingetragenen Lautgrenzen. Für die Verschlusslaute sind jeweils zwei Segmente eingetragen, nämlich die präplosive Pause (mit dem Symbol >) und die Plosion.

❯ 9.3.1 Dauersteuerung

Um zu sehen, was die Dauersteuerung konkret zu leisten hat, betrachtet man am besten natürliche Sprachsignale und die zugehörigen phonologischen Darstellungen. Ein Beispiel eines Sprachsignals für den Satz

> "Sie erhielten bei ihrem Zug durch die Strassen
> Zulauf von Pekinger Bürgern."

zeigt Abbildung 9.12. In dieser Abbildung sind die Lautgrenzen eingezeichnet. Die dem Sprachsignal entsprechende phonologische Darstellung ist:

(P) ziː |ɛr-[1]hiːl-tn̩ #{2} (P) bai̯ iː-rəm [1]t͡suːk #{2}
(P) dʊrç di [1]ʃtraː-sn̩ #{1} (P) [1]t͡suː-lau̯f #{2}
(T) fɔn [2]peː-kɪ-ŋɐ [1]bʏr-gɐn

Aus Abbildung 9.12 ist ersichtlich, dass verschiedene Laute unterschiedliche Dauern haben, dass aber auch derselbe Laut an verschiedenen Stellen im Signal nicht immer gleich lang ist. Die Lautdauer ist also nicht nur vom Laut selber, sondern auch vom Kontext, in dem er steht, abhängig.

Da die Lautdauer im Deutschen phonemischen Charakter hat (vergl. Abschnitt 1.2.1), muss bei der Dauersteuerung vermieden werden, dass ein Kurzvokal so lang wird, dass er mit dem entsprechenden Langvokal verwechselt werden kann und sich dadurch die Wortbedeutung ändern könnte. Zum selben Problem kann auch ein zu starkes Kürzen eines Langvokals führen.

Erschwerend wirkt sich dabei aus, dass es nicht möglich ist, für die Lautdauer eine absolute Grenze zwischen Lang- und Kurzlaut anzugeben (siehe Abbildung 9.13). Die subjektive Klassierung in Lang- oder Kurzlaut hängt offensichtlich nicht nur von der effektiven Dauer des Lautes ab.

Obwohl anhand der Dauer nicht eindeutig zwischen Kurz- und Langvokal unterschieden werden kann, hat die Eigenschaft Kurz- bzw. Langvokal offensichtlich im Mittel einen starken Einfluss auf die Lautdauer. Diese Eigenschaft erklärt jedoch nur einen Teil der Variabilität der Lautdauer. Es muss deshalb noch andere Einflussfaktoren geben, die sich auf die Dauer eines Lautes auswirken. Um eine gute Dauersteuerung zu verwirklichen, müssen diese Faktoren erstens bekannt sein und zweitens bei der Bestimmung der Lautdauer angemessen berücksichtigt werden.

⊙ 9.3.1.1 Die Lautdauer beeinflussende Faktoren

Um herauszufinden, welche Faktoren sich wie auf die Lautdauer auswirken, kann man folgendermassen vorgehen: Zuerst stellt man eine Sammlung von Sätzen zusammen, in der alle relevanten Konstruktionen (z.B. Aussage-, Frage- und Befehlssätze, Nebensätze, Aufzählungen etc.) genügend oft vorkommen. Auch in Bezug auf andere wichtige Faktoren wie z.B. die Satzlänge sollte die Satzsammlung eine ausreichend grosse Vielfalt aufweisen. Dann lässt man die Sätze von einer Person mit Sprechausbildung in der gewünschten Sprechweise vorlesen und nimmt die Sprachsignale auf.

Für jeden Satz muss die zugehörige phonologische Darstellung ermittelt werden. Zusätzlich zur Lautfolge beinhaltet die phonologische Darstellung auch weitere Informationen, die für das Schätzen der Lautdauer in der Dauersteuerung nütz-

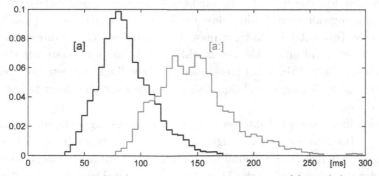

Abbildung 9.13. Normierte Histogramme der Dauer der Laute [a] und [aː] gemessen aus neutral gesprochenen Sprachsignalen eines professionellen Sprechers. Die Histogramme sind so normiert, dass die Summe der diskreten Werte 1 ist und die Histogramme vergleichbar sind. Dies ist nötig, weil [a] viel häufiger ist als [aː].

lich sind. So ist daraus die Position eines Lautes innerhalb der Silbe, des Wortes, der Phrase und des Satzes ersichtlich, ebenso die Akzentstärke der betreffenden Silbe, der Typ der Phrase etc.

Falls vorhanden, kann die Transkriptionsstufe zum Erzeugen der phonologischen Darstellung eingesetzt werden. Diese wird jedoch aus zwei Gründen in der Regel nicht genau zu den aufgenommenen Sätzen passen: Einerseits hat ein Sprecher beim Setzen von Akzenten und Phrasen eine gewisse Freiheit, andererseits ist die automatisch generierte phonologische Darstellung nicht fehlerfrei. Die phonologische Darstellung muss deshalb an die gesprochenen Sätze angepasst werden.

In den aufgenommenen Sprachsignalen werden nun die Lautgrenzen markiert. Lautgrenzen können grundsätzlich von Hand oder mit einem geeigneten Werkzeug halb- oder vollautomatisch ermittelt werden. Das manuelle Setzen von Lautgrenzen ist einerseits sehr zeitraubend und andererseits stark subjektivem Ermessen unterworfen, weil Lautübergänge fliessend sind. Zudem hält sich auch ein professioneller Sprecher nicht durchwegs an die Standardaussprache. Dies ist insbesondere dann der Fall, wenn dem Sprecher die Anweisung gegeben wird, die Sätze eher lebhaft zu lesen. Dabei verstärkt sich die Koartikulation, und es können sogar Verschleifungen entstehen. Auch in Abbildung 9.12 gibt es solche Abweichungen, z.B. fehlt am Anfang des Wortes "erhielten" der Glottalverschluss [|]. Abweichungen von der Standardaussprache erschweren nicht nur das manuelle, sondern auch das automatische Segmentieren (vergl. [39]).

Mittels dieser Sammlung von segmentierten Sätzen und den zugehörigen phonologischen Darstellungen kann man nun herausfinden, welche Faktoren sich wie stark auf die Dauer welcher Laute auswirken. Beispielsweise kann man die Dauern aller Laute [a] und [aː] in je einem Histogramm wie in Abbildung 9.13 darstellen. Sind die Histogramme stark verschieden, dann ist davon auszugehen, dass der betreffende Einflussfaktor (in diesem Fall also die Lautklasse Langvokal) relevant ist. Wenn die Histogramme jedoch nahezu deckungsgleich sind, dann kann angenommen werden, dass der Einfluss vernachlässigbar ist. Wenn man diesen Test mit allen aus der phonologischen Darstellung direkt oder indirekt verfügbaren Einflussfaktoren macht, dann kann man feststellen, dass im Wesentlichen die in Tabelle 9.1 zusammengestellten linguistischen Faktoren für die Lautdauer ausschlaggebend sind. Es sind jedoch nicht alle dieser 57 Faktoren gleich wichtig.

Nebst den linguistischen Faktoren gibt es auch ausserlinguistische, welche die Lautdauer beeinflussen. Der wichtigste ausserlinguistische Einflussfaktor ist die Sprechgeschwindigkeit. Sie beeinflusst die mittlere Lautdauer direkt, aber die Dauer der einzelnen Laute (oder Lautteile) sehr unterschiedlich. So werden Nasale und Langvokale stark beeinflusst, während beispielsweise die Plosionsphase der Verschlusslaute recht wenig variiert.

Tabelle 9.1. Linguistische Faktoren, welche die Lautdauer beeinflussen

linguistischer Faktor	diskrete Werte
Lautklasse	Langvokal | Kurzvokal | Diphthong | Frikativ | Nasal | Plosiv | andere
Stimmhaftigkeit	stimmhaft | stimmlos
Lautposition	Silbenansatz | Silbenkern (Nukleus) | Silbenkoda
Nachbarlaute	Lautklasse & Stimmhaftigkeit (für linken und rechten Nachbarlaut)
Silbenakzent	Stärkegrad: 1 | 2 | 3 | unakzentuiert | sonst
Silbengrösse	Anzahl Laute: 1 | 2 | 3–4 | 5–7 | >7
Phrasengrösse	Anzahl Silben: 1 | 2 | 3–4 | 5–7 | >7
Silbenposition	in Phrase: 1. | 2. | vorletzte | letzte | sonst
Phrasengrenze	Stärkegrad: 0 | 1 | 2 | sonst
Satztyp	Aussagesatz | Fragesatz | Befehlssatz

Zur Aufgabe der Dauersteuerung gehört auch, festzulegen, wo wie lange Sprech-pausen zu setzen sind. Dabei sind in erster Linie die starken Phrasengrenzen massgebend.

⊚ 9.3.1.2 Dauersteuerung mit einem linearen Ansatz

Zur Dauersteuerung in Sprachsynthesesystemen wird oft ein Ansatz verwen-det, der davon ausgeht, dass ein Laut eine charakteristische Dauer p_0 hat, die durch die linguistischen Faktoren in Tabelle 9.1 verändert wird. Ähnlich wie die Frequenz und die Intensität wird auch die Dauer relativ wahrgenommen. Die linguistischen Faktoren müssen sich auf einen langen und auf einen kurzen Laut wahrnehmungsmässig gleich auswirken. Sie müssen demzufolge die Dauer relativ verändern, also multiplikativ wirken. Wenn wir den Einfluss des linguis-tischen Faktors i auf die Lautdauer mit p_i bezeichnen, dann können wir die Dauer eines Lautes in Funktion der linguistischen Faktoren i, $i = 1, 2, \ldots$ wie folgt schätzen:

$$\tilde{d} = p_0 \prod_i p_i^{c_i} \quad \text{mit} \quad \begin{cases} c_i = 1 & \text{falls Faktor } i \text{ zutrifft} \\ c_i = 0 & \text{sonst} \end{cases} \tag{157}$$

Der Einfluss der linguistischen Faktoren auf die Lautdauer kann in Form von Regeln ausgedrückt werden, wie sie als Beispiele in Tabelle 9.2 aufgeführt sind. Der Bedingungteil einer Regel kann sich entweder auf einen einzigen linguis-tischen Faktor von Tabelle 9.1 beziehen (trifft bei RD1 bis RD3 zu) oder auf mehrere, wie dies bei RD4 der Fall ist: Die Silbe muss die letzte in der Phrase sein und die folgende Phrasengrenze muss die Stärke 1 haben oder es muss das Satzende folgen. Die Zahl der Regeln kann somit grösser sein als die Zahl der in Tabelle 9.1 aufgeführten Einflussfaktoren (mehrere hundert Regeln sind durchaus möglich).

Die Frage ist nun, wie die Regelparameter p_i bestimmt werden können. Grundsätzlich kann dies auf rein auditivem Wege versucht werden, d.h. man stellt die Regeln zusammen und legt damit fest, welche linguistischen Faktoren sich auf die Lautdauer auswirken sollen, aber noch nicht wie gross der Einfluss quantitativ sein soll. Um den quantitativen Einfluss, also die Regelparameter p_i, zu bestimmen, können die Regeln in einem Sprachsynthesesystem implementiert und die Parameter so lange variiert werden, bis die synthetisierten Beispiele befriedigend klingen.

Als problematisch erweist sich dabei, dass die Regelparameter nicht einzeln optimiert werden können, weil sich auf einen konkreten Laut meistens mehrere Regeln gleichzeitig auswirken, und damit die Regelparameter nicht voneinander unabhängig sind. Die gehörmässige Optimierung verkommt so leicht zum endlosen Herumprobieren, von dem man nie weiss, wie vernünftig ein erzieltes Resultat überhaupt ist. Es ist insbesondere nicht klar, ob noch nicht die besten Werte für die Regelparameter gefunden worden sind oder ob an den Regeln selbst eine Änderung vorgenommen werden müsste, um ein besseres Resultat zu erzielen. Zudem besteht beim gehörmässigen Optimieren das Problem, dass die Lautdauer nicht für sich allein beurteilt werden kann, sondern nur zusammen mit den anderen durch die Synthese bestimmten Aspekte des Sprachsignals wie Grundfrequenz, Intensität und Klang der Laute.

Tabelle 9.2. Beispiele von Regeln, die beschreiben, wie die linguistischen Faktoren die Dauer der Laute beeinflussen.

RD0:	Laute haben eine neutrale Dauer von p_0 ms (wenn keine weitere Regel zutrifft)
RD1:	Langvokale werden um den Faktor p_1 verlängert
RD2:	Laute einer Silbe mit Hauptakzent werden um p_2 verlängert
RD3:	Laute in unbetonten Silben werden gekürzt ($p_3 < 1$)
RD4:	Laute der letzten Silbe vor einer Phrasengrenze der Stärke 1 oder vor dem Satzende werden um p_4 verlängert
$\vdots$	

Tabelle 9.3. Gemessene Lautdauerwerte für den Anfang des Satzes "Sie erhielten bei …"
mit der angepassten phonologischen Darstellung: (P) ziː ɛr-[1]hiːl-tn̩ #{2} (P) bai …
Pro Zeile sind ein Laut und seine Dauer aufgeführt und für die auf den Laut zutreffenden
Faktoren steht in den betreffenden Kolonnen eine 1, sonst eine 0.

Laut	Dauer [ms]	Lang- laut	Haupt- akzent	unbetonte Silbe	letzte Silbe	…
z	103.0	0	0	1	0	
iː	77.9	1	0	1	0	
ɛ	62.8	0	0	1	0	
r	56.4	0	0	1	0	
h	50.7	0	1	0	0	
iː	79.4	1	1	0	0	
l	82.8	0	1	0	0	
>	78.6	0	0	1	0	
t	17.6	0	0	1	0	
n̩	98.5	0	0	1	0	
>	37.7	0	0	1	0	
b	15.2	0	0	1	0	
ai	127.8	0	0	1	0	
⋮						

Das ingenieurmässige Vorgehen zur Lösung eines solchen Problems ist eine Optimierung mit mathematischen Mitteln. Es kann z.B. ein linearer Ansatz verwendet werden, d.h. es wird postuliert, dass sich die Einflüsse auf die Lautdauer
addieren. Bei der Gleichung (157), die wir zur Bestimmung der Lautdauer angesetzt haben, ist dies nicht der Fall. In der logarithmierten Form entspricht
die Gleichung jedoch dem linearen Ansatz.

$$\log \tilde{d} = \log p_0 + \sum_i c_i \log p_i = q_0 + \sum_i c_i q_i \qquad (158)$$

$$= [c_0 \ c_1 \ c_2 \ c_3 \ c_4 \ \ldots] \cdot [q_0 \ q_1 \ q_2 \ q_3 \ q_3 \ \ldots]^t = \boldsymbol{c} \, \boldsymbol{q}^t .$$

Die Grössen q_i, $i = 0, 1, 2, \ldots$ können nun anhand der in Abschnitt 9.3.1.1 erläuterten Sammlung von natürlichen Sprachsignalen folgendermassen ermittelt
werden: Für jeden Laut wird die gemessene Dauer d zusammen mit den linguistischen Faktoren c_i, die auf diesen Laut zutreffen, in eine Tabelle eingetragen.
Für den Anfang des Satzes von Abbildung 9.12 ist diese Zusammenstellung in
Tabelle 9.3 zu sehen.

Für die gemessenen Lautdauerwerte d in Tabelle 9.3 können nun nach Gleichung (158) die Schätzwerte $\tilde{d}$ bestimmt werden, was sich in Matrizenform schreiben lässt als:

$$
\log \tilde{\boldsymbol{d}} = \begin{bmatrix} \log \tilde{d}(1) \\ \log \tilde{d}(2) \\ \log \tilde{d}(3) \\ \log \tilde{d}(4) \\ \log \tilde{d}(5) \\ \log \tilde{d}(6) \\ \vdots \end{bmatrix} = \begin{bmatrix} 1 & 0 & 0 & 1 & 0 & \cdots \\ 1 & 1 & 0 & 1 & 0 & \cdots \\ 1 & 0 & 0 & 1 & 0 & \cdots \\ 1 & 0 & 0 & 1 & 0 & \cdots \\ 1 & 0 & 1 & 0 & 0 & \cdots \\ 1 & 1 & 1 & 0 & 0 & \cdots \\ & & \vdots & & & \end{bmatrix} \cdot \begin{bmatrix} q_0 \\ q_1 \\ q_2 \\ q_3 \\ q_4 \\ \vdots \end{bmatrix} = \begin{bmatrix} \boldsymbol{c}(1) \\ \boldsymbol{c}(2) \\ \boldsymbol{c}(3) \\ \boldsymbol{c}(4) \\ \boldsymbol{c}(5) \\ \boldsymbol{c}(6) \\ \vdots \end{bmatrix} \cdot \begin{bmatrix} q_0 \\ q_1 \\ q_2 \\ q_3 \\ q_4 \\ \vdots \end{bmatrix} = \boldsymbol{C}\,\boldsymbol{q}
$$

$$(159)$$

Der Vektor $\boldsymbol{c}(\text{n})$ bezeichnet die n-te Zeile der $N \times K$-Matrix $\boldsymbol{C}$, wobei N die Gesamtzahl der Laute über alle Sätze (ist gleich der Anzahl der Zeilen in Tabelle 9.3) und K die Grösse des Parametervektors $\boldsymbol{q}$ ist. Weil mit $N > K$ das Gleichungssystem (159) überbestimmt ist, muss der Parametervektor $\boldsymbol{q}$ über eine Optimierung bestimmt werden, indem z.B. die Summe des quadratischen Schätzfehlers zwischen den gemessenen und den geschätzten Dauerwerten minimiert wird. Der quadratische Schätzfehler lässt sich schreiben als $E^2 = (\log \boldsymbol{d} - \log \tilde{\boldsymbol{d}})^t (\log \boldsymbol{d} - \log \tilde{\boldsymbol{d}})$. Für das Minimum gilt, dass die partiellen Ableitungen des Fehlers nach den Parametern q_i null sind:

$$
\frac{\partial E^2}{\partial \boldsymbol{q}} = -2\boldsymbol{C}^t (\log \boldsymbol{d} - \boldsymbol{C}\boldsymbol{q}) \overset{!}{=} 0 \tag{160}
$$

Schliesslich lassen sich die Parameter q_i bestimmen aus:

$$
\boldsymbol{q} = (\boldsymbol{C}^t \boldsymbol{C})^{-1} \boldsymbol{C}^t \log \boldsymbol{d} \tag{161}
$$

und damit sind auch die $p_i = 10^{q_i}$ bekannt. Die Parameter p_i können nun in die Gleichung (157) eingesetzt und für die Dauersteuerung angewendet werden. Die Dauer eines konkreten Lautes wird berechnet, indem zuerst die c_i für diesen Laut und seine Stellung ermittelt (hauptsächlich aus der phonologischen Darstellung) und in die Gleichung (157) eingesetzt werden.

Grundsätzlich ist es nicht nötig, zuerst Regeln zu formulieren, wie sie in Tabelle 9.2 gezeigt werden. Man kann auch die Einflussfaktoren von Tabelle 9.1 direkt als eine Art Regeln betrachten, die beispielsweise zu lesen sind als: Falls der betrachtete Laut ein Langvokal ist ($c_1 = 1$), dann wird die Dauer mit dem Faktor p_1 multipliziert oder wenn der Laut ein Kurzvokal ist ($c_2 = 1$), dann wird der Faktor p_2 verwendet etc. Für die ganze Tabelle 9.1 ergäben sich so insgesamt 57 Regeln mit ebenso vielen Bedingungen c_i und Parametern p_i. Einfache Regeln wie RD1, RD2 und RD3, die sich auf einen einzigen Einflussfaktor beziehen,

werden so automatisch berücksichtigt. Für Regeln mit mehreren logisch ver-
knüpften Einflussfaktoren im Bedingungsteil muss noch je ein c_i hinzugefügt
werden.

Wenn alle relevanten Faktoren, welche die Lautdauer beeinflussen, berücksichtigt werden, dann ist ein linearer Ansatz zur Dauersteuerung in einem Sprachsynthesesystem einigermassen brauchbar. Eine wirklich gute Lösung ist es jedoch nicht, hauptsächlich aus zwei Gründen: Erstens wird in der Optimierung
von Gleichung (160) der globale Schätzfehler minimiert, wodurch häufig auftretende Einflussfaktoren die seltenen systematisch überstimmen. Zweitens werden
keine Abhängigkeiten höheren Grades berücksichtigt. Dies kann jedoch wichtig
sein, weil die kombinierte Wirkung mehrerer auf einen Laut zutreffender Regeln
im Allgemeinen nicht gleich der Summe (bzw. dem Produkt, wenn mit logarithmierten Dauerwerten gearbeitet wird) der Einflüsse der einzelnen Regeln ist. Im
nächsten Abschnitt wird ein Ansatz besprochen, der diese Beschränkung nicht
aufweist.

9.3.1.3 Dauersteuerung mit einem neuronalen Netz

Wie in Abschnitt 9.3.1.1 erläutert, kann man zwar anhand einer Sammlung seg-
mentierter Sätze und den zugehörigen phonologischen Darstellungen abschät-
zen, durch welche linguistischen Faktoren die Lautdauer beeinflusst wird. Wie
sich aber Kombinationen dieser Faktoren auf die Lautdauer auswirken, weiss
man damit noch nicht. Die mässig befriedigenden Resultate des linearen Ansatzes in Abschnitt 9.3.1.2 lassen vermuten, dass erhebliche nichtlineare Effekte
vorhanden sein könnten. Das würde bedeuten, dass der Zusammenhang zwischen den Einflussfaktoren und der Lautdauer die Mächtigkeit eines linearen
Ansatzes übersteigt.

Man darf jedoch davon ausgehen, dass ein Zusammenhang besteht und es deshalb eine (wahrscheinlich nichtlineare) Transformation Ψ gibt, mit welcher für
jede Kombination von Einflussfaktoren $c(n)$ ein optimaler Schätzwert der Lautdauer $\hat{d}(n)$ ermittelt werden kann:

$$\hat{d}(n) = \Psi\{c(n)\} \tag{162}$$

Die Transformation Ψ ist jedoch unbekannt. Bekannt ist bloss eine Menge von
Eingangs-/Ausgangs-Paaren dieser Transformation. Es ist deshalb naheliegend,
zu versuchen, die Transformation Ψ aus diesen Daten zu schätzen. Dafür eignet
sich beispielsweise ein neuronales Netz des Typs Mehrschicht-Perzeptron (engl.
multi-layer perceptron (MLP) oder *feedforward network*), wie es in Abbildung
9.14 dargestellt ist.

Um ein neuronales Netz trainieren zu können, müssen genügend Daten (also Eingangs-/Ausgangs-Paare) zur Verfügung stehen, z.B. in der Form einer

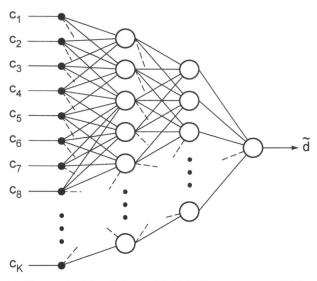

Abbildung 9.14. Neuronales Netz (hier ein 3-Schicht-Perzeptron) zur Schätzung der Lautdauer $\tilde{d}$ in Funktion der Einflussfaktoren c. Die Verbindungen zwischen den Knoten sind je mit einem Gewicht versehen (vergl. Anhang B.3). Die Zahl der Eingänge ist gleich der Dimension von c, also K. Für die beiden verdeckten Schichten werden etwa 20 bzw. 10 Neuronen eingesetzt.

Tabelle, welche viele gemessene Lautdauern enthält und zu jedem Messwert die Einflussfaktoren $c_1, c_2, \ldots c_K$ angibt (wie dies bei Tabelle 9.3 der Fall ist). Als Faustregel gilt, dass pro Parameter des neuronalen Netzes mindestens 10 Lautdauer-Messwerte vorhanden sein müssen. Mit $K = 100$ hat das vollverbundene neuronale Netz von Abbildung 9.14 etwa 2210 Gewichte. Einander ausschliessende Einflussfaktoren können jedoch binär codiert werden (z.B. die 7 Lautklassen mit 3 Bits). So lassen sich die 57 Faktoren von Tabelle 9.1 mit total 30 Bits darstellen. Die Zahl der effektiv nötigen Gewichte ist damit 800. Weil im Mittel gut 10 Laute pro Sekunde gesprochen werden, müssen für das Training Sprachsignale im Umfang von mindestens 14 Minuten aufbereitet werden.

Mit dem Backpropagation-Algorithmus (siehe Abschnitt B.3.4) kann nun das neuronale Netz trainiert werden. Dazu wird ein Optimierungskriterium benötigt. In der Regel verwendet man dafür den RMS des Schätzfehlers.

Wie in Abschnitt 9.3.1.2 ist es auch hier sinnvoll zu berücksichtigen, dass die Dauer relativ wahrgenommen wird. Der Schätzfehler E wird deshalb sinnvollerweise aus den logarithmierten Dauerwerten wie folgt ermittelt:

$$E = \sqrt{\frac{1}{N} \sum_{n=1}^{N} \{\log d(n) - \log \tilde{d}(n)\}^2} \quad \text{mit} \quad \tilde{d}(n) = \tilde{\Psi}\{\boldsymbol{c}(n)\} \,, \qquad (163)$$

wobei $\tilde{\Psi}$ die Transformation des neuronalen Netzes ist, also eine Schätzung der unbekannten Transformation Ψ.

Für eine gute Dauersteuerung werden 100 oder mehr Einflussfaktoren berücksichtigt, wodurch der Vektor $\boldsymbol{c}$ entsprechend lang wird. Die Zahl der in den Trainingsdaten vorhandenen Eingangswerte für $\boldsymbol{c}$ ist deshalb verschwindend klein im Vergleich zur Zahl der möglichen. Es ist somit extrem wichtig, dass das neuronale Netz gut verallgemeinert. Hinweise, wie man ein neuronales Netz trainieren muss, damit es dieser Anforderung entspricht, sind im Anhang B.3.5 zu finden.

Wenn das Training erfolgreich abgeschlossen ist, hat das neuronale Netz die Transformation $\tilde{\Psi}$ gelernt und kann zur Dauersteuerung in einem Sprachsynthesesystem eingesetzt werden. Die Transformation selbst ist jedoch nach wie vor unbekannt; sie steckt in den Gewichten des neuronalen Netzes. Wenn also der Zusammenhang zwischen den Einflussfaktoren und der Lautdauer interessiert, dann ist das neuronale Netz nicht der geeignete Ansatz. In einem Sprachsynthesesystem erfüllt es seinen Zweck jedoch vollumfänglich. Im Vergleich zum linearen Ansatz aus Abschnitt 9.3.1.2 liefert das neuronale Netz wesentlich bessere Resultate. Insbesondere gibt es beim Anhören synthetisierter Sprache nur sehr selten Laute, deren Dauer als nicht korrekt empfunden wird. In der Regel wird der resultierende Sprechrhythmus als sehr natürlich wahrgenommen.

❯ 9.3.2 Grundfrequenzsteuerung

Im Gegensatz zur Dauer ist in der deutschen Sprache die Tonhöhe eines Lautes nicht phonemisch, d.h. es gibt kein Wortpaar, bei dem sich die Bedeutungen nur aufgrund der Tonhöhe eines Lautes unterscheiden, wie dies bei Tonsprachen der Fall ist. Die Tonhöhe, die wir im Sinne der Signalverarbeitung als Grundfrequenz bezeichnen, ist im Deutschen also rein prosodisch. Hinsichtlich der linguistischen Funktion ist sie ein Mittel um zu markieren, zu gewichten und zu gruppieren (vergl. Abschnitt 1.2.4).

Nebst ihrer linguistischen Funktion hat die Grundfrequenz auch eine physiologisch bedingte Komponente: Die Grundfrequenz sinkt im Verlauf einer Äusserung im Mittel langsam ab (vergl. Abbildung 9.15). Dieses als *Deklination* bezeichnete Phänomen wird damit erklärt, dass der Druck in der Luftröhre während des Sprechens leicht abfällt.

Die Grundfrequenz sinkt zwar im Allgemeinen im Verlauf einer Phrase, kann jedoch gegen das Ende gewisser Phrasen auch ansteigen. Dies trifft insbesondere für die Terminalphrase von Fragesätzen und oft auch für die progredienten

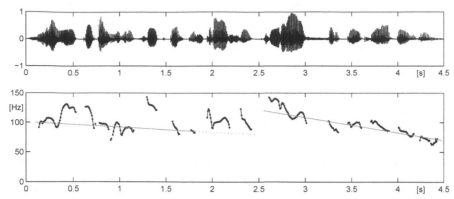

Abbildung 9.15. Grundfrequenzverlauf des Sprachsignals: "Sie erhielten bei ihrem Zug durch die Strassen Zulauf von Pekinger Bürgern." Die für die stimmhaften Abschnitte berechneten Grundfrequenzwerte sind als Punkte eingetragen. Die Deklination der beiden Phrasen ist deutlich zu erkennen. Am Ende der ersten Phrase (punktiert) steigt die Grundfrequenz wieder etwas an. Der Anfang der zweiten Phrase ist durch das Zurücksetzen der Deklination deutlich markiert.

Phrasen zu. Bei starken Phrasengrenzen, an denen der Redefluss verlangsamt oder sogar unterbrochen wird, kann oft eine deutliche Versetzung der Deklination beobachtet werden, d.h. die Grundfrequenz wird am Phrasenanfang erhöht und fällt dann im Verlauf der Phrase langsam wieder ab, wie dies auch in Abbildung 9.15 zu sehen ist. In dieser Abbildung ist zudem ersichtlich, dass die Grundfrequenz in der Terminalphrase (also am Satzende) steiler und tiefer abfällt als in der progredienten Phrase.

Der Deklination überlagert sind die grossen Grundfrequenzänderungen, welche die wichtigen Silben hervorheben, also diejenigen, die Akzente tragen. Das Hervorheben einer Silbe fällt umso deutlicher aus, je stärker der Akzent ist. Als Hervorheben wird nicht die Höhe der Grundfrequenz empfunden, sondern eine von der Deklination abweichende zeitliche Veränderung der Grundfrequenz. Diese Veränderung wird von einem Sprecher je nach Situation als Anstieg, als Abfall oder als Anstieg mit gleich anschliessendem Abfall realisiert.

Nebst den Akzenten gibt es offensichtlich weitere Einflüsse auf die Grundfrequenz. Es lässt sich beispielsweise nachweisen, dass die Laute einen Einfluss auf die Grundfrequenz haben, also dass gewisse Laute eine tendenziell höhere Grundfrequenz aufweisen als andere.

Anzumerken ist noch, dass wir hier die Grundfrequenz linear betrachten, obwohl das Ohr Frequenzen logarithmisch wahrnimmt. Da der Grundfrequenzvariation einer Stimme jedoch auf etwa eine Oktave beschränkt ist, ist der Unterschied zwischen linearer und logarithmischer Modellierung gering. Im Gegensatz dazu unterscheiden sich Lautdauern um mehr als einen Faktor 10.

⊙ 9.3.2.1 Die Grundfrequenz beeinflussende Faktoren

Um in einem Sprachsynthesesystem für jeden Laut die Grundfrequenz und damit die Sprechmelodie bestimmen zu können, müssen zuerst die linguistischen Faktoren bekannt sein, welche die Grundfrequenz beeinflussen. Beim Ermitteln dieser Faktoren kann gleich vorgegangen werden wie bei den Lautdauern (vergl. Abschnitt 9.3.1.1): Man misst wiederum eine Sammlung natürlicher Sprachsignale aus, diesmal hinsichtlich der Grundfrequenz, und untersucht, ob ein bestimmter Faktor (z.B. die Silbe trägt einen 1-Akzent oder der Silbenkern ist ein offener Vokal) die Grundfrequenz beeinflusst. Eine solche Untersuchung ergibt im Wesentlichen die in Tabelle 9.4 zusammengestellten linguistischen Faktoren. Darüber hinaus gibt es ausserlinguistische Einflüsse auf die Grundfrequenz, wobei einer der wichtigsten sicher der subglottale Luftdruck ist, der die Deklination des Grundfrequenzverlaufs bewirkt. Zusätzlich spielen Sprechgewohnheiten, Sprache, Dialekt, psychische Verfassung etc. eine wichtige Rolle. Die ausserlinguistischen Einflüsse werden in einem Sprachsynthesesystem gewöhnlich nicht explizit berücksichtigt, sondern nur insofern, als versucht wird, eine bestimmte Sprechweise nachzuahmen (z.B. neutrales Vorlesen).

Das Phänomen der Deklination zeigt sich bei jedem Sprechstil und muss, da es für den Höreindruck wichtig ist, immer berücksichtigt werden, auch dann, wenn nicht mit einem artikulatorischen Ansatz gearbeitet wird und somit kein Parameter für den Luftdruck vorhanden ist. In diesem Fall muss die Deklination in Abhängigkeit von linguistischen Faktoren beschrieben werden, z.B. von der Phrasenlänge, von der Art der Phrase (progredient oder terminal) oder von der Art des Satzes (Aussage, Befehl, Frage).

Tabelle 9.4. Linguistische Faktoren, welche die Grundfrequenz beeinflussen

linguist. Faktor	diskrete Werte
Satztyp:	Aussage | Befehl | Frage
Phrasentyp:	progredient | terminal
Phrasengrenze:	Stärkegrad: 1 | 2 | 3 | sonst
Silbenakzent:	Stärkegrad: 1 | 2 | 3 | unakzentuiert | sonst
Silbentyp:	Silbenkern: Langvokal | Kurzvokal | Diphthong offener Laut | geschlossener Laut
	Konsonant vor Silbenkern: stimmhaft | stimmlos | –
	Konsonant nach Silbenkern: stimmhaft | stimmlos | –
Silbenlage:	vor | nach dem Phrasenhauptakzent

⟩ 9.3.2.2 Stilisierung von Grundfrequenzverläufen

Bevor man eine Grundfrequenzsteuerung für ein Sprachsynthesesystem realisiert, muss man sich überlegen, wie ein Grundfrequenzverlauf mathematisch
beschrieben werden kann. Selbstverständlich sollte diese Beschreibung möglichst einfach sein (d.h. wenige Freiheitsgrade bzw. Parameter aufweisen). Sie
sollte also den natürlichen Verlauf nicht mit all seinen Details (siehe Beispiel in
Abbildung 9.15) beschreiben, sondern nur so genau, dass die stilisierten Grundfrequenzverläufe beim Hören den Eindruck einer natürlichen Sprechmelodie
vermitteln. Es stellt sich also die Frage, welche Genauigkeitsverluste bei der
Stilisierung von Grundfrequenzverläufen toleriert werden können.

Um zu ermöglichen, dass die Grundfrequenzsteuerung unabhängig von der Dauersteuerung konzipiert werden kann, muss zudem der Verlauf der Grundfrequenz so formuliert werden, dass er von der Zeit unabhängig ist. Der Verlauf
der Grundfrequenz lässt sich beispielsweise in Bezug auf die Silbe formulieren.[8] So ist er nur an die linguistischen Ereignisse gebunden und damit von der
Dauersteuerung unabhängig.

⟩ Stückweise Linearisierung

Eine einfache Art der Stilisierung von Grundfrequenzverläufen ist die stückweise
Linearisierung, wie sie in Abbildung 9.16 gezeigt ist. Um nicht eine zeitabhängige, sondern eine silbenabhängige Beschreibung zu erhalten, werden Punkte auf

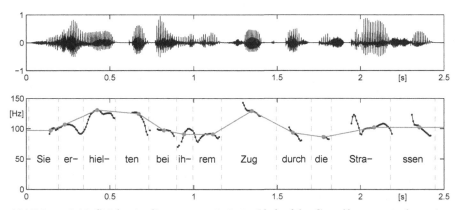

Abbildung 9.16. Stückweise linear approximierter Verlauf der Grundfrequenz in der ersten
Phrase des Sprachsignals von Abbildung 9.15. Dieser Verlauf entsteht, indem die Punkte auf der Grundfrequenzkurve in der Mitte der Silbenkerne durch Geraden miteinander
verbunden werden.

---

[8]Selbstverständlich ist es grundsätzlich auch möglich, die Grundfrequenz pro Laut
statt pro Silbe zu beschreiben. Die nachfolgenden Grundfrequenz-Stilisierungen zeigen jedoch, dass der Bezug zur Silbe passend und die zeitliche Auflösung genügend
gross ist.

der F_0-Kurve in der Mitte der Silbenkerne durch Geradenstücke miteinander
verbunden. Der stilisierte F_0-Verlauf weicht in dieser Abbildung teilweise deutlich vom natürlichen ab. Zwei Signale, von denen das eine mit dem stilisierten
und das andere mit dem natürlichen F_0-Verlauf erzeugt wird, unterscheiden sich
gehörmässig jedoch nur wenig.

⊙ Silbensynchrone Abtastung

Je nach Art der Grundfrequenzsteuerung ist es nicht nötig, dass die Stilisierung
den Grundfrequenzverlauf auf wenige Parameter reduziert. Gewisse Ansätze
erlauben eine beliebige Darstellung, solange sie von der absoluten Zeit unabhängig ist. Dies trifft insbesondere für die in Abschnitt 9.3.2.4 beschriebene Art
der Grundfrequenzsteuerung zu.

Um bei der Stilisierung der Grundfrequenzverläufe zwar die gewünschte Un-
abhängigkeit von der absoluten Zeit zu erreichen, aber gleichzeitig möglichst
wenig Information zu verlieren, kann (nach der Interpolation zum Auffüllen
der Lücken zwischen den stimmhaften Segmenten) aus der zeitsynchron abgetasteten Folge eine silbensynchron abgetastete Folge erzeugt werden. So kann
beispielsweise ein Grundfrequenzverlauf, wie in Abbildung 9.17 gezeigt, in Silben unterteilt, und der Verlauf innerhalb jeder Silbe durch eine feste Anzahl
Stützwerte (üblicherweise drei bis fünf) beschrieben werden.

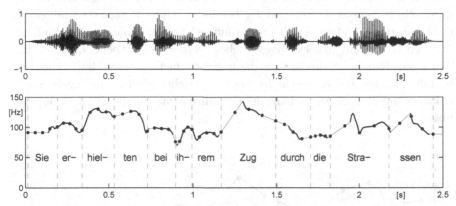

Abbildung 9.17. Silbensynchrone Abtastung des Grundfrequenzverlaufs. Die stimmhaften
Segmente sind im Grundfrequenzverlauf als dicke Linie gezeichnet. Die stimmlosen Segmente sind linear interpoliert und dünn dargestellt. Je fünf Abtastwerte pro Silbe sind mit
Kreisen markiert. Der letzte Abtastwert einer Silbe fällt mit dem ersten der nächsten Silbe
zusammen.

⊘ 9.3.2.3 Linearer Ansatz der Grundfrequenzsteuerung

Aus dem letzten Abschnitt geht hervor, dass Grundfrequenzverläufe ziemlich grob approximiert werden können, ohne dass sich der Höreindruck wesentlich verändert. Insbesondere leidet die wahrgenommene Natürlichkeit der Sprechmelodie kaum hörbar, wenn der Grundfrequenzverlauf zwischen den Silben durch Geradenstücke ersetzt wird, wie dies Abbildung 9.16 zeigt.

Für einen Satz mit zwei Phrasen ist ein so schematisierter Grundfrequenzverlauf in Abbildung 9.18 dargestellt. Diese Darstellung suggeriert, dass ein Grundfrequenzverlauf als Deklinationsgerade aufgefasst werden kann, von welcher die Grundfrequenz der Silbenkerne mehr oder weniger stark abweicht. Diese Abweichung wird auf den Einfluss der linguistischen Faktoren zurückgeführt.

Für eine Phrase kann die Grundfrequenz der Silbenkerne in Funktion der Silbennummer j somit ausgedrückt werden mit:

$$\tilde{F}_0(j) = F_a + \frac{j-1}{J}F_d + F_\Delta \qquad (164)$$

Dabei bezeichnen J die Phrasenlänge in Silben, F_a die Frequenz der Deklinationsgeraden am Phrasenanfang, F_d die Steigung der Deklinationsgeraden pro Phrase und F_Δ die Abweichung der Grundfrequenz der Silbenkerne von der Deklinationsgeraden. Diese Beschreibung des Grundfrequenzverlaufs in Funktion der Silbennummer j ist von der Zeit und damit von der Lautdauer unabhängig. Der mit der Formel (164) beschriebene schematische Grundfrequenzverlauf wird durch die Parameter F_a, F_d und F_Δ bestimmt. Diese Parameter sind jedoch nicht konstant, sondern von diversen Einflussfaktoren abhängig. Die Einflussfaktoren können als Regeln aufgeschrieben werden, wie Tabelle 9.5 zeigt. Ein Teil dieser Regeln beschreibt, wie die linguistischen Faktoren die Deklination beeinflussen. Die andern Regeln drücken aus, welchen Einfluss die linguistischen Faktoren auf F_Δ, die Abweichung der Grundfrequenz von der Deklination, ausüben.

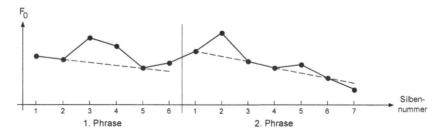

Abbildung 9.18. Grob schematisierter Grundfrequenzverlauf eines Satzes mit zwei Phrasen: Die Punkte stellen die Mitte der Silbenkerne dar und zeigen die Abweichung von der Deklinationsgeraden.

Tabelle 9.5. Beispiele von Grundfrequenzregeln

RF1:   Am Anfang einer progredienten Phrase ist die Grundfrequenz p_1.

RF2:   Am Anfang einer terminalen Phrase ist die Grundfrequenz p_2.

RF3:   In einer progred. Phrase ist die Steigung der Grundfreq. $\frac{j-1}{J}p_3$.

RF4:   In einer terminalen Phrase ist die Steigung der Grundfreq. $\frac{j-1}{J}p_4$.

RF5:   Hat eine Silbe die Akzentstärke 1, dann wird F_0 um p_5 erhöht.

RF6:   Hat eine Silbe die Akzentstärke 2, dann wird F_0 um p_6 erhöht.

RF7: F_0 der letzten Silbe einer Terminalphrase wird um p_7 erhöht.

⋮

Mithilfe der Regelparameter p_i kann nun die mit der Formel (164) geschätzte Grundfrequenz der j-ten Silbe wie folgt ausgedrückt werden:

$$\tilde{F}_0(j) = c_1\,p_1 + c_2\,p_2 + \tfrac{j-1}{J}(c_3\,p_3 + c_4\,p_4) + c_5\,p_5 + \cdots \qquad (165)$$
$$= \left[c_1\ c_2\ \tfrac{j-1}{J}c_3\ \tfrac{j-1}{J}c_4\ c_5\ \ldots\right] \cdot [p_1\ p_2\ p_3\ p_4\ p_5\ \ldots]^t = \boldsymbol{c}\,\boldsymbol{p}^t$$

Die Grössen p_i können anhand einer Sammlung von natürlichen Sprachsignalen ermittelt werden. Dazu wird für jeden Silbenkern der Grundfrequenzwert F_0 gemessen und zusammen mit dem Phrasentyp, der Silbennummer, der Akzentstärke und den weiteren Regelbedingungen in einer Tabelle eingetragen. Für den Beispielsatz in Abschnitt 9.3.1 mit der phonologischen Darstellung

(P) ziː |ɛr-[1]hiːl-tน̩ #{2} (P) baɪ iː-rəm [1]ʦuːk #{2}
(P) dʊrç di [1]ʃtraː-sn̩ #{1} (P) [1]ʦuː-laʊf #{2}
(T) fɔn [2]peː-kɪ-ŋɐ [1]bʏr-gɐn

sind die gemessenen F_0-Werte in Tabelle 9.6 zu sehen, wobei nur die stärksten Phrasengrenzen, also solche mit Stärkegrad 1 berücksichtigt werden. In diesem Satz gibt es nur eine einzige Phrasengrenze der Stärke 1. Wenn die übrigen Phrasengrenzen eliminiert werden, dann bleiben nur zwei Phrasen übrig, von denen die erste eine progrediente und die zweite eine terminale Phrase ist.

Für die gemessenen F_0-Werte, die in Tabelle 9.6 zusammen mit den jeweils zutreffenden Einflussfaktoren eingetragen sind, können nun mit der Gleichung (165) die zugehörigen Schätzwerte $\tilde{F}_0$ bestimmt werden. In Matrizenform lässt sich dies schreiben als:

$$\tilde{\boldsymbol{F}}_0 = \begin{bmatrix} \tilde{F}_0(1) \\ \tilde{F}_0(2) \\ \tilde{F}_0(3) \\ \tilde{F}_0(4) \\ \tilde{F}_0(5) \\ \vdots \end{bmatrix} = \begin{bmatrix} 1\ 0\ 0\ \ 0\ 0\ 0\ 0\ \dots \\ 1\ 0\ \frac{1}{12}\ 0\ 0\ 0\ 0\ \dots \\ 1\ 0\ \frac{2}{12}\ 0\ 1\ 0\ 0\ \dots \\ 1\ 0\ \frac{3}{12}\ 0\ 0\ 0\ 0\ \dots \\ 1\ 0\ \frac{4}{12}\ 0\ 0\ 0\ 0\ \dots \\ \vdots \end{bmatrix} \cdot \begin{bmatrix} p_1 \\ p_2 \\ p_3 \\ p_4 \\ p_5 \\ p_6 \\ p_7 \\ \vdots \end{bmatrix} = \boldsymbol{C}\,\boldsymbol{p} \qquad (166)$$

Aus diesem Gleichungssystem können die p_i analog zum Vorgehen auf Seite 270 berechnet und in die Formel (165) eingesetzt werden. Um mit dieser Formel

Tabelle 9.6. Gemessene Grundfrequenzwerte für die Silbenkerne des Satzes: "Sie erhielten bei ihrem Zug durch die Strassen Zulauf von Pekinger Bürgern." zusammen mit den sie beeinflussenden linguistischen Faktoren

F_0 [Hz]	Phrasentyp progred.	terminal	Silben- nummer	Akzent 1	Akzent 2	...
98.5	1	0	1	0	0	
104.9	1	0	2	0	0	
132.8	1	0	3	1	0	
125.0	1	0	4	0	0	
90.1	1	0	5	0	0	
90.2	1	0	6	0	0	
89.8	1	0	7	0	0	
136.7	1	0	8	1	0	
95.1	1	0	9	0	0	
87.3	1	0	10	0	0	
109.4	1	0	11	1	0	
110.7	1	0	12	0	0	
140.6	0	1	1	1	0	
112.3	0	1	2	0	0	
95.7	0	1	3	0	0	
97.5	0	1	4	0	1	
100.9	0	1	5	0	0	
89.1	0	1	6	0	0	
89.8	0	1	7	1	0	
75.0	0	1	8	0	0	

nun die Grundfrequenz für eine konkrete Silbe zu bestimmen, müssen die c_i für diese Silbe aus der phonologischen Darstellung ermittelt werden, wie dies für die Silben in Tabelle 9.6 gemacht worden ist.

Wenn in den Grundfrequenzregeln in Tabelle 9.5 alle wichtigen Faktoren berücksichtigt werden, dann ist dieser lineare Ansatz zur Grundfrequenzsteuerung brauchbar, zumindest für isoliert gesprochene Sätze. Für längere Texte ist das Resultat jedoch unbefriedigend, weil die Grundfrequenzverläufe aller Phrasen gleichen Typs sehr ähnlich werden und die Sprechmelodie somit recht stereotyp klingt.

(>) 9.3.2.4 Steuerung der Grundfrequenz mit einem neuronalen Netz

Wie bei der Dauersteuerung kann man auch für die Grundfrequenzsteuerung ein neuronales Netz einsetzen, um die Transformation der linguistischen Faktoren in die Grundfrequenz durchzuführen. Aus zwei Gründen ist es jedoch nicht sinnvoll, dabei den in Abbildung 9.18 illustrierten Ansatz zur Modellierung des Grundfrequenzverlaufes anzuwenden:

1. Die in Abbildung 9.18 illustrierte Modellvorstellung beruht auf der Annahme, dass der F_0-Verlauf jeder Phrase in erster Näherung durch eine Deklinationsgerade beschrieben werden kann. Betrachtet man jedoch F_0-Verläufe natürlicher Sätze, dann zeigt sich, dass eine so stereotype Näherung den Variantenreichtum natürlicher F_0-Verläufe nicht adäquat beschreibt. Man darf also diese Schematisierung beim Einsatz eines neuronalen Netzes nicht anwenden, sondern muss es so einsetzen, dass es nicht unnötig eingeschränkt wird.

2. Die in Abbildung 9.16 dargestellte Approximation des F_0-Verlaufs verändert zwar bei vielen längeren Sätzen den Höreindruck nicht wesentlich. Bei sehr kurzen Sätzen mit nur einer oder zwei Silben ist diese Approximation verständlicherweise jedoch zu grob. Es ist deshalb zweckmässig, nicht bloss einen F_0-Wert pro Silbe zu betrachten, sondern mehrere, wie dies in Abbildung 9.17 gezeigt wird. Das neuronale Netz kann so auch den Verlauf der Grundfrequenz innerhalb einer Silbe lernen.

Der oben erwähnte Variantenreichtum bei natürlichen F_0-Verläufen ist jedoch nicht beliebig, sondern weist eine wichtige Charakteristik auf: Die Höhe der Grundfrequenz ist an Satzanfängen recht unterschiedlich und nicht linguistisch begründbar (d.h. primär durch die Intention und die Gewohnheit des Sprechers gegeben). Der weitere Verlauf ist dann, wenn man von den Akzenteinflüssen absieht, jedoch ziemlich gleichmässig.

Es stellt sich also die Frage, wie das neuronale Netz zu konzipieren ist und welche Eingangsinformationen es benötigt, um die Charakteristik des Grundfrequenz-

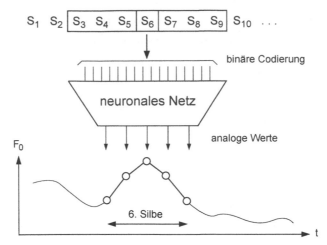

Abbildung 9.19. Mit einem neuronalen Netz kann für eine Silbe der Grundfrequenzverlauf erzeugt werden. Als Eingabe benötigt das Netz dafür nebst den Einflussfaktoren der aktuellen Silbe auch die wichtigsten Einflussfaktoren der benachbarten Silben.

verlaufs zu lernen. In der Gruppe für Sprachverarbeitung der ETH Zürich ist diese Frage eingehend untersucht worden. Dabei hat sich der in Abbildung 9.19 dargestellte Ansatz als geeignet erwiesen. Weil diejenigen Einflussfaktoren, die sich stark auf die Grundfrequenz einer Silbe auswirken, auch in den benachbarten Silben noch ihre Wirkung zeigen, braucht das neuronale Netz nicht nur Information über die aktuelle Silbe, sondern auch über die wichtigsten Einflussfaktoren der benachbarten Silben.

Wie die Tabelle 9.4 zeigt, sind alle aufgeführten Einflussfaktoren diskret. Die Eingangswerte können deshalb binär codiert werden, wie dies in Tabelle 9.7 für die aktuelle Silbe und für Kontextsilben gezeigt wird. Für 6 Kontextsilben wird der Eingangsvektor des neuronalen Netzes somit 41 Bits lang.

Theoretisch sind also $2^{41} = 2.2 \cdot 10^{12}$ Eingangskombinationen möglich. Es stellt sich also die Frage, wie gross ein Trainingsset sein muss, um für die zu erlernende Transformation eine sinnvolle Abdeckung mit Stützwerten zu erhalten. Auch wenn nur 1 Promille der möglichen Kombinationen im Trainingsset vorhanden sein müssten, dann wären immer noch so viele Trainingsvektoren nötig, dass die gesprochenen Silben, auf die sie sich beziehen, zusammen mehrere zehntausend Stunden lang wären. Es hat sich jedoch gezeigt, dass Sprachsignale im Umfang von ein bis zwei Stunden ausreichen, damit das neuronale Netz die wesentlichen Eigenheiten der Transformation lernen kann.

Weil das neuronale Netz F_0-Verläufe produzieren soll, die, abgesehen von den Akzenteinflüssen, ziemlich glatt sind und die insbesondere nicht springen dürfen, muss es auch Information über die Grundfrequenz mindestens einer Nachbarsilbe haben. Im Gegensatz zu den linguistischen Einflussfaktoren kann die

Tabelle 9.7. Codierung der Einflussfaktoren auf die Grundfrequenz für die aktuelle Silbe und für Kontextsilben. Zur aktuellen Silbe zählt auch eine eventuell rechts davon stehende Phrasengrenze. Für Silben, die am Anfang oder am Ende eines Satzes stehen, kann ein Teil der Kontextsilben ausserhalb des Satzes liegen, was dem neuronalen Netz selbstverständlich mitgeteilt werden muss (hier mit dem 2-Bit-Akzent-Code 00).

	Einflussfaktor	Werte	Anzahl	Bits
Aktuelle Silbe	Satztyp	Aussage | Befehl | Frage	3	2
	Phrasentyp	progredient | terminal	2	1
	Phrasengrenze	0 | 1 | 2 | 3 | 4 | keine	6	3
	Silbenakzent	1 | 2 | 3 | 4 | unakzentuiert	5	3
	Silbenkern	Lang- | Kurzvokal | Diphthong	3	2
		offener | geschlossener Laut	2	1
	Kons. v. Kern	stimmhaft | stimmlos | –	3	2
	Kons. n. Kern	stimmhaft | stimmlos | –	3	2
	Silbenlage	vor | nach Phrasenhauptakzent	2	1
Kontext-Silben	Phrasengrenze	0 | 1 | 2 | andere	4	2
	Akzentstärke	Silbe nicht im Satz | 1 | 2 | andere	4	2
Anzahl diskrete Werte bei k Kontextsilben			$29+8k$	$17+4k$

Information über die Grundfrequenz einer Nachbarsilbe nicht aus der phonologischen Darstellung abgeleitet werden.

Mit der Annahme, dass die Grundfrequenzverläufe der Silben in chronologischer Reihenfolge generiert werden, ist jeweils der Grundfrequenzverlauf der Vorgängersilbe bekannt und kann vom neuronalen Netz als Eingabe für die aktuelle Silbe benutzt werden. Dies entspricht einer Rückkoppelung der Netzausgänge über ein Verzögerungsglied, wie dies Abbildung 9.20 zeigt.[9]

Die Vorteile der Lösung mit dem neuronalen Netz sind, dass erstens der Grundfrequenzverlauf nur minimale Stilisierungsverluste erfährt, und zweitens überhaupt keine Annahmen hinsichtlich der Zusammenhänge der linguistischen Faktoren untereinander und mit der Grundfrequenz nötig sind. Es lassen sich mit diesem Ansatz Grundfrequenzverläufe erzeugen, die von natürlichen kaum zu unterscheiden sind.

---

[9]Zusammen mit der Rückführung handelt es sich hier grundsätzlich um ein rekurrentes neuronales Netz (RNN). Für das Training wird jedoch die Rückführung eliminiert und an die betreffenden Netzeingänge werden die Grundfrequenzwerte der vorhergehenden Silbe aus den Trainingsdaten angelegt. Trainingsprobleme, wie sie bei RNN auftreten können, gibt es somit hier nicht. Das Netz lässt sich wie ein normales Dreischicht-Perzeptron trainieren.

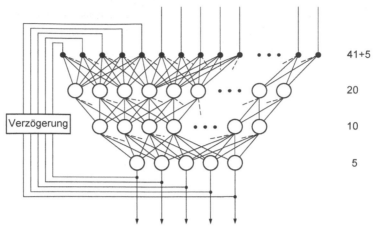

Abbildung 9.20. Dreischicht-Perzeptron für die Bestimmung von 5 Stützwerten des Grundfrequenzverlaufes der aktuellen Silbe. Das Netz hat 41+5 Eingänge und 5 Ausgänge, die über eine Verzögerung auf die Eingänge zurückgeführt werden.

9.3.3 Intensitätssteuerung

Die Aufgabe der Intensitätssteuerung ist es, für jeden Laut die richtige Lautstärke zu bestimmen. Bevor man daran geht, eine Intensitätssteuerung zu konzipieren, sollte man sich die folgenden Beobachtungen vergegenwärtigen:

— Die vom menschlichen Ohr wahrgenommene Lautheit ist nicht nur von der Signalleistung abhängig, sondern auch von der spektralen Zusammensetzung des Signals. Da Laute sehr unterschiedliche Spektren haben, werden vom Ohr unterschiedliche Laute mit der gleichen Signalleistung nicht als gleich laut wahrgenommen.

— Beim Hören natürlicher Sprachsignale empfinden wir die Lautheit benachbarter Laute als ausgewogen. Wir haben beispielsweise nicht den Eindruck, dass der Laut [aː] des Signals in Abbildung 9.21 lauter ist als der nachfolgende Laut [s], obwohl der RMS einen Unterschied von gut 10 dB anzeigt. Hören wir die Signalausschnitte mit diesen Lauten jedoch isoliert, dann hören wir den Laut [aː] deutlich lauter als den Laut [s].

— In Sprachsignalen geht in der Regel ein Laut kontinuierlich in den nächsten über, sowohl hinsichtlich der spektralen Zusammensetzung als auch bezüglich der Signalleistung. Kontinuierlich muss jedoch nicht monoton und schon gar nicht gradlinig heissen. Das Signal in Abbildung 9.21 zeigt beispielsweise klar, dass die Signalleistung in den Lautübergängen teilweise geringer ist als in den beiden benachbarten Lauten. Wenn der spektrale und der leistungsmässige Übergang nicht richtig aufeinander abgestimmt sind, dann nehmen wir im Signal etwas Störendes wahr. Eine gute zeitliche Abstimmung dieser

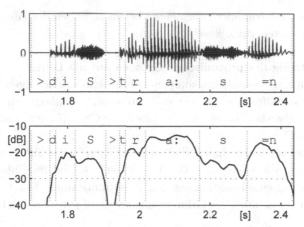

Abbildung 9.21. Oben ist der Ausschnitt "die Strassen" des Sprachsignals von Abbildung 9.12 dargestellt und darunter der Intensitätsverlauf ermittelt als RMS über 30 ms.

Übergänge zu gewährleisten ist eines der Hauptprobleme bei der Intensitätssteuerung.

— Der Intensitätsunterschied zwischen Lauten wie [aː] und [s] (oder allgemein zwischen Vokalen und Frikativen) ist von Sprecher zu Sprecher recht verschieden.

Obwohl das Verändern der Signalintensität an sich eine äusserst simple Aufgabe ist, entpuppt sich die Intensitätssteuerung für die Sprachsynthese als recht vielschichtiges Problem. Beim Lösen dieses Problems müssen die obigen Beobachtungen berücksichtigt werden, was verständlicherweise ziemlich schwierig ist. Insbesondere gelingt es nur mit grossem Aufwand, eine Intensitätssteuerung zu realisieren, die überhaupt besser ist als das Beibehalten der Originalintensität der Grundelemente. Einfache Ansätze zur Intensitätssteuerung verschlechtern die Qualität des synthetischen Signals hingegen klar.

Die Grundelemente mit ihrer Originalintensität zu verwenden ist aber nur dann eine gute Lösung, wenn die zu verkettenden Segmente aus subjektiv gleich lauten Sprachsignalen extrahiert worden sind. So ist beispielsweise für Diphone gewährleistet, dass die Signalleistungen der beiden Laute des Diphons im gehörmässig richtigen Verhältnis zueinander stehen und auch der Übergang natürlich abgestimmt ist.

Es manifestiert sich hier ein interessantes Phänomen: Bei der Sprachsynthese nach dem Verkettungsansatz ist die Intensität eine im Vergleich zu Grundfrequenz und Dauer viel weniger stark wahrgenommene prosodische Grösse. Trotzdem ist es recht schwierig, eine Intensitätssteuerung zu verwirklichen, die das synthetisierte Sprachsignal merklich verbessert. Sprachsynthesesysteme, die auf der Verkettung von Sprachsegmenten beruhen, haben deshalb in der Regel keine Intensitätssteuerung.[10]

9.3.4 Umsetzung der prosodischen Grössen auf die Laute

Da die Sprachsignalproduktionskomponente für jeden zu erzeugenden Laut die Angaben zu Grundfrequenz, Dauer und Intensität[11] benötigt, stellt sich noch die Frage, wie die silbenbezogenen Angaben der Grundfrequenz auf die Laute umzusetzen sind.

Über die Dauerwerte aller Laute sind auch die Dauern der Silben, der Phrasen und des ganzen Satzes gegeben. Damit lässt sich die auf die Silben bezogene Grundfrequenz in eine Funktion der Zeit $F_0(t)$ umrechnen. Mit $F_0(t)$ und den Lautdauerwerten ist auch der Grundfrequenzverlauf jedes Lautes bekannt.

9.3.5 Prosodische Veränderung der Grundelemente

Um die lautbezogene prosodische Information auf die Grundelemente übertragen zu können, müssen innerhalb der Grundelemente die Lautgrenzen bekannt sein. Da die Grundelemente gewöhnlich aus Sprachsignalen gewonnen werden, die in Laute segmentiert worden sind (Abbildung 9.12 zeigt ein Beispiel), sind die Lautgrenzen innerhalb der Grundelemente gegeben.

Bei der Verkettung stossen stets zwei Grundelemente aneinander, die an der gemeinsamen Stossstelle den gleichen Laut haben. Der Laut [ʏ] an der Stossstelle der Diphone [fʏ] und [ʏn] im Wort [fʏnf] entsteht aus den Diphonteilen [fʏ]$_b$ und [ʏn]$_a$. Sinngemäss gilt dies auch für grössere Grundelemente, an denen drei oder mehr Laute beteiligt sind. Damit ergibt sich für die Veränderung der prosodischen Grössen der Grundelemente das folgende Vorgehen:

a) **Dauer:** Da die Lautgrenzen in den Grundelementen gegeben sind, kann die Dauer d eines Lautes aus der Dauersteuerung direkt auf die betreffenden Abschnitte übertragen werden. Mit der LPC-Analyse-Synthese kann dies so bewerkstelligt werden, dass bei der LPC-Synthese der Grundelementteile [fʏ]$_b$ und [ʏn]$_a$ mit den Originaldauern d_b bzw. d_a ein Signalabschnitt mit der Syntheselänge $N_s = N_a\, d/(d_a + d_b)$ erzeugt wird, wobei N_a die Analyselänge (die Fensterverschiebung) ist.

b) **Grundfrequenz:** Die Grundfrequenzsteuerung liefert für jeden Laut den entsprechenden Ausschnitt des Grundfrequenzverlaufes. Für stimmlose Laute ist diese Grundfrequenzinformation bedeutungslos. Für die stimmhaften

---

[10]Obwohl diese Lösung für die Praxis der Sprachsynthese befriedigend sein mag, ist sie es in theoretischer Hinsicht mitnichten. Da aber noch keine wirklich befriedigende Lösung bekannt ist, muss das Problem als zurzeit ungelöst gelten.

[11]Falls mit einem Verkettungsansatz gearbeitet wird, dann wird die Intensität nicht gesteuert; vergl. Abschnitt 9.3.3

Laute wird für jeden LPC-Syntheseabschnitt der Abstand der Impulse des Anregungssignals aus dem entsprechenden Ausschnitt des Grundfrequenzverlaufs bestimmt.

c) **Intensität:** Aus den in Abschnitt 9.3.3 genannten Gründen entfällt bei der Verkettungssynthese die Intensitätssteuerung.

Selbstverständlich kann für die prosodische Veränderung der Grundelemente statt der LPC-Methode auch die Fourier-Analyse-Synthese oder die PSOLA-Methode (siehe Abschnitt 9.2.5 bzw. 9.2.6) eingesetzt werden. Hinsichtlich Rechenaufwand und Signalqualität ist letztere besonders vorteilhaft.

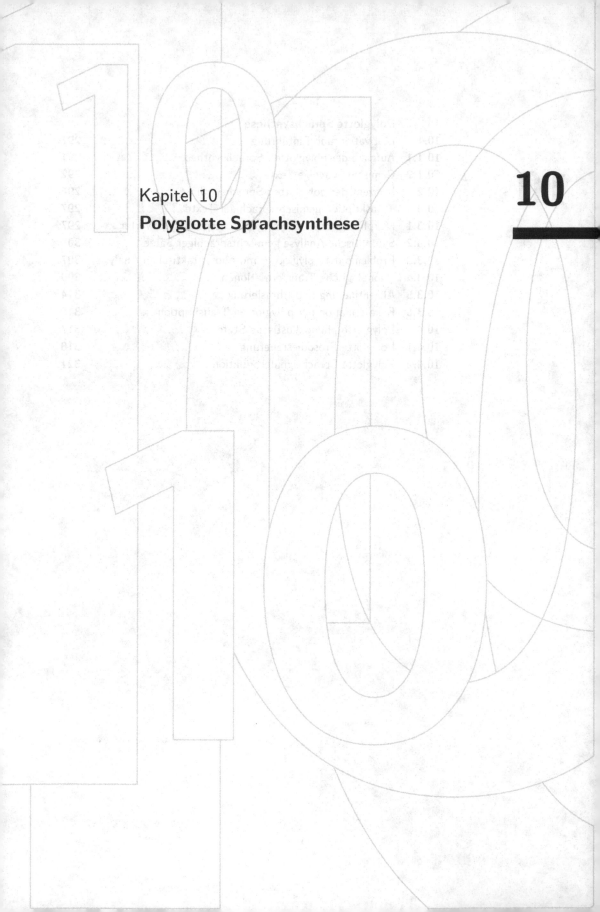

Kapitel 10
Polyglotte Sprachsynthese

10

10 Polyglotte Sprachsynthese

Sprachsynthese wird oft eingesetzt, um textliche Information in Lautsprache umzusetzen, damit die Information einem Benutzer akustisch vermittelt werden kann. Dabei zeigt sich, dass eine Sprachsynthese, wie sie in den Kapiteln 7 bis 9 besprochen worden ist, nur in sehr seltenen Fällen zufriedenstellend eingesetzt werden kann. Das Problem ist, dass diese Sprachsynthese ausschliesslich deutsche Wörter und Sätze korrekt in synthetische Sprachsignale umsetzen kann. In den allermeisten Anwendungen enthalten die zu synthetisierenden deutschen Texte jedoch fremdsprachige Einschlüsse, seien es nun gewöhnliche Wörter wie "Computer", "Passepartout" oder allerlei fremdsprachige Eigennamen und davon abgeleitete Ausdrücke wie "das Churchillsche V-Zeichen". Wir bezeichnen solche Texte als gemischtsprachig.

Anzumerken ist, dass sich das Problem mit diesen gemischtsprachigen Texten nicht mit einer multilingualen Sprachsynthese lösen lässt. Bei einer solchen Sprachsynthese können alle sprachabhängigen Komponenten, von Wort- und Satzgrammatik, Lexikon, Akzentuierungs- und Phrasierungsregeln, neuronale Netze für die Prosodiesteuerung bis zum Diphonkorpus gegen die entsprechenden Komponenten einer anderen Sprache ausgetauscht werden. Dabei ist es unerheblich, ob die betreffenden Daten effektiv neu geladen werden müssen oder bereits im System sind und somit nur aktiviert werden können. Wesentlich ist jedoch, dass das Sprachsynthesesystem nicht selbst entscheiden kann, in welcher Sprache es arbeiten soll. Dies muss von aussen gesteuert werden. Eine derartige multilinguale Sprachsynthese kann deshalb nicht für gemischtsprachige Texte eingesetzt werden.

Eine Sprachsynthese für gemischtsprachige Texte muss selbständig feststellen können, welche Teile von Wörtern und Sätzen zu welcher Sprache gehören und entsprechend zu verarbeiten sind. Um eine solche Sprachsynthese von den oben erwähnten multilingualen Systemen zu unterscheiden, bezeichnen wir sie als *polyglotte Sprachsynthese*.

In diesem Kapitel werden zuerst die Anforderungen an eine polyglotte Sprachsynthese etwas erläutert und anschliessend wird gezeigt, wie sich die in den Kapiteln 7 bis 9 eingeführte Sprachsynthese zu einer polyglotten Sprachsynthese erweitern lässt.

10.1 Motivation und Einführung

❯ 10.1.1 Aufgabe der polyglotten Sprachsynthese

Wie eine gewöhnliche Sprachsynthese soll auch die polyglotte Sprachsynthese einen Text so vorlesen, wie man dies von einer Person erwarten würde. So erwartet man beispielsweise, dass eine Person dank Sprachkenntnissen Wörter wie "Adagio", "Engagement", "Highlight", "Manager" und "Niveau" in deutschen Sätzen als fremdsprachige Einschlüsse erkennt und der betreffenden Sprache entsprechend korrekt ausspricht, nämlich als [aˈdaːdʒo], [ãgaʒˈmã], [ˈhaɪlaɪt], [ˈmænɪdʒə] bzw. [niˈvo].

Fremdsprachige Einschlüsse sind jedoch nicht immer ganze Wörter. Die reichhaltige Morphologie der deutschen Sprache erlaubt es, Wörter aufzubauen, die nebst deutschen auch fremdsprachige Morphe enthalten. Recht häufig sind gemischtsprachige Komposita. So ist beispielsweise das Wort "Dufourstrasse" aus dem französischen Eigennamen "Dufour" und dem deutschen Nomen "Strasse" zusammengesetzt. Deshalb ist die korrekte Aussprache dieses Wortes nicht etwa [ˈdʊfɔurˌʃtraːsə], sondern [dyˈfuːrˌʃtraːsə]. Der französische Eigenname "Dufour" muss also selbst dann französisch ausgesprochen werden, wenn er in einem deutschen Kompositum vorkommt. Analog gilt dies auch für ein deutsch-englisches Kompositum wie "Laserstrahl", das nicht als [ˈlaːzɐˌʃtraːl], sondern als [ˈleɪzɐˌʃtraːl] zu sprechen ist.

Zusätzlich zu den Anforderungen in Abschnitt 7.2 muss somit die polyglotte Sprachsynthese jeden fremdsprachigen Einschluss erkennen und der Sprachzugehörigkeit gemäss aussprechen.[1] Wenn wir hier von fremdsprachigen Einschlüssen sprechen, dann ist damit gemeint, dass die Einschlüsse von einer anderen Sprache sind als der übrige Teil des Satzes. Die Sprache dieses übrigen Teils wird in der Linguistik als Matrixsprache bezeichnet.

Im nächsten Abschnitt wollen wir uns anschauen, welche Arten von fremdsprachigen Einschlüssen in gemischtsprachigen Texten mit der Matrixsprache Deutsch vorkommen und von einer polyglotten Sprachsynthese korrekt verarbeitet werden sollen.

10.1.2 Gemischtsprachige Texte

Aus der Erläuterung in Abschnitt 10.1.1 geht hervor, dass Sprachmischung bei der Matrixsprache Deutsch sowohl auf der Wort-, als auch auf der Satzebene stattfinden kann. Wir wollen diese beiden Arten anhand von Beispielen etwas genauer anschauen. Dabei werden die fremdsprachigen Einschlüsse wie folgt markiert: englischer Einschluss, französischer Einschluss, italienischer Einschluss.

---

[1]Dies wird insbesondere im deutschen Sprachraum erwartet. In anderen Sprachregionen kann es jedoch anders sein. So ist es beispielsweise in Spanien üblicher, englische Wörter in spanischen Texten orthographisch so zu verändern, dass eine spanische Aussprache des veränderten Wortes dem korrekt ausgesprochen englischen Wort ähnelt. So findet man etwa "diuti-fri" für "duty-free", "plag" für "plug" und "steitment" für "statement".

⊛ 10.1.2.1 Gemischtsprachige Sätze

Gemischtsprachige Sätze enthalten mindestens ein Wort von einer Sprache, die von der Matrixsprache (hier Deutsch) verschieden ist. Beispiele solcher Sätze mit einem englischen (E), französischen (F) oder italienischen (I) Einschluss sind:

E: Die musikalischen Highlights werden unsere Sinne verzaubern.
$\quad\quad\quad\quad\quad\quad$ E

$\quad\quad$ Die Dame ist neuerdings für die Human Resources zuständig.
$\quad\quad\quad\quad\quad\quad\quad\quad\quad\quad\quad\quad\quad\quad\quad\quad\quad$ E

F: Der neue Chef de Mission will dies partout nicht einsehen.
$\quad\quad\quad\quad\quad\quad\quad$ F $\quad\quad\quad\quad\quad\quad$ F

$\quad\quad$ Bei dieser Firma wird das en passant erledigt.
$\quad\quad\quad\quad\quad\quad\quad\quad\quad\quad\quad$ F

I: Hier gibt's die Lasagne, die nicht zu übertreffen ist.
$\quad\quad\quad\quad\quad\quad\quad$ I

$\quad\quad$ Davon betroffen waren grosso modo alle Teilnehmerinnen.
$\quad\quad\quad\quad\quad\quad\quad\quad\quad\quad$ I

Wie obige Beispiele zeigen, sind fremdsprachige Einschlüsse, die mehrere Wörter lang sind, oft Redewendungen. Dann sind alle zugehörigen Wörter von derselben Sprache. Folgen die fremdsprachigen Wörter einander jedoch nicht direkt, dann ist keine Aussage darüber möglich, ob sie zur selben Sprache gehören oder nicht. Dies ist bei den folgenden Beispielen der Fall:

$\quad\quad$ Zum Beginn der Saison hat der Gelataio ein neues Sorbet ausgetüftelt.
$\quad\quad\quad\quad\quad\quad\quad\quad$ F $\quad\quad\quad\quad$ I $\quad\quad\quad\quad\quad\quad\quad$ F

$\quad\quad$ Das Team will an der Tour de Suisse seinen ersten Sieg einfahren.
$\quad\quad\quad\quad$ E $\quad\quad\quad\quad\quad\quad$ F

$\quad\quad$ Der Chauffeur wurde nach dem ersten Crash wieder subito entlassen.
$\quad\quad\quad$ F $\quad\quad\quad\quad\quad\quad\quad\quad\quad\quad\quad\quad$ E $\quad\quad\quad\quad\quad$ I

⊛ 10.1.2.2 Gemischtsprachige Wörter

In gemischtsprachigen Wörtern ist mindestens ein fremdsprachiges, also nicht-deutsches Morph vorhanden, meistens ein Stamm. Wir wollen die folgenden Formen unterscheiden:

a) Einfache gemischtsprachige Nomen, Verben und Adjektive haben einen fremdsprachigen Stamm und ein deutsches Deklinations- oder Konjugations-suffix.

b) Derivierte gemischtsprachige Nomen, Verben und Adjektive haben ebenfalls einen fremdsprachigen Stamm, mindestens ein Derivationsaffix[2] und optio-nal ein Flexionssuffix. Mindestens ein Affix muss deutsch sein.

c) Gemischtsprachige Nomen-, Verb- und Adjektivkomposita haben mindes-tens einen fremdsprachigen Stamm. Ist der letzte Stamm fremdsprachig, dann hat der letzte Teil des Kompositums die Form a) oder b).

---

[2]Affix ist der Oberbegriff für Präfix (vor dem Stamm stehender Wortbestandteil) und Suffix (Wortbestandteil, der dem Stamm folgt)

Im Folgenden sind einige Beispiele aufgeführt, um die vielfältigen gemischtsprachigen Wortformen zu veranschaulichen:

⊗ **Gemischtsprachige Nomen**

    a) Einfache Nomen: Chan$_F$cen, Compu$_E$tern, Mana$_E$gern, Memoi$_F$ren, Recher$_F$che, Tou$_F$ren, Tran$_F$che

    b) Derivierte Nomen: Clown$_E$erei, Cool$_E$heit, Hoolig$_E$anismus

    c) Nomenkomposita: Anlagefonds$_F$, Bergtou$_F$ren, Branch$_F$enlead$_E$er, Chef$_F$sache, Laser$_E$strahl, Marktlead$_E$er, Rating$_E$agenturen, Qualitätsni$_F$veau, Rayon$_F$verbot, Soft$_E$eis

⊗ **Gemischtsprachige Verben**

    a) Einfache Verben: boom$_E$te, chat$_E$ten, mana$_E$gst, surf$_E$en

    b) Derivierte Verben: comput$_E$erisieren, download$_E$en, einscann$_E$en, engagie$_F$ren, recher$_F$chieren, tran$_F$chieren updat$_E$en, weglas$_E$ern

    c) Verbkomposita: laser$_E$polieren, winds$_E$urfen

⊗ **Gemischtsprachige Adjektive**

    a) Einfache Adjektive: cool$_E$sten, fair$_E$es,

    b) Derivierte Adjektive: boulevard$_F$esk, clown$_E$esk, comput$_E$erhaft, einge-scann$_E$ten, niveau$_F$loses, saison$_F$ale, updat$_E$eten

    c) Adjektivkomposita: boom$_E$bedingt, chef$_F$abhängig, comput$_E$ergestützt, niveau$_F$gesteuert, saison$_F$gerecht, team$_E$intern

Nebst Wörtern und Wortteilen können in gemischtsprachigen Texten auch ganze Sätze aus einer anderen Sprache vorkommen.

10.2 Konzept der polyglotten Sprachsynthese

In Abschnitt 10.1 ist erläutert worden, was unter gemischtsprachigen Texten zu verstehen ist, wie diese vorzulesen sind und was somit die polyglotte Sprachsynthese zu leisten hat. Nun wollen wir in diesem Abschnitt ausführen, wie wir ausgehend von einer Sprachsynthese für Deutsch, wie sie in den Kapiteln 7 bis

9 behandelt worden ist, eine polyglotte Sprachsynthese verwirklichen können. Dabei wollen wir an den wesentlichen Grundsätzen, die sich dort als richtig und nützlich erwiesen haben, festhalten.

Einer der wichtigsten Grundsätze für die Sprachsynthese ist, die stimmunabhängigen Teile von den stimmabhängigen Teilen zu trennen. Die Sprachsynthese besteht somit aus den beiden Hauptteilen Transkription und phonoakustische Stufe (siehe Abb. 7.2). Die Schnittstelle zwischen diesen beiden Teilen ist die phonologische Darstellung. Dies ist selbstverständlich auch bei der polyglotten Sprachsynthese der Fall, wobei jedoch die phonologische Darstellung erweitert werden muss. Es muss darin insbesondere ersichtlich sein, welche Laute, Silben, Wörter und Phrasen zu welcher Sprache gehören. Für das Beispiel

"Das blaue Mountainbike steht auf dem Trottoir[3]."

soll die Transkription die folgende phonologische Darstellung liefern:[4]

(P) \G\das [2]bla̰u-ə \E\[1]ma̰ʊnt-[4]ɪn-[4]ba̰ɪk #{2}

(T) \G\[4]ʃteːt |a̰uf deːm \F\[4]tʀɔ-[1]twaːʀ

Die Sprachangaben in der phonologischen Darstellung sind so zu verstehen, dass nach der Angabe \G\ ein deutscher Teil des Satzes folgt, der bei der nächsten Sprachangabe, hier also \E\, endet und dort beginnt dann ein englischer Teil. Die übrigen Angaben in der phonologischen Darstellung sind gleich wie im einsprachigen Fall (siehe Abschnitt 7.4.1).

Das Problem ist nun, einerseits eine polyglotte Transkription zu konzipieren, die gemischtsprachige Sätze in die oben gezeigte phonologische Darstellung umsetzt, und andererseits eine polyglotte phonoakustische Stufe zu verwirklichen, welche anhand der Angaben in der phonologischen Darstellung das gewünschte Sprachsignal erzeugt.

In Kapitel 7 ist erläutert worden, dass die beiden Hauptteile der Sprachsynthese im Wesentlichen aus den folgenden Komponenten bestehen: die Transkription (Abschnitt 7.4.1) umfasst die morphologische und syntaktische Analyse, sowie die Akzentuierung und die Phrasierung; die phonoakustische Stufe (Abschnitt 7.4.2) setzt sich aus der Prosodiesteuerung und der Sprachsignalproduktion zusammen.

---

[3]Der Bürgersteig (franz. *le trottoir*) wird in der Schweiz als *das Trottoir* bezeichnet.

[4]Die Notation der phonologischen Darstellung stützt sich auf das an der ETH Zürich entwickelte Sprachsynthesesystem polySVOX. Der Lesbarkeit wegen werden hier die Laute nicht als ETHPA-Zeichen, sondern als IPA-Zeichen geschrieben (vergl. die IPA-Tabellen im Anhang A.1).

Wie sind nun diese Komponenten zu verändern, damit sie für eine polyglotte Sprachsynthese taugen, die gemischtsprachige Sätze mit deutschen, englischen und französischen Teilen verarbeiten kann? Um diese Frage zu beantworten, gehen wir davon aus, dass für diese Sprachen bereits einsprachige Synthesesysteme vorliegen, die dem Konzept in Kapitel 7 entsprechen. Dann lassen sich die entsprechenden polyglotten Komponenten wie folgt erreichen:

— **Morphologische und syntaktische Analyse**

Die polyglotte morphosyntaktische Analyse erreichen wir, indem wir die Nicht-Terminalsymbole der Wort- und der Satzgrammatiken, sowie die Prä-terminalsymbole der Lexika mit einer Sprachzugehörigkeit kennzeichnen. Zusätzlich sind Einschlussgrammatiken nötig, die beschreiben, welche Konstituenten der Sprache A durch welche Konstituenten der Sprache B ersetzt werden können. Da Einschlussgrammatiken in einer einsprachigen Analyse nicht gebraucht werden, müssen sie für die polyglotte Analyse neu erstellt werden. Dann werden die Lexika und Grammatiken der drei Sprachen zusammen mit Einschlussgrammatiken im Parser eingesetzt.

Das Resultat der polyglotten morphosyntaktischen Analyse ist ein Syntaxbaum, aus dem für alle Konstituenten, von den Lauten bis zum ganzen Satz, hervorgeht, zu welcher Sprache sie gehören.

— **Akzentuierung und Phrasierung**

Die Regeln für die Akzentuierung und Phrasierung aller Sprachen müssen so abgeändert werden, dass sie nur auf Konstituenten der betreffenden Sprache anwendbar sind. Dann ergibt die Menge der Akzentuierungsregeln aller Sprachen den Regelsatz für die polyglotte Akzentuierung. Bei der Phrasierung verfährt man analog.

— **Prosodiesteuerung**

Um den Grundfrequenzverlauf einer Silbe der Sprache A zu bestimmen, wird das neuronale Netz der betreffenden Sprache eingesetzt. Gleichermassen wird zur Bestimmung der Dauer eines Lautes der Sprache A das zugehörige neuronale Netz eingesetzt. Diese einfache Methode ist dann anwendbar, wenn die neuronalen Netze aller Sprachen mit Sprachsignalen von ein und derselben Person trainiert worden sind.

— **Sprachsignalproduktion**

Weil selbstverständlich alle Teile einer synthetisierten Äusserung die gleichen stimmlichen Eigenschaften haben sollen, müssen die Diphone aller Sprachen von derselben Person aufgenommen werden.

Diese knappen Angaben darüber, wie die wichtigsten Komponenten einer polyglotten Sprachsynthese konzipiert werden können, werden in den folgenden Abschnitten weiter ausgeführt.

10.3 Transkription gemischtsprachiger Texte

Die Transkription gemischtsprachiger Texte soll die phonologische Darstellung der zu synthetisierenden Sprachsignale liefern. Die einzelnen Komponenten der Transkription werden im Folgenden erläutert, wobei angenommen wird, dass für die interessierenden Sprachen bereits Sprachsynthesesysteme vorhanden sind, die dem in Kapitel 7 eingeführten Konzept entsprechen.

Da die hier betrachteten Sprachen hinsichtlich Morphologie und Syntax recht unterschiedlich sind und zudem linguistische Komponenten wie Lexika und Grammatiken in der Regel von Spezialisten entwickelt werden, kann nicht davon ausgegangen werden, dass die Komponenten aller Sprachen einheitlich konzipiert sind. Es wird hier nur vorausgesetzt, dass die Lexikoneinträge und die Grammatikregeln dem DCG-Formalismus entsprechen.

10.3.1 Morphologische Analyse gemischtsprachiger Wörter

Um eine multilinguale morphologische Analyse zu erhalten, werden zuerst alle Nicht-Terminalsymbole der Regeln der Wortgrammatiken und der Lexika der einsprachigen Synthesesysteme mit einer Sprachkennzeichnung versehen, nämlich mit _G für Deutsch, _E für Englisch und _F für Französisch (siehe Tabelle 10.1). Die hier gezeigten Grammatiken und Lexika sind sehr rudimentär. Ohne Erweiterung können damit nur wenige Wörter analysiert werden. Trotzdem können wir sie in einen DCG-Parser laden und für ein paar ausgewählte Beispiele eine multilinguale morphologische Analyse durchführen.

Als Resultat dieser Analyse erhalten wir nebst der Information über Wortart, Wortaufbau und Aussprache auch die Sprachzugehörigkeit jeder Konstituente. So zeigt Abbildung 10.1, dass "haute-fidélité" ein französisches Nomen ist mit den Attributen Singular und feminin. Für das Wort "wildfire's" ergibt die Ana-

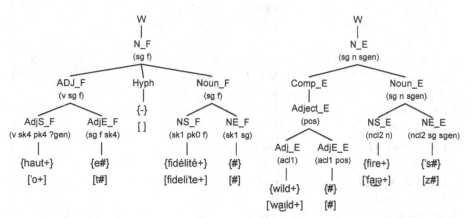

Abbildung 10.1. Resultat der multilingualen morphologischen Analyse des französischen Wortes "haute-fidélité" (links) und des englischen Wortes "wildfire's" (rechts)

Tabelle 10.1. Diese und die beiden folgenden Seiten zeigen Auszüge aus vereinfachten Wortgrammatiken und Lexika für die Sprachen Deutsch, Englisch und Französisch. Da die Mengen der Nicht-Terminalsymbole über alle drei Sprachen disjunkt sind, können diese Wortgrammatiken und Lexika vereinigt werden zu einer multilingualen Wortgrammatik und einem multilingualen Lexikon. Die hier verwendeten Nicht-Terminalsymbole und Attribute werden in den Tabellen A.1 und A.2 erklärt.

Deutsche Wortgrammatik und Lexikon

W	→	N_G(?kas,?num,?gen)
N_G(?kas,?num,?gen)	→	Noun_G(?kas,?num,?gen)
Noun_G(?kas,?num,?gen)	→	NS_G(?sk,?pk,?gen) NE_G(?sk,?kas,?num)
Noun_G(?kas,?num,?gen)	→	NS_G(?sk,?pk,?gen) NE_G(?pk,?kas,?num)
W	→	Adj_G(?kas,?num,?gen)
Adj_G(?kas,?num,?gen)	→	Adju_G() AdjE_G(?kas,?num,?gen)
Adju_G()	→	AdjS_G()
Adju_G()	→	AdjSder_G()
AdjSder_G()	→	Noun_G(?,?,?) AdjErg_G()
W	→	V_G(?num,?pers)
V_G(?num,?pers)	→	Verb_G(?num,?pers)
Verb_G(?num,?pers)	→	VS_G(?vcl,?vst) VE_G(?vcl,?vst,?num,?pers)

NS_G(sk2,pk0,m)	→	baum+	['baum+]
NS_G(sk1,pk1,f)	→	blume+	['bluːmə+]
NS_G(sk2,pk4,n)	→	kind+	['kɪnd+]
NE_G(sk1,?kas,sg)	→	#	[#]
NE_G(sk2,nom,sg)	→	#	[#]
NE_G(sk2,akk,sg)	→	#	[#]
NE_G(pk1,?kas,pl)	→	n#	[n#]
AdjS_G()	→	gross+	['groːs+]
AdjS_G()	→	klein+	['klain+]
AdjE_G(nom,sg,?gen)	→	e#	[ə#]
AdjE_G(dat,sg,?gen)	→	en#	[ən#]
AdjE_G(?kas,pl,?gen)	→	en#	[ən#]
AdjErg_G()	→	haft#	[ˌhaft#]
AdjErg_G()	→	los#	[ˌloːz#]
VS_G(vcl1,A)	→	blüh+	['blyː+]
VS_G(vcl1,A)	→	lern+	['lɛrn+]
VS_G(vcl1,A)	→	lob+	['loːb+]
VE_G(vcl1,A,sg,p3)	→	t#	[t#]
VE_G(vcl1,A,pl,p3)	→	en#	[ən#]
Art_G(nom,sg,m)	→	der	[deːr]
Art_G(nom,sg,n)	→	das	[das]
Art_G(akk,sg,n)	→	das	[das]

Tabelle 10.1. (Fortsetzung)

Englische Wortgrammatik und Lexikon		
W	→	*N_E(?num, ?gen, ?sgen)*
N_E(?num, ?gen, ?sgen)	→	*Noun_E(?num, ?gen, ?sgen)*
N_E(?num, ?gen, ?sgen)	→	*Comp_E() Noun_E(?num, ?gen, ?sgen)*
Comp_E()	→	*Noun_E(?num, ?gen, ?sgen)*
Comp_E()	→	*Adject_E(?grd)*
Noun_E(?num, ?gen, ?sgen)	→	*NS_E(?ncl, ?gen) NE_E(?ncl, ?num, ?sgen)*
W	→	*Adj_E(?grd)*
Adj_E(?grd)	→	*Adject_E(?grd)*
Adj_E(pos)	→	*Noun_E(?, ?, ?) Hyph Adject_E(?grd)*
Adject_E(?grd)	→	*AdjS_E(?acl) AdjE_E(?acl, ?grd)*
W	→	*V_E(?num, ?pers)*
V_E(?num, ?pers)	→	*Verb_E(?num, ?pers)*
Verb_E(?num, ?pers)	→	*VS_E(?vcl) VE_E(?vcl, ?num, ?pers)*
NS_E(ncl2,n)	→	ball+ ['bɔːl+]
NS_E(ncl2,n)	→	dream+ ['driːm+]
NS_E(ncl2,n)	→	fire+ ['faɪə+]
NS_E(ncl1,n)	→	foot+ ['fʊt+]
NS_E(ncl2,n)	→	team+ ['tiːm+]
NS_E(ncl2,n)	→	year+ ['jɪə]
NE_E(ncl1,sg,nongen)	→	# [#]
NE_E(ncl1,pl,nongen)	→	s# [s#]
NE_E(ncl2,sg,nongen)	→	# [#]
NE_E(ncl2,sg,sgen)	→	's# [z#]
NE_E(ncl2,pl,nongen)	→	s# [z#]
AdjS_E(acl1)	→	black+ ['blæk+]
AdjS_E(acl1)	→	high+ ['haɪ+]
AdjS_E(acl1)	→	long+ ['lɔŋ+]
AdjS_E(acl1)	→	wild+ ['waɪld]
AdjE_E(acl1,pos)	→	# [#]
AdjE_E(acl1,comp)	→	er# [ə#]
VS_E(vcl3)	→	manag+ ['mænɪdʒ+]
VS_E(vcl1)	→	surf+ ['sɜːf+]
VE_E(vcl1,sg,p3)	→	s# [s#]
VE_E(vcl1,pl,p3)	→	# [#]
VE_E(vcl3,sg,p3)	→	es# [ɪz#]
VE_E(vcl3,pl,p3)	→	e# [#]
Art_E(sg)	→	the [ðə]
Art_E(pl)	→	the [ðə]

Tabelle 10.1. (Fortsetzung)

Französische Wortgrammatik und Lexikon		
W	→	*N_F(?num, ?gen)*
N_F(?num, ?gen)	→	*Noun_F(?num, ?gen)*
N_F(?num, ?gen)	→	*Adj_F(?, ?, ?) Hyph Noun_F(?num, ?gen)*
Noun_F(sg, ?gen)	→	*NS_F(?sk, ?pk, ?gen) NE_F(?sk, sg)*
Noun_F(pl, ?gen)	→	*NS_F(?sk, ?pk, ?gen) NE_F(?pk, pl)*
W	→	*Adj_F(?pos, ?num, ?gen)*
Adj_F(?pos, sg, ?gen)	→	*AdjS_F(?pos, ?sk, ?, ?gen) AdjE_F(sg, ?gen, ?sk)*
Adj_F(?pos, pl, ?gen)	→	*AdjS_F(?pos, ?, ?pk, ?gen) AdjE_F(pl, ?gen, ?pk)*
W	→	*V_F(?num, ?pers)*
V_F(?num, ?pers)	→	*VS_F(?vcl) VE_F(?vcl, ?num, ?pers)*
NS_F(sk1, pk1, ?gen)	→	chef+	[ˈʃɛf+]
NS_F(sk1, pk1, ?gen)	→	enfant+	[ãˈfã+]
NS_F(sk1, pk0, f)	→	fidélité+	[fideliˈte+]
NS_F(sk1, pk1, f)	→	mission+	[misˈjɔ̃+]
NS_F(sk1, pk2, m)	→	niveau+	[niˈvo+]
NE_F(sk1, sg)	→	#	[#]
NE_F(pk1, pl)	→	s#	[#]
NE_F(pk2, pl)	→	x#	[#]
AdjS_F(n, sk1, pk1, ?gen)	→	agile+	[aˈʒil+]
AdjS_F(v, sk4, pk4, ?gen)	→	haut+	[ˈo+]
AdjS_F(v, sk4, pk4, ?gen)	→	petit+	[p(ə)ˈti+]
AdjE_F(sg, ?gen, sk1)	→	#	[#]
AdjE_F(sg, m, sk4)	→	#	[#]
AdjE_F(sg, f, sk4)	→	e#	[t#]
AdjE_F(pl, ?gen, pk1)	→	s#	[#]
AdjE_F(pl, m, pk4)	→	s#	[#]
AdjE_F(pl, f, pk4)	→	es#	[t#]
VS_F(vcl1)	→	chant+	[ˈʃãt+]
VS_F(vcl1)	→	jou+	[ˈʒu+]
VS_F(vcl1)	→	regard+	[ʀəˈgaʀd+]
VE_F (vcl1, sg, p3)	→	e#	[#]
VE_F (vcl1, pl, p3)	→	ent#	[#]
Hyph()	→	-	[ ]
Art_F(sg, m)	→	le	[lə]
Art_F(sg, f)	→	la	[la]
Art_F(pl, ?gen)	→	les	[le]
Prep_F()	→	de	[də]

lyse, dass es ein englisches Nomen mit den Attributen Singular, Neutrum und s-Genitiv ist.

Gemischtsprachige Wörter sind mit dieser multilingualen Analyse noch nicht verarbeitbar. Dafür ist eine Erweiterung der Wortgrammatik nötig, die bestimmt, welche Elemente einer anderen Sprache in der Matrixsprache erlaubt sind, und an welcher Stelle. Wir wollen eine solche Erweiterung als Einschlussgrammatik A → B bezeichnen, und spezifizieren damit, welche Elemente der Sprache A durch welche Elemente der Sprache B ersetzt werden können. Die Tabelle 10.2 zeigt zwei Beispiele solcher Einschlussgrammatiken. Diese definieren, welche Elemente der deutschen Sprache durch welche englischen, bzw. französischen Elemente ersetzt werden können.

Werden nun zu den Wortgrammatiken und den Lexika von Tabelle 10.1 zusätzlich die Einschlussgrammatiken von Tabelle 10.2 in den Parser geladen, dann können auch gemischtsprachige Wörter wie "niveaulose"$_F$ und "surft"$_E$ analysiert werden.

Die Resultate in Abbildung 10.2 zeigen, dass das Wort "niveaulose" als deutsches Adjektiv mit den Attributen Nominativ, Singular und unbestimmtem Genus analysiert worden ist. Dies ist möglich, weil die Einschlussregel R_8 erlaubt, ein französische Nomen als deutsches Nomen zu verwenden. Durch die deutsche Adjektivergänzung "los" wird aus einem deutschen Nomen sodann ein deutscher Adjektivstamm (*Adju_G*) abgeleitet.

Ferner zeigt die Abbildung 10.2, dass das Wort "surft" als deutsches Verb in der dritten Person Singular analysiert worden ist, wobei der englische Verbstamm "surf" aufgrund der Einschlussregel R_5 als deutscher Verbstamm erlaubt wird. Zu beachten ist, dass *vcl1*, also die Verbklasse bei deutschen und englischen Verben eine unterschiedliche Bedeutung hat. Wie aus den Lexika von Tabelle 10.1 ersichtlich ist, bewirkt *vcl1*, dass ein deutscher Verbstamm in der dritten

Tabelle 10.2. Ausschnitte aus den Einschlussgrammatiken Deutsch → Englisch (oben) und Deutsch → Französisch (unten) für die Wortanalyse

R_1:	*Noun_G(nom, ?num, ?gen)*	→ *Noun_E(?num, ?gen, nongen)*
R_2:	*Noun_G(gen, ?num, ?gen)*	→ *Noun_E(?num, ?gen, sgen)*
R_3:	*Noun_G(dat, ?num, ?gen)*	→ *Noun_E(?num, ?gen, nongen)*
R_4:	*Noun_G(akk, ?num, ?gen)*	→ *Noun_E(?num, ?gen, nongen)*
R_5:	*N_G(akk, ?num, ?gen)*	→ *Noun_G(?, ?, ?) Hyph*
		Noun_E(?num, ?gen, nongen)
R_6:	*VS_G(vcl1, A)*	→ *VS_E(vcl1)*
R_7:	*VS_G(vcl1, A)*	→ *VS_E(vcl3)*

R_8:	*Noun_G(?cas, ?num, ?gen)*	→ *Noun_F(?num, ?gen)*

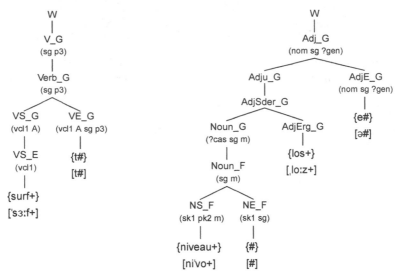

Abbildung 10.2. Resultate der polyglotten morphologischen Analyse des gemischtsprachigen Verbs "surft" (links) und des gemischtsprachigen Adjektivs "niveaulose" (rechts)

Person Singular die Endung "t" erhält, ein englischer Verbstamm jedoch die Endung "s".

Wird das gemischtsprachige Wort "managt" analysiert, dann zeigt das Resultat in Abbildung 10.3, dass dafür die Einschlussregel R_6 gebraucht wird. Im Gegensatz dazu kann die englische Verbform "manages" ohne Einsatz einer Einschlussregel analysiert werden. Für beide Wortformen ist zudem die erzeugte Lautfolge korrekt.

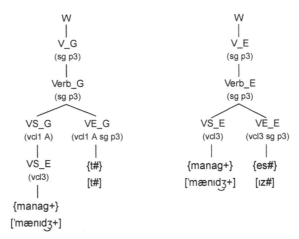

Abbildung 10.3. Resultate der polyglotten morphologischen Analyse der Verbformen "managt" und "manages"

❯ 10.3.2 Syntaktische Analyse gemischtsprachiger Sätze

Analog zu den Wortgrammatiken können auch die Nicht-Terminalsymbole der Satzgrammatiken mit einer Sprachkennzeichnung versehen werden, wie dies Tabelle 10.3 zeigt. Werden diese Satzgrammatiken zusätzlich zu den Wortgram-

Tabelle 10.3. Auszüge aus Satzgrammatiken für die Sprachen Deutsch, Englisch und Französisch. Die mit einer Sprachkennzeichnung versehenen Nicht-Terminalsymbole ermöglichen es, dass diese einsprachigen Grammatiken zu einer multilingualen Satzgrammatik vereinigt werden können. Die Nicht-Terminalsymbole und die Attribute werden in den Tabellen A.1 und A.2 erklärt.

Deutsche Satzgrammatik	
S	$\rightarrow S\_G$
S_G	$\rightarrow NG\_G(nom, ?num, ?gen)\ VG\_G(?num)$
S_G	$\rightarrow NG\_G(nom, ?num, ?gen)\ VG\_G(?num)\ NGo\_G$
$NG\_G(?kas, ?num, ?gen)$	$\rightarrow Art\_G(?kas, ?num, ?gen)$
	$\quad NGr\_G(?kas, ?num, ?gen)$
$NGr\_G(?kas, ?num, ?gen)$	$\rightarrow N\_G(?kas, ?num, ?gen)$
$NGr\_G(?kas, ?num, ?gen)$	$\rightarrow Adj\_G(?kas, ?num, ?gen)\ N\_G(?kas, ?num, ?gen)$
$NGo\_G()$	$\rightarrow NG\_G(akk, ?num, ?gen)$
$VG\_G(?num)$	$\rightarrow V\_G(?num, ?pers)$

Englische Satzgrammatik	
S	$\rightarrow S\_E$
S_E	$\rightarrow NG\_E(?num, ?pers)\ VG\_E(?num, ?pers)$
$NG\_E(?num, p3)$	$\rightarrow Art\_E(?num)\ NGr\_E(?num, ?gen, ?sgen)$
$NGr\_E(?num, ?gen, ?sgen)$	$\rightarrow NGn\_E(?num, ?gen, ?sgen)$
$NGr\_E(?num, ?gen, ?sgen)$	$\rightarrow Adj\_E(?)\ NGn\_E(?num, ?gen, ?sgen)$
$NGn\_E(?num, ?gen, ?sgen)$	$\rightarrow N\_E(?num, ?gen, ?sgen)$
$NGn\_E(?num, ?gen, ?sgen)$	$\rightarrow N\_E(?, ?, ?)\ N\_E(?num, ?gen, ?sgen)$
$VG\_E(?num, ?pers)$	$\rightarrow V\_E(?num, ?pers)$

Französische Satzgrammatik	
S	$\rightarrow S\_F$
S_F	$\rightarrow NG\_F(?num, ?pers)\ V\_F(?num, ?pers)$
S_F	$\rightarrow NG\_F(?num, ?pers)\ V\_F(?num, ?pers)\ NG\_F(?, ?)$
$NG\_F(?num, p3)$	$\rightarrow Art\_F(?num, ?gen)\ NGr\_F(?num, ?gen)$
$NGr\_F(?num, ?gen)$	$\rightarrow N\_F(?num, ?gen)$
$NGr\_F(?num, ?gen)$	$\rightarrow Adj\_F(v, ?num, ?gen)\ N\_F(?num, ?gen)$
$NGr\_F(?num, ?gen)$	$\rightarrow N\_F(?num, ?gen)\ Adj\_F(n, ?num, ?gen)$
$NGr\_F(?num, ?gen)$	$\rightarrow NGr\_F(?num, ?gen)\ PNG\_F()$
$PNG\_F()$	$\rightarrow Prep\_F()\ NGr\_F(?, ?)$

matiken und den Lexika von Tabelle 10.1 in den Parser geladen, dann lassen sich deutsche, englische oder französische Sätze analysieren, aber gemischtsprachige noch nicht. Wiederum braucht es zusätzliche Regeln, die definieren, welche fremdsprachigen Satzbestandteile erlaubt sind. Dazu dienen die Einschlussgrammatiken von Tabelle 10.4.

So lassen sich schliesslich gemischtsprachige Sätze wie in den Beispielen der Abbildungen 10.4 und 10.7 analysieren, wobei im einen Satz die Matrixsprache Deutsch ist, im andern Französisch. Damit die Darstellung der Analyseresultate nicht zu unübersichtlich wird, sind in diesen Syntaxbäumen die Resultate der morphologischen Analyse nicht vollständig dargestellt. Es bilden somit nicht die Morphe die Blätter des Syntaxbaumes (wie in den Abbildungen 10.1 bis 10.3), sondern die Wörter.

Beim Syntaxbaum in Abbildung 10.4 fällt auf, dass "Dream-Team" als deutsches Nomen analysiert worden ist. Um zu verstehen, wie dies möglich ist, muss man das Resultat der morphologischen Analyse dieses Wortes betrachten (Abbildung 10.3.2). Da zeigt sich, dass mit der Regel R_5 (Tabelle 10.2) aus einem deutschen und aus einem englischen Nomen ein Bindestrich-Kompositum gebil-

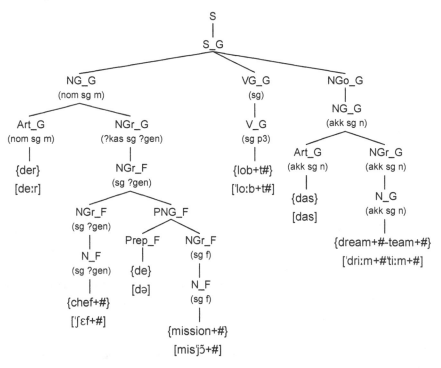

Abbildung 10.4. Syntaxbaum (mit Wörtern als Blätter) des gemischtsprachigen Satzes: "Der Chef de Mission lobt das Dream-Team."

Tabelle 10.4. Ausschnitte aus den Einschlussgrammatiken Deutsch → Englisch (oben), Deutsch → Französisch (Mitte) und Französisch → Englisch (unten) für die Satzanalyse

SR_1:	$N\_G(nom, \text{?}num, \text{?}gen)$	→	$N\_E(\text{?}num, \text{?}, nongen)$
SR_2:	$N\_G(gen, \text{?}num, \text{?}gen)$	→	$N\_E(\text{?}num, \text{?}, sgen)$
SR_3:	$N\_G(dat, \text{?}num, \text{?}gen)$	→	$N\_E(\text{?}num, \text{?}, nongen)$
SR_4:	$N\_G(akk, \text{?}num, \text{?}gen)$	→	$N\_E(\text{?}num, \text{?}, nongen)$

SR_5:	$N\_G(\text{?}kas, \text{?}num, \text{?}gen)$	→	$N\_F(\text{?}num, \text{?}gen)$
SR_6:	$NGr\_G(\text{?}kas, \text{?}num, \text{?}gen)$	→	$NGr\_F(\text{?}num, \text{?}gen)$

SR_7:	$N\_F(\text{?}num, \text{?}gen)$	→	$N\_E(\text{?}num, \text{?}, nongen)$

det werden kann. Zusätzlich wird hier noch das deutsche Nomen mit Regel R_1 durch ein englisches Nomen ersetzt. Im Gegensatz dazu ist "dream team" als englische Nominalgruppe ohne Artikel analysierbar (siehe Abbildung 10.6).

Da in den Blättern des Syntaxbaumes nebst der orthographischen auch die phonetische Form der betreffenden Elemente (Morphe oder Wörter) vorliegt, kann die Aussprache eines Satzes grundsätzlich durch Aneinanderfügen der Lautsymbolfolgen der Blätter gewonnen werden (siehe dazu Abschnitt 8.3.2 bzw. 8.4.5). Wie im Fall von Deutsch, wo z.B. die Auslautverhärtung anzuwenden ist (vergl. Abschnitt 8.4.5.2), müssen auch bei anders- oder gemischtsprachigen Sätzen gewisse Transformationen durchgeführt werden, um die korrekte Lautfolge zu erhalten. So ergibt im Beispiel von Abbildung 10.7 das Aneinanderfügen der Wörter "les" und "enfants" mit den Lautfolgen [le] bzw. [ã'fã] die Lautfolge [le ã'fã]. Die korrekte Lautfolge ist jedoch [lez ã'fã]. Es muss also der

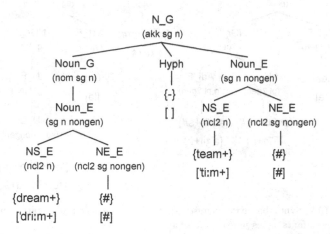

Abbildung 10.5. Ein Resultat der polyglotten Analyse des Wortes "Dream-Team"

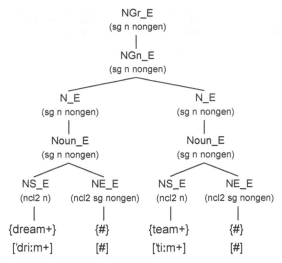

Abbildung 10.6. Die polyglotte Analyse von "dream team" ergibt eine englische Nominalgruppe ohne Artikel.

Liaison-Laut [z] eingefügt werden. Diese und weitere Transformationen werden in Abschnitt 10.3.4 behandelt. Vorher werden noch die wichtigsten Probleme der morphosyntaktischen Analyse für gemischtsprachige Texte erläutert.

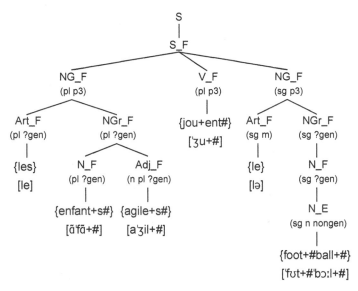

Abbildung 10.7. Syntaxbaum des gemischtsprachigen Satzes (mit der Matrixsprache Französisch): "Les enfants agiles jouent le football."

❯ 10.3.3 Probleme der polyglotten morphosyntaktischen Analyse

Zusätzlich zu den Problemen der einsprachigen morphosyntaktischen Analyse (vergl. Abschnitt 8.3.3) ergeben sich bei der polyglotten Analyse weitere Herausforderungen.

❯ 10.3.3.1 Nichtanalysierbare Wörter

Auch bei einer polyglotten Sprachsynthese wäre es nicht akzeptabel, wenn bei Wörtern, die nicht analysierbar sind, keine Ausgabe erfolgen würde. Weshalb ein Wort nicht analysierbar sein kann und wie sich dieses Problem lösen lässt, wurde für den einsprachigen Fall in Abschnitt 8.3.3.2 gezeigt. Diese Lösung mit einer Stammgrammatik kann selbstverständlich auch auf ein nichtanalysierbares einsprachiges Wort, das in einem gemischtsprachigen Satz steht, angewendet werden. Der Unterschied ist bloss, dass im gemischtsprachigen Fall nicht a priori bekannt ist, zu welcher Sprache das Wort gehört. Ohne diese Information muss das unbekannte Wort zuerst für jede in Frage kommende Sprache separat analysiert werden. Für eine einzelne Sprache S heisst dies, dass eine einsprachige morphologische Analyse durchgeführt wird. Dabei wird die Wortgrammatik der Sprache S mit der Stammgrammatik der Sprache S und das Morph-Lexikon der Sprache S mit dem Submorph-Lexikon der Sprache S erweitert. Man erhält so für jede Sprache mindestens ein Analyseresultat, das Auskunft über Wortart, Wortform und Aussprache gibt. Alle diese Resultate[5] werden von der polyglotten syntaktischen Analyse weiterverarbeitet. Dies führt meistens zu mehr als einem Syntaxbaum. Wie der beste davon ausgewählt werden kann, wurde in Abschnitt 8.3.3.4 beschrieben.

Damit haben wir das Problem der einsprachigen nichtanalysierbaren Wörter im Kontext der polyglotten morphologischen Analyse gelöst. Es bleiben die gemischtsprachigen nichtanalysierbaren Wörter. Die Beobachtung zeigt, dass die fremdsprachigen Morphe, die in gemischtsprachige Wörter der Matrixsprache eingebaut werden, im Sprachraum der Matrixsprache einen hohen Bekanntheitsgrad haben. Unter der Voraussetzung, dass solche Morphe sowieso im Morphemlexikon des Sprachsynthesesystems vorhanden sind, ist zu erwarten, dass gemischtsprachige nichtanalysierbare Wörter sehr selten sind. Ohne eine spezielle Lösung würden sie als einsprachige Wörter behandelt wie oben beschrieben.

---

[5]Auch bei einem normal morphologisch analysierbaren Wort entsteht oft kein eindeutiges Resultat, d.h. der Parser findet mehrere Lösungen. So ergibt beispielsweise die Analyse des Wortes "Dream-Team" nicht nur die in Abbildung 10.3.2 gezeigte Lösung als deutsches Nomen im Akkusativ. Selbstverständlich ist auch der Nominativ oder der Dativ möglich. Es gibt also drei Lösungen. Aus Platzgründen ist jedoch nur diejenige dargestellt, die bei der Analyse des Satzes in Abbildung 10.4 benötigt wird.

Die synthetisierten Signale solcher Wörter werden jedoch mit grosser Wahrscheinlichkeit nicht korrekt tönen.[6]

⊘ 10.3.3.2 Nichtanalysierbare Sätze

Das Problem, dass gewisse Sätze nicht syntaktisch analysiert werden können, ist im polyglotten Fall gleich wie im einsprachigen Fall. Folglich kann der in Abschnitt 8.4.1 erläuterte Ansatz angewendet werden.

⊘ 10.3.3.3 Interlinguale Homographe

Während in der deutschen Sprache Homographe ziemlich selten sind, kommen sie in gemischtsprachigen Texten viel häufiger vor, insbesondere sprachübergreifend. Beispiele für solche interlingualen Homographe sind:[7]

Homo-graph	Deutsch		Englisch		Französisch	
	Wortart	Ausspr.	Wortart	Ausspr.	Wortart	Ausspr.
"all"	Nomen	[al]	Adverb	[ɔːl]		
"bug"	Nomen	[buːk]	Nomen	[bʌg]		
"grand"	Nomen	[grant]	Adjektiv	[grænd]	Adjektiv	[gʀɑ̃]
"hat"	Verb	[hat]	Nomen	[hæt]		
"haute"	Verb	[ˈhau̯tə]			Adjektiv	[ot]
"hut"	Nomen	[huːt]	Nomen	[hʌt]		
"rate"	Verb	[ˈraːtə]	Verb	[re̯it]	Nomen	[ʀat]
"son"			Nomen	[sʌn]	Pronomen	[sɔ̃]
"zone"	Nomen	[ˈtsoːne]	Nomen	[zəu̯n]	Nomen	[zoːn]

Die polyglotte morphologische Analyse eines interlingualen Homographs ergibt logischerweise stets mehrere Resultate. Wie in anderen Fällen, in welchen die Analyse eines Wortes zu mehreren Resultaten führt, ist auch hier die Lösung, alle Resultate in die Satzanalyse einzubeziehen. Für interlinguale Homographe, welche in den verschiedenen Sprachen auch zu unterschiedlichen Wortarten gehören, kann die Satzanalyse oft die richtige Sprache und somit die korrekte

---

[6]In der Praxis kommt es immer wieder vor, dass ein Sprachsynthesesystem Wörter falsch ausspricht, insbesondere weniger bekannte Eigennamen. Deshalb bieten kommerzielle Sprachsynthesesysteme die Möglichkeit im Eingabetext Angaben zur Aussprache zu machen. So wird das wenig bekannte Dorf "Schötz" im Kanton Luzern von den meisten Sprachsynthesesystemen (und auch von vielen Leuten) fälschlicherweise als [ʃœts] gesprochen. Um dies zu vermeiden, kann man den Eingabetext mit der phonetischen Schreibweise des falsch transkribierten Wortes erweitern: "Das Dorf Schötz\phon{ʃøːts} ist wenig bekannt."

[7]Einige der aufgeführten Wörter gehören mehreren Wortarten an, obwohl hier nur eine vermerkt ist. Zudem wird die Grossschreibung deutscher Nomen auch hier vernachlässigt.

Aussprache ermitteln. Gehören sie jedoch in verschiedenen Sprachen derselben Wortart an, dann ist so keine Disambiguierung möglich. In diesen Fällen müssen die Kostenwerte der Produktionsregeln der Grammatik so gesetzt werden, dass die als richtig erachtete Lösung die geringsten Gesamtkosten ergibt (vergl. Abschnitt 8.4.1). Dabei ist das zu verfolgende Ziel, die Kosten so zu setzten, dass fremdsprachige Einschlüsse benachteiligt und einsprachige Konstituenten bevorzugt werden. So lässt sich beispielsweise verhindern, dass im Satz "Es ist human entschieden worden." das Wort "human" als englischer Einschluss analysiert und als ['hjuːmən] statt [huˈmaːn] synthetisiert wird. Andererseits bewirkt die Bevorzugung einsprachiger Konstituenten, dass im Satz "Die Angebote von Human Resources sind vielfältig." mit der Matrixsprache Deutsch richtigerweise die englische Aussprache von "Human Resources" gewählt wird. Dies ist in diesem Beispiel deshalb der Fall, weil "human" ein deutsches oder englisches Wort sein kann, "resources" ist englisch oder französisch. Da nur die Analyse als *NGr_E* (englische Nominalgruppe ohne Artikel) eine einsprachige Lösung ergibt, wird diese bevorzugt.

10.3.4 Phonologische Transformationen

Die phonetische Umschrift eines Satzes kann aus dem Resultat der morphosyntaktischen Analyse, also aus dem Syntaxbaum ermittelt werden. Voraussetzung ist, dass die Einträge im Lexikon (also die Terminalsymbole) sowohl in orthographischer als auch in phonetischer Repräsentation vorhanden sind (vergl. Abschnitt 8.3.2). So kann der Parser im Analyseresultat ebenfalls beide Repräsentationen ausgeben, wie dies in allen Syntaxbäumen in diesem Kapitel der Fall ist. Die phonetische Umschrift für einen gemischtsprachigen Satz erhält man dann, indem man die phonetische Repräsentation der Blätter von links nach rechts liest. Wie im einsprachigen Fall müssen auch hier noch verschiedene Transformationen durchgeführt werden, um die korrekte Lautfolge zu erhalten.

Im Fall der deutschen Sprache können solche Transformationen mittels Two-Level-Regeln beschrieben und in der Form von Transduktoren angewendet werden (siehe Abschnitt 8.4.5). Bei anderen Sprachen und im gemischtsprachigen Fall ist dies oft nicht zweckmässig. So ist im Beispiel von Abbildung 10.7 für "les enfants" die korrekte Aussprache [lez ãˈfã]. Die beiden Wörter werden hier also durch eine sog. Liaison[8] verbunden, d.h. es muss der Laut [z] eingefügt werden. Die hier massgebliche Regel lautet: In einer französischen Nominalgruppe ist die Liaison zwischen Artikel und Nomen obligatorisch. Als Laut für die Liaison wird der letzte Laut (falls es ein Konsonant ist) des vorderen Wortes verwendet,

---

[8]Als Liaison bezeichnet man im Französischen das Aussprechen eines normalerweise stummen Konsonanten am Wortende, wenn das folgende Wort mit einem Vokal beginnt.

der gewöhnlich nicht gesprochen wird. Welcher Laut für die Liaison gebraucht wird, ist somit aus der orthographischen Repräsentation ersichtlich.

Um solch komplexe Sachverhalte wie die Liaison für Französisch sachgerecht ausdrücken zu können, ist der Formalismus der Multikontext-Regeln (engl. *multi-context rules*, siehe [38]) eingeführt worden. Dieser Formalismus wird im nächsten Abschnitt erläutert. In den folgenden Abschnitten wird er verwendet, um Beispiele phonologischer Transformationen für die polyglotte Sprachsynthese zu verwirklichen.

⊘ 10.3.4.1 Multikontext-Regeln

Eine Multikontext-Regel besteht aus einem Teilbaum-Muster und einer oder mehreren phonologischen Regeln. Die beiden Komponenten sind durch das Symbol "*:*" getrennt:

$$Teilbaum\text{-}Muster \quad : \quad phonologische\ Regeln\ ;$$

Mit dem Teilbaum-Muster werden bestimmte Blätter des Syntaxbaumes ausgewählt, auf die dann die phonologischen Regeln angewendet werden. Die phonologischen Regeln sind grundsätzlich Two-Level-Regeln (vergl. Abschnitt 6.6.2), die hier jedoch gleichzeitig auf graphemische und phonetische Symbolfolgen angewendet werden können (siehe die Beispiele in den Abschnitten 10.3.4.2 und 10.3.4.3).

Ein Teilbaum-Muster wird als Symbolfolge geschrieben, in welcher Bezeichnungen von Konstituenten (Nicht-Terminalsymbole der Grammatiken) und zusätzlich die in Tabelle 10.5 aufgeführten Symbole vorkommen dürfen. Ein Beispiel für ein Teilbaum-Muster, welches die Abbildung 10.8 in graphischer Form zeigt, ist:

$$NGr\_F\ (\ *\ N\_F<pl>\ \{\}\ [\ ]\ Adj\_F\ [\ ]\ *\ ) \tag{167}$$

Dieses Teilbaum-Muster passt auf französische Nominalgruppen ohne Artikel, bei denen auf ein Nomen im Plural ein Adjektiv folgt. An jeder Stelle, an welcher das Muster passt, werden die zugehörigen phonologischen Regeln angewendet.

Tabelle 10.5. Symbole für die Spezifikation von Teilbaum-Mustern

*	beliebig lange Sequenz von Konstituenten
?	eine beliebige Konstituente
%xy	Bezeichnung für eine Menge von Konstituenten
( )	Markierungen für die Hierarchie
< >	Attribut einer Konstituente
{}	Selektor für die graphemische Zeichenfolge
[]	Selektor für die phonologische Symbolfolge

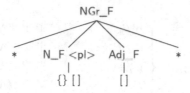

Abbildung 10.8. Graphische Darstellung des Teilbaum-Musters (167)

Damit das Muster passt, müssen zwei Bedingungen erfüllt sein. Erstens müssen alle Konstituenten, die im Teilbaum-Muster unter der Konstituente NGr_F stehen, auch im Syntaxbaum unter der Konstituente NGr_F stehen. Und zweitens müssen zwei Konstituenten, die im Teilbaum-Muster benachbart sind, auch im Syntaxbaum benachbart sein.

Wenn das Teilbaum-Muster (167) auf den Syntaxbaum von Abbildung 10.7 angewendet wird, dann passt das Muster auf die erste NGr_F-Konstituente. Auf die zweite passt es nicht, weil diese kein Adjektiv hat.

Wenn ein Teilbaum-Muster passt, dann werden von den betreffenden Konstituenten die graphemischen und/oder phonologischen Zeichenfolgen ausgewählt, je nachdem, ob in den Blättern des Teilbaumes die Klammerpaare {} und/oder [] stehen. Beispielsweise wird durch das Teilbaum-Muster (167) aus dem Syntaxbaum von Abbildung 10.7 die folgende Zeichenfolge gewählt:

$$\{\text{enfant}+\text{s}\#\}[\tilde{\text{a}}'\text{f}\tilde{\text{a}}+\#][\text{a}'\text{ʒil}+\#]$$

Die geschweiften und die eckigen Klammern sind nötig, damit klar ist, welche Symbole zur graphemischen und welche zur phonetischen Repräsentation gehören. Auf diese Zeichenfolge werden sodann die phonologischen Regeln angewendet, wie dies in den folgenden Abschnitten anhand von Beispielen für den Einsatz von Multikontext-Regeln aufgezeigt wird.

⊙ 10.3.4.2 Auslautverhärtung im Deutschen

In der polyglotten Sprachsynthese sind oft Multikontext-Regeln nötig, um Transformationen zu beschreiben, die im einsprachigen Fall mit gewöhnlichen Two-Level-Regeln beschreibbar sind. So lässt sich beispielsweise die Auslautverhärtung (siehe Abschnitt 8.1.1.3) in der deutschen Sprachsynthese problemlos mit Two-Level-Regeln beschreiben (siehe Abschnitt 8.4.5.2), welche für die Anwendung in Transduktoren umgewandelt werden. Im gemischtsprachigen Fall muss jedoch eine Multikontext-Regel eingesetzt werden, damit die Regeln für die Auslautverhärtung nur auf deutsche Wörter oder Wortteile angewendet werden. Diese sieht folgendermassen aus:

$$? (* \%Stem\_G [ ] ? [ ] *) : \begin{cases} \text{'b'/'p'} & \Leftrightarrow \_\ '+' \ ']' \ '[' \ \%NonVoc \\ \text{'d'/'t'} & \Leftrightarrow \_\ '+' \ ']' \ '[' \ \%NonVoc \\ \text{'g'/'k'} & \Leftrightarrow \_\ '+' \ ']' \ '[' \ \%NonVoc \\ \text{'z'/'s'} & \Leftrightarrow \_\ '+' \ ']' \ '[' \ \%NonVoc \\ \text{'v'/'f'} & \Leftrightarrow \_\ '+' \ ']' \ '[' \ \%NonVoc \end{cases} ; \qquad (168)$$

Zu beachten ist, dass hier Symbolpaare der phonologischen Regeln nur dann als x/y geschrieben werden, falls x und y verschieden sind, sonst wird statt x/x die vereinfachte Form x gebraucht. Zusätzlich ist zu bemerken, dass auch hier jede phonologische Regel in einen Transduktor übersetzt und die Transduktoren zu einem komplexen Transduktor umgeformt werden, wie dies in Abschnitt 6.6.3 beschrieben worden ist. Um eine Symbolfolge zu transformieren, wird dann dieser resultierende Transduktor eingesetzt.

Mit %Stem_G wird in (168) die Menge der deutschen Stämme bezeichnet. Für die Grammatik in Tabelle 10.1 ist diese Menge wie folgt zu definieren:[9]

$$\%Stem\_G = \{NS\_G, AdjS\_G, VS\_G, AdjSder\_G\}$$

Das Teilbaum-Muster der Multikontext-Regel (168) passt also auf jeden deutschen Stamm der Menge %Stem_G. Es wählt die phonologische Symbolfolge des Stamms und des nachfolgenden Morphs aus.

Angewendet auf den Syntaxbaum des Wortes "niveaulose" in Abbildung 10.2 wird die phonologische Symbolfolge des abgeleiteten Adjektivstammes und der Endung gewählt, also [ni'vo+#,lo:z+][ə#]. Da die Endung (zweite eckige Klammer) mit einem Vokal (Schwa) beginnt, ist der erforderliche Kontext nicht gegeben, d.h. die Anwendung des Transduktors verändert die vorliegende Symbolfolge nicht.

Wird die Multikontext-Regel (168) hingegen auf den Syntaxbaum von Abbildung 10.4 angewendet, dann wird die Symbolfolge ['lo:b+][t#] gewählt, und weil die Endung mit einem Konsonanten beginnt, wird hier die erste phonologische

---

[9]Im Deutschen können durch Derivationssuffixe neue Stämme abgeleitet werden. Beispielsweise entstehen aus den Nomen "Kraft" und "Furcht" durch "los" die Adjektivstämme "kraftlos" und "furchtlos". Um das Morphemlexikon kompakt zu halten, werden jedoch nicht alle diese neuen Stämme im Lexikon eingetragen, sondern die Derivation mit einer Regel in der Wortgrammatik beschrieben (siehe Tabelle 10.1). Damit nun die Auslautverhärtung auch bei diesen abgeleiteten Adjektivstämmen korrekt gehandhabt wird, ist die Menge der Stämme durch den abgeleiteten Stamm AdjSder_G, zu ergänzen.
Es ist anhand der Tabelle 10.1 einfach zu verifizieren, dass im vorliegenden Fall Anstelle von AdjS_G und AdjSder_G auch nur Adju_G verwendet werden könnte.

Regel von (168) wirksam. Die resultierende Symbolfolge mit Auslautverhärtung ist somit: ['loːp+][t#].

⊘ 10.3.4.3 Französische Liaison

Mit Multikontext-Regeln lässt sich auch die Liaison im Französischen verwirklichen.[10] Wie bereits oben erwähnt, muss "les enfants" im Beispiel von Abbildung 10.7 als [lez ã'fã] gesprochen werden. In einer französischen Nominalgruppe muss also zwischen dem Artikel und dem Nomen eine Liaison eingefügt werden, falls der letzte Laut des Artikels und der erste Laut des Nomens Vokale sind. Die Art des Liaisonlautes richtet sich nach dem letzten Buchstaben des Artikels, der im vorliegenden Fall ein "s" ist. Es ist also der stimmhafte Laut [z] einzufügen. Mit der folgenden Multikontext-Regel wird im Syntaxbaum in einer französischen Nominalgruppe zwischen Artikel und Nomen nötigenfalls eine Liaison eingefügt, wobei ? steht für eine beliebige Zeichenfolge steht:

$$\text{NG\_F (\%Det\_F \{\}[ ] NGr\_F (N\_F [] } * \text{)) :}$$

$$
\left\{
\begin{array}{l}
\varepsilon/\text{'n'} \quad \Leftrightarrow \text{'n' '}\}\text{' '[' ? \%Voc \_ ']' '[' \%Voc} \\
\varepsilon/\text{'z'} \quad \Leftrightarrow \text{'s' '}\}\text{' '[' ? \%Voc \_ ']' '[' \%Voc} \\
\varepsilon/\text{'z'} \quad \Leftrightarrow \text{'x' '}\}\text{' '[' ? \%Voc \_ ']' '[' \%Voc}
\end{array}
\right\} ; \qquad (169)
$$

Die graphische Darstellung des Teilbaum-Musters dieser Multikontext-Regel zeigt Abbildung 10.9. Damit die Regel möglichst allgemeingültig ist, sollte die Menge %Det_F sowohl bestimmte und unbestimmte Artikel, als auch Possessiv- und Demonstrativpronomen sowie Zahlwörter umfassen. So wird die Liaison nicht nur in "les enfants" korrekt gesetzt, sondern u.a. auch in den folgenden Beispielen von französischen Nominalgruppen:

"des enfants"	[dez ɑ'fã]
"mon ordinateur"	[mɔn ɔrdina'tœːʀ]
"ces étudiants"	[sez ety'djã]
"deux hommes"	[døz ɔm]

Das Teilbaum-Muster der Multikontext-Regel (169) wählt vom Syntaxbaum in Abbildung 10.7 die folgende Symbolfolge aus:

$$\{\text{les}\}[\text{le}][\tilde{\ }\alpha'\text{fã}+\#]$$

---

[10]Wir wollen uns hier auf die Liaison zwischen Artikel und Nomen in einer französischen Nominalgruppe beschränken. Für andere Fälle sind weitere Multikontext-Regeln nötig.

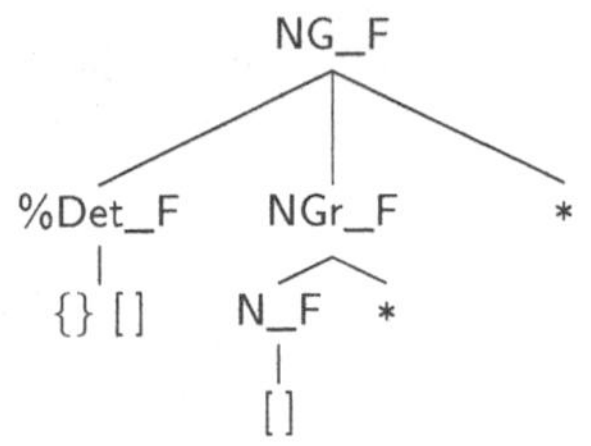

```
                      NG_F
           ┌───────────┼───────────┐
       %Det_F       NGr_F           *
         │           ╱╲
        {} []      N_F   *
                    │
                    []
```

Abbildung 10.9. Darstellung des Teilbaum-Musters der Multikontext-Regel (169)

Durch die Anwendung der phonologischen Regeln von (169) wird der Artikel "les" von [le] zu [lez] verändert, also der stimmhafte Laut [z] eingefügt. Es ist zu beachten, dass auch in diesem Beispiel nur eine der phonologischen Regeln wirksam wird, nämlich die zweite, weil bei den anderen beiden der Kontext nicht stimmt.

❯ 10.3.5 Akzentuierung und Phrasierung

Wie in den Abschnitten 8.4.6 und 8.4.7 ausgeführt worden ist, wird für die Akzentuierung und die Phrasierung in der deutschen Sprachsynthese hauptsächlich die Information der morphosyntaktischen Analyse verwendet, also der Syntaxbaum. Dieser enthält alle Informationen darüber, aus welchen Teilen ein zu synthetisierender Satz aufgebaut ist. Mithilfe von Regeln werden aufgrund dieser Information Akzente und Phrasengrenzen festgelegt.

Bei der polyglotten Sprachsynthese ist dies grundsätzlich gleich. Hier benötigt man jedoch für jede Sprache je einen Satz von Regeln für die Akzentuierung und die Phrasierung. Da im Syntaxbaum für jede Konstituente ersichtlich ist, zu welcher Sprache sie gehört, kann stets eindeutig entschieden werden, welche Regeln wo anzuwenden sind.

❯ 10.3.5.1 Polyglotte Wortakzentuierung

Bei der Wortakzentuierung muss jedes einsprachige Wort gemäss den Regeln der betreffenden Sprache akzentuiert werden. Für Komposita heisst dies beispielsweise: Im Deutschen und im Englischen wird der erste Stamm hauptbetont, bei Französisch der letzte. Im Übrigen wollen wir auch hier annehmen, dass wir von den einsprachigen Synthesesystemen ausgehen und somit die Regelsätze der Wortakzentuierung für die einzelnen Sprachen bereits vorhanden sind.

Es bleiben die gemischtsprachigen Wörter, deren Betonung von der Matrixsprache abhängig sein kann. Wir wollen uns hier auf Deutsch als Matrixsprache beschränken. Ohne auf allzu viele Details einzugehen, kann man drei Arten gemischtsprachiger Wörter unterscheiden (vergl. Abschnitt 10.1.2.2):

a) Einfache gemischtsprachige Wörter haben einen fremdsprachigen Stamm und eine deutsche Endung. Die deutschen Deklinations- und Konjugations- endungen sind unbetont. Die Betonung liegt somit auf dem Stamm. Bei mehrsilbigen Stämmen gehen wir davon aus, dass die betreffenden Morphe samt Akzenten im Lexikon vorhanden sind, weil es keine Regeln gibt, die für mehrsilbige Stämme festlegen, welche Silbe hauptbetont wird. Dies trifft insbesondere für das Deutsche zu (vergl. Abschnitt 8.1.2.1), aber auch für Englisch. So ist z.B. bei den englischen Wörtern "manager" und "computer" die erste bzw. die zweite Silbe hauptbetont. Dasselbe gilt dementsprechend auch bei den gemischtsprachigen Dativpluralformen "Managern" und "Com- putern".

b) Derivierte gemischtsprachige Wörter haben auch einen fremdsprachigen Stamm und ein oder mehrere Präfixe oder Suffixe. Mindestens ein Prä- fix oder ein Suffix muss deutsch sein, sonst ist es kein gemischtsprachiges Wort. Bei solchen gemischtsprachigen Wörtern wird die Position des Haupt- akzentes weitgehend durch die Präfixe oder Suffixe bestimmt. Präfixe wie "auf", "ein" und "weg" sowie Suffixe wie "ei", "esk", "ieren" und "ismus" ziehen den Hauptakzent des Wortes auf sich (vergl. auch Abschnitt 8.1.2.1). Der Hauptakzent des Stamms wird dabei zu einem Nebenakzent wie dies in "Computer" [kɔmˈpjuːtə] bzw. "computerisieren" [kɔmˌpjuːtəriˈziːrən] der Fall ist.

c) Bei gemischtsprachigen Komposita wird fast ausnahmslos der Hauptakzent auf den ersten Stamm gesetzt, und die übrigen Stämme erhalten einen Ne- benakzent. Bei mehrsilbigen Stämmen bleibt die Position der stärksten Be- tonung erhalten:

"Anlage" [ˈǀanlaːgə] + "Fonds" [ˈfɔ̃] → [ˈǀanlaːgəˌfɔ̃]

"Niveau" [niˈvo] + "Ausgleich" [ˈǀau̯sglai̯ç] → [niˈvoˌǀau̯sglai̯ç]

"Rayon" [rɛˈjɔ̃] + "Verbot" [fɛɐ̯ˈboːt] → [rɛˈjɔ̃fɛɐ̯ˌboːt]

⊙ 10.3.5.2 Polyglotte Phrasierung

Bei der Phrasierung wird für die hier betrachteten Sprachen grundsätzlich gleich vorgegangen wie in Abschnitt 8.4.7 für Deutsch beschrieben worden ist. Zuerst wird zwischen allen Wörtern eine initiale Phrasengrenze gesetzt, wobei die Stär- ke einer Grenze zwischen zwei Wörtern der Stufe im Syntaxbaum entspricht, auf welcher der gemeinsame Elternknoten dieser Wörter liegt. Dann wird für jedes unbetonte Wort diejenige Grenze vor oder nach dem Wort eliminiert, welche die schwächere ist.

Beim zyklischen Eliminieren weiterer Phrasengrenzen wird nun unterschiedlich vorgegangen, je nachdem, ob es sich um einsprachige oder gemischtsprachige Grenzen handelt. Wenn das Wort vor der Grenze und das Wort nach der Grenze zur gleichen Sprache gehören, dann handelt es sich um eine einsprachige Grenze.

Eine einsprachige Grenze wird eliminiert, wenn die Kriterien der betreffenden Sprache erfüllt sind. Für Deutsch und Englisch sind dies einerseits die Stärke der benachbarten Grenzen und andererseits die Länge der bereits vorliegenden Phrasen. Für Französisch werden Grenzen so getilgt, dass die Zahl der Silben in die resultieren den Phrasen möglichst nahe bei 6 ist (Erfahrungswert).

Bei der Elimination gemischtsprachiger Phrasengrenzen werden die Kriterien der Matrixsprache angewendet.

Detailliertere Angaben zur polyglotten Phrasierung und ein Anwendungsbeispiel sind in [37] zu finden.

10.3.5.3 Polyglotte Satzakzentuierung

Für die Satzakzentuierung im Deutschen sind in Abschnitt 8.4.6.2 einerseits die *Nuclear Stress Rule* (NS-Regel) und andererseits die Rhythmisierungsregel angewendet worden. Diese Methode kann gleicherweise auch für Englisch eingesetzt werden, wobei selbstverständlich der Kern jeder englischen Konstituente festzulegen ist.

Im Französischen bezieht sich hingegen die Satzakzentuierung nicht auf die syntaktischen Konstituenten, sondern auf die Phrasen.[11] Generell wird die Hauptbetonung in einer französischen Phrase auf die letzte betonte Silbe gesetzt, d.h. der Akzent der Stärke 1 der letzten betonten Silbe wird beibehalten und die Akzente der übrigen Silben werden um eine Stufe abgeschwächt.

Bei gemischtsprachigen Sätzen wird zuerst die phrasenbezogene Akzentuierung der französischen Teile durchgeführt. Anschliessend wird die zyklische Akzentuierung der übrigen Konstituenten vorgenommen, beginnend bei den kleinsten Konstituenten bis zur Satzkonstituente. Zudem werden zwischen den Zyklen die Rhythmisierungsregeln angewendet.

Wie im Deutschen muss auch im Englischen und im Fall von gemischsprachigen Sätzen die Akzentnormierung pro Phrase durchgeführt werden (vergl. Abschnitt 8.4.8).

10.3.6 Rekapitulation der polyglotten Transkription

Wir haben in Abschnitt 10.3 dargelegt, dass eine Transkriptionsstufe für gemischtsprachige Texte weitgehend aus den entsprechenden Komponenten von einsprachigen Transkriptionsstufen aufgebaut werden kann. Dieses Konzept bietet zwei sehr wichtige Vorteile:

---

[11]Im Fall von Französisch muss deshalb zwingend die Phrasierung vor der Satzakzentuierung durchgeführt werden. Beim Sprachsynthesesystem SVOX, das für Deutsch konzipiert wurde, ist auch die umgekehrte Reihenfolge möglich (vergl. Abschnitt 8.4).

– Die Komponenten können unabhängig voneinander entwickelt werden. Konkret heisst dies, dass beispielsweise bei der Entwicklung der Satzgrammatik für Französisch in keiner Weise berücksichtigt werden muss, wie die deutsche und die englische Satzgrammatik konzipiert worden sind. Das ist äusserst wichtig, weil eine einigermassen umfassende Satzgrammatik schon für eine einzelne Sprache sehr komplex ist, aber noch machbar. Hingegen dürfte das Entwickeln einer Satzgrammatik für gemischtsprachige Sätze bereits für eine kleine Anzahl von Sprachen unpraktikabel werden.

– Die Komponenten lassen sich flexibel zusammenfügen. So kann die Menge der Sprachen, für welche die polyglotte Transkription anwendbar sein soll, einfach verändert werden, indem nur die Komponenten der entsprechenden Sprachen ins System eingefügt werden.

Diese Vorteile lassen sich bei allen Teilen der Transkriptionsstufe ausnutzen, teilweise jedoch mit kleinen Einschränkungen.

Eine morphosyntaktische Analyse für die Sprachen A, B und C kann erreicht werden, indem man die Wortgrammatik, die Satzgrammatik, das Morphemlexikon und das Vollformenlexikon jeder dieser Sprachen mit einem Parser einsetzt. Alle diese Komponenten können im Rahmen von einsprachigen Synthesesystemen entwickelt und getestet werden. Was es zusätzlich zu diesen einsprachigen Komponenten braucht, sind die Einschlussgrammatiken. Mit einer Einschlussgrammatik A → B wird bestimmt, welche Elemente der Sprache A durch Elemente der Sprache B ersetzt werden können. Dabei können diese Elemente Wortteile (Morphe), ganze Wörter oder Konstituenten sein. Diese Einschlussgrammatiken sind für eine polyglotte Sprachsynthese neu zu entwickeln. Sie sind jedoch sehr viel kleiner und einfacher als gewöhnliche, einsprachige Wort- und Satzgrammatiken.

Die phonologischen Transformationen sowie die Phrasierung und die Akzentuierung können ebenfalls weitgehend mit den einsprachigen Komponenten verwirklicht werden. Dabei sind jedoch die Komponenten anzupassen (z.B. mit Multikontext-Regeln), damit die sprachspezifischen Regeln korrekt angewendet werden.

10.4 Polyglotte phonoakustische Stufe

Wie die Transkription soll grundsätzlich auch die phonoakustische Stufe mit einem modularen Konzept verwirklicht werden. Im Gegensatz zur Transkription, bei der die Komponenten nur von der Sprache abhängen, sind die Komponenten der phonoakustischen Stufe sprach- und stimmspezifisch. So werden beispielsweise die Grundfrequenzsteuerung und die Dauersteuerung mit neuronalen Netzen realisiert, die mit Sprachsignalen von einer bestimmten Person trainiert worden sind. Die Sprachsynthese ahmt somit die Sprechmelodie und den Sprechrhythmus dieser Person nach.

Eine polyglotte phonoakustische Stufe soll gemischtsprachige Sprachsignale so erzeugen, dass sie klingen, wie wenn eine mehrsprachige Person den entsprechenden Text vorliest. Es ist insbesondere zu vermeiden, dass die synthetisierten Sprachsignale den Eindruck vermitteln, als seien sie von Sprachausschnitten verschiedener Personen zusammengesetzt worden. Um dies zu vermeiden, empfiehlt es sich, für alle Komponenten Sprachsignale von ein und derselben Person zu verwenden.

Im Gegensatz zur Transkriptionsstufe, bei der auch nachträglich die Komponenten für eine neue Sprache erstellt und ins System eingefügt werden können, um die polyglotte Verarbeitung auf diese neue Sprache auszudehnen, ist dies bei der phonoakustischen Stufe nicht möglich. Hier müssen für eine polyglotte Sprachsynthese stets von einer einzigen Person Sprachaufnahmen in allen Sprachen, welche die Sprachsynthese sprechen soll, gemacht werden, und zwar sowohl für die Diphonextraktion als auch für das Training der Prosodiesteuerung.

Um die polyglotte phonoakustische Stufe für einen bestimmten Satz von Sprachen zu verwirklichen, wollen wir davon ausgehen, dass bereits geeignete Sprachaufnahmen für diese Sprachen vorliegen, die alle von derselben Person gesprochen worden sind. Welche Anforderungen diese Sprachaufnahmen erfüllen müssen, ist in Abschnitt 9.2.1 für die Diphone und in den Abschnitten 9.3.1.3 und 9.3.2.4 für die Dauersteuerung bzw. für die Grundfrequenzsteuerung ersichtlich.

10.4.1 Polyglotte Prosodiesteuerung

Bei der auf Verkettung basierenden Sprachsynthese für Deutsch haben wir uns bei der Prosodiesteuerung auf die Steuerung der Grundfrequenz und der Lautdauer beschränkt. Aus den in Abschnitt 9.3.3 aufgeführten Gründen kann auch bei der polyglotten Sprachsynthese auf die Intensitätssteuerung verzichtet werden.

Wie bei der Prosodiesteuerung für Deutsch wollen wir auch hier annehmen, dass die gegenseitige Beeinflussung von Lautdauer und Grundfrequenz vernachlässigbar ist und deshalb die Dauersteuerung und die Grundfrequenzsteuerung als zwei getrennte Systemteile betrachtet werden können (vergl. Abschnitt 9.3).

10.4.1.1 Polyglotte Dauersteuerung

Das Konzept der polyglotten Dauersteuerung ist wie folgt: Gegeben ist die phonologische Darstellung eines zu synthetisierenden Satzes. Um für einen Laut die Dauer zu ermitteln, werden die linguistischen Einflussfaktoren ermittelt (in Abbildung 9.14 mit $c_1, \ldots, c_K$ bezeichnet), zu denen hier auch noch die Sprache dazukommt. Grundsätzlich könnte also auch für den gemischtsprachigen Fall zum Ermitteln der Lautdauer aus den Einflussfaktoren wiederum ein neuronales

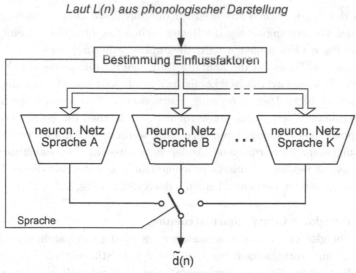

Laut L(n) aus phonologischer Darstellung

Abbildung 10.10. Polyglotte Dauersteuerung: Um aus der polyglotten phonologischen Darstellung eines zu synthetisierenden Satzes für den n-ten Laut die Dauer zu ermitteln, werden die Einflussfaktoren c bestimmt und daraus mit dem neuronalen Netz der betreffenden Sprache die Dauer geschätzt.

Netz eingesetzt werden. Es hat sich jedoch gezeigt, dass ein neuronales Netz pro Sprache bessere Resultate ergibt. Zum Ermitteln der Dauer eines Lautes wird also stets das neuronale Netz der betreffenden Sprache eingesetzt (siehe Abbildung 10.10).

Um die polyglotte Dauersteuerung zu verwirklichen wollen wir annehmen, dass für die gewünschten Sprachen bereits je eine gute Dauersteuerung basierend auf einem neuronalen Netz vorliegt. Diese einsprachigen Dauersteuerungen können zwar nicht unmittelbar in der polyglotten Dauersteuerung verwendet werden, aber sie helfen eine gute, polyglotte Dauersteuerung effizient zu konzipieren. So wissen wir aus den einsprachigen Dauersteuerungen für jede Sprache, welche linguistischen Faktoren zu berücksichtigen sind, wie das neuronale Netz zu konzipieren ist und wie viele Trainingsdaten notwendig sind.

Die neuronalen Netze der einsprachigen Dauersteuerungen berücksichtigen jedoch unterschiedliche Mengen von Einflussfaktoren und haben somit im Allgemeinen weder die gleiche Anzahl von Eingängen noch dieselbe Input-Codierung. Zu den Einflussfaktoren auf die Dauer eines Lautes gehören auch gewisse Eigenschaften der Nachbarlaute. Im polyglotten Fall können Nachbarlaute jedoch von einer anderen Sprache sein. Deshalb ist es nötig, die Eingangsschicht der neuronalen Netze für die verschiedenen Sprachen zu vereinheitlichen.

Der Satz der linguistischen Faktoren für die polyglotte Dauersteuerung ergibt sich aus der Vereinigungsmenge der linguistischen Faktoren der einzelnen Sprachen. Für diese Gesamtmenge wird die Input-Codierung für die neuronalen Netze festgelegt. Damit ist die Zahl der Eingänge für die neuronalen Netze gegeben. Im Übrigen wird die Netzkonfiguration für jede Sprache von der betreffenden einsprachigen Dauersteuerung übernommen. Nun müssen nur noch die neuen neuronalen Netze trainiert werden. Dafür können die bereits vorliegenden einsprachigen Trainingsdaten verwendet werden, sofern alle von derselben Person aufgenommen worden sind. Andernfalls muss eine Lautdauernormalisierung eingesetzt werden. Gemischtsprachige Daten könnten für dieses Training zwar auch verwendet werden, scheinen jedoch nicht nötig.

⊘ 10.4.1.2 Polyglotte Grundfrequenzsteuerung

Bei der polyglotten Grundfrequenzsteuerung wird grundsätzlich analog zur Dauersteuerung vorgegangen: um eine Folge von Stützwerten des Grundfrequenzverlaufes einer Silbe zu bestimmen, wird das neuronale Netz der entsprechenden Sprache eingesetzt. Im Unterschied zur Dauersteuerung sind neuronale Netze für die Grundfrequenzsteuerung rückgekoppelt, d.h. die Ausgänge werden über eine Verzögerung auf zusätzliche Netzeingänge zurückgeführt (siehe Abbildung 9.20). Diese Netzkonfiguration wird auch bei der polyglotten Grundfrequenzsteuerung eingesetzt.

Die Rückführung bezweckt, dem Netz die Information über den Grundfrequenzverlauf der vorausgehenden Silbe zur Verfügung zu stellen (vergl. Abschnitt 9.3.2.4, Seite 283). In gemischtsprachigen Sätzen bedeutet dies, dass die vorausgehende Silbe und die aktuelle Silbe zu verschiedenen Sprachen gehören können. Damit auch in diesem Fall die Grundfrequenzsteuerung korrekt arbeitet, muss die Rückführung so gehandhabt werden, wie dies in Abbildung 10.11 gezeigt wird.

Auch hier können die neuronalen Netze unabhängig voneinander trainiert werden. Für das Training des Netzes der Sprache A werden also ausschliesslich Signale der Sprache A verwendet. Insbesondere ist ein Training mit gemischtsprachigen Signalen nicht erforderlich. Nützlich ist hingegen, wenn die Sprachsignale aller Sprachen, also für das Training aller Netze, von derselben Person aufgenommen werden. Falls dies nicht möglich ist, dann müssen Stimmlage und Varianz der Grundfrequenz zwischen den Sprachen angepasst werden.

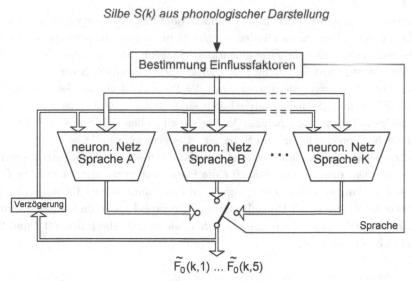

Silbe S(k) aus phonologischer Darstellung

$$\tilde{F}_0(k,1) \ldots \tilde{F}_0(k,5)$$

Abbildung 10.11. Polyglotte Grundfrequenzsteuerung: Um aus der polyglotten phonologischen Darstellung eines zu synthetisierenden Satzes für die k-te Silbe 5 Stützwerte des Grundfrequenzverlaufes zu ermitteln, werden die Einflussfaktoren c bestimmt. Daraus und aus den Stützwerten der vorausgehenden Silbe werden mit dem neuronalen Netz der betreffenden Sprache die Stützwerte der aktuellen Silbe geschätzt.

10.4.2 Polyglotte Sprachsignalproduktion

Auch bei der polyglotten Sprachsynthese stellt sich grundsätzlich die Frage, wie aus der Folge von Lautsymbolen und den zusätzlichen Angaben über Dauer und Grundfrequenz ein Sprachsignal erzeugt werden soll. Aus Qualitätsgründen kommt jedoch meistens nichts anderes als der Verkettungsansatz (siehe Abschnitt 9.1.3) in Frage.[12]

Falls der Verkettungsansatz angewendet wird, müssen naheliegenderweise alle Grundelemente von derselben Person aufgenommen werden, unabhängig da-

---

[12]Die HMM-basierte Sprachsignalproduktion, die in diesem Buch nicht vertieft behandelt wird (siehe Abschnitt 9.1.2.4), hätte möglicherweise Vorteile für Fälle, in welchen die Anzahl der Sprachen, die in den gemischtsprachigen Texten vorkommen, so gross ist, dass kaum noch Personen zu finden sind, welche alle diese Sprachen genügend kompetent sprechen. Mit der HMM-Synthese ist es insbesondere möglich, die mit Sprachsignalen der Person A trainierten Laut-HMM an Sprachsignale einer Person B zu adaptieren. Die Sprachqualität der HMM-Synthese ist jedoch für die meisten Anwendungen ungenügend. Wir wollen deshalb hier nicht weiter auf die Sprachsynthese mit HMM eingehen, sondern verweisen auf die einschlägige Literatur, z.B. auf [49].

Was hingegen in Zukunft insbesondere auch für die polyglotte Sprachsignalproduktion in Frage kommen könnte ist die in Abschnitt 9.1.2.5 kurz beschriebene Methode der Sprachsignalmodellierung mit einem neuronalen Netz.

von, ob es sich dabei um Diphone handelt oder um grössere Elemente. Es ist
recht schwierig, Personen zu finden, welche mehr als zwei Sprachen professionell
sprechen (sowohl hinsichtlich segmentaler Präzision, als auch was die Prosodie
betrifft), deren Stimme gefällig tönt, deren Sprachsignale sich für die prosodischen Veränderungen (vorzugsweise mit der PSOLA-Methode, siehe Abschnitt
9.2.6) eignen und die insbesondere bereit sind, sich während vieler Stunden für
die nötigen Sprachaufnahmen zur Verfügung zu stellen. Die Suche und Evalua-
tion solcher Sprecherinnen und Sprecher ist enorm aufwändig.

Liegen die Sprachaufnahmen einmal vor, dann müssen die Signale so vorverar-
beitet werden, dass sie einerseits für die Entnahme von Grundelementen (Diphone oder längere Einheiten) geeignet sind und andererseits für das Training
der neuronalen Netze der Prosodiesteuerung verwendet werden können. Grundsätzlich kann dabei so vorgegangen werden, wie in den Abschnitten 9.2 und 9.3
beschrieben worden ist.

Kapitel 11
Einführung in die Spracherkennung

11

11 Einführung in die Spracherkennung

11 Einführung in die Spracherkennung

Dem Menschen fällt das Verstehen von Sprache im Allgemeinen leicht. Er kann sogar unter schwierigen Umständen relativ mühelos kommunizieren und gewöhnt sich schnell an eine aussergewöhnliche Stimme oder Sprechweise. Auch in einer ungünstigen akustischen Umgebung ist eine Verständigung möglich, also wenn es beispielsweise lärmig ist oder die Sprache über eine schlechte Telefonverbindung übertragen wird.

Angesichts der menschlichen Fähigkeiten ist man geneigt anzunehmen, dass auch die maschinelle Spracherkennung kein so grosses Problem sein sollte. Warum das Gegenteil der Fall ist und welche Ansätze zur Lösung des Problems existieren, wird in diesem und den folgenden Kapiteln gezeigt.

11.1 Zur Geschichte der Spracherkennung

Die Forschung auf dem Gebiet der automatischen Spracherkennung blickt bereits auf eine über 50-jährige Geschichte zurück. Nachdem in den vierziger Jahren bereits ein Klangspektrograph für die Visualisierung von Schallsignalen und eine akustische Theorie der menschlichen Sprachproduktion entwickelt wurden, wurden in den fünfziger Jahren in den USA erste Versuche unternommen, einzelne Ziffern oder einsilbige Wörter eines einzelnen Sprechers zu erkennen. Diese Systeme basierten entweder auf Zeitbereichsmerkmalen oder auf der Analyse der spektralen Resonanzen. Das Spektrum wurde dabei von einer analogen Filterbank erzeugt.

In den sechziger Jahren schlug Taras Vintsyuk in der damaligen Sowjetunion erstmals die Verwendung der dynamischen Programmierung für den Vergleich von Sprachmustern vor. Diese Publikation wurde im Westen aber erst in den achtziger Jahren zur Kenntnis genommen, lange nachdem westliche Forscher ähnliche Ideen vorgeschlagen und implementiert hatten. Gegen Ende der sechziger Jahre wurden an der Carnegie Mellon University (CMU) erste Versuche zur Erkennung kontinuierlich gesprochener Sprache durchgeführt.

Die siebziger Jahre waren sodann von einigen Meilensteinen in der Spracherkennung gekennzeichnet. So wurden mittels LPC-Analyse und dynamischer Zeitanpassung (DTW) leistungsfähige, sprecherabhängige und -unabhängige Einzelworterkenner entwickelt. Ein wichtiges Ereignis war der Einstieg von IBM in die Spracherkennung. Ein weiterer Meilenstein in den siebziger Jahren war das vom Department of Defense der USA ausgeschriebene ARPA-Projekt für die Erforschung von sprachverstehenden Systemen. Die Ziele dieses Projektes waren enorm hoch gesteckt, ging es doch darum, kontinuierlich gesprochene Sätze aus einem Vokabular von 1000 Wörtern, jedoch mit einer eingeschränkten Syntax, nicht nur sprecherunabhängig zu erkennen, sondern auch zu verstehen. Die realisierten Systeme basierten alle stark auf Ansätzen der künstlichen Intelligenz (KI) und gingen von einem linguistischen Modell mit verschiedenen Ebenen aus. Das einzige System, das die hoch gesteckten Ziele erreichte, war das sogenannte HARPY-System der Carnegie Mellon University (CMU).

Die achtziger Jahre brachten unter anderem den Übergang von der Erkennung mittels Sprachmustervergleich (DTW) zu den statistischen Ansätzen. Dabei hat vor allem der Ansatz mit Hidden-Markov-Modellen (HMM) zur Beschreibung der Variabilität der Sprachsignale eine zentrale Bedeutung erlangt und bis heute behalten. Auch wurden zunehmend statistische Sprachmodelle verwendet, nachdem diese schon Mitte der siebziger Jahre bei IBM erstmals untersucht wurden.

Ein weiterer Impuls in der Spracherkennung ging wiederum vom Department of Defense der USA aus, das ein grosses Forschungsprogramm lancierte mit dem Ziel, Spracherkenner für kontinuierliche Sprache zu entwickeln, die für Datenbankabfragen eingesetzt werden können. Die vorgesehenen Abfragen umfassten ein Vokabular von etwa 1000 Wörtern. Das bekannteste System, das aus diesem Forschungsprogramm hervorging, war das von CMU entwickelte SPHINX-System.

Seit Ende der achtziger Jahre beschäftigen sich die Forscher verstärkt mit Spracherkennung für schwierige Anwendungsszenarien. Dazu gehört vor allem die Spracherkennung über das Telefon, in lauter Umgebung (Auto, Flugzeug) sowie die Erkennung von kontinuierlicher Spontansprache. Mit dieser neuen Ausrichtung hat auch die Entwicklung sprachbasierter Dialogsysteme zunehmende Bedeutung erlangt.

Auf dem Gebiet der akustisch-phonetischen Modellierung wurde in den neunziger Jahren vor allem versucht, Hidden-Markov-Modelle und künstliche neuronale Netze in sogenannten hybriden Ansätzen sinnvoll zu verknüpfen. Andere Forschungsaktivitäten gehen in Richtung Spracherkennung mit sehr grossem oder sogar offenem Vokabular sowie in Richtung Sprachmodellierung, die über einfache Wortfolgestatistiken hinausgeht.

Seit Ende der neunziger Jahre drängen immer mehr Spracherkennungssysteme auf den Markt (v.a. Diktiersysteme, aber auch Spracheingabe für Mobiltelefone, PDAs etc.). Zudem unterstützen auch immer mehr telefonbasierte Dienste gesprochene Eingaben.

Im Forschungsbereich gehen die Anstrengungen derweil immer mehr in Richtung *multimodale* Systeme. Dabei handelt es sich um Systeme, die lautsprachliche mit anderen Eingabemedien (Gestik, Blickrichtung, Eingabe per Stift, Handschrifterkennung etc.) kombinieren. Von besonderem Interesse ist dabei die audiovisuelle Spracherkennung, die nebst dem Sprachsignal das Bild der bewegten Lippen in den Erkennungsprozess einbezieht.

11.2 Ansätze zur Spracherkennung

Grundsätzlich möchte man, dass die automatische Spracherkennung das zustande bringt, was der Mensch leistet. Es stellt sich somit die Frage, ob das Problem der Spracherkennung zu lösen ist, indem man das Vorgehen am Menschen orientiert. Leider ist dies kein gangbarer Weg, weil auch heute noch das Wissen über die sprachliche Kommunikation der Menschen sehr lückenhaft ist. So ist bis heute noch nicht vollständig geklärt, welche Mechanismen sich nur schon im Innenohr abspielen. Und über die Weiterverarbeitung der Information im Gehirn herrscht noch weitgehend Unklarheit.

Man kann zwar mit Signalanalysemethoden viele Eigenschaften von Sprachsignalen ermitteln, aufgrund welcher Eigenschaften aber der Mensch nur schon die Sprachlaute unterscheidet, ist bestenfalls ansatzweise bekannt. So lehrt die Phonetik, dass anhand der ersten beiden Formanten die Vokale zu unterscheiden seien (siehe Abbildung 1.9). Es trifft zwar zu, dass man aus Vokalen, die ein Sprecher einzeln und klar artikuliert hat, Formanten bestimmen kann, die in etwa den Angaben in Abbildung 1.9 entsprechen. Je nach Sprecher bzw. Sprecherin sind jedoch beträchtliche Unterschiede festzustellen, sodass sich die Frequenzbereiche der Formanten stark überschneiden (diese Überschneidung ist in Abbildung 1.9 nicht ersichtlich; es sind nur die Durchschnittswerte dargestellt). Allein aufgrund der Formantfrequenzen sind somit keine zuverlässigen Aussagen über die Laute möglich.

In den Anfängen der Spracherkennung (vergl. Abschnitt 11.1) war man der Ansicht, dass aufgrund der Physiologie des menschlichen Ohres das Spektrogramm des Sprachsignals direkt verrate, was ein Sprecher gesprochen hat. Verbreitet war sogar die Meinung, dass das Spracherkennungsproblem weitgehend gelöst wäre, wenn die Fouriertransformation genügend schnell berechnet werden könnte. Heute wissen wir, dass dies ein Trugschluss war.

Es hat sich vielmehr gezeigt, dass Sprachlaute und damit auch grössere sprachliche Einheiten wie Silben, Wörter oder Sätze im Sprachsignal keine eindeutigen Identifikationsmerkmale aufweisen. Im Wesentlichen ist dies deshalb nicht der Fall, weil sich einerseits die Laute gegenseitig beeinflussen (Koartikulation) und andererseits das Sprachsignal nicht nur die linguistische Information beinhaltet, sondern auch durch den Sprecher, den Übertragungskanal des Signals etc. beeinflusst wird (vergl. Abschnitt 2.1).

Die charakteristischen Merkmale der Laute variieren so stark, dass die Laute bei weitem nicht eindeutig unterschieden werden können. Es ist somit nicht möglich, sprachliche Einheiten direkt zu erkennen, also anhand eindeutiger Merkmale. Deshalb haben sich für die Spracherkennung, die beispielsweise die Wörter des Vokabulars $V = \{v_1, v_2, \ldots, v_{|V|}\}$ zu erkennen bzw. zu unterscheiden hat, die beiden folgenden grundlegenden Ansätze herauskristallisiert:

- Spracherkennung mittels Mustervergleich: Der Erkenner verfügt für jedes Wort des Vokabulars über ein gesprochenes Muster. Um ein geäussertes Wort zu erkennen, vergleicht er dieses Wort mit jedem Muster. Es gilt dasjenige Wort als erkannt, dessen Muster mit der zu erkennenden Äusserung am besten übereinstimmt.

- Statistischer Ansatz der Spracherkennung: Der Erkenner verfügt für jedes Wort des Vokabulars über eine statistische Beschreibung von dessen akustischer Realisierung. Es gilt dasjenige Wort als erkannt, dessen statistische Beschreibung am besten auf die zu erkennende Äusserung passt.

Für beide Ansätze gilt somit, dass die nötigen Muster bzw. statistischen Beschreibungen vorliegen müssen, bevor ein Spracherkenner eingesetzt werden kann. Soll ein Spracherkenner beispielsweise die Ziffern "Null" bis "Neun" erkennen, dann müssen zuerst entsprechende Sprachsignale aufgenommen und daraus für jede Ziffer entweder ein Muster oder eine statistische Beschreibung ermittelt werden. Dies wird im Folgenden als das Training des Spracherkenners bezeichnet.

Die Spracherkennung mit Mustervergleich und die statistische Spracherkennung werden in den Kapiteln 12 und 13 behandelt.

11.3 Probleme der Spracherkennung

Das Sprachsignal kann als Ausgangssignal eines Sprechprozesses betrachtet werden, auf den eine Vielzahl von Einflüssen einwirken (siehe Abschnitt 2.1): die Physiologie des Vokaltraktes (die wiederum vom Geschlecht, vom Alter und vom Gesundheitszustand der sprechenden Person abhängt), die Herkunft (Dialekt), die psychische Verfassung usw. Eine gesprochene Äusserung enthält also nicht nur die Information, was gesagt wurde, sondern auch Information über die Person und ihre Sprechweise. Darüber hinaus schlagen sich auch die akustische Umgebung (Geräuschkulisse im Büro, auf dem Flughafen, auf der Strasse etc.) und der Übertragungsweg (Raumakustik, Telefon) im Sprachsignal nieder.

Aus der Sicht der Spracherkennung, die ja nur am linguistischen Inhalt interessiert ist, sind all diese Einflüsse Störungen. Sie bewirken, dass Sprachsignale auch dann sehr unterschiedlich sind, wenn dasselbe gesagt wird. Die Variabilität hat im Wesentlichen vier Aspekte:

- Die Lautsprache hat grundsätzlich etwas Zufälliges an sich, weil keine Person etwas zweimal so sagen kann, dass die Sprachsignale gleich sind.

- Verschiedene Personen haben unterschiedliche Stimmen und Sprechgewohnheiten.

— Die akustische Umgebung und die Schall- bzw. Signalübertragung schlagen sich im Sprachsignal nieder.

— Die lautsprachlichen Grundeinheiten beeinflussen sich gegenseitig (Koartikulation).

Das Ausmass der Variabilität in Sprachsignalen hängt davon ab, ob und wie ausgeprägt diese Aspekte vorliegen. So gibt es Personen, die mit relativ grosser Konstanz sprechen, z.B. professionelle Sprecher, während die meisten Menschen die Prosodie nicht gut unter Kontrolle haben. Deutlich grösser als die individuelle Variabilität ist jedoch die mittlere Variabilität zwischen Personen.

Im Sprachsignal zeigt sich die Variabilität unter anderem in den folgenden Merkmalen:

— Variation in der Dauer und der zeitlichen Struktur des Sprachsignals: Die Variation der Dauer eines Sprachsignals liegt für dasselbe Wort oder denselben Satz etwa im Bereich 50–200 % der Normallänge (mittlere Dauer). Die einzelnen Laute variieren dabei sehr unterschiedlich stark. So variiert z.B. die Dauer der Vokale viel stärker als die Dauer der Plosive (Verschlusslaute).

— Variation der Lautstärke: Die Intensität des Sprachsignals kann je nach Sprechweise (von murmeln bis schreien) und Abstand des Mikrophons vom Mund um mehrere Grössenordnungen variieren.

— Variation der Grundfrequenz: Die individuelle Variation der Grundfrequenz beträgt etwa eine Oktave. Insgesamt variiert die Grundfrequenz im Bereich zwischen etwa 50 Hz für eine tiefe Männerstimme bis 400 Hz für eine hohe Kinderstimme.

— Variation der Lautcharakteristik: Für eine einzelne Person betrachtet ist die Koartikulation die hauptsächliche Ursache der Variation der Lautcharakteristik. Zwischen Personen spielt zudem die unterschiedliche Physiologie eine wichtige Rolle. Die Lautcharakteristik wird jedoch auch durch den Übertragungsweg des Sprachsignals (Raumakustik, Telefon) beeinflusst.

— Variation der Lautfolge (Aussprachevarianten): Ein und dasselbe Wort wird je nach Sprecher oder Kontext unterschiedlich ausgesprochen. Dies kann verschiedene Gründe haben:

  • Freie Allophone werden unterschiedlich eingesetzt. So kann z.B. das Phonem /r/ als Zungenspitzen-R (ein- oder mehrschlägig), als gerolltes Zäpfchen-R oder als Reibe-R ausgesprochen werden. Da die Allophone des Phonems /r/ definitionsgemäss deutsche Wörter nicht unterscheiden können (vergl. Abschnitt 1.2.1), müssen sie von einem Spracherkenner zwar nicht unterschieden werden. Sie können aber bewirken, dass Sprachsignale desselben Wortes recht unterschiedlich sind. Trotzdem muss der Erkenner sie als das gleiche Wort erkennen.

- Viel häufiger sind jedoch sogenannte Verschleifungen, die beim schnellen und eher ungenauen Sprechen die Regel sind: So wird beispielsweise das Wort "fünf" statt korrekt als [fʏnf] oft als [fʏmf] oder auch als [fʏmp̣f] gesprochen. Bei [fʏmf] wird der Laut [n] an den Folgelaut [f] angeglichen. Man bezeichnet dies als Assimilation, weil die Artikulationsorte von [m] und [f] näher beieinander liegen als diejenigen von [n] und [f]. Recht häufig werden auch Laute ausgelassen, insbesondere wenn zwei gleiche oder ähnliche Laute aufeinander folgen wie in "entdecken", das vielfach als [ɛnˈtɛkən] statt [ɛntˈdɛkən] gesprochen wird.

- Dialektale Färbungen: Vor allem in Regionen mit ausgeprägten Dialekten erfährt auch die Hochsprache bei vielen Leuten eine hörbare Dialektfärbung (z.B. Hochdeutsch von Schweizern gesprochen).

Nebst der Variabilität des Sprachsignals muss ein Spracherkenner u.a. die folgenden Probleme bewältigen können:

— Wörter ausserhalb des Vokabulars: Jeder Spracherkenner ist für ein begrenztes Vokabular konzipiert. Falls dieses nicht sehr klein ist, kann vom Benutzer nicht erwartet werden, dass er weiss, welche Wörter dem System bekannt sind. So wird er ab und zu Wörter verwenden, die nicht zum Erkennervokabular gehören. Um adäquat auf solche Situationen reagieren zu können, sollte ein Spracherkennungssystem feststellen können, ob eine Äusserung zum Erkennervokabular gehört oder nicht.

— Fehlende Wortgrenzen: Im Sprachsignal sind in der Regel keine Wortgrenzen auszumachen. Der Spracherkenner kann also nicht zuerst die Wortgrenzen im Signal bestimmen und dann die Wörter einzeln erkennen. Die Wortlokalisierung und die Worterkennung bedingen sich also gegenseitig und müssen vom Erkenner deshalb gleichzeitig durchgeführt werden.

— Lautsprachliche Äusserungen können mehrdeutig sein. So kann z.B. die richtig erkannte Wortfolge "drei hundert zehn drei zehn" die Zahlenfolge "3 100 10 3 10" bedeuten, aber auch "3 110 13" oder "300 10 3 10" etc.

— Bei der mündlichen Kommunikation treten häufig sprachlich unkorrekte Wortfolgen, Füllwörter und Aussetzer auf. Ein Spracherkenner sollte auch dafür eine Lösung anbieten.

11.4 Anwendungen

Den Anwendungsmöglichkeiten von Spracherkennungssystemen sind im Prinzip
fast keine Grenzen gesetzt, da die Lautsprache für den Menschen ein natürliches, mächtiges und effizientes Kommunikationsmittel ist. In der Praxis sind die
Anwendungsmöglichkeiten jedoch immer noch recht beschränkt, weil die heutigen Spracherkennungssysteme vielen Anwendungssituationen nicht genügen,
insbesondere wenn die akustischen Bedingungen schwierig sind.

Eine anspruchsvolle Anwendung von Spracherkennung sind Diktiersysteme. Solche Systeme sind zwar bereits auf dem Markt, der durchschlagende Erfolg ist
aber bis heute ausgeblieben. Ein Grund dafür liegt bei der zu hohen Erken-
nungsfehlerrate, die nur durch eine zeitaufwändige Adaption des Erkenners an
die Stimme und Sprechweise einer einzelnen Person auf ein akzeptables Mass
reduziert werden kann.

Mit der verfügbaren Spracherkennungstechnik stehen jedoch bereits viele andere
Anwendungsmöglichkeiten offen. Eine wichtige Klasse von Anwendungen ist die
Steuerung von Geräten per Stimme, wo andere Steuerungsmöglichkeiten fehlen
oder schwierig sind, z.B. weil die Hände nicht frei sind oder die Augen auf etwas
gerichtet bleiben müssen:

— Steuerung des Telefons, der Stereoanlage oder der Klimaanlage im Auto

— Bedienungshilfen für Behinderte

— Bedienung von Geräten im Operationssaal oder im Dunkelraum

— Eingabe von medizinischen Befunden (Diagnose, Radiologie)

— Bedienung von Miniaturgeräten (Handys, PDAs, Fernbedienung)

Eine sehr breite Palette von Anwendungsmöglichkeiten für Spracherkennungs-
systeme steht im Zusammenhang mit dem Telefon, wo nur für triviale Fälle
Alternativen zur menschlichen Stimme als Kommunikationsmittel existieren.
Dies sind unter anderem:

— Alle Arten von automatisierten Auskunftssystemen über das Telefon (elek-
  tronisches Telefonbuch, Wetterbericht, Aktienkurse, Fahrplanauskunft)

— Automatisierte Telefondienste wie Teleshopping und Telebanking

— Automatisierte Anrufumleitung (Call Preselection)

— Intelligente Telefonbeantworter

— Wählen per Stimme

Der Erfolg des Einsatzes von Spracherkennungssystemen in einer bestimmten
Anwendung hängt von einigen entscheidenden Punkten ab, von denen die wichtigsten in der folgenden Liste aufgeführt sind:

1. Die Anwendung der Spracherkennung muss dem Benutzer einen echten Nutzen bringen. Dieser Nutzen kann z.B. eine neue Dienstleistung sein, eine gesteigerte Produktivität oder ein erhöhter Bedienungskomfort. Auf alle Fälle genügt das Neuartige der sprachlichen Eingabe nicht für eine erfolgreiche Anwendung.

2. Der Spracherkenner muss eine gewisse Erkennungsrate erreichen. Beispielsweise muss ein Einzelworterkenner in einem Dialogsystem eine Erkennungsrate von mindestens 95 % aufweisen, damit er von den Benutzern als zuverlässig eingestuft wird. Denn für die meisten Benutzer macht es kaum einen Unterschied, ob der Erkenner im Durchschnitt alle zwanzig oder alle hundert Versuche ein Wort falsch erkennt. Wenn die Erkennungsrate aber nur bei ca. 90 % oder darunter liegt, so wird die Anwendung als unzuverlässig wahrgenommen, unabhängig davon, wie hoch bzw. tief die tatsächliche Erkennungsrate liegt.

3. Der Spracherkenner muss schnell genug arbeiten, um eine natürliche, flüssige Interaktion zwischen dem Benutzer und dem System zu ermöglichen.

4. In vielen Fällen ist das Spracherkennungssystem ein Teil eines Dialogsystems. Damit das System akzeptiert wird, muss es so ausgelegt sein, dass sich der Benutzer wohl fühlt. Das heisst unter anderem, dass der Dialog für den Benutzer zu jedem Zeitpunkt transparent sein muss. Er will jederzeit wissen, welche Möglichkeiten ihm im Moment zur Verfügung stehen und mit welchen Begriffen er seine Wahl dem System mitteilen kann.

11.5 Einteilung der Spracherkennungssysteme

Da der Traum vom universell einsetzbaren Spracherkennungssystem bis heute nicht verwirklicht werden konnte und auch noch lange eine Utopie bleiben wird, hat sich die Forschung in verschiedene Unterdisziplinen aufgeteilt, die jeweils das Spracherkennungsproblem auf eine spezifische Art und Weise vereinfachen. Dementsprechend können die heutigen Spracherkennungssysteme in verschiedene Kategorien eingeteilt werden, je nachdem, welchen Restriktionen sie unterliegen.

Eine erste Unterteilung bezieht sich auf die von den Systemen verarbeitbaren Äusserungen. Diese reichen von einzeln gesprochenen Wörtern bis zu fliessend gesprochenen Sätzen. Die Tabelle 11.1 zeigt eine Einteilung der Systeme nach diesem Kriterium.

Tabelle 11.1. Einteilung der Spracherkennungssysteme anhand der Äusserungen, die sie verarbeiten können.

Systemklasse	Verarbeitbare Äusserungen
Einzelworterkenner	Einzelne Wörter oder kurze Kommandos isoliert gesprochen, d.h. mit Pausen.
Keyword-Spotter	Einzelne Wörter oder kurze Kommandos in einer sonst beliebigen Äusserung.
Verbundworterkenner	Sequenz von fliessend gesprochenen Wörtern aus einem kleinen Vokabular (z.B. Telefonnummern).
Kontinuierlicher Spracherkenner	Ganze, fliessend gesprochene Sätze.

— Ein *Einzelworterkenner* geht davon aus, dass eine Äusserung genau ein Wort umfasst. Er wird auf eine bestimmte Anzahl Wörter oder kurze Kommandos trainiert, die das Vokabular des Erkenners ausmachen. Damit der Erkenner diese Wörter erkennt, müssen sie wiederum einzeln (isoliert) gesprochen werden.

— Ein *Keyword-Spotter* ist in der Lage, einzelne Schlüsselwörter oder Kommandos in einer fliessend gesprochenen Äusserung zu erkennen.

— Ein *Verbundworterkenner* erkennt Wörter aus einem kleinen Vokabular, die zusammenhängend gesprochen werden können. Zwischen den Wörtern besteht jedoch kein Zusammenhang. Typische Anwendungen von Verbundworterkennern sind das Erkennen von Kreditkarten- und Telefonnummern.

— Als *kontinuierliche Spracherkenner* werden Systeme bezeichnet, die fliessend gesprochene Äusserungen erkennen, welche aus einem grossen Vokabular zusammengesetzt sind. Ein kontinuierlicher Spracherkenner nutzt insbesondere aus, dass zwischen den Wörtern der Äusserung ein natürlichsprachlicher Zusammenhang besteht. Normalerweise sind kontinuierliche Spracherkenner zudem so konzipiert, dass das Vokabular einfach erweitert werden kann.

Ein anderes Kriterium zur Einteilung von Spracherkennungssystemen ist die Art der Anpassung an einen Sprecher.

— *Sprecherabhängige* Systeme müssen für jeden neuen Sprecher in einer speziellen Trainingsphase neu trainiert werden.

— *Sprecherunabhängige Systeme* erkennen Äusserungen eines beliebigen Sprechers, ohne dass ein zusätzliches Training notwendig ist. Sie müssen mit Sprachsignalen von tausenden von Sprechern trainiert werden.

— *Sprecheradaptive Systeme* sind ebenfalls sprecherunabhängig, bieten aber zusätzlich die Möglichkeit, sich an einen bestimmten Sprecher anzupassen und dadurch die Erkennungsleistung zu verbessern. Diese Anpassung findet entweder vorgängig in einer Adaptionsphase statt, die im Vergleich zu einem vollen Training wesentlich kürzer ist, oder kann unter Umständen sogar während der eigentlichen Benutzung des Systems geschehen.

Eine letzte hier aufgeführte Einteilungsmöglichkeit basiert auf der Grösse des Erkennervokabulars, wobei normalerweise zwischen den Kategorien klein, mittel und gross unterschieden wird:

— Erkenner mit kleinem Vokabular für Anwendungen in Steuerungsaufgaben haben typischerweise ein Vokabular von maximal einigen hundert Wörtern.

— Systeme mit grossem Vokabular wurden Anfangs der neunziger Jahre normalerweise jene Erkenner genannt, die ein Vokabular von tausend und mehr Wörtern aufwiesen. Die Bedeutung von "gross" hat sich seither etwas gewandelt, nachdem Systeme mit einem Vokabular von mehreren 100'000 Wörtern vorgestellt worden sind. In einem Vokabular dieser Grösse gibt es viele phonetisch ähnliche Wörter. Dadurch nimmt die Gefahr von Wortverwechslungen zu, was mit einem *Sprachmodell* kompensiert werden muss (siehe Kapitel 14).

11.6 Evaluation der Erkennungsleistung

Ein wichtiger Aspekt eines Spracherkenners ist seine Erkennungsleistung. Sie wird experimentell bestimmt, indem der Erkenner auf Testsprachsignale angewendet wird. Die Ausgaben des Erkenners werden dann mit den korrekten Ergebnissen verglichen und aus den Unterschieden wird mit einem Fehlermass die Erkennungsleistung ermittelt.

❯ 11.6.1 Wortfehlerrate

Das am weitesten verbreitete Fehlermass ist die sogenannte *Wortfehlerrate*. Die Erkennungsfehler werden in drei Kategorien eingeteilt: Ersetzungen (ein korrektes Wort wurde durch ein falsches ersetzt), Auslassungen (ein Wort wurde vom Erkenner weggelassen) und Einfügungen (der Erkenner hat ein zusätzliches Wort eingefügt). Die Wortfehlerrate ist wie folgt definiert:

$$\text{Wortfehlerrate} = \frac{\#\text{Ersetzungen} + \#\text{Auslassungen} + \#\text{Einfügungen}}{\#\text{ zu erkennende Wörter}} \cdot 100\% \tag{170}$$

Zu beachten ist, dass die Wortfehlerrate grösser als 100% sein kann, wenn der Spracherkenner mehr Wörter erkennt als tatsächlich in der Äusserung vorhanden sind.

❯ 11.6.2 Algorithmus zur Bestimmung der Wortfehlerrate

Um die Wortfehlerrate gemäss Gleichung (170) zu berechnen, muss die minimale Anzahl der Editieroperationen (Ersetzungen, Auslassungen und Einfügungen) ermittelt werden, welche die Referenzwortfolge $R = r_1 r_2 \ldots r_n$ in die vom Erkenner als Resultat ausgegebene Wortfolge $H = h_1 h_2 \ldots h_m$ transformiert. Dieser Vorgang wird auch als Bestimmung der Editierdistanz bezeichnet. Die Editierdistanz lässt sich effizient mittels dynamischer Programmierung berechnen. Im Folgenden bezeichnet $D(i,j)$ die minimale Editierdistanz zwischen den Teilfolgen $r_1, r_2, \ldots, r_i$ und $h_1, h_2, \ldots, h_j$.

Rekursion: Für alle $1 \le i \le n$, $1 \le j \le m$

$$D(i,j) = \min \left\{ \begin{array}{l} D(i{-}1,j) + 1 \,, \\ D(i{-}1,j{-}1) + d(i,j) \,, \\ D(i,j{-}1) + 1 \end{array} \right\} \,, \tag{171}$$

$$d(i,j) = \left\{ \begin{array}{l} 1 \text{ falls } r_i \ne h_j \\ 0 \text{ sonst} \end{array} \right. \,, \tag{172}$$

wobei $D(i,j) = \infty$ für $i < 1$ oder $j < 1$ angenommen wird, mit Ausnahme von $D(0,0) = 0$.

Die Wortfehlerrate der Hypothese H gegenüber der Referenz R berechnet sich damit wie folgt:

$$\text{Wortfehlerrate} = \frac{D(n,m)}{n} \cdot 100\% \tag{173}$$

11.7 Merkmalsextraktion

Am Anfang jedes Spracherkennungsprozesses steht das Sprachsignal, das es zu analysieren gilt. Sieht man sich Sprachsignale im Zeitbereich einmal genauer an, stellt man sehr schnell fest, dass diese sehr unterschiedlich aussehen können, auch wenn die gesprochene Äusserung dieselbe ist. Dieser Sachverhalt ist in Abbildung 11.1 illustriert. Es ist also nicht sinnvoll, zur Spracherkennung direkt den zeitlichen Verlauf des Signals zu verwenden, da dieser kaum Rückschlüsse auf die gesprochenen Laute erlaubt.

Aus diesem Grund wird für die Spracherkennung nicht das Signal selbst verwendet, sondern daraus abgeleitete Merkmale. Die extrahierten Merkmale sollten die Eigenschaft haben, dass sie gegenüber Signalveränderungen, welche die menschliche Lautwahrnehmung nicht beeinflussen, möglichst invariant sind. Gleichzeitig müssen die Merkmale die gesprochenen Laute möglichst gut charakterisieren, um Laute voneinander abgrenzen und letztendlich erkennen zu

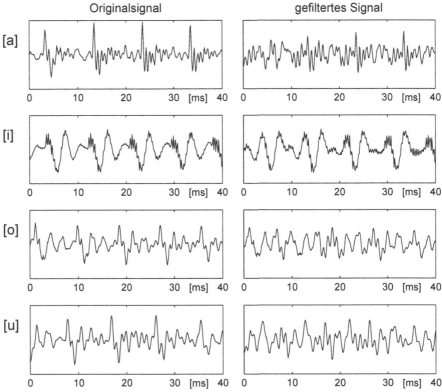

Abbildung 11.1. Ausschnitte aus zwei Sprachsignalen: Die Ausschnitte des Originalsignals (links) und des phasenveränderten Signals (rechts) weisen je nach Laut recht unterschiedliche Kurvenformen auf. Hörbar sind die Unterschiede jedoch praktisch nicht.

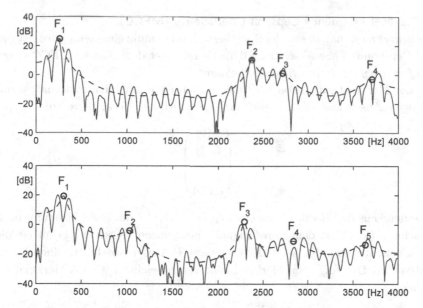

Abbildung 11.2. Formanten des Lautes [iː] für zwei Beispiele, die vom selben Sprecher gesprochen wurden. Im oberen Beispiel stimmen die Formanten F_1 und F_2 mit den Angaben aus Abbildung 1.9 überein. Das untere Beispiel zeigt einen weiteren Formanten, den es gemäss der Auffassung der Phonetik in einem [iː] nicht geben dürfte.

können. Die Merkmale sollten also nur die für die Spracherkennung relevante Information repräsentieren.

Die aus der Phonetik bekannten Formanten (vergl. auch Abschnitt 3.6.2) sind als Merkmal für die Spracherkennung wenig geeignet. Zum einen sind Formanten in der Linguistik nur für Vokale definiert, während in der Spracherkennung alle möglichen Laute sowie Sprechpausen und Störgeräusche modelliert werden müssen. Zum andern ist es technisch schwierig, Formanten zuverlässig aus Sprachsignalen zu detektieren.

Formanten sind als spektrale Überhöhung im Spektrum definiert, und werden mit aufsteigender Frequenz nummeriert. Wie Abbildung 11.2 zeigt, kann diese Nummerierung leicht durcheinander geraten. Wenn beispielsweise im Frequenzbereich zwischen F_1 und F_2 ein zusätzlicher Formant detektiert wird, dann erhält dieser den Index zwei und die Indices der höheren Formanten werden entsprechend um eins erhöht. Wegen dieser Indexverschiebung wird nun anhand der detektierten Formanten F_1 und F_2 sicher nicht auf den Laut [iː], sondern allenfalls auf [uː] geschlossen.

❯ 11.7.1 Mel Frequency Cepstral Coefficients (MFCC)

Ein Sprachmerkmal, das in der Spracherkennung häufig eingesetzt wird, ist das Mel-Cepstrum (siehe Abschnitt 4.6.5). Es ist unter dem Namen *MFCC* (engl. *mel frequency cepstral coefficients*) bekannt.

Bei der Merkmalsextraktion wird das Sprachsignal einer Kurzzeitanalyse unterzogen. Aus jedem Analyseabschnitt ergibt sich ein Merkmalsvektor

$$\mathbf{x}_i = \begin{pmatrix} \check{c}_i(0) \\ \check{c}_i(1) \\ \vdots \\ \check{c}_i(D) \end{pmatrix} ,$$

bestehend aus den Koeffizienten $\check{c}_i(0), \check{c}_i(1), \ldots, \check{c}_i(D)$ des Mel-Cepstrums nach Gleichung (55). Aus dem Sprachsignal einer ganzen Äusserung ermittelt die Merkmalsextraktion für jeden der insgesamt T Analyseabschnitte einen Merkmalsvektor. Die Folge von Merkmalsvektoren bezeichnen wir als Merkmalssequenz

$$\mathbf{X} = \mathbf{x}_1\mathbf{x}_2 \ldots \mathbf{x}_T .$$

Die Berechnung des Mel-Cepstrums wurde in Abschnitt 4.6.5 erläutert. Für die Merkmalsextraktion in der Spracherkennung sind aber noch einige Parameter geeignet festzulegen, z.B. die Länge des Analyseabschnittes, die Anzahl der Filter in der Mel-Filterbank und die Anzahl der verwendeten cepstralen Koeffizienten. Die Wahl dieser Parameter beeinflusst selbstverständlich die Leistung des Spracherkenners. Obwohl die optimalen Parameter vom konkreten Anwendungsfall des Spracherkenners abhängen und nur experimentell bestimmt werden können, gibt es Erfahrungswerte, welche für die Spracherkennung geeignet sind und in der Regel zu guten Ergebnissen führen. Diese Parameter sind in der Tabelle 11.2 zusammengestellt. Sie bilden auch die Grundlage für die weiteren Ausführungen und Abbildungen dieses Kapitels.

Im Folgenden wird nun dargelegt, wie die Charakteristika deutscher Laute in den MFCC-Merkmalsvektoren repräsentiert sind. Es wird ferner erläutert, wes-

Tabelle 11.2. Parameterwerte für die MFCC-Merkmalsextraktion, wie sie für die Darstellungen in diesem Kapitel und häufig auch in der Spracherkennung verwendet werden.

	8 kHz	16 kHz
Abtastfrequenz	8 kHz	16 kHz
Länge des Analysefensters	25 ms	25 ms
Verschiebung des Analysefensters	10 ms	10 ms
Anzahl Dreieckfilter	24	32
Cepstrale Koeffizienten	12	12

halb damit viele Laute voneinander unterschieden werden können, aber auch
warum gewisse Verwechslungen kaum vermeidbar sind.

Die direkte Darstellung der cepstralen Koeffizienten ist für den menschlichen
Betrachter wenig aussagekräftig (siehe z.B. Abbildung 4.25). Deshalb wird im
Folgenden jeweils das den cepstralen Koeffizienten entsprechende geglättete
Spektrum dargestellt. Für die Spracherkennung werden jedoch die cepstralen
Koeffizienten verwendet.

Die aus den Mel-Cepstren berechneten Spektren und Spektrogramme haben
eine Frequenzachse mit einer linearen Mel-Skala. Da die Einheit Hertz (Hz) für
Frequenzen jedoch vertrauter ist, sind die Frequenzachsen weiterhin in Hertz
angeschrieben, jedoch auf einer nichtlinearen Skala.

In den Abschnitten 11.7.2 und 11.7.3 wird für eine Auswahl der deutschen Laute
gezeigt, welche Eigenschaften diese Merkmalsvektoren beschreiben.

❯ 11.7.2 Geglättete Mel-Spektren von Vokalen und Frikativen

In Abbildung 11.3 ist für verschiedene Vokale und Frikative eines Sprechers ein
charakteristisches Spektrum dargestellt. Für einen Laut erhält man ein solches
Spektrum, indem eine grössere Anzahl MFCC aus mehreren Realisationen dieses Lautes gemittelt und in den Frequenzbereich transformiert werden. In dieser
Darstellung unterscheiden sich alle Laute voneinander, die einen recht deutlich,
andere weniger.

Beispielsweise können Vokale und stimmlose Frikative recht gut anhand des
Spektrums auseinandergehalten werden. Dies ist eine interessante Tatsache, da
sich die beiden Lautgruppen in erste Linie durch die Eigenschaft abgrenzen,
dass die Vokale stimmhaft sind, die stimmlosen Frikative jedoch nicht. Die mit
den Einstellungen gemäss Tabelle 11.2 ermittelten MFCC enthalten aber keinerlei Information über die Stimmhaftigkeit bzw. die Periodizität des Sprachsignals. Die MFCC können Vokale und Frikative nur aufgrund der Form des
Mel-Spektrums unterscheiden. Dieses zeigt für Vokale eine ausgeprägte Tief-
passcharakteristik, für Frikative jedoch nicht.

Die Abbildung 11.3 zeigt ferner, weshalb die Unterscheidung zwischen den Frikativen [s] und [f] über das Telefon schwierig ist. Das Spektrum unterscheidet
sich hauptsächlich bei den hohen Frequenzen, die aber durch die Bandbreite
des Telefons, deren obere Grenze bei ca. 3.4 kHz liegt, nicht übertragen werden.
Erst für Frequenzen oberhalb dieser Grenze unterscheiden sich die Frikative [s]
und [f].

Bei den Vokalen sind vor allem die Spektren der Laute [o] und [u], sowie [e]
und [i] recht ähnlich. Die Folge davon ist, dass bei der Spracherkennung die
Verwechslungsgefahr bei diesen Lautpaaren besonders gross ist.

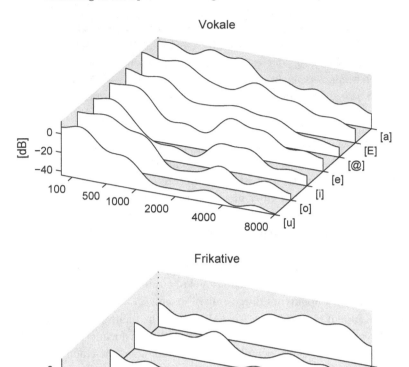

Abbildung 11.3. Geglättete Mel-Spektren einiger Frikative und Vokale im Vergleich. Das geglättete Spektrum eines Lautes wurde wie folgt berechnet: Aus jeweils zehn Lautrealisierungen eines professionellen Sprechers wurde je ein MFCC-Merkmalsvektor extrahiert, gemittelt und in den Frequenzbereich transformiert. Die Laute sind in der ETHPA-Notation angegeben.

⊙ 11.7.3 Plosivlaute im geglätteten Mel-Spektrogramm

Im Gegensatz zu den Vokalen und Frikativen, deren Zentrum als einigermassen stationär betrachtet werden kann, sind die Plosive eindeutig nicht stationär. Daher wird in der Abbildung 11.4 nicht das geglättete Spektrum in der Lautmitte betrachtet, sondern dessen zeitlicher Verlauf in Form eines Spektrogramms dargestellt.

Bei den Plosivlauten können mehrere Teile unterschieden werden: die präplosive Pause, die eigentliche Plosion und die Aspiration (Behauchung). Je nach Art

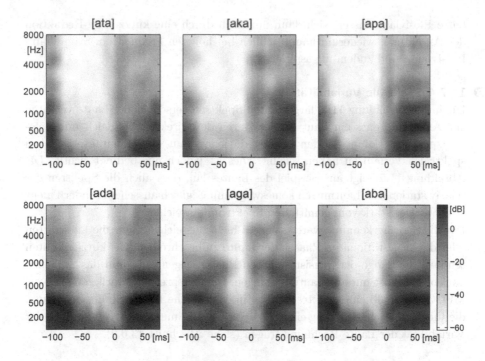

Abbildung 11.4. Geglättete Spektrogramme der deutschen Plosivlaute, die zwischen zwei [a] von einem professionellen Sprecher gesprochen wurden. Oben sind die stimmlosen Plosive aufgetragen, unten die stimmhaften. Das geglättete Spektrogramm ist aus den MFCC-Merkmalsvektoren berechnet worden. Die Zeitachse ist so beschriftet, dass die Plosion im Nullpunkt liegt.

des Lautes und seiner konkreten Realisierung können diese Teile unterschiedlich ausgeprägt sein. Die präplosive Pause ist bei den stimmlosen Plosivlauten in der Regel sehr deutlich und von einer kurzen Sprechpause nicht zu unterscheiden. Nach der Plosion, die beim Öffnen des Verschlusses stattfindet, kann eine Aspiration auftreten. Man spricht dann von aspirierten (behauchten) Plosiven und schreibt sie in der IPA-Lautschrift als $[t^h]$, $[k^h]$ und $[p^h]$. Die Aspiration ist dem nachfolgenden Laut, hier ein [a], überlagert. Sie ist rauschartig und im geglätteten Spektrum nicht ersichtlich, weil durch die Glättung sowohl die Fluktuationen des Rauschens als auch die harmonischen Muster der stimmhaften Anteile verschwinden.

Bei stimmhaften Plosivlauten ist der Verschluss kürzer und die Stimmlippen schwingen während der Verschlussphase. Der Verschluss dämpft das Stimmlippensignal jedoch stark, insbesondere die höheren Frequenzen, was in Abbildung 11.4 klar ersichtlich ist. Bei stimmhaften Plosivlauten ist die präplosive Pause somit weniger deutlich sichtbar, sie kann mitunter sogar ganz fehlen. Der stimmhafte Plosivlaut äussert sich dann nur noch durch eine kurzzeitige Reduktion der Amplitude, wiederum hauptsächlich bei höheren Frequenzen. Stimmhafte Plosivlaute sind zudem nie aspiriert.

❯ 11.7.4 Spektrale Variabilität

Die in der Abbildung 11.3 dargestellten Spektren verschiedener Laute verleiten zur Annahme, dass ein Laut einfach durch den direkten Vergleich mit Referenzspektren erkannt werden könnte, da jeder Laut einen charakteristischen spektralen Verlauf zu haben scheint. Dies ist jedoch nur bedingt richtig. Die Abbildung 11.5 zeigt am Beispiel des Lautes [aː], dass auch die Spektren der relativ stationären Lautmitten keineswegs immer gleich aussehen, sondern mehr oder weniger stark vom gemittelten Spektrum abweichen.

Für die Spracherkennung wäre es zudem nicht ausreichend, nur die Lautmitten oder die quasistationären Phasen der Laute zu beschreiben. Bei kurzen Lauten tendiert die Länge der quasistationären Phasen gegen null, und das Sprachsignal besteht fast nur aus Lautübergängen. Dementsprechend variieren auch die MFCC innerhalb eines Lautes stark. Eine akustische Beschreibung der Laute, die für die Spracherkennung eingesetzt werden soll, muss selbstverständlich der Variabilität der Laute Rechnung tragen (siehe Abschnitt 13.6.2).

❯ 11.7.5 Rekonstruktion des Signals

Es ist möglich, aus den MFCC-Merkmalsvektoren ein Sprachsignal zu erzeugen. Eine perfekte Rekonstruktion des ursprünglichen Signals ist allerdings nicht möglich, da bei der Merkmalsextraktion die Grundfrequenz F_0, die Periodizität (stimmhaft/stimmlos), die Phase, sowie die Feinstruktur des Spektrums verloren gehen. Daher müssen bei der Synthese Annahmen getroffen werden. Im einfachsten Fall nimmt man an, dass die Grundfrequenz konstant und das Signal stimmhaft ist. Das so erzeugte Signal klingt zwar künstlich und monoton, ist aber verständlich. Daraus kann man schliessen, dass die MFCC genügend Information enthalten, um als Merkmal für die Spracherkennung zu taugen.

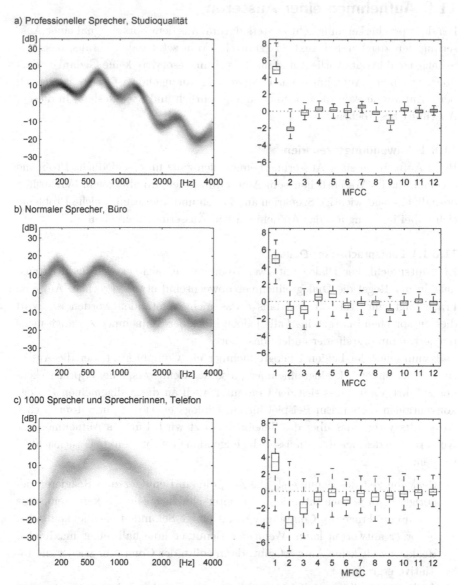

Abbildung 11.5. Veranschaulichung der Variabilität in der Mitte des Lautes [a:] eines professionellen Sprechers (oben), eines gewöhnlichen Sprechers (Mitte) und von 1000 Sprechern/Sprecherinnen (unten). Links: Überlagerte Darstellung der Spektren; je höher die Liniendichte in einen bestimmten Punkt, desto dunkler die Färbung. Rechts: Der Querstrich in einer Box entspricht dem Median der Werte des cepstralen Koeffizienten, die Grenzen der Box repräsentieren die Quartile (somit befindet sich die Hälfte der Werte innerhalb der Box), und die obersten und untersten Linien markieren das Minimum bzw. Maximum. Die Variabilität nimmt von a) nach c) zu.

11.8 Aufnehmen einer Äusserung

Bei der Spracherkennung geht es stets darum, aus dem Sprachsignal einer Äusserung den zugehörigen Text zu ermitteln. Man setzt dabei voraus, dass das Sprachsignal bereits vorliegt und macht sich insbesondere keine Gedanken darüber, wie beim Aufnehmen einer Äusserung vorzugehen ist. Dies ist jedoch beim Einsatz eines Spracherkenners unentbehrlich und wird deshalb in diesem Abschnitt besprochen.

❥ 11.8.1 Anwendungsszenarien

Beim Aufnehmen einer Äusserung können sich ganz unterschiedliche Probleme ergeben, die im Wesentlichen vom Anwendungsszenario abhängen. Wir wollen deshalb ein paar wichtige Szenarien anschauen und überlegen, welche Probleme sich dabei in Bezug auf das Aufnehmen von Äusserungen ergeben.

❥ 11.8.1.1 Lautsprachlicher Dialog

Ein lautsprachlicher Dialog mit zwei Teilnehmern zeichnet sich dadurch aus, dass in der Regel die Dialogteilnehmer abwechselnd etwas sprechen. Auf eine Frage folgt eine Antwort und falls etwas nicht verstanden worden ist, wird dies entsprechend mitgeteilt. Falls jedoch einer der Teilnehmer zu lange nicht reagiert, dann ergreift der andere das Wort.

Falls nun einer der beiden Dialogteilnehmer ein Computer ist, der die Äusserungen des anderen Dialogteilnehmers, also des Benutzers, einem Spracherkenner zuführt, dann muss sich der Computer auch an diese allgemeinen Dialogkonventionen halten. Ein Beispiel für ein Dialogszenario ist ein automatisches Auskunftssystem, das über das Telefon benutzt wird. Für das Aufnehmen der Äusserungen des Benutzers müssen die folgenden Gesichtspunkte berücksichtigt werden:

- Reaktionszeit des Benutzers: Die Zeit, die ein Benutzer zum Reagieren benötigt, kann je nach Situation sehr unterschiedlich sein. Es kann sein, dass er auf eine Frage des Computers zuerst einige Sekunden nachdenken muss, bevor er antworten kann. Wenn der Benutzer innerhalb einer maximalen Reaktionszeit keine Antwort gibt, dann sollte der Computer wieder die Initiative ergreifen.

  Andererseits gibt es vielleicht geübte Benutzer, welche schon antworten, bevor der Computer die Frage fertig ausgegeben hat. Der Benutzer unterbricht also den Computer (engl. *barge-in*), das heisst, der Computer sollte die Ausgabe stoppen, sobald er den Anfang einer Benutzeräusserung festgestellt hat, was den Dialog stark beschleunigen kann. Weil aber die Ausgabe des Computers zusammen mit der Benutzereingabe aufgenommen wird, ist Barge-in nur in Kombination mit einem Echounterdrücker möglich.

– Reaktionszeit des Computers: Grundsätzlich muss der Computer so schnell
als möglich auf eine Äusserung des Benutzers reagieren. Wenn der Benutzer
zu sprechen aufhört, dann soll der Computer dies sofort feststellen. Weil es
in Sprachsignalen stets auch kurze Pausen gibt, z.B. die präplosiven Pausen
von Verschlusslauten, muss die Dauer der Stille, anhand welcher das Ende
einer Äusserung detektiert wird, länger sein als die Pausen, die innerhalb
einer Äusserung vorkommen können. Diese Dauer plus die Zeit, bis das Resultat des Spracherkenners vorliegt, bestimmt die minimale Reaktionszeit
des Computers.

– Dauer der Äusserung: Um auszuschliessen, dass eine ganz kurze Störung
als Äusserung detektiert wird, wird für eine Äusserung eine Minimaldauer
vorgeschrieben. Umgekehrt kann Umgebungslärm dazu führen, dass keine
Endpause detektiert wird. In diesem Fall muss die Eingabe abgebrochen
werden, sobald eine vorgegebene Maximaldauer der aufzunehmenden Äusserung überschritten wird.

In Abschnitt 11.8.2.3 wird ein einfaches Verfahren zum automatischen Detektieren von Äusserungen vorgestellt, das in solchen Dialogsystemen eingesetzt
werden kann. Wichtig ist jedoch, dass die Parameter dieses Verfahrens in jedem Dialogschritt angepasst werden an die Zeit, die der Benutzer allenfalls zum
Überlegen braucht, an die Länge der zu erwartenden Äusserung, usw.

⊘ 11.8.1.2 Sprachsteuerung von Maschinen

Bei einer sprachgesteuerten Maschine kann zumindest ein Teil der Steuerbe-
fehle per Lautsprache erfolgen. Wesentlich ist dabei, dass (im Gegensatz zum
Dialogszenario) gesprochene Befehle praktisch zu beliebigen Zeitpunkten erfolgen können. Die Maschine muss deshalb im Allgemeinen ständig auf Aufnahme
sein und im aufgenommenen Signal fortlaufend Äusserungen des Benutzers detektieren.

Ist das akustische Umfeld relativ ruhig, d.h. die Stimme des Benutzers ist wesentlich lauter als die vorhandenen Umgebungsgeräusche und er spricht nur,
wenn er der Maschine einen Befehl geben will, dann kann zur automatischen Detektion von Benutzeräusserungen ebenfalls das Verfahren in Abschnitt 11.8.2.3
eingesetzt werden.

In manchen Fällen ist dies jedoch nicht möglich. Wenn z.B. der Geräuschpegel
zu hoch ist und zudem auch variiert, dann kann kein einfaches Detektionsverfahren eingesetzt werden, das nur mit der Signalintensität arbeitet. Für solche
Fälle braucht es ein aufwändigeres Verfahren, in welchem beispielsweise eine
Sprache-Geräusch-Unterscheidung eingebaut ist. Je nach Szenario ist es auch
möglich, auf ein manuelles oder halbautomatisches Detektionsverfahren auszu-
weichen (siehe Abschnitte 11.8.2.1 und 11.8.2.2).

Falls ab und zu andere Stimmen im Bereich des Mikrophons gut hörbar sind oder der Benutzer nicht nur mit der Maschine spricht, dann kann das Detektieren einer Äusserung nicht mehr von der Erkennung getrennt werden. Es wird dann beispielsweise ein Online-Spracherkenner eingesetzt, der im fortwährend aufgenommenen Signal ständig nach einem Stichwort sucht, das vor jedem Steuerbefehl gesprochen werden muss. Ist dieses Stichwort detektiert worden, dann wird in einem bestimmten Zeitfenster mittels Keyword-Spotting (vergl. Abschnitt 11.5) nach einem Steuerbefehl gesucht.

⊙ 11.8.1.3 Anwendungen mit graphischer Benutzeroberfläche

Bei einer graphischen Benutzeroberfläche stehen dem Benutzer häufig verschiedene Eingaben zur Wahl. Wir wollen annehmen, dass nebst Tastatur und Maus auch lautsprachliche Eingaben möglich sind, sonst wäre eine graphische Benutzeroberfläche hier nicht von Interesse.

Bei einer solchen Benutzeroberfläche laufen Spracheingaben gewöhnlich so ab, dass der Benutzer zuerst mit der Maus ein Eingabefeld auswählen (anklicken) muss und dann zu sprechen beginnen kann. Bei graphischen Benutzeroberflächen ist somit ein halbautomatisches Detektionsverfahren passend, wie es in Abschnitt 11.8.2.2 skizziert wird.

❯ 11.8.2 Anfangs- und Endpunktdetektion

Bei allen oben erläuterten Anwendungsszenarien geht es grundsätzlich um Mensch-Maschinen-Kommunikation. Dies bedeutet, dass eine Äusserung so aufgenommen und dem Spracherkenner zugeführt werden muss, dass der erkannte Text möglichst schnell verfügbar ist, und die Maschine reagieren kann.

Es wäre deshalb beispielsweise keine gute Idee, in einem lautsprachlichen Mensch-Maschinen-Dialog, wie er in Abschnitt 11.8.1.1 skizziert worden ist, stets ein fixes, 10 Sekunden langes Aufnahmefenster vorzusehen. Ein solches Fenster wäre allenfalls angemessen, wenn der Benutzer eine längere Antwort auf eine Frage zu geben hat und auch noch etwas Zeit zum Nachdenken braucht. Für kurze Benutzereingaben würde ein auf die längstmögliche Äusserung des Benutzers abgestimmtes Eingabefenster die Reaktionszeit der Maschine unnötig verlängern und die Kommunikation unerträglich verlangsamen. Die Aufnahme einer Benutzeräusserung muss deshalb so erfolgen, dass das Ende der Äusserung vom Computer optimal schnell detektiert wird. Dies ist selbstverständlich nur mit einer Online-Detektion möglich, also wenn der Computer das Sprachsignal laufend aufnimmt und gleichzeitig nach dem Anfang bzw. dem Ende einer Äusserung untersucht.

(>) 11.8.2.1 Manuelles Verfahren

Die einfachste Lösung besteht darin, das Problem zum Benutzer zu verlagern, indem verlangt wird, dass dieser während des Sprechens eine Taste gedrückt halten muss (engl. *push-to-talk*). Dieses Verfahren kommt beispielsweise bei Funkgeräten zur Anwendung. Einen disziplinierten Benutzer vorausgesetzt, wäre dies das beste Vorgehen, weil der Benutzer selbst am zuverlässigsten beurteilen kann, wann er zu sprechen beginnt und wann er damit aufhört.

Tatsächlich ist dieses Vorgehen aber für viele Benutzer ungewohnt, was dazu führt, dass die Taste zu spät gedrückt oder zu früh losgelassen wird, oder das Drücken der Taste vollkommen in Vergessenheit gerät. Dadurch wird das Sprachsignal entweder verstümmelt oder überhaupt nicht aufgenommen. Das Push-to-talk-Verfahren ist somit in der Regel zu wenig benutzerfreundlich. Ausserdem kann es bei Anwendungen, die über das Telefon benutzbar sein sollen, nicht eingesetzt werden, weil es schlicht keine Sprechtaste gibt.

(>) 11.8.2.2 Halbautomatisches Verfahren

Bei einem halbautomatischen Verfahren wie *tap-and-talk* gibt der Benutzer nur den Startzeitpunkt an, beispielsweise durch einen Mausklick in ein entsprechendes Eingabefeld einer graphischen Benutzeroberfläche. Der Benutzer muss die Taste jedoch während des Sprechens nicht gedrückt halten, das Ende der Äusserung wird automatisch detektiert.

Im Vergleich zum Push-to-talk-Verfahren erleichtert das Tap-and-talk-Verfahren die Aufgabe des Benutzers. Es ist aber auch für den Computer hilfreich, weil er den Anfang der Äusserung nicht detektieren muss, was in einer lärmigen Umgebung, in der eventuell auch andere Stimmen zu hören sind, schwierig bis unmöglich ist.

Bei einem Tap-and-talk-Verfahren muss der Computer somit nur das Ende einer Benutzeräusserung automatisch detektieren. Grundsätzlich kann dies ähnlich geschehen wie beim nachfolgend skizzierten automatischen Verfahren.

(>) 11.8.2.3 Automatisches Verfahren

Ein Verfahren zur automatischen Detektion von Äusserungen aus einem akustischen Signal kann beliebig komplex sein, falls das Ziel ist, auch in einem lärmigen Umfeld möglichst fehlerfrei zu detektieren. Fehlerfrei heisst, dass keine Äusserung detektiert werden darf, solange der Benutzer nicht spricht, dass keine Äusserung des Benutzers nicht detektiert werden darf und dass insbesondere nicht der Anfang oder das Ende keiner Äusserung abgeschnitten werden darf.

Wir wollen hier ein ziemlich einfaches Verfahren angeben, das ausschliesslich mit der Signalintensität, einem Schwellwert und einigen zeitlichen Randbedin-

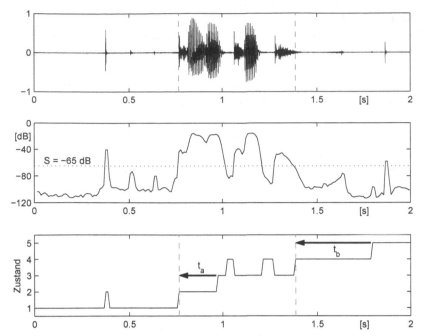

Abbildung 11.6. Intensitätsbasierte Detektion einer Äusserung: Der aus dem Signal mit
dem Wort "Politik" (oben) ermittelte Intensitätsverlauf (Mitte) und eine Schwelle (punktiert) dienen dazu, die Äusserung zu detektieren. Der in Abschnitt 11.8.2.3 erläuterte De-
tektor durchläuft dabei 5 Zustände (unten).

gungen arbeitet. Es ist deshalb nur für Aufnahmen in einigermassen ruhiger
Umgebung geeignet.

Dieses Detektionsverfahren hat drei Parameter: die Intensitätsschwelle S, die
Minimaldauer einer Äusserung t_a und die maximale Dauer einer Pause innerhalb einer Äusserung t_b. Damit das Verfahren zweckmässig arbeitet, müssen
diese Parameter geeignet eingestellt werden. Die Arbeitsweise des Detektions-
verfahrens ist in Abbildung 11.6 veranschaulicht.

Beim Detektieren einer Äusserung werden vom Zustand 1 ausgehend 5 Zustände
durchlaufen. Vom Zustand 1 geht es in den Zustand 2, wenn die Intensität über
den Schwellwert steigt. Vom Zustand 2 geht es zurück zu 1, falls die Intensität
unter den Schwellwert fällt oder in den Zustand 3, falls der Zustand 2 schon
länger als t_a andauert. Der Wechsel in den Zustand 3 heisst zugleich, dass die
Äusserung zum Zeitpunkt $t-t_a$ begonnen hat.

Vom Zustand 3 wird in den Zustand 4 gewechselt, wenn die Intensität unter den
Schwellwert fällt. Vom Zustand 4 aus geht es zurück zu 3, falls die Intensität
über den Schwellwert steigt oder zum Zustand 5, falls der Zustand 4 schon länger

als t_b andauert. Der Wechsel in den Zustand 5 bedeutet, dass die Äusserung zum Zeitpunkt $t-t_b$ geendet hat.

Die in Abschnitt 11.8.1.1 erwähnte maximale Reaktionszeit und die Maximaldauer der Äusserung sind in diesem Verfahren noch nicht berücksichtigt. Das Verfahren lässt sich jedoch leicht entsprechend erweitern.

Dieses einfache automatische Verfahren ist für den Einsatz in einer einigermassen ruhigen Umgebung völlig ausreichend. Wenn der Schwellwert an den jeweiligen Geräuschpegel angepasst wird, dann ist es auch noch in etwas lauteren Umgebungen anwendbar, solange die Geräusche stationär sind. Hingegen sind nur kurz auftretende oder durch den Sprecher verursachte Geräusche wie Atmen, Räuspern, Schmatzen ein Problem. Sie werden entweder anstelle oder zusammen mit einem Sprachsignal als Äusserung detektiert. Wir verzichten hier darauf, für dieses Problem einen Lösungsvorschlag zu machen, weil gewisse Spracherkenner mit diesem Problem sehr gut fertig werden (vergl. Abschnitt 13.7.2).

Kapitel 12

Spracherkennung mit Mustervergleich

12

12

12 Spracherkennung mit Mustervergleich

12 Spracherkennung mit Mustervergleich

Um einen Spracherkenner zu verwirklichen, welcher die Wörter eines gewissen Vokabulars erkennen kann, muss dem Erkenner selbstverständlich Information über die zu erkennenden Wörter zur Verfügung gestellt werden. Dies kann auf sehr unterschiedliche Art und Weise geschehen. Eine einfache Möglichkeit besteht darin, diese Information in Form einer Sammlung von Referenzmustern bereitzustellen. Die Aufgabe des Spracherkenners ist dann, ein zu erkennendes Wort mit allen Referenzmustern zu vergleichen und zu entscheiden, welchem der Muster das Wort entspricht bzw. ob das Wort überhaupt Teil des Erkennervokabulars ist.

Da beim Sprechen stets auch der Zufall seine Hand im Spiel hat (vergl. Abschnitt 2.1), ist das Vergleichen von Sprachmustern nicht so trivial, wie man im ersten Moment vermuten könnte. Weil zwei Sprachsignale desselben Wortes nie exakt gleich sind, muss der Vergleich so konzipiert werden, dass Unterschiede, die für die Unterscheidung von Wörtern nicht relevant sind, ignoriert werden. Welche Unterschiede in diesem Zusammenhang irrelevant sind und wie der "relevante Unterschied" gemessen werden kann, wird in diesem Kapitel besprochen.

12.1 Das Prinzip des Sprachmustervergleichs

Beim Sprachmustervergleich misst man die Verschiedenheit von zwei Sprachsignalen. Wir wollen diese Verschiedenheit als Distanz bezeichnen. Die Distanz zwischen zwei Sprachsignalen sollte so definiert sein, dass sie möglichst gross wird, wenn es sich um zwei verschiedene Wörter handelt, und möglichst klein, wenn die Muster zum selben Wort gehören.

Wenn man untersucht, worin sich zwei von einer Person gesprochene Muster desselben Wortes unterscheiden, dann stellt man hauptsächlich prosodische Unterschiede fest. Die Signale sind nicht gleich laut, sind unterschiedlich lang und weichen hinsichtlich Sprechrhythmus und Sprechmelodie voneinander ab. Da die Muster jedoch zum selben Wort gehören, sollte ihre Distanz klein sein. Mit anderen Worten: Die prosodischen Unterschiede der Muster sollten die Distanz nicht oder möglichst wenig beeinflussen.

In Abschnitt 4.6.5 wurde gezeigt, dass das Mel-Cepstrum intensitätsunabhängig ist (wenn der nullte Koeffizient $\check{c}(0)$ weggelassen wird), und dass die melcepstralen Koeffizienten mit tiefem Index die grobe Form des Spektrums beschreiben, womit sie im Wesentlichen von der Grundfrequenz unabhängig sind. Wenn wir also über eine Kurzzeitanalyse aus den zu vergleichenden Sprachsignalen je eine Sequenz von Mel-Cepstren ermitteln, dann haben wir bereits

zwei nicht relevante Unterschiede eliminiert, nämlich die Unterschiede hinsichtlich Intensität und Grundfrequenz. Was bleibt sind die Unterschiede hinsichtlich
Sprechrhythmus und Dauer.

Was dies für den Mustervergleich heisst, wollen wir an einem Beispiel illustrieren. Gegeben seien zwei Signale s_x und s_y wie in Abbildung 12.1 gezeigt. Wir
ermitteln daraus je eine Sequenz von Mel-Cepstren (ohne den nullten Koeffizienten), die wir bezeichnen wollen als

$$\mathbf{X} = \mathbf{x}_1 \mathbf{x}_2 \ldots \mathbf{x}_{T_x} \qquad \text{mit} \quad \mathbf{x}_i = \begin{pmatrix} \check{c}_{xi}(1) \\ \check{c}_{xi}(2) \\ \vdots \\ \check{c}_{xi}(D) \end{pmatrix} \tag{174}$$

und

$$\mathbf{Y} = \mathbf{y}_1 \mathbf{y}_2 \ldots \mathbf{y}_{T_y} \qquad \text{mit} \quad \mathbf{y}_j = \begin{pmatrix} \check{c}_{yj}(1) \\ \check{c}_{yj}(2) \\ \vdots \\ \check{c}_{yj}(D) \end{pmatrix} . \tag{175}$$

Wir können nun ein $\boldsymbol{x}_i$ mit einem $\boldsymbol{y}_j$ vergleichen, indem wir die euklidische
cepstrale Distanz berechnen mit

$$d(\mathbf{x}_i, \mathbf{y}_j) = \sqrt{\sum_{m=1}^{D} [\check{c}_{xi}(m) - \check{c}_{yj}(m)]^2} \doteq d(i,j) . \tag{176}$$

Mit der Grösse $d(i,j)$, die wir im Folgenden als Kurzbezeichnung für $d(\mathbf{x}_i, \mathbf{y}_j)$
verwenden, können wir also den Unterschied zwischen dem i-ten Element von $\mathbf{X}$
und dem j-ten Element von $\mathbf{Y}$ ausdrücken. Wir wollen $d(i,j)$ deshalb als *lokale*
Distanz bezeichnen. Wenn die lokale Distanz $d(i,j)$ klein ist, dann ist dies ein
Hinweis darauf, dass im Muster $\mathbf{X}$ an der Stelle i und im Muster $\mathbf{Y}$ an der Stelle
j derselbe Laut vorliegt. Ist $d(i,j)$ gross, dann weist dies auf verschiedene Laute
hin.

Die Frage ist nun: Wie ermittelt man aus den lokalen Distanzen die Gesamtdi-
stanz $D(\mathbf{X}, \mathbf{Y})$, also den Unterschied zwischen den Mustern $\mathbf{X}$ und $\mathbf{Y}$?

Nehmen wir zunächst an, dass die beiden Muster $\mathbf{X}$ und $\mathbf{Y}$ dem gleichen Wort
entsprechen. In diesem Fall sollte die Gesamtdistanz möglichst gering sein. Würden nun alle Laute mit der exakt gleichen Länge realisiert (woraus $T_x = T_y$ folgt),
so könnte man die Gesamtdistanz einfach als die Summe der lokalen Distan-
zen $d(k, k)$ über alle $k = 1, \ldots, T_x$ berechnen. Da die Merkmale $\mathbf{x}_k$ und $\mathbf{y}_k$ in
unserem Beispiel immer zum gleichen Laut gehören, sind die lokalen Distanzen
klein, und damit auch deren Summe.

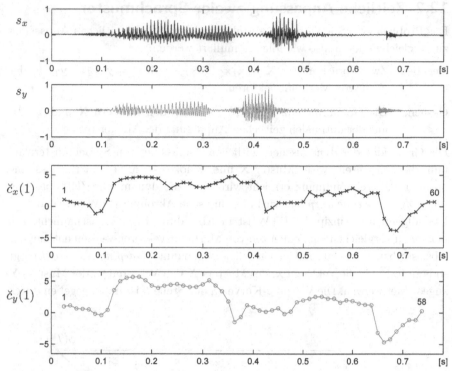

Abbildung 12.1. Zwei Sprachsignale s_x und s_y des leicht unterschiedlich gesprochenen Wortes "hundert". Von den beiden Signalen sind Sequenzen von Mel-Cepstren ermittelt worden. Aus Darstellbarkeitsgründen ist nur je der erste Koeffizient des Mel-Cepstrums in Funktion der Zeit aufgetragen. Es ist gut zu sehen, dass die Muster sich nur mit einer nichtlinearen Verzerrung der Zeitachsen aneinander anpassen lassen (siehe Abbildung 12.6).

Wie Abbildung 12.1 zeigt, kann die Länge der einzelnen Laute bei zwei Äusserungen desselben Wortes jedoch beträchtlich variieren. Um die Unterschiede in den Lautdauern auszugleichen, muss man die Muster **X** und **Y** zeitlich so aneinander anpassen, dass die Summe der lokalen Distanzen möglichst klein wird. Dazu ist eine *dynamische Zeitanpassung*, also eine nichtlineare Verzerrung der Zeitachsen der Muster nötig.

Werden jedoch zwei Muster mit unterschiedlichen Lautfolgen miteinander verglichen, so wird im Allgemeinen auch die zeitliche Anpassung nicht zu einer geringen Gesamtdistanz führen. Anhand der Gesamtdistanz der zeitlich angepassten Muster kann also entschieden werden, ob die Muster zum selben Wort gehören oder nicht. Wie eine solche zeitliche Anpassung durchzuführen ist, wird im nächsten Abschnitt erläutert.

12.2 Zeitliche Anpassung zweier Sprachmuster

Das Problem zwei Sprachmuster mittels der dynamischen zeitlichen Anpassung zu vergleichen, kann also wie folgt formuliert werden:

Gegeben: Zwei Sprachmuster $\mathbf{X} = \mathbf{x}_1\mathbf{x}_2\dots\mathbf{x}_{T_x}$ und $\mathbf{Y} = \mathbf{y}_1\mathbf{y}_2\dots\mathbf{y}_{T_y}$ in der Form von Merkmalsvektoren.

Gesucht: Die Gesamtdistanz $D(\mathbf{X}, \mathbf{Y})$ zwischen den Mustern $\mathbf{X}$ und $\mathbf{Y}$, die aus der optimalen zeitlichen Anpassung der Muster resultiert.

Die Grundidee der dynamischen zeitlichen Anpassung von Sprachmustern ist nun, die Zeitachsen zweier Muster $\mathbf{X}$ und $\mathbf{Y}$ lokal so zu verändern, dass eine optimale Übereinstimmung erreicht wird. Für die dynamische Zeitanpassung (engl. *dynamic time warping*) wird das englische Akronym DTW verwendet.

Das allgemeine Prinzip des DTW ist in Abbildung 12.2 veranschaulicht. Die beiden zu vergleichenden Sequenzen von Merkmalsvektoren werden entlang der Abszisse bzw. Ordinate aufgetragen. Die sogenannte *Warping-Kurve* $\phi(k)$ legt sodann fest, wie die Vektoren $\mathbf{x}_i$ des Musters $\mathbf{X}$ den Vektoren $\mathbf{y}_j$ des Musters $\mathbf{Y}$ zugeordnet werden. Die Warping-Kurve an der Stelle k ist dabei gegeben durch

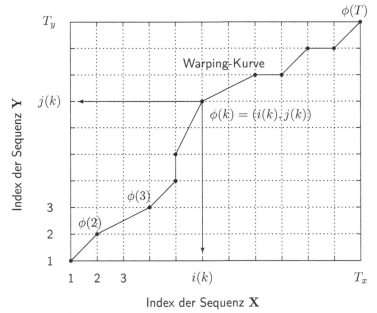

Abbildung 12.2. Warping-Ebene aufgespannt durch die Merkmalssequenzen zweier Sprachmuster $\mathbf{X}$ und $\mathbf{Y}$ der Länge T_x bzw. T_y. Die Zuordnung der Muster wird durch die Warping-Kurve beschrieben.

die Indizes der einander zugeordneten Vektoren:

$$\phi(k) = (i(k), j(k)) \ , \qquad 1 \leq k \leq T \ . \tag{177}$$

Die lokale Distanz zwischen den Mustern $\mathbf{X}$ und $\mathbf{Y}$ an der Stelle k der Warping-Kurve $\phi(k)$ ist

$$d(\phi(k)) = d(i(k), j(k)) \ . \tag{178}$$

Die Gesamtdistanz entlang der Warping-Kurve $D_\phi(\mathbf{X}, \mathbf{Y})$ kann nun definiert werden als

$$D_\phi(\mathbf{X}, \mathbf{Y}) = \sum_{k=1}^{T} d(\phi(k)) \, w(k) \ . \tag{179}$$

Wie die Gleichung (179) zeigt, hängt die Gesamtdistanz $D_\phi(\mathbf{X}, \mathbf{Y})$ nicht nur von den lokalen Distanzen $d(\phi(k))$ ab, sondern auch von der Länge der Warping-Kurve (Anzahl Punkte T). Diese wiederum hängt vom Start- und Endpunkt der Warping-Kurve ab und auch von ihrer Form. Die Abhängigkeit von der Form kann durch die Gewichte $w(k)$ kompensiert werden, indem sie beispielsweise wie folgt gesetzt werden:

$$\begin{aligned} w(k) &= i(k) - i(k-1) + j(k) - j(k-1) \, , \qquad 1 < k \leq T \\ w(1) &= 1 \end{aligned} \tag{180}$$

Es ist nahe liegend, für den Vergleich zweier Sprachmuster die in (179) definierte Gesamtdistanz entlang der optimalen Warping-Kurve zu verwenden, die definiert ist als

$$D(\mathbf{X}, \mathbf{Y}) = \min_\phi D_\phi(\mathbf{X}, \mathbf{Y}) \ . \tag{181}$$

Dabei muss ϕ gewisse Randbedingungen erfüllen, auf die im nächsten Abschnitt eingegangen wird.

12.3 Randbedingungen für die Warping-Kurve

Um die dynamische Zeitanpassung für den Vergleich von zwei Sprachmustern einsetzen zu können, müssen einige Randbedingungen an die Warping-Kurve in Gleichung (181) gestellt werden. Ohne Randbedingungen könnte es z.B. passieren, dass durch die dynamische Zeitanpassung ein Teil des einen Sprachmusters übersprungen oder der zeitliche Verlauf umgedreht wird. Beides ist in der Spracherkennung nicht erwünscht, weil sonst Sprachsignale von Wörtern wie "Altendorf" und "Altdorf" oder "Schiff" und "Fisch" (in phonetischer Schreibweise: [ʃif] und [fiʃ]) in Übereinstimmung gebracht werden könnten. Damit würde die Gesamtdistanz entlang der Warping-Kurve klein, obwohl die Wörter nicht gleich sind. Die Spracherkennung basiert aber auf der Voraussetzung, dass die Gesamtdistanz nur dann klein ist, wenn die verglichenen Sprachmuster dieselbe Äusserung enthalten.

Die Randbedingungen, welche typischerweise an die Warping-Kurve $\phi(k) = (i(k), j(k))$ gestellt werden, sind:

— **Monotonie:** Die zeitliche Reihenfolge der Vektoren in den einzelnen Mustern muss erhalten bleiben. Somit ergeben sich für die Warping-Kurve die Bedingungen

$$i(k) \geq i(k-1)$$
$$j(k) \geq j(k-1) \ .$$

— **Lokale Kontinuität:** Bei der zeitlichen Anpassung dürfen nicht grössere Teile eines Musters, z.B. ganze Laute oder sogar mehrere Laute übersprungen werden. Dies wird mit den folgenden Bedingungen für die Warping-Kurve erreicht:

$$|i(k) - i(k-1)| \leq g_x$$
$$|j(k) - j(k-1)| \leq g_y \ .$$

Dadurch werden die Schrittgrössen auf g_x bzw. g_y begrenzt. Es können also maximal $g_x - 1$ bzw. $g_y - 1$ Vektoren übersprungen werden.

— **Anfangs- und Endpunktbedingungen:** Obwohl bei der Aufnahme einer Äusserung in manchen Fällen der Anfang und das Ende der Äusserung nicht immer genau bestimmt werden können (vergl. Abschnitt 11.8), wollen wir vorerst annehmen, dass die Anfangs- und Endpunkte der zu vergleichenden Sprachmuster korrekt sind. Somit können an die Warping-Kurve die folgenden Bedingungen gestellt werden:

$$\phi(1) = (1,1)$$
$$\phi(T) = (T_x, T_y) \ .$$

Die Randbedingungen für eine Warping-Kurve werden zusammen mit den Gewichten der lokalen Distanzen zu einem Satz von sogenannten *Pfaderweiterungen* zusammengefasst. Die Pfaderweiterungen definieren, wie die Warping-Kurve zwischen $\phi(k-1)$ und $\phi(k)$ aussehen kann. Beispielsweise kann unter Berücksichtigung der oben angegebenen Bedingungen bezüglich Monotonie und lokaler Kontinuität ($g_x = g_y = 1$) der Punkt $\phi(k) = (i(k), j(k))$ über die folgenden Vorgängerpunkte $\phi(k-1)$ erreicht werden:

$$\phi(k-1) \in \left\{ \begin{array}{l} \phi(k) - p(1) \\ \phi(k) - p(2) \\ \phi(k) - p(3) \end{array} \right\} = \left\{ \begin{array}{l} \phi(k) - (1,0) \\ \phi(k) - (1,1) \\ \phi(k) - (0,1) \end{array} \right\} \tag{182}$$

Wie diese Pfaderweiterungen graphisch veranschaulicht werden können, zeigt
die Abbildung 12.3.

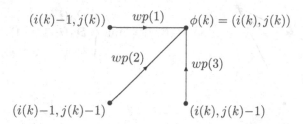

Abbildung 12.3. Die Pfaderweiterungen von Formel (182) sind hier graphisch veranschaulicht. Jede Pfaderweiterung führt von einem möglichen Vorgängerpunkt $\phi(k-1)$ zum Ziel-
punkt $\phi(k)$. In dieser Darstellung sind die Vektoren $p(m)$ durch Pfeile dargestellt. Die
Gewichte $wp(m)$ werden beim Ermitteln der akkumulierten Distanz nach Gleichung (183)
benötigt.

In Abbildung 12.4 sind Beispiele gebräuchlicher Pfaderweiterungen aufgeführt.
Wie man in dieser Abbildung erkennt, bestimmen die Pfaderweiterungen auch
die maximal und minimal mögliche Steigung der Warping-Kurve. Im Beispiel
(a) wird die Steigung der Warping-Kurve nicht eingeschränkt, ausser dass sie
positiv sein muss. Im Gegensatz dazu wird bei den Bedingungen (b) und (c) die
Steigung auf das Intervall [0.5, 2] begrenzt, was für Sprachsignale sinnvoll ist.
Die Pfaderweiterungen (b) erlauben, in beiden Mustern Merkmalsvektoren zu
überspringen. Dies kann grundsätzlich sowohl ein Vorteil als auch ein Nachteil
sein. Beispielsweise können so durch kurze Störgeräusche verzerrte Merkmalsvektoren ausgelassen werden, was das Verfahren robuster macht. Hingegen können so auch Merkmalsvektoren weggelassen werden, die für das zu erkennende
Muster charakteristisch sind, wodurch die Unterscheidbarkeit abnimmt.
Die Pfaderweiterungen (a) und (b) bewirken ein symmetrisches Warping, d.h.
die Sprachmuster $\mathbf{X}$ und $\mathbf{Y}$ können vertauscht werden, ohne dass sich die Gesamtdistanz ändert. Es gilt also: $D(\mathbf{X}, \mathbf{Y}) = D(\mathbf{Y}, \mathbf{X})$. Die Pfaderweiterungen (c) bewirken ein asymmetrisches Warping. Hier führt das Vertauschen der
Sprachmuster in der Regel zu einer unterschiedlichen Gesamtdistanz.
Ob einzelne Pfaderweiterungen bevorzugt werden sollen oder nicht, kann mit
der Gewichtung der lokalen Distanzen bestimmt werden. Indem man z.B. der
diagonalen Pfaderweiterung in Abbildung 12.4(a) das Gewicht 2 gibt, wird si-
chergestellt, dass die Diagonale nicht bevorzugt wird, nur weil sie zu kürzeren

(a)

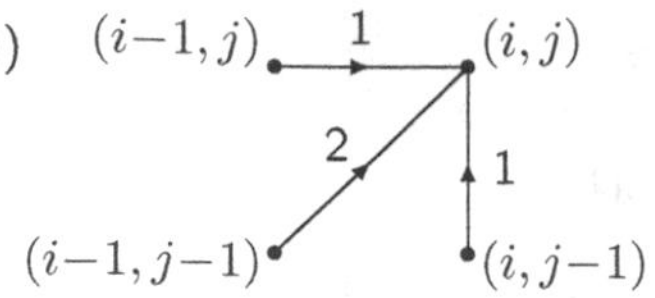

$$D_A(i,j) = \min \left\{ \begin{array}{l} D_A(i-1,j) + d(i,j) \\ D_A(i-1,j-1) + 2d(i,j) \\ D_A(i,j-1) + d(i,j) \end{array} \right\}$$

(b)

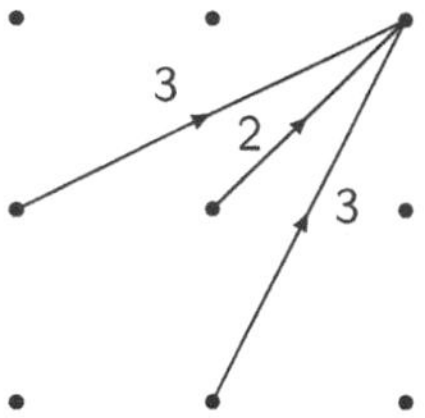

$$D_A(i,j) = \min \left\{ \begin{array}{l} D_A(i-2,j-1) + 3d(i,j) \\ D_A(i-1,j-1) + 2d(i,j) \\ D_A(i-1,j-2) + 3d(i,j) \end{array} \right\}$$

(c)

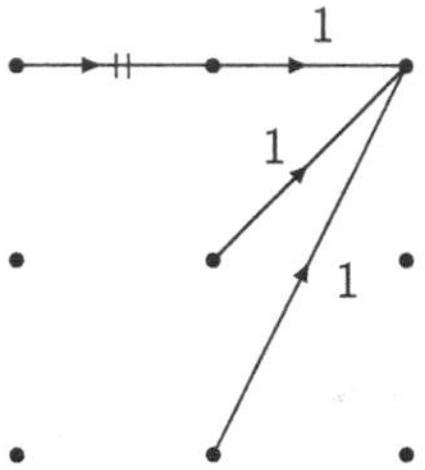

$$D_A(i,j) = \min \left\{ \begin{array}{l} D_A(i-1,j)g(k) + d(i,j) \\ D_A(i-1,j-1) + d(i,j) \\ D_A(i-1,j-2) + d(i,j) \end{array} \right\},$$

$$\text{wobei } g(k) = \left\{ \begin{array}{l} \infty \text{ falls } j(k\text{-}1) = j(k\text{-}2) \\ 1 \quad \text{sonst} \end{array} \right.$$

Abbildung 12.4. Gebräuchliche Pfaderweiterungen und Gewichtungen und die resultierenden Rekursionsformeln für die Berechnung der akkumulierten Distanz (siehe Gleichung (183)). Die Gewichtungsfunktion $g(k)$ im Beispiel (c) verhindert, dass die horizontale Pfaderweiterung mehrmals hintereinander auftreten kann.

Warping-Kurven führt (die also durch weniger Punkte verlaufen). In der graphischen Darstellung wird das Gewicht jeweils zu der entsprechenden Pfaderweiterung geschrieben, wobei sich die Gewichtung auf die lokale Distanz des jeweiligen Zielpunktes bezieht.

12.4 Der DTW-Algorithmus

Es stellt sich nun die Frage, wie man die optimale Warping-Kurve im Sinne von Gleichung (181) findet. Da jeder Abschnitt einer optimalen Warping-Kurve seinerseits optimal sein muss, bietet sich die Methode der dynamischen Programmierung an. Bei der dynamischen Programmierung wird davon ausgegangen, dass die optimale Lösung eines Problems (hier das Finden einer optimalen Warping-Kurve mit einem bestimmten Endpunkt) aus den optimalen Lösun-

gen von Teilproblemen (den optimalen Warping-Kurven, die in den möglichen
Vorgängerpunkten enden) zusammengesetzt werden kann.

Die Grundidee ist die folgende: Man berechnet für jeden Punkt (i,j) die Gesamtdistanz entlang der optimalen Warping-Kurve, die im Punkt (i,j) endet.
Diesen Wert bezeichnen wir als die akkumulierte Distanz im Punkt (i,j) oder
kurz als $D_A(i,j)$. Diese kann leicht berechnet werden, wenn zwei Informationen
gegeben sind: Erstens muss man wissen, durch welchen der möglichen Vorgängerpunkte die optimale Warping-Kurve verläuft, und zweitens muss die akkumulierte Distanz dieses Vorgängerpunktes bekannt sein. Der optimale Vorgängerpunkt lässt sich ebenfalls einfach bestimmen: Es ist derjenige Punkt, der
zur geringsten akkumulierten Distanz im Punkt (i,j) führt. Man kann dies
wie folgt mit einer Rekursionsgleichung ausdrücken, wobei $p(m)$ der Vektor der
m-ten Pfaderweiterung ist (vergl. auch Abbildung 12.5):

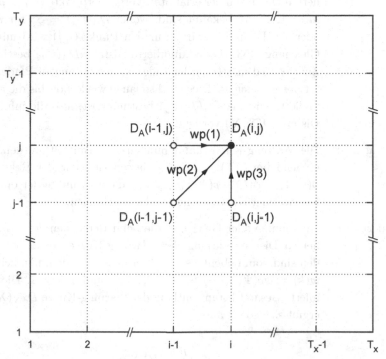

Abbildung 12.5. Berechnung der akkumulierten Distanz, illustriert mit den Pfaderweiterungen von Abbildung 12.4a

$$D_A(i,j) = \min \left\{ \begin{array}{l} D_A((i,j) - p(1)) + wp(1)\, d(i,j) \\ D_A((i,j) - p(2)) + wp(2)\, d(i,j) \\ \quad \vdots \\ D_A((i,j) - p(M)) + wp(M)\, d(i,j) \end{array} \right\} \qquad (183)$$

Die gesuchte Gesamtdistanz entspricht nun gerade der akkumulierten Distanz im Punkt (T_x, T_y). Der DTW-Algorithmus berechnet sowohl die akkumulierten Distanzen gemäss Gleichung (183) als auch die optimale Warping-Kurve. Der Algorithmus lässt sich wie folgt formulieren:

Initialisierung: Zuerst werden die lokalen Distanzen $d(i,j)$ mit $1 \leq i \leq T_x$ und $1 \leq j \leq T_y$ ermittelt. Zudem wird die akkumulierte Distanz des Punktes $(1,1)$ initialisiert mit $D_A(1,1) = d(1,1)$.

Rekursion: Nun wird ein Punkt (i,j) ausgewählt, für den die akkumulierten Distanzen der erlaubten Vorgängerpunkte $(i,j) - p(m)$, $m = 1, \ldots, M$ bekannt sind, wobei $D_A(i,j) = \infty$ für $i < 1$ oder $j < 1$ definiert wird. Für den Punkt (i,j) wird mit der Gleichung (183) die akkumulierte Distanz $D_A(i,j)$ bestimmt. Zudem wird in $\Psi(i,j)$ der Index m der optimalen Pfaderweiterung gespeichert. Dies wird so lange wiederholt bis die akkumulierte Distanz $D_A(T_x, T_y)$ bestimmt ist, also die minimale Distanz $D(\mathbf{X}, \mathbf{Y})$ vorliegt.

Backtracking: Die Warping-Kurve kann nun aus Ψ ermittelt werden. Beginnend bei $\phi(T) = (T_x, T_y)$ lassen sich mit der Rekursion $\phi(k-1) = \phi(k) - p(\Psi(\phi(k)))$ alle andern Punkte der optimalen Warping-Kurve nacheinander bestimmen.

Normierung: Die Summe aller Gewichte, die beim Berechnen der akkumulierten Distanz entlang der Warping-Kurve verwendet worden sind, kann ebenfalls aus Ψ ermittelt werden, nämlich mit $w(k) = wp(\Psi(\phi(k)))$ für $k = 2, \ldots, T$ und $w(1) = 1$. Die normierte Gesamtdistanz entlang der Warping-Kurve $D_{\phi N}(\mathbf{X}, \mathbf{Y})$ ergibt sich somit aus

$$D_{\phi N}(\mathbf{X}, \mathbf{Y}) = \frac{\displaystyle\sum_{k=1}^{T} d(\phi(k))\, w(k)}{\displaystyle\sum_{k=1}^{T} w(k)} = \frac{D_A(T_x, T_y)}{\displaystyle\sum_{k=1}^{T} w(k)} \; . \qquad (184)$$

12.5 Spracherkennung mittels DTW

Die Aufgabe einer DTW-basierten Spracherkennung ist es, für ein Testmuster $\mathbf{X}$ und die Referenzmuster $\mathbf{Y}^{(j)}$ der Wörter des Erkennervokabulars $V = \{v_1, v_2, \ldots, v_{|V|}\}$ zu entscheiden, welchem Referenzmuster $\mathbf{Y}^{(j)}$ das Testmuster $\mathbf{X}$ am besten entspricht. Dies kann anhand der normierten Distanzen $D_{\phi N}(\mathbf{X}, \mathbf{Y}^{(j)})$ entschieden werden, die mit der Gleichung (184) zu bestimmen sind. Als erkannt gilt das Wort v_i mit

$$i = \operatorname*{argmin}_{j=1,\ldots,|V|} D_{\phi N}(\mathbf{X}, \mathbf{Y}^{(j)}) \, . \tag{185}$$

Die normierte Distanz ist von der Länge der Warping-Kurve unabhängig und deshalb besser für diesen Entscheid geeignet als die mit der Rekursionsgleichung (183) definierte akkumulierte Distanz. Es ist leicht einzusehen, dass mit der akkumulierten Distanz kürzere Referenzmuster gegenüber längeren bevorzugt würden, was selbstverständlich nicht erwünscht ist.

12.5.1 Generieren von Referenzmustern

Grundsätzlich gibt es eine einfache Methode, für ein bestimmtes Wort ein Referenzmuster anzufertigen. Man nimmt ein Sprachsignal dieses Wortes auf, ermittelt über eine Kurzzeitanalyse daraus eine Sequenz von Mel-Cepstren $\mathbf{X} = \mathbf{x}_1 \mathbf{x}_2 \ldots \mathbf{x}_T$ und verwendet diese als Referenzmuster. Die Erfahrung zeigt jedoch, dass es besser ist, ein Referenzmuster aus mehreren Aufnahmen des betreffenden Wortes zu generieren, weil sich so gewisse Zufälligkeiten der Aussprache ausmitteln.

Man hat also K Signale bzw. die daraus ermittelten Sequenzen von Mel-Cepstren $\mathbf{X}^{(k)}$, $k = 1, \ldots, K$. Es stellt sich nun die Frage, wie aus diesen Sequenzen das Referenzmuster ermittelt werden kann. Da die Sequenzen in der Regel verschieden lang sind, ist sicher eine dynamische Zeitanpassung nötig. Dafür muss zuerst eine der Aufnahmen bzw. der Sequenzen als Zeitbasis ausgewählt werden. Eine Möglichkeit ist, diejenige Sequenz als Zeitbasis $\mathbf{X}^{(r)}$ zu verwenden, die im Durchschnitt die kleinsten normierten Gesamtdistanzen zu allen andern aufweist und deshalb als eine Art mittlere Äusserung des Wortes betrachtet werden kann. Dafür müssen mittels DTW alle normierten Gesamtdistanzen zwischen je zwei Sequenzen berechnet werden.

Dann müssen alle anderen Signale bzw. Sequenzen von Mel-Cepstren zeitlich so an $\mathbf{X}^{(r)}$ angepasst werden, dass sie lautlich übereinstimmen und selbstverständlich auch gleich lang sind. Wie leicht einzusehen ist, erfordert die zeitliche Anpassung in diesem Fall ein asymmetrisches Warping. Dafür kann der DTW-Algorithmus mit den Pfaderweiterungen von Abbildung 12.4(c) eingesetzt werden. Abbildung 12.6 zeigt das Resultat einer solchen Anpassung und in Abbildung 12.7 ist die entsprechende Warping-Kurve dargestellt.

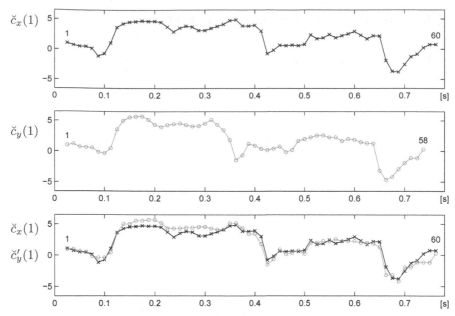

Abbildung 12.6. Dynamische Zeitanpassung der Sprachmuster von Abbildung 12.1: Mit den Pfaderweiterungen von Abbildung 12.4c ermittelt der DTW-Algorithmus die Warping-Kurve (Abbildung 12.7), über welche die Sequenz von Mel-Cepstren **Y** zeitlich optimal an die Sequenz **X** angepasst wird. Aus Darstellbarkeitsgründen ist nur je der erste cepstrale Koeffizient in Funktion der Zeit aufgetragen.

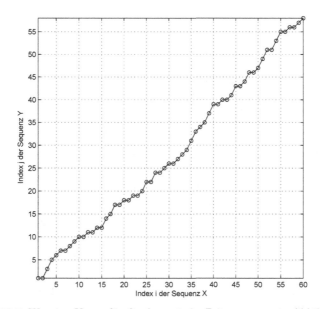

Abbildung 12.7. Warping-Kurve für die dynamische Zeitanpassung in Abbildung 12.6

Schliesslich können die nun gleich langen Sequenzen gemittelt werden, woraus sich das gewünschte Referenzmuster ergibt.

◉ 12.5.2 Einsatzmöglichkeiten und Grenzen

Die Spracherkennung mittels Mustervergleich wird beispielsweise in sprachgesteuerten Telefonen verwendet. Der Benutzer kann Namen vorsprechen und zusammen mit den dazugehörigen Telefonnummern abspeichern. Nun muss er die Nummer nicht mehr im Telefonbuch nachschlagen, sondern braucht nur den Namen zu nennen. Das Telefon vergleicht dann seine Äusserung mit den gespeicherten Sprachmustern. Der Name gilt als erkannt, wenn ein Muster mit genügender Ähnlichkeit gefunden wird.

Die DTW-basierte Spracherkennung wird gewöhnlich für die sprecherabhängige Einzelworterkennung eingesetzt. Mit einigen Erweiterungen ist der DTW-Algorithmus auch für gewisse Anwendungen in der sprecherunabhängigen Erkennung von Einzelwörtern und von Wortketten im Sinne einer Verbundworterkennung anwendbar (Details dazu sind z.B. in [34] zu finden).

Der Mustervergleich mittels DTW ist ein nichtparametrischer Ansatz für die Spracherkennung. Um die Variabilität des Sprachsignals einer bestimmten Äusserung abzudecken, braucht man deshalb mehrere Referenzmuster. Diese können gewonnen werden, indem man eine grössere Anzahl von Trainingsbeispielen dieser Äusserung in Gruppen von möglichst ähnlichen Beispielen aufteilt, und aus jeder Gruppe ein Referenzmuster bestimmt. Diese Referenzmuster stellen sodann je eine Art Mittelwert einer Verteilung von Sprachmustern dar. Die Erkennung, die auf der Berechnung von lokalen Distanzen beruht, berücksichtigt dabei die Varianz der Verteilungen nicht. Vor allem bei der sprecherunabhängigen Erkennung hat sich aber gezeigt, dass eine genauere Beschreibung der Variabilität des Sprachsignals unbedingt notwendig ist. Dies kann mit einer statistischen Modellierung erreicht werden, wie sie in Kapitel 13 gezeigt wird.

Kapitel 13
Statistische Spracherkennung

13 Statistische Spracherkennung

13.1 Informationstheoretische Sicht

Stochastische Modellierung ist eine flexible Art, um mit der Variabilität von Sprachsignalen in der Spracherkennung umzugehen. Aus informationstheoretischer Sicht kann die Spracherkennung als Decodierungsproblem betrachtet werden, wie es in Abbildung 13.1 dargestellt ist: Ein Sprecher, der eine bestimmte Äusserung machen will, transformiert die gewünschte Folge von Wörtern W mittels seines Sprechapparates in ein akustisches Signal s. Das akustische Signal wird auf irgendeine Art zum Erkenner übertragen. Dort wird aus dem digitalisierten Sprachsignal eine Merkmalssequenz $\mathbf{X}$ extrahiert. Man kann nun $\mathbf{X}$ als Ausgang eines *Übertragungskanals* betrachten, in den W geschickt worden ist. Die Aufgabe des linguistischen Decoders ist dann, aus der Merkmalssequenz $\mathbf{X}$ die geäusserte Wortfolge zu schätzen.

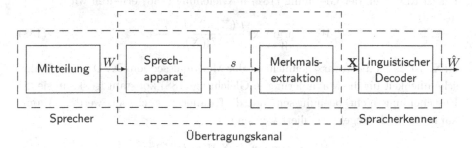

Abbildung 13.1. Informationstheoretische Sicht der Spracherkennung

13.2 Spracherkennung gemäss MAP-Regel

Das im vorherigen Abschnitt skizzierte Decodierungsproblem besteht darin, aus der Merkmalssequenz $\mathbf{X}$ eine möglichst gute Schätzung $\hat{W}$ der geäusserten Wortfolge zu ermitteln. Aus statistischer Sicht kann dies wie folgt formuliert werden: Suche zu einer gegebenen Merkmalssequenz $\mathbf{X} = \mathbf{x}_1\mathbf{x}_2 \ldots \mathbf{x}_T$ diejenige Wortfolge $\hat{W} = w_1 w_2 \ldots w_K$, welche von allen möglichen Folgen von Wörtern aus einem vorgegebenen Vokabular V mit der kleinsten Wahrscheinlichkeit zu einem Fehlentscheid führt. Ein Fehlentscheid tritt dann auf, wenn mindestens eines der Wörter falsch ist. Dies wird mit der folgenden Entscheidungsregel erreicht:

Maximum-a-posteriori-Regel (MAP-Regel)

Um die Wahrscheinlichkeit eines Fehlentscheides zu minimieren, ist bei gegebener Merkmalssequenz $\mathbf{X}$ diejenige Wortfolge $\hat{W}$ auszuwählen, welche die höchste A-posteriori-Wahrscheinlichkeit $P(W|\mathbf{X})$ aller möglichen Folgen von Wörtern aufweist:

$$\hat{W} = \underset{W \in V^*}{\mathrm{argmax}}\ P(W|\mathbf{X}) . \qquad (186)$$

Da diese Entscheidungsregel auf *A-posteriori-Wahrscheinlichkeiten* basiert, wird sie als Maximum-a-posteriori-Regel oder kurz als MAP-Regel bezeichnet. Es kann gezeigt werden, dass diese Regel zur kleinsten Wahrscheinlichkeit für einen Fehlentscheid führt.[1]

Die A-posteriori-Wahrscheinlichkeit kann unter Verwendung des *Satzes von Bayes* (siehe Anhang B.1) ausgedrückt werden als

$$P(W|\mathbf{X}) = \frac{P(\mathbf{X}|W) \cdot P(W)}{P(\mathbf{X})} . \qquad (187)$$

Durch Einsetzen der Gleichung (187) in Gleichung (186) erhalten wir

$$\hat{W} = \underset{W \in V^*}{\mathrm{argmax}}\ \frac{P(\mathbf{X}|W) \cdot P(W)}{P(\mathbf{X})} . \qquad (188)$$

$P(\mathbf{X})$ ist dabei die Wahrscheinlichkeit der Merkmalssequenz $\mathbf{X}$. Da diese Wahrscheinlichkeit für die Maximierung in Gleichung (188) konstant ist, kann sie die Entscheidung nicht beeinflussen und darf daher weggelassen werden. Damit kann die MAP-Regel formuliert werden als

$$\hat{W} = \underset{W \in V^*}{\mathrm{argmax}}\ P(\mathbf{X}|W) \cdot P(W) . \qquad (189)$$

In Gleichung (189) sind nun zwei wichtige Komponenten der statistischen Spracherkennung ersichtlich:

1. Die bedingte Wahrscheinlichkeit $P(\mathbf{X}|W)$, die aussagt, mit welcher Wahrscheinlichkeit die Merkmalssequenz $\mathbf{X}$ zu beobachten ist, wenn die Wortfolge W gesprochen wird. Für eine gegebene Wortfolge sind gewisse Merkmalssequenzen wahrscheinlicher als andere, weil sich die charakteristischen Eigenschaften der Laute auf die Merkmalssequenz auswirken. Aufgrund vieler Beispiele von Sprachsignalen kann eine statistische Beschreibung erzeugt werden, die angibt, welche Merkmalssequenzen für welche Wortfolgen wie wahr-

---

[1]Jeder Fehlentscheid wird gleich gewichtet, und zwar unabhängig davon, ob nur ein einziges Wort falsch ist, oder ob alle Wörter falsch sind. Es wird also nicht die Anzahl der falschen Wörter minimiert, sondern die Anzahl der nicht vollständig korrekt erkannten Wortfolgen.

scheinlich sind. Eine solche statistische Beschreibung wird auch als *akusti-sches Modell* bezeichnet. Dafür können *Hidden-Markov-Modelle (HMM)* eingesetzt werden. Die Grundlagen zu den HMM wurden in Kapitel 5 behandelt. Die Anwendung der HMM für die akustische Modellierung wird in diesem Kapitel erläutert.

2. $P(W)$ ist die *A-priori-Wahrscheinlichkeit* der Wortfolge W und ist von der Beobachtungssequenz $\mathbf{X}$ *unabhängig*. Sie beschreibt also das Vorwissen über die Wortfolge W und berücksichtigt insbesondere auch, dass gewisse Wortfolgen häufiger auftreten als andere. Sie wird als *Sprachmodell* bezeichnet. Auf solche Sprachmodelle wird in Kapitel 14 eingegangen.

13.3 Modellierung von Merkmalssequenzen

Wie in Abschnitt 11.7 erläutert wurde, ist es für die Spracherkennung zweckmässig, aus einem zu erkennenden Sprachsignal zuerst über eine Kurzzeitanalyse eine Sequenz von Merkmalen zu ermitteln. In diesem Abschnitt wollen wir uns nun mit der Beschreibung solcher Merkmalssequenzen beschäftigen.

❯ 13.3.1 Variabilität von Merkmalssequenzen

In Abschnitt 11.3 wurde dargelegt, dass Sprachsignale mit derselben Aussage sehr unterschiedlich sein können. Diese Variabilität zeigt sich auch in den Merkmalssequenzen, die aus diesen Signalen ermittelt werden. Man kann insbesondere feststellen, dass die Merkmalssequenzen $\mathbf{X} = \mathbf{x}_1\mathbf{x}_2\ldots\mathbf{x}_T$ einer Aussage in zweifacher Hinsicht variieren: Zum einen variiert die Länge der Merkmalssequenz und zum andern der Wert des Merkmals $\mathbf{x}_t$ an der Stelle t.

Ein akustisches Modell muss selbstverständlich geeignet sein, diese beiden Arten von Variabilität zu beschreiben. Wir wollen zuerst der Frage nachgehen, wie wir die Werte des Merkmals $\mathbf{x}_t$ beschreiben können. Die Länge der Merkmalssequenz werden wir in Abschnitt 13.3.3 anschauen.

❯ 13.3.2 Statistische Beschreibung von Sprachmerkmalen

Um die Variabilität eines Sprachmerkmals $\mathbf{x}_t$ zu erfassen, kann man es als Zufallsvariable betrachten und die Werte von $\mathbf{x}_t$ mit einer Wahrscheinlichkeitsverteilung beschreiben. Wie im Anhang B.1.2 erläutert wird, gibt es diskrete und kontinuierliche Wahrscheinlichkeitsverteilungen, mit denen diskrete bzw. kontinuierliche Zufallsvariablen beschrieben werden.

Ein Sprachmerkmal, das sich für die Spracherkennung gut eignet, ist das MFCC-Merkmal. Gemäss den Angaben in Abschnitt 11.7.1 ist das in der Spracherkennung eingesetzte MFCC-Merkmal typischerweise ein 13-dimensionaler Vektor. Die Elemente dieses Vektors können in einem gewissen Bereich beliebige Werte annehmen. Das zu beschreibende Sprachmerkmal ist somit eine mehrdimensionale, kontinuierliche Zufallsvariable.

⊚ 13.3.2.1 Diskrete Merkmale

Mit einer Vektorquantisierung kann man MFCC-Vektoren auf diskrete Werte abbilden. Jeder Merkmalsvektor wird dabei einem der M Codebuchvektoren $\mathbf{z}_k$ zugeordnet, wobei M die Grösse des Codebuches ist. Die Zufallsvariable der quantisierten Sprachmerkmale $\mathbf{x}'_t$ kann sodann mit einer diskreten Wahrscheinlichkeitsverteilung beschrieben werden, wie dies im Anhang B.1.2.1 gezeigt wird. Diese Beschreibung gibt an, mit welcher Wahrscheinlichkeit ein quantisierter Merkmalsvektor $\mathbf{x}'_t$ gleich dem k-ten Codebuchvektor ist, oder formal ausgedrückt, $P(\mathbf{x}'_t = c_k)$ mit $k = 1, \ldots, M$.

⊚ 13.3.2.2 Kontinuierliche Merkmale

Falls man die Vektorquantisierung nicht anwendet, und dies ist in der Spracherkennung der Normalfall, dann wird die Verteilung des D-dimensionalen Sprachmerkmals $\mathbf{x}_t$ mit einer multivariaten Gauss-Mischverteilung approximiert (siehe Anhang B.1.2.2).[2] Dazu sind der D-dimensionale Mittelwertvektor $\boldsymbol{\mu}$ und die $D \times D$-Kovarianzmatrix $\boldsymbol{\Sigma}$ zu schätzen. Diese Beschreibung gibt also die Likelihood für $\mathbf{x}_t$ an, also den Wert der D-dimensionalen Wahrscheinlichkeitsdichtefunktion an der Stelle $\mathbf{x}_t$ oder kurz $p(\mathbf{x}_t)$.

⬤ 13.3.3 Statistische Beschreibung von Merkmalssequenzen

In Abschnitt 13.3.2 haben wir gesehen, wie das Merkmal $\mathbf{x}_t$ einer Merkmalssequenz $\mathbf{X} = \mathbf{x}_1 \mathbf{x}_2 \ldots \mathbf{x}_T$ statistisch beschrieben werden kann. Wenn die Merkmalssequenz einer Äusserung stets gleich lang wäre, dann könnte man als Beschreibung der Sequenz einfach die Beschreibungen aller Elemente der Sequenz verwenden. Da dies jedoch nicht der Fall ist, muss man auf einen andern Beschreibungsansatz zurückgreifen, nämlich auf Hidden-Markov-Modelle (HMM, siehe Kapitel 5).

Unter einem HMM versteht man zwei gekoppelte Zufallsprozesse. Der erste ist ein Markov-Prozess mit einer Anzahl Zuständen, die wir als $S_1, S_2, \ldots, S_N$ bezeichnen. Die Zustände sind verdeckt (engl. *hidden*), sind also von aussen nicht sichtbar. Sie steuern den zweiten Zufallsprozess. Dieser erzeugt zu jedem (diskreten) Zeitpunkt t gemäss einer zustandsabhängigen Wahrscheinlichkeitsverteilung eine Beobachtung $\mathbf{x}_t$. Beim Durchlaufen einer Sequenz von Zuständen $Q = q_1 \, q_2 \, \ldots \, q_T$, mit $q_t \in \{S_1, S_2, \ldots, S_N\}$, erzeugt das HMM eine Sequenz von Beobachtungen $\mathbf{X} = \mathbf{x}_1 \, \mathbf{x}_2 \, \ldots \, \mathbf{x}_T$.

---

[2]Grundsätzlich wären auch andere Approximationen möglich, aber diese könnten sich dann im Zusammenhang mit den Hidden-Markov-Modellen als untauglich herausstellen (vergl. Abschnitt 5.5).

Bei einem Markov-Prozess, wie er in Abschnitt 5.1.1 definiert wurde, ist die Länge der Zustandssequenz und damit auch die Länge der Beobachtungssequenz von den Zustandsübergangswahrscheinlichkeiten abhängig. Ein HMM ist also eine statistische Beschreibung für Beobachtungssequenzen. Es beschreibt sowohl die Länge der Sequenzen als auch die einzelnen Beobachtungen durch Wahrscheinlichkeiten.

Das folgende Beispiel soll diesen Sachverhalt illustrieren. Gegeben ist das HMM in der Abbildung 13.2. Es ist ein lineares HMM (siehe Abschnitt 5.1.1.2) mit fünf Zuständen, die mit S_1 bis S_5 bezeichnet sind. S_1 ist der Anfangszustand, S_5 der Endzustand. Die Zustandsübergangswahrscheinlichkeiten beschreiben, mit welcher Wahrscheinlichkeit das HMM vom Zustand S_i in den Zustand S_j übergeht. Wir bezeichnen diese Wahrscheinlichkeiten mit a_{ij}, wobei $i, j = 1, \ldots, N$. In unserem Beispiel ist $a_{22} = 0.8$, $a_{23} = 0.2$ etc. Für die in Abbildung 13.2 nicht mit Pfeilen eingezeichneten Zustandsübergänge sind die Zustandsübergangswahrscheinlichkeiten null.

In den Zuständen S_2, S_3 und S_4 generiert das HMM eine Beobachtung $\mathbf{x}$, wobei $\mathbf{x} \in \{1, 2, 3, 4\}$ ist. Es handelt sich also um ein HMM mit diskreten Beobachtungen. Welche Beobachtung mit welcher Wahrscheinlichkeit erzeugt wird, bestimmen die den Zuständen zugeordneten diskreten Beobachtungswahrscheinlichkeitsverteilungen. Sie werden mit $b_j(k) = P(\mathbf{x}{=}k|S_j)$ bezeichnet, wobei $j = 2, \ldots, N{-}1$ und $k = 1, \ldots, M$ sind. N ist die Anzahl der Zustände und M die Anzahl der diskreten Beobachtungen.

Das diskrete HMM $\lambda = (A, B)$ ist durch die a_{ij} und die $b_j(k)$ vollständig bestimmt.

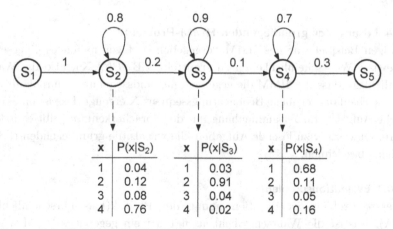

x	P(x|S₂)		x	P(x|S₃)		x	P(x|S₄)
1	0.04		1	0.03		1	0.68
2	0.12		2	0.91		2	0.11
3	0.08		3	0.04		3	0.05
4	0.76		4	0.02		4	0.16

Abbildung 13.2. HMM mit fünf Zuständen und vier diskreten Beobachtungen

Wir können nun anhand dieses HMM allerhand berechnen. Beispielsweise können wir die Wahrscheinlichkeit bestimmen, dass das HMM die Zustandssequenz $Q = S_1 S_2 S_2 S_3 S_4 S_4 S_5$ durchläuft.

$$P(Q) = a_{12} a_{22} a_{23} a_{34} a_{44} a_{45} = 1 \cdot 0.8 \cdot 0.2 \cdot 0.1 \cdot 0.7 \cdot 0.3 = 0.00336$$

Wir können auch berechnen, mit welcher Wahrscheinlichkeit das HMM die Beobachtungssequenz $\mathbf{X} = 2\,4\,2\,1\,4$ erzeugt, wenn es diese Zustandssequenz Q durchläuft.

$$
\begin{aligned}
P(\mathbf{X}|Q) &= P(x{=}2|S_2)\, P(x{=}4|S_2)\, P(x{=}2|S_3)\, P(x{=}1|S_4)\, P(x{=}4|S_4) \\
&= 0.12 \cdot 0.76 \cdot 0.91 \cdot 0.68 \cdot 0.16 \approx 0.00903
\end{aligned}
$$

Wir können auch berechnen, wie wahrscheinlich es ist, dass das HMM die Zustandssequenz Q durchläuft und dabei die Beobachtungssequenz $\mathbf{X}$ erzeugt.

$$P(Q, \mathbf{X}) = P(\mathbf{X}|Q)\, P(Q) \approx 0.00003$$

Beim HMM in Abbildung 13.2 ist auch zu sehen, dass alle möglichen Zustandssequenzen $Q = q_0 q_1 \ldots q_{T+1}$ mit $T = 5$ die Beobachtungssequenz $\mathbf{X} = 2\,4\,2\,1\,4$ erzeugen können, allerdings mit unterschiedlichen Wahrscheinlichkeiten. Wenn wir also die Beobachtungssequenz $\mathbf{X}$ erhalten, dann wissen wir nicht, welche Zustände das HMM beim Erzeugen dieser Beobachtungssequenz durchlaufen hat.

In diesem Beispiel ist ein HMM mit diskreten Beobachtungswahrscheinlichkeiten, also ein DDHMM (engl. discrete density HMM) verwendet worden. Grundsätzlich gilt alles in diesem Beispiel erklärte auch für HMM mit kontinuierlichen Beobachtungswahrscheinlichkeiten, also für CDHMM (engl. continuous density HMM).

❯ 13.3.4 Lösung der grundlegenden HMM-Probleme
Im obigen Beispiel war das HMM vorgegeben und wir haben es eingesetzt, um gewisse Wahrscheinlichkeiten zu ermitteln, z.B. $P(Q, \mathbf{X})$, also die Wahrscheinlichkeit, dass das HMM die gegebene Zustandssequenz Q durchläuft und dabei die ebenfalls gegebene Beobachtungssequenz $\mathbf{X}$ erzeugt. Das ist eine recht einfache Aufgabe. Im Zusammenhang mit der Spracherkennung gibt es jedoch weitere, schwieriger zu lösende Aufgaben, die wir als die grundlegenden HMM-Probleme bezeichnen.

❯ 13.3.4.1 Evaluationsproblem
Das erste Problem ist die Berechnung der Produktionswahrscheinlichkeit $P(\mathbf{X}|\lambda)$. Das ist die Wahrscheinlichkeit, mit der ein gegebenes HMM λ eine ebenfalls gegebene Beobachtungssequenz $\mathbf{X}$ erzeugt. Um $P(\mathbf{X}|\lambda)$ zu berechnen, müssen die Wahrscheinlichkeiten $P(\mathbf{X}, Q|\lambda)$ über alle möglichen Zustandsse-

quenzen Q summiert werden. Der sogenannte *Forward-Algorithmus* berechnet
diese Summe sehr effizient.

⊙ 13.3.4.2 Decodierungsproblem

Nebst der Produktionswahrscheinlichkeit, mit der ein HMM eine Beobachtungssequenz erzeugt, interessiert häufig auch diejenige Zustandssequenz $\hat{Q} =$
$S_1 q_1 \ldots q_T S_N$, welche eine gegebene Beobachtungssequenz mit der grössten
Wahrscheinlichkeit erzeugt. $\hat{Q}$ wird als optimale Zustandssequenz bezeichnet
und kann mit Hilfe des sogenannten *Viterbi-Algorithmus* berechnet werden.
Nebst der optimalen Zustandssequenz $\hat{Q}$ liefert der Viterbi-Algorithmus auch
die Verbundwahrscheinlichkeit $P(\mathbf{X}, \hat{Q}|\lambda)$.

⊙ 13.3.4.3 Schätzproblem

Das dritte Problem besteht darin, für eine Menge von gegebenen Merkmalsse-
quenzen $\mathcal{X} = \{\mathbf{X}^{(1)}, \mathbf{X}^{(2)}, \mathbf{X}^{(3)}, \ldots\}$, die wir aus der Kurzzeitanalyse von mehreren Sprachsignalen derselben Äusserung erhalten haben, die Parameter eines
HMM λ zu bestimmen, also die Zustandsübergangswahrscheinlichkeiten a_{ij} und
die Beobachtungswahrscheinlichkeitsverteilungen $b_j(\mathbf{x})$. Das Ziel dabei ist, dass
das HMM die Merkmalssequenzen $\mathcal{X}$ mit möglichst hoher Wahrscheinlichkeit erzeugt (Maximierung der Produktionswahrscheinlichkeit; siehe Evaluationsproblem). Dieses Problem kann mit dem sogenannten *Baum-Welch-Algorithmus*
gelöst werden.

Mit den oben genannten Algorithmen, die in Kapitel 5 eingehend behandelt
wurden, können nun Spracherkenner für verschiedenste Problemstellungen entwickelt werden.

13.4 Akustische Modelle für Wörter   13.4

Um den in Abschnitt 13.2 beschriebenen MAP-Erkenner verwirklichen zu können, wird ein akustisches Modell benötigt, mit welchem die bedingte Wahr-
scheinlichkeit $P(\mathbf{X}|W)$ bestimmt werden kann. Mit anderen Worten: Es wird
ein Modell benötigt, das angibt, mit welcher Wahrscheinlichkeit die Merkmalssequenz $\mathbf{X}$ beobachtet wird, wenn die Wortfolge W geäussert wird. Das Ziel
dieser Modellierung ist es, für diese Wortfolge die Variabilität der entsprechenden Merkmalssequenzen möglichst genau zu beschreiben.
Der Einfachheit halber wollen wir vorerst annehmen, dass die Wortfolge nur
ein Wort lang sei. In diesem Fall beschreibt also das akustische Modell $P(\mathbf{X}|v_j)$
die Wahrscheinlichkeit der Merkmalssequenz $\mathbf{X}$, wenn das Wort v_j gesprochen
wird.

⬤ 13.4.1 Sprachmerkmale für die Spracherkennung

In Abschnitt 11.7 wurden die Anforderungen an Sprachmerkmale, die für die Spracherkennung eingesetzt werden sollen, erläutert. Es wurde insbesondere gezeigt, dass sich MFCC grundsätzlich gut für die Spracherkennung eignen.

⊗ 13.4.1.1 Kompensation des Übertragungskanals

MFCC sind von der Charakteristik des Übertragungskanals abhängig, über den das zu erkennende Sprachsignal übertragen wird (beispielsweise können Telefonkanäle sehr unterschiedlich sein). Der Einfluss der Kanalcharakteristik kann kompensiert werden, indem z.B. mittelwertfreie Cepstren als Merkmale verwendet werden (siehe Abschnitt 4.6.7). In vielen Fällen ist dies nicht möglich, etwa weil das erste zu erkennende Wort zu kurz ist, um den cepstralen Mittelwert zu schätzen. Umfasst das Wort nur wenige Laute, dann prägen diese den Mittelwert und er ist damit stark abhängig von den paar konkret vorhanden Lauten. Als Ausweg bietet sich an, das in Abschnitt 4.6.6 beschriebene Delta-Cepstrum zu verwenden, und zwar nicht als Ersatz der MFCC, sondern zusätzlich zu diesen.

Da man festgestellt hat, dass auch die zweite Ableitung des Cepstrums, also das sogenannte Delta-Delta-Cepstrum, die Spracherkennung verbessert und ebenso die zeitlichen Ableitungen der logarithmierten Signalenergie (pro Analyseabschnitt), werden heute für die Spracherkennung in der Regel mehrere Merkmale verwendet.

⊗ 13.4.1.2 Verwendung mehrerer Merkmale

Wie im obigen Abschnitt erwähnt, werden zur Spracherkennung meistens mehrere Sprachmerkmale verwendet. Die Merkmale haben unterschiedliche Dimensionen und Wertebereiche und können im Zusammenhang mit den HMM als parallele Merkmalssequenzen betrachten werden. Es gibt grundsätzlich drei Möglichkeiten, um diese parallelen Merkmalssequenzen zu handhaben:

1. Die Merkmalsvektoren, die aus demselben Analyseabschnitt extrahiert worden sind, werden zu einem einzigen Merkmalsvektor zusammengesetzt. Diese Variante ist für CDHMM geeignet. Bei DDHMM ist dies nicht sinnvoll, weil sonst für die Vektorquantisierung dieses vieldimensionalen Merkmalsvektors ein enorm grosses Codebuch notwendig wäre.

2. Im Zusammenhang mit DDHMM wird deshalb gewöhnlich für jedes einzelne Merkmal ein separates Codebuch eingesetzt. Üblich sind Codebuchgrössen zwischen 64 und 256 für die cepstralen Merkmale und zwischen 16 und 32 für die eindimensionalen Energiemerkmale. Damit entsteht aber das Problem, wie die Beobachtungswahrscheinlichkeiten der einzelnen Merkmalsvektoren in einem HMM-Zustand zusammengefasst werden können. Falls man an-

nimmt, dass die parallelen Merkmale voneinander unabhängig sind, so ergibt sich die Verbundwahrscheinlichkeit aller Merkmale einfach aus dem Produkt der einzelnen Beobachtungswahrscheinlichkeiten:

$$b_i(\mathbf{x}^{(1)}, \mathbf{x}^{(2)}, \dots, \mathbf{x}^{(F)}) = \prod_{f=1}^{F} [b_i^{(f)}(\mathbf{x}^{(f)})]^{\alpha^{(f)}} . \tag{190}$$

Da der Informationsgehalt der einzelnen Merkmale und damit der Beitrag an die Spracherkennung unterschiedlich ist, müssen die Beobachtungswahrscheinlichkeiten der einzelnen Merkmale $\mathbf{x}^{(f)}$ entsprechend gewichtet werden. Die Gewichte $\alpha^{(f)}$ werden experimentell optimiert.

Die Schätzformeln für DDHMM in Funktion der Hilfswahrscheinlichkeiten bleiben dieselben auch für parallele Merkmalssequenzen. Bei der Berechnung der Vor- und Rückwärtswahrscheinlichkeiten jedoch müssen die Wahrscheinlichkeiten der parallelen Merkmale mithilfe von (190) berechnet werden.

3. Eine weitere Möglichkeit ist, für jedes Merkmal ein separates HMM zu trainieren. Unter der Annahme, dass die Merkmalssequenzen unabhängig sind, ergibt sich die totale Produktionswahrscheinlichkeit wiederum aus dem Produkt der merkmalsspezifischen Produktionswahrscheinlichkeiten. Auch hier müssen die Produktionswahrscheinlichkeiten der einzelnen Modelle gewichtet werden. In verschiedenen Untersuchungen wurde kein signifikanter Unterschied in den Erkennungsraten dieser Methode im Vergleich zur Variante 2 festgestellt.

⊗ 13.4.1.3 Kovarianzmatrizen von Sprachmerkmalen

Im Anhang B.1.2.2 wird erwähnt, dass die Kovarianzmatrix einer Sequenz von Merkmalsvektoren eine Diagonalmatrix ist, wenn die D Komponenten des Merkmalsvektors paarweise unkorreliert sind. Dies ist vorteilhaft, da eine diagonale Kovarianzmatrix nur D Parameter hat, während für eine volle Kovarianzmatrix ungefähr $D^2/2$ Parameter zu schätzen sind. Der Unterschied kann beträchtlich sein, insbesondere wenn mehrere Sprachmerkmale verwendet werden, wie dies in der Spracherkennung gewöhnlich der Fall ist. Werden beispielsweise 13 MFCC-Koeffizienten plus die erste und zweite Ableitung davon in einem Merkmalsvektor zusammengefasst, so ist $D = 13+13+13 = 39$ und es müssen für eine volle Kovarianzmatrix $(D^2+D)/2 = 780$ Parameter für eine einzelne Komponente der Mischverteilung eines Zustandes geschätzt werden. Häufig reichen die Trainingsdaten gar nicht aus, um volle Kovarianzmatrizen zu schätzen. Sie werden dann als diagonal angenommen.

Je nach verwendeten Merkmalen trifft diese Annahme mehr oder weniger gut zu. Um dies zu illustrieren, wurde die Kovarianzmatrix von 3.6 Millionen Merkmalsvektoren (das entspricht ungefähr 10 Stunden Sprachsignal) berech-

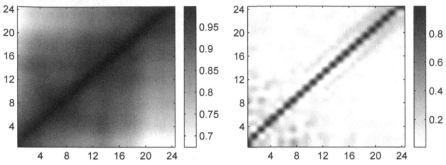

Abbildung 13.3. Kovarianzmatrizen von Sprachmerkmalen. Links ist das logarithmierte Mel-Spektrum (Mel-Filterbank mit 24 Filtern), rechts das Mel-Cepstrum als Merkmal verwendet worden. Die Merkmale sind pro Element eines Merkmalsvektors so normiert worden, dass die Varianz 1 ist und somit auch die Werte in der Diagonalen der Kovarianzmatrix alle 1 sind. Man beachte die unterschiedlichen Skalen.

net. Als erstes Merkmal wurden die logarithmierten Werte am Ausgang einer Mel-Filterbank verwendet, als zweites Merkmal dienten MFCC. Wie in Abbildung 13.3 zu sehen ist, sind die Filterbankausgänge ziemlich stark korreliert und die Voraussetzung für eine Diagonalmatrix ist nicht gegeben. Die MFCC werden anhand der Gleichung (55) ermittelt. Sie entstehen also durch eine diskrete Cosinus-Transformation der logarithmierten Ausgänge der Mel-Filterbank. Wie aus der Abbildung 13.3 ersichtlich ist, sind die cepstralen Koeffizienten dank dieser Transformation einigermassen dekorreliert. Daher ist die Kovarianzmatrix näherungsweise eine Diagonalmatrix.

❯ 13.4.2 HMM als Wortmodell

Mit den Kenntnissen, welche Sprachmerkmale für die Spracherkennung geeignet sind und wie man Sequenzen von Sprachmerkmalen statistisch beschreiben kann, wollen wir nun HMM für konkrete Wörter erzeugen, sogenannte Wort-HMM. Wir modellieren also die Wörter des Erkennervokabulars $V = \{v_1, v_2, \ldots, v_{|V|}\}$, indem wir für jedes Wort ein zugehöriges HMM ermitteln, also $\lambda_1, \lambda_2, \ldots \lambda_{|V|}$.

Bisher haben wir uns noch nicht überlegt, was für eine Topologie ein Wort-HMM haben sollte. Die Topologie des HMM wird durch die Initialwerte der Zustandsübergangswahrscheinlichkeiten bestimmt, die, einmal auf null gesetzt, auch während der Iteration im Training null bleiben (siehe z.B. die Formeln (111) und (115)). Um dem zeitlichen Verlauf eines Sprachsignals gerecht zu werden und um das Überspringen von Zuständen zu verhindern, ist für ein Wort ein lineares HMM zu verwenden (siehe Abschnitt 5.1.1.2).

Zudem muss festgelegt werden, wie viele Zustände ein Wort-HMM haben soll. Wenn wir ein lineares HMM mit N Zuständen einsetzen, dann hat die kürzeste Beobachtungssequenz, die ein solches HMM erzeugen kann, die Länge $N-2$. Für kürzere Sequenzen ist die Produktionswahrscheinlichkeit null.

Für ein Wort-HMM ist deshalb die Anzahl der Zustände so festzulegen, dass auch wenn das betreffende Wort sehr schnell gesprochen wird, noch eine Merkmalssequenz resultiert, deren Länge mindestens $N-2$ ist. Wenn man die Kurzzeitanalyse mit einer Rate von 100 Hz durchführt und berücksichtigt, dass sehr schnelle Sprecher bis zu 20 Laute pro Sekunde sprechen, dann ergibt sich als obere Grenze der Anzahl der HMM-Zustände für ein Wort mit n_L Lauten $N_{max} = 5n_L + 2$.

Die untere Grenze ergibt sich aus der Überlegung, dass das HMM ein Wort genau beschreiben soll. Dafür ist mindestens ein emittierender Zustand pro Laut erforderlich, es gilt also $N_{min} = n_L + 2$. Um auch die Lautübergänge gut beschreiben zu können, ist es jedoch besser, zwei oder drei Zustände pro Laut vorzusehen.

❯ 13.4.3 Erzeugen von Wortmodellen

Für das Vokabular $V = \{v_1, v_2, \ldots, v_{|V|}\}$ eines Spracherkenners die zugehörigen Wort-HMM zu erzeugen heisst, für jedes Wort Sprachsignale aufzunehmen, aus diesen die gewünschten Merkmale zu extrahieren und schliesslich die Wort-HMM zu trainieren. Darauf wird in den folgenden Abschnitten eingegangen.

❯ 13.4.3.1 Aufnahme von Sprachsignalen für Wort-HMM

Bevor HMM für einen Erkenner trainiert werden können, müssen geeignete Sprachsignale aufgenommen werden. Die Aufnahmen sollten möglichst unter denselben Bedingungen erfolgen, wie sie später beim Einsatz des Spracherkenners vorliegen werden. Das heisst, dass beispielsweise für Telefonanwendungen die Trainingssprachsignale nicht nur mit Telefonbandbreite (300–3400 Hz), sondern über echte Telefonverbindungen mit verschiedenen Telefonapparaten (auch Mobiltelefone) und in möglichst realitätsnaher Gesprächsumgebung aufgenommen werden sollten.

Was den Umfang der Sprachdaten angeht, gilt: Je mehr desto besser. Eine grobe Schätzung der minimal nötigen Menge von Sprachdaten erhält man mit der Faustregel, dass mindestens etwa 10 Beobachtungen pro freien Parameter gebraucht werden, um einigermassen gute Schätzwerte zu erhalten. Die Zustandsübergangswahrscheinlichkeitsmatrix eines linearen HMM mit N Zuständen hat $2N-2$ freie Parameter. Bei einem HMM mit diskreten Beobachtungen müssen für jeden emittierenden Zustand mit M diskreten Beobachtungen M Parameter geschätzt werden. Bei einem kontinuierlichen HMM mit einem D-dimensionalen Merkmalsvektor fallen für jede Mischverteilung in jedem Zustand im Wesentlichen D Parameter für den Mittelwert an, und ungefähr $D^2/2$ Parameter für eine volle Kovarianzmatrix bzw. D Parameter, wenn diese als diagonal angenommen wird.

Eine weitere Forderung bezüglich des Sprachdatenumfangs resultiert aus der oft gewünschten Sprecherunabhängigkeit des Erkenners. Zwar erreicht man bereits mit ca. 200 Sprechern (und Sprecherinnen) eine gewisse Sprecherunabhängigkeit. Möchte man jedoch eine grössere Sprachregion mit verschiedenen Dialekteinflüssen abdecken, so rechnet man heute mit etwa 5000 Sprechern. Dabei sollten alle wichtigen Einflussfaktoren in ihrer ganzen Bandbreite repräsentiert sein (Dialekt, Alter, Geschlecht, etc.). Wie für alle statistischen Modelle gilt auch für HMM, dass sie nur das beschreiben, was in den Trainingsdaten vorgekommen bzw. als Vorwissen in die Modelle eingeflossen ist.

Da das Sammeln und Annotieren von grossen Sprachdatenbanken für die Entwicklung von leistungsfähigen Spracherkennern unabdingbar, aber zugleich mit enormem Aufwand verbunden ist, befassten (und befassen) sich verschiedene internationale Projekte mit dem Aufbau solcher Sprachdatenbanken für alle wichtigen Sprachen.[3]

⊙ 13.4.3.2 Training von Wort-HMM

Für das Training von Wort-HMM kann man grundsätzlich den Baum-Welch-Algorithmus einsetzen oder ein Viterbi-Training durchführen. Welches Training angemessener ist, hängt von der Art ab, wie die Wort-HMM später im Spracherkenner eingesetzt werden. Darauf wird in Abschnitt 13.5 eingegangen. Beide Trainingsmethoden sind iterative Verfahren und gehen von einem bereits vorhandenen Initial-HMM aus.

⊙ Initial-HMM

Für ein Initial-HMM müssen zuerst die Topologie und die Anzahl der Zustände festgelegt werden. Dies wurde für Wort-HMM in Abschnitt 13.4.2 bereits erörtert. Mit der Topologie ist auch bestimmt, welche Zustandsübergangswahrscheinlichkeiten null sind. Für die übrigen a_{ij} sind Initialwerte festzusetzen. Die Wahl dieser Initialwerte ist nicht kritisch. Für lineare Modelle kann beispielsweise $a_{ii} = 0.7$ und $a_{i,i+1} = 0.3$ verwendet werden.

Beim Initialisieren der Beobachtungswahrscheinlichkeiten muss zwischen DDHMM und CDHMM unterschieden werden. Werden diskrete Merkmale und somit DDHMM verwendet, dann kann einfach eine Gleichverteilung angesetzt werden (siehe Abschnitt 5.4.9). Bei CDHMM wird über alle Trainingsdaten,

---

[3]Diese Datenbanken werden von mehreren Gremien gesammelt und zur Nutzung angeboten. Im amerikanischen Raum ist dies vor allem das LDC (Linguistic Data Consortium), im europäischen Raum die ELRA (European Language Resources Association).

die für das Training des Wortmodells eingesetzt werden sollen, der Mittelwertvektor und die Kovarianzmatrix ermittelt und diese Werte als Initialwerte
für die Beobachtungswahrscheinlichkeitsverteilungen aller Zustände verwendet.
Das Initial-CDHMM hat demzufolge nur eine Mischkomponente (siehe auch
Abschnitt 5.5.6).

⊙ Baum-Welch-Training

Falls diskrete Merkmale verwendet werden, wird für das Training eines
DDHMM der Baum-Welch-Algorithmus gemäss Abschnitt 5.4.7 eingesetzt.
Werden jedoch kontinuierliche Merkmale verwendet, dann wird der Baum-
Welch-Algorithmus für CDHMM in Abschnitt 5.5.4 angewendet.

In beiden Fällen müssen für das Training selbstverständlich mehrere Merkmalssequenzen eingesetzt werden. Es ist deshalb zusätzlich noch der Abschnitt 5.6
zu beachten.

⊙ Viterbi-Training

Beim Viterbi-Training wird zusätzlich zum Initial-HMM eine Initialsegmentierung der Sprachsignale bzw. der daraus ermittelten Merkmalssequenzen benötigt, die angibt, welche Merkmale zu welchem HMM-Zustand gehören. Da eine
solche Segmentierung im Fall von Wort-HMM gewöhnlich nicht vorliegt, teilt
man für ein HMM mit N Zuständen die Merkmalssequenzen in $N-2$ gleichlange
Stücke auf. Mit dieser Initialsegmentierung kann sodann das Viterbi-Training
durchgeführt werden, das für DDHMM in Abschnitt 5.4.8 und für CDHMM in
Abschnitt 5.5.5 beschrieben ist.

Auch hier müssen für das Training mehrere Merkmalssequenzen eingesetzt werden und es ist dementsprechend der Abschnitt 5.6 zu beachten.

⊙ 13.4.3.3 Nicht zum Vokabular des Erkenners gehörige Wörter

Für den Einsatz eines Spracherkenners ist es wichtig, dass dieser detektieren
kann, ob die mündliche Eingabe des Benutzers überhaupt zum Vokabular des
Erkenners gehört. Gemäss der MAP-Entscheidungsregel wird eine Äusserung ja
einfach demjenigen Wort des Erkennervokabulars zugeordnet, das die höchste
A-posteriori-Wahrscheinlichkeit aufweist. Wenn ein Wort ausserhalb des Erkennervokabulars geäussert wird, so erkennt der Spracherkenner ohne zusätzliche
Massnahmen einfach das ähnlichste Wort des Vokabulars.

Eine Idee, Wörter ausserhalb des Erkennervokabulars zu erkennen, könnte das Setzen eines Mindestwerts für die A-posteriori-Wahrscheinlichkeiten
$P(v_i|\mathbf{X})$ sein.[4] Um aber aus den Produktionswahrscheinlichkeiten $P(\mathbf{X}|\lambda_i)$ die

---

[4]Für die Produktionswahrscheinlichkeiten $P(\mathbf{X}|\lambda_i)$ selbst einen Mindestwert fest-
zusetzen ist selbstverständlich nicht möglich, weil $P(\mathbf{X}|\lambda_i)$ mit zunehmender Länge
der Beobachtungssequenz $\mathbf{X}$ kleiner wird.

A-posteriori-Wahrscheinlichkeiten $P(\lambda_i|\mathbf{X})$ gemäss Gleichung (187) berechnen zu können, braucht es eine Schätzung der Wahrscheinlichkeit $P(\mathbf{X})$, mit der die Produktionswahrscheinlichkeiten normiert werden müssen. Für kontinuierliche Beobachtungen ist $P(\mathbf{X})$ prinzipiell nicht ermittelbar und im diskreten Fall ist Menge der möglichen Merkmalssequenzen, die gleich lang sind wie $\mathbf{X}$, enorm gross.

In einem HMM-basierten Spracherkenner wird deshalb für nicht zum Erkennervokabular gehörige Wörter ein sogenanntes *Rückweisungsmodell* eingesetzt. Für ein solches Rückweisungsmodell λ_R soll gelten:

$$
\begin{aligned}
P(\mathbf{X}|\lambda_R) &\leq P(\mathbf{X}|\lambda_w)\,, &&\text{für } w \in V \\
P(\mathbf{X}|\lambda_R) &\geq P(\mathbf{X}|\lambda_w)\,, &&\text{für } w \notin V
\end{aligned}
\tag{191}
$$

Das Rückweisungsmodell soll also genau dann die höchste Produktionswahrscheinlichkeit liefern, wenn die Merkmalssequenz $\mathbf{X}$ von einem Wort stammt, das nicht zum Vokabular V gehört.

Ein einfaches und in der Regel erfolgreiches Vorgehen um ein Rückweisungsmodell mit den in Gleichung (191) beschriebenen Eigenschaften zu erhalten ist, das Rückweisungsmodell mit den Trainingsdaten aller Wörter des Vokabulars zu trainieren. Dadurch entsteht ein Modell mit sehr flachen Beobachtungswahrscheinlichkeitsverteilungen. Falls die Vokabularwörter sehr unterschiedlich lang sind, kann es zweckmässig sein, mehrere Rückweisungsmodelle zu trainieren, beispielsweise je eines für kurze, mittlere und lange Wörter. Die Initial-HMM für Rückweisungsmodelle sind analog zu denjenigen für die Vokabularwörter zu wählen.

⊙ 13.4.3.4 Modelle für Geräusche und Pausen

Im letzten Abschnitt wurde erläutert, dass ein spezielles HMM gebraucht wird, um nicht zum Erkennervokabular gehörige Wörter als solche zu erkennen. Nur so kann der Spracherkenner feststellen, ob ein zu erkennendes Wort überhaupt eines der Vokabularwörter ist oder nicht.

Die gleichen Überlegungen gelten auch für andere Schallereignisse wie Hintergrundgeräusche oder vom Sprecher verursachte Geräusche wie Räuspern, Atmen oder Schmatzen. Damit der Spracherkenner diese ausserlinguistischen Schallereignisse von den Wörtern des Vokabulars unterscheiden kann, ist ein entsprechendes Modell für Geräusche erforderlich.

Gewöhnlich werden für die Modellierung von Geräuschen vollverbundene HMM eingesetzt, weil die zeitliche Abfolge der aus den Geräuschsignalen extrahierten Merkmale in diesem Zusammenhang nicht interessiert. Die Merkmale können auch hier grundsätzlich diskret oder kontinuierlich sein. Selbstverständlich müssen jedoch für das Geräuschmodell die gleichen Merkmale verwendet werden wie für die übrigen Modelle.

Um ein Geräuschmodell trainieren zu können, müssen für den Einsatz des Spracherkenners typische Geräuschsignale vorhanden sein. Liegen diese vor, dann kann das Training analog zum Training eines Wort-HMM erfolgen (siehe Abschnitt 13.4.3.2).

In der Spracherkennung ist oft auch ein Pausenmodell nützlich, mit dem man Stille oder Pausen erkennen kann, wie sie vorhanden sind, wenn weder Sprache noch andere wahrnehmbare akustische Ereignisse vorhanden sind. Während Pausen sind aber stets noch mehr oder weniger leise Hintergrundgeräusche vorhanden, auch wenn davon gar nichts zu hören ist. Ein solches Pausenmodell hat die gleiche Topologie wie ein Geräuschmodell, es wird jedoch mit Signalen von Pausen trainiert.

13.5 Spracherkennung mit Wort-HMM

Nachdem wir in Abschnitt 13.4 besprochen haben, wie für das Vokabular $V = \{v_1, v_2, \ldots, v_{|V|}\}$ eines Spracherkenners die entsprechenden Wort-HMM $\lambda_1, \lambda_2, \ldots \lambda_{|V|}$ zu erzeugen sind, wollen wir diese nun für die Spracherkennung einsetzen.

Vor dem Erkennen muss aus einem Sprachsignal eine Merkmalssequenz $\mathbf{X}$ extrahiert werden. Selbstverständlich muss die Merkmalsextraktion beim Erkennen exakt gleich sein wie beim Training. Liegt die Merkmalssequenz vor, dann kann die eigentliche Erkennung beginnen. Es bieten sich dabei verschiedene Möglichkeiten an. Eine Auswahl davon wird in den folgenden Abschnitten erläutert. Wir gehen insbesondere stets von kontinuierlichen Merkmalen und dementsprechend von CDHMM aus. Die folgenden Erläuterungen sind jedoch weitgehend auch für den diskreten Fall gültig.

❯ 13.5.1 Einzelworterkennung

Wie mit Wort-HMM ein Einzelworterkenner konzipiert werden kann, wird anhand eines Ziffernerkenners mit dem Vokabular "null", "eins",..., "neun" aufgezeigt. Ein solcher Ziffernerkenner ist in Abbildung 13.4 dargestellt. Wir wollen annehmen, dass die Ziffern-HMM bereits mit einem Baum-Welch-Training gemäss Abschnitt 13.4.3.2 erstellt worden sind.

Der in der Abbildung 13.4 gezeigte Worterkenner beruht auf dem Vergleich der Produktionswahrscheinlichkeiten $P(\mathbf{X}|\lambda_i)$, also der Wahrscheinlichkeit, dass das HMM λ_i die Merkmalssequenz $\mathbf{X}$ erzeugt. Das Ermitteln dieser Produktionswahrscheinlichkeit ist eines der in Abschnitt 13.3.4 aufgeführten grundlegenden HMM-Probleme. Es wird mit dem Forward-Algorithmus gelöst (siehe Abschnitt 5.5.1). Um ein Wort zu erkennen, wird also für jedes Ziffern-HMM λ_i die Produktionswahrscheinlichkeit $P(\mathbf{X}|\lambda_i)$ ermittelt. Dasjenige HMM mit der grössten Produktionswahrscheinlichkeit $P(\mathbf{X}|\lambda_i)$ zeigt die erkannte Ziffer an.

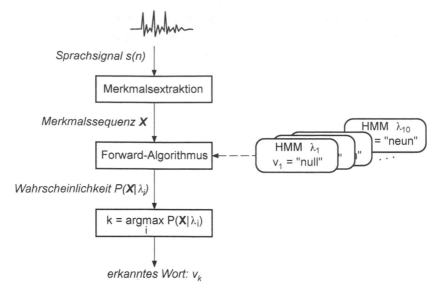

Sprachsignal s(n)

Merkmalssequenz **X**

Wahrscheinlichkeit P(**X**| λ_i)

erkanntes Wort: v_k

Abbildung 13.4. Spracherkenner für einzeln gesprochene deutsche Ziffern: Aus dem Sprachsignal wird eine Merkmalssequenz **X** extrahiert und für jedes Ziffern-HMM λ_i die Produktionswahrscheinlichkeit $P(\mathbf{X}|\lambda_i)$ ermittelt. Es gilt diejenige Ziffer als erkannt, für deren HMM $P(\mathbf{X}|\lambda_i)$ am grössten ist.

Dieses Vorgehen entspricht dann der MAP-Entscheidungsregel in Gleichung (186), wenn man annimmt, dass alle Ziffern gleich wahrscheinlich sind. Dann sind nämlich die A-priori-Wahrscheinlichkeiten $P(W)$ in Formel (187) für alle Ziffern gleich, und damit führt der Vergleich der Produktionswahrscheinlichkeiten $P(\mathbf{X}|\lambda_i)$ und der Vergleich der A-posteriori-Wahrscheinlichkeiten $P(\lambda_i|\mathbf{X})$ zum selben Resultat.

Als Alternative zum Forward-Algorithmus kann man auch den Viterbi-Algorithmus (siehe Decodierungsproblem in Abschnitt 13.3.4) für die Erkennung benutzen. Der Vergleich basiert dann nicht auf den Produktionswahrscheinlichkeiten $P(\mathbf{X}|\lambda_i)$ sondern auf den Verbundwahrscheinlichkeiten der Merkmalssequenz und der optimalen Zustandssequenz $P(\mathbf{X}, \hat{Q}|\lambda_i)$.

Es stellt sich nun die Frage, ob es besser ist, mit dem Forward-Algorithmus oder mit dem Viterbi-Algorithmus die Erkennung durchzuführen. Hinsichtlich der Erkennungsrate erreicht man etwa die gleichen Resultate, wenn man die HMM mit dem Baum-Welch-Algorithmus trainiert und für die Erkennung den Forward-Algorithmus anwendet, wie wenn man die HMM-Parameter mit einem Viterbi-Training schätzt (Abschnitt 13.4.3.2) und beim Erkennen den Viterbi-Algorithmus einsetzt. Der Viterbi-Algorithmus bietet hinsichtlich Rechenaufwand einen gewissen Vorteil, insbesondere wenn mit logarithmierten Wahrscheinlichkeiten gerechnet wird (siehe Abschnitt 5.7).

13.5.2 Worterkenner mit Erkennungsnetzwerk

Der Viterbi-Algorithmus bietet aber noch eine andere Möglichkeit für die Erkennung. Man kann nämlich die Ziffern-HMM zu einem *Erkennungsnetzwerk* verknüpfen, wie es in Abbildung 13.5 dargestellt ist. Dabei werden die Anfangszustände der Ziffern-HMM zu einem gemeinsamen Anfangszustand zusammengefasst und gleichermassen auch die Endzustände. Wir bezeichnen dies als Parallelschaltung der HMM.

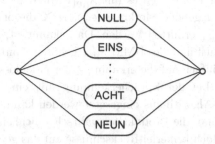

Abbildung 13.5. Erkennungsnetzwerk eines Spracherkenners für einzelne Ziffern

Die Parallelschaltung zweier HMM ergibt wiederum ein HMM, wie sich mit einem Beispiel leicht zeigen lässt. Gegeben sind die beiden folgenden HMM λ_1 und λ_2 mit je $N=4$ Zuständen (d.h. zwei Zustände sind emittierend).

$$\lambda_1 = (A_1, B_1) \quad \text{mit} \quad A_1 = \begin{bmatrix} 0 & 1 & 0 & 0 \\ 0 & 0.8 & 0.2 & 0 \\ 0 & 0 & 0.7 & 0.3 \\ 0 & 0 & 0 & 0 \end{bmatrix} \quad \text{und}$$

$$\lambda_2 = (A_2, B_2) \quad \text{mit} \quad A_2 = \begin{bmatrix} 0 & 1 & 0 & 0 \\ 0 & 0.9 & 0.1 & 0 \\ 0 & 0 & 0.6 & 0.4 \\ 0 & 0 & 0 & 0 \end{bmatrix}$$

Unter der Annahme, dass die beiden A-priori-Wahrscheinlichkeiten $P(\lambda_1)$ und $P(\lambda_2)$ gleich gross sind, also je 0.5, ergibt die Parallelschaltung von λ_1 und λ_2

das folgende Netzwerk-HMM:

$$\lambda_p = (A_p, B_p) \quad \text{mit} \quad A_p = \begin{bmatrix} 0 & 0.5 & 0 & 0.5 & 0 & 0 \\ 0 & 0.8 & 0.2 & 0 & 0 & 0 \\ 0 & 0 & 0.7 & 0 & 0 & 0.3 \\ 0 & 0 & 0 & 0.9 & 0.1 & 0 \\ 0 & 0 & 0 & 0 & 0.6 & 0.4 \\ 0 & 0 & 0 & 0 & 0 & 0 \end{bmatrix} \quad \text{und} \quad B_p = \begin{bmatrix} B_1 \\ B_2 \end{bmatrix}.$$

Das Erkennungsnetzwerk ist also nichts anderes als ein HMM für die ganze Erkennungsaufgabe. Wir bezeichnen es mit λ_{net}. Mit dem Viterbi-Algorithmus kann sodann für die gegebene Merkmalssequenz $\mathbf{X}$ die optimale Zustandssequenz $\hat{Q}$ im HMM λ_{net} ermittelt werden. Da bekannt ist, zu welchen Ziffern-HMM die einzelnen Zustände des HMM λ_{net} gehören, kann aus der optimalen Zustandssequenz $\hat{Q}$ einfach auf die erkannte Ziffer geschlossen werden.

Logischerweise kann bei der Spracherkennung mit einem Erkennungsnetzwerk nur der Viterbi-Algorithmus eingesetzt werden kann. Mit dem Forward-Algorithmus könnte man die Produktionswahrscheinlichkeit $P(\mathbf{X}|\lambda_{net})$ ermitteln, diese erlaubt jedoch keinerlei Rückschlüsse auf das geäusserte Wort.

Auch durch die Serienschaltung zweier HMM entsteht wiederum ein HMM. Wenn beispielsweise die oben gegebenen HMM λ_1 und λ_2 in Serie geschaltet werden, dann entsteht das HMM λ_s:

$$\lambda_s = (A_s, B_s) \quad \text{mit} \quad A_s = \begin{bmatrix} 0 & 1 & 0 & 0 & 0 & 0 \\ 0 & 0.8 & 0.2 & 0 & 0 & 0 \\ 0 & 0 & 0.7 & 0.3 & 0 & 0 \\ 0 & 0 & 0 & 0.9 & 0.1 & 0 \\ 0 & 0 & 0 & 0 & 0.6 & 0.4 \\ 0 & 0 & 0 & 0 & 0 & 0 \end{bmatrix} \quad \text{und} \quad B_s = \begin{bmatrix} B_1 \\ B_2 \end{bmatrix}.$$

Zu bemerken ist, dass bei der Serienschaltung der Endzustand von λ_1 und der Anfangszustand von λ_2 wegfallen.

Durch Serien- und Parallelschaltung von HMM ist es auch möglich, Pausen vor und nach dem zu erkennenden Wort mit einem speziellen Pausen-HMM zu berücksichtigen. Abbildung 13.6 zeigt ein solches Erkennungsnetzwerk.

Das zu erkennende Wort kann so bei der Aufnahme grosszügig ausgeschnitten werden, d.h. mit Pausen vor und nach der Äusserung, um sicher zu sein, dass beim Detektieren der Äusserung weder der Anfang noch das Ende des Wortes abgeschnitten wird. Der Viterbi-Algorithmus bestimmt dann auch gleich noch den Anfangs- und den Endpunkt der Äusserung, was unter schwierigen Bedingungen (z.B. bei lauter Umgebung) viel zuverlässiger ist als beispielsweise

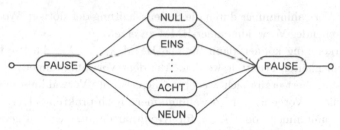

Abbildung 13.6. Erkennungsnetzwerk eines Spracherkenners für einzeln gesprochene Ziffern. Mit den Pausen-HMM kann der Erkenner gleichzeitig auch den Anfangs- und den Endpunkt der Ziffer im Signal detektieren.

die in Abschnitt 11.8.2.3 erläuterte automatische Detektion des Anfangs- und Endpunktes.

13.5.3 Schlüsselworterkennung

Ein Erkenner für in Äusserungen eingebettete Schlüsselwörter, wir haben ihn in Abschnitt 11.5 als Keyword-Spotter bezeichnet, ist ähnlich aufgebaut wie der Ziffernerkenner in Abbildung 13.6. Statt der Pausenmodelle sind jedoch Modelle für beliebige (und insbesondere beliebig lange) Sprachsignale vorhanden. Wie ein solches Sprachmodell erzeugt werden kann, wird in Abschnitt 13.7.3 erläutert. Falls die Sprache vor und nach dem Schlüsselwort optional ist, kann das Sprachmodell parallel zum Pausenmodell eingesetzt werden.

13.5.4 Verbundworterkennung

Um nicht bloss einzeln gesprochene Ziffern erkennen zu können, sondern auch Folgen von Ziffern, z.B. Kreditkartennummern oder Telefonnummern, kann man das Konzept der Erkennungsnetzwerke erweitern. So ist es beispielsweise möglich, beim Erkennen der schweizerischen Vorwahlnummern (29 dreistellige Zahlen zwischen 021 und 091) wie in Abbildung 13.7 dargestellt vorzugehen, al-

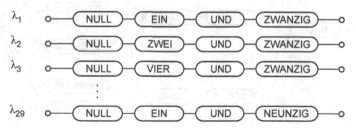

Abbildung 13.7. Erkennung von Vorwahlnummern: Für jede Nummer wird ein separates Verbund-HMM verwendet, das aus der Serienschaltung der betreffenden Wort-HMM entsteht.

so für jede Vorwahlnummer durch die Serienschaltung der nötigen Wort-HMM ein entsprechendes Vorwahlnummer-HMM zu erzeugen.

Bei der Erkennung können dann für alle HMM $\lambda_1, \ldots, \lambda_{29}$ die Produktionswahrscheinlichkeiten ermittelt werden. Aus dem Vorwahlnummern-HMM mit dem höchsten Wert ergibt sich wiederum die erkannte Vorwahlnummer.

Während dieses Vorgehen für Vorwahlnummern noch praktikabel ist, ist es für ganze Telefonnummern oder sogar für Kreditkartennummern ausgeschlossen. Der Ausweg besteht darin, die Aufzählung aller möglichen Modellfolgen zu vermeiden, indem die HMM zu einem Erkennungsnetzwerk verknüpft werden und zum Erkennen der Viterbi-Algorithmus angewendet wird. Als Erkennungsnetzwerk für die Vorwahlnummern kann man beispielsweise die in Abbildung 13.8 gezeigten baumförmig organisierten Modelle einsetzen.

Für jeden gemeinsamen Anfang von mehreren erlaubten Wortfolgen existiert in der Baumorganisation genau eine Serienschaltung von HMM. Das Erkennungsnetzwerk hat dadurch wesentlich weniger HMM-Zustände als wenn einfach die Modelle $\lambda_1, \ldots, \lambda_{29}$ parallel geschaltet würden. Doch auch im Erkennungsnetzwerk mit Baumorganisation kommen noch viele Modelle mehrfach vor, so zum Beispiel das Modell für das Wort "und". Möchte man diese verbleibende Redundanz auch noch eliminieren, so kann man die Modelle wie in Abbildung 13.9 gezeigt organisieren. Mit diesem Erkennungsnetzwerk können nun jedoch Wortfolgen erkannt werden, die eigentlich nicht erlaubt sind, so zum Beispiel die in der Schweiz ungültige Vorwahlnummer 028.

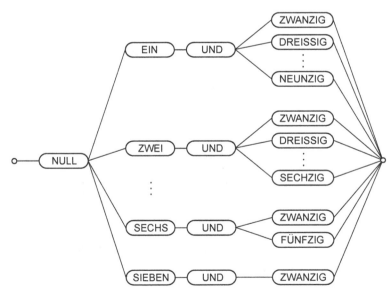

Abbildung 13.8. Baumförmige Organisation der HMM im Erkennungsnetzwerk eines Spracherkenners für Vorwahlnummern

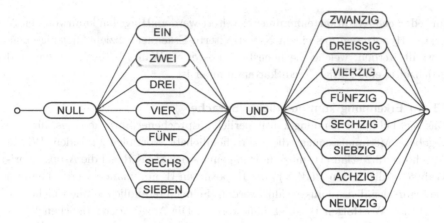

Abbildung 13.9. Organisation der Modelle eines Vorwahlnummern-Erkenners als Graph

❯ 13.5.5 Erkennung mit dem N-best-Viterbi-Algorithmus

Ein optimales Decodierungsverfahren muss für alle möglichen Hypothesen unter Verwendung allen vorhandenen Wissens die A-posteriori-Wahrscheinlichkeit berechnen und die Hypothese mit dem höchsten Wert auswählen. Mit dem Viterbi-Algorithmus kann man diese Aufgabe erledigen, indem das Wissen in das Erkennungsnetzwerk eingebaut und dann der wahrscheinlichste Pfad durch das Netzwerk gesucht wird.

In manchen Anwendungen kann jedoch das Wissen nicht zweckmässig in das Erkennungsnetzwerk eingebaut werden. Dies ist beispielsweise auch beim Vorwahlnummernerkenner in Abbildung 13.9 der Fall, mit der Folge, dass auch ungültige Vorwahlnummern erkannt werden können. In solchen Fällen ist es erwünscht, dass der Spracherkenner nicht nur eine einzige Wortfolge ausgibt, sondern die N wahrscheinlichsten. Mit dem zusätzlichen, im Erkennungsnetz nicht berücksichtigten Wissen wird dann nachträglich entschieden, welche dieser N wahrscheinlichsten Lösungen die richtige ist.

Die N wahrscheinlichsten Lösungen erhält man mit dem N-best-Viterbi-Algorithmus. Dies ist eine Erweiterung des gewöhnlichen Viterbi-Algorithmus so, dass am Ende nicht nur eine optimale Zustandssequenz resultiert, sondern N, mit der Nebenbedingung, dass alle Zustandssequenzen auch einer andern Wortfolge entsprechen müssen.

Der Einsatz des N-best-Viterbi-Algorithmus kann beispielsweise beim Erkennen von Kreditkartennummern sinnvoll sein. Von den 10^{16} möglichen Kombinationen der 16 Ziffern sind nur ein paar Millionen gültig. Es macht jedoch wenig Sinn, alle gültigen Kreditkartennummern explizit durch ein eigenes Verbund-HMM zu beschreiben (also wie beim Erkennen der Vorwahlnummer in Abbildung 13.7 vorzugehen). Dies wäre zu aufwändig, und die Liste müsste zudem für jede neue Kreditkartennummer erweitert werden. Hingegen kann von den N besten Hypothesen aus einem N-best-Viterbi-Erkenner effizient diejenige ausgewählt werden, welche die höchste A-posteriori-Wahrscheinlichkeit hat und gleichzeitig eine gültige Kreditkartennummer ist.

❯ 13.5.6 Erkennung kontinuierlicher Sprache

Das Ziel bei der Erkennung kontinuierlich gesprochener Sprache ist es, für eine gegebene Merkmalssequenz die wahrscheinlichste Wortfolge zu finden. Wie in Abschnitt 13.2 erläutert, müssen dazu gemäss der MAP-Regel die A-posteriori-Wahrscheinlichkeiten $P(W|\mathbf{X})$ aller Hypothesen W miteinander verglichen und die wahrscheinlichste ausgewählt werden. Selbstverständlich können nicht alle möglichen Wortfolgen W aufgezählt werden. Die Anzahl der möglichen Wortfolgen steigt exponentiell mit der Länge der Wortfolge. Da es unschön wäre, die maximale Länge der erlaubten Wortsequenzen von vornherein zu beschränken, ist diese Vorgehensweise für kontinuierliche Spracherkennung nicht praktikabel. Die Lösung besteht darin, die Aufzählung aller Wortfolgen zu vermeiden, indem ein geeignetes Erkennungsnetzwerk verwendet wird. Beispielsweise können unter Verwendung von Zyklen alle möglichen Wortfolgen beliebiger Länge kompakt in einem Erkennungsnetzwerk dargestellt werden, wie dies Abbildung 13.10 zeigt. Ein solches Netzwerk könnte beispielsweise in einem Diktiersystem verwendet werden.

Das Erkennungsnetzwerk (bzw. das zugehörige Trellis-Diagramm, siehe Abschnitt 5.3) wird mittels des Viterbi-Algorithmus nach dem optimalen Pfad durchsucht. Die erkannte Wortfolge ergibt sich dann aus den Wörtern entlang des optimalen Pfades.

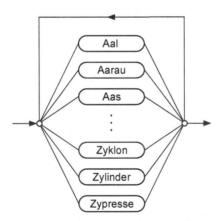

Abbildung 13.10. Der Zyklus im Erkennungsnetzwerk ermöglicht eine kompakte Darstellung aller möglichen Wortfolgen für das gegebene Vokabular.

Die Erkennung kontinuierlicher Sprache mit Wort-HMM ist nur bei einem Vokabular mit relativ bescheidenem Umfang praktikabel. Für Sprachen mit vielen Wortformen ist diese Grenze relativ bald erreicht. Man setzt deshalb Wortteil-HMM ein, wie sie im Folgenden besprochen werden.

13.6 Akustische Modelle für Wortteile

Für Spracherkenner mit grossem Vokabular ist der Einsatz von Wort-HMM unpraktisch, besonders dann, wenn der Spracherkenner sprecherunabhängig sein soll. Alle Wörter müssen von einigen hundert bis mehreren tausend Personen aufgenommen werden, was sehr aufwändig ist. Zudem wäre es praktisch unmöglich, das Vokabular eines solchen Spracherkenners zu erweitern. Das aufwändige Aufnahmeprozedere müsste auch für ein einzelnes Wort wiederholt werden. Deshalb werden für Spracherkenner mit grossem Vokabular nicht Wort-HMM eingesetzt, sondern HMM für kleinere linguistische Einheiten.

Die kleinsten Segmente des Sprachsignals, für die ein eigenes akustisches Modell angesetzt wird, wollen wir im Folgenden als *Grundelemente* bezeichnen. Bisher haben wir ausschliesslich Wörter als Grundelemente verwendet.

Um die Anzahl der nötigen Grundelement-HMM in einem vernünftigen Rahmen zu halten und gleichzeitig auch eine einfache Erweiterung des Erkennervokabulars zu ermöglichen, werden Wortteile (engl. *sub-word units*) als Grundelemente verwendet. Welche Grundelemente eingesetzt werden können und nach welchen Gesichtspunkten man eine Wahl treffen kann, wird nachfolgend erläutert.

13.6.1 Wahl der Grundelemente

Die Wahl der Grundelemente beeinflusst die erzielbare Erkennungsrate eines Spracherkenners und muss deshalb richtig getroffen werden. In diesem Abschnitt wollen wir einerseits verschiedene Typen von Grundelementen betrachten und anderseits überlegen, welche Folgen eine bestimmte Wahl für die Spracherkennung hat.

Die Grundelemente können in zwei Gruppen eingeteilt werden, nämlich in *kontextunabhängige* und *kontextabhängige* Grundelemente. Bei kontextunabhängigen Grundelementen wird für jedes Grundelement nur ein Modell verwendet. Es wird also nicht berücksichtigt, dass ein Grundelement von verschiedenen Nachbarlauten unterschiedlich beeinflusst wird. Dagegen wird bei kontextabhängigen Grundelementen die Nachbarschaft berücksichtigt, indem für jeden auftretenden lautlichen Kontext ein separates Grundelementmodell trainiert wird.

⊙ 13.6.1.1 Allgemeine Anforderungen an Grundelemente

Bei der Auswahl von Grundelementen für ein Spracherkennungssystem müssen unterschiedliche Forderungen erfüllt werden, je nach der Art der Erkennungsaufgabe.

⊙ Präzision

Die Aussprache eines Grundelementes soll möglichst spezifisch und gleichzeitig konsistent sein. Dadurch ergibt sich eine hohe Trennschärfe (Diskrimination) der trainierten Grundelement-Modelle. Die Diskriminationsfähigkeit der Grundelemente schlägt sich direkt in der erzielbaren Erkennungsleistung des Gesamtsystems nieder. Um eine hohe Präzision zu erreichen, muss die Zahl der Grundelemente genügend gross sein.

⊙ Trainierbarkeit

Für jedes einzelne der Grundelemente müssen genügend Trainingsdaten vorhanden sein, um überhaupt ein HMM trainieren zu können (vergl. Abschnitt 13.4.3.1). Wenn die Zahl der Grundelemente sehr gross ist oder gewisse Grundelemente in natürlicher Lautsprache sehr selten vorkommen, dann muss die Menge von Sprachsignalen für das Training sehr gross sein.

⊙ Transfer

Bei Spracherkennern mit flexiblem oder offenem Vokabular ist das bei der Erkennung verwendete Vokabular beim Training noch nicht genau bekannt. In diesem Fall muss man zusätzlich fordern, dass es möglich sein soll, Verbund-Modelle für neue Wörter aus den Grundelementmodellen zusammenzusetzen.

⊙ 13.6.1.2 Kontextunabhängige Grundelemente

Als kontextunabhängige Grundelemente kommen grundsätzlich linguistische Einheiten wie Laute, Silben oder Wörter in Frage, aber auch Diphone und Halbsilben. Die wichtigsten dieser Grundelemente, nämlich die Wörter und die Laute, werden im Folgenden im Hinblick auf ihre Eigenschaften bezüglich Präzision, Trainierbarkeit und Transfer besprochen.

⊙ Wörter

Wörter als Grundelemente zeichnen sich durch eine hohe Präzision aus, da Koartikulation innerhalb der Wörter und auch die in den Trainingsdaten enthaltenen Sprechvarianten beim Training automatisch mitberücksichtigt werden. Demgegenüber steht die schlechte Trainierbarkeit, da für jedes Wort genügend Trainingsbeispiele vorhanden sein müssen. Für grosse oder sogar offene Vokabulare sind deshalb Wörter als Grundelemente unbrauchbar.

⊙ **Laute**

Die naheliegendsten Grundelemente sind die Laute. Für die Spracherkennung werden im Deutschen etwa 40–60 Laute und Diphthonge unterschieden. Die Modelle dieser Grundelemente können schon mit einer relativ bescheidenen Trainingsdatenmenge genügend robust trainiert werden. Ihre Präzision ist jedoch sehr begrenzt, weil benachbarte Laute sich gegenseitig beeinflussen. Verschiedene Untersuchungen bestätigen denn auch, dass Ganzwortmodelle den kontextunabhängigen Lautmodellen hinsichtlich Präzision überlegen sind. Hingegen ist der Transfer zu einem neuen Vokabular mit Lautmodellen sehr einfach zu bewerkstelligen, da man mithilfe der phonetische Transkription der neuen Wörter direkt die betreffenden Verbund-HMM aus den Grundelement-HMM zusammenstellen kann.

⊙ **13.6.1.3 Kontextabhängige Grundelemente**

Laute werden mehr oder weniger stark durch ihre Nachbarlaute mitgeprägt (Koartikulation). Je stärker ein Laut durch die Nachbarlaute beeinflusst wird, desto grösser ist die Variabilität der Merkmale des Lautes, und je grösser die Variabilität der Merkmale ist, desto unzuverlässiger ist die Erkennung des Lautes. Wenn aber für einen einzelnen Laut mehrere Modelle verwendet werden, welche die verschiedenen Kontexte berücksichtigen, dann reduziert sich die Variabilität und die Konsistenz der Modelle nimmt zu.

Da aber die Anzahl der Grundelemente und damit die Anzahl der zu schätzenden Parameter mit der Berücksichtigung des Kontextes zunimmt, ist das Training von kontextabhängigen Modellen keine einfache Sache. Insbesondere muss eine gute Balance zwischen Präzision und Trainierbarkeit gefunden werden.

⊙ **Triphone**

Die naheliegendste Möglichkeit, den lautlichen Kontext zu berücksichtigen, ist das Triphon. Das Triphon-Modell ist ein Lautmodell, das nur je einen Laut auf der linken und rechten Seite als Kontext mitberücksichtigt.[5] Wir schreiben hier ein Triphon als $L/K/R$, wobei K der Kernlaut ist und L und R den linken bzw. den rechten Kontextlaut bezeichnen. So ist z.B. mit dem Triphon a/n/t das Grundelement des Kernlautes [n] mit dem linken Kontextlaut [a] und dem rechten Kontextlaut [t] gemeint. Für einen bestimmten Kernlaut werden so

---

[5]In der Spracherkennung ist ein Triphonmodell also eine statistische Beschreibung für einen Laut. Im Gegensatz dazu verstehen wir im Zusammenhang mit der Sprachsynthese, die auf Verkettung beruht, unter einem Triphon ein Sprachsignalsegment, das in der Mitte eines Lautes beginnt und in der Mitte des übernächsten Lautes endet.

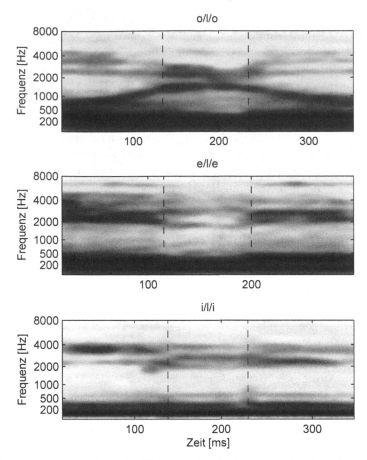

Abbildung 13.11. Darstellung des Einflusses des Kontextes auf den Laut [l] anhand der Mel-Spektrogramme der Lautfolgen [olo], [ele] und [ili]

viele Triphon-Modelle angesetzt wie verschiedene Kombinationen von linkem und rechtem Kontextlaut zu diesem Kernlaut existieren.

Ein Beispiel für den Einfluss des Kontextes auf den Kernlaut ist in Abbildung 13.11 dargestellt.

Die Präzision der Triphon-Grundelemente ist recht hoch, da sie die stärksten Koartikulationseffekte berücksichtigen. Die Trainierbarkeit dieser Grundelemente ist jedoch problematisch, da die Zahl der kombinatorisch möglichen Triphone der dritten Potenz der Anzahl unterschiedener Laute entspricht. Auch wenn bei weitem nicht alle möglichen Triphone wirklich in der Sprache vorkommen, so ist die Zahl der zu modellierenden Grundelemente doch sehr hoch.

So wurden z.B. in der SGP-Datenbank (Swiss German Polyphone), die etwa 250 Stunden Sprachsignale von 5000 Personen aus der Deutschschweiz umfasst, bei einem Vokabular von 59000 Wörtern 28300 Triphone gezählt. Das sind wenige, wenn man bedenkt, dass mit dem verwendeten Lautinventar der Grösse 46 über 97000 Triphone möglich wären. Von den in der Datenbank vorhandenen Triphonen kommt zudem mehr als die Hälfte weniger als 10 Mal vor. Nur für 4300 Triphone sind mindestens 100 Beispiele vorhanden, wobei diese Zahl von Beispielen immer noch sehr knapp ist, um ein sprecherunabhängiges Modell zu trainieren.

⊙ 13.6.1.4 Generalisierte Triphone

Da viele Triphone selten sind, findet man auch in einem sehr grossen Trainings-set für viele Triphone zu wenig oder überhaupt keine Daten. Unter der Annahme, dass ein Laut in ähnlichen Kontexten auch ähnlich realisiert wird, können Kontexte in gröbere Klassen zusammengefasst werden. Dieses Zusammenfassen kann rein datengetrieben oder mit phonetischem Wissen durchgeführt werden. Die resultierenden Grundelemente heissen *verallgemeinerte* oder *generalisierte Triphone*. Da durch diese Gruppierung weniger Triphone unterschieden werden müssen, nimmt die Anzahl der Modelle ab und die Trainierbarkeit zu.

⊙ Datengetriebenes Clustering

Die rein datengetriebenen Clustering-Verfahren starten mit einem separaten Cluster für jedes Triphon-Modell. Dann werden jeweils die zwei Cluster desselben Kernlautes zusammengefasst, für welche sich die Merkmale der Kernlaute am wenigsten unterscheiden, bis die gewünschte Zahl der Triphon-Modelle erreicht ist. Um festzulegen, welche Cluster zusammengefasst werden sollen, muss ein Ähnlichkeitsmass für die Wahrscheinlichkeitsverteilungen zweier Zustände definiert werden. Weil das Clustering am Anfang des Trainings durchgeführt wird, wenn also die Beobachtungswahrscheinlichkeitsverteilungen erst eine Mischkomponente haben, kann einfach die Distanz zwischen den Mittelwertvektoren verwendet werden.

Das rein datengetriebene Clustering-Verfahren hat einen wesentlichen Nachteil: Wenn eines der Wörter des Erkennervokabulars ein Triphon enthält, das im Training nicht vorhanden war, muss auf das entsprechende kontextunabhängige Lautmodell zurückgegriffen werden, was eine Verschlechterung der Erkennungsleistung nach sich zieht.

⊙ Clustering mit Entscheidungsbäumen

Ein Verfahren, das auch phonetisches Wissen mit einbezieht, ist das Clustering mit Entscheidungsbäumen (*decision tree clustering*). Ein solcher Entscheidungsbaum ist in Abbildung 13.12 dargestellt. Ein Triphon-Modell wird wie folgt einem Cluster zugewiesen: Man beginnt bei der Wurzel des Entscheidungsbaumes für den gegebenen Kernlaut und bewegt sich Schritt für Schritt von der Wur-

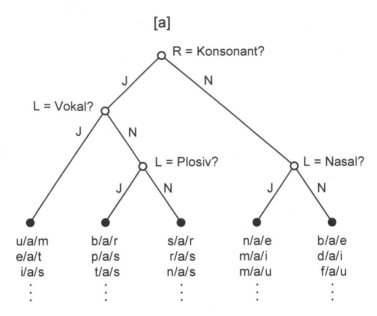

Abbildung 13.12. Beispiel eines Entscheidungsbaums für das Clustering von Triphon-Modellen des Lautes [a]. Alle Modelle im selben Blattknoten werden gekoppelt. *L* und *R* bedeuten linker bzw. rechter Kontext.

zel weg, bis man in einem Blattknoten ankommt. Dabei wählt man in jedem Knoten diejenige Kante aus, welche der richtigen Antwort auf die jeweilige Entscheidungsfrage entspricht. Das Triphon-Modell wird schliesslich in das Cluster des erreichten Blattknotens eingeteilt.

Beim Erzeugen eines Entscheidungsbaumes legt man zuerst die möglichen Entscheidungsfragen anhand von phonetischem Wissen (z.B. über die Lautklassen) fest. Der Entscheidungsbaum wird dann von der Wurzel her aufgebaut. Am Anfang befinden sich alle Triphonmodelle eines Kernlautes im gleichen Cluster an der Wurzel des Entscheidungsbaumes. Nun wird diejenige Frage gesucht, welche die "beste" Aufspaltung des Wurzelknotens ergibt. Für die Auswahl der passendsten Frage kann z.B. der Anstieg der Likelihood bezüglich der Trainings-daten verwendet werden.[6] Nach dem gleichen Kriterium kann auch bestimmt werden, welcher Knoten als nächster erweitert werden soll. Der Entscheidungs-baum wird solange erweitert, bis der Anstieg der Likelihood einen bestimmten Schwellwert unterschreitet. Um die Trainierbarkeit zu gewährleisten, wird der

---

[6] Jede Aufteilung eines Clusters von Modellen in zwei neue Cluster führt zu einer Erhöhung der Likelihood bezüglich der zugehörigen Trainingsdaten, da zweimal so viele Parameter zur Verfügung stehen, um dieselben Trainingsdaten zu beschreiben. Die Grösse des Anstiegs ist dabei ein Mass für die Güte der Aufteilung.

Entscheidungsbaum nur dann erweitert, wenn nach der Aufspaltung in den resultierenden Clustern genügend Trainingsbeispiele verbleiben.

Das Clustering mit Entscheidungsbäumen hat den Vorteil, dass bei der Erkennung auch solche Triphon-Modelle eingesetzt werden können, welche in den Trainingsbeispielen nicht vorkommen. Dazu durchläuft man im Entscheidungsbaum den Weg von der Wurzel bis zum Blattknoten, der dem gesuchten Cluster entspricht. Zur Beschreibung des Triphons wird nun das Modell verwendet, das zum ermittelten Cluster gehört.

13.6.2 Erzeugen von Grundelementmodellen

In diesem Abschnitt geht es darum, einen Satz von Grundelementmodellen zu erzeugen, mit denen ein Spracherkenner für ein beliebiges Vokabular verwirklicht werden kann.

13.6.2.1 Aufnahme von Sprachsignalen für Grundelement-HMM

Auch für Wortteil-HMM müssen vor dem Training die entsprechenden Daten bereitgestellt werden. Der erste Schritt ist wiederum die Aufnahme von Sprachsignalen. Was die Aufnahmebedingungen, den Umfang der Sprachdaten und die Sprecherunabhängigkeit der zu erstellenden Modelle betrifft, gilt hier dasselbe wie bei der Aufnahme von Sprachsignalen für Wort-HMM (siehe Abschnitt 13.4.3.1).

Hier sind jedoch die Aufnahmen nicht auf ein vorgegebenes Vokabular ausgerichtet. Vielmehr sollen die Sprachsignale in jeder Hinsicht möglichst vielfältig sein, sodass die interessierenden Grundelemente (also z.B. die Laute) in allen Varianten vorkommen. Im Gegensatz zu den in Abschnitt 13.4.3.1 beschriebenen Sprachaufnahmen werden hier also nicht nur einzelne Wörter aufgenommen, sondern auch ganze Sätze.

13.6.2.2 Training von Grundelement-HMM

In Abschnitt 13.4.3.2 haben wir, um ein HMM λ_i für das Wort v_i des Erkennervokabulars zu erzeugen, aus den Trainingsdaten alle Sprachsignale bzw. Merkmalsequenzen mit diesem Wort herausgesucht und ausgehend von einem Initial-HMM ein Baum-Welch- oder Viterbi-Training durchgeführt. Wir haben also die Wort-HMM voneinander unabhängig trainiert. Dies war deshalb möglich, weil jede Merkmalsequenz genau ein Wort beinhaltete und zudem bekannt war welches.

Im Gegensatz dazu werden für die kontinuierliche Spracherkennung ganze Sätze für das Training aufgenommen. Will man mit diesen Trainingsdaten Grundelementmodelle (z.B. Laut-HMM) trainieren, so steht man vor dem Problem, dass gewöhnlich nur eine graphemische Beschreibung (normaler Text) der Trainingssprachsignale existiert. Diese graphemische Beschreibung kann mit Methoden, wie sie in der Sprachsynthese verwendet werden, in eine phonetische Transkription umgewandelt werden. In den Trainingsdaten sind aber die Segmentgrenzen der Grundelemente nach wie vor unbekannt, und eine manuelle Segmentierung der umfangreichen Trainingsdaten wäre viel zu aufwändig.

Das Ziel ist es deshalb, die Trainingsdaten möglichst automatisch in die gewünschten Grundelemente zu segmentieren, ausgehend von den Sprachsignalen und der phonetischen Transkription. Dazu existiert ein Verfahren, welches die Sprachsignale segmentiert und gleichzeitig alle Grundelemente trainiert. Dieses Verfahren heisst *Embedded Training* und wird in Abschnitt 13.6.2.4 besprochen.

⊘ 13.6.2.3 Initial-HMM für Grundelemente

Auch beim Embedded-Training werden für die Grundelemente Initial-HMM gebraucht. Dafür müssen die Topologie und die Anzahl der Zustände N definiert werden. Es werden wiederum lineare HMM eingesetzt und die Überlegungen, die in Abschnitt 13.4.2 zum Richtwert von 2 bis 5 Zuständen pro Laut führten, sind auch hier gültig. Häufig werden für Laut-HMM drei emittierende Zustände angesetzt.

Was die Initialwerte der Beobachtungswahrscheinlichkeitsverteilungen betrifft, kann man je nach vorhandenen Daten unterschiedlich vorgehen. Darauf wird im Folgenden eingegangen.

⊘ Initialmodell mit segmentierten Daten

Da sowohl der Baum-Welch-Algorithmus als auch das Viterbi-Training nur ein lokales Optimum finden, ist es von Vorteil, ein möglichst gutes Initialmodell zu verwenden. Eine Möglichkeit ist z.B., anhand von segmentierten Daten die Initialwerte für Beobachtungswahrscheinlichkeitsverteilungen zu bestimmen.

Segmentierte Daten erhält man beispielsweise, indem ein Experte Sprachsignale anhört und aufgrund seines phonetischen Wissens Lautgrenzen mit einem interaktiven, audio-visuellen Werkzeug manuell festlegt. Da dies sehr aufwändig ist, kann jedoch nur ein sehr kleiner Teil der nötigen Trainingsdaten manuell segmentiert werden. Schon wenige hundert Sätze reichen jedoch aus, um die Beobachtungswahrscheinlichkeitsverteilungen (nur je eine Mischkomponente) der Initialmodelle zu bestimmen.

Da für einen Laut mehr als ein Zustand festgelegt wird, müssen noch die Segmentgrenzen innerhalb des Lautes bestimmt werden. Dies kann erreicht werden, indem die Merkmalssequenz eines Lautes gleichmässig auf die entsprechende Zustände aufgeteilt wird. Mit der Kenntnis, welche Teile der Merkmalssequenzen zu welchen Zuständen der Grundelement-HMM gehören, können nun der Mittelwertvektor und die Kovarianzmatrix der einzigen Mischkomponente jedes Zustandes berechnet werden.

⊙ Initialmodell ohne segmentierte Daten

Wenn die Initialwerte der Beobachtungswahrscheinlichkeitsverteilungen ohne segmentierte Daten festgelegt werden müssen, spricht man von einem *Flat-Start*. Dabei gibt es zwei Möglichkeiten: Bei der ersten werden die Merkmalssequenzen gleichförmig segmentiert, d.h. eine Merkmalssequenz der Länge T mit n Lauten und k Zuständen pro Laut wird in $k\,n$ etwa gleich lange Teilsequenzen unterteilt. Aus den Teilsequenzen aller Merkmalssequenzen können dann wiederum für jeden Zustand der Mittelwertvektor und die Kovarianzmatrix der einzigen Mischkomponente berechnet werden. Die zweite Möglichkeit ist, für alle Zustände die gleichen Initialwerte der Beobachtungswahrscheinlichkeitsverteilungen zu verwenden, nämlich der Mittelwertvektor und die Kovarianzmatrix über alle Trainingsdaten.

Aus der praktischen Erfahrung ist nicht klar, welche dieser beiden Flat-Start-Varianten zu bevorzugen ist. Sicher ist jedoch, dass beide schlechtere Initialwerte liefern als segmentierte Daten, was sich in der Regel auch auf die Fehlerrate des Spracherkenners auswirkt.

⊙ 13.6.2.4 Embedded Training

Die Idee des Embedded Trainings ist recht einfach: Für jede Trainingsäusserung, z.B. ein Satz oder ein Wort, wird entsprechend der gegebenen phonetischen Transkription aus Grundelement-HMM ein Verbund-HMM für die gesamte Äusserung zusammengesetzt. Zudem werden alle Zustände, die zum gleichen Grundelementzustand gehören, innerhalb und zwischen den Verbund-HMM gekoppelt (siehe Abbildung 13.13).

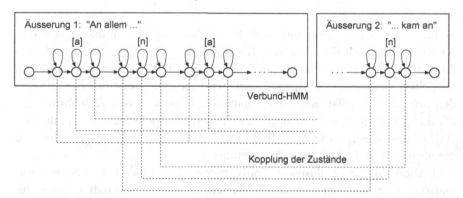

Abbildung 13.13. Embedded Training. Für jede Trainingsäusserung wird ein Verbund-HMM aus den Grundelementen zusammengesetzt. Die zum gleichen Grundelement gehörenden Zustände werden innerhalb und zwischen den Verbund-HMM gekoppelt. Die Grundelemente werden gleichzeitig trainiert, indem in jeder Iteration über alle Äusserungen summiert wird.

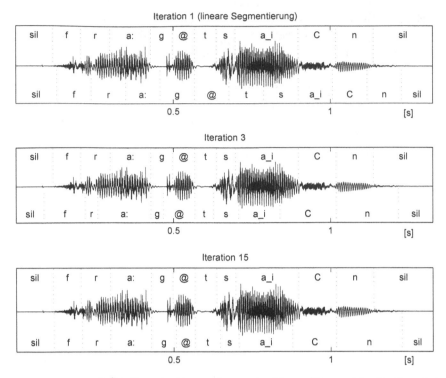

Abbildung 13.14. Darstellung der Segmentierung des Wortes "Fragezeichen" während des Embedded-Trainings von 40 kontextunabhängigen Lautmodellen mit Flat-Start. Die manuell gesetzten Lautgrenzen sind oberhalb des Signals eingezeichnet, diejenigen aus dem Viterbi-Algorithmus unten.

Wenn Zustände gekoppelt sind, so bedeutet das, dass die Parameter aller dieser Zustände gleich sind. Für das Training, das ja im Wesentlichen auf dem Zählen von Ereignissen beruht, heisst dies, dass alle Ereignisse, welche die gekoppelten Zustände bzw. deren Parameter betreffen, zusammengezählt werden müssen. Die entsprechenden Schätzformeln sind in den Abschnitten 5.6 (Training mit mehreren Beobachtungssequenzen) und 13.6.2.7 (Kopplung von HMM-Parametern) zu finden. Mit den neu geschätzten Parametern wird nun die nächste Trainingsiteration durchgeführt.

Wie Abbildung 13.14 illustriert, konvergieren die bei einem Flat-Start automatisch erzeugten Segmentgrenzen mit zunehmender Anzahl Iterationen im Allgemeinen recht gut gegen eine von Hand erzeugte Segmentierung.

(>) 13.6.2.5 Training von generalisierten Triphon-Modellen

Generalisierte Triphon-Modelle können wie folgt erzeugt und trainiert werden:

1. Ein initialer Satz von kontextunabhängigen Lautmodellen mit einer Misch-komponente wird erzeugt und trainiert (mit Embedded Training).

2. Für jeden Kontext eines Lautes, der in den Trainingsdaten existiert, wird ein Initial-Triphonmodell erzeugt. Die Beobachtungswahrscheinlichkeitsver-teilung wird vom jeweiligen kontextunabhängigen Lautmodell kopiert. Die Zustandsübergangswahrscheinlichkeiten aller zum selben Kernlaut gehören-den Triphone werden gekoppelt. Die erzeugten Triphonmodelle werden trai-niert (mit Embedded Training; nur eine Mischkomponente).

3a. Bei datengetriebenem Clustering: Von den zu einem Kernlaut gehören-den Triphonmodellen, die als Initial-Cluster dienen, werden jeweils die zwei ähnlichsten zu einem Cluster vereint bis für jeden Kernlaut die gewünschte Anzahl Cluster, also generalisierte Triphonmodelle erreicht ist.

3b. Bei Decision-Tree-Clustering: Die Triphonmodelle, die zu einem Kernlaut gehören, werden mit einem Entscheidungsbaum in Cluster unterteilt.

4. Die Modelle werden trainiert. Dann wird abwechslungsweise die Anzahl der Mischkomponenten um einen Schritt erhöht und die Modelle wieder trai-niert, bis die Erkennungsleistung nicht mehr zunimmt, oder die gewünschte Anzahl Mischkomponenten erreicht ist.

(>) 13.6.2.6 Knappe Menge von Trainingsdaten

Die vorhandenen Trainingsdaten reichen oft nicht aus, um gute Schätzwerte für alle Parameter der Grundelement-HMM zu erhalten. Dies ist vor allem dann der Fall, wenn die Zahl der Grundelement-HMM gross ist, also beispielsweise bei Triphonmodellen. Es kommt insbesondere vor, dass einzelne der Beobach-tungswahrscheinlichkeiten sehr kleine Werte erhalten oder gar null werden. Falls beim Training eine Zustandsübergangs- oder eine Beobachtungswahrscheinlich-keit von null auftritt, wird diese auch in den weiteren Iterationen null bleiben. Dies ist insofern ein Problem, als die Verbundwahrscheinlichkeit $P(\mathbf{X}, Q|\lambda)$ null wird, wenn auch nur ein einziges Merkmal $\mathbf{x}_t$ der Sequenz $\mathbf{X}$ so liegt, dass die Beobachtungswahrscheinlichkeit $b_j(\mathbf{x}_t) = 0$ ist. Gehört S_j zum HMM des korrekten Grundelementes, so besteht die Gefahr, dass ein Erkennungsfehler eintrifft. Es gibt mehrere Möglichkeiten, um dieses Problem zu entschärfen, u.a. die folgenden:

— Festlegen eines Minimalwertes für alle Beobachtungswahrscheinlichkeiten (bei DDHMM): Schätzwerte, die unter diese Grenze fallen, werden auf die-se Grenze angehoben. Die anderen Wahrscheinlichkeiten müssen entsprechend korrigiert werden, damit die Summe aller Wahrscheinlichkeiten wieder gleich 1 ist.

- Festlegen von Minimalwerten für alle Varianzen und Gewichte der Mischkomponenten (bei DDHMM)

- Reduktion der Anzahl der freien Parameter: Eine grobe Methode ist, die Zahl der Zustände und der diskreten Beobachtungen bzw. der Mischkomponenten zu verkleinern. Da das Problem jedoch nicht bei allen Grundelement-HMM gleichermassen auftritt, ist eine selektive Massnahme sinnvoller, nämlich bei den betroffenen HMM geeignete Parameter zu koppeln, entweder innerhalb eines HMM oder zwischen verschiedenen Grundelement-HMM, wie dies beim Clustering der Fall ist (vergl. Abschnitt 13.6.1.4).

⊙ 13.6.2.7 Kopplung von HMM-Parametern

HMM-Parameter werden für das Embedded Training (Abschnitt 13.6.2.4) gekoppelt, um die Anzahl der freien Parameter zu reduzieren. Es können fast beliebige HMM-Parameter miteinander gekoppelt werden, beispielsweise Kovarianzmatrizen, Mischkomponenten, ganze Beobachtungswahrscheinlichkeitsverteilungen, aber auch Zustandsübergangswahrscheinlichkeiten.

Beim Training werden alle Ereignisse, welche die gekoppelten Parameter betreffen, aufsummiert. Bezeichnen wir die Menge aller Zustandsübergänge, die mit a_{ij} gekoppelt sind, als $\tau(i,j)$ und die Menge aller Zustände, die mit S_j gekoppelt sind, als $\tau(j)$, so erhalten wir für die gekoppelten Parameter folgende Schätzformeln:

$$\tilde{a}_{ij} = \frac{\displaystyle\sum_{i',j' \in \tau(i,j)} \sum_{t=1}^{T-1} \xi_t(i',j')}{\displaystyle\sum_{i' \in \tau(i)} \sum_{t=1}^{T} \gamma_t(i')}, \qquad 1 < i,j < N \qquad (192)$$

$$\tilde{b}_j(k) = \frac{\displaystyle\sum_{j' \in \tau(j)} \sum_{t \text{ mit } \mathbf{x}_t = c_k} \gamma_t(j')}{\displaystyle\sum_{j' \in \tau(j)} \sum_{t=1}^{T} \gamma_t(j')}, \qquad 1 < j < N, \ 1 \leq k \leq M. \qquad (193)$$

Die Gleichung (193) gilt für diskrete Merkmale bzw. DDHMM. Für CDHMM geht man analog vor, indem in den Gleichungen (132) bis (134) jeweils im Zähler und im Nenner über alle gekoppelten Zustände summiert.

13.7 Modelle für verschiedene akustische Ereignisse

In den Abschnitten 13.4.3.3 und 13.4.3.4 wurde erläutert, dass ein einsatztauglicher Spracherkenner nicht nur die zum Erkennervokabular gehörigen Wörter erkennen muss. Er sollte auch erkennen, wenn im Sprachsignal ein Wort vorliegt, das nicht zum Erkennervokabular gehört oder überhaupt keine Sprache vorliegt.

Es hat sich gezeigt, dass ein HMM-basierter Spracherkenner diese Forderung sehr gut erfüllen kann, wenn die betreffenden akustischen Modelle vorhanden sind. Man benötigt also ein Pausenmodell, ein Geräuschmodell und ein Rückweisungsmodell für nicht zum Erkennervokabular gehörende Wörter, bzw. ein Modell für beliebige Sprache, wie es in Abschnitt 13.7.3 erläutert wird.

❯ 13.7.1 Modelle für Pausen

Für die Spracherkennung müssen nicht nur Laute oder Wörter, sondern auch Pausen modelliert werden. Diese treten einerseits vor und nach einer Äusserung auf, können aber auch als Sprechpausen zwischen zwei Wörtern vorkommen, z.B. an Phrasengrenzen. In [5] werden zwei verschiedene Pausenmodelle empfohlen: Das "sil"-Modell (*silence*) beschreibt beliebig lange Pausen vor oder nach der zu erkennenden Äusserung und das "sp"-Modell (*short pause*) optionale Sprechpausen zwischen den Wörtern. Die Topologie dieser Modelle ist in Abbildung 13.15 dargestellt. Das "sil"-Modell hat drei emittierende Zustände, das "sp"-Modell nur einen.

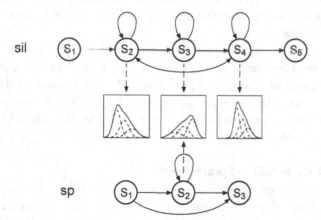

Abbildung 13.15. Zwei Pausenmodelle: Das Modell "sil" beschreibt längere Pausen, wie sie vor und nach einer Äusserung auftreten. Das "sp"-Modell beschreibt kurze, optionale Sprechpausen, die beispielsweise an Phrasengrenzen auftreten können. Die Beobachtungswahrscheinlichkeitsverteilungen der mittleren Zustände der beiden Modelle sind gekoppelt.

Da Sprechpausen zwischen zwei Wörtern sehr kurz sein können, verfügt das "sp"-Modell nur über einen emittierenden Zustand. Weil Sprechpausen zwischen zwei Wörtern optional sind, hat das Modell zudem einen Zustandsübergang vom Start- in den Endzustand. Es kann also direkt in den Endzustand übergehen, ohne eine Beobachtung zu erzeugen. Das Modell wird bei der Erkennung jeweils zwischen zwei Wörtern eingefügt.

Beim Trainieren der Modelle werden in einem ersten Schritt die Lautmodelle und das "sil"-Modell trainiert. Erst in einem zweiten Schritt wird das "sp"-Modell erzeugt, indem der mittlere Zustand des "sil"-Modells kopiert und die Beobachtungswahrscheinlichkeitsverteilung gekoppelt wird. Die Modelle werden dann erneut trainiert, diesmal mit beiden Pausenmodellen.

❯ 13.7.2 Modelle für Geräusche

Ein einfaches Modell für Geräusche ist in Abschnitt 13.4.3.4 beschrieben worden. Dieses ist zweckmässig, um Hintergrundgeräusche vor oder nach einer Äusserung zu erkennen oder um festzustellen, ob statt einer Äusserung nur ein Geräusch detektiert worden ist, wie dies bei Dialogsystemen vorkommen kann.

In Abschnitt 13.4.3.1 wurde erläutert, dass Sprachsignale für das Training eines Spracherkenners in möglichst der gleichen Situation aufgenommen werden sollten, wie beim späteren Einsatz des Spracherkenners. Man kann deshalb davon ausgehen, dass in den Trainingsdaten auch typische Umgebungsgeräusche und durch die Sprecher verursachte Geräusche (Atmen, Räuspern, Schmatzen etc.) enthalten sind. Wenn in der textlichen Beschreibung der aufgezeichneten Äusserungen vermerkt wird, wo sich solche ausserlinguistischen Schallereignisse befinden und diese genügend zahlreich sind, können entsprechende Geräuschmodelle trainiert werden.

Im Gegensatz zum Geräuschmodell in Abschnitt 13.4.3.4 werden hier die Geräuschmodelle nicht separat trainiert, sondern wie alle andern HMM ins Embedded Training miteinbezogen. Dies geschieht, indem im Verbund-HMM einer Äusserung für die annotierten Geräusche die betreffenden Geräuschmodelle eingesetzt und mit den entsprechenden Geräuschmodellen in den andern Verbund-HMM gekoppelt werden.

❯ 13.7.3 Modell für beliebige Sprachsignale

Um feststellen zu können, wo im Sprachsignal ein nicht zum Erkennervokabular gehörendes Wort vorliegt, wurden in Abschnitt 13.4.3.3 sogenannte Rückweisungsmodelle für verschieden lange Wörter verwendet. Dieses Prinzip kann auch bei einer Spracherkennung angewendet werden, die nicht mit Wort-HMM, sondern mit anderen Grundelementen arbeitet.

Kleinere Grundelemente bieten jedoch eine weitere Möglichkeit, ein Rückweisungsmodell zu konstruieren. Beispielsweise können Lautmodelle zu einem sogenannten *Phone-Loop* zusammengehängt werden. Dies ist ein Erkennungsnetzwerk mit Laut-HMM, in welchem auf jeden Laut jeder andere Laut folgen kann. Dieses Rückweisungsmodell beschreibt also beliebig lange Sprachereignisse. Da die Produktionswahrscheinlichkeit des Phone-Loops aber immer mindestens gleich gross ist wie diejenige des wahrscheinlichsten Vokabularwortes, muss noch eine Gewichtung eingesetzt werden. Das Gewicht ist so einzustellen, dass die Bedingung (191) möglichst gut erfüllt wird.

13.8 Spracherkennung mit Laut-HMM   13.8

Liegt ein Satz von trainierten Laut-HMM einmal vor, dann kann man damit wiederum Spracherkenner für verschiedene Aufgaben konzipieren. Gemeinsam ist diesen Spracherkennern, dass das Erkennervokabular fast beliebig und sehr einfach erweitert werden kann. Um ein Verbund-HMM für ein neues Wort aus Laut-HMM zusammensetzen zu können, braucht man nur die phonetische Umschrift des Wortes zu kennen. Für Spracherkenner mit einem Vokabular, das mehr als ein paar hundert Wörter umfasst, ist der Einsatz von Laut-HMM deshalb äusserst vorteilhaft, insbesondere wenn der Spracherkenner dazu noch sprecherunabhängig sein soll.

13.8.1 Erkennung einzeln gesprochener Wörter

Ein auf Laut-HMM basierender Spracherkenner für die Erkennung einzeln gesprochener Wörter kann grundsätzlich so aufgebaut werden wie der Einzelworterkenner in Abbildung 13.4. Dazu ist für jedes Wort des Erkennervokabulars ein entsprechendes Verbund-HMM zusammenzusetzen.

Für ein grösseres Erkennervokabular ist es jedoch auch hier wieder viel effizienter, ein Erkennungsnetzwerk zusammenzustellen und für die Erkennung den Viterbi-Algorithmus zu verwenden. Mit Laut-HMM konzipiert man also einen Einzelworterkenner ähnlich wie der in Abbildung 13.16 dargestellte Spracherkenner. Das Erkennungsnetzwerk ist jedoch viel einfacher und hat insbesondere keine Zyklen.

13.8.2 Erkennung kontinuierlicher Sprache

Das Zusammenhängen von HMM zu Erkennungsnetzwerken ist nicht nur mit Wort-HMM möglich, sondern mit beliebigen Grundelement-HMM, insbesondere auch mit Laut-HMM. Um aus den Laut-HMM ein Erkennungsnetzwerk zusammenzustellen, benötigt der Spracherkenner die beiden folgenden Komponenten:

— Ein Aussprache-Lexikon, in welchem alle zu erkennenden Wörter zusammen mit ihrer Aussprache (d.h. mit der phonetischen Umschrift) verzeichnet sind.

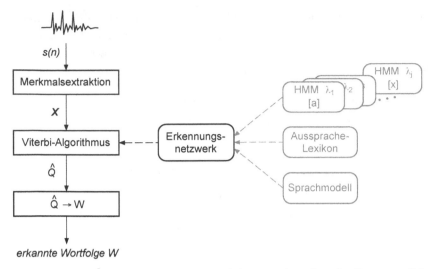

Abbildung 13.16. Spracherkenner für kontinuierlich gesprochene Sprache: Der wesentliche Unterschied zum Ziffernerkenner von Abbildung 13.4 besteht im Erkennungsnetzwerk. Das Erkennungsnetzwerk wird vor der eigentlichen Erkennung anhand des Aussprachelexikons und des Sprachmodells aus den Laut-HMM zusammengestellt. Mit dem Viterbi-Algorithmus wird für die Merkmalssequenz $\mathbf{X}$ die optimale Zustandssequenz $\hat{Q}$ durch das Netzwerk ermittelt und daraus auf die erkannte Wortsequenz W geschlossen.

So lässt sich für jedes Wort ein Verbund-HMM zusammenstellen, indem die der phonetischen Beschreibung entsprechenden Laut-HMM in Serie geschaltet werden.

— Ein Sprachmodell (siehe Kapitel 14), das berücksichtigt, dass in einer gegebenen Anwendung nicht alle Wortfolgen gleich plausibel sind.

Da das Erkennungsnetzwerk im Prinzip ja nichts anderes als ein sehr grosses HMM ist (d.h. ein HMM mit sehr vielen Zuständen), kann für die eigentliche Erkennung wiederum der Viterbi-Algorithmus eingesetzt werden. Die resultierende optimale Zustandssequenz $\hat{Q}$ beschreibt nun einen Pfad durch das Netzwerk. Es gelten diejenigen Wörter als erkannt, deren HMM im Netzwerk nacheinander vom optimalen Pfad durchlaufen werden. Ein solcher Spracherkenner ist in Abbildung 13.16 dargestellt.

❯ 13.8.3 Reduktion des Rechenaufwands (Pruning)

Je nach Art der Erkennungsaufgabe kann mit der Organisation des Erkennungsnetzwerks die Zahl der möglichen Hypothesen unterschiedlich stark eingeschränkt werden. Dies reicht aber meistens noch nicht aus. Um den Rechenaufwand auf ein realistisches Mass zu reduzieren, braucht es zusätzlich zu dieser

Massnahme ein Verfahren, um den Suchraum dynamisch während der Decodierung einzuschränken. Solche Verfahren sind unter dem Namen *Strahlsuche* (engl. *beam search*) bekannt. Die Idee besteht darin, im Viterbi-Algorithmus wenig aussichtsreiche Hypothesen frühzeitig zu verwerfen. Dabei werden Teilpfade im Trellis-Diagramm, deren Bewertung unter einen dynamischen Schwellwert fallen, nicht mehr weiter berücksichtigt, sondern abgeschnitten, was als *Pruning* bezeichnet wird. Bei zu starkem Pruning besteht jedoch die Gefahr, dass die richtige Hypothese bereits vorzeitig verworfen wird, was unweigerlich zu einem Erkennungsfehler führt.

13.9 Stärken und Schwächen von HMM

Wie aus den Erläuterungen in diesem Kapitel hervorgeht, weist die statistische Modellierung von Sprachsignalen mit HMM verschiedene Stärken auf:

— Die grundlegende Stärke von HMM ist ihre Fähigkeit, stationäre stochastische Prozesse, wie z.B. spektrale Merkmale des Sprachsignals, zusammen mit ihrer zeitlichen Abhängigkeit in einem wohldefinierten Wahrscheinlichkeitsraum zu beschreiben. Dieser flexible Ansatz ist äusserst nützlich für die Transformation eines Sprachsignals ohne klare Fixpunkte (unbekannte Laut- und Wortgrenzen) in eine Sequenz diskreter linguistischer Einheiten wie z.B. Laute.

— Ein zweiter Vorteil ist die Existenz von relativ einfachen Algorithmen für das Training dieser Modelle ausgehend von einem Satz von Trainingsbeispielen. Diese Algorithmen führen zumindest auf ein lokales Optimum der HMM-Parameter.

— Die Flexibilität in der Modellierung von Sprachsignalen mit HMM besteht auch darin, dass die Modelltopologie und Beobachtungswahrscheinlichkeitsverteilungen so gewählt werden können, dass sie dem Erkennungsproblem am besten angepasst sind. Beispielsweise können fast beliebige Parameter der HMM gekoppelt werden und Modelle für grössere Einheiten können aus den HMM kleinerer Einheiten zusammengesetzt werden. Diese Möglichkeiten erlauben es dem Systementwickler, Vorwissen auf verschiedenen linguistischen Ebenen in die Modellierung mit einzubeziehen (siehe Kapitel 14).

Der zuletzt aufgeführte Punkt ist theoretisch ein starkes Argument für HMM. Gleichzeitig zeigt sich aber hier auch die Grenze der HMM für praktische Anwendungen. Da die wahren Wahrscheinlichkeitsverteilungen $P(W)$ und $P(\mathbf{X}|W)$ durch Modelle geschätzt werden müssen, die mit limitierten Daten trainiert worden sind, weichen diese Schätzungen stets mehr oder weniger stark von den wahren Verteilungen ab.

Damit die Optimalität des Maximum-Likelihood-Ansatzes garantiert ist, sollten erstens unendlich viele Trainingsdaten zur Verfügung stehen, und zweitens muss die Klasse der Wahrscheinlichkeitsverteilungen, welche als $P(\mathbf{X}|\lambda)$ modelliert werden können, auch die tatsächlichen Verteilungen $P(\mathbf{X}|W)$ beinhalten. Letzteres ist schon aufgrund der Modellstruktur nur näherungsweise der Fall: Die für die HMM erster Ordnung gemachten Annahmen in den Gleichungen (69) und (70) und die in den Zustandsübergängen implizierte Lautdauermodellierung treffen bei Sprachsignalen nur schlecht zu. Die Approximation wird noch schlechter, wenn die HMM-Topologie und die Verteilungsfamilie der Beobachtungswahrscheinlichkeiten nicht optimal gewählt werden. Wenn nun zusätzlich noch die A-priori-Wahrscheinlichkeiten $P(W)$ falsch geschätzt werden, so kann dies den mit der Gleichung (189) definierten, theoretisch optimalen MAP-Erkenner praktisch beliebig verschlechtern.

Trotz dieser Vorbehalte haben sich die HMM in der Sprachverarbeitung weitgehend durchgesetzt. Der grösste Teil der heutigen Spracherkennungssysteme basiert auf HMM. Daneben werden HMM auch in anderen Bereichen der Sprachverarbeitung (z.B. in der Sprechererkennung) und auch zur Lösung anderer Probleme (z.B. Handschrifterkennung) mit Erfolg eingesetzt.

Kapitel 14
Sprachmodellierung

14

14 Sprachmodellierung

14.1 Zum Begriff der Sprachmodellierung

Im Zusammenhang mit der Spracherkennung wird mit dem Begriff Sprachmodell[1] eine Sammlung von *A-priori-Kenntnissen* über die Sprache bezeichnet. In diesem Zusammenhang wird Sprache im abstrakten Sinne verstanden, nämlich als eine Menge von Wortfolgen ohne bestimmte akustische Realisierung. Diese Kenntnisse stehen im Voraus zur Verfügung, also bevor eine zu erkennende lautliche Äusserung vorliegt. Man spricht deshalb auch von *Vorwissen* über oder von *Erwartungen* an die Äusserung. Zu diesen A-priori-Kenntnissen gehören insbesondere das Wissen über die Sprache allgemein und über die Kommunikationssituation. Das Wissen über die Kommunikationssituation lässt sich z.B. mit *Erfahrungswerten* ausdrücken, welche Wörter oder Wortfolgen in der gegebenen Situation gebraucht werden und wie häufig.

Sprache ist in erster Linie ein Informationsträger: Nach dem Hören und Verstehen einer Äusserung sollte der Hörer neue Informationen gewonnen haben. Durch diese Funktion der Sprache sind sprachliche Äusserungen zu einem gewissen Grad inhärent unvorhersehbar. Der Informationsgehalt einer Äusserung (die nicht vorhersehbare Komponente der Sprache) und das sprachliche Vorwissen sind also gewissermassen komplementär.

Das Sprachmodell eines Spracherkenners besteht meistens aus mehreren Teilmodellen. Jedes dieser Teilmodelle repräsentiert einen Teilaspekt der Sprache, z.B. das Vokabular, die Häufigkeit der Wörter, die Satzgrammatik usw. Dabei wird versucht, für jeden Teilaspekt eine geeignete Modellform zu wählen. Man kann die Modellformen grob in die beiden folgenden Gruppen einteilen:

— **Statistische Sprachmodelle:** Ermittelt man die Erfahrungswerte durch *Messen* oder *Auszählen* von Ereignissen in einer Sprachdatensammlung, z.B. die Häufigkeit oder die Auftretenswahrscheinlichkeit eines Wortes, dann sprechen wir von einem *statistischen Sprachmodell*. Ein statistisches Sprachmodell beschreibt die Sprache so, als würde sie durch einen Zufallsprozess erzeugt.

— **Wissensbasierte Sprachmodelle:** Wird linguistisches Expertenwissen in einem Sprachmodell angewendet, beispielsweise grammatikalisches Wissen über die Konjugation von Verben oder die Steigerung von Adjektiven,

---

[1]Im Englischen wird dafür der Begriff *language model* verwendet, im Unterschied zu *speech model*, der verwendet wird, wenn sich das Modell auf den akustischen Aspekt der Sprache bezieht.

dann handelt es sich um ein *wissensbasiertes Sprachmodell*.[2] Grundlage dieses Wissens ist weniger die zahlenmässige Erfassung von Beobachtungen der sprachlichen Oberfläche, sondern eher Einsichten über die hinter diesen Beobachtungen stehenden Zusammenhänge und Gesetzmässigkeiten der Sprache.

In diesem Kapitel werden die statistische und die wissensbasierte Sprachmodellierung separat behandelt. Es wird sich aber hie und da zeigen, dass zwischen den beiden keine klare Trennlinie existiert.

14.2 Statistische Sprachmodellierung

Wie bereits in Abschnitt 13.2 erläutert wurde, besteht aus statistischer Sicht die Aufgabe der Spracherkennung darin, für eine gegebene Merkmalssequenz $\mathbf{X}$ die Wortfolge W mit der grössten A-posteriori-Wahrscheinlichkeit $P(W|\mathbf{X})$ zu bestimmen. Dies drückt die MAP-Regel von Gleichung (186) aus.

Da die A-posteriori-Wahrscheinlichkeit $P(W|\mathbf{X})$ praktisch nicht geschätzt werden kann, wird an ihrer Stelle das Produkt $P(\mathbf{X}|W)\,P(W)$ maximiert. Die Wahrscheinlichkeit $P(\mathbf{X}|W)$ wird als *akustisches Modell* bezeichnet. Wie in Kapitel 13 gezeigt wurde, lässt sich die entsprechende Wahrscheinlichkeitsverteilung mittels HMM beschreiben. Die Wahrscheinlichkeitsverteilung $P(W)$ wird als *Sprachmodell* bezeichnet. Es ist von der Merkmalssequenz $\mathbf{X}$ unabhängig und beinhaltet deshalb ausschliesslich die oben erwähnten A-priori-Kenntnisse.

Das Sprachmodell kann auch im Sinne der formalen Sprachen (siehe Abschnitt 6.1) verstanden werden: Dort wird als Sprache L eine Teilmenge der Menge aller Wortfolgen V^* aus einem Vokabular $V = \{v_1, v_2, \ldots, v_{|V|}\}$ bezeichnet, also $L \subseteq V^*$. Eine solche formale Sprache L kann durch ihre charakteristische Funktion $\Phi(W)$ dargestellt werden:

$$\Phi(W) = \begin{cases} 1: & \text{falls } W \in L \\ 0: & \text{sonst} \end{cases}$$

$P(W)$ ist nichts anderes als die probabilistische Erweiterung der charakteristischen Funktion $\Phi(W)$, indem auch die Wahrscheinlichkeit von Wortfolgen berücksichtigt wird.

---

[2]Weil das Wissen in wissensbasierten Sprachmodellen meistens in der Form von Regeln vorliegt, wird häufig auch von *regelbasierten Sprachmodellen* gesprochen. Da der Aspekt, dass das Wissen explizit ins Modell eingebracht wird, betont werden soll, wird hier der Begriff wissensbasierte Sprachmodelle verwendet. Dadurch wird der Gegensatz zu den statistischen Modellen verdeutlicht, die ihr "Wissen" in einem Training mit geeigneten Daten erwerben.

Im Unterschied zu den formalen Sprachen gibt es bei Sprachmodellen normalerweise jedoch keine "richtigen" und "falschen" Wortfolgen, d.h. solche, die
zur Sprache gehören, und solche, die nicht zur Sprache gehören. Vielmehr sind
alle Wortfolgen grundsätzlich möglich, aber manche sind wahrscheinlicher als
andere. Dies liegt einerseits daran, dass die verwendeten statistischen Modelle zu einfach sind, um zuverlässig zu entscheiden, ob eine Wortfolge korrekt
ist. Andererseits stellt sich die Frage, ob eine harte Entscheidung überhaupt
wünschenswert wäre. Mit solchen Fragen werden wir uns in Abschnitt 14.3.2.1
beschäftigen.

❯ 14.2.1 Sprachmodellierung bei der Einzelworterkennung

Das einfachste Sprachmodell kommt bei der Erkennung einzeln gesprochener
Wörter aus einem Vokabular $V = \{v_1, v_2, \ldots, v_{|V|}\}$ zur Anwendung. Dieses
Sprachmodell beschreibt die A-priori-Wahrscheinlichkeit für jedes Wort. Die
Wortwahrscheinlichkeiten sind im Erkennungsnetzwerk durch die Übergangswahrscheinlichkeiten von einem gemeinsamen Anfangsknoten zu den entsprechenden Wortmodellen beschrieben, wie in Abbildung 14.1 gezeigt.[3]

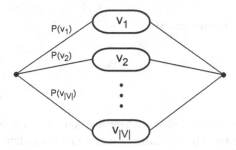

Abbildung 14.1. Netzwerk eines Spracherkenners für einzeln gesprochene Wörter aus dem
Vokabular $V = \{v_1, v_2, \ldots, v_{|V|}\}$, mit eingetragenen A-priori-Wahrscheinlichkeiten der
Wörter

Als ein Beispiel für einen Einzelworterkenner mit A-priori-Wahrscheinlichkeiten
kann ein sprachgesteuerter Fahrkartenautomat dienen. Wenn die akustischen
Modelle dieses Systems dazu neigen, die Ortsnamen "Bern" und "Berg" zu
verwechseln, so führt das ohne Sprachmodell zu sehr vielen Erkennungsfehlern,
da wesentlich mehr Menschen eine Fahrkarte in die Hauptstadt der Schweiz

---

[3]Beim Erkennungsnetzwerk von Abbildung 13.5 sind die Übergangswahrscheinlichkeiten vom gemeinsamen Anfangsknoten zu den Wortmodellen nicht eingetragen. Implizit heisst dies, dass alle Wörter dieselbe A-priori-Wahrscheinlichkeit ha-
ben, nämlich $1/|V|$, was als Spezialfall des hier beschriebenen Sprachmodells für
die Einzelworterkennung zu betrachten ist.

kaufen möchten als in eine der beiden kleinen Schweizer Gemeinden letzteren Namens.

Mit A-priori-Wahrscheinlichkeiten für die einzelnen Destinationen lässt sich die Anzahl der Erkennungsfehler minimieren. Die entsprechenden Wahrscheinlichkeiten könnte man leicht aus den Statistiken schätzen, die von der früheren Generation von Fahrkartenautomaten gesammelt wurden:

$$P(W) = P(v_i) \approx \text{freq}(v_i) = \frac{\text{Anzahl Fahrkarten zur Destination } i}{\text{Anzahl Fahrkarten}}$$

Um das Sprachmodell noch weiter zu verfeinern, könnte man die A-priori-Wahrscheinlichkeiten vom Standort des Automaten abhängig machen. Das würde dann vermutlich dazu führen, dass in den Nachbargemeinden von "Berg" tendenziell eher "Berg" erkannt würde als "Bern".

Häufig sind zudem Applikationen so konzipiert, dass eine sinnvolle und erfolgreiche Benutzung eine Reihe von kausal zusammenhängenden Interaktionen bedingt. Für unseren Fahrkartenautomaten könnte eine Interaktion wie folgt ablaufen:

"Womit kann ich Ihnen dienen?"
 "Fahrkarte"
"Nennen Sie bitte Ihren Zielort!"
 "Bern"
"Hin- und Rückfahrt?"
 "Ja"
 ⋮

Das Sprachmodell wird hier selbstverständlich genauer, wenn je nach Dialogschritt unterschiedliche Wortstatistiken angewendet werden: Nach der Frage "Hin- und Rückfahrt?" sind die Antworten "ja", "nein", "klar" usw. viel wahrscheinlicher als etwa "Fahrkarte".

Zu bemerken ist, dass das zur Beschreibung des Transaktionsablaufs und der möglichen Transaktionszustände dienende Modell (z.B. ein endlicher Automat) selbst als Bestandteil des Sprachmodells zu betrachten ist und zwar als (wissensbasiertes) Sprachmodell für die Dialogebene.[4]

---

[4]Es scheint zunächst, dass die Interaktion in diesem Fall nur mit der spezifischen Applikation zusammenhängt und nichts mit Sprache zu tun hat. Dass aber beispielsweise eine gestellte Frage die Bedeutung einschliesst, die gestellte Frage zu beantworten, kann sicher als Vorwissen eingestuft werden. Ähnliches gilt für viele andere beim Dialog einzuhaltende "Regeln".

14.2.2 Sprachmodellierung für Wortfolgen

Ist die zu erkennende Äusserung eine Wortfolge $W_1^K = w_1 w_2 \ldots w_K$ mit $w_k \in V$, so bestimmt das Sprachmodell die Wahrscheinlichkeit $P(W_1^K)$. Mithilfe des Multiplikationsgesetzes lässt sich diese Verbundwahrscheinlichkeit zerlegen in die bedingten Wahrscheinlichkeiten der einzelnen w_k, gegeben die Vorgängerwörter $w_1, \ldots, w_{k-1}$:

$$P(W_1^K) = P(w_1) \cdot P(w_2|w_1) \cdots P(w_K|w_1 \ldots w_{K-1}) = \prod_{k=1}^{K} P(w_k|W_1^{k-1}) \tag{194}$$

Diese Zerlegung in bedingte Wahrscheinlichkeiten ist für die Spracherkennung in verschiedener Hinsicht von Nutzen:

– Die bedingte Wahrscheinlichkeit $P(w_k|w_1 \ldots w_{k-1})$ kann in den Decodierungsprozess (Viterbi-Algorithmus) eingeflochten werden, um die dynamische Einschränkung des Suchraums zu verbessern. Insbesondere können mithilfe der bedingten Wahrscheinlichkeit (also mithilfe von A-priori-Information über Wortfolgen) gewisse Mängel des akustischen Modells ausgeglichen werden. So lässt sich vermeiden, dass die richtige Hypothese beim Pruning (siehe Abschnitt 13.8.3) frühzeitig verworfen wird.

– Da es unendlich viele Wortfolgen W gibt und nur ein verschwindend kleiner Teil davon in Form von Stichprobentexten zur Verfügung steht, kann die wahre Verteilung von $P(W)$ nicht empirisch geschätzt werden. Über die Zerlegung in bedingte Wahrscheinlichkeiten $P(w_k|w_1 \ldots w_{k-1})$ lässt sich der folgende Ausweg aus diesem Dilemma finden: Mit der Annahme, dass weit auseinander liegende Wörter nur schwach voneinander abhängig sind, kann die Zahl der berücksichtigten Wörter vor w_k auf einen fixen Wert begrenzt werden, wie dies bei den sogenannten N-Grams (siehe Abschnitt 14.2.4) der Fall ist.

14.2.3 Das allgemeine statistische Sprachmodell

Die allgemeine Formulierung des statistischen Sprachmodells als Wahrscheinlichkeit $P(W)$ für jede endliche Wortfolge $W \in V^*$ übt auf die Art der Sprache keinerlei Einschränkungen aus. Eine solche Beschreibung der Sprache umfasst alle Sprachebenen (die lexikalische, die syntaktische, die semantische und die pragmatische Ebene), denn sie kann z.B. syntaktisch korrekten Wortfolgen gegenüber inkorrekten durch eine höhere Wahrscheinlichkeit den Vorzug geben, aber auch genauso semantisch und pragmatisch sinnvolle Wortfolgen bevorzugen.

Wendet man die obige Zerlegung an, dann kann das allgemeine statistische Sprachmodell als Baum dargestellt werden. Im Gegensatz zu den Bäumen in

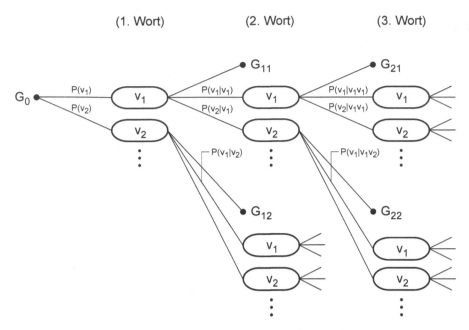

Abbildung 14.2. Allgemeines statistisches Sprachmodell für Wortfolgen aus dem Vokabular $V = \{v_1, v_2, \ldots, v_{|V|}\}$, dargestellt als Baum. Jede Wortfolge der Länge K entspricht einem Pfad vom Startknoten G_0 zu einem Endknoten G_{Km}.

Kapitel 6, mit denen das Resultat einer syntaktischen Analyse dargestellt wurde und die deshalb als Ableitungs- oder Syntaxbaum bezeichnet wurden, beschreibt der Baum in Abbildung 14.2 die Gesamtheit der Hypothesen, die zu untersuchen sind. Der Baum wird deshalb auch als Suchbaum bezeichnet, in welchem jeder Pfad von der Wurzel zu einem Blatt grundsätzlich als Lösung (d.h. als die korrekte Hypothese) in Frage kommt.

Abbildung 14.2 zeigt das allgemeine statistische Sprachmodell für das Vokabular $V = \{v_1, v_2, \ldots, v_{|V|}\}$. In diesem Baum ist jeder Wortfolge $W_1^K = w_1 \ldots w_K$ genau ein Endknoten G_{Km} zugeordnet, so dass auf dem Pfad von G_0 nach G_{Km} nacheinander die Knoten $(w_1 = v_{i_1})$, $(w_2 = v_{i_2})$ bis $(w_K = v_{i_K})$ durchlaufen werden. Der Index m nummeriert die Endknoten der Wortfolgen der Länge K und ist demzufolge $m = 1, \ldots, |V|^K$. Die Wahrscheinlichkeit der Wortfolge W_1^K ergibt sich aus dem Produkt der bedingten Wahrscheinlichkeiten der am Pfad beteiligten Kanten.

Mit der Annahme, dass sowohl das Vokabular V als auch die Länge der Wortfolgen beschränkt sind (was in der Praxis erfüllt ist), hat dieser Baum endlich viele Knoten. Er kann somit grundsätzlich als endlicher Automat mit Übergangswahrscheinlichkeiten realisiert werden.

Wenn wir aber bedenken, dass bereits bei einer bescheidenen Vokabulargrösse von $|V| = 1000$ und einer maximalen Länge der Wortfolgen von 10 die Zahl der Endknoten (die Endknoten G_{Km} mit $K = 10$ wären in Abbildung 14.2 in der Kolonne des 11. Wortes eingezeichnet) $|V|^W = 1000^{10} = 10^{30}$ beträgt, dann ist schon das Speichern und erst recht das Schätzen der bedingten Wahrscheinlichkeiten unmöglich. Das allgemeine statistische Sprachmodell entpuppt sich somit als rein theoretischer Ansatz zur Sprachmodellierung, dem in der Praxis überhaupt keine Bedeutung zukommt.

❯ 14.2.4 N-Gram-Sprachmodelle

Wie bereits in Abschnitt 14.2.2 erwähnt, kann man für die Zerlegung von Gleichung (194) vereinfachend annehmen, dass die Wahrscheinlichkeit eines Wortes nicht von allen vorangegangenen, sondern näherungsweise nur von den letzten $N-1$ Wörtern abhängt:

$$P(w_k|w_1 \ldots w_{k-1}) \approx P(w_k|w_{k-N+1} \ldots w_{k-1}) \qquad (195)$$

Dabei ist die Approximation umso gröber, je kleiner N ist. In den folgenden Abschnitten werden die Fälle für $N=1$ (Unigram), $N=2$ (Bigram) und $N=3$ (Trigram) näher erläutert.[5]

❯ 14.2.4.1 Das Unigram-Sprachmodell

Das einfachste Sprachmodell ist das Unigram-Sprachmodell, bei dem angenommen wird, dass das aktuelle Wort w_k von den vorangegangenen Wörtern $w_1 \ldots w_{k-1}$ unabhängig ist. Es wird also von der folgenden (sehr groben) Näherung ausgegangen:

$$P(w_k|w_1 \ldots w_{k-1}) \approx P(w_k) \qquad (196)$$

$P(w_k)$ ist die relative Häufigkeit bzw. die Frequenz des Wortes w_k. In einem Unigram-Sprachmodell für Wortfolgen W aus dem Vokabular V steckt somit dieselbe Information wie in einem Sprachmodell zur Erkennung von einzeln gesprochenen Wörtern aus dem Vokabular V (siehe Abschnitt 14.2.1). In beiden Fällen umfasst es die A-priori-Wahrscheinlichkeiten $P(v_j)$, $j = 1, \ldots, |V|$.

Dementsprechend sieht auch das Unigram-Netzwerk des Spracherkenners für Wortfolgen (Abbildung 14.3) ähnlich aus wie das Netzwerk des Spracherkenners für Einzelwörter (Abbildung 14.1) aus demselben Vokabular. Der wesentliche Unterschied ist die hier vorhandene Rückführung, die ermöglicht, dass W beliebig lang sein kann (mindestens 1).

---

[5]Beim Fall $N=0$ wird $P(w_k|w_1 \ldots w_{k-1})$ nicht nur als unabhängig von den vorangegangenen Wörtern, sondern auch als unabhängig vom Wort selbst betrachtet. Man verwendet also die Approximation $P(w_k|w_1 \ldots w_{k-1}) \approx 1/|V|$.

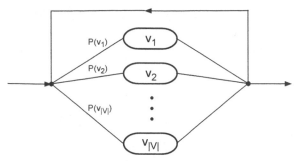

Abbildung 14.3. Unigram-Netzwerk eines Spracherkenners für beliebig lange Wortfolgen aus dem Vokabular $V = \{v_1, v_2, \ldots, v_{|V|}\}$

⊚ 14.2.4.2 Das Bigram-Sprachmodell

In der Praxis wird häufig das Bigram-Sprachmodell verwendet. Bei diesem Sprachmodell wird angenommen, dass das aktuelle Wort w_k einer Wortfolge näherungsweise nur vom Vorgängerwort abhängt:

$$P(w_k|w_1 \ldots w_{k-1}) \approx P(w_k|w_{k-1}) \qquad (197)$$

Im Erkennungsnetzwerk lassen sich die Approximationen $P(w_k|w_{k-1})$ der bedingten Wahrscheinlichkeiten für alle $w_k, w_{k-1} \in V$ als Übergangswahrscheinlichkeiten angeben. Ein solches Bigram-Netzwerk ist in Abbildung 14.4 dargestellt.

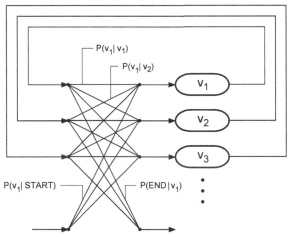

Abbildung 14.4. Bigram-Netzwerk eines Spracherkenners für Wortfolgen aus dem Vokabular $V = \{v_1, v_2, \ldots, v_{|V|}\}$. Mit den Hilfswörtern START und END können auch die bedingten Wortwahrscheinlichkeiten am Anfang und am Ende einer Wortfolge beschrieben werden.

Typischerweise kommt ein bestimmtes Wort nicht gleich häufig am Anfang und am Ende der Wortfolge vor. Falls eine Wortfolge einem Satz entspricht, denke man beispielsweise an die Präposition "im", die oft am Satzanfang steht, während sie am Satzende praktisch ausgeschlossen ist. Dies kann berücksichtigt werden, indem man zwei Hilfswörter START und END einführt und die Bigram-Wahrscheinlichkeiten $P(v_j|\text{START})$ und $P(\text{END}|v_j)$, mit $v_j \in V$ schätzt.

Das Bigram-Sprachmodell für einen Erkenner von Wortfolgen aus dem Vokabular $V = \{v_1, v_2, \ldots, v_{|V|}\}$ beinhaltet somit $(|V|+1)^2-1$ Wahrscheinlichkeitswerte. Umfasst das Vokabular auch nur wenige tausend Wörter, dann wird das Bigram-Sprachmodell bereits recht umfangreich.

14.2.4.3 Das Trigram-Sprachmodell

Im Trigram-Sprachmodell werden die Wortwahrscheinlichkeiten in Abhängigkeit der beiden vorangegangenen Wörter beschrieben und es wird somit angenommen, dass die weiter zurückliegenden Wörter keinen Einfluss haben. Diese Näherung drückt die folgende Formel aus:

$$P(w_k|w_1 \ldots w_{k-1}) \approx P(w_k|w_{k-2}, w_{k-1}) \qquad (198)$$

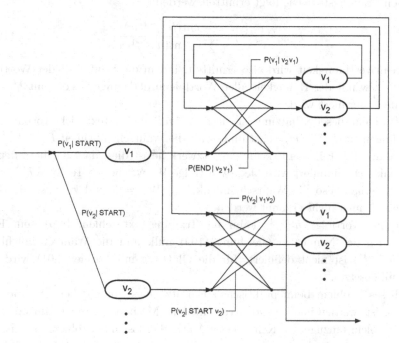

Abbildung 14.5. Trigram-Netzwerk eines Spracherkenners für Wortfolgen aus dem Vokabular $V = \{v_1, v_2, \ldots, v_{|V|}\}$.

Das Trigram-Netzwerk eines Spracherkenners für Wortfolgen aus dem Vokabular $V = \{v_1, v_2, \ldots, v_{|V|}\}$ ist in Abbildung 14.5 dargestellt. Wie beim Bigram-Sprachmodell sind auch hier die Hilfswörter START und END vorhanden, um die Verhältnisse am Anfang und am Ende der Wortfolge zu spezifizieren. Es ist einfach zu sehen, dass die Zahl der Wahrscheinlichkeiten im Trigram-Netzwerk $|V| + (|V|+1)^2 \cdot |V|$ beträgt. Der Trigram-Ansatz stösst also mit zunehmender Vokabulargrösse schnell an praktische Grenzen, weil einerseits das Erkennungsnetzwerk unhandhabbar gross wird und andererseits die Trigram-Wahrscheinlichkeiten schwierig zu schätzen sind. Viele Worttripel sind sehr selten.

❯ 14.2.5 Schätzen der Parameter von N-Gram-Sprachmodellen

Im Folgenden ersetzen wir die bisher verwendete Bezeichnung der N-Gram-Wahrscheinlichkeiten $P(w_k | w_{k-N+1}, w_{k-N+2} \ldots w_{k-1})$ durch die kompaktere Notation $P(w | h^{(N-1)})$, wobei $h^{(N-1)}$ die $N-1$ Wörter lange Vorgeschichte von w ist.

Die Wahrscheinlichkeiten $P(w | h^{(N-1)})$ eines N-Gram-Sprachmodells werden geschätzt, indem die relativen Häufigkeiten der betreffenden Wortfolgen aus einem grossen Trainingstext wie folgt ermittelt werden:

$$\tilde{P}(w | h^{(N-1)}) = \frac{\mathrm{cnt}(h^{(N-1)}w)}{\sum_{w'} \mathrm{cnt}(h^{(N-1)}w')} \tag{199}$$

Die relative Häufigkeit wird also ermittelt, indem die Häufigkeit der Wortfolge $h^{(N-1)}w$ mit der Häufigkeit aller Wortfolgen der Länge N, die mit $h^{(N-1)}$ beginnen, normiert wird.

Das Problem dieser Schätzung ist, dass für im Trainingstext nicht vorhandene Wortfolgen $\mathrm{cnt}(h^{(N-1)}w) = 0$ ist und somit die Wahrscheinlichkeit $\tilde{P}(w | h^{(N-1)})$ auch null wird. Für das Erkennungsnetzwerk heisst dies, dass der betreffende Pfad faktisch eliminiert wird. Jede Wortfolge W, welche die Teilfolge $h^{(N-1)}w$ enthält, erhält also die Wahrscheinlichkeit $P(W) = 0$ und kann somit vom Spracherkenner nicht erkannt werden.

Auch die Wortfolge $h^{(N-1)}$ kann im Trainingstext fehlen. In diesem Fall wird auch der Nenner in Gleichung (199) null, und die Wahrscheinlichkeit $\tilde{P}(w | h^{(N-1)})$ ist nicht definiert (für die Glättung mit Formel (201) wird sie auf null gesetzt).

Da dieses Problem beim praktischen Einsatz eines Spracherkenners überaus wichtig ist, werden im Folgenden verschiedene Methoden gezeigt, um mit diesem Problem umzugehen. Keine dieser Methoden löst das Problem grundsätzlich und damit abschliessend. Sie sind allesamt eher als "Behelfslösungen" zu betrachten. Ein neuerer Ansatz, der zu einer besseren Lösung führt, wird in Abschnitt 14.4.2 skizziert.

Bei der Ermittlung von N-Gram-Wahrscheinlichkeiten sind jedoch nicht nur die im Trainingstext gar nicht vorhandenen Wortfolgen ein Problem, sondern auch diejenigen, die nur ganz wenige Male vorhanden sind. Wenn z.B. eine bestimmte Wortfolge in einem Trainingstext der Grösse G nur einmal vorkommt, dann wird sie in einem Trainingstext der Grösse $k\,G$ mit grosser Wahrscheinlichkeit viel weniger als k Mal auftreten. Die N-Gram-Wahrscheinlichkeiten seltener Wortfolgen, die im Trainingstext jedoch vorkommen, werden deshalb mit der Formel (199) häufig überschätzt, während die Wahrscheinlichkeiten der gar nicht vorkommenden Wortfolgen unterschätzt werden.

❯ Glättung

Dem Glätten (engl. *smoothing*) liegt die Idee zu Grunde, dass beobachtete Wortfolgen etwas von ihrer Wahrscheinlichkeitsmasse an ungesehene abtreten, damit deren Wahrscheinlichkeit nicht mehr null ist. Es gibt viele Möglichkeiten, eine solche Glättung zu verwirklichen. Es werden hier zwei ziemlich einfache gezeigt.

Eine erste Möglichkeit ist das Glätten der relativen Häufigkeiten, indem die N-Gram-Wahrscheinlichkeiten wie folgt geschätzt werden:

$$\tilde{P}(w|h^{(N-1)}) = \frac{\text{cnt}(h^{(N-1)}w) + \alpha}{\sum_{w'}(\text{cnt}(h^{(N-1)}w') + \alpha)} \tag{200}$$

Dabei ist α eine kleine, positive Grösse, die bewirkt, dass alle N-Gram-Wahrscheinlichkeiten grösser null sind. Die Wahl von α ist jedoch kritisch und muss für jeden konkreten Anwendungsfall eingestellt werden.

Eine andere Art der Glättung ist die lineare Interpolation. Dabei werden aus den gemäss Formel (199) ermittelten N-Gram-Wahrscheinlichkeiten für $N = 1, 2, \ldots$ über die folgende Linearkombination geglättete N-Gram-Wahrscheinlichen geschätzt:

$$\tilde{P}_s(w|h^{(N-1)}) = \rho_1\tilde{P}(w) + \rho_2\tilde{P}(w|h^{(1)}) + \ldots + \rho_N\tilde{P}(w|h^{(N-1)}) \tag{201}$$

Die Gewichte ρ_n können unter Einhaltung der Normierung $\sum_n \rho_n = 1$ mit einem zweiten Trainingstext optimiert werden.

❯ Backing-off

Eine auf den ersten Blick recht grobe, aber in der Praxis häufig eingesetzte Methode ist das sogenannte *Backing-off*. Dabei wird für diejenigen N-Gram-Wahrscheinlichkeiten $\tilde{P}(w|h^{(N-1)})$, die null sind, auf die entsprechenden (N-1)-Gram-Wahrscheinlichkeiten $\tilde{P}(w|h^{(N-2)})$ zurückgegriffen.

$$\tilde{P}_n(w|h^{(N-1)}) = \begin{cases} \alpha(h^{(N-1)})\,\tilde{P}(w|h^{(N-1)}) & \text{für } \operatorname{cnt}(h^{(N-1)}w) > 0 \\ \beta(h^{(N-1)})\,\tilde{P}(w|h^{(N-2)}) & \text{für } \operatorname{cnt}(h^{(N-1)}w) = 0 \end{cases} \qquad (202)$$

Bei der Bestimmung der Gewichte $\alpha(h^{(N-1)})$ und $\beta(h^{(N-1)})$ geht es vor allem um die Frage, welche Wahrscheinlichkeitsmasse den nicht im Trainingstext vorhandenen Wortfolgen zugewiesen werden soll. In [21] ist dafür die Good-Turing-Frequenzschätzung angewendet worden. Sie führt zum Resultat, dass die gesamte Wahrscheinlichkeitsmasse aller nicht vorhandenen Wortfolgen gleich der Wahrscheinlichkeitsmasse aller genau einmal vorhandenen Wortfolgen ist. Damit lassen sich die Gewichte in Gleichung (202) bestimmen.

Auch die oben erwähnte Überschätzung der N-Gram-Wahrscheinlichkeiten für Wortfolgen, die im Trainingstext nur ganz wenige Male vorhanden sind, kann über die Good-Turing-Frequenzschätzung verbessert werden (siehe [21]). Obwohl dieser Ansatz theoretisch gut begründet ist, scheinen auf diese Art ermittelte N-Gram-Sprachmodelle nicht das Optimum zu sein, wie beispielsweise der Vergleich in [26] zeigt.

In Abbildung 14.6 ist ein Backing-off-Bigram-Sprachmodell für die Viterbi-Decodierung dargestellt. Für Bigram-Wahrscheinlichkeiten, die null sind, sind die entsprechenden Verbindungen durch die gewichteten Unigram-Wahrscheinlichkeiten ersetzt worden.

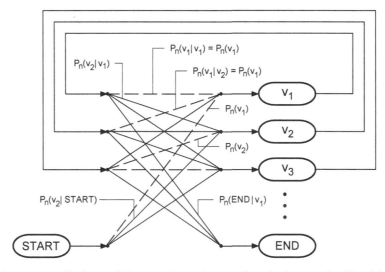

Abbildung 14.6. Backing-off-Bigram-Netzwerk eines Spracherkenners für Wortfolgen aus dem Vokabular $V = \{v_1, v_2, \ldots, v_{|V|}\}$. Die fehlenden Bigram-Wahrscheinlichkeiten (gestrichelt) werden durch die entsprechenden Unigram-Wahrscheinlichkeiten ersetzt.

❯ 14.2.6 Kategorielle N-Gram-Sprachmodelle

Die Zahl der möglichen N-Grams (Wortfolgen der Länge N) ist $|V|^N$, was ungefähr der Zahl der Parameter, d.h. der bedingten Wahrscheinlichkeiten in einem N-Gram-Sprachmodell entspricht. Für ein Vokabular der Grösse $|V|=10^3$ benötigt man z.B. für $N=3$ also bereits 10^9 Parameter.

Es zeigt sich also, dass man mit dem Glätten zwar das Problem der im Trainingstext nicht vorhandenen Wortfolgen beseitigt, aber gleichzeitig ein neues schafft. Obwohl die allermeisten Wortfolgen nie auftauchen, müssen im Erkennungsnetz alle $|V|^N$ bedingten Wahrscheinlichkeiten berücksichtigt werden, was das Netz enorm gross macht.

Eine Lösung dieses Problems ist ein sogenanntes *kategorielles* N-Gram-Sprachmodell. Dazu werden die Wortkategorien $g_i \in G = \{g_1, \dots, g_n\}$ eingeführt. Mit diesen lassen sich die bedingten Wahrscheinlichkeiten über die Kategoriezugehörigkeit der Wörter definieren:

$$P(w_k|w_{k-N+1}\dots w_{k-1}) \approx \sum_{g_i \in G} P(w_k|g_i)P(g_i|w_{k-N+1}\dots w_{k-1}) \qquad (203)$$

Da im Allgemeinen die Anzahl der Kategorien viel kleiner ist als die Grösse des Erkennervokabulars, ist auch die Zahl der N-Gram-Wahrscheinlichkeiten entsprechend kleiner. Beispielsweise ist für $|V|=10^3$, $N=3$ und $|G|=100$ die Menge der $P(g_i|w_{k-N+1}\dots w_{k-1})$ nur ein Zehntel so gross wie die Menge der $P(w_k|w_{k-N+1}\dots w_{k-1})$. Selbstverständlich kommen noch die $P(w_k|g_i)$ hinzu, die jedoch nur $|V|\cdot|G|$ Werte umfassen und somit hier nicht ins Gewicht fallen. Auch diese reduzierte Menge von Wahrscheinlichkeiten ist in vielen Fällen noch zu gross, z.B. bei Diktiersystemen, wo die Vokabulargrösse 10^4 und mehr sein kann. Deshalb wird in solchen Fällen eine Näherung eingesetzt, die noch etwas gröber ist als Formel (203), nämlich:

$$P(w_k|w_{k-N+1}\dots w_{k-1}) \approx P(w_k|\text{cat}(w_{k-N+1})\dots \text{cat}(w_{k-1}))$$

$$\approx \sum_{g_i \in G} P(w_k|g_i)P(g_i|\text{cat}(w_{k-N+1})\dots \text{cat}(w_{k-1})), \qquad (204)$$

wobei $\text{cat}(w_i) \in G$ ist. Dieses Sprachmodell umfasst also noch $|V|\cdot|G|+|G|^N$ Werte, und falls die Kategorien so gewählt werden, dass jedes Wort genau einer Kategorie angehört, dann sind sogar nur noch $|V|+|G|^N$ Werte nötig.

Prinzipiell können hier die grammatikalischen Wortkategorien (Nomen, Adjektiv, Artikel etc.) eingesetzt werden. Um aber aus einem Trainingstext die $P(g_i|\text{cat}(w_{k-N+1})\dots \text{cat}(w_{k-1}))$ und die $P(w_n|g_i)$ bestimmen zu können, müsste für alle Wörter dieses Textes die grammatikalische Wortkategorie bestimmt werden. Abgesehen davon, dass dieses Vorgehen schwierig ist, führt es zu Kategorien sehr unterschiedlicher Grösse. Es werden deshalb meistens künstliche Kategorien verwendet. Das heisst, es werden nicht nur obige Wahrscheinlichkeiten

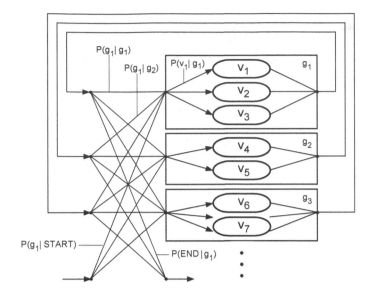

Abbildung 14.7. Kategorielles Bigram-Netzwerk eines Spracherkenners für Wortfolgen aus dem Vokabular $V = \{v_1, v_2, \ldots, v_{|V|}\}$.

aus dem Trainingstext geschätzt, sondern gleichzeitig auch die Wortkategorien bestimmt.[6]

Kategorielle N-Grams bringen nicht nur beim Schätzen des Sprachmodells Vorteile, sondern auch bei dessen Anwendung. Man kann im N-Gram-Netzwerk anstelle der Wortmodelle die Kategorienmodelle setzen und die Kategorienmodelle selbst sind dann Unigram-Netzwerke. Wie das Beispiel eines kategoriellen Bigram-Netzwerks von Abbildung 14.7 zeigt, ist das resultierende Netzwerk sehr viel kleiner und damit reduziert sich auch der Rechenaufwand bei der Erkennung.

❯ 14.2.7 Anwendung von N-Gram-Sprachmodellen

In Abschnitt 13.8.2 wurde gezeigt, dass mit dem Viterbi-Algorithmus für eine gegebene Merkmalssequenz die optimale Zustandssequenz in einem Erken-

---

[6] Eine oft eingesetzte Methode ist, zuerst das Vokabular willkürlich in die gewünschte Anzahl Kategorien (z.B. 100) einzuteilen. Dann wird jeweils ein Wort genommen und in eine andere Kategorie umgeteilt, falls sich dadurch eine Verbesserung des Optimierungskriteriums ergibt. Als Optimierungskriterium wird die Gesamtwahrscheinlichkeit $\prod_{s=1}^{J} \prod_{k=1}^{K_s} P(w_k|g_i)P(g_i|\text{cat}(w_{k-N+1})\ldots\text{cat}(w_{k-1}))$ des J Sätze umfassenden Trainingstextes maximiert. Die Wahrscheinlichkeiten werden wiederum durch Auszählen des Trainingstextes ermittelt, wie in Abschnitt 14.2.5 erläutert worden ist.

nungsnetzwerk ermittelt werden kann. Als Resultat des Erkenners wird diejenige Sequenz von Wörtern betrachtet, deren HMM der optimale Pfad nacheinander durchläuft.

Für die N-Gram-Sprachmodelle, auch für die kategoriellen, kann stets ein entsprechendes Erkennungsnetzwerk angegeben werden. Das Netzwerk kann aus Wort-HMM oder aus Laut-HMM aufgebaut sein. Die N-Gram-Wahrscheinlichkeiten wirken sich jedoch nur an den Wortübergängen aus. Auch bei einem solchen Netzwerk kann mit dem Viterbi-Algorithmus der optimale Pfad ermittelt werden, und über den optimalen Pfad ist ebenfalls die erkannte Wortsequenz bestimmt. Die Komplexität des Erkennungsnetzwerks wächst jedoch mit zunehmendem N sehr stark, wie dies in Abschnitt 14.2.4 für die Fälle $N = 1, \ldots, 3$ gezeigt wurde.

❯ 14.2.8 Bewertung von Sprachmodellen

Wichtig im Zusammenhang mit der statistischen Sprachmodellierung sind Grössen, welche die Eigenschaften der modellierten Sprache und den Nutzen des Sprachmodells quantitativ beschreiben. Insbesondere interessiert die Frage: Wie gut ist ein Sprachmodell bzw. um wie viel leichter wird die Erkennungsaufgabe durch das Sprachmodell?

Qualitativ können diese Grössen etwa so umschrieben werden: Mit Hilfe des Sprachmodells lassen sich aus der Vorgeschichte $w_1 w_2 \ldots w_{k-1}$ Vorhersagen über das Wort w_k machen. Dabei gilt: je weniger sicher ein Wort aus seiner Vorgeschichte vorhersagbar ist,

— desto mehr trägt das Wort zur Vermehrung der Information bei,
— desto mehr Wörter kommen dort in Frage (grosse "Perplexität"),
— desto grösser ist dort die "Unvorhersagbarkeit" (grosse "Entropie"),
— desto schwieriger ist dort die Erkennungsaufgabe.

Die Grössen Entropie und Perplexität können über die Grösse Information definiert werden.

❯ 14.2.8.1 Information

Am Anfang des Kapitels 14 haben wir die Sprache als Informationsträger bezeichnet ohne genauer zu spezifizieren, was mit Information gemeint ist. Dies wird jetzt nachgeholt.

Definition 14.1: Die Information I eines einzelnen Wortes v_i aus dem Vokabular $V = \{v_1, v_2, \ldots, v_{|V|}\}$ ist definiert als

$$I(v_i) = - \log_2 P(v_i) \tag{205}$$

Da hier der Logarithmus zur Basis 2 verwendet wird, ist die Einheit der Information das Bit. Dass diese Definition auch für Wortfolgen $W = w_1 w_2 \ldots w_K$ mit $w_j = v_i \in V$ gilt, kann wie folgt gezeigt werden: Gegeben ist der Anfang einer Wortfolge $w_1 w_2 \ldots w_{k-1}$. Im Allgemeinen hängt das nächste Wort von diesem Anfang ab, d.h. die Wahrscheinlichkeit, dass als k-tes Wort das Wort v_i aus dem Vokabular V folgt ist gleich $P(w_k = v_i \mid w_1 w_2 \ldots w_{k-1})$. Somit ist die Information dieses k-ten Wortes

$$I_k(v_i) = -\log_2 P(w_k = v_i \mid w_1 w_2 \ldots w_{k-1}) \tag{206}$$

Da die Gesamtinformation der Wortfolge durch das Wort $w_k = v_i$ zunimmt, wird in diesem Zusammenhang oft auch der Begriff Informationszuwachs durch das Wort $w_k = v_i$ gebraucht.

Dass die Information der Wortfolge gleich der Summe der Information aller Wörter ist, kann mit Gleichung (194) wie folgt gezeigt werden:

$$I(W_1^K) = -\log_2 P(w_1 w_2 \ldots w_K) = -\log_2 \prod_{k=1}^{K} P(w_k \mid w_1 w_2 \ldots w_{k-1})$$

$$= -\sum_{k=1}^{K} \log_2 P(w_k \mid w_1 w_2 \ldots w_{k-1}) = \sum_{k=1}^{K} I_k(w_k) \tag{207}$$

⊘ 14.2.8.2 Entropie

In diesem Abschnitt wird erläutert, wie mittels der Entropie eine Aussage über die Qualität eines Sprachmodells möglich ist.

Definition 14.2: Der mittlere Informationszuwachs (d.h. der Erwartungswert des Informationszuwachses) pro Wort wird als Entropie H bezeichnet.

Die Entropie einer Wortfolge, die von einem ergodischen Zufallsprozess generiert wird, kann demnach geschätzt werden mit

$$H = \lim_{K \to \infty} \frac{1}{K} I(W_1^K) = -\lim_{K \to \infty} \frac{1}{K} \log_2 P(W_1^K). \tag{208}$$

Die bedingte Entropie des k-ten Wortes einer Wortfolge, gegeben der Anfang dieser Wortfolge $W_1^{k-1} = w_1 \ldots w_{k-1}$, ist

$$H(w_k | W_1^{k-1}) = \sum_{i=1}^{|V|} P(v_i | W_1^{k-1}) \, I(v_i | W_1^{k-1}) \tag{209}$$

$$= -\sum_{i=1}^{|V|} P(v_i | W_1^{k-1}) \log_2 P(v_i | W_1^{k-1})$$

Die Entropie H_{mod} eines N-Gram-Sprachmodells, also die Information pro mit diesem Modell generiertem Wort, erhält man durch Bildung des Erwartungswertes der bedingten Entropie über alle W_{k-N+1}^{k-1}, also über alle möglichen Kombinationen der $N-1$ vorausgegangenen Wörter $w_{k-N+1} \dots w_{k-1}$

$$
\begin{aligned}
H_{mod} &= \sum_{W_{k-N+1}^{k-1}} P(W_{k-N+1}^{k-1}) \, H(w_k | W_{k-N+1}^{k-1}) \\
&= -\sum_{W_{k-N+1}^{k-1}} P(W_{k-N+1}^{k-1}) \sum_{l=1}^{|V|} P(v_l | W_{k-N+1}^{k-1}) \, \log_2 P(v_l | W_{k-N+1}^{k-1}) \\
&= -\sum_{W_{k-N+1}^{k-1}} \sum_{l=1}^{|V|} P(w_{k-N+1} \dots w_{k-1} v_l) \, \log_2 P(v_l | w_{k-N+1} \dots w_{k-1}) \\
&= -\sum_{v_h, v_i, \dots, v_k, v_l \in V} P(v_h v_i \dots v_k v_l) \, \log_2 P(v_l | v_h v_i \dots v_k) \qquad (210)
\end{aligned}
$$

Bei dieser Berechnung wird also nicht bloss ausgenutzt, dass das Wort w_k nur von den Wörtern $w_{k-N+1} \dots w_{k-1}$ abhängt, sondern auch, dass H_{mod} für jedes k gleich ist.

Was sagt nun die Entropie eines Sprachmodells, beispielsweise eines N-Gram-Sprachmodells aus? Informell gesprochen ist die Entropie eines Sprachmodells umso kleiner, je sicherer sich das Modell (im Mittel) ist, welches Wort jeweils als nächstes kommt. Je mehr Abhängigkeiten zwischen den einzelnen Wörtern das Modell berücksichtigt, desto geringer ist im Allgemeinen seine Entropie. Trotzdem ist es nicht unbedingt so, dass ein Sprachmodell mit geringerer Entropie zu einer besseren Erkennungsleistung führt. Um die Erkennungsleistung zu verbessern, werden so zum Beispiel die Wahrscheinlichkeitsverteilungen von N-Grams geglättet (siehe Abschnitt 14.2.5), obwohl dies zu einer grösseren Entropie führt. Tatsächlich ist es für die Spracherkennung nicht in erster Linie wichtig, wie sicher sich das Modell ist, sondern wie recht es hat. Man verwendet deswegen in der Praxis eher eine Form der sogenannten Kreuzentropie. Für N-Gram-Sprachmodelle ist die Kreuzentropie wie folgt zu berechnen:

$$
H(W_1^K) = -\frac{1}{K} \sum_{k=1}^{K} log_2 \, P(w_k | w_{k-N+1} \dots w_{k-1}) \qquad (211)
$$

Die Kreuzentropie wird für eine Menge von Testdaten (hier eine lange Wortfolge W_1^K) bestimmt. Man kann sich leicht davon überzeugen, dass für ein N-Gram-Sprachmodell die Kreuzentropie durch Glättung der Wahrscheinlichkeitsverteilung abnimmt, zumindest wenn gewisse Wortfolgen $w_{k-N+1} \dots w_k$ in den Trainingsdaten des Sprachmodells nicht vorgekommen sind.

⊘ 14.2.8.3 Perplexität

Zur Beschreibung der Komplexität eines Sprachmodells wird oft die Perplexität als Mass gebraucht.

Definition 14.3: Die Perplexität Q ist definiert als $Q = 2^H$ und gibt die mittlere (d.h. den Erwartungswert der) Wortverzweigungsrate an.

Auch die Perplexität ist ein Mass für die Leistungsfähigkeit eines Sprachmodells. Muss ein Spracherkenner beispielsweise Wortfolgen aus einem Vokabular der Grösse $|V|$ erkennen und es wird kein Sprachmodell eingesetzt, dann ist die Wahrscheinlichkeit jedes Wortes gleich gross, nämlich $P(v_i) = 1/|V|$. Die Entropie ergibt sich aus Formel (208) für eine Wortkette der Länge K zu $H_0 = -\frac{1}{K} \log_2 P(W_1^K) = -\log_2 P(w_k) = \log_2 (|V|)$. Somit beträgt die Perplexität ohne Sprachmodell $Q_0 = 2^{H_0} = |V|$.

Der Vergleich von Q_0 mit der Perplexität des Sprachmodells $Q_1 = 2^{H_{mod}}$, die im Falle eines N-Gram-Sprachmodells mit Gleichung (210) ermittelt werden kann, zeigt nun, um wie viel die mittlere Wortverzweigungsrate durch das Sprachmodell reduziert und damit die Spracherkennungsaufgabe vereinfacht wird. Weil das Sprachmodell den Erkenner auch zu stark einschränken kann, bedeutet eine kleinere Perplexität des Modells nicht, dass die Spracherkennungsrate höher ist. Um die Nützlichkeit eines Sprachmodells in Bezug auf eine bestimmte Spracherkennungsaufgabe zu erfassen, verwendet man zur Berechnung der Perplexität die Kreuzentropie (siehe Abschnitt 14.2.8.2). Die Perplexität bezieht sich dann auf konkrete Testdaten, die der Erkennungsaufgabe so gut wie möglich entsprechen sollten.

❯ 14.2.9 Stärken und Schwächen der statistischen Modellierung

Die statistische Sprachmodellierung mittels N-Grams ist heute weit verbreitet, was angesichts ihrer Stärken wenig erstaunt. Die wichtigsten davon sind:

- Die Modelle werden mit tatsächlich gebrauchten Sätzen trainiert. Die Modelle beschreiben also den wirklichen Gebrauch der Sprache und enthalten somit nicht nur syntaktische, sondern auch semantisches und pragmatisches Wissen.

- N-Grams können für eine beliebige Sprache mit den entsprechenden Daten (d.h. Texten dieser Sprache) trainiert werden. Sind diese Daten verfügbar, dann kann ein Sprachmodell erzeugt werden, und es ist dafür insbesondere kein linguistisches Wissen über die betreffende Sprache nötig.

- Nicht unwichtig ist schliesslich, dass N-Grams einfach in den Erkenner integriert werden können. Man konfiguriert ein entsprechendes Erkennungsnetzwerk und wendet zur Erkennung den Viterbi-Algorithmus an. Die akustischen Modelle und das Sprachmodell werden also gleichzeitig eingesetzt, was sehr effizient ist.

Die statistische Sprachmodellierung weist nebst diesen Stärken und Vorteilen ein paar grundsätzliche Schwächen auf. Die drei gravierendsten sind:

– **Modellschwäche:** Wie in den Abschnitten 14.2.3 und 14.2.4 dargelegt wurde, kann die statistische Sprachmodellierung aus praktischen Gründen nur innerhalb eines beschränkten, kurzen Kontextes die Zusammenhänge zwischen den Wörtern erfassen. Dies ist insbesondere bei stark flektierten Sprachen[7] problematisch, wie das folgende Beispiel veranschaulicht.

 In Abbildung 14.8 ist das Ergebnis eines Spracherkenners dargestellt, bei dem ein Bigram-Sprachmodell eingesetzt worden ist. Das Beispiel illustriert diese Modellschwäche: Das Wortpaar "Bruder ging" kommt im Trainingstext viel häufiger vor als "Bruder gingen". Das Sprachmodell greift deshalb zu kurz.

– **Überbewertung des Sprachmodells:** Das statistische Sprachmodell hilft dort, wo das akustische Modell keine eindeutige Aussage machen kann, aufgrund von A-priori-Wissen die wahrscheinlichere Wahl zu treffen. Das heisst aber auch, dass das akustische Modell vom Sprachmodell in gewissen Fällen systematisch überstimmt werden kann. Dies ist insbesondere dann der Fall, wenn die Viterbi-Wahrscheinlichkeit des akustischen Modells für das korrekte Wort zwar am grössten, aber nur wenig grösser als diejenige anderer Wörter ist und das Sprachmodell gleichzeitig dem korrekten Wort eine geringe A-priori-Wahrscheinlichkeit zuweist.

 Müssen z.B. in einer automatischen Telefonnummernauskunft nebst vielen andern die Namen "Möller" und "Müller" erkannt werden, dann wird im Unigram-Sprachmodell $P(v_i="Müller") \gg P(v_i="Möller")$ sein, weil "Müller" (im schweizerischen Telefonbuch) etwa 200 Mal häufiger ist. Das Sprachmodell wird somit bei der Erkennung der akustisch ähnlichen Namen "Müller" und "Möller" den ersteren stark begünstigen, was über die gesamte Einsatzzeit des Systems gesehen durchaus sinnvoll sein kann. Will jedoch eine Person tatsächlich die Telefonnummer eines Herrn Möller wissen, dann wird der Spracherkenner aufgrund des Sprachmodells mit sehr grosser Wahrscheinlichkeit "Müller" erkennen.

---

[7]Zu den stark flektierten Sprachen gehört z.B. Deutsch, weil Verben, Nomen und Adjektive viele verschiedene Formen haben, durch die Grammatik jedoch nur ganz bestimmte Kombinationen erlaubt sind. Innerhalb von Nominalgruppen ist beispielsweise erforderlich, dass die Wörter hinsichtlich Kasus, Numerus und Genus übereinstimmen. Zu den schwach flektierten Sprachen gehört Englisch.

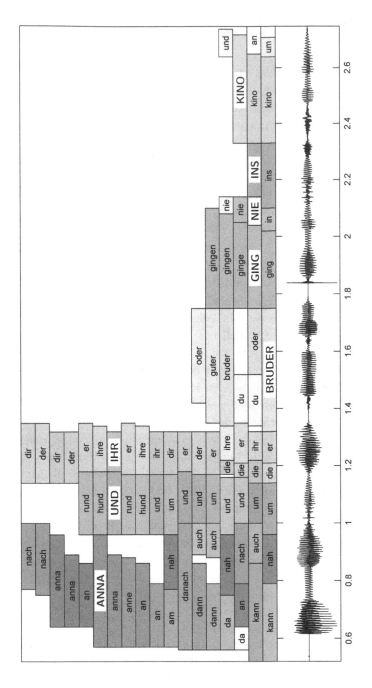

Abbildung 14.8. Für das Sprachsignal "Anna und ihr Bruder gingen ins Kino." gibt ein Spracherkenner mit Bigram-Sprachmodell und unter Anwendung des N-best-Viterbi-Algorithmus die dargestellten Worthypothesen aus. Die Hypothesen erscheinen umso dunkler, je höher die längennormierte Log-Likelihood des Modells ist. Die wahrscheinlichste Wortsequenz ist mit grosser Schrift markiert.

Zu diesen Schwächen kommt das Problem der Trainingsdaten hinzu. Ein statistisches Sprachmodell lernt aus den Trainingsdaten. Um gute Resultate zu erhalten, müssen die Texte hinsichtlich Vokabular und Textart einigermassen gut an die Anwendung angepasst sein. Ein passendes statistisches Sprachmodell zu erarbeiten, ist deshalb in der Praxis sehr aufwändig.[8]

14.3 Wissensbasierte Sprachmodellierung

Zweifellos folgen die geschriebene und die gesprochene Sprache gewissen Regeln. Ein grosser Teil dieses Buches befasst sich mit der Frage, wie diese Regelhaftigkeiten formal erfasst werden können, und wie dieses linguistische Wissen in Anwendungen der Sprachverarbeitung eingesetzt werden kann. So wurden beispielsweise in Kapitel 6 die formalen Grammatiken als ein Mittel zur Beschreibung natürlicher Sprachen eingeführt und in Kapitel 8 auf die automatische Transkription angewendet.

Es stellt sich nun die naheliegende Frage, ob sich formales linguistisches Wissen auch in der Spracherkennung einsetzen lässt. Wie wir in Abschnitt 14.3.1 zeigen werden, findet in der Spracherkennung linguistisches Wissen unterschiedlicher sprachlicher Ebenen seine Anwendung.

Ein zweiter Teil befasst sich mit der Verwendung formaler Grammatiken als Sprachmodelle. Dabei wird vor allem auf die Schwierigkeiten solcher Ansätze eingegangen, aber auch auf mögliche Lösungen.

❯ 14.3.1 Linguistisches Wissen in der Spracherkennung

In der Spracherkennung kann linguistisches Wissen aller sprachlichen Ebenen (vergl. Abschnitt 1.2.1) eingesetzt werden. Bei der Konzeption eines Spracherkennungssystems wird oft auf Wissen der *akustisch-phonetischen Ebene* zurückgegriffen. Für einen Spracherkenner, der auf Teilwort-Grundelementen basiert, muss beispielsweise ein Lautinventar festgelegt werden. Auch distinktive Merkmale (siehe Abschnitt 1.2.3), die früher als Merkmale für die Spracherkennung eingesetzt wurden, sind ein phonetisches Konzept. Was die *phonemische Ebene* angeht, so sind in der Spracherkennung insbesondere Regeln für Ausprachevarianten interessant (siehe Abschnitt 14.3.1.1). Das Wissen über den lautlichen Aufbau von Wörtern kann der *morphologischen Ebene* zugerechnet werden. Auf die Beschreibung und die Anwendung solcher Information wird ebenfalls in Abschnitt 14.3.1.1 eingegangen.

---

[8]Nur schon das Zusammentragen geeigneter Texte im Umfang von minimal etwa 50 Mio. Wörtern ist keine Kleinigkeit, wenn man bedenkt, dass dieses Buch lediglich etwa 110'000 Wörter umfasst.

Wissen der *syntaktischen Ebene* kann als Grundlage einer späteren semantischen Analyse dienen, aber auch zur Einschränkung des Suchraums auf die akzeptierten Sätze (siehe Abschnitt 14.3.1.1) oder generell zur Verbesserung der Erkennungsleistung (siehe Abschnitt 14.3.1.3).

Das Wissen der *semantischen und pragmatischen Ebenen* ist im Allgemeinen sehr schwierig zu erschliessen. Beispielsweise ist es schon unklar, auf welche Art und Weise die Bedeutung eines Wortes zu repräsentieren ist, geschweige dann, wie dieses Wissen für eine bedeutende Menge von Wörtern bereitgestellt werden kann. Explizites semantisches und pragmatisches Wissen kommt deshalb vor allem in sehr eingeschränkten Anwendungsszenarien zum Einsatz, beispielsweise in Dialogsystemen (wobei der Dialogzustand als pragmatische Komponente betrachtet werden kann) oder in Auskunftssystemen. Zudem wird semantische Information gelegentlich im Erkennungsteil von sprachverstehenden Systemen verwendet, weil solche Systeme sowieso über eine semantische Komponente verfügen müssen.

Die oben erwähnten Arten von linguistischem Wissen können in verschiedenen Phasen der Spracherkennung eingesetzt werden: in der *Systemkonfigurationsphase*, in der eigentlichen *Erkennungsphase* und in der *Nachverarbeitung*. Dies wird in den folgenden Abschnitten anhand einiger Beispiele erläutert.

⊘ 14.3.1.1 Einsatz in der Konfigurationsphase

Ein wesentlicher Teil der Konfiguration eines auf dem Viterbi-Algorithmus basierenden Spracherkenners ist das Erzeugen des Erkennungsnetzwerks. Die Zielsetzung kann dabei unterschiedlich sein:

- **Generieren des Erkennungsnetzwerks:** Liegen für ein Spracherkennungsproblem ein Vokabular und eine Grammatik vor, so kann unter bestimmten Bedingungen automatisch ein Erkennungsnetzwerk erzeugt werden, das nur die von der Grammatik akzeptierten Wortfolgen zulässt. Dies lässt sich beispielsweise dadurch erreichen, dass die Grammatik in einen nichtdeterministischen endlichen Automaten transformiert oder durch einen solchen approximiert wird. Ein endlicher Automat wiederum lässt sich direkt in ein Erkennungsnetzwerk umsetzen. Weil das Netzwerk mit zunehmender Grösse des Vokabulars und Komplexität der Grammatik stark wächst, kann es in der Praxis nur für einfache Fälle erzeugt werden.

- **Generieren der Wortmodelle:** Aus einem vollständigen Satz von Subwortmodellen und einem Aussprachelexikon für ein bestimmtes Vokabular können die Wortmodelle eines Spracherkenners erzeugt werden. Die Wortmodelle können sodann ins Erkennungsnetzwerk eingesetzt werden. Das morphologische Wissen, das in Form eines Aussprachelexikons gegeben ist, kann auf verschiedene Arten erzeugt worden sein. Neben der vollständig manuellen Eingabe ist es auch möglich, mithilfe einer generierend eingesetzten Wortgrammatik die graphemischen und phonetischen Vollformen aus den entsprechenden Morphemen zu erzeugen. Eine weniger präzise Methode, die aber für ein sehr grosses oder dynamisch erweiterbares Vokabular zweckmässiger ist, besteht darin, die phonetische Umschrift direkt aus der graphemischen Form abzuleiten. Dies kann mithilfe von wissensbasierten oder statistischen Ansätzen geschehen.

- **Generieren von Aussprachevarianten:** Bekanntlich sind die Phoneme die kleinsten bedeutungsunterscheidenden Einheiten der Lautsprache, während Allophone nicht bedeutungsunterscheidend sind. Tatsächlich kommen jedoch gerade bei schnell gesprochener Sprache Aussprachevarianten vor, die sich nicht auf Allophone zurückführen lassen:

	normal:	schnell:	Regel:
anbinden	[anbɪndən]	[ambɪndən]	[nb] → [mb]
ein Bier	[ai̯n biːɐ̯]	[ai̯m biːɐ̯]	[nb] → [mb]
am Mittag	[ǁam mɪtak]	[ǁamɪtak]	[mm] → [m]
mitkommen	[ˈmɪtkɔmən]	[ˈmɪkɔmən]	[tk] → [k]
Tagesschau	[taːgəsʃau̯]	[taːgəʃau̯]	[sʃ] → [ʃ]

Solche Aussprachevarianten können leicht mithilfe von kontextabhängigen Lautersetzungsregeln beschrieben werden.

In der Konfigurationsphase können unter Anwendung solcher Aussprachevariantenregeln alternative Aussprachen erzeugt werden. Die alternativen Aussprachen können entweder dem Aussprachelexikon hinzugefügt oder direkt im Erkennungsnetzwerk modelliert werden. Wortübergreifende Ausspracheregeln (etwa die Regel [nb] → [mb] im obigen Beispiel) können nur direkt im Erkennungsnetzwerk berücksichtigt werden.

Wie bereits in Abschnitt 14.2.1 gezeigt, kann es in einem Dialogsystem sinnvoll sein, den Erkenner vor jedem Dialogschritt neu zu konfigurieren, also den Erkenner optimal an die nächste Benutzereingabe anzupassen.

⊙ 14.3.1.2 Einsatz in der Erkennungsphase

Da wissensbasierte Ansätze im Vergleich zu den statistischen Verfahren eine relativ aufwändige Verarbeitung erfordern, kommen sie in der Erkennungsphase, wo der Suchraum der möglichen Hypothesen noch sehr gross ist, kaum zum Einsatz. Insbesondere bei Auskunftssystemen mit relativ eingeschränkter Syntax gab es jedoch auch vereinzelte Versuche, probabilistische Grammatiken als Sprachmodell in der Viterbi-Suche zu verwenden.

⊙ 14.3.1.3 Einsatz in der Nachverarbeitung

Ein häufig verwendeter Ansatz zur Anwendung von syntaktischem oder semantischem Wissen besteht darin, zuerst den Raum der möglichen Hypothesen mithilfe des N-best-Viterbi-Algorithmus einzuschränken, und dann nur die besten Hypothesen einer aufwändigeren Analyse zu unterziehen. Als Grundlage der Nachverarbeitung können die N besten Hypothesen dienen (siehe Abschnitt 13.5.5) oder ein sogenannter Wort-Graph, ein gerichteter, azyklischer Graph, in dem jeder Pfad vom Start- zum Endknoten einer Hypothese (d.h. einer Wortfolge) entspricht.

Die linguistische Nachverarbeitung kann verschiedene Ziele verfolgen. Beispielsweise kann versucht werden, die Erkennungsleistung zu verbessern, indem die linguistisch plausiblen (d.h. zum Beispiel die grammatikalisch korrekten) Hypothesen bei der Auswahl der endgültigen Lösung bevorzugt werden. Diese Idee wird im nächsten Abschnitt noch ausführlicher behandelt.

In sprachverstehenden Systemen ist nicht in erster Linie die Wortfehlerrate entscheidend, sondern vielmehr die Zuverlässigkeit, mit der die relevanten semantischen Einheiten und Zusammenhänge aus dem Satz ermittelt werden können. Für solche Systeme kann es Sinn machen, in den N besten Hypothesen nach semantischen Einheiten zu suchen, beispielsweise gültige Kreditkartennummern, Datums- und Zeitangaben oder lokale Präpositionalgruppen wie "nach Basel". So kann alles vorhandene Wissen über die gegebene Anwendung eingebracht werden, um die semantisch kohärenteste Hypothese zu finden.

❷ 14.3.2 Formale Grammatiken als Sprachmodelle

In Abschnitt 8.3 wurde der Einsatz des DCG-Formalismus zur Darstellung der Satz- und Wortgrammatik in der Sprachsynthese erläutert. Warum formale Sprachen auch in der Spracherkennung nützlich sein könnten, soll hier am Beispiel aus Abbildung 14.8 illustriert werden.

In diesem Beispiel liefert der Spracherkenner anstelle der korrekten Transkription "Anna und ihr Bruder gingen ins Kino." die Lösung "Anna und ihr Bruder ging nie ins Kino.". Diese Lösung ist syntaktisch nicht korrekt, weil Subjekt und Verb hinsichtlich des Numerus nicht übereinstimmen. Ein Trigram kann diesen Zusammenhang nicht erfassen, weil es die Wahrscheinlichkeit des Wortes "ging" als $P(ging \mid ihr\ Bruder)$ modelliert und damit die Koordination "und" gar nicht berücksichtigen kann. Auch ein 4-Gram würde das Problem nicht lösen, da die zu erkennende Äusserung ja auch wie folgt lauten könnte: "Anna schlief und ihr Bruder ging ins Kino.".

Tatsächlich können sich syntaktische Abhängigkeiten über praktisch beliebig viele Wörter erstrecken. Grundsätzlich können zwar N-Grams mit immer grösserem Kontext angewendet werden. Im Unterschied zu Bigrams oder Trigrams erfassen solche N-Grams jedoch kaum mehr allgemeinere Zusammenhänge der Sprache, sondern merken sich einfach immer längere Wortfolgen.

Formale Grammatiken hingegen können solche Arten von Abhängigkeiten direkt beschreiben. Deshalb stellt sich automatisch die Frage, ob und wie formale Grammatiken in der Spracherkennung eingesetzt werden können. In den folgenden Abschnitten wird auf einige Probleme solcher Ansätze eingegangen.

(>) 14.3.2.1 Schwierigkeiten beim Einsatz formaler Grammatiken

Die Schwierigkeiten bei der Anwendung formaler Grammatiken in der Spracherkennung treten am deutlichsten zutage, wenn man von einer Erkennungsaufgabe mit relativ uneingeschränkter Sprache ausgeht, beispielsweise von einem Diktiersystem. Abgesehen davon, dass die Entwicklung einer solchen Grammatik an sich schwierig ist (siehe dazu auch Abschnitt 6.4), bringt der Einsatz formaler Grammatiken in der Spracherkennung ganz spezifische Probleme mit sich.

Ein wichtiges Problem hat mit der Mehrdeutigkeit natürlicher Sprache zu tun, die in Abschnitt 8.3.3.4 erläutert wurde. Dass eine korrekte Hypothese möglicherweise sehr viele Lesarten besitzt, ist dabei nicht in erster Linie von Belang, auch wenn es im Hinblick auf die Verarbeitungseffizienz durchaus problematisch sein kann. Wesentlich schwerwiegender ist die Tatsache, dass auch viele offensichtlich falsche Hypothesen grammatikalisch korrekt sind.

Ein Beispiel dafür ist die Hypothese "scharon denkt nicht daran, dem rückzug der truppen aus einzuordnen"[9] (da Gross-/Kleinschreibung keine akustische Entsprechung hat, wird sie hier nicht berücksichtigt). Diese Wortfolge bildet einen korrekten deutschen Satz, weil "der truppen aus" als Nominalgruppe im Akkusativ gelesen werden kann. "der truppen" ist dabei der sogenannte pränominale Genitiv (analog zu "des Pudels Kern") und "aus" ist das Substantiv (wie in "Droht bald das Aus?"). Wenn also nur die grammatische Korrektheit betrachtet wird, ist obige Hypothese also ebenso plausibel wie die korrekte Hypothese ("scharon denkt nicht daran, den rückzug der truppen anzuordnen").

Solche Fälle kommen recht häufig vor, und ihr Anteil nimmt dramatisch zu, wenn die Grammatik nicht einschränkend genug formuliert ist und damit auch viele ungrammatische Wortfolgen akzeptiert. Aus der Information, ob eine Hypothese zur Sprache der Grammatik gehört oder nicht, lässt sich dann noch weniger auf die Güte der Hypothese schliessen.

Ein zweites wichtiges Problem besteht darin, dass manchmal die bestmögliche verfügbare Hypothese (also diejenige Hypothese mit der geringsten Anzahl Wortfehler) gar nicht grammatisch korrekt ist. Es gibt mehrere Gründe, die zu dieser Situation führen können:

---

[9]Dieses Beispiel ist der Dissertation [22] entnommen worden.

— Die Äusserung enthält ein Wort, das nicht zum Erkennervokabular gehört. Das korrekte Wort fehlt damit auch in allen Hypothesen des Spracherkenners bzw. wird durch ähnlich klingende Wörter ersetzt (zum Beispiel "al-kaida" durch "balkan nieder").

— Wenn die korrekte Hypothese z.B. wegen schlechter akustischer Bedingungen als relativ unwahrscheinlich bewertet wird, kann es vorkommen, dass sie sich gar nicht unter den N besten Hypothesen befindet und deshalb bei der syntaktischen Analyse nicht berücksichtigt wird.

— Die Äusserung selbst kann ungrammatisch sein. Gerade bei spontanen Äusserungen kommt es oft vor, dass sich der Sprecher korrigiert, oder dass Versprecher und Fehler im Satzbau auftreten.

— Die Äusserung kann grammatikalisch korrekt sein, aber nicht zur Sprache der verwendeten Grammatik gehören. Einerseits existiert bis heute keine vollständige Grammatik einer natürlichen Sprache, und andererseits sollten gewisse Phänomene eher nicht modelliert werden, weil sie das Problem der Mehrdeutigkeiten massiv verschärfen würden. So zum Beispiel sogenannte Ellipsen wie im Satz "Nur innen noch deutliche Spuren der Explosion.".

Das Problem der Mehrdeutigkeiten kann ein Stück weit entschärft werden, indem die Grammatik möglichst einschränkend formuliert wird, also so, dass falsche Wortfolgen von der Grammatik möglichst zuverlässig verworfen werden. Das Problem der ungrammatischen Hypothesen scheint nach der genau entgegengesetzten Strategie zu verlangen, nämlich eine möglichst wenig restriktive Grammatik anzuwenden. Tatsächlich kann eine wenig restriktive Grammatik für bestimmte Erkennungsaufgaben durchaus angebracht sein. So zeigen zum Beispiel Untersuchungen der Benutzersprache in automatisierten Telefondiensten, die eine freie Formulierung der Anfrage zulassen, dass kurze Phrasen, die eine Informationseinheit wie die Person, den Ort oder die Zeit darstellen, meist grammatisch korrekt und flüssig gesprochen werden. Man kann nun eine Grammatik so formulieren, dass sie für die informationstragenden Phrasen eine relativ strenge Struktur vorschreibt, während der Zusammenhang zwischen diesen Phrasen nur lockeren Regeln unterliegt. Im folgenden Ausschnitt der Grammatik einer Telefonnummernauskunft sind zwischen den relevanten Phrasen beliebige "Störungen" möglich:

$\vdots$

$$
\begin{aligned}
Ausdr &\rightarrow OptStoer,\ Info,\ Ausdr \\
Ausdr &\rightarrow OptStoer,\ Info,\ OptStoer \\
OptStoer &\rightarrow \\
OptStoer &\rightarrow Stoerung \\
Info &\rightarrow Person \\
Info &\rightarrow Ort \\
Info &\rightarrow Strasse \\
Person &\rightarrow OptAnrede,\ Vorname,\ Name \\
OptAnrede &\rightarrow \\
OptAnrede &\rightarrow \text{herr} \\
OptAnrede &\rightarrow \text{frau}
\end{aligned}
$$

$\vdots$

Eine andere Möglichkeit, um mit ungrammatischen Hypothesen umzugehen, besteht darin, grundsätzlich an einer möglichst einschränkenden Grammatik festzuhalten, aber gleichzeitig beliebige Folgen von Wörtern oder grammatikalisch korrekten Phrasen zu erlauben. Dieser Ansatz wird im nächsten Abschnitt weiter ausgeführt.

14.3.2.2 Parsing in der Spracherkennung

Grundsätzlich ist es möglich, eine formale Grammatik als das einzige Sprachmodell eines Spracherkennungssystems einzusetzen. Dabei besteht das Ziel darin, eine syntaktisch korrekte Wortfolge zu finden, die möglichst gut mit dem Sprachsignal übereinstimmt. Ein solches System kann so aufgebaut sein, dass ein Spracherkenner Hypothesen für Grundelemente (zum Beispiel Laute) bereitstellt. Ein Parser versucht dann, diese Grundelemente zu korrekten Konstituenten oder sogar Sätzen zusammenzusetzen. Wenn der Parser aufgrund der gegebenen Grammatik an einer Stelle des Sprachsignals bestimmte Wörter erwartet, so kann er seinerseits neue Hypothesen für Grundelemente, Wörter oder Wortfolgen vorschlagen, die dann vom Spracherkenner verifiziert und bewertet werden.

Solche und ähnliche Systeme wurden zwar verwirklicht (siehe z.B. [2]), haben sich aber für praktische Anwendungen als eher problematisch herausgestellt. Ein Grund dafür ist, dass eine Grammatik (zumindest, wenn sie nicht bloss einen trivialen Teil einer natürlichen Sprache abdecken soll) den enorm grossen Suchraum nicht sehr effektiv einschränken kann.

Wie bereits in Abschnitt 14.3.1.3 angesprochen, ist es eine wesentlich bessere Lösung, den Suchraum durch eine statistische Spracherkennung stark einzuschränken und die syntaktische Analyse nur auf den N besten Hypothesen

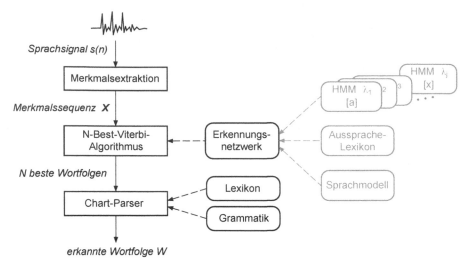

Abbildung 14.9. Spracherkenner mit getrennten Stufen für die statistische und die wissensbasierte Verarbeitung.

durchzuführen (siehe [22]). Dieser Ansatz hat den wesentlichen Vorteil, dass alle Vorzüge der statistischen Sprachmodellierung genutzt werden können, zum Beispiel die effiziente Verarbeitung mit dem N-best-Viterbi-Algorithmus oder die implizite Repräsentation von semantischem Wissen in N-Grams. Indem zusätzlich ein wissensbasiertes Sprachmodell (zum Beispiel eine formale Grammatik) auf die N besten Hypothesen angewendet wird, kann die Modellschwäche des statistischen Sprachmodells (siehe Abschnitt 13.9) teilweise kompensiert werden.

Abbildung 14.10 zeigt wieder das Beispiel aus Abbildung 14.8. Dieses Mal wurde jedoch ein wissensbasiertes Sprachmodell (ein Head-driven Phrase Structure Grammar, siehe Abschnitt 6.4) verwendet, um aus den N besten Hypothesen die korrekte Hypothese auszuwählen. Die Architektur dieses Spracherkenners ist in Abbildung 14.9 dargestellt.

Das System verwendet einen Bottom-up-Chart-Parser, der alle möglichen Phrasen ermittelt, die aus Abschnitten der gegebenen Wortfolge (Hypothese) abgeleitet werden können, und diese in der Chart speichert. Nach dem Parsing wird jede der N besten Hypothesen neu bewertet, und die Hypothese mit der besten Bewertung wird als erkannte Wortfolge ausgegeben.

Die Bewertung einer Hypothese ist im Wesentlichen ein gewichtetes Mittel der akustischen Likelihood $P(X|W)$, der Wahrscheinlichkeit des statistischen Modells $P(W)$ und eines Masses für die Grammatikalität der Hypothese. Letzteres

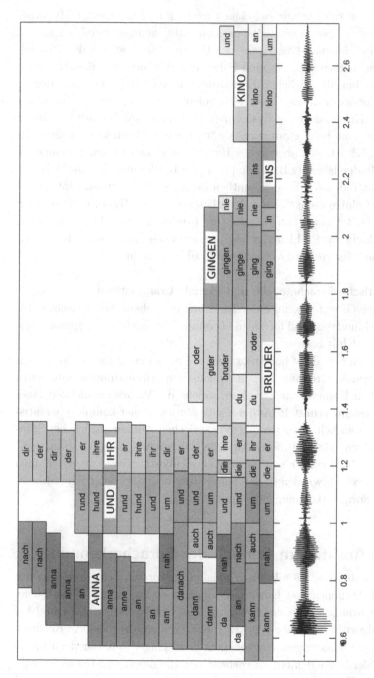

Abbildung 14.10. Ausgabe des Spracherkenners von Abbildung 14.9: Die statistische Stufe detektiert die *N* besten Wortsequenzen (hier sind nur die besten Worthypothesen dargestellt). Die zweite Stufe ermittelt unter Anwendung syntaktischen Wissens die korrekte Wortfolge.

ist so definiert, dass es nicht nur zwischen korrekten und inkorrekten Hypothesen unterscheidet, sondern auch zwischen mehr oder weniger korrekten.

Das Grammatikalitätsmass basiert auf der Information, wie sich die Wortfolge einer gegebenen Hypothese in eine Folge von Wörtern und Konstituenten zerlegen lässt, wobei die möglichen Konstituenten einer Hypothese aus der jeweiligen Chart ersichtlich sind. Lässt sich beispielsweise die ganze Hypothese als eine einzige Konstituente analysieren (z.B. "anna und ihr bruder gingen ins kino"), so ist eine hohe Grammatikalität gegeben. Wenn keine vollständige Analyse möglich ist, sich aber in der Hypothese grosse zusammenhängende Konstituenten finden lassen (z.B. "anna | und | ihr bruder ging ins kino"), ist die Grammatikalität reduziert. Eine wesentlich geringere Grammatikalität ist gegeben, wenn nur einige wenige kleine Konstituenten in der Hypothese gefunden werden können (z.B. "kann | nah | um die | er | bruder | ging | in | ins kino"). Mit diesem Ansatz kann das Problem der ungrammatischen Äusserungen behandelt werden, ohne auf eine restriktive Grammatik zu verzichten.

⊗ 14.3.2.3 Statistische Sprachmodelle und formale Grammatiken

Nach dem bisher Gesagten könnte der Eindruck entstehen, dass zwischen statistischen Sprachmodellen und formalen Grammatiken natürlicher Sprache eine unüberbrückbare Kluft besteht.

Tatsächlich nähern sich diese beiden extremen Positionen immer mehr an. Einerseits sind formale Grammatiken in praktischen Anwendungen häufig mit einer statistischen Komponente versehen, welche die Wahrscheinlichkeit einer bestimmten Ableitung ermittelt. Andererseits werden immer komplexere statistische Modelle entwickelt, die auch den syntaktischen Aufbau natürlicher Sprache berücksichtigen. Manche dieser Modelle wurden ursprünglich entwickelt, um die syntaktische Struktur von natürlichsprachlichen Sätzen zu bestimmen (*statistisches Parsing*), wurden in der Folge aber auch als statistische Sprachmodelle in der Spracherkennung eingesetzt.

14.4 Neue Ansätze im Bereich der Spracherkennung

In den letzten Jahren ist es allgemein möglich geworden, sehr grosse neuronale Netze mit Millionen von Gewichten effizient zu trainieren. Nebst Neuerungen bei der Konfiguration der Neuronen, bei der Netzarchitektur und bei den Trainingsalgorithmen (siehe z.B. [15]), hat auch eine verbesserte Rechnerinfrastruktur dazu beigetragen. Bis vor nicht allzu langer Zeit war der Einsatz grosser neuronaler Netze denjenigen vorbehalten, die Zugang zu Hochleistungsrechnern hatten. Heute reicht oft ein PC mit GPU (*graphics processing unit*) aus. Dies hat dazu geführt, dass in verschiedensten Bereichen die Lösung zunehmend komplexerer Probleme angegangen worden ist, indem grosse neuronale Netze eingesetzt werden. Auch in der Sprachverarbeitung gibt es Beispiele solcher Probleme. Nebst dem in Abschnitt 9.1.2.5 beschriebenen Ansatz zur Sprachsignalproduktion mit einem neuronalen Netz werden in den folgenden Abschnitten zwei Beispiele aus dem Bereich der Spracherkennung erläutert.

14.4.1 Merkmalsextraktion mit einem neuronalen Netz

Die klassische Merkmalsextraktion basiert auf den MFCC und davon abgeleiteten Grössen (vergl. Abschnitt 11.7). Bereits in den Neunzigerjahren wurden neuronale Netze bescheidener Grösse eingesetzt um diese Merkmale zu transformieren oder aus den Merkmalen die segmentalen A-posteriori-Lautwahrscheinlichkeiten $P(L|\mathbf{x}_t)$ zu schätzen. In diesen Fällen wurde also das neuronale Netz zwischen die Merkmalsextraktion und den HMM-basierten Erkenner geschaltet. Diese Konfiguration wurde als hybrider HMM/NN-Spracherkenner (engl. *hybrid HMM/ANN speech recognizer*) bezeichnet. Für eine Übersicht über diese Ansätze bietet sich beispielsweise [47] an.

Im Gegensatz zu obigen Systemen werden heute direkt aus den Abtastwerten eines Sprachsignalabschnittes $\mathbf{s}_t$ mit einem grossen CNN (*convolutional neural network*) die A-posteriori-Lautwahrscheinlichkeiten $P(L|\mathbf{s}_t)$ geschätzt (siehe beispielsweise [16] oder [30]). Die Ausgangsvektoren des neuronalen Netzes können unterschiedlich eingesetzt werden:

a) Sie werden als Merkmalsvektoren verwendet, analog zu den MFCC. Sowohl das Training der CDHMM als auch der Einsatz für die Erkennung ist gleich wie dies in Kapitel 13 beschrieben worden ist.

b) Die A-posteriori-Lautwahrscheinlichkeiten $P(L|\mathbf{s}_t)$ werden skaliert, d.h. durch die A-priori-Lautwahrscheinlichkeiten dividiert (vergl. [17]) und anstelle der Likelihood-Werte gebraucht, die im Fall a) aus den multivariaten Gauss-Mischverteilungen der Lautmodelle ermittelt werden.

Die Spracherkennungsraten der Systeme mit dieser CNN-basierten Merkmalsextraktion sind gegenwärtig noch nicht wesentlich höher als diejenigen der klassischen und der hybriden Spracherkenner. In Anbetracht der erst kurzen Zeit, während der mit solchen Ansätzen gearbeitet wird, ist jedoch zu erwarten, dass noch wesentliche Fortschritte erreicht werden können, einerseits durch Optimierung der Netzkonfiguration und des Trainings, andererseits auch durch Verbessern der Trainingsdaten, die sowohl mengenmässig als auch hinsichtlich Aufbereitung (Labeling) noch nicht optimal sind.

14.4.2 Sprachmodellierung mit einem neuronalen Netz

In Abschnitt 14.2.3 ist das allgemeine statistische Sprachmodell eingeführt worden, das sich jedoch als nicht praxistauglich erwiesen hat. Nun hat sich gezeigt, dass ein grosses rekurrentes neuronales Netz (RNN) näherungsweise ein solches Sprachmodell lernen kann (siehe beispielsweise [45]). Allerdings ist es sehr aufwändig, ein solches RNN-Sprachmodell in den Viterbi-Algorithmus eines Spracherkenners mit grossem Vokabular einzubauen. Wie im Fall der wissensbasierten Sprachmodellierung bietet sich auch hier an, das RNN-Sprachmodell in der Nachverarbeitung einzusetzen (vergl. Abschnitt 14.3.1.3). Man wendet also zuerst den N-best-Viterbi-Algorithmus (unter Einsatz eines konventionellen statistischen Sprachmodells, z.B. eines Bigrams) an und ermittelt so die N Wortfolgen mit der höchsten Viterbi-Wahrscheinlichkeit. Anschliessend kann jede dieser Wortfolgen mit dem RNN-Sprachmodell neu bewertet werden.

Eine alternative Möglichkeit ist, das RNN als Bigram- oder Trigram-Sprachmodell zu trainieren. Solche Modelle haben dann zwar nicht die Mächtigkeit des allgemeinen Sprachmodells, aber sie lassen sich einfacher in den Viterbi-Algorithmus einbauen. Gegenüber den gewöhnlichen N-Gram-Modellen haben sie zudem den Vorteil, dass das Problem der im Trainingstext nicht vorhandenen Wortfolgen nicht existiert, weil das RNN-Sprachmodell für alle Wortfolgen eine Ausgabe erzeugt. Selbstverständlich ist dieser Vorteil nur dann relevant, wenn dadurch die Fehlerrate der Spracherkennung verringert werden kann. Dies scheint tatsächlich der Fall zu sein (vergl. [44]).

Anhang A
Linguistische Grundlagen

A

A   Linguistische Grundlagen

A Linguistische Grundlagen

Dieser Anhang enthält für das Verständnis dieses Buches wichtige linguistische Grundlagen.

A.1 Phonetische Schrift in ASCII-Darstellung

Laute und Phoneme werden in diesem Buch entsprechend der Konvention der *International Phonetic Association* bezeichnet, also mit IPA-Symbolen (siehe [18]). Die phonetischen Symbole, die in diesem Buch verwendet werden, sind auf den folgenden Seiten für die Sprachen Deutsch, Englisch unf Französisch zusammengestellt. Die IPA-Symbole selbst sind jedoch nicht sprachspezifisch, d.h. obwohl Laute wie das deutsche [l] und das englische [l] sehr verschieden klingen, wird für beide dasselbe IPA-Symbol verwendet. In der Regel muss deshalb die Sprache separat angegeben werden.

Da IPA-Symbole nur umständlich in Computerprogrammen verwendet werden können, wurden verschiedentlich Anstrengungen unternommen, die IPA-Symbole mit dem ASCII-Standardzeichensatz (American Standard Code for Information Interchange) zu repräsentieren. Der bekannteste und umfassendste Versuch hat zu SAMPA (Speech Assessment Methods Phonetic Alphabet) geführt (siehe http://www.phon.ucl.ac.uk/home/sampa/).

Die in der Gruppe für Sprachverarbeitung der ETH-Zürich verwendeten ETHPA-Symbole (*ETH phonetic alphabet*) sind stark an SAMPA angelehnt. Für die Sprachsynthese waren jedoch folgende Modifikationen nötig:

- Zwischen den beiden Lauten eines Diphthongs oder einer Affrikate wird um der Eindeutigkeit willen ein _ eingefügt.
- Bei den deutschen Diphthongen "au", "ei" und "eu", die in [9] phonetisch als [au̯], [ai̯] und [ɔy̯] geschrieben sind, wird in ETHPA analog der zweite Laut auch als geschlossen notiert, also [a_u], [a_i] und [O_y].[1]
- Da die unsilbischen Vokale [ɐ̯], [i̯], [o̯], [u̯] und [y̯] in SAMPA nicht existieren, sind neue Bezeichnungen eingeführt worden.
- Das Zusatzsymbol für Nasalierung wird wie die Markierungen für silbisch und unsilbisch dem Lautzeichen vorangestellt.
- Um die Lesbarkeit zu verbessern, sind zudem die Worthaupt- und -neben-akzente an die betreffenden IPA-Symbole ' und ˌ angeglichen worden.

---

[1]In [10] ist die phonetische Umschrift der Diphthonge geändert worden, sodass sie der physikalischen Wirklichkeit der Laute besser entspricht. Die Neuausgabe dieses Buches ist jedoch nicht geändert worden, weil es schlussendlich egal ist, welche Symbole für die einzelnen Laute verwendet werden. Wichtig ist bloss, dass zwischen Lauten und Symbolen eine eineindeutige Relation besteht.

❯ A.1.1 IPA-Symbole für Deutsch mit ASCII-Darstellung

In der Kolonne IPA sind alle in diesem Buch im Zusammenhang mit der Deutschen Sprache verwendeten Lautbezeichnungen als IPA-Symbole aufgeführt. Die ASCII-Repräsentationen der Lautbezeichnungen stehen in der Kolonne ETHPA (ETH Phonetic Alphabet).[2]

IPA	ETHPA	Beispiel		Erklärung
a	a	hat	[hat]	kurzes a
aː	a:	Bahn	[baːn]	langes a
ɐ	6	Ober	[ˈoːbɐ]	abgeschwächtes a
ɐ̯	^6	Uhr	[ǀuːɐ̯]	abgeschwächtes, unsilbisches a
ai̯	a_i	weit	[vai̯t]	Diphthong [ai̯]
au̯	a_u	Haut	[hau̯t]	Diphthong [au̯]
b	b	Ball	[bal]	b-Laut
ç	C	sich	[zɪç]	Ich-Laut
d	d	dann	[dan]	d-Laut
e	e	Methan	[meˈtaːn]	kurzes, geschlossenes e
eː	e:	Beet	[beːt]	langes, geschlossenes e
ɛ	E	hätte	[ˈhɛtə]	kurzes, offenes e
ɛː	E:	wähle	[ˈvɛːlə]	langes, offenes e
ə	@	halte	[ˈhaltə]	Schwa oder Murmellaut
f	f	Fass	[fas]	f-Laut
g	g	Gast	[gast]	g-Laut
h	h	hat	[hat]	h-Laut
i	i	vital	[viˈtaːl]	kurzes, geschlossenes i
iː	i:	viel	[fiːl]	langes, geschlossenes i
i̯	^i	Studie	[ˈʃtuːdi̯ə]	unsilbisches i
ɪ	I	bist	[bɪst]	kurzes, offenes i
j	j	ja	[jaː]	j-Laut
k	k	kalt	[kalt]	k-Laut
l	l	Last	[last]	l-Laut
l̩	=l	Nabel	[ˈnaːbl̩]	silbisches l
m	m	Mast	[mast]	m-Laut
m̩	=m	grossem	[ˈgroːsm̩]	silbisches m
n	n	Naht	[naːt]	n-Laut
n̩	=n	baden	[ˈbaːdn̩]	silbisches n
ŋ	N	lang	[laŋ]	ng-Laut

---

[2]Die auf dieser und der nächsten Seite aufgeführten Beispiele und Erklärungen sind mehrheitlich aus [9] entnommen.

IPA	ETHPA	Beispiel		Erklärung
o	o	Moral	[moˈraːl̩]	kurzes, geschlossenes o
oː	o:	Boot	[boːt]	langes, geschlossenes o
o̯	^o	loyal	[lo̯aˈjaːl]	unsilbisches o
ɔ	O	Post	[pɔst]	kurzes, offenes o
ø	2	Ökonom	[‖økoˈnoːm]	kurzes, geschlossenes ö
øː	2:	Öl	[‖øːl]	langes, geschlossenes ö
œ	9	göttlich	[ˈgœtliç]	kurzes, offenes ö
ɔy̯	O_y	Heu	[hɔy̯]	Diphthong [ɔy]
p	p	Pakt	[pakt]	p-Laut
p͡f	p_f	Pfahl	[p͡faːl]	Affrikate [p͡f]
r	r	Rast	[rast]	r-Laut (Zungenspitzen-r)
ʀ	R			r-Laut (Zäpfchen-r)
s	s	Hast	[hast]	s-Laut (stimmlos)
ʃ	S	schal	[ʃaːl]	sch-Laut (stimmlos)
t	t	Tal	[taːl]	t-Laut
t͡s	t_s	Zahl	[t͡saːl]	Affrikate [t͡s]
t͡ʃ	t_S	Matsch	[mat͡ʃ]	Affrikate [t͡ʃ]
u	u	kulant	[kuˈlant]	kurzes, geschlossenes u
uː	u:	Hut	[huːt]	langes, geschlossenes u
u̯	^u	aktuell	[‖akˈtu̯ɛl]	unsilbisches u
ʊ	U	Pult	[pʊlt]	kurzes, offenes u
v	v	was	[vas]	w-Laut
x	x	Bach	[bax]	Ach-Laut
y	y	Mykene	[myˈkeːnə]	kurzes, geschlossenes ü
yː	y:	Rübe	[ˈryːbə]	langes, geschlossenes ü
y̆	^y	Etui	[‖eˈty̆iː]	unsilbisches ü
ʏ	Y	füllt	[fʏlt]	kurzes, offenes ü
z	z	Hase	[ˈhaːzə]	stimmhaftes s
ʒ	Z	Genie	[ʒeˈniː]	stimmhaftes sch
ˈ	'	Diskurs	[dɪsˈkʊrs]	Worthauptakzent
ˌ	,	unverholen	[ˈʊnfɛɐ̯ˌhoːlən]	Wortnebenakzent
ǀ	?	beamtet	[bəˈ‖amtət]	Glottalverschluss
-	-	Hand-lung	[hand-lʊŋ]	Silbengrenze
+	+	hust+en	[huːst+ən]	Morphemgrenze
>	>	(präplosive Pause)		

❷ A.1.2 IPA-Symbole für Englisch mit ASCII-Darstellung

Die IPA- und die ETHPA-Symbole in dieser Tabelle werden ausschliesslich im Zusammenhang mit der polyglotten Sprachsynthese gebraucht, also in Kapitel 10.

IPA	ETHPA	Beispiel	
ə	@	another	[ə'nʌðə]
əʊ	@_U	nose	['nəʊz] [1]
æ	q	hat	['hæt]
ɑ	A	got, frog	['gɑt], ['frɑg] [2]
ɑː	A:	stars	['stɑːz] [1], ['stɑːrz] [2]
ʌ	V	cut, much	['kʌt], ['mʌtʃ]
aɪ	a_I	rise	['raɪz]
aʊ	a_U	about	[ə'baʊt]
b	b	bin	['bɪn]
ð	D	this, other	['ðɪs], ['ʌðər]
d	d	din	['dɪn]
dʒ	d_Z	Gin	['dʒɪn]
ɜː	3:	bird, furs	['bɜːd], ['fɜːz] [1]
ɜ	3	bird, furs	['bɜrd], ['fɜrz] [2]
e	e	get	['get]
eɪ	e_I	raise	['reɪz]
ɛə	E_@	stairs	['stɛəz] [1], ['stɛərz] [2]
f	f	fit	['fɪt]
g	g	give, bag	['gɪv], ['bæg]
h	h	hit	['hɪt]
ɪ	I	witch	['wɪtʃ]
iː	i:	ease	['iːz]
ɪə	I_@	fears	['fɪəz] [1], ['fɪərz] [2]
j	j	youth, yes	['juːθ], ['jes]
k	k	skat	['skɑːt]
kʰ	k_h	kin	['kʰɪn]
l	l	life, field	['laɪf], ['fiːld]
m	m	mean	['miːn]
ŋ	N	thing	['θɪŋ]
n	n	fine, net	['faɪn], ['net]
ɔ	O	got, frog	['gɔt], ['frɔg] [1]
ɔː	O:	abroad	[ə'brɔːd]
ɔɪ	O_I	noise	['nɔɪz]

IPA	ETHPA	Beispiel	
ɒ	Q	got, frog	[ˈgɒt], [ˈfrɒg] [2]
oʊ	o_U	nose	[ˈnoʊz] [2]
p	p	speed	[ˈspiːd]
pʰ	p_h	pin	[ˈpʰɪn]
r	r	ring, stress	[ˈrɪŋ], [ˈstres]
ʃ	S	shine, brush	[ˈʃaɪn], [ˈbrʌʃ]
s	s	sin, mouse	[ˈsɪn], [ˈmaʊs]
θ	T	thin, method	[ˈθɪn], [ˈmeθəd]
t	t	street	[ˈstriːt]
tʰ	t_h	time	[ˈtʰaɪm]
tʃ	t_S	chin	[ˈtʃɪn]
ʊ	U	book	[ˈbʊk]
uː	u:	lose	[ˈluːz]
ʊə	U_@	durable	[ˈdjʊərəbl]
v	v	very, heavy	[ˈverɪ], [ˈhevɪ]
w	w	well	[ˈwel]
x	x	loch	[ˈlɒx] [1]
ʒ	Z	vision	[ˈvɪʒən]
z	z	zoo, fees	[ˈzuː], [ˈfiːz]

[1] Britisches Englisch
[2] Amerikanisches Englisch

❯ A.1.3 IPA-Symbole für Französisch mit ASCII-Darstellung

Die IPA- und die ETHPA-Symbole in dieser Tabelle werden ausschliesslich im Zusammenhang mit der polyglotten Sprachsynthese gebraucht, also in Kapitel 10.

IPA	ETHPA	Beispiel	
a	a	tabac	[taba]
ɑ	A	bât, pâte	[bɑ], [pɑt]
ã	~A	ange	[ãʒ]
b	b	bon, robe	[bɔ̃], [ʀɔb]
d	d	dans, aide	[dã], [ɛd]
e	e	été	[ete]
ɛ	E	treize	[tʀɛz]
ɛ̃	~E	cinq, linge	[zɛ̃k], [lɛ̃ʒ]
ə	@	premier	[pʀəmje]
(ə)	(@)	matelot	[mat(ə)lo] [3]
f	f	feu, neuf	[fø], [nœf]
g	g	gare, bague	[gaʀ], [bag]
h	h	hop	[hɔp]
i	i	lit, émis	[li], [emi]
j	j	yeux, paille	[jø], [paj]
ɲ	J	agneau, vigne	[aɲo], [viɲ]
k	k	actif, barque	[aktif], [baʀk]
l	l	lent, sol	[lã], [sɔl]
m	m	main, femme	[mɛ̃], [fam]
ŋ	N	camping	[kãpiŋ]
n	n	nous, tonne	[nu], [tɔn]
o	o	galop	[galo]
ɔ	O	éloge	[elɔʒ]
ɔ̃	~O	on, savon	[ɔ̃n], [savɔ̃]
ø	2	bleu	[blø]
œ	9	neuf, oeuf	[nœf], [œf]
œ̃	~9	un, parfum	[œ̃], [paʀfœ̃]
p	p	père, soupe	[pɛʀ], [sup]
ʀ	R	rue, venir	[ʀy], [vəniʀ]
s	s	sale, dessous	[sal], [dəsu]
ʃ	S	chat, tâche	[ʃa], [taʃ]
t	t	terre, vite	[tɛʀ], [vit]
u	u	roue	[ʀu]

IPA	ETHPA	Beispiel	
v	v	vous, rêve	[vu], [ʀɛv]
w	w	oui, nouer	[wi], [nwe]
y	y	lu	[ly]
ɥ	H	huit, lui	[ɥit], [lɥi]
z	z	zéro, maison	[zeʀo], [mɛzɔ̃]
ʒ	Z	gilet, mijoter	[ʒilɛ], [miʒɔte]
|	?	les haricots	[le |aʀiko]

[3] (ə) bezeichnet den optionalen Schwa-Laut

A.2 Phonemsystem des Deutschen

Das mittels Minimalpaaranalyse eruierbare Phonemsystem des Deutschen umfasst 39 Phoneme, nämlich 19 Vokalphoneme und 20 Konsonantenphoneme (gemäss [27]).

Die Phoneme sind nachfolgend zusammen mit den zugehörigen Phonen bzw. Allophonen aufgelistet. Die Phone und Allophone sind gemäss [9] bezeichnet (vergl. auch Abschnitt A.1).

Vokalphoneme			**Konsonantenphoneme**				
Phonem	Phon bzw. Allophone		Phonem	Phon bzw. Allophone			
/aː/	[aː]		/b/	[b]			
/a/	[a]		/d/	[d]			
/e/	[eː]		/g/	[g]			
/ɛ/	[ɛ]		/p/	[p]	[pʰ]		
/ɛː/	[ɛː]		/t/	[t]	[tʰ]		
/ə/	[ə]		/k/	[k]	[kʰ]		
/i/	[iː]		/m/	[m]	[m̩]		
/ɪ/	[ɪ]	[i̯]	/n/	[n]	[n̩]		
/o/	[oː]		/ŋ/	[ŋ]			
/ɔ/	[ɔ]	[o̞]	/f/	[f]			
/ø/	[øː]		/v/	[v]			
/œ/	[œ]		/s/	[s]			
/u/	[uː]		/z/	[z]			
/ʊ/	[ʊ]	[u̯]	/ʃ/	[ʃ]			
/y/	[yː]		/ʒ/	[ʒ]			
/ʏ/	[ʏ]	[y̯]	/x/	[ç]	[x]		
/aɪ/	[ai̯]		/j/	[j]			
/aʊ/	[au̯]		/l/	[l]	[l̩]		
/ɔɪ/	[ɔy̯]		/h/	[h]			
			/r/	[r]	[ʀ]	[ʁ̥]	[ʁ]

Merke: Die deutschen Affrikaten [p͡f], [t͡s] und [t͡ʃ] werden gemäss [27] nicht als Phoneme klassiert.

A.3 Erläuterungen zu den Grammatiken

In diesem Abschnitt sind Informationen zusammengestellt, die vor allem für diejenigen Leser hilfreich sein können, die weder mit natürlichsprachlichen Grammatiken, noch mit dem DCG-Formalismus vertraut sind.

❯ A.3.1 Über den Zweck natürlichsprachlicher Grammatiken

Im Sinne der formalen Sprachen ist eine Grammatik G für eine Sprache L nur dann korrekt, wenn die Menge der aus dem Startsymbol über die Grammatik ableitbaren Wörter $L(G)$ mit der Wortmenge der Sprache L übereinstimmt (vergl. Abschnitt 6.1). Anhand der Grammatik G kann also exakt entschieden werden, ob ein Wort zur Sprache L gehört oder nicht.

Bei natürlichen Sprachen ist diese strikte Anforderung an eine Grammatik weder erfüllbar noch sinnvoll. Nicht erfüllbar ist Anforderung deshalb, weil für viele natürlichsprachliche Wortfolgen nicht zweifelsfrei klar ist, ob sie korrekt sind oder nicht. Manche sind auch nur in einem gewissen pragmatischen Kontext korrekt.

Andererseits kann diese genaue Unterscheidung zwischen korrekt und inkorrekt bei natürlichen Sprachen je nach Anwendungsfall auch mehr oder weniger unerwünscht sein. Bei der Sprachsynthese ist dies sehr klar der Fall. Unabhängig davon, ob ein Satz syntaktisch korrekt ist und ob alle Wörter fehlerfrei geschrieben sind, muss die Sprachsynthese (insbesondere die Transkriptionsstufe) diesen Satz verarbeiten und in eine phonologische Repräsentation umsetzen können. Das Ziel kann in diesem Fall somit nicht eine möglichst präzise Grammatik sein, sondern eine, die bei korrekten Wörtern und Sätzen ein zweckmässiges Analyseresultat liefert, also einen Syntaxbaum, welcher den Aufbau der Wörter und des ganzen Satzes richtig beschreibt. Aufgrund des Syntaxbaumes können dann nicht eindeutige Zerlegungen von Wörtern in Morphe (siehe Abschnitt 8.1.1.2) oder gewisse Homographe disambiguiert werden (vergl. Abschnitt 10.3.3.3). Hauptsächlich dient der Syntaxbaum jedoch der Akzentuierung und Phrasierung.

Im Zusammenhang mit der Sprachsynthese wird deshalb von einer Grammatik nicht primär Präzision erwartet, sondern Robustheit. Die Grammatik soll folglich so konzipiert sein, dass häufig vorkommende Abweichungen von der korrekten Schreibweise toleriert werden, insbesondere dann, wenn diese keinen Einfluss auf die Aussprache haben. So kann man beispielsweise im Deutschen die Gross- und Kleinschreibung[3] ignorieren. Man verliert dadurch keine Infor-

---

[3]Seit der Rechtschreibreform sind die Regeln für die Gross- und Kleinschreibung deutlich aufgeweicht worden, im Sinne einer Erleichterung. Dies hat dazu geführt, dass es viele Fälle mit mehr als einer korrekten Schreibweise gibt.

mation, welche für die Aussprache relevant ist. Das Ignorieren vereinfacht somit die Grammatik ohne Nachteil für Sprachsynthese.

Zu dieser Kategorie von Abweichungen von der korrekten Schreibweise gehört auch das Zusammen-, Getrennt- oder Mit-Bindestrich-Schreiben von Komposita im Deutschen und im Englischen. Beispielsweise sind gemäss Duden die Schreibweisen "Dream-Team" und "Dreamteam" in einem deutschen Text korrekt, während in einem englischen Text nur "dream team" korrekt ist. Man findet jedoch alle drei Schreibweisen (wenn die Gross- und Kleinschreibung ignoriert wird) sowohl in deutschen, als auch in englischen Texten. Da es sehr viele analoge Beispiele gibt, macht es kaum Sinn, eine Grammatik zu schreiben, welche nur die korrekten Komposita akzeptiert. Um dies zu erreichen müsste man die Komposita mehrheitlich ins Lexikon aufnehmen, was in Anbetracht der grossen Anzahl sehr aufwändig wäre, aber der Sprachsynthese kaum Nutzen bringen würde. Es wäre sogar das Gegenteil der Fall: Die morphosyntaktische Analyse würde so bei viel mehr Sätzen scheitern und es müssten viel häufiger die Ersatzmassnahmen (siehe Abschnitte 8.3.3.2 und 8.3.3.3) angewendet werden.

A.3.2 In den Grammatiken dieses Buches verwendete Symbole

Die Beispiele von Wort- und Satzgrammatiken im DCG-Formalismus, die sich in den Abschnitten 6.5, 8.3, 10.3.1 und 10.3.2 befinden, beinhalten viele Nicht-Terminalsymbole (NT) und die meisten davon sind mit Attributen versehen. In Tabelle A.1 sind diese NT zusammengestellt und erklärt, wobei die in Kapitel 10 verwendeten Sprachkennzeichnungen weggelassen worden sind. Die Attribute der NT sind separat aufgelistet, nämlich in Tabelle A.2.

Anzumerken ist, dass jedes NT eine Konstituente definiert. Gehört das NT zur Satzgrammatik, dann handelt es sich um eine *Satzkonstituente*, gehört es zur Wortgrammatik, dann handelt es sich um eine *Wortkonstituente*. Die Schnittstelle zwischen Wort- und Satzgrammatik bilden die Wörter. Diese werden einerseits durch die Einträge im Vollformenlexikon spezifiziert und anderseits in der Wortgrammatik durch Regeln der Form

$$W \rightarrow NT(Attr1, Attr2, \dots)$$

definiert.[4] Im Lexikon sind Vollformen-Einträge daran zu erkennen, dass die graphemische und die phonetische Zeichenfolge nicht ein + oder # aufweisen, wie dies bei den Morphen den Fall ist.

---

[4]Analog zum Startsymbol S der Satzgrammatik ist W das Startsymbol der Wortgrammatik. Wenn ein Wort analysiert werden muss, dann wird zuerst das Vollformenlexikon konsultiert und falls das Wort nicht gefunden worden ist, wird die morphologische Analyse durchgeführt.

Tabelle A.1. In den DCG-Grammatiken verwendete Nicht-Terminalsymbole

NT der Satzgrammatik (Satzkonstituenten)	
S	Satz
NG	Nominalgruppe allgemein
NGr	Nominalgruppe ohne Artikel
NGn	Nominalteil der Nominalgruppe (ohne Artikel und Adjektive)
NGo	Objekts-Nominalgruppe (NG im Dativ oder Akkusativ)
PNG	Präpositionalgruppe (NG mit Präposition)
VG	Verbalgruppe

NT der Schnittstelle (Wörter)	
N	Nomen
Adj	Adjektiv
V	Verb
Art	Artikel (aus Vollformenlexikon)
$Prep$	Präposition (aus Vollformenlexikon)

NT der Wortgrammatik (Wortkonstituenten)	
$Noun$	Nomen (einfaches)
NS	Nomenstamm
NE	Nomenendung
$Comp$	Kompositionsteil, Teil eines Kompositums
$Adject$	Adjektiv (einfaches)
$Adju$	Adjektiv ohne Deklinationsendung
$AdjSder$	derivierter Adjektivstamm
$AdjErg$	Derivationssuffix (ergibt ein Adjektiv)
$AdjS$	Adjektivstamm
$AdjE$	Adjektivendung
VS	Verbstamm
VE	Verbendung
$Hyph$	Bindestrich

Tabelle A.2. In den Grammatiken im DCG-Formalismus verwendete, linguistisch motivierte Attribute (oben) und rein grammatik-technische Attribute (unten)

Attributsvariable		Attributswerte	
?gen	Genus / Geschlecht	*m*	Maskulinum/maskulin
		f	Femininum/feminin
		n	Neutrum/neutral
?kas	Kasus / Fall	*nom*	Nominativ
		gen	Genitiv
		dat	Dativ
		akk	Akkusativ
?num	Numerus / Zahl	*sg*	Singular
		pl	Plural
?vst	Verbstammtyp	*A*	Präsens
	(im Deutschen)	*B*	Partizip Perfekt
		C	Präteritum
		D	Konjunktiv II
?grad	Steigerungsstufe	*pos*	Positiv
	(deutsche und	*komp*	Komparativ
	englische Adjektive)	*sup*	Superlativ
?sgen	s-Genitiv	*nongen*	nicht Genitiv
	(im Englischen)	*sgen*	Genitiv
?pos	Position	*v*	vor dem Nomen
	(franz. Adjektive)	*n*	nach dem Nomen

	Attributsvariable		Attributswerte
Deutsch	*?sk*	Singularklasse von Nomen	*sk1, sk2, . . .*
	?pk	Pluralklasse von Nomen	*pk1, pk2, . . .*
	?vcl	Verbstammklassen	*vcl1, vcl2, . . .*
Englisch	*?ncl*	Nomenstammklasse	*ncl1, ncl2, . . .*
	?acl	Adjektivstammklasse	*acl1, acl2, . . .*
	?vcl	Verbstammklasse	*vcl1, vcl2, . . .*
Franz.	*?sk*	Singularklasse von Nomen und Adj.	*sk1, sk2, . . .*
	?pk	Pluralklasse von Nomen und Adj.	*pk1, pk2, . . .*
	?vcl	Verbstammklasse	*vcl1, vcl2, . . .*

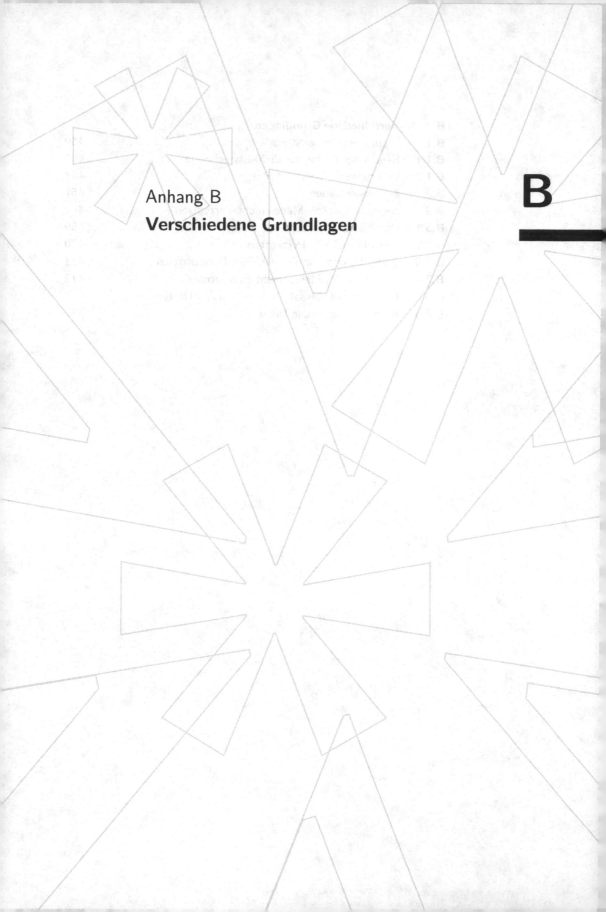

Anhang B
Verschiedene Grundlagen

B

B

B Verschiedene Grundlagen

Dieser Anhang enthält Informationen und Grundlagen aus verschiedenen Gebieten. Sie werden entweder für die Sprachverarbeitung gebraucht oder für das Verständnis dieses Buches vorausgesetzt. Sie gehören jedoch nicht zu den Kernthemen dieses Buches und sind deshalb kurz gehalten. Für umfassendere Information sei auf die Literatur verwiesen.

B.1 Wahrscheinlichkeitstheorie

❯ B.1.1 Regeln der Wahrscheinlichkeitsrechnung

In dieser Zusammenstellung der wichtigsten Definitionen und Sätze der Wahrscheinlichkeitstheorie werden die folgenden Begriffe verwendet:

- *Elementarereignis:* Bei einem Experiment (z.B. einen Würfel werfen) trifft genau ein Elementarereignis ein. Die Elementarereignisse schliessen sich also gegenseitig aus. So gibt es beim Werfen eines Würfels sechs Elementarereignisse, nämlich eine Eins, eine Zwei etc. zu erhalten.

- *Ereignis:* Eine nichtleere Menge von Elementarereignissen wird als Ereignis bezeichnet (z.B. eine gerade Zahl würfeln, eine Zahl kleiner als 3 würfeln, eine Sechs würfeln, etc.).

- *Ereignisraum:* Die Gesamtheit aller möglichen Elementarereignisse wird als Ereignisraum Ω bezeichnet. Für das Beispiel eines Würfels ist der Ereignisraum gleich der Menge {Eins, Zwei, ..., Sechs}.

Wahrscheinlichkeit ist ein Mass an Gewissheit, dass bei einem Experiment bestimmte, vom Zufall abhängige Ereignisse eintreffen. Die Wahrscheinlichkeit eines Ereignisses A, die mit $P(A)$ bezeichnet wird, kann geschätzt werden, indem wir N Versuche durchführen und die Zahl N_A derjenigen Versuche zählen, bei denen das Ereignis A eingetroffen ist. Die geschätzte Wahrscheinlichkeit $\tilde{P}(A)$ entspricht dann der relativen Häufigkeit von Ereignis A:

$$P(A) \approx \tilde{P}(A) = \frac{N_A}{N} \ . \tag{212}$$

Da bei einem Experiment eines der Elementarereignisse eintreffen muss und der Ereignisraum Ω die Menge aller möglichen Elementarereignisse ist, gilt

$$P(\Omega) = 1 \ . \tag{213}$$

Ω wird deshalb auch als das sichere Ereignis bezeichnet.

Betrachten wir die drei Experimente E_1, E_2 und E_3 mit den Ereignisräumen

$$E_1 : \quad \Omega_1 = A_1 \cup A_2 \cup A_3$$
$$E_2 : \quad \Omega_2 = B_1 \cup B_2 \cup B_3 \cup B_4$$
$$E_3 : \quad \Omega_3 = C_1 \cup C_2 \; .$$

Die Wahrscheinlichkeit, dass im Experiment E_1 das Ereignis A_i eintritt und gleichzeitig im Experiment E_2 das Ereignis B_j, wird als *Verbundwahrscheinlichkeit* $P(A_i, B_j)$ bezeichnet. Falls die Ereignisse $B_1, \ldots, B_4$ disjunkt sind, kann aus den Verbundwahrscheinlichkeiten $P(A_i, B_j)$, $j = 1, 2, 3, 4$, die Wahrscheinlichkeit von $P(A_i)$ als sogenannte *Randverteilung* berechnet werden:

$$P(A_i) = \sum_j P(A_i, B_j) \; . \tag{214}$$

Die Wahrscheinlichkeit, dass entweder im Experiment E_1 das Ereignis A_i oder im Experiment E_2 das Ereignis B_j eintritt, kann anhand des *Additionsgesetzes* ermittelt werden:

$$P(A_i \cup B_j) = P(A_i) + P(B_j) - P(A_i, B_j) \; . \tag{215}$$

Die *bedingte Wahrscheinlichkeit* $P(A_i|B_j)$ ist definiert als die Wahrscheinlichkeit, dass das Ereignis A_i eintritt, falls das Ereignis B_j gegeben ist, also die Bedingung B_j zutrifft. Die bedingte Wahrscheinlichkeit und die Verbundwahrscheinlichkeit sind durch das *Multiplikationsgesetz* miteinander verknüpft:

$$P(A_i, B_j) = P(A_i|B_j)\,P(B_j) \tag{216}$$
$$= P(B_j|A_i)\,P(A_i) \; . \tag{217}$$

Setzt man die rechten Seiten der Gleichungen (216) und (217) einander gleich und löst die so entstehende Gleichung nach $P(A_i|B_j)$ auf, so gelangt man zum berühmten *Satz von Bayes*:

$$P(A_i|B_j) = \frac{P(B_j|A_i)\,P(A_i)}{P(B_j)} \; . \tag{218}$$

Für die Berechnung der Wahrscheinlichkeit $P(A_i)$ aus den bedingten Wahrscheinlichkeiten $P(A_i|B_j)$ ergibt sich durch Einsetzen der Formel (216) in (214) der *Satz von der totalen Wahrscheinlichkeit*:

$$P(A_i) = \sum_j P(A_i|B_j)\,P(B_j) \; . \tag{219}$$

Das Multiplikationsgesetz gilt auch für bedingte Wahrscheinlichkeiten:

$$P(A_i, B_j|C_k) = P(A_i|B_j, C_k)\,P(B_j|C_k) \; . \tag{220}$$

Wird das Multiplikationsgesetz iterativ auf drei oder mehr Ereignisse angewendet, dann führt dies zur sogenannten *Kettenregel* (hier für drei Ereignisse):

$$P(A_i, B_j, C_k) = P(C_k|A_i, B_j)\, P(A_i, B_j)$$
$$= P(C_k|A_i, B_j)\, P(B_j|A_i)\, P(A_i) \ . \qquad (221)$$

Falls das Auftreten des Ereignisses A_i die Wahrscheinlichkeit des Ereignisses B_j nicht beeinflusst und umgekehrt, so nennt man diese Ereignisse *statistisch unabhängig*. In diesem Fall gelten für die Verbund- und die bedingten Wahrscheinlichkeiten folgende Beziehungen:

$$P(A_i, B_j) = P(A_i)\, P(B_j) \qquad (222)$$
$$P(B_j|A_i) = P(B_j) \qquad (223)$$
$$P(A_i|B_j) = P(A_i) \ . \qquad (224)$$

❯ B.1.2 Wahrscheinlichkeitsverteilungen

Aus einem Zufallsexperiment resultiert definitionsgemäss immer ein Elementarereignis des zugehörigen Ereignisraumes Ω. Die nahe liegende Frage ist: Wie verteilt sich die Wahrscheinlichkeit $P(\Omega) = 1$ auf die Elementarereignisse, oder kurz, wie sieht die Wahrscheinlichkeitsverteilung aus?

Das Ergebnis eines Zufallsexperiments kann als *Zufallsvariable* betrachtet werden. Eine Zufallsvariable kann *diskret* oder *kontinuierlich* sein. Der Fall einer diskreten Zufallsvariable liegt beispielsweise vor, wenn wir aus einem deutschen Text einen zufälligen Buchstaben ziehen. Das Ergebnis ist immer ein Element aus der Menge der 26 Buchstaben. Um eine kontinuierliche Zufallsvariable handelt es sich, wenn wir z.B. von einer zufällig gewählten, erwachsenen Person die Körpergrösse messen. Hier kann die Zufallsvariable innerhalb gewisser Grenzen beliebige Werte aus $\mathbb{R}$ annehmen.

Die Wahrscheinlichkeitsverteilung beschreibt also den Zusammenhang zwischen den Werten einer Zufallsvariablen und den entsprechenden Wahrscheinlichkeiten. Dabei kann für diskrete und kontinuierliche Zufallsvariablen nicht die gleiche Art von Beschreibung angewendet werden. Bei einer diskreten Zufallsvariable mit abzählbar vielen Werten kann die Wahrscheinlichkeit für jeden Wert angegeben werden.

Bei einer kontinuierlichen Zufallsvariablen ist die Zahl der möglichen Werte unbegrenzt. Naheliegenderweise kann man deshalb nur angeben, mit welcher Wahrscheinlichkeit ein Wert der Zufallsvariable in einem gewissen Intervall liegt. Eine kontinuierliche Zufallsvariable wird deshalb mit einer Wahrscheinlichkeitsdichtefunktion (Wahrscheinlichkeit pro Intervall) beschrieben.

B.1.2.1 Diskrete Wahrscheinlichkeitsverteilungen

Eine diskrete Wahrscheinlichkeitsverteilung wird geschätzt, indem man die relative Häufigkeit der diskreten Werte der diskreten Zufallsvariable ermittelt.

Um für das oben erwähnte Experiment zu ermitteln, mit welcher Wahrscheinlichkeit ein gezogener Buchstabe $\mathbf{x}$ ein "A", ein "B" etc. ist, zählt man, wie oft die verschiedenen Buchstaben im Text vorkommen und normiert diese Zahlen mit der Gesamtzahl der Buchstaben. Die resultierenden Wahrscheinlichkeiten können in einer Tabelle aufgeführt werden. Sie bilden eine diskrete Wahrscheinlichkeitsfunktion wie sie in Abbildung B.1 graphisch dargestellt ist. Eine gültige Wahrscheinlichkeitsfunktion muss den beiden folgenden Bedingungen genügen:

$$\sum_{\mathbf{x}\in\Omega} P(\mathbf{x}) = 1\ , \qquad P(\mathbf{x}) \geq 0 \quad \text{für} \ \ \mathbf{x} \in \Omega \tag{225}$$

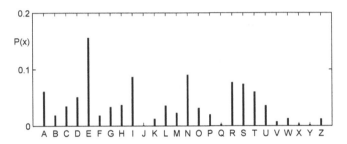

Abbildung B.1. Beispiel einer diskreten Wahrscheinlichkeitsfunktion: Sie gibt an, mit welcher Wahrscheinlichkeit ein zufällig aus einem deutschen Text gezogener Buchstabe ein "A", ein "B" etc. ist.

B.1.2.2 Kontinuierliche Wahrscheinlichkeitsverteilungen

Die Wahrscheinlichkeitsverteilung einer kontinuierlichen Zufallsvariable kann graphisch in der Form eines Histogramms oder als kumulative Verteilung dargestellt werden, wie dies Abbildung B.2 zeigt. Histogramme und kumulative Verteilungen sind jedoch häufig unpraktisch. Kontinuierliche Zufallsvariablen werden deshalb oft mit einer analytischen Wahrscheinlichkeitsdichtefunktion approximiert. Welche analytische Funktion in einem konkreten Fall dafür einsetzbar ist, hängt von der Art des Experiments ab.

Eine Wahrscheinlichkeitsdichtefunktion hat die folgenden Eigenschaften: Sie ist eine nichtnegative, integrierbare Funktion, für die gilt:

$$\int_{-\infty}^{\infty} p(x)\,dx = 1 \tag{226}$$

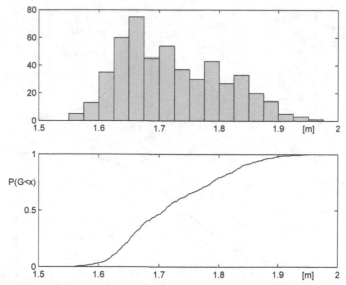

Abbildung B.2. Gemessene Körpergrössen G von 500 zufällig gewählten Personen, dargestellt als Histogramm (oben) und als empirische kumulative Verteilung (unten)

Der Wert der Dichtefunktion $p(x)$ an einer bestimmten Stelle x wird als *Likelihood* bezeichnet. Der Begriff Likelihood ist vom Begriff Wahrscheinlichkeit zu unterscheiden. Während eine Wahrscheinlichkeit nie grösser als eins sein kann, darf die Likelihood Werte grösser als eins annehmen, wie dies im Beispiel von Abbildung B.3 zu sehen ist.

Der Zusammenhang zwischen Wahrscheinlichkeit und Likelihood ist aus der folgenden Formel ersichtlich:

$$P(a \leq x \leq b) = \int_a^b p(x)\, dx \qquad (227)$$

Für Wahrscheinlichkeitsdichten gelten dieselben Rechenregeln (Multiplikationsgesetz, Kettenregel etc.) wie für Wahrscheinlichkeiten.

⊘ Normalverteilung

Eine Möglichkeit, die Wahrscheinlichkeitsdichte einer kontinuierlichen Zufallsvariable zu beschreiben, bietet die Normal- oder Gauss-Verteilung. Sie ist wie folgt definiert:

$$p(x) = \mathcal{N}(x, \mu, \sigma) = \frac{1}{\sqrt{2\pi\sigma^2}} e^{-\frac{(x-\mu)^2}{2\sigma^2}}, \quad -\infty < x < \infty . \qquad (228)$$

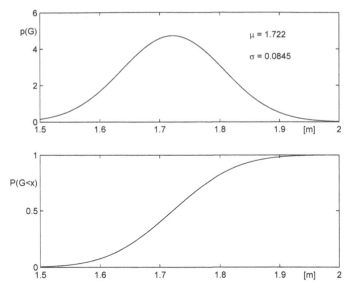

Abbildung B.3. Die der Abbildung B.2 zugrunde liegenden Messwerte mit einer Normalverteilung approximiert (oben) und die zugehörige kumulative Verteilung (unten)

Die Parameter μ und σ, also der *Mittelwert* und die *Standardabweichung* (die Grösse σ^2 wird als *Varianz* bezeichnet), sind aus den Werten der Zufallsvariable zu bestimmen.

Für das Beispiel der gemessenen Grösse von zufällig ausgewählten Personen ist die mit einer Normalverteilung beschriebene Wahrscheinlichkeitsdichte in Abbildung B.3 zu sehen. Offensichtlich ist die Normalverteilung im vorliegenden Fall eine recht ungenaue Beschreibung der Daten. Der Mittelwert und die Standardabweichung sind zwar bei dieser Beschreibung berücksichtigt worden, die im Histogramm deutlich erkennbare Schiefe jedoch nicht.

Eine allgemeine Methode zur Beschreibung beliebiger Wahrscheinlichkeitsdichten ist die Gauss-Mischverteilung.

⊘ Gauss-Mischverteilung

Die Normalverteilung gehört zu den unimodalen Verteilungen. Eine Verteilung heisst unimodal, wenn sie ein einziges Maximum aufweist. Bei der Normalverteilung liegt dieses Maximum beim Mittelwert. Komplexere Verteilungen können durch eine gewichtete Summe von Normalverteilungen approximiert werden:

$$p(x) = \sum_{k=1}^{M} c_k \, \mathcal{N}(x, \mu_k, \sigma_k) \; . \tag{229}$$

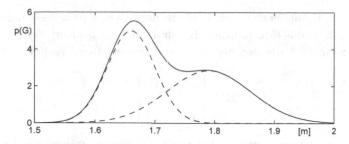

Abbildung B.4. Approximation der Verteilung der Messwerte aus Abbildung B.2 durch eine Gauss-Mischverteilung (durchgezogene Linie) mit zwei Mischkomponenten (gestrichelt)

Man spricht dann auch von einer Gauss-Mischverteilung mit M Mischkomponenten. c_k ist der Gewichtungsfaktor der k-ten Mischkomponente und wird als k-ter Mischkoeffizient bezeichnet. Die Mischkoeffizienten müssen die Bedingungen

$$\sum_{k=1}^{M} c_k = 1 \,, \quad c_k \geq 0 \tag{230}$$

erfüllen, damit die Mischverteilung eine gültige Dichtefunktion ist. Eine Mischverteilung mit zwei Komponenten kann zur Beschreibung der Daten von Abbildung B.2 verwendet werden. Wie die Abbildung B.4 illustriert, beschreibt diese Wahrscheinlichkeitsdichtefunktion die gemessenen Daten wesentlich besser.

⊘ Multivariate Normalverteilung

Die Normalverteilung ist eine skalare Dichtefunktion. Sie kann auf D-dimensionale Beobachtungen erweitert werden. Die einzelnen Komponenten $x(i)$ eines Beobachtungsvektors $\boldsymbol{x} = [x(1)\, x(2)\, \ldots\, x(D)]^{t}$ können als Zufallsvariablen betrachtet werden. Eine Verteilung über mehrere Zufallsvariablen wird als *multivariat* bezeichnet. Die Dichtefunktion einer multivariaten Normalverteilung ist:

$$p(\boldsymbol{x}) = \mathcal{N}(\boldsymbol{x}, \boldsymbol{\mu}, \boldsymbol{\Sigma}) = \frac{1}{\sqrt{(2\pi)^{D}|\boldsymbol{\Sigma}|}} e^{-\frac{1}{2}(\boldsymbol{x}-\boldsymbol{\mu})^{t}\boldsymbol{\Sigma}^{-1}(\boldsymbol{x}-\boldsymbol{\mu})} \,. \tag{231}$$

Dabei ist der Mittelwert $\boldsymbol{\mu}$ nun ein D-dimensionaler Vektor, $\boldsymbol{\Sigma}$ ist die $D \times D$-Kovarianzmatrix und $|\boldsymbol{\Sigma}|$ steht für die Determinante von $\boldsymbol{\Sigma}$. Die Kovarianzmatrix ist symmetrisch und enthält $D(D+1)/2$ unabhängige Grössen.
Analog zum Fall von eindimensionalen Wahrscheinlichkeitsdichten müssen multivariate Wahrscheinlichkeitsdichten die folgenden Bedingungen erfüllen:

$$\int_{-\infty}^{\infty} p(\boldsymbol{x})\,d\boldsymbol{x} = 1 \quad \text{und} \quad p(\boldsymbol{x}) \geq 0 \,. \tag{232}$$

Wenn die D Komponenten des Beobachtungsvektors paarweise unkorreliert sind, so enthält die Kovarianzmatrix nur in der Diagonalen Werte ungleich null, und zwar die Varianzen der einzelnen Komponenten.[1] Es gilt:

$$\Sigma = \begin{bmatrix} \sigma_1^2 & & 0 \\ & \ddots & \\ 0 & & \sigma_D^2 \end{bmatrix} . \tag{233}$$

Eine diagonale Kovarianzmatrix hat nur D Parameter, während für eine volle Kovarianzmatrix $D(D+1)/2$ Parameter geschätzt werden müssen. Wenn die Kovarianzmatrix diagonal ist, kann die multivariate Dichtefunktion als Produkt von skalaren Dichtefunktionen berechnet werden:

$$p(\boldsymbol{x}) = \prod_{i=1}^{D} p(x(i)) \tag{234}$$

⊘ Multivariate Gauss-Mischverteilung

Die multivariate Normalverteilung gehört auch zu den unimodalen Verteilungen und weist somit ein einziges Maximum auf. Komplexere multivariate Verteilungen können durch eine gewichtete Summe von multivariaten Normalverteilungen approximiert werden:

$$p(\boldsymbol{x}) = \sum_{k=1}^{M} c_k \mathcal{N}(\boldsymbol{x}, \boldsymbol{\mu}_k, \Sigma_k) . \tag{235}$$

Wie im eindimensionalen Fall spricht man auch hier von einer Gauss-Mischverteilung mit M Mischkomponenten. c_k ist der Gewichtungsfaktor der k-ten Mischkomponente und wird auch k-ter Mischkoeffizient genannt. Damit die Mischverteilung eine gültige Dichtefunktion ist, müssen die Mischkoeffizienten die folgenden Bedingungen erfüllen:

$$\sum_{k=1}^{M} c_k = 1 \quad \text{und} \quad c_k \geq 0 \tag{236}$$

---

[1]Unkorreliertheit bedeutet nicht zwingend, dass die Zufallsvariablen stochastisch unabhängig sind, denn es können nichtlineare Abhängigkeiten vorliegen, welche die Kovarianz nicht erfassen kann. Dagegen gilt für zwei stochastisch unabhängige Zufallsvariablen Y_1 und Y_2 immer $\mathrm{Cov}(Y_1, Y_2) = 0$.

B.2 z-Transformation

Die bilaterale z-Transformation eines Signals $x(n)$ ist definiert als

$$X(z) = \sum_{n=-\infty}^{\infty} x(n)\, z^{-n}, \qquad (237)$$

wobei n alle ganzen Zahlen durchläuft. Die wichtigsten Eigenschaften der z-Transformation sind:

Linearität:	$Z(a\, x_1(n) + b\, x_2(n)) = a\, Z(x_1(n)) + b\, Z(x_2(n))$
Verschiebung:	$Z(x(n-k)) = z^{-k}\, Z(x(n))$ für $k > 0$
Faltung:	$Z(x_1(n) * x_2(n)) = Z(x_1(n))\, Z(x_2(n))$

Digitale Filter und deren Anwendung auf Zeitreihen, also digitale Signale, werden gewöhnlich mithilfe der z-Transformation beschrieben. Der Zusammenhang zwischen der Zeitbereichsdarstellung einer Filterung, die in der Form einer Rekursionsgleichung gegeben ist, und der Darstellung im z-Bereich wird nachfolgend anhand eines Beispiels illustriert.

Gegeben ist die Rekursionsgleichung einer Filterung (die Vorzeichenkonvention ist hier so gewählt worden, dass sie mit derjenigen in Matlab übereinstimmt)

$$\begin{aligned} y(n) = &-a_1\, y(n-1) - \ldots - a_K\, y(n-K) \\ &+b_0\, x(n) + b_1\, x(n-1) + \ldots + b_J\, x(n-J)\,, \end{aligned} \qquad (238)$$

die mit $a_0 = 1$ als Differenzengleichung geschrieben werden kann:

$$\begin{aligned} a_0\, y(n) &+ a_1\, y(n-1) + \ldots + a_K\, y(n-K) \\ &= b_0\, x(n) + b_1\, x(n-1) + \ldots + b_J\, x(n-J)\,. \end{aligned} \qquad (239)$$

Unter Ausnutzung der Linearitäts- und Verschiebungseigenschaften lautet die z-Transformierte dieser Differenzengleichung:

$$\begin{aligned} a_0\, Y(z) &+ a_1\, Y(z)z^{-1} + \ldots + a_K\, Y(z)z^{-K} \\ &= b_0\, X(z) + b_1\, X(z)z^{-1} + \ldots + b_J\, X(z)z^{-J}\,. \end{aligned} \qquad (240)$$

Daraus ergibt sich mit

$$a_0 + a_1\, z^{-1} + \ldots + a_K\, z^{-K} = \sum_{k=0}^{K} a_k\, z^{-k} = A(z) \qquad (241)$$

und

$$b_0 + b_1\, z^{-1} + \ldots + b_J\, z^{-J} = \sum_{j=0}^{J} b_j\, z^{-j} = B(z) \qquad (242)$$

die Übertragungsfunktion $U(z)$ des Filters zu

$$U(z) = \frac{Y(z)}{X(z)} = \frac{b_0 + b_1\, z^{-1} + \ldots + b_J\, z^{-J}}{a_0 + a_1\, z^{-1} + \ldots + a_K\, z^{-K}} = \frac{B(z)}{A(z)}\,, \qquad (243)$$

und die z-Transformierte der Filterung kann geschrieben werden als:

$$Y(z) = U(z)\, X(z) = \frac{B(z)}{A(z)} X(z)\,. \qquad (244)$$

B.3 Neuronale Netze: Mehrschicht-Perzeptron

Unter dem Begriff *neuronales Netz* wird ein Verbund einfacher Verarbeitungs-einheiten, sogenannter Neuronen verstanden, deren Ein- und Ausgänge netzar-tig miteinander verbunden sind. Das Wissensgebiet der neuronalen Netze ist sehr gross. In diesem Abschnitt sind nur die Grundlagen für einen speziellen Typ von neuronalen Netzen zusammengefasst, nämlich für das Mehrschicht-Perzeptron. Diese Art von neuronalen Netzen wird in den Kapiteln 9 und 10 für die Prosodiesteuerung eingesetzt. Für weitergehend Interessierte sei auf die Literatur verwiesen, z.B. [4].

❷ B.3.1 Das Neuronenmodell

Es gibt in der Literatur eine Vielzahl mathematischer Neuronenmodelle. Wir verwenden hier ein recht einfaches, wie es in Abbildung B.5 dargestellt ist, mit d Eingängen und einem Ausgang.

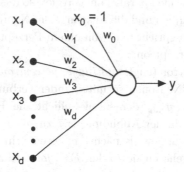

Abbildung B.5. Neuronenmodell mit d Eingängen und einem Ausgang

Der Ausgang y in Funktion der Eingangsgrössen x_1, x_2, ..., x_d ist im hier ver-wendeten Neuronenmodell gegeben als

$$y = f(z) = f\left(\sum_{i=0}^{d} w_i x_i\right), \tag{245}$$

wobei w_0, w_1, ..., w_d die Gewichte sind. Die Grösse x_0 hat einen fixen Wert (gewöhnlich 1) und das zugehörige Gewicht w_0 heisst Bias-Gewicht. Als Akti-vierungsfunktion $f(z)$ wird hier $\tanh(z) = \frac{e^z - e^{-z}}{e^z + e^{-z}}$ eingesetzt, also der Tangens hyperbolicus, der in Abbildung B.6 dargestellt ist. Der Wertebereich des Aus-gangs des Neurons ist somit auf das Intervall $[-1, +1]$ beschränkt, wogegen die Eingänge beliebige reelle Werte annehmen dürfen.

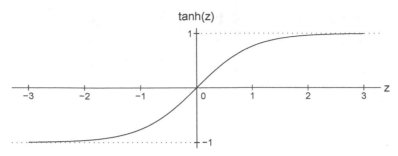

Abbildung B.6. Tangens hyperbolicus

❯ B.3.2 Das Mehrschicht-Perzeptron

Ein neuronales Netz ist aus mehreren Neuronen zusammengesetzt. Die Anordnung der Verbindungen zwischen den Neuronen bestimmt den Typ des neuronalen Netzes. Sind die Neuronen parallel angeordnet, so dass alle J Neuronen denselben Eingangsvektor haben und die Ausgänge der Neuronen als y_1, y_2, ..., y_J betrachtet werden, dann spricht man von einem Perzeptron, oder genauer von einem einschichtigen Perzeptron.

Ein Mehrschicht-Perzeptron (engl. *multi-layer perceptron*, MLP) entsteht, wenn mehrere Schichten von Neuronen so miteinander verbunden werden, dass die Ausgänge $y_{k,1}$, $y_{k,2}$, ..., y_{k,J_k} der k-ten Schicht die Eingänge der $k{+}1$-ten Schicht bilden, wie dies in der Abbildung B.7 zu sehen ist. Da in diesen Netzen nur Verbindungen zur jeweils nächst höheren Schicht (von der k-ten zur $k{+}1$-ten) vorkommen, gehören sie zu den *Feed-forward*-Netzen.

Ein Mehrschicht-Perzeptron wird als vollverbunden bezeichnet, wenn alle $J_0{=}d$ Eingänge des Netzes mit allen J_1 Neuronen der 1. Schicht verbunden sind und alle J_k Ausgänge der k-ten Schicht mit allen Neuronen der $k{+}1$-ten Schicht. Die Gewichte werden mit w_{kij} bezeichnet, wobei sich das Gewicht w_{kij} auf die Verbindung zwischen dem i-ten Neuron der $k{-}1$-ten Schicht mit dem j-ten Neuron der k-ten Schicht bezieht.

Die Operation, die ein Mehrschicht-Perzeptron mit K Schichten und d Eingängen für die Eingangswerte x_1, x_2, ..., x_d (hier bezeichnet als Ausgangswerte der nullten Schicht, also $y_{0,1}$, $y_{0,2}$, ..., $y_{0,d}$) durchführt, ist gegeben durch die folgende Rekursion:

$$y_{k,j} = \tanh\left(\sum_{i=0}^{J_{k-1}} w_{kij}\, y_{k-1,i}\right), \quad k = 1,\dots,K, \;\; j = 1,\dots,J_k \qquad (246)$$

Dabei bezeichnet J_k die Anzahl der Neuronen der k-ten Schicht und die $y_{k,0}$ sind fix gleich 1. Die Ausgabewerte des Mehrschicht-Perzeptrons sind die Ausgabewerte der Neuronen der K-ten Schicht, also $y_{K,1}$, $y_{K,2}$, ..., y_{K,J_K}.

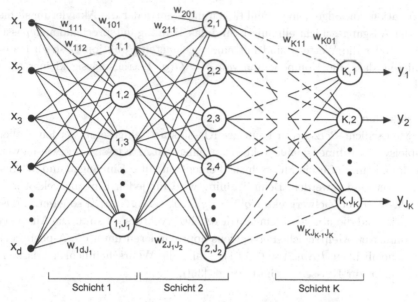

Abbildung B.7. Mehrschicht-Perzeptron mit K Schichten

B.3.3 Anwendungen von Mehrschicht-Perzeptronen

Neuronale Netze vom Typ Mehrschicht-Perzeptron werden hauptsächlich für die Funktionsapproximation und für die Klassifikation eingesetzt. Im Folgenden werden diese beiden Aufgaben genauer erläutert.

Funktionsapproximation

Das Mehrschicht-Perzeptron ist ein universeller Funktionsapproximator. Es kann eine gegebene Menge mehrdimensionaler Eingangs-/Ausgangswertepaare $(\boldsymbol{x}, \boldsymbol{g})$ einer Funktion $\boldsymbol{g} = F(\boldsymbol{x})$ beliebig genau approximieren. Die Dimensionen von $\boldsymbol{x} = [x_1\, x_2 \ldots x_d]$ und $\boldsymbol{g} = [g_1\, g_2 \ldots g_q]$ sind typischerweise verschieden. Die Funktion F ist in praktischen Anwendungen unbekannt. Das Mehrschicht-Perzeptron soll in einem geeigneten Training diese Funktion aus den gegebenen Daten lernen. Idealerweise ermittelt es dann auch für Eingangswerte, die nicht in der gegebenen Menge enthalten sind, vernünftige Ausgangswerte. Die Genauigkeit der Approximation hängt von der Funktion F und von der Konfiguration des neuronalen Netzes (Anzahl der Schichten und Neuronen pro Schicht) ab sowie davon, wie gut die Trainingsdaten die Funktion repräsentieren. Die für einen konkreten Fall geeignete Netzkonfiguration muss experimentell ermittelt werden (siehe auch Abschnitt B.3.5.2).

Wenn für alle Neuronen die Aktivierungsfunktion tanh verwendet wird, dann können nur Funktionen mit $|g_i| < 1$, $i = 1, \ldots, q$ approximiert werden. Zur Approximation von allgemeinen Funktionen muss entweder die Aktivierungsfunktion der Ausgangsschicht eliminiert (und das Training entsprechend angepasst) werden, oder die Werte g sind mit einer geeigneten Funktion G so zu transformieren, dass alle Komponenten von $\breve{g} = G(g)$ betragsmässig kleiner als 1 sind.

⊙ Klassifikation

Ein Mehrschicht-Perzeptron kann als Klassifikator eingesetzt werden. Sollen beispielsweise d-dimensionale Vektoren x einer von M Klassen zugewiesen werden, dann kann dafür ein Mehrschicht-Perzeptron mit d Eingängen und M Ausgängen verwendet werden. Beim Training wird für jeden Eingangsvektor $x^{(n)}$ der Klasse m der Zielwertvektor $g^{(n)} = [g_1^{(n)}, g_2^{(n)}, \ldots\ldots, g_M^{(n)}]$ so gesetzt, dass $g_m^{(n)}=1$ ist und die übrigen Elemente des Zielwertvektors -1 sind. Die Ausgänge des trainierten Mehrschicht-Perzeptrons approximieren dann die A-posteriori-Wahrscheinlichkeit $P(m|x) \approx (y_m+1)/2$, also die Wahrscheinlichkeit, dass ein gegebenes x zur Klasse m gehört (vergl. [36]).

❯ B.3.4 Training eines Mehrschicht-Perzeptrons

Damit ein Mehrschicht-Perzeptron obige Aufgaben erfüllen kann, müssen beim Training die Gewichte des Netzes so bestimmt werden, dass die Ausgaben des neuronalen Netzes gemäss Formel (246) für die Trainingsdaten möglichst gut mit den gewünschten Zielwerten $g_i^{(n)}$ übereinstimmen. Das Netz soll aber die vorgegebenen Eingangs-/Zielwertepaare nicht einfach "auswendig lernen", da es später hauptsächlich auf Eingangswerte angewendet wird, die nicht in den Trainingsdaten vorkommen (vergl. Abschnitt B.3.5.2).

Es gibt jedoch kein analytisches Verfahren zum Bestimmen der optimalen Netzgewichte für einen gegebenen Satz von Trainingsdaten. Allerdings existiert ein iteratives Verfahren, mit dem die Gewichte eines gegebenen Mehrschicht-Perzeptrons schrittweise so verändert werden, dass der Fehler für die Trainingsdaten abnimmt. Das Verfahren beruht auf der Idee, die Gewichte in Richtung des negativen Gradienten einer Fehlerfunktion zu korrigieren.

Dafür ist ein Fehlermass notwendig. Gewöhnlich wird die quadratische euklidische Distanz zwischen den effektiven Netzausgangswerten y_K und den gewünschten Ausgangswerten, also den Zielwerten des n-ten Trainingsbeispiels $g^{(n)}$ verwendet:

$$E = \sum_{j=1}^{J_K}(y_{K,j} - g_j^{(n)})^2 \qquad (247)$$

Nach dem Festlegen der Netzkonfiguration (Anzahl Schichten und Anzahl Neuronen pro Schicht) werden die Gewichte des Mehrschicht-Perzeptrons mit kleinen Zufallswerten initialisiert und mit dem Backpropagation-Algorithmus trainiert. Für einen Satz von N Trainingsbeispielen werden dabei die folgenden vier Schritte wiederholt:

> **Schritt 1: Vorwärtsberechnung**

Für das n-te Trainingsbeispiel, das Eingabe-/Zielwertepaar $(\boldsymbol{x}^{(n)}, \boldsymbol{g}^{(n)})$, wird nach Formel (246) der zugehörige Ausgabevektor $\boldsymbol{y}_n$ des neuronalen Netzes berechnet.

> **Schritt 2: Backpropagation**

Nun muss der Gradient, also die partiellen Ableitungen des Fehlers nach den einzelnen Gewichten ermittelt werden. Für einen Eingabevektor $\boldsymbol{x}^{(n)} = [y_{0,1}\, y_{0,2} \ldots y_{0,d}]$ betragen die partiellen Ableitungen des Fehlers nach den w_{Kij}, also den Gewichten der K-ten Schicht (Ausgabeschicht)

$$\frac{\partial E}{\partial w_{Kij}} = \frac{\partial E}{\partial f(z)}\frac{\partial f(z)}{\partial z}\frac{\partial z}{\partial w_{Kij}}$$

$$= 2(y_{Kj} - g_j^{(n)})\,(1 - y_{Kj}^2)\,y_{K-1,i} = \delta_{Kj}\,y_{K-1,i}\,, \tag{248}$$

$$i = 0,\ldots,J_{K-1}, \quad j = 1,\ldots,J_k$$

Dabei wird berücksichtigt, dass das Gewicht w_{Kij} nur den j-ten Ausgang beeinflusst und dass die Ableitung der hier verwendeten Aktivierungsfunktion $\frac{\partial f(z)}{\partial z} = \frac{\partial \tanh(z)}{\partial z} = 1 - \tanh^2(z)$ ist. Die partiellen Ableitungen des Fehlers nach den Gewichten w_{kij} der tieferen Schichten $(k < K)$ sind:

$$\frac{\partial E}{\partial w_{kij}} = (1 - y_{kj}^2)\left(\sum_{l=1}^{J_{k+1}} \delta_{k+1,l}\,w_{k+1,j,l}\right) y_{k-1,i} = \delta_{kj}\,y_{k-1,i}\,, \tag{249}$$

$$k = K-1,\ldots,1, \quad i = 0,\ldots,J_{k-1}, \quad j = 1,\ldots,J_k$$

> **Schritt 3: Korrektur der Gewichte**

Für die Netzgewichte w_{kij} kann nun eine Korrektur Δw_{kij} in negativer Richtung des Gradienten definiert werden:

$$\Delta w_{kij} = -\mu\,\frac{\partial E}{\partial w_{kij}} = -\mu\,\delta_{kj}\,y_{k-1,i}\,, \tag{250}$$

$$k = 1,\ldots,K, \quad i = 0,\ldots,J_{k-1}, \quad j = 1,\ldots,J_k$$

Dabei ist μ die sogenannte Lernrate, mit der die Konvergenzgeschwindigkeit eingestellt werden kann. Sie wird möglichst gross gewählt, jedoch nicht zu gross, da sonst das Training nicht mehr konvergiert.

Falls die Trainingsdaten N Beispiele $(\boldsymbol{x}^{(n)}, \boldsymbol{g}^{(n)})$ umfassen, dann müssen für jedes dieser Beispiele die entsprechenden Korrekturen der Gewichte ermittelt werden. Je nach Trainingsablauf unterscheidet man zwischen den beiden folgenden Verfahren:

- **Online-Training:** Für ein Trainingsbeispiel werden die Gewichtskorrekturen nach Formel (250) ermittelt und sogleich die Gewichtswerte aufdatiert. Für jedes nächste Trainingsbeispiel wird mit den jeweils neuen Gewichtswerten gearbeitet.
- **Batch-Verfahren:** Zuerst werden für alle Trainingsdaten $(\boldsymbol{x}^{(n)}, \boldsymbol{g}^{(n)})$ die entsprechenden Korrekturen der Netzgewichte $\Delta w_{kij}^{(n)}$ ermittelt und aufsummiert: $\Delta w_{kij} = \sum_n \Delta w_{kij}^{(n)}$. Erst dann werden die Gewichte mit diesen aufsummierten Korrekturen aufdatiert.

Das Batch-Verfahren ist viel effizienter, insbesondere weil die δ_{kj} für alle Trainingsbeispiele gleich sind, also pro Trainingsiteration nur einmal berechnet werden müssen. Dieses Verfahren hat jedoch den Nachteil, dass es je nach Anfangsgewichten in einem lokalen Optimum stecken bleiben kann, das wesentlich schlechter ist als das globale. Um dieses Problem zu entschärfen, wird gewöhnlich die Formel (250) mit einem Momentumterm erweitert zu:

$$\Delta w_{kij}(t) = -\mu y_{k-1,i}\delta_{kj} + \alpha \Delta w_{kij}(t-1) \,, \qquad (251)$$

$$k = 1,\ldots,K, \quad i = 0,\ldots,J_{k-1}, \quad j = 1,\ldots,J_k$$

Als $\Delta w_{kij}(t-1)$ wird die Veränderung der Gewichte in der vorhergehenden Trainingsiteration bezeichnet. Der Parameter α wird zwischen 0 und 1 gewählt. Grundsätzlich kann auch ein Kompromiss zwischen Online-Training und Batch-Verfahren angewendet werden. Dazu teilt man das Trainingsset in eine Anzahl disjunkter Untermengen auf. Dann wird zyklisch auf jede dieser Untermengen jeweils ein Schritt des Batch-Verfahrens ausgeführt. Weil für jede Untermenge die lokalen Optima verschieden sind, wird kein Momentumterm gebraucht. Dieser Kompromiss ist zwar etwas aufwändiger als das Batch-Verfahren, aber er vermeidet das Problem mit den lokalen Optima.

❱ B.3.5 Hinweise zum Einsatz von neuronalen Netzen
In diesem Abschnitt sind ein paar wichtige Hinweise zusammengestellt, die beim praktischen Einsatz von neuronalen Netzen wichtig sind, insbesondere auch für die Prosodiesteuerung.

❱ B.3.5.1 Skalierung der Ein- und Ausgangsgrössen
Für ein Mehrschicht-Perzeptron gilt grundsätzlich, dass die Eingangsgrössen beliebige, reelle Werte annehmen dürfen, während der Wertebereich der Ausgänge durch die Aktivierungsfunktion gegeben ist, der im Fall des Tangens hyperbolicus $[-1, +1]$ beträgt. Wie in Abschnitt B.3.3 erläutert, muss deshalb

der Wertebereich der Netzausgänge auf den Zielwertebereich abgebildet werden. In gewissen Fällen kann es auch sinnvoll sein, für die Ausgabeneuronen eine andere Aktivierungsfunktion zu verwenden, was jedoch beim Training in Formel (248) zu berücksichtigen ist.

Abgesehen von den Anforderungen der Zielfunktion kann eine Skalierung auch sinnvoll sein, um beim Training Sättigungseffekte und damit unnötig langsame Konvergenz zu vermeiden. Ein Neuron mit tanh als Aktivierungsfunktion ist dann in Sättigung, wenn der Ausgang sehr nahe bei -1 oder +1 ist, die Sensitivität des Neurons also nahezu null wird und damit die Veränderung der Gewichte nach Formel (250) bzw. (251) fast verschwindet.

Das Auftreten der Sättigung von Neuronen kann im Wesentlichen die folgenden Gründe haben (abgesehen von unpassend eingestellten Trainingsparametern μ und α, die Schuld sein können, dass ein Netz nicht konvergiert):

— Sättigung kann bei beliebigen Neuronen auftreten, wenn die Initialgewichte zu gross gewählt werden. Sie sind deshalb mit Zufallswerten so zu initialisieren, dass auch im ungünstigsten Fall bloss eine schwache Sättigung auftreten kann.

— Ein Neuron der ersten Schicht kann sättigen, wenn ein Produkt $x_i\, w_{1ij}$ (Eingangswert mal Gewicht) gross ist. Man muss deshalb beim Training die Initialgewichte dem Wertebereich der Eingänge entsprechend wählen. Eine Alternative ist, die Eingänge so zu skalieren, dass sie den Mittelwert 0 und die Varianz 1 haben. Dann können die Gewichte der 1. Schicht gleich gewählt werden wie diejenigen der andern Schichten.

— Neuronen der Ausgangsschicht mit tanh-Aktivierungsfunktion können während des Trainings sättigen, wenn viele oder sogar alle Zielwerte der Trainingsdaten gleich den Wertebereichsgrenzen der tanh-Funktion sind. Dies ist beispielsweise bei der Klassifikation in Abschnitt B.3.3 der Fall. Das Problem lässt sich vermeiden, indem die Zielwerte $g_j^{(n)}$ nicht +1 bzw. −1 gesetzt werden, sondern $+r$ bzw. $-r$, wobei $r < 1$ sein soll, z.B. 0.9. Aus dem m-ten Ausgangswert y_m wird dann die A-posteriori-Wahrscheinlichkeit geschätzt mit $P(m|\boldsymbol{x}) \approx (1 + y_m/r)/2$.

B.3.5.2 Für das Training notwendige Datensätze

Für das Training von neuronalen Netzen werden in der Regel *drei* disjunkte Datensätze gebraucht:

1. Das *Trainingsset* wird für das eigentliche Training des neuronalen Netzes gebraucht, wie es in Abschnitt B.3.4 beschrieben ist. Die Mindestgrösse dieses Sets hängt von der Grösse des neuronalen Netzes ab und diese wiederum von der Komplexität der Aufgabe (vergl. Abschnitt B.3.3). Gemäss einer gängigen Regel sollte die Zahl der Trainingsbeispiele mindestens zehnmal so gross sein wie die Anzahl der Netzgewichte. Grundsätzlich gilt: je mehr Trai-

ningsdaten desto besser. Wichtig ist jedoch auch, dass die Trainingsdaten repräsentativ sind, also der dem Problem inhärenten Statistik entsprechen.

2. Das *Evaluationsset* darf im Allgemeinen kleiner sein und dient dazu, das Training am optimalen Punkt zu stoppen. Dieser Punkt ist dann erreicht, wenn der mittlere Fehler über alle Beispiele des Evaluationssets beim Fortführen des Trainings nicht mehr ab-, sondern zunimmt. Ist zudem der Fehler über das Evaluationsset wesentlich grösser als über das Trainingsset, dann ist oft die Konfiguration des Netzes (Anzahl der Schichten und Neuronen in jeder Schicht) nicht optimal gewählt worden.

3. Mit dem *Testset* wird schliesslich geprüft, wie gut ein fertig trainiertes neuronales Netz arbeitet.

B.3.5.3 Optimieren der Konfiguration eines neuronalen Netzes

Ein wichtiger Aspekt beim Einsatz von neuronalen Netzen ist, die passende Konfiguration des Netzes festzulegen. Im Fall eines vollverbundenen Mehrschicht-Perzeptrons mit tanh-Aktivierungsfunktion betrifft dies lediglich die Zahl der Schichten und die Zahl der Neuronen in jeder Schicht.

Grundsätzlich ist die optimale Konfiguration ausschliesslich von der Aufgabe des Netzes abhängig. Man ist jedoch meistens mit dem Problem konfrontiert, dass der Umfang der Trainingsdaten eher bescheiden ist. Die mit den Trainingsdaten implizit beschriebene Aufgabe ist somit unvollständig spezifiziert. Ein grosses Netz hat dann die Tendenz, eher die Trainingsbeispiele zu lernen als die hinter den Daten stehenden Gesetzmässigkeiten. Dies zeigt sich daran, dass der mittlere Fehler über das Trainingsset viel kleiner ist als über das Evaluationsset. Bei gegebenen Trainingsdaten ist also die Konfiguration des Netzes experimentell so festzulegen, dass der mittlere Fehler über das Trainingsset nicht viel kleiner ist als über das Evaluationsset.

B.3.5.4 Festlegen der Lernparameter

Ob und wie schnell ein neuronales Netz beim Training lernt, hängt u.a. von der Lernrate μ und vom Momentumparameter α ab. Man kann diese Grössen experimentell optimieren. Bei gewissen Aufgaben kann dies jedoch recht aufwändig sein. Es gibt jedoch auch adaptive Verfahren (siehe [4]), mit denen die Konvergenz stark beschleunigt werden kann.

B.3.6 Komplexe neuronale Netze

Heute werden neuronale Netze zur Lösung immer schwierigerer Aufgaben eingesetzt, wobei diese Netze nicht nur viel grösser sind, also viele Schichten haben und mehr Neuronen und Gewichte aufweisen (sie werden deshalb auch als *deep neural networks* oder kurz DNN bezeichnet), sondern je nach Aufgabe auch eine spezifische Netztopologie erfordern und zudem spezielle Neuronen aufweisen.

Mehrere Beispiele für den Einsatz solch komplexer neuronaler Netze sind in diesem Buch im Sinne eines Ausblicks auf neuste Ansätze in der Sprachverarbeitung aufgeführt:

- in Abschnitt 9.1.2.5 ein erweitertes CNN (*convolutional neural network*) zur Sprachsignalproduktion
- in Abschnitt 14.4.1 ein CNN zur Merkmalsextraktion
- in Abschnitt 14.4.2 ein RNN (*recurrent neural network*) als Sprachmodell.

Die Behandlung dieser komplexen neuronalen Netze sprengt den Rahmen des vorliegenden Buches bei weitem. Wir verweisen deshalb auf einschlägige Bücher wie [14] und [15].

Notationen

A Zustandsübergangs-Wahrscheinlichkeitsmatrix eines HMM

$A(z)$ inverses Filter bei der linearen Prädiktion

B Beobachtungswahrscheinlichkeitsmatrix eines HMM

D Dimension eines Merkmalvektors

F_0 Grundfrequenz oder Tonhöhe eines Sprachsignals

F_k k-ter Formant oder Frequenz des k-ten Formanten

G Verstärkungsfaktor im LPC-Sprachproduktionsmodell

$H(z)$ LPC-Synthesefilter

J Anzahl der Filter einer Filterbank

K Ordnung des Prädiktors (LPC-Analyse) oder Anzahl Wörter in einer Wortfolge

L formale Sprache oder Sprache eines Spracherkenners

L_c Länge des bei der cepstralen Glättung verwendeten Fensters

$\mathcal{L}_i$ Sprachklasse i nach Chomsky (formale Sprachen)

M Anzahl Codebuchvektoren, Partitionen, diskrete Beobachtungen (DDHMM) oder Mischkomponenten (CDHMM)

N Anzahl Abtastwerte im Analysefenster oder Anzahl Zustände eines HMM (inklusive nicht emittierende Zustände)

$P(\cdot); \tilde{P}(\cdot)$ Wahrscheinlichkeit einer diskreten Zufallsvariable; geschätzte Wahrscheinlichkeit

$P(\mathbf{X}|\lambda)$ Produktionswahrscheinlichkeit: Wahrscheinlichkeit, dass das DDHMM λ die Beobachtungssequenz $\mathbf{X}$ erzeugt, oder Likelihood des CDHMM λ bezüglich der Beobachtungssequenz $\mathbf{X}$.

$P(\mathbf{X}, Q|\lambda)$ Verbundwahrscheinlichkeit der Beobachtungssequenz $\mathbf{X}$ und der Zustandssequenz Q, gegeben das HMM λ

$Q; \hat{Q}$ HMM-Zustandssequenz $S_1 q_1 \ldots q_T S_N$; optimale Zustandssequenz $S_1 \hat{q}_1 \ldots \hat{q}_T S_N$

Q_1^t Ausschnitt einer Zustandssequenz, also $q_1 q_2 \ldots q_t$

R_i^D Partition i eines D-dimensionalen Raumes $R^D = \cup_i R_i^D$

S_i Zustand i eines HMM

S_j Ausgang des j-ten Filters für die Berechnung des Mel-Cepstrums

$S(\omega)$ Fouriertransformierte des Signals $s(t)$

$S(k)$ diskrete Fouriertransformierte des abgetasteten Signals $s(n)$

$S(z)$ z-Transformierte von $s(n)$

T Länge einer Sequenz von Merkmalsvektoren oder Beobachtungen

T_0 Periodenlänge; das Reziproke der Grundfrequenz F_0

T_s Abtastinterval; das Reziproke der Abtastfrequenz f_s

V Vokabular eines Spracherkenners: $V = \{v_1, v_2, \ldots, v_{|V|}\}$

$|V|$ Anzahl Wörter im Vokabular V oder Anzahl Wortmodelle im Spracherkenner

V^* Menge aller Wortfolgen über dem Vokabular V

$W; \hat{W}$ Wortfolge $w_1 w_2 \ldots w_K$; wahrscheinlichste Wortfolge

$W_{[i]}$ i-te Wortfolge aus einer Menge von Wortfolgen

W_1^k Teil einer Wortfolge, also $w_1 \ldots w_k$

$\mathbf{X}$ Beobachtungssequenz $\mathbf{x}_1 \mathbf{x}_2 \ldots \mathbf{x}_T$

$\mathbf{X}_1^t$ Anfang einer Beobachtungssequenz, also $\mathbf{x}_1 \mathbf{x}_2 \ldots \mathbf{x}_t$

$\mathcal{X}$ Satz von S Beobachtungssequenzen: $\{\mathbf{X}_1, \mathbf{X}_2, \ldots, \mathbf{X}_S\}$

$\Delta c_t(m)$ delta-cepstraler Koeffizient m zum Zeitpunkt t

$\Delta\Delta c_t(m)$ delta-delta-cepstraler Koeffizient m zum Zeitpunkt t

Λ Gesamtheit der Parameter aller HMM $\lambda_1, \lambda_2, \ldots$ eines Spracherkenners

$\boldsymbol{\Sigma}_{jk}; \tilde{\boldsymbol{\Sigma}}_{jk}$ Kovarianzmatrix der k-ten Mischkomponente im Zustand S_j eines CDHMM; geschätzte Kovarianzmatrix

$\Psi_t(j)$ Zeiger für das Zurückverfolgen des optimalen Pfades im Zustand S_j zum Zeitpunkt t (Viterbi-Algorithmus)

$a_{ij}; \tilde{a}_{ij}$ Übergangswahrscheinlichkeit vom Zustand S_i zum Zustand S_j; geschätzte Übergangswahrscheinlichkeit

$a(k)$ k-ter Prädiktorkoeffizient

$b_j(k); \tilde{b}_j(k)$ diskrete Beobachtungswahrscheinlichkeitsverteilung des Symbols c_k, $k = 1, \ldots, M$ im Zustand S_j eines DDHMM; geschätzte Beobachtungswahrscheinlichkeitsverteilung

$b_j(\mathbf{x}); \tilde{b}_j(\mathbf{x})$ kontinuierliche Beobachtungswahrscheinlichkeitverteilung (also Dichte) des Vektors $\mathbf{x}$ im Zustand S_j eines CDHMM; geschätzte Beobachtungswahrscheinlichkeitsverteilung

c_i Partition i, Teil eines Vektorraumes

$c_{jk}; \check{c}_{jk}$	Gewichtungsfaktor der Mischkomponente k im Zustand S_j eines CDHMM; geschätzter Gewichtungsfaktor
$c(m)$	cepstraler Koeffizient m
$c_t(m)$	Cepstraler Koeffizient m zum Zeitpunkt t
$\bar{c}(m)$	Mittelwert des cepstralen Koeffizienten m
$\check{c}_t(m)$	mittelwertfreier cepstraler Koeffizient m zum Zeitpunkt t
$\check{c}(m)$	m-ter Koeffizient des Mel-Cepstrums
$\mathrm{cnt}(x)$	Häufigkeit von x
$d(\mathbf{x}, \mathbf{y})$	Distorsion oder Distanz zwischen den Vektoren $\mathbf{x}$ und $\mathbf{y}$
$e(n)$	Prädiktionsfehlersignal
f_s	Abtastfrequenz
$h(n)$	Impulsantwort des LPC-Synthesefilters $H(z)$
k_i	i-ter Reflexions- oder Parcor-Koeffizient
$p(\cdot)$	Wahrscheinlichkeitsdichte (Likelihood)
q_t	Zustand, in welchem sich das HMM zum Zeitpunkt t befindet
$\hat{q}_t$	Zustand des optimalen Pfades, in welchem sich das HMM zum Zeitpunkt t befindet (Element t der optimalen Zustandssequenz)
$r(i)$	i-ter Autokorrelationskoeffizient
$s(n); \tilde{s}(n)$	zeitdiskretes Sprachsignal; prädiziertes Sprachsignal
$\bar{s}(n)$	mit einer Fensterfunktion multipliziertes Sprachsignal
$\mathrm{var}\{\cdot\}$	Varianz
$w()$	Fensterfunktion
$\mathbf{x}_t$	Beobachtungsvektor zum Zeitpunkt t
$\mathbf{z}_i$	Codebuchvektor i bzw. Zentroid der Partition c_i
$\alpha; \alpha_i$	Gewichtungsfaktoren
$\alpha_t(j)$	Vorwärtswahrscheinlichkeit $P(\mathbf{X}_1^t, q_t{=}S_j|\lambda)$ des HMM λ im Zustand S_j
$\beta_t(i)$	Rückwärtswahrscheinlichkeit $P(\mathbf{X}_{t+1}^T|q_t{=}S_i, \lambda)$ des HMM λ im Zustand S_i
$\gamma_t(i)$	A-posteriori-Zustandswahrscheinlichkeit $P(q_t{=}S_i|\mathbf{X}, \lambda)$, also die Wahrscheinlichkeit, dass das HMM zum Zeitpunkt t im Zustand S_i ist, gegeben die Beobachtungssequenz $\mathbf{X}$ und das HMM λ

$\xi_t(i,j)$ A-posteriori-Zustandsübergangswahrscheinlichkeit $P(q_t{=}S_i, q_{t+1}{=}S_j|\mathbf{X},\lambda)$, also die Wahrscheinlichkeit, dass das HMM zum Zeitpunkt t im Zustand S_i und zum Zeitpunkt $t{+}1$ im Zustand S_j ist, gegeben die Beobachtungssequenz $\mathbf{X}$ und das HMM λ

$\delta_t(i)$ Viterbi-Wahrscheinlichkeit: Wahrscheinlichkeit des optimalen Pfades (Zustandssequenz) der zum Zeitpunkt t im Zustand S_i endet

ε Nullsymbol, Leersymbol oder leeres Wort

$\zeta_t(j,k)$ CDHMM: $P(q_t{=}S_j, \mathbf{x}_t{\mapsto}\mathcal{N}_{jk}|\mathbf{X},\lambda)$, also die Wahrscheinlichkeit, dass sich das CDHMM zum Zeitpunkt t im Zustand S_j befindet und die Mischkomponente c_{jk} für die Beobachtung $\mathbf{x}_t$ zuständig ist, gegeben die Beobachtungssequenz $\mathbf{X}$ und das CDHMM λ

$\zeta_t(k)$ DDHMM: $P(\mathbf{x}_t{\mapsto}c_k|\mathbf{X},\lambda)$, also die Wahrscheinlichkeit, dass Codebuchklasse c_k für die Beobachtung $\mathbf{x}_t$ zuständig ist, gegeben die Beobachtungssequenz $\mathbf{X}$ und das DDHMM λ

λ diskretes oder kontinuierliches Hidden-Markov-Modell (HMM)

$\boldsymbol{\mu}_{jk}; \tilde{\boldsymbol{\mu}}_{jk}$ Mittelwertvektor der Mischkomponente k im Zustand S_j eines CDHMM; Schätzwert

$\tau(i)$ Satz i gekoppelter HMM-Parameter

Glossar

Affix

An den Wortstamm angefügtes Morphem; Oberbegriff für Präfix und Suffix, also die Morpheme vor bzw. nach dem Wortstamm

Affrikate

Die enge Verbindung eines Verschlusslautes mit dem homorganen Frikativ. In der deutschen Sprache gibt es drei Affrikaten: [pf] aus [p] und [f], [ts] aus [t] und [s], [tʃ] aus [t] und [ʃ].

Akzentuierung

Das Festlegen der Akzente (Betonungsstufen) für die Silben eines Wortes (Wortakzentuierung) oder für die Wörter eines Satzes (Satzakzentuierung). Auch das Resultat dieses Prozesses, also das festgelegte Akzentmuster, wird als Akzentuierung bezeichnet.

Aliasing

Im Zusammenhang mit dem Digitalisieren von Signalen bezeichnet Aliasing den Effekt, dass eine Signalkomponente mit einer Frequenz f_k, die höher als die halbe Abtastfrequenz $f_s/2$ ist, auf die Frequenz $f_s - f_k$ abgebildet wird. Bei der digitalen Signalverarbeitung kann Aliasing auch durch eine nichtlineare Operation entstehen, wenn Frequenzkomponenten erzeugt werden, die höher als $f_s/2$ sind. In beiden Fällen ist eine durch Aliasing entstandene Frequenzkomponente $f_s - f_k$ nicht von einer im Signal bereits vorhandenen Komponente mit derselben Frequenz zu unterscheiden.

Allograph

Die zu einem bestimmten Graphem gehörenden Graphen werden als Allographen dieses Graphems bezeichnet. So sind z.B. "a", "A" und "*a*" Allographen des Graphems ⟨a⟩ (siehe auch Graphem, Graph).

Allomorph

Die zu einem bestimmten Morphem gehörenden Morphe werden als Allomorphe bezeichnet. So umfasst z.B. das Morphem {haus} die beiden graphemischen Realisierungen ⟨haus⟩ und ⟨häus⟩ (die zweite Form wird u.a. gebraucht, wenn eine Pluralendung oder ein Verkleinerungssuffix folgt), zu denen wiederum verschiedene phonemische bzw. phonetische Realisierungen gehören. Alle diese Realisierungen sind somit Allomorphe des Morphems {haus} (siehe auch Morph, Morph).

Allophon

Die zu einem bestimmten Phonem gehörenden Phone werden als Allophone dieses Phonems bezeichnet. So sind z.B. die Phone [t] und [tʰ] Allophone des Phonems /t/ (siehe auch Phonem, Phon).

alveolare Laute
Laute, bei denen die Zungenspitze gegen den Zahndamm (die Alveolen) artikuliert ([s], [t], [n]) etc.

A-posteriori-Wahrscheinlichkeit
Aufgrund von Beobachtungen ermittelte Wahrscheinlichkeit, auch empirische Wahrscheinlichkeit

A-priori-Wahrscheinlichkeit
Wahrscheinlichkeit eines Ereignisses aufgrund von Vorwissen, bevor eine Beobachtung gemacht wird

Aspiration
Die stimmlosen Plosive [k], [p] und [t] werden je nach Stellung aspiriert (behaucht) gesprochen. Die aspirierten, stimmlosen Plosive werden mit den IPA-Symbolen [k^h], [p^h] bzw. [t^h] bezeichnet.

Baum-Welch-Algorithmus
Auch Forward-Backward-Algorithmus genannt. Rekursives Verfahren, um eine Maximum-Likelihood-Schätzung der HMM-Parameter für eine Menge von Beobachtungssequenzen zu erhalten.

bilabiale Laute
Lippenlaute ([m], [b] und [p]); die Unter- und Oberlippe artikulieren gegeneinander.

binaural
Beide Ohren betreffend, z.B. binaurales Hören

CDHMM
Hidden-Markov-Modell mit kontinuierlichen Wahrscheinlichkeitsverteilungen bzw. Wahrscheinlichkeitsdichten für die Beobachtungen (engl. *continuous mixture density HMM*)

cepstrale Glättung
Glättung des Amplituden- oder des Leistungsdichtespektrums durch Anwendung eines cepstralen Fensters, welches die hohen "Quefrenzen" des zugehörigen Cepstrums eliminiert.

Cepstrum
Inverse Fouriertransformierte des logarithmierten Fourierspektrums (das reelle Cepstrum wird aus dem logarithmierten Betragsspektrum ermittelt)

Chart-Parser
Ein Parser für Grammatiken mit kontextfreien Regeln (d.h. der Regelkopf enthält genau ein Nicht-Terminalsymbol mit beliebigen Attributen), der zwecks

Effizienzverbesserung Teilanalysen in einer internen Datenstruktur speichert, der sogenannten Chart

CNN

Neuronales Netz, das eine oder mehrere Faltungsschichten aufweist (engl. *convolutional neural network*). Für die Faltung wird eine Faltungsmatrix eingesetzt, die je nach Anordnung der Neuronen ein-, zwei- oder dreidimensional ist.

Codebuch

Menge der Codebuchvektoren $\{z_1, z_2, \ldots, z_M\}$, wobei M die Grösse des Codebuches ist.

Codebuchvektor

Bezeichnet bei einem Vektorquantisierer den Prototypvektor, der die jeweilige Partition repräsentiert.

DDHMM

Hidden-Markov-Modell mit diskreten Wahrscheinlichkeitsverteilungen für die Beobachtungen (engl: *discrete density HMM*)

Deklination

In der Sprachwissenschaft: Beugung von Nomen, Adjektiven, Pronomen und Artikeln

Delta-Cepstrum

Das Delta-Cepstrum ergibt sich aus der Ableitung des zeitlichen Verlaufs der einzelnen cepstralen Koeffizienten.

Derivation

In der Sprachwissenschaft: Ableitung. Durch das Anfügen eines Präfixes oder Suffixes entsteht ein neues Wort mit einer anderen Bedeutung als das Ausgangswort. Beispielsweise wird aus "Fluss" durch das Präfix "ein" das neue Wort "Einfluss".

Distanzmass

In einem Vektorraum definierte reellwertige Funktion, die zwei Vektoren eine Zahl zuordnet, die ein Mass für deren Verschiedenheit darstellt.

Distorsion

Quantisierungsfehler, der bei der Vektorquantisierung durch das Ersetzen eines Vektors durch den Codebuchvektor mit der kleinsten Distanz entsteht.

DNN

Neuronales Netz mit vielen Schichten von Neuronen (engl. *deep neural network*)

DTW

Dynamische Zeitanpassung (engl. *dynamic time warping*); Verfahren für den Vergleich von Sprachmustern, bei dem die Zeitachsen der Muster so lokal gestreckt oder gestaucht werden, dass sich eine optimale Übereinstimmung der Muster ergibt.

Einschlussgrammatik
Die Einschlussgrammatik A → B spezifiziert, welche Elemente der Sprache A durch welche Elemente der Sprache B ersetzt werden können.

Flexion
In der Sprachwissenschaft: Bildung verschiedener grammatischer Formen eines Wortes durch Anfügen von Flexionsendungen an einen Wortstamm; Oberbegriff für Deklination, Konjugation und Komparation (Adjektivsteigerung)

Flexionsendung
Sprachliches Element (Morphem), das bei der Flexion an das Ende des Wortstamms angefügt wird, z.B. Feld*es*, klein*er*, lob*st*

formale Sprache
Eine formale Sprache ist eine im Allgemeinen unbeschränkte Wortmenge, die durch ein endliches formales System vollständig beschreibbar ist (vergl. Definition 6.1 Seite 140). Das System kann *erzeugend* (z.B. reguläre Grammatik) oder *analysierend* (z.B. endlicher Automat) sein.

Formant
Lokale Maxima des Leistungsdichtespektrums des Sprachsignals werden in der Phonetik als Formanten F_1, F_2, F_3 etc. bezeichnet. Diese spektralen Maxima rühren von Resonanzen des Vokaltraktes her und sind besonders bei Vokalen ausgeprägt vorhanden. Ein Formant wird mit den Parametern Mittenfrequenz (oder Formantfrequenz), Bandbreite (oder Güte) und Amplitude beschrieben. Die Bezeichnungen F_1, F_2, F_3 etc. werden oft auch für die Formantfrequenzen verwendet. Für die Formantfrequenzen eines Lautes gilt: $F_1 < F_2 < F_3$ etc. Der tiefste Formant oder die tiefste Mittenfrequenz ist also stets F_1.

Frikative
Reibelaute oder Zischlaute; entstehen durch Luftturbulenzen an Engstellen des Vokaltraktes ([s], [ʃ], [ç] etc.)

Funktionswörter
Wörter, die im Gegensatz zu Inhaltswörtern selbst keine Bedeutung haben, in einem Satz jedoch eine grammatikalische Funktion erfüllen. Dazu gehören Artikel, Hilfsverben, Konjunktionen, Präpositionen und Pronomen.

Genus
Grammatisches Geschlecht von Wörtern und syntaktischen Konstituenten. In der deutschen Sprache gibt es drei Genera: Maskulinum, Femininum und Neutrum. Das Genus ist fest mit dem Nomen verbunden, d.h. ein Nomen ist entweder maskulin, feminin oder neutral.

Glottalverschluss

Auch Stimmritzenverschlusslaut oder Knacklaut; entsteht durch abruptes Öffnen eines Verschlusses der Stimmlippen, beispielsweise vor Vokalen am Wortanfang ("Achtung" [ˈʔaxtʊŋ]). In [9] und [10] wird der Glottalverschluss mit [|] bezeichnet, in anderen Publikationen meistens mit [ʔ].

Glottis

Stimmritze, Spalt zwischen den Stimmlippen

Grammatik

Im Zusammenhang mit formalen Sprachen wird unter einer Grammatik G eine erzeugende Beschreibung einer Sprache L verstanden, für welche die Menge der ableitbaren Wörter $L(G) = L$ ist.

Im Zusammenhang mit natürlichen Sprachen wird grundsätzlich jede Form einer systematischen Sprachbeschreibung als Grammatik bezeichnet. In diesem Buch wird der Begriff Grammatik für eine Menge von Produktionsregeln (im Sinne einer Chomsky-Grammatik) gebraucht, welche nur Nicht-Terminalsymbole und sogenannte Präterminalsymbole enthält. Zu einer solchen natürlichsprachlichen Grammatik wird ein Lexikon benötigt, also eine Sammlung von lexikalischen Produktionsregeln (vergl. Lexikon).

grammatisch

Auch grammatikalisch; die Grammatik betreffend oder der Grammatik entsprechend. Umgangssprachlich gelten gemäss [8] grammatisch und grammatikalisch als Synonyme.

Im Zusammenhang mit formalen Sprachen wird für eine gegebene Grammatik G das Wort w als grammatisch bezeichnet, falls $w \in L(G)$. Hingegen gilt w als ungrammatisch, falls es nicht in der Menge $L(G)$ enthalten ist.

Im Zusammenhang mit natürlichen Sprachen wir eine syntaktisch korrekte Wortfolge als grammatisch bezeichnet.

Graph

Ein Graph (Buchstabe) ist eine konkrete Realisierung eines Graphems. So sind z.B. "a" und "b" Graphen, die zu verschiedenen Graphemen gehören, nämlich zu den Graphemen ⟨a⟩ bzw. ⟨b⟩. Hingegen sind "a", "A" und "a" Realisierungen desselben Graphems ⟨a⟩ (siehe auch Graphem, Allograph).

Graphem

Ein Graphem ist die kleinste bedeutungsunterscheidende Einheit der schriftlichen Sprache, analog zum Phonem in der lautlichen Sprache. So ergibt sich z.B. durch den Vergleich der deutschen Wörter "taufen" und "laufen", dass ⟨t⟩ und ⟨l⟩ in der deutschen Sprache zwei Grapheme sind. Eine konkrete Realisierung eines Graphems ist ein Graph (Buchstabe). Ein Graphem umfasst gewöhnlich

mehrere Graphen, also die Allographen dieses Graphems. So sind beispielsweise
"b", "B" und "*b*" Allographen des Graphems ⟨b⟩ (siehe auch Graph, Allograph).

Hidden-Markov-Modell (HMM)
Zwei gekoppelte Zufallsprozesse, von denen der erste ein verdeckter Markov-Prozess ist, dessen Zustände einen zweiten Zufallsprozess steuern.

Homograph
Ein Homograph ist ein Wort, zu welchem es ein anderes Wort (d.h. eines mit einer anderen Bedeutung) gibt, das gleich geschrieben, jedoch anders gesprochen wird, z.B. das "Heroin" [heroˈiːn] (Droge), im Gegensatz zu die "Heroin" [heˈroːɪn] (Heldin).

homorgan
Homorgane Laute haben denselben Artikulationsort, z.B. [b], [p] und [m].

Inhaltswörter
Zu den Inhaltswörtern gehören die Wortarten Nomen, Adjektive, Adverbien und Verben (vergl. Funktionswörter).

Kasus
Grammatischer Fall von Wörtern und syntaktischen Konstituenten (im Deutschen Nominativ, Genitiv, Dativ und Akkusativ)

Koartikulation
Beeinflussung der Aussprache eines Lautes durch seine Nachbarlaute

Komparation
In der Sprachwissenschaft: die Steigerung der Adjektive

Komposition
In der Sprachwissenschaft: die Wortzusammensetzung aus mindestens zwei bestehenden Wörtern oder Stämmen (siehe auch Kompositum).

Kompositum
Zusammengesetztes Wort (Plural: Komposita); beispielsweise ist das Kompositum "Haustüre" aus den Wörtern "Haus" und "Türe" zusammengesetzt.

Konjugation
Formenabwandlung des Verbs nach Person (1., 2. und 3. Person), Zahl (Singular, Plural), Zeit (Präsens, Perfekt etc.) und Modus (Indikativ, Imperativ und Konjunktiv)

Konstituente
Einheit der Wort- und Satzstruktur; Auf einen Syntaxbaum bezogen ist jeder Teilbaum eine Konstituente. Konstituenten können atomar oder komplex sein. Eine atomare Konstituente umfasst genau ein Morph oder ein Wort, je nachdem,

ob es sich um eine morphologische oder um eine syntaktische Konstituente handelt. Alle nichtatomaren Konstituenten sind komplexe Konstituenten.

Kurzzeitanalyse
Abschnittweise Analyse eines Signals. Ein Abschnitt wird durch die Multiplikation des Signals mit einer Fensterfunktion für die Analyse ausgewählt. Aufeinanderfolgende Abschnitte sind meistens überlappend.

labiodentale Laute
Gruppe der Lippenzahnlaute ([f] und [v]). Die Unterlippe artikuliert gegen die oberen Schneidezähne.

lexikalisches Wissen
Sprachliches Wissen, das sich nicht in kompakten Regeln ausdrücken lässt, sondern nur tabelliert werden kann. In der deutschen Sprache gelten beispielsweise die Menge der Morphe und deren Akzentuierung als lexikalisches Wissen.

Lexikon
Ein Lexikon ist eine Sammlung von Lexikoneinträgen. In diesem Buch hat ein Lexikoneintrag die Form einer DCG-Produktionsregel, die ein Präterminalsymbol mit Attributen in ein lexikalisches Element überführt, das in graphemischer und in phonetischer Form aufgeführt ist. Sind die lexikalischen Elemente Morphe oder Morpheme, dann spricht man von einem Morphemlexikon, sind es ganze Wortformen, dann handelt es sich um ein Vollformenlexikon.

Lexikoneintrag
In diesem Buch haben die Lexikoneinträge die Form von DCG-Produktionsregeln. Eine lexikalische Produktionsregel überführt genau ein Präterminalsymbol in ein lexikalisches Element (z.B. $N(nom,m,sg) \rightarrow$ hund [hʊnd]). Eine lexikalische Produktionsregel hat also einen Regelkopf, der ein Präterminalsymbol und gewisse Attribute umfasst, und einen Regelkörper mit einem lexikalischen Element in graphemischer und phonetischer Repräsentation.

Liaison
Französisch für Bindung; das Aussprechen eines stummen Konsonanten am Wortende, wenn das folgende Wort mit einem Vokal beginnt

lineares HMM
HMM, das vom Zustand S_i nur in den Zustand S_i oder S_{i+1} übergehen und insbesondere keine Zustände überspringen kann

Linguistik
Sprachwissenschaft, die sich hauptsächlich mit der Struktur natürlicher Sprachen beschäftigt, also mit Morphologie, Syntax, Grammatiktheorien, Grammatikformalismen etc.

LPC-Spektrum
Betrag der Übertragungsfunktion des LPC-Synthesefilters $H(z)$

Matrixsprache
Die Sprache, welche die Struktur eines gemischtsprachigen Satzes (unabhängig davon, ob dieser vollständig ist oder nicht) bestimmt, wird als Matrixsprache bezeichnet. Logischerweise gilt dann für die fremdsprachigen Einschlüsse, dass sie einer Sprache zugehören, die von der Matrixsprache verschieden ist.

Mel-Cepstrum
Cepstrum, für dessen Berechnung die Frequenzskala des Spektrums zuerst in die Mel-Skala transformiert wird.

Mel-Skala
Skala für die subjektiv empfundene Tonhöhe, auf welcher der wahrgenommene Höhenunterschied zwischen zwei Tönen abgelesen werden kann.

Mel-Spektrum
Spektrum, das über der Mel-Skala gezeichnet wird (im Gegensatz zum Frequenzspektrum, das über der Frequenzachse gezeichnet wird)

MFCC
Abkürzung für die Koeffizienten des Mel-Cepstrums (engl. *mel frequency cepstral coefficients*); auch Sprachmerkmal, das auf dem Mel-Spektrum basiert und das geglättete Kurzzeitspektrum eines Analyseabschnittes repräsentiert

Minimalpaaranalyse
Test, mit dem für eine Sprache der Satz von Phonemen (das Phonemsystem) ermittelt werden kann. Die Phonmenge $\mathcal{P} = \{P_1, P_2, \ldots, P_n\}$ entspricht dann dem Phonemsystem dieser Sprache, wenn es für zwei beliebige Phone P_i und P_j aus der Menge $\mathcal{P}$ ein Wortpaar gibt, das sich nur in diesen beiden Phonen unterscheidet und die beiden Wörter semantisch verschieden sind.

MLP
Ein Mehrschicht-Perzeptron (engl. *multi-layer perceptron*) ist ein neuronales Netz, in welchem die Schichten vollverbunden sind, d.h. jeder Ausgang einer Schicht ist mit allen Eingängen der nächsten Schicht über eine Gewichtung verbunden. Es ist also ein vorwärts verbundenes Netz (engl. *feedforward network*).

Modus
Eine grammatische Kategorie des Verbs; Aussageweise (im Deutschen Indikativ, Konjunktiv und Imperativ)

Morph
Ein Morph ist eine konkrete Realisierung eines Morphems. Jedes Morph hat mindestens je eine graphemische und phonemische bzw. phonetische Realisation. So sind z.B. ⟨haus⟩ und ⟨gäb⟩ Morphe in graphemischer Repräsentation,

die zu den Morphemen {haus} bzw. {geb} gehören (siehe auch Morphem, Allomorph).

Morphem
Ein Morphem ist die kleinste bedeutungstragende Einheit einer Sprache. So sind z.B. {haus}, {tisch} und {gross} deutsche Morpheme. Diese werden auch als lexikalische oder freie Morpheme bezeichnet, im Unterschied zu gebundenen Morphemen wie Präfix-, Suffix-, Flexionsmorpheme etc., die nur in Verbindung mit einem freien Morphem vorkommen. Ein Morphem ist ein Abstraktum und hat graphemische und phonemische bzw. phonetische Realisationen. Zum Morphem {tisch} gehören beispielsweise die Realisationen ⟨tisch⟩ und /tɪʃ/ bzw. [tʰɪʃ] (siehe auch Morph, Allomorph).

Morphemlexikon
Lexikon, in welchem die Einträge Wortbestandteile, also Morphe oder Morpheme sind, im Gegensatz zu einem Vollformenlexikon (siehe auch Lexikon)

Morphologie
In der Sprachwissenschaft: Formenlehre; die Morphologie umfasst die Flexion (Deklination, Konjugation und Komparation) und die Wortbildung (Derivation und Komposition)

multilinguale Sprachsynthese
Eine multilinguale Sprachsynthese ist gewöhnlich so konzipiert, dass alle sprachspezifischen Daten einer Sprache A (Grammatiken, Lexika, Regelsätze, Diphonkorpus etc.) durch die Daten einer Sprache B ersetzt werden können, um eine Sprachsynthese für die Sprache B zu erhalten. Es kann auch sein, dass zwar die Daten aller Sprachen im System vorhanden sich, aber es werden zu jedem Zeitpunkt nur die Daten einer einzigen Sprache angewendet (vergl. polyglotte Sprachsynthese).

Numerus
Grammatische Zahl von Wörtern und syntaktischen Konstituenten (im Deutschen Singular und Plural)

Nyquist-Frequenz
Obere Frequenzgrenze eines bandbegrenzten Signals

Parser
Ein Parser ist ein Computer-Programm, welches für eine Symbolsequenz w diejenige Folge von Regeln aus einer gegebenen Grammatik G bestimmt, mit der sich w aus dem Startsymbol S ableiten lässt. Damit lässt sich indirekt das sogenannte Wortproblem entscheiden.

Partition
Für die Vektorquantisierung wird der D-dimensionale Raum R^D in eine Anzahl Teilräume R_i^D aufgeteilt, die als Partitionen bezeichnet werden. Dabei gilt: $R^D = \cup_i R_i^D$.

Periodogramm
Nicht konsistente Schätzung des Leistungsdichtespektrums aus der diskreten Fouriertransformierten

Perzeption
Die sinnliche Wahrnehmung oder Empfindung

Phon
Ein Phon (Laut) ist eine konkrete Realisierung eines Phonems. So sind z.B. [a] und [t] zwei Phone, die zu den Phonemen /a/ bzw. /t/ gehören. Hingegen sind [t] und [t^h] (nichtaspirierte und aspirierte t-Variante) Phone, die zum gleichen deutschen Phonem /t/ gehören. Je nach gewünschter Feinheit der Lautklassierung ergibt sich für eine Sprache eine mehr oder weniger grosse Anzahl von Phonen. So gehören z.B. zum deutschen Phonem /r/ hauptsächlich eine vokalische und eine konsonantische Lautrealisierung, [ɐ] bzw. [r]. Bei feinerer Analyse kann bei der konsonantischen Variante auch noch zwischen Reibe-R, Zungenspitzen-R und Zäpfchen-R unterschieden werden, wobei die beiden letzten ein- oder mehrschlägig sein können (siehe auch Phonem, Allophon).

Phonem
Das Phonem ist die kleinste Einheit der lautlichen Sprache, die Bedeutungen unterscheidet. Das Phoneminventar einer Sprache wird durch Minimalpaaranalyse ermittelt. So haben z.B. die deutschen Wörter "Laus" /laus/ und "Maus" /maus/ verschiedene Bedeutungen und unterscheiden sich nur durch einen Laut, woraus folgt, dass /l/ und /m/ zwei Phoneme der deutschen Sprache sind (siehe auch Phon, Allophon).

Phonemsystem
Gemäss [27] umfasst das Phonemsystem des Deutschen 39 Phoneme, nämlich 19 Vokalphoneme (16 Einzelvokale und 3 Diphthonge) und 20 Konsonantenphoneme (vergl. Abschnitt A.2).

Phonetik
Teilgebiet der Sprachwissenschaft, das sich mit den Sprachlauten beschäftigt und die Vorgänge beim Sprechen untersucht; Lautlehre, Stimmbildungslehre

Phonologie
Die Phonologie ist ein Teilgebiet der Linguistik, das sich mit der bedeutungsmässigen Funktion der Laute beschäftigt. Ein Ziel der Phonologie ist, das Phoneminventar einer Sprache zu erstellen.

Phrasierung
Das Einteilen eines Satzes in Phrasen (Sprechgruppen) sowie das Festlegen der Phrasentypen und der Stärke der Phrasengrenzen. Auch das Resultat dieses Prozesses, also die Phraseneinteilung, wird als Phrasierung bezeichnet.

Plosive
Verschlusslaute entstehen durch abruptes Freigeben des kurzzeitig unterbrochenen Luftstromes. Die Art des Lautes hängt vom Ort ab, an dem der Verschluss im Vokaltrakt stattfindet (siehe Abbildung 1.5).

polyglotte Sprachsynthese
Sprachsynthese für gemischtsprachigen Eingabetext: fremdsprachige Einschlüsse werden erkannt und der Sprachzugehörigkeit entsprechend in Lautsprache umgesetzt. Damit dies möglich ist, müssen die Daten (Grammatiken, Lexika, Regelsätze usw.) aller im Eingabetext vorkommenden Sprachen gleichzeitig im Einsatz stehen (vergl. multilinguale Sprachsynthese).

Präfix
Vor dem Wortstamm stehendes Morphem (Vorsilbe), z.B. *Auf*gehen, *Bei*leid, *un*treu (vergl. auch Affix, Suffix)

Prosodie
Die suprasegmentalen Aspekte der Lautsprache, die sich in der Sprechmelodie und im Sprechrhythmus äussert. Die linguistische Funktion der Prosodie ist zu kennzeichnen, zu gewichten und zu gliedern. Die im Sprachsignal messbaren physikalischen prosodischen Grössen sind der zeitliche Verlauf der Grundfrequenz und der Intensität sowie die Dauer der Laute und der Pausen.

RNN
Neuronales Netz, das rückgekoppelte Neuronen enthält (engl. *recurrent neural network*). Ein Neuron gilt dann als rückgekoppelt, falls sein Ausgang direkt oder über andere Neuronen mit einen seiner Eingänge verbunden ist. In der Rückführung wird ein Verzögerungselement eingesetzt.

Satzakzentuierung
Zuweisung einer Betonungsstärke zu jedem Wort eines Satzes; auch die Verteilung der Akzente auf der Satzebene

segmentale Ebene
die Ebene der Laute; gesprochene Sprache wird als Abfolge von Lautsegmenten betrachtet (im Gegensatz zur suprasegmentalen Ebene, wo die Betrachtung lautübergreifend ist)

Silbenkern
Eine Silbe setzt sich zusammen aus einem optionalen Silbenansatz, dem obligatorischen Silbenkern (Nukleus) und der optionalen Silbenkoda. Silbenansatz

und -koda umfassen je einen oder mehrere Konsonanten. Als Silbenkern kann ein Vokal, ein Diphthong oder ein silbischer Konsonant stehen.

silbische Konsonanten

Wird in Endsilben mit Schwa als Silbenkern das Schwa weggelassen, dann tritt der nachfolgende Konsonant als Silbenträger auf, d.h. er wird silbisch. Silbische Konsonanten treten nur bei Schwa-Tilgung auf. So wird beispielsweise das zweisilbige Wort "baden" mit der Normalaussprache ['baːdən] durch Auslassen des Schwas zu ['baːdn̩]. Hier ist also [n̩] der Silbenträger. Nebst [n̩] kommen im Deutschen auch [l̩] und [m̩] als Silbenträger in Frage z.B. in ['seːgl̩] oder in ['groːsm̩].

skalare Quantisierung

Quantisierung von Grössen mit eindimensionalem Wertebereich, im Gegensatz zur Quantisierung von Vektoren. Eine skalare Quantisierung liegt auch dann vor, wenn von Vektoren jede Dimension einzeln quantisiert wird.

Spracherkennung

Automatisches Ermitteln des textlichen Inhaltes eines Sprachsignals

Sprachsynthese

Umsetzen eines Textes in eine adäquate lautsprachliche Repräsentation, also in ein Sprachsignal

Startsymbol

Symbol, aus dem sich unter Anwendung beliebiger Produktionsregeln der formalen Grammatik G jedes Wort der Sprache $L(G)$ ableiten lässt.

Suffix

Sprachliches Element (Morphem), das hinter dem Wortstamm steht, z.B. Ewig*keit*, sprech*en*, schön*ere* (vergl. auch Affix, Präfix)

suprasegmentale Ebene

Gesamtheit der lautübergreifenden Aspekte der Lautsprache (siehe Prosodie)

SVOX

Name des an der ETH Zürich nach den in diesem Buch beschriebenen Konzepten entwickelten Sprachsynthesesystems

Tempus

Eine grammatische Kategorie des Verbs; im Deutschen gibt es sechs Tempora (Zeitformen): Präsens, Präteritum, Perfekt, Plusquamperfekt, Futur I und Futur II.

Tonheit

subjektiv empfundene Tonhöhe (vergl. auch Mel-Skala)

Transkription

Unter Transkription wird hier die Umsetzung eines Textes in eine abstrakte, phonologische Darstellung des entsprechenden Sprachsignals verstanden.

unsilbische Vokale

Treten in gewissen Wörtern Vokale nicht als Silbenträger auf, dann nennt man sie unsilbisch. Beispielsweise ist im Wort "Etui" [ɛˈty̆iː] der Vokal [y] unsilbisch und im Wort "Uhr" [ˈuːɐ̯] der Vokal [ɐ̯]. Weitere Beispiele sind in der Tabelle Seite 446 zu finden.

Vektorquantisierung

Quantisierung eines D-dimensionalen Vektors, indem für ein gegebenes Codebuch der Grösse M (die Codebuchvektoren haben auch die Dimension D) der Codebuchvektor mit der kleinsten Distanz zum zu quantisierenden Vektor gesucht wird. Das Resultat des Codierungsschrittes ist der Index des Codebuchvektors mit der minimalen Distanz. Das Ergebnis der Decodierung ist der entsprechende Codebuchvektor.

Verschleifung

Wenn durch nachlässiges Sprechen eine Lautfolge so verändert wird, dass sie einfacher zu artikulieren ist, dann spricht man von Verschleifung. Beispielsweise kann für das Wort "anbinden" mit der Standardaussprache [ˈʔanbɪndn̩] durch Verschleifen [ˈʔambɪndn̩] entstehen.

Vibranten

Schwinglaute; Laute bei denen die Zungenspitze (vibriertes [r]) oder das Halszäpfchen (gerolltes [ʀ]) schwingt

Viterbi-Algorithmus

Algorithmus, der (unter anderem) für das Ermitteln der optimalen Zustandssequenz eines gegebenen HMM für eine gegebene Beobachtungssequenz verwendet wird.

Vokaltrakt

Gesamtheit der Hohlräume zwischen Kehlkopf und Lippen, also Rachen, Mund- und Nasenraum

Vollform

Mit voller Wortform oder kurz Vollform ist ein ganzes Wort gemeint. Im Gegensatz dazu sind Morphe im Allgemeinen keine ganzen Wörter. Es braucht in der Regel mehrere Morphe um eine Vollform zu bilden. So ergeben z.B. die Morphe "be" (Präfix), "flügel" (Stamm) und "te" (Suffix) zusammen die Vollform "beflügelte".

Vollformenlexikon

Lexikon, in welchem die Einträge ganze Wortformen sind, im Gegensatz zu einem Morphemlexikon (siehe auch Lexikon)

Wortakzentuierung

Zuweisung einer Betonungsstärke zu jeder Silbe eines Wortes; auch die Verteilung der Akzente auf der Wortebene. Eine Silbe trägt den Hauptakzent; eine oder mehrere Silben können Nebenakzente tragen; die übrigen Silben sind unbetont.

Zentroid

Vektor mit der kleinsten mittleren Distanz zu jedem Vektor aus einer gegebenen Menge von Vektoren.

Literaturverzeichnis

[1] A. Beutelsbacher. *Kryptologie*. Vieweg (ISBN 3-528-08990-3), 1987.

[2] R. Beutler. *Improving Speech Recognition through Linguistic Knowledge*. PhD thesis, No. 17039, Computer Engineering and Networks Laboratory, ETH Zurich, January 2007.

[3] M. Bierwisch. Regeln für die Intonation deutscher Sätze. *Studia Grammatica*, VII:99–201, 1966.

[4] C. M. Bishop. *Neural Networks for Pattern Recognition*. Oxford University Press, 1995.

[5] Cambridge University (S. Young et al.). *HTK V2.2.1: Hidden Markov Toolkit*, 1999.

[6] W. F. Clocksin and C. S. Mellish. *Programming in Prolog*. Springer Verlag, Berlin, 1981.

[7] C. Coker. A model of articulatory dynamics and control. *Proceedings of the IEEE*, 64(4):452–460, April 1976.

[8] *Duden "Fremdwörterbuch"*, 3. Auflage. Bibliographisches Institut. Mannheim, Wien, Zürich, 1974.

[9] *Duden "Aussprachewörterbuch"*, 3. Auflage. Bibliographisches Institut. Mannheim, Leipzig, Wien, Zürich, 1990.

[10] *Duden "Aussprachewörterbuch"*, 7. Auflage. Institut für deutsche Sprache. Dudenverlag Berlin (ISBN 978-3-411-91151-6), 2015.

[11] T. Ewender. *Automatic Selection of Speech Segments for Concatenative Speech Synthesis*. PhD thesis, No. 20828, Computer Engineering and Networks Laboratory, ETH Zurich, 2012.

[12] G. Fant. *Acoustic Theory of Speech Production*. The Hague: Mouton & Co, 1960.

[13] M. Fröhlich, H. Warneboldt und H. W. Strube. Berücksichtigung des subglottalen Systems bei der artikulatorischen Sprachsynthese. In *DAGA-Tagungsband, S. 1305–1308*, 1994.

[14] I. Goodfellow, Y. Bengio, and A. Courville. *Deep Learning*. MIT Press, 2016.

[15] J. Heaton. *Artificial Intelligence for Humans, Vol 3: Deep Learning and Neural Networks*. Heaton Research (ISBN 978-1505714340), 2015.

[16] G. Hinton, L. Deng, and D. Yu, et al. Deep neural networks for acoustic modeling in speech recognition: The shared views of four research groups. *IEEE Signal Processing Magazine*, 29(6):82–97, 2012.

[17] H.-P. Hutter. Comparison of a new hybrid connectionist-SCHMM approach with other hybrid approaches for speech recognition. In *Proceedings of ICASSP*. IEEE, 1995.

[18] IPA. *Handbook of the International Phonetic Association*. Cambridge University Press, 1999.

[19] ITU-T Recommendation G.711. *Pulse Code Modulation (PCM) of Voice Frequencies*, 1972.

[20] ITU-T Recommendation G.721. *32 kbit/s Adaptive Differential Pulse Code Modulation (ADPCM)*, 1984.

[21] S. M. Katz. Estimation of probabilities from sparse data for the language model component of a speech recognizer. *IEEE Transactions on ASSP*, 35(3):400–401, 1987.

[22] T. Kaufmann. *A Rule-based Language Model for Speech Recognition*. PhD thesis, No. 18700, Computer Engineering and Networks Laboratory, ETH Zurich, 2009.

[23] W. von Kempelen. *Mechanismus der menschlichen Sprache nebst Beschreibung einer sprechenden Maschine*. Faksimile der Ausg. 1791 mit einer Einleitung von Brekle & Wildgen, Stuttgart-Bad Cannstatt: Frommann, 1970.

[24] P. Kiparsky. Über den deutschen Akzent. *Studia Grammatica*, VII:69–98, 1966.

[25] D. H. Klatt. Review of text-to-speech conversion for English. *Journal of the Acoustical Society of America*, 82(3):737–793, September 1987.

[26] R. Kneser and H. Ney. Improved backing-off for M-gram language modeling. In *Proceedings of ICASSP*, pages 181–184. IEEE, 1995.

[27] K. J. Kohler. *Einführung in die Phonetik des Deutschen*. 2., neubearbeitete Auflage, Erich Schmidt Verlag, Berlin, 1995.

[28] S. Naumann und H. Langer. *Parsing*. Teubner (ISBN 3-519-02139-0), Stuttgart, 1994.

[29] A. Oppenheim and R. Schafer. *Discrete-Time Signal Processing*. Prentice Hall, Englewood Cliffs, 1989.

[30] D. Palaz, M. Magimai-Doss, and R. Collobert. Convolutional neural networks-based continuous speech recognition using raw speech signal. In *Proceedings of ICASSP*, pages 4295–4299, Brisbane (Australia), 2015.

[31] F. Pereira and S. Schieber. *Prolog and Natural-Language Analysis*. CSLI Lecture Notes; No. 10. Center for the Study of Language and Information, Leland Stanford Junior University, 1987.

[32] F. Pereira and D. Warren. Definite clause grammars for language analysis –
     A survey of the formalism and a comparison with augmented transition net-
     works. *Journal ofArtificial Intelligence*, 13:231–278, 1980.

[33] B. Pfister. *Prosodische Modifikation von Sprachsegmenten für die konkatena-
     tive Sprachsynthese*. Diss. Nr. 11331, TIK-Schriftenreihe Nr. 11 (ISBN 3 7281
     2316 1), ETH Zürich, März 1996.

[34] L. Rabiner and B.-H. Juang. *Fundamentals of Speech Recognition*. Prentice
     Hall, 1993.

[35] L. R. Rabiner and R. W. Schafer. *Digital Processing of Speech Signals*.
     Prentice-Hall, Inc., Englewood Cliffs, New Jersey, 1978.

[36] M. Richard and R. Lippmann. Neural network classifiers estimate Bayesian
     a posteriori probabilities. *Neural Computation*, 3(4):461–483, 1991.

[37] H. Romsdorfer. *Polyglot Text-to-Speech Synthesis: Text Analysis & Prosody
     Control*. PhD thesis, No. 18210, ETH Zurich. Shaker Verlag Aachen (ISBN
     978-3-8322-8090-1), February 2009.

[38] H. Romsdorfer and B. Pfister. Multi-context rules for phonological processing
     in polyglot TTS synthesis. In *Proceedings of Interspeech*, pages 737–740, Jeju
     Island (Korea), October 2004.

[39] H. Romsdorfer and B. Pfister. Phonetic labeling and segmentation of mixed-
     lingual prosody databases. In *Proceedings of Interspeech*, pages 3281–3284,
     Lisbon (Portugal), September 2005.

[40] P. Sander, W. Stucky und R. Herschel. *Automaten, Sprachen und Berechen-
     barkeit*. Teubner (ISBN 3-519-12937-X), Stuttgart, 1995.

[41] M. R. Schroeder. A brief history of synthetic speech. *Speech Communication*,
     13:231–237, 1993.

[42] H. Speer. *Deutsches Rechtswörterbuch*. Heidelberger Akademie der Wissen-
     schaften (Hrsg.), Verlag J.B. Metzler, 1998.

[43] S. Stevens, J. Volkmann, and E. Newman. A scale for the measurement of the
     psychological magnitude pitch. *Journal of the Acoustical Society of America*,
     8(3):185–190, 1937.

[44] M. Sundermeyer, H. Ney, and R. Schlüter. From feedforward to recurrent
     LSTM neural networks for language modeling. *IEEE Transactions on ASLP*,
     23(3):517–529, 2015.

[45] M. Sundermeyer, R. Schlüter, and H. Ney. LSTM neural networks for lan-
     guage modeling. In *Proceedings of the Interspeech*, pages 194–197, Portland,
     OR, USA, 2012.

[46] C. Traber. *SVOX: The Implementation of a Text-to-Speech System for German*. PhD thesis, No. 11064, Computer Engineering and Networks Laboratory, ETH Zurich, TIK-Schriftenreihe Nr. 7 (ISBN 3 7281 2239 4), March 1995.

[47] E. Trentin and M. Gori. A survey of hybrid ANN/HMM models for automatic speech recognition. *Neurocomputing*, 37(1–4):91–126, 2001.

[48] A. van den Oord, S. Dieleman, and H. Zen, et al. WaveNet: A generative model for raw audio. arXiv:1609.03499, Sept. 2016.

[49] H. Zen, K. Tokuda, and A. Black. Statistical parametric speech synthesis. *Speech Communication (Elsevier)*, 51(11):1039–1154, November 2009.

[50] E. Zwicker and H. Fastl. *Psychoacoustics*. Springer-Verlag, Berlin, second edition, 1999.

Index

Printed in the United States
By Bookmasters